내가 뽑은 원픽! 최신 출제경[...]서

2024

산업안전 기사·산업기사

실기 필답형 + 작업형

최현준 · 서진수 · 송환의 · 이철한 · 이승호 저

Ⅱ권 문제

차례

이론편

문제편

PART 01 산업안전기사 예상문제

PART 02 산업안전산업기사 예상문제

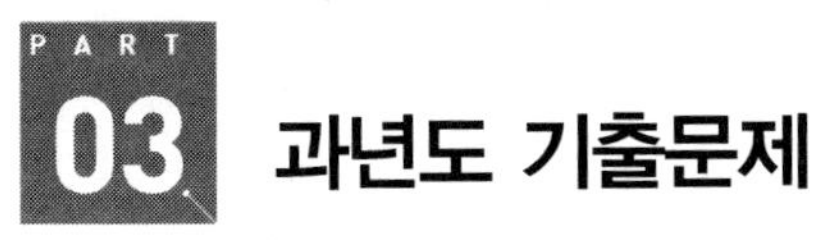

PART 03 과년도 기출문제

차례

PART 01

산업안전기사 예상문제

CHAPTER 01 산업안전관리 계획수립
CHAPTER 02 산업재해 대응
CHAPTER 03 기계안전시설 관리
CHAPTER 04 전기작업안전관리 및 화공안전점검
CHAPTER 05 건설현장 안전시설 관리
CHAPTER 06 산업안전 보호장비 관리
CHAPTER 07 산업안전보건법

CHAPTER

01 산업안전관리 계획수립 예상문제

01 안전관리조직

01 라인형 조직과 라인-스태프형 조직의 장단점을 2가지씩 쓰시오.

해답

(1) 라인형 조직

① 장점

㉠ 명령과 보고가 상하관계뿐이므로 간단 명료한 조직

㉡ 경영자의 명령이나 지휘가 신속, 정확하게 전달되어 개선 조치가 빠르게 진행

② 단점

㉠ 안전에 대한 전문지식이나 정보가 불충분

㉡ 생산라인의 업무에 중점을 두어 안전보건관리가 소홀해질 수 있음

(2) 라인-스태프형 조직

① 장점

㉠ 라인에서 안전보건 업무가 수행되어 안전보건에 관한 지시 명령 조치가 신속, 정확하게 이루어 짐

㉡ 스태프에서 안전에 관한 기획, 조사, 검토 및 연구를 수행

② 단점

㉠ 명령계통과 조언, 권고적 참여가 혼동되기 쉬움

㉡ 라인과 스태프 간에 협조가 안 될 경우 업무의 원활한 추진 불가

02 안전관리자 수를 정수 이상으로 증원 · 교체 임명할 수 있는 경우에 해당하는 내용을 3가지 쓰시오.

해답

① 해당 사업장의 연간재해율이 같은 업종의 평균재해율의 2배 이상인 경우

② 중대재해가 연간 2건 이상 발생한 경우

③ 관리자가 질병이나 그 밖의 사유로 3개월 이상 직무를 수행할 수 없게 된 경우

④ 화학적 인자로 인한 직업성 질병자가 연간 3명 이상 발생한 경우

03 다음과 같은 조건에서의 안전관리자 최소 인원수를 쓰시오.

① 펄프 제조업 상시근로자 600명
② 고무 제조업 상시근로자 300명
③ 운수 · 통신업 상시근로자 500명
④ 공사금액 50억 원 이상 120억 원 미만 건설업

해답

① 2명
② 1명
③ 1명
④ 1명

04 산업안전보건법상 관리감독자의 업무내용을 4가지 쓰시오.

해답

① 사업장 내 관리감독자가 지휘 · 감독하는 작업과 관련된 기계 · 기구 또는 설비의 안전 · 보건 점검 및 이상 유무의 확인
② 관리감독자에게 소속된 근로자의 작업복 · 보호구 및 방호장치의 점검과 그 착용 · 사용에 관한 교육 · 지도
③ 해당 작업에서 발생한 산업재해에 관한 보고 및 이에 대한 응급조치
④ 해당 작업의 작업장 정리 · 정돈 및 통로확보에 대한 확인 · 감독
⑤ 사업장의 다음 각 목의 어느 하나에 해당하는 사람의 지도 · 조언에 대한 협조
  ㉠ 안전관리자 또는 안전관리자의 업무를 안전관리전문기관에 위탁한 사업장의 경우에는 그 안전관리전문기관의 해당 사업장 담당자
  ㉡ 보건관리자 또는 보건관리자의 업무를 보건관리전문기관에 위탁한 사업장의 경우에는 그 보건관리전문기관의 해당 사업장 담당자
  ㉢ 안전보건관리담당자 또는 안전보건관리담당자의 업무를 안전관리전문기관 또는 보건관리전문기관에 위탁한 사업장의 경우에는 그 안전관리전문기관 또는 보건관리전문기관의 해당 사업장 담당자
  ㉣ 산업보건의
⑥ 위험성 평가에 관한 다음 각 목의 업무
  ㉠ 유해 · 위험요인의 파악에 대한 참여
  ㉡ 개선조치의 시행에 대한 참여

05 산업안전보건법에 따른 산업안전보건위원회의 심의 의결사항을 4가지 쓰시오.

해답

① 사업장의 산업재해 예방계획의 수립에 관한 사항
② 안전보건관리규정의 작성 및 변경에 관한 사항
③ 안전보건교육에 관한 사항
④ 작업환경측정 등 작업환경의 점검 및 개선에 관한 사항
⑤ 근로자의 건강진단 등 건강관리에 관한 사항

⑥ 산업재해에 관한 통계의 기록 및 유지에 관한 사항
⑦ 산업재해의 원인 조사 및 재발 방지대책 수립에 관한 사항 중 중대재해에 관한 사항
⑧ 유해하거나 위험한 기계 · 기구 · 설비를 도입한 경우 안전 및 보건 관련 조치에 관한 사항

06 산업안전보건법상 안전보건관리 책임자의 업무를 심의 또는 의결하기 위하여 설치, 운영하여야 할 기구에 대한 다음 물음에 답하시오.

(1) 해당하는 기구의 명칭을 쓰시오.
(2) 기구의 구성에 있어 근로자위원과 사용자위원에 해당하는 위원의 기준을 각각 2가지씩 쓰시오.

해답

(1) 산업안전보건위원회

(2) 위원의 기준
① 근로자위원
㉠ 근로자대표
㉡ 근로자대표가 지명하는 1명 이상의 명예감독관
㉢ 근로자대표가 지명하는 9명 이내의 해당 사업장의 근로자
② 사용자위원
㉠ 해당 사업의 대표자
㉡ 안전관리자 1명
㉢ 보건관리자 1명
㉣ 산업보건의
㉤ 해당 사업의 대표자가 지명하는 9명 이내의 해당 사업장 부서의 장

07 산업안전보건위원회의 설치 대상 사업장 중 상시근로자 50명 이상인 사업장의 종류 2가지와 위원회의 구성에 있어 사용자 및 근로자위원의 자격을 각각 1가지만 쓰시오.(단, 산업안전보건위원회의 구성에 있어 사업자대표와 근로자대표는 제외한다.)

해답

(1) 상시근로자 50명 이상의 사업장
① 토사석 광업
② 목재 및 나무제품 제조업(가구 제외)
③ 화학물질 및 화학제품 제조업[의약품 제외(세제, 화장품 및 광택제 제조업과 화학섬유 제조업은 제외)]
④ 비금속 광물제품 제조업
⑤ 1차 금속 제조업
⑥ 금속가공제품 제조업(기계 및 가구 제외)
⑦ 자동차 및 트레일러 제조업
⑧ 기타 기계 및 장비 제조업(사무용 기계 및 장비 제조업은 제외)
⑨ 기타 운송장비 제조업(전투용 차량 제조업은 제외)

(2) 사용자 및 근로자위원의 자격

① 사용자위원

㉠ 안전관리자 1명

㉡ 보건관리자 1명

㉢ 산업보건의

㉣ 해당 사업의 대표자가 지명하는 9명 이내의 해당 사업장 부서의 장

② 근로자위원

㉠ 근로자대표가 지명하는 1명 이상의 명예산업안전감독관

㉡ 근로자대표가 지명하는 9명 이내의 해당 사업장의 근로자

08 산업안전보건법에 따른 안전 · 보건에 관한 노사협의체의 구성에 있어 근로자위원과 사용자위원의 자격을 각각 2가지씩 쓰시오.

해답

(1) 근로자위원

① 도급 또는 하도급 사업을 포함한 전체 사업의 근로자대표

② 근로자대표가 지명하는 명예산업안전감독관 1명. 다만, 명예산업안전감독관이 위촉되어 있지 않은 경우에는 근로자대표가 지명하는 해당 사업장 근로자 1명

③ 공사금액이 20억 원 이상인 공사의 관계수급인의 각 근로자대표

(2) 사용자위원

① 도급 또는 하도급 사업을 포함한 전체 사업의 대표자

② 안전관리자 1명

③ 보건관리자 1명

④ 공사금액이 20억 원 이상인 공사의 관계수급인의 각 대표자

09 산업안전보건법에서 정하고 있는 산업안전보건위원회의 회의록 작성사항을 3가지 쓰시오.

해답

① 개최 일시 및 장소

② 출석위원

③ 심의 내용 및 의결 · 결정 사항

④ 그 밖의 토의사항

02 안전관리계획 수립 및 운용

10 **산업안전보건법상 사업장에 안전보건관리규정을 작성하고자 할 때 포함되어야 할 사항을 4가지 쓰시오.(단, 그 밖에 안전 및 보건에 관한 사항은 제외)**

해답

① 안전 및 보건에 관한 관리조직과 그 직무에 관한 사항
② 안전보건교육에 관한 사항
③ 작업장의 안전 및 보건 관리에 관한 사항
④ 사고 조사 및 대책 수립에 관한 사항

11 **안전보건개선계획을 수립해야 하는 대상사업장을 3가지 쓰시오.**

해답

① 산업재해율이 같은 업종의 규모별 평균 산업재해율보다 높은 사업장
② 사업주가 필요한 안전조치 또는 보건조치를 이행하지 아니하여 중대재해가 발생한 사업장
③ 직업성 질병자가 연간 2명 이상 발생한 사업장
④ 유해인자의 노출기준을 초과한 사업장

03 산업재해발생 및 재해조사 분석

12 **산업안전보건법에서 정하는 중대재해의 종류를 3가지 쓰시오.**

해답

① 사망자가 1명 이상 발생한 재해
② 3개월 이상의 요양이 필요한 부상자가 동시에 2명 이상 발생한 재해
③ 부상자 또는 직업성질 병자가 동시에 10명 이상 발생한 재해

13 **다음은 산업재해 발생 시의 조치내용을 순서대로 표시하였다. 아래의 빈칸에 알맞은 내용을 쓰시오.**

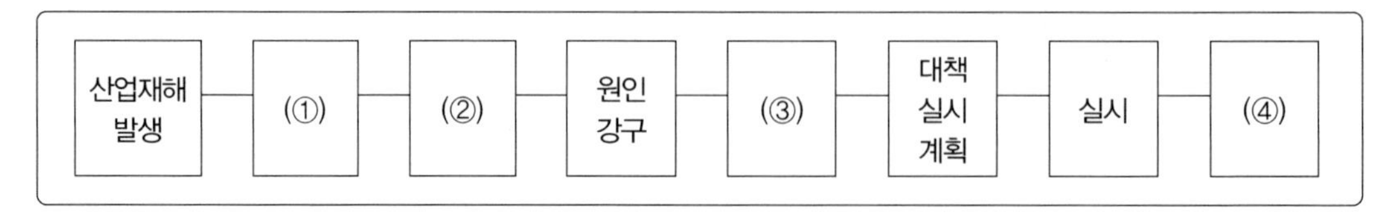

해답

① 긴급처리
② 재해조사
③ 대책수립
④ 평가

14 재해조사를 실시할 경우 안전관리자로서 유의해야 할 사항 4가지를 쓰시오.

해답

① 사실을 수집하고 재해 이유는 뒤로 미룬다.
② 목격자 등이 발언하는 사실 이외의 추측의 말은 참고로 한다.
③ 조사는 신속하게 행하고 2차 재해의 방지를 도모한다.
④ 사람, 설비, 환경의 측면에서 재해요인을 도출한다.
⑤ 객관성을 가지고 제3자의 입장에서 공정하게 조사하며, 조사는 2인 이상으로 한다.
⑥ 책임추궁보다 재발방지를 우선하는 기본태도를 갖는다.
⑦ 피해자에 대한 구급조치를 우선으로 한다.
⑧ 2차 재해의 예방과 위험성에 대응하여 보호구를 착용한다.
⑨ 발생 후 가급적 빨리 재해현장이 변형되지 않은 상태에서 실시한다.

15 중대재해 발생 시 지방고용노동관서의 장에게 보고 해야 할 사항 2가지(그 밖의 중요한 사항 제외)와 보고시점을 쓰시오.

해답

(1) 보고사항
① 발생 개요 및 피해 상황
② 조치 및 전망

(2) 보고시점
지체 없이 보고

16 산업안전보건법에 따라 산업재해조사표를 작성하고자 할 때 다음 [보기]에서 산업재해조사표의 주요 작성항목이 아닌 것 3가지를 골라 쓰시오.

① 발생일시	④ 상해종류	⑦ 기인물
② 목격자 인적사항	⑤ 고용형태	⑧ 재발방지계획
③ 발생형태	⑥ 가해물	⑨ 재해발생 후 첫 출근일자

해답

② 목격자 인적사항
⑥ 가해물
⑨ 재해발생 후 첫 출근일자

17 산업안전보건법상 산업재해를 예방하기 위하여 필요하다고 인정되는 경우 산업재해 발생 건수, 재해율 또는 그 순위 등을 공표할 수 있는 대상사업장을 2가지 쓰시오.

해답

① 산업재해로 인한 사망자가 연간 2명 이상 발생한 사업장
② 사망만인율(연간 상시근로자 1만 명당 발생하는 사망재해자 수의 비율)이 규모별 같은 업종의 평균 사망만인율 이상인 사업장
③ 중대산업사고가 발생한 사업장
④ 산업재해 발생 사실을 은폐한 사업장
⑤ 산업재해의 발생에 관한 보고를 최근 3년 이내 2회 이상 하지 않은 사업장

18 다음 각 이론에 해당하는 번호를 [보기]에서 고르시오.

(1) 하인리히
(2) 버드
(3) 아담스

① 사회적 환경 및 유전적 요소(유전과 환경)
② 기본적 원인
③ 불안전한 행동 및 불안전한 상태(직접원인)
④ 작전
⑤ 사고
⑥ 재해
⑦ 관리(통제)의 부족
⑧ 개인적 결함
⑨ 관리적 결함
⑩ 전술적 에러

해답

(1) 하인리히 : ①, ⑧, ③, ⑤, ⑥
(2) 버드 : ⑦, ②, ③, ⑤, ⑥
(3) 아담스 : ⑨, ④, ⑩, ⑤, ⑥

19 작업자가 회전 중인 롤러기를 청소하던 중 롤러에 손이 말려 들어가는 재해가 발생하였다. 재해를 분석하시오.

① 기인물
② 가해물
③ 사고유형
④ 불안전한 행동
⑤ 불안전한 상태

해답

① 기인물 : 롤러기
② 가해물 : 롤러
③ 사고유형 : 끼임
④ 불안전한 행동 : 운전 중 청소
⑤ 불안전한 상태 : 방호장치 미부착

20 다음과 같은 재해 발생 시 분류되는 재해의 발생 형태를 쓰시오.

① 폭발과 화재, 두 현상이 복합적으로 발생된 경우
② 사고 당시 바닥면과 신체가 떨어진 상태로 더 낮은 위치로 떨어진 경우
③ 사고 당시 바닥면과 신체가 접해 있는 상태에서 더 낮은 위치로 떨어진 경우
④ 재해자가 전도로 인하여 기계의 동력전달부위 등에 협착되어 신체부위가 절단된 경우

해답

① 폭발, ② 떨어짐, ③ 넘어짐, ④ 끼임

21 재해예방대책 4원칙을 쓰고 설명하시오.

해답

① 예방 가능의 원칙 : 천재지변을 제외한 모든 재해는 원칙적으로 예방이 가능하다.
② 손실 우연의 원칙 : 사고로 생기는 상해의 종류 및 정도는 우연적이다.
③ 원인 계기의 원칙 : 사고와 손실의 관계는 우연적이지만 사고와 원인관계는 필연적이다.
④ 대책 선정의 원칙 : 원인을 정확히 규명해서 대책을 선정하고 실시되어야 한다.

22 하인리히의 재해예방대책 5단계를 순서대로 쓰시오.

해답

- 제1단계 : 안전관리조직
- 제2단계 : 사실의 발견
- 제3단계 : 분석평가
- 제4단계 : 시정책의 선정
- 제5단계 : 시정책의 적용

23 다음에 해당하는 근로 불능 상해의 종류에 관하여 간략히 설명하시오.

① 영구 전 노동불능 상해
② 영구 일부 노동불능 상해
③ 일시 전 노동불능 상해
④ 일시 일부 노동불능 상해

해답

① 영구 전 노동불능 상해 : 부상결과 근로기능을 완전히 잃은 경우로 신체장해등급 제1급~제3급에 해당되며 노동손실일수는 7,500일이다.
② 영구 일부 노동불능 상해 : 부상결과 신체의 일부가 근로기능을 상실한 경우로 신체장해등급 제4급~제14급에 해당된다.

③ 일시 전 노동불능 상해 : 의사의 진단에 따라 일정기간 근로를 할 수 없는 경우로 신체장해가 남지 않는 일반적인 휴업재해를 말한다.

④ 일시 일부 노동불능 상해 : 의사의 진단에 따라 부상 다음날 혹은 그 이후에 정규근로에 종사할 수 없는 휴업재해 이외의 경우를 말한다.

24 다음의 재해통계지수에 대하여 설명하시오.

① 연천인율
② 강도율

해답

① 연천인율

㉠ 근로자 1,000명당 1년간에 발생하는 재해발생자수의 비율

㉡ 공식 : $연천인율 = \frac{연간재해자수}{연평균근로자수} \times 1,000$

② 강도율

㉠ 근로시간 1,000시간당 재해에 의해 잃어버린 근로손실일수

㉡ 공식 : $강도율 = \frac{근로손실일수}{연간총근로시간수} \times 1,000$

25 A사업장의 근무 및 재해발생현황이 다음과 같을 때, 이 사업장의 종합재해지수를 구하시오.

- 평균근로자수 : 300명
- 월평균 재해건수 : 2건
- 휴업일수 : 219일
- 근로시간 : 1일 8시간, 연간 280일 근무

해답

① $도수율 = \frac{재해발생건수}{연간총근로시간수} \times 1,000,000 = \frac{월\ 2건 \times 12개월}{300 \times 8 \times 280} \times 1,000,000 = 35.714 = 35.71$

② $강도율 = \frac{근로손실일수}{연간총근로시간수} \times 1,000 = \frac{219 \times \frac{280}{365}}{300 \times 8 \times 280} \times 1,000 = 0.25$

③ $종합재해지수 = \sqrt{도수율 \times 강도율} = \sqrt{35.71 \times 0.25} = 2.987 = 2.99$

26 도수율이 18.73인 사업장에서 어느 근로자가 평생 작업한다면 약 몇 건의 재해가 발생하겠는가?(단, 근로시간은 1일 8시간, 월 25일, 12개월 근무하며, 평생 근로연수는 35년, 연간 잔업시간은 240시간으로 한다.)

해답

$$\text{환산도수율} = \text{도수율} \times \frac{\text{총근로시간수}}{1{,}000{,}000} = 18.73 \times \frac{(8 \times 25 \times 12 \times 35) + (240 \times 35)}{1{,}000{,}000} = 1.73$$

그러므로 1.73(건) 또는 약 2(건)

27 연천인율이 36인 어느 사업장에서 근로 총 시간이 120,000시간이고, 근로손실일수가 219일일 때 다음을 구하시오.

(1) 도수율을 구하시오.
(2) 강도율을 계산하시오.
(3) 이 사업장에서 어느 작업자가 평생 근무한다면 몇 건의 재해를 당하겠는가?
(4) 이 사업장에서 어느 작업자가 평생 근무한다면 며칠의 근로손실을 당하겠는가?

해답

(1) $\text{도수율} = \frac{\text{연천인율}}{2.4} = \frac{36}{2.4} = 15$

(2) $\text{강도율} = \frac{\text{근로손실일수}}{\text{연간총근로시간수}} \times 1{,}000 = \frac{219}{120{,}000} \times 1{,}000 = 1.825 = 1.83$

(3) $\text{환산도수율} = \text{도수율} \times \frac{\text{총근로시간수}}{1{,}000{,}000} = 15 \times \frac{120{,}000}{1{,}000{,}000} = 1.8 = 2(\text{건})$

(4) $\text{환산강도율} = \text{강도율} \times \frac{\text{총근로시간수}}{1{,}000} = 1.83 \times \frac{120{,}000}{1{,}000} = 219.6 = 220(\text{일})$

28 근로자 400명이 1일 8시간, 연간 300일 작업하는 어떤 작업장에 연간 10건의 재해가 발생하였다. 2건은 사망, 8건은 신체장해등급 14급일 때 연천인율, 강도율, 도수율을 구하시오.

해답

(1) $\text{연천인율} = \frac{\text{연간재해자수}}{\text{연평균근로자수}} \times 1{,}000 = \frac{10}{400} \times 1{,}000 = 25$

(2) $\text{강도율} = \frac{\text{근로손실일수}}{\text{연간총근로시간수}} \times 1{,}000 = \frac{(7{,}500 \times 2) + (50 \times 8)}{400 \times 8 \times 300} \times 1{,}000 = 16.04$

(3) $\text{도수율} = \frac{\text{재해발생건수}}{\text{연간총근로시간수}} \times 1{,}000{,}000 = \frac{10}{400 \times 8 \times 300} \times 1{,}000{,}000 = 10.42$

TIP 근로손실일수의 산정 기준

① 사망 및 영구 전노동불능(신체장해등급 1~3급) : 7,500일

② 영구 일부노동불능(근로손실일수)

신체장해등급	4	5	6	7	8	9	10	11	12	13	14
근로손실일수	5,500	4,000	3,000	2,200	1,500	1,000	600	400	200	100	50

29 상시근로자 500명이 작업하는 어느 사업장에서 연간 재해가 6건(6명) 발생하여 신체장해 등급 3급, 5급, 7급, 11급 각 1명씩 발생하였으며, 기타 사상자의 총 휴업일수가 438일이었다. 도수율과 강도율을 구하시오.(단, 5급 4,000일, 7급 2,200일, 11급 400일이며, 소수 셋째 자리에서 반올림하시오.)

해답

(1) 도수율 $= \dfrac{\text{재해발생건수}}{\text{연간총근로시간수}} \times 1{,}000{,}000 = \dfrac{6}{500 \times 8 \times 300} \times 1{,}000{,}000 = 5.00$

(2) 강도율 $= \dfrac{\text{근로손실일수}}{\text{연간총근로시간수}} \times 1{,}000$

$$= \frac{(7{,}500 + 4{,}000 + 2{,}200 + 400) + \left(438 \times \dfrac{300}{365}\right)}{500 \times 8 \times 300} \times 1{,}000 = 12.05$$

30 A사업장에 근로자 수가 3월 말 300명, 6월 말 320명, 9월 말 270명, 12월 말 260명이고, 연간 15건의 재해 발생으로 인한 휴업일수 288일 발생하였다. 도수율과 강도율을 구하시오.(단, 근무시간은 1일 8시간, 근무일수는 연간 280일이다.)

해답

① 평균근로자수(분기별) $= \dfrac{300 + 320 + 270 + 260}{4} = 287.5 = 288$명

② 도수율 $= \dfrac{\text{재해발생건수}}{\text{연간총근로시간수}} \times 1{,}000{,}000 = \dfrac{15}{288 \times 8 \times 280} \times 1{,}000{,}000 = 23.251 = 23.25$

③ 강도율 $= \dfrac{\text{근로손실일수}}{\text{연간총근로시간수}} \times 1{,}000 = \dfrac{288 \times \dfrac{280}{365}}{288 \times 8 \times 280} \times 1{,}000 = 0.342 = 0.34$

31 평균근로자 수가 540명인 A사업장에서 연간 12건의 재해 발생과 15명의 재해자 발생으로 인하여 근로손실일수가 총 6,500일 발생하였다. 다음을 구하시오.(단, 근무시간은 1일 9시간, 근무일수는 연간 280일이다.)

① 도수율(빈도율)	③ 연천인율
② 강도율	④ 종합재해지수

해답

① 도수율 $= \dfrac{\text{재해발생건수}}{\text{연간총근로시간수}} \times 1{,}000{,}000 = \dfrac{12}{540 \times 9 \times 280} \times 1{,}000{,}000 = 8.818 = 8.82$

② 강도율 $= \dfrac{\text{근로손실일수}}{\text{연간총근로시간수}} \times 1{,}000 = \dfrac{6{,}500}{540 \times 9 \times 280} \times 1{,}000 = 4.776 = 4.78$

③ 연천인율 $= \dfrac{\text{연간재해자수}}{\text{연평균근로자수}} \times 1{,}000 = \dfrac{15}{540} \times 1{,}000 = 27.777 = 27.78$

④ 종합재해지수 $= \sqrt{\text{도수율} \times \text{강도율}} = \sqrt{8.82 \times 4.78} = 6.493 = 6.49$

32 연평균 근로자가 1,000명인 사업장의 도수율이 11.37이고 강도율이 6.3일 때 [보기]의 물음에 답하시오.(단, 연간 근로일수 275일, 1일 근로시간은 8시간이다.)

> (1) 종합재해지수를 구하시오.
> (2) 재해발생건수를 구하시오.
> (3) 연간근로손실일수를 구하시오.
> (4) 재해자 수가 30일 경우 연천인율을 구하시오.

해답

(1) 종합재해지수 $= \sqrt{도수율 \times 강도율} = \sqrt{11.37 \times 6.3} = 8.46$

(2) 재해발생건수 $= \dfrac{도수율 \times 연간총근로시간수}{1,000,000} = \dfrac{11.37 \times (1,000 \times 8 \times 275)}{1,000,000} = 25.01$(건)

(3) 연간근로손실일수 $= \dfrac{강도율 \times 연간총근로시간수}{1,000} = \dfrac{6.3 \times (1,000 \times 8 \times 275)}{1,000} = 13860$(일)

(4) 연천인율 $= \dfrac{연간재해자수}{연평균근로자수} \times 1,000 = \dfrac{30}{1,000} \times 1,000 = 30$

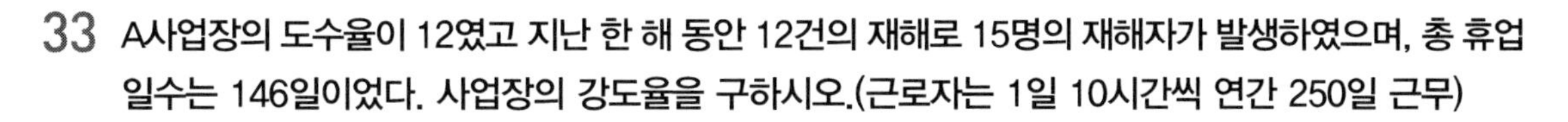
33 A사업장의 도수율이 12였고 지난 한 해 동안 12건의 재해로 15명의 재해자가 발생하였으며, 총 휴업일수는 146일이었다. 사업장의 강도율을 구하시오.(근로자는 1일 10시간씩 연간 250일 근무)

해답

① 연간총근로시간수 $= \dfrac{재해발생건수}{도수율} \times 1,000,000 = \dfrac{12}{12} \times 1,000,000 = 1,000,000$

② 강도율 $= \dfrac{근로손실일수}{연간총근로시간수} \times 1,000 = \dfrac{146 \times \dfrac{250}{365}}{1,000,000} \times 1,000 = 0.1$

34 근로자 수 1,200명인 어느 사업장에서 1주일에 54시간, 연 50주를 근무하는 동안 77건의 재해가 발생했다면 도수율(빈도율)은 얼마인가?(단, 결근율 5.5%이다.)

해답

① 출근율 $= 1 - \dfrac{5.5}{100} = 0.945$

② 도수율 $= \dfrac{재해발생건수}{연간총근로시간수} \times 1,000,000$

$= \dfrac{77}{1,200 \times 54 \times 50 \times 0.945} \times 1,000,000 = 25.148 = 25.15$

35 연평균 근로자 600명이 작업하는 어느 사업장에서 15건의 재해가 발생하였다. 근로시간은 48시간 × 50주이며, 잔업시간이 1인당 100시간일 때 도수율을 구하시오.

해답

$$\text{도수율} = \frac{\text{재해발생건수}}{\text{연간총근로시간수}} \times 1{,}000{,}000$$

$$= \frac{15}{(600 \times 48 \times 50) + (600 \times 100)} \times 1{,}000{,}000 = 10.00$$

36 근로자 400명이 작업하는 어느 작업장에서 1일 8시간, 연 300일 근무하는 동안 지각 및 조퇴 500시간, 잔업시간 10,000시간, 사망재해건수 2건, 기타휴업일수가 27일이다. 이 작업장의 강도율을 구하시오.

해답

$$\text{강도율} = \frac{\text{근로손실일수}}{\text{연간총근로시간수}} \times 1{,}000 = \frac{(7{,}500 \times 2) + \left(27 \times \frac{300}{365}\right)}{(400 \times 8 \times 300) + (10{,}000 - 500)} \times 1{,}000 = 15.494 = 15.49$$

37 근로자 수 1,440명이며, 주당 40시간, 연간 50주 근무하는 A사업장에서 발생한 재해건수는 40건, 근로손실일수 1,200일, 사망재해 1건이 발생하였다면 강도율은 얼마인가?(단, 조기출근 및 잔업시간의 합계는 100,000시간, 조퇴 5,000시간, 결근율 6%이다.)

해답

① $\text{출근율} = 1 - \frac{6}{100} = 0.94$

② $\text{강도율} = \frac{\text{근로손실일수}}{\text{연간총근로시간수}} \times 1{,}000$

$$= \frac{7{,}500 + 1{,}200}{(1{,}440 \times 40 \times 50 \times 0.94) + (100{,}000 - 5{,}000)} \times 1{,}000 = 3.104 = 3.10$$

38 연간 평균근로자 100명이 작업하는 어느 사업장에서 연간 5건의 재해가 발생하여, 사망자가 1명 발생하고 장해등급 14급 2명, 1명은 입원가료 30일, 다른 1명은 입원가료 7일이었다. 강도율을 계산하시오.

해답

$$\text{강도율} = \frac{\text{근로손실일수}}{\text{연간총근로시간수}} \times 1{,}000$$

$$= \frac{7{,}500 + (50 \times 2) + \left((30 + 7) \times \frac{300}{365}\right)}{100 \times 8 \times 300} \times 1{,}000 = 31.793 = 31.79$$

39 연간 근로자 수가 600명인 A사업장의 강도율이 4.68, 종합재해지수가 2.55일 때 이 사업장의 연천인율을 구하시오.(단, 연간 근로시간 수는 ILO 기준에 따른다.)

해답

① 종합재해지수 $= \sqrt{\text{도수율} \times \text{강도율}}$

② 도수율 $= \dfrac{(\text{종합재해지수})^2}{\text{강도율}} = \dfrac{2.55^2}{4.68} = 1.389 = 1.39$

③ 연천인율 $=$ 도수율 $\times 2.4 = 1.39 \times 2.4 = 3.336 = 3.34$

40 다음과 같은 자료의 내용을 기준으로 2006년도와 2007년도의 Safe－T－Score를 구하고 안전도에 대한 심각성 여부를 판정하시오.

구분	2006년	2007년
인원	80	100
재해건수	100	125
총근로시간수	1,000,000	1,100,000

해답

① 2006년 빈도율 $= \dfrac{\text{재해발생건수}}{\text{연간총근로시간수}} = \dfrac{100}{1,000,000} \times 10^6 = 100$

② 2007년 빈도율 $= \dfrac{\text{재해발생건수}}{\text{연간총근로시간수}} = \dfrac{125}{1,100,000} \times 10^6 = 113.64$

③ Safe－T－Score $= \dfrac{\text{현재의 빈도율} - \text{과거의 빈도율}}{\sqrt{\dfrac{\text{과거의 빈도율}}{\text{근로총시간수(현재)}} \times 1,000,000}} = \dfrac{113.64 - 100}{\sqrt{\dfrac{100}{1,100,000} \times 10^6}} = 1.43$

④ Safe－T－Score가 1.43일 경우 : 과거에 비해 심각한 차이가 없다.

TIP 판정

단위가 없고 계산 결과가 ＋이면 나쁜 기록이고, －이면 과거에 비해 좋은 기록

- ＋2.00 이상 : 과거보다 심각하게 나빠졌다.
- ＋2.00에서 －2.00 사이 : 과거에 비해 심각한 차이가 없다.
- －2.00 이하 : 과거보다 좋아졌다.

41 1,000명이 근무하는 A사업장에서 전년도에 3건의 산업재해가 발생하였다. 이에 따라 이 사업장의 안전관리 부서 주관으로 6개월 동안 다음과 같은 안전활동을 전개하였다. 1일 8시간, 월 26일 근무하였다면 안전활동률을 구하시오.

- 불안전행동의 발견 및 조치건수 : 21건
- 안전제안건수 : 8건
- 안전홍보건수 : 12건
- 안전회의건수 : 8건

해답

$$\text{안전활동률} = \frac{\text{안전활동건수}}{\text{근로시간수} \times \text{평균근로자수}} \times 10^6$$

$$= \frac{21+8+12+8}{1{,}000 \times 8 \times 26 \times 6} \times 10^6 = 39.262 = 39.26$$

42 다음은 Y기업체에서 발생한 산업재해 비용이다. 직접비와 간접비 그리고, 총재해 비용을 구하시오.

- 의료비 : 200만 원
- 생산손실비 : 1,000만 원
- 설비개선비 : 300만 원
- 교육훈련비 : 500만 원
- 작업개선비 : 700만 원
- 휴업보상비 : 800만 원

해답

(1) 직접비 = 의료비 + 휴업보상비 = 200 + 800 = 1,000만 원
(2) 간접비 = 생산손실비 + 설비개선비 + 교육훈련비 + 작업개선비 = 1,000 + 300 + 500 + 700 = 2,500만 원
(3) 총재해 비용 = 직접비 + 간접비 = 3,500만 원

43 H기업이 지난해에 납부한 산재보험료는 18,300,000원이고, 산재보상금으로는 12,650,000원을 받았다. H기업의 총재해 48건 중 휴업상해(A) 건수는 10건, 통원상해(B) 건수는 8건, 구급처치(C) 건수는 10건, 부상해사고(D) 건수는 20건 발생하였다면 Heinrich 방식과 Simonds 방식에 의한 재해손실비용을 각각 계산하시오.(단, A : 950,000원, B : 528,000원, C : 325,000원, D : 193,200원)

해답

(1) Heinrich 방식(1 : 4 원칙)

총재해 코스트(재해손실비용) = 직접비 + 간접비 = 직접비 × 5
= 12,650,000 × 5 = 63,250,000(원)

(2) Simonds 방식

총재해 코스트 = 산재보험료 + (A×휴업상해 건수) + (B×통원상해 건수) + (C×응급조치 건수) + (D×무상해사고 건수)
= 18,300,000 + (950,000 × 10) + (528,000 × 8) + (325,000 × 10) + (193,200 × 20)
= 39,138,000(원)

44 재해 코스트 계산방식 중 시몬즈법을 사용할 경우 비보험 코스트에 해당하는 항목을 4가지 쓰시오.

해답

① 휴업상해
② 통원상해
③ 응급조치
④ 무상해사고

45 재해사례 연구순서 중에서 전제 조건을 제외한 4단계를 쓰시오.

해답

① 제1단계 : 사실의 확인
② 제2단계 : 문제점의 발견
③ 제3단계 : 근본적 문제점의 결정
④ 제4단계 : 대책의 수립

PART 01 PART 02 PART 03 PART 04

04 안전점검 · 검사 · 인증 및 진단

46 안전점검의 종류를 4가지 쓰고 간략히 설명하시오.

해답

① 정기점검 : 일정기간마다 정기적으로 실시하는 점검
② 수시점검 : 작업 시작 전, 작업 중, 작업 후에 실시하는 점검
③ 임시점검 : 설비의 이상 발견 시에 임시로 하는 점검
④ 특별점검 : 설비의 신설, 변경, 고장 수리 등을 할 경우 하는 점검

47 체크리스트(check list) 작성 시 유의해야 할 사항을 3가지 쓰시오.

해답

① 사업장에 적합한 독자적인 내용일 것
② 위험성이 높고 긴급을 요하는 순으로 작성할 것
③ 정기적으로 검토하여 재해방지에 실효성 있게 개조된 내용일 것(관계자 의견청취)
④ 점검표는 되도록 일정한 양식으로 할 것
⑤ 점검표의 내용은 이해하기 쉽도록 표현하고 구체적일 것

48 자율검사프로그램의 인정을 취소하거나 인정받은 자율검사프로그램의 내용에 따라 검사를 하도록 하는 등 개선을 명할 수 있는 경우를 2가지 쓰시오.

해답

① 거짓이나 그 밖의 부정한 방법으로 자율검사프로그램을 인정받은 경우
② 자율검사프로그램을 인정받고도 검사를 하지 아니한 경우
③ 인정받은 자율검사프로그램의 내용에 따라 검사를 하지 아니한 경우
④ 고용노동부령으로 정하는 자격을 가진 자 또는 지정검사기관이 검사를 하지 아니한 경우

49 다음 [보기]의 내용 중에서 안전인증 대상 기계 또는 설비, 방호장치 또는 보호구에 해당하는 것을 4가지 골라 번호를 쓰시오.

① 안전대
② 연삭기 덮개
③ 파쇄기
④ 산업용 로봇 안전매트
⑤ 압력용기
⑥ 양중기용 과부하방지장치
⑦ 교류아크용접기용 자동전격방지기
⑧ 이동식 사다리
⑨ 동력식 수동대패용 칼날 접촉방지장치
⑩ 용접용 보안면

해답

①, ⑤, ⑥, ⑩

50 안전인증 대상 기계 또는 설비를 3가지 쓰시오.(단, 프레스, 크레인은 제외)

해답

① 전단기 및 절곡기
② 리프트
③ 압력용기
④ 롤러기
⑤ 사출성형기
⑥ 고소 작업대
⑦ 곤돌라

51 산업안전보건법상 안전 인증 대상 보호구를 5가지 쓰시오.

해답

① 추락 및 감전 위험방지용 안전모
② 안전화
③ 안전장갑
④ 방진마스크
⑤ 방독마스크

⑥ 송기마스크
⑦ 전동식 호흡보호구
⑧ 보호복
⑨ 안전대
⑩ 차광 및 비산물 위험방지용 보안경
⑪ 용접용 보안면
⑫ 방음용 귀마개 또는 귀덮개

52 산업안전보건법상 자율안전확인대상 기계 또는 설비 3가지를 쓰시오.

해답

① 연삭기 또는 연마기(휴대형은 제외)
② 산업용 로봇
③ 혼합기
④ 파쇄기 또는 분쇄기
⑤ 식품가공용 기계(파쇄 · 절단 · 혼합 · 제면기만 해당)
⑥ 컨베이어
⑦ 자동차 정비용 리프트
⑧ 공작기계(선반, 드릴기, 평삭 · 형삭기, 밀링만 해당)
⑨ 고정형 목재가공용 기계(둥근톱, 대패, 루타기, 띠톱, 모떼기 기계만 해당)
⑩ 인쇄기

53 산업안전보건법상 안전인증대상 기계 등이 안전기준에 적합한지를 확인하기 위하여 안전인증기관이 심사하는 심사의 종류를 4가지 쓰시오.

해답

① 예비심사
② 서면심사
③ 기술능력 및 생산체계심사
④ 제품심사

54 안전인증의 전부 또는 일부를 면제할 수 있는 경우를 3가지 쓰시오.

해답

① 연구 · 개발을 목적으로 제조 · 수입하거나 수출을 목적으로 제조하는 경우
② 고용노동부장관이 정하여 고시하는 외국의 안전인증기관에서 인증을 받은 경우
③ 다른 법령에 따라 안전성에 관한 검사나 인증을 받은 경우로서 고용노동부령으로 정하는 경우

55 산업안전보건법상 보호구의 안전인증 제품에 표시하여야 하는 사항을 4가지만 쓰시오.

해답

① 형식 또는 모델명
② 규격 또는 등급 등
③ 제조자명
④ 제조번호 및 제조연월
⑤ 안전인증 번호

56 안전인증 방독마스크에 안전인증의 표시에 따른 표시 외에 추가로 표시해야 할 사항을 4가지 쓰시오.

해답

① 파과곡선도
② 사용시간 기록카드
③ 정화통의 외부측면의 표시 색
④ 사용상의 주의사항

CHAPTER

02 산업재해 대응 예상문제

01 안전교육

01 파브로브의 조건 반사설에서 학습 이론의 원리 4가지를 쓰시오.

해답

① 강도의 원리
② 일관성의 원리
③ 시간의 원리
④ 계속성의 원리

02 기업 내 정형교육인 TWI의 교육내용을 4가지 쓰시오.

해답

① 작업방법훈련(JMT)
② 작업지도훈련(JIT)
③ 인간관계훈련(JRT)
④ 작업안전훈련(JST)

03 안전교육의 단계에서 기능교육의 3원칙을 쓰시오.

해답

① 준비
② 위험작업의 규제
③ 안전작업의 표준화

04 산업안전보건법에서 정하고 있는 사업주가 근로자에게 시행해야 할 근로자 안전 · 보건교육의 종류를 4가지 쓰시오.

해답

① 정기교육
② 채용 시의 교육
③ 작업내용 변경 시의 교육
④ 특별교육
⑤ 건설업 기초안전 · 보건교육

05 다음의 교육시간을 쓰시오.

교육대상	교육시간	
	신규교육	보수교육
가. 안전보건관리책임자	6시간 이상	(①)시간 이상
나. 안전관리자, 안전관리전문기관의 종사자	34시간 이상	(②)시간 이상
다. 보건관리자, 보건관리전문기관의 종사자	(③)시간 이상	24시간 이상
라. 건설재해예방전문지도기관의 종사자	34시간 이상	(④)시간 이상
마. 석면조사기관의 종사자	34시간 이상	24시간 이상
바. 안전보건관리담당자	–	8시간 이상
사. 안전검사기관, 자율안전검사기관의 종사자	34시간 이상	24시간 이상

해답

① 6
② 24
③ 34
④ 24

06 산업안전보건법상 관리감독자 정기교육의 내용을 4가지 쓰시오.(단, 산업안전보건법령 및 산업재해보상보험 제도에 관한 사항, 그 밖에 관리감독자의 직무에 관한 사항은 제외)

해답

① 산업안전 및 사고 예방에 관한 사항
② 산업보건 및 직업병 예방에 관한 사항
③ 위험성 평가에 관한 사항
④ 유해 · 위험 작업환경 관리에 관한 사항
⑤ 직무스트레스 예방 및 관리에 관한 사항
⑥ 직장 내 괴롭힘, 고객의 폭언 등으로 인한 건강장해 예방 및 관리에 관한 사항
⑦ 작업공정의 유해 · 위험과 재해 예방대책에 관한 사항
⑧ 사업장 내 안전보건관리체제 및 안전 · 보건조치 현황에 관한 사항
⑨ 표준안전 작업방법 결정 및 지도 · 감독 요령에 관한 사항
⑩ 현장근로자와의 의사소통능력 및 강의능력 등 안전보건교육 능력 배양에 관한 사항
⑪ 비상시 또는 재해 발생 시 긴급조치에 관한 사항

07 산업안전보건법상 근로자 안전보건교육에 있어 500명의 사업장에 "채용 시 및 작업내용 변경 시 교육"의 교육내용을 4가지 쓰시오.(단, 산업안전보건법령 및 산업재해보상보험 제도에 관한 사항은 제외)

해답

① 산업안전 및 사고 예방에 관한 사항
② 산업보건 및 직업병 예방에 관한 사항
③ 위험성 평가에 관한 사항

④ 직무스트레스 예방 및 관리에 관한 사항
⑤ 직장 내 괴롭힘, 고객의 폭언 등으로 인한 건강장해 예방 및 관리에 관한 사항
⑥ 기계 · 기구의 위험성과 작업의 순서 및 동선에 관한 사항
⑦ 작업 개시 전 점검에 관한 사항
⑧ 정리정돈 및 청소에 관한 사항
⑨ 사고 발생 시 긴급조치에 관한 사항
⑩ 물질안전보건자료에 관한 사항

08 밀폐된 장소(탱크 내 또는 환기가 극히 불량한 좁은 장소를 말한다.)에서 하는 용접작업 또는 습한 장소에서 하는 전기용접 작업 시 특별안전보건교육의 내용을 4가지 쓰시오.(단, 공통사항 및 그 밖에 안전 · 보건 관리에 필요한 사항은 제외함)

해답

① 작업순서, 안전작업방법 및 수칙에 관한 사항
② 환기설비에 관한 사항
③ 전격 방지 및 보호구 착용에 관한 사항
④ 질식 시 응급조치에 관한 사항
⑤ 작업환경 점검에 관한 사항

09 산업안전보건법상 방사선 업무에 관계되는 작업(의료 및 실험용은 제외)에 종사하는 근로자에게 실시하여야 하는 특별 안전 · 보건교육 내용 4가지를 쓰시오.

해답

① 방사선의 유해 · 위험 및 인체에 미치는 영향
② 방사선의 측정기기 기능의 점검에 관한 사항
③ 방호거리 · 방호벽 및 방사선물질의 취급 요령에 관한 사항
④ 응급처치 및 보호구 착용에 관한 사항

10 로봇작업에 대한 특별안전보건 교육의 내용을 4가지 쓰시오.

해답

① 로봇의 기본원리 · 구조 및 작업방법에 관한 사항
② 이상 발생 시 응급조치에 관한 사항
③ 안전시설 및 안전기준에 관한 사항
④ 조작방법 및 작업순서에 관한 사항

11 물질안전보건자료대상물질을 취급하는 근로자의 안전 및 보건을 위하여 작업장에서 취급하는 물질안전보건자료대상물질의 물질안전보건자료에서 해당되는 내용을 근로자에게 교육을 해야 한다. 해당되는 교육내용을 4가지 쓰시오.

해답

① 대상화학물질의 명칭(또는 제품명)
② 물리적 위험성 및 건강 유해성
③ 취급상의 주의사항
④ 적절한 보호구
⑤ 응급조치 요령 및 사고 시 대처방법
⑥ 물질안전보건자료 및 경고표지를 이해하는 방법

02 산업심리

12 인간의 주의에 대한 다음 특성에 대하여 설명하시오.

① 선택성
② 변동성
③ 방향성

해답

① 선택성 : 주의는 동시에 두 개의 방향에 집중하지 못한다.
② 변동성 : 고도의 주의는 장시간 지속할 수 없다.
③ 방향성 : 한 지점에 주의를 집중하면 다른 곳의 주의는 약해진다.

13 부주의에 해당하는 부주의 현상 4가지를 쓰시오.

해답

① 의식의 단절(중단)
② 의식의 우회
③ 의식수준의 저하
④ 의식의 과잉
⑤ 의식의 혼란

14 인간의 과오나 실수를 유발시키는 요인 중에서 환경적 요인을 쓰시오.

해답

① 인간관계 요인
② 작업적 요인
③ 관리적 요인
④ 설비적(물적) 요인

15 안전심리의 5대 요소를 쓰시오.

해답

① 기질
② 동기
③ 습관
④ 감정
⑤ 습성

16 사고의 본질적 특성에 관한 내용을 4가지 쓰시오.

해답

① 사고의 시간성
② 우연성 중의 법칙성
③ 필연성 중의 우연성
④ 사고의 재현 불가능성

17 인간의 행동 특성과 관련된 다음의 설명에서 해당하는 용어를 [보기]에서 골라 넣으시오.

(1) 단조로운 업무가 장시간 지속될 경우 작업자의 감각기능 및 판단능력이 둔화 또는 마비되는 현상
(2) 사람이 주의를 번갈아 가며 두 가지 이상 일을 돌보아야 하는 상황
(3) 자신의 생각대로 주관적인 판단이나 희망적 관찰에 의해 행동으로 실행하는 현상
(4) 상황해석을 잘못하거나 목표를 잘못 이해하고 착각하여 행하는 경우

① 감각차단현상　② 시배분　③ 착시현상　④ 실수(Slip)　⑤ 착오(Mistake)　⑥ 억측판단

해답

(1) 단조로운 업무가 장시간 지속될 경우 작업자의 감각기능 및 판단능력이 둔화 또는 마비되는 현상 : ①
(2) 사람이 주의를 번갈아 가며 두 가지 이상 일을 돌보아야 하는 상황 : ②
(3) 자신의 생각대로 주관적인 판단이나 희망적 관찰에 의해 행동으로 실행하는 현상 : ⑥
(4) 상황해석을 잘못하거나 목표를 잘못 이해하고 착각하여 행하는 경우 : ⑤

18 동작상의 실패를 방지하기 위한 일반적인 조건 3가지를 쓰시오.

해답

① 착각을 일으킬 수 있는 외부 조건이 없을 것
② 감각기의 기능이 정상일 것
③ 시간적, 수량적으로 능력을 발휘할 수 있는 체력이 있을 것
④ 올바른 판단을 내리기 위한 필요한 지식을 갖고 있을 것
⑤ 의식 동작을 필요로 할 때 무의식 동작을 행하지 않을 것

19 재해누발자의 유형 4가지를 쓰시오.

해답

① 상황성 누발자
② 습관성 누발자
③ 미숙성 누발자
④ 소질성 누발자

20 피로의 종류 2가지와 피로를 판정하는 방법 2가지를 쓰시오.

해답

(1) 종류
① 정신피로
② 육체피로

(2) 피로 판정 방법
① 생리적 방법
② 심리학적 방법
③ 생화학적 방법

21 피로는 작업으로 인하여 발생하는 것으로 피로의 3가지 특징을 쓰시오.

해답

① 능률의 저하
② 생체의 타각적인 기능의 변화
③ 피로의 자각 등의 변화 발생

22 기초대사량이 7,000[kcal/day]이고 작업 시 소비에너지가 20,000[kcal/day], 안정 시 소비에너지가 6,000[kcal/day]일 때 RMR을 구하시오.

해답

$$\text{RMR} = \frac{\text{작업 시 소비에너지} - \text{안정 시 소비에너지}}{\text{기초대사량}} = \frac{\text{작업대사량}}{\text{기초대사량}} = \frac{20{,}000 - 6{,}000}{7{,}000} = \frac{14{,}000}{7{,}000} = 2$$

23 신체 내에서 1L의 산소를 소비하면 5kcal의 에너지가 소모되며, 작업 시 산소소비량 측정 결과 분당 1.5L를 소비한다면 작업시간 60분 동안 포함되어야 하는 휴식시간은?(단, 평균에너지 상한 5kcal, 휴식시간 에너지 소비량 1.5kcal)

해답

① 작업 시 평균 에너지 소비량=5kcal/L × 1.5L/min=7.5(kcal/min)

② $R=\dfrac{60(E-5)}{E-1.5}=\dfrac{60(7.5-5)}{7.5-1.5}=25(\text{분})$

24 산소소비량을 측정하기 위하여 5분간 배기하여 성분을 분석한 결과 O_2=16(%), CO_2=4(%)이고, 총배기량은 90(l)일 경우 분당 산소소비량과 에너지를 구하시오.(단, 산소 1(l)의 에너지가는 5(kcal)이다.)

해답

① 분당 배기량$(V_2)=\dfrac{90}{5}=18(l/\text{분})$

② 분당 흡기량$(V_1)=\dfrac{(100-O_2\%-CO_2\%)}{79}\times V_2=\dfrac{(100-16-4)}{79}\times 18=18.227=18.23(l/\text{분})$

③ 분당 산소소비량$=(21\%\times V_1)-(O_2\%\times V_2)=(0.21\times 18.23)-(0.16\times 18)=0.948=0.95(l/\text{분})$

④ 분당 에너지 소비량=분당 산소소비량 × 5kcal=0.95 × 5=4.75(kcal/분)

25 다음의 동기부여에 관한 이론 중 매슬로, 허즈버그, 알더퍼의 이론을 상호비교한 아래의 표에서 빈 칸에 알맞은 내용을 쓰시오.

<table>
<tr><th>매슬로의 욕구이론</th><th>허즈버그의 2요인 이론</th><th>알더퍼의 ERG이론</th></tr>
<tr><td>생리적 욕구</td><td rowspan="3">(③)</td><td rowspan="2">생존욕구</td></tr>
<tr><td>(①)</td></tr>
<tr><td>(②)</td><td>(⑤)</td></tr>
<tr><td>인정받으려는 욕구</td><td rowspan="2">(④)</td><td rowspan="2">(⑥)</td></tr>
<tr><td>자아실현의 욕구</td></tr>
</table>

해답

① 안전의 욕구
② 사회적 욕구
③ 위생요인
④ 동기요인
⑤ 관계욕구
⑥ 성장욕구

26 Davis의 동기부여 이론을 설명하고 공식의 3가지 요소를 쓰시오.

해답

(1) 동기부여 이론

인간의 성과 × 물질적 성과 = 경영의 성과

(2) 공식의 3가지 요소

① 지식 × 기능 = 능력
② 상황 × 태도 = 동기유발
③ 능력 × 동기유발 = 인간의 성과

27 무재해운동 추진 중 사고나 재해가 발생하여도 무재해로 인정되는 경우 4가지를 쓰시오.

해답

① 업무수행 중의 사고 중 천재지변 또는 돌발적인 사고로 인한 구조행위 또는 긴급피난 중 발생한 사고
② 출·퇴근 도중에 발생한 재해
③ 운동경기 등 각종 행사 중 발생한 재해
④ 천재지변 또는 돌발적인 사고 우려가 많은 장소에서 사회통념상 인정되는 업무수행 중 발생한 사고
⑤ 제3자의 행위에 의한 업무상 재해
⑥ 업무상 질병에 대한 구체적인 인정기준 중 뇌혈관질병 또는 심장질병에 의한 재해
⑦ 업무시간 외에 발생한 재해, 다만 사업주가 제공한 사업장 내의 시설물에서 발생한 재해 또는 작업개시 전의 작업준비 및 작업종료 후의 정리정돈과정에서 발생한 재해는 제외한다.
⑧ 도로에서 발생한 사업장 밖의 교통사고, 소속 사업장을 벗어난 출장 및 외부기관으로 위탁교육 중 발생한 사고, 회식 중의 사고, 전염병 등 사업주의 법 위반으로 인한 것이 아니라고 인정되는 재해

28 무재해운동의 위험예지훈련에서 실시하는 문제해결 4라운드 진행법을 순서대로 쓰시오.

해답

① 제1단계 : 현상파악
② 제2단계 : 본질추구
③ 제3단계 : 대책수립
④ 제4단계 : 목표설정

29 위험예지훈련에서 활용하는 기법 중 브레인스토밍 4원칙을 쓰시오.

해답

① 비판금지 : 「좋다」, 「나쁘다」라고 비판은 하지 않는다.
② 대량발언 : 내용의 질적 수준보다 양적으로 무엇이든 많이 발언한다.
③ 자유분방 : 자유로운 분위기에서 마음대로 편안한 마음으로 발언한다.
④ 수정발언 : 타인의 아이디어를 수정하거나 보충 발언해도 좋다.

CHAPTER

03 기계안전시설 관리 예상문제

01 기계안전일반

01 다음 그림을 보고 기계 설비에 의해 형성되는 위험점의 명칭을 쓰시오.

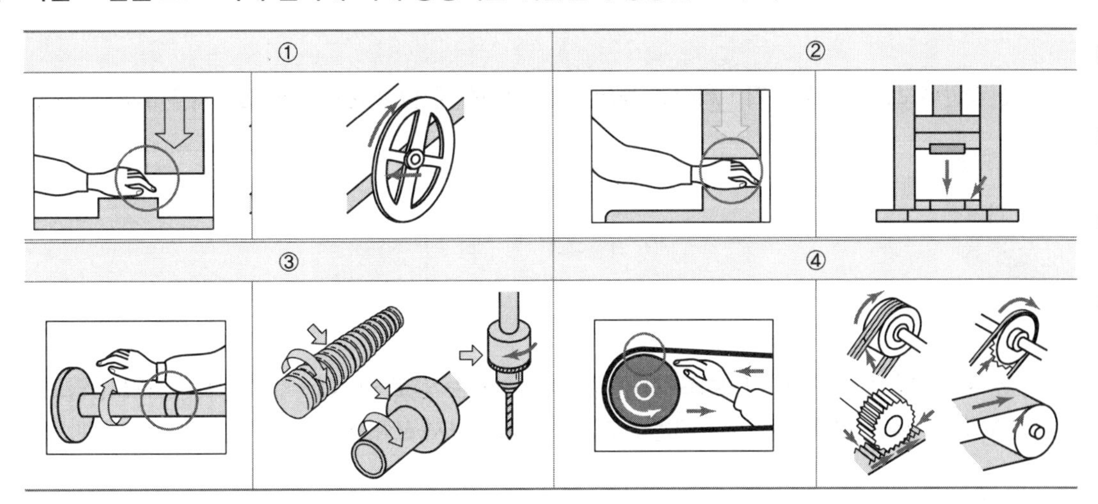

해답

① 끼임점
② 협착점
③ 회전 말림점
④ 접선 물림점

02 기계설비의 근원적인 안전화 확보를 위한 고려사항(안전조건)을 4가지 쓰시오.

해답

① 외관상의 안전화
② 기능적 안전화
③ 작업점의 안전화
④ 작업의 안전화
⑤ 구조상의 안전화
⑥ 보전작업의 안전화

03 작업점 가드의 구비조건에 관하여 4가지 쓰시오.

해답

① 충분한 강도를 유지할 것
② 구조가 단순하고 조정이 용이할 것
③ 작업, 점검, 주유 시 장애가 없을 것
④ 위험점 방호가 확실할 것
⑤ 개구부 등 간격(틈새)이 적정할 것

04 산업안전보건법상 원동기 · 회전축 등의 위험 방지를 위한 기계적인 안전조치를 3가지 쓰시오.

해답

① 덮개
② 울
③ 슬리브
④ 건널다리

05 유해 · 위험 방지를 위한 방호조치를 하지 아니하고는 양도 · 대여 · 설치 · 사용하거나 양도 · 대여를 목적으로 진열해서는 아니 되는 기계 · 기구를 5가지 쓰시오.

해답

① 예초기
② 원심기
③ 공기압축기
④ 금속절단기
⑤ 지게차
⑥ 포장기계

06 프레스 및 전단기의 방호장치를 4가지 쓰시오.

해답

① 광전자식
② 양수조작식
③ 가드식
④ 손쳐내기식
⑤ 수인식

07 광전자식 방호장치 프레스에 관한 설명 중 (　) 안에 알맞은 내용이나 수치를 써 넣으시오.

(1) 프레스 또는 전단기에서 일반적으로 많이 활용하고 있는 형태로 투광부, 수광부, 컨트롤 부분으로 구성된 것으로서 신체의 일부가 광선을 차단하면 기계를 급정지시키는 방호장치는 (①)분류에 해당된다.
(2) 정상동작표시램프는 (②)색, 위험표시램프는 (③)색으로 하며, 쉽게 근로자가 볼 수 있는 곳에 설치해야 한다.
(3) 방호장치는 릴레이, 리미트 스위치 등의 전기부품의 고장, 전원전압의 변동 및 정전에 의해 슬라이드가 불시에 동작하지 않아야 하며, 사용전원전압의 ±(④)의 변동에 대하여 정상으로 작동되어야 한다.

해답

① A－1
② 녹
③ 붉은
④ 100분의 20

08 프레스와 전단기에 관한 다음의 설명에 맞는 방호장치를 각각 쓰시오.

① 방호장치의 감지기능은 규정한 검출영역 전체에 걸쳐 유효하여야 하며, 슬라이드 하강 중 정전 또는 방호장치의 이상 시에 정지할 수 있는 구조이어야 한다.
② 1행정 1정지 기구에 사용할 수 있어야 하며, 슬라이드 하강 중 정전 또는 방호장치의 이상 시에 정지할 수 있는 구조이어야 한다.
③ 부착볼트 등의 고정금속부분은 예리한 돌출현상이 없어야 하며, 슬라이드 하행정거리의 3/4 위치에서 손을 완전히 밀어내어야 한다.
④ 손목밴드(wrist band)의 재료는 유연한 내유성 피혁 또는 이와 동등한 재료를 사용하고, 착용감이 좋으며 쉽게 착용할 수 있는 구조이고, 수인끈은 작업자와 작업공정에 따라 그 길이를 조정할 수 있어야 한다.

해답

① 광전자식(감응식) 방호장치
② 양수조작식 방호장치
③ 손쳐내기식 방호장치
④ 수인식 방호장치

09 B공장에서 사용하는 프레스는 양수조작식 방호장치를 장착하고 있다. 이 프레스의 양단에 있는 동작용 누름 버튼의 스위치의 최소거리(mm)를 쓰시오.

해답

300mm 이상

10 클러치 맞물림 개소수 5개, spm 200인 프레스의 양수기동식 방호장치의 안전거리를 구하시오.

해답

① $T_m = \left(\frac{1}{\text{클러치 맞물림 개소수}} + \frac{1}{2} \right) \times \left(\frac{60,000}{\text{매분 행정수}} \right) = \left(\frac{1}{5} + \frac{1}{2} \right) \times \frac{60,000}{200} = 210(\text{ms})$

② $D_m = 1.6 \times T_m = 1.6 \times 210 = 336(\text{mm})$

TIP 양수기동식 안전거리

$$D_m = 1.6\,T_m$$

여기서, D_m : 안전거리[mm]

T_m : 양손으로 누름단추를 누르기 시작할 때부터 슬라이드가 하사점에 도달하기까지 소요시간[ms]

$T_m = \left(\frac{1}{\text{클러치 맞물림 개소 수}} + \frac{1}{2} \right) \times \frac{60,000}{\text{매분 행정 수}} (\text{ms})$

11 광전자식 방호장치가 설치된 마찰클러치식 기계프레스에서 급정지시간이 200ms로 측정되었을 경우 안전거리(mm)를 구하시오.

해답

안전거리(mm) $= 1,600 \times (T_c + T_s) = 1,600 \times$ 급정지시간(초) $= 1,600 \times \left(200 \times \frac{1}{1,000} \right) = 320(\text{mm})$

TIP $\text{ms} = \frac{1}{1,000}$초

12 프레스 급정지 기구가 부착되어 있지 않아도 유효한 방호장치 4가지를 쓰시오.

해답

① 게이트 가드식 방호장치
② 양수기동식 방호장치
③ 손쳐내기식 방호장치
④ 수인식 방호장치

13 프레스 작업이 끝난 후 페달에 U자형 커버를 씌우는 이유를 간략히 설명하시오.

해답

페달의 불시작동으로 인한 사고를 예방하고 안전을 유지하기 하기 위하여 설치한다.

14 아세틸렌 용접장치 검사 시 안전기의 설치 위치를 확인하려고 한다. 안전기가 설치되어야 할 위치는?

해답

① 취관
② 분기관
③ 발생기와 가스용기 사이

TIP 안전기의 설치
① 아세틸렌 용접장치의 취관마다 안전기를 설치하여야 한다. 다만, 주관 및 취관에 가장 가까운 분기관마다 안전기를 부착한 경우에는 그러하지 아니한다.
② 가스용기가 발생기와 분리되어 있는 아세틸렌 용접장치에 대하여 발생기와 가스용기 사이에 안전기를 설치하여야 한다.

15 아세틸렌 또는 가스집합 용접장치에 설치하는 역화방지기(안전기)의 성능시험 종류를 4가지 쓰시오.

해답

① 내압시험
② 기밀시험
③ 역류방지시험
④ 역화방지시험
⑤ 가스압력손실시험
⑥ 방출장치 동작시험

16 아세틸렌 용접장치 도관의 검사항목을 3가지 쓰시오.

해답

① 밸브의 작동상태
② 누출의 유무
③ 역화방지기 접속부 및 밸브코크의 작동상태의 이상 유무

17 산업안전보건법에서 정하고 있는 양중기의 종류 4가지를 쓰시오.

해답

① 크레인(호이스트 포함)
② 이동식 크레인
③ 리프트(이삿짐 운반용 리프트의 경우에는 적재하중이 0.1톤 이상인 것)
④ 곤돌라
⑤ 승강기

18 곤돌라의 방호장치 4가지를 쓰시오.

해답

① 과부하방지장치
② 권과방지장치
③ 제동장치
④ 비상정지장치

19 산업안전보건법상 이동식 크레인의 방호장치 4가지를 쓰시오.

해답

① 과부하방지장치
② 권과방지장치
③ 비상정지장치
④ 제동장치

20 다음 설명에 해당하는 양중기 방호장치를 쓰시오.

① 양중기에 있어서 정격하중 이상의 하중이 부하되었을 경우 자동적으로 동작을 정지시켜주는 장치
② 양중기의 훅 등에 물건을 매달아 올릴 때 일정 높이 이상으로 감아올리는 것을 방지하는 장치

해답

① 과부하방지장치
② 권과방지장치

21 다음은 보일러의 이상현상에 관한 설명이다. 해당되는 현상을 쓰시오.

① 보일러 수 속의 용해 고형물이나 현탁 고형물이 증기에 섞여 보일러 밖으로 튀어 나가는 현상
② 유지분이나 부유물 등에 의하여 보일러수의 비등과 함께 수면부에 거품을 발생시키는 현상

해답

① 캐리오버
② 포밍

22 보일러 운전 중 프라이밍의 발생원인 3가지를 쓰시오.

해답

① 보일러 관수의 농축
② 주 증기 밸브의 급개
③ 보일러 부하의 급변화 운전
④ 보일러수 또는 관수의 수위를 높게 운전

23 보일러에서 발생할 수 있는 캐리오버의 원인을 4가지 쓰시오.

해답

① 보일러의 구조상 공기실이 적고 증기 수면이 좁을 때
② 기수분리장치가 불완전한 경우
③ 주 증기를 멈추는 밸브를 급히 열었을 경우
④ 보일러 수면이 너무 높을 때
⑤ 보일러 부하가 과대한 경우

24 다음은 보일러에 설치하는 압력방출장치에 대한 안전기준이다. ( ) 안에 적당한 수치나 내용을 써 넣으시오.

(1) 사업주는 보일러의 안전한 가동을 위하여 보일러규격에 적합한 압력 방출장치를 1개 또는 2개 이상 설치하고, 최고 사용 압력 이하에서 작동되도록 하여야 한다. 다만, 압력방출장치가 2개 이상 설치된 경우에는 최고 사용압력 이하에서 1개가 작동되고, 다른 압력 방출 장치는 최고사용압력의 (①)배 이하에서 작동되도록 부착하여야 한다.
(2) 압력방출장치는 (②)년에 1회 이상 산업통상자원부장관의 지정을 받은 국가교정업무 전담기관에서 교정을 받은 압력계를 이용하여 설정압력에서 압력방출장치가 적정하게 작동하는지를 검사한 후 (③)으로 봉인하여 사용하여야 한다.
(3) 다만, 공정안전보고서 제출 대상으로서 고용노동부장관이 실시하는 공정안전보고서 이행상태 평가 결과 우수한 사업장은 압력방출장치에 대하여 (④)년마다 1회 이상 설정압력에서 압력방출장치가 적정하게 작동하는지를 검사할 수 있다.

해답

① 1.05
② 매
③ 납
④ 4

25 보일러의 폭발사고를 예방하고 정상적인 기능이 유지되도록 하기 위해 설치해야 하는 방호장치를 3가지 쓰시오.

해답

① 압력방출장치
② 압력제한스위치
③ 고저수위조절장치
④ 화염검출기

26 압력용기의 표시사항을 3가지 쓰시오.

해답

① 최고사용압력
② 제조연월일
③ 제조회사명

27 롤러 맞물림 전방에 개구간격 12mm인 가드를 설치할 경우 가드 개구부의 간격(mm)을 구하시오.(ILO 기준으로 계산하시오.)

해답

$Y = 6 + 0.15X = 6 + (0.15 \times 12) = 7.8(\text{mm})$

TIP $Y = 6 + 0.15X(X < 160\text{mm})$ (단, $X \geq 160\text{mm}$일 때, $Y = 30\text{mm}$)
여기서, X : 개구면에서 위험점까지의 최단거리(mm)
Y : X에 대한 개구부 간격(mm)

28 롤러기 방호장치(급정지장치)의 종류 3가지와 조작부의 설치위치를 쓰시오.

해답

① 손으로 조작하는 것 : 밑면으로부터 1.8m 이내
② 복부로 조작하는 것 : 밑면으로부터 0.8m 이상 1.1m 이내
③ 무릎으로 조작하는 것 : 밑면으로부터 0.4m 이상 0.6m 이내

29 롤러기 급정지 장치 원주속도와 안전거리를 쓰시오.

(1) (①)m/min 이상 - 앞면 롤러 원주의 (②) 이내
(2) (③)m/min 미만 - 앞면 롤러 원주의 (④) 이내

해답

① 30
② $\frac{1}{2.5}$
③ 30
④ $\frac{1}{3}$

30 1,000[rpm]으로 회전하는 롤러의 앞면 롤러의 지름이 50[cm]인 경우 앞면 롤러의 표면속도와 관련 규정에 따른 급정지거리[cm]를 구하시오.

해답

① $V(\text{표면속도}) = \frac{\pi DN}{1,000} = \frac{\pi \times 500 \times 1,000}{1,000} = 1,570.80(\text{m/min})$

② 급정지거리 기준 : 표면속도가 30(m/min) 이상 시 원주의 $\frac{1}{2.5}$ 이내

③ $\text{급정지거리} = \pi D \times \frac{1}{2.5} = \pi \times 50 \times \frac{1}{2.5} = 62.83(\text{cm})$

TIP ① 급정지장치의 성능조건

앞면 롤러의 표면속도(m/min)	급정지거리
30 미만	앞면 롤러 원주의 1/3
30 이상	앞면 롤러 원주의 1/2.5

② 원둘레 길이 $= \pi D = 2\pi r$
여기서, D : 지름, r : 반지름

31 연삭숫돌에 관한 다음 내용의 빈칸에 알맞은 단어(숫자)를 넣으시오.

산업안전보건법상 사업주는 회전 중인 연삭숫돌(직경 5센티미터 이상)이 근로자에게 위협을 미칠 우려가 있는 때에는 해당 부위에 (①)를 설치하여야 하며, 작업을 시작하기 전에는 (②)분 이상, 연삭숫돌을 교체한 후에는 (③)분 이상 시험운전을 하고 해당 기계에 이상이 있는지를 확인하여야 한다.

해답

① 덮개 ② 1 ③ 3

32 연삭작업 시 숫돌의 파괴원인을 4가지 쓰시오.

해답

① 숫돌의 회전속도가 너무 빠를 때
② 숫돌 자체에 균열이 있을 때
③ 숫돌에 과대한 충격을 가할 때
④ 숫돌의 측면을 사용하여 작업할 때
⑤ 숫돌의 불균형이나 베어링 마모에 의한 진동이 있을 때(숫돌이 경우에 따라 파손될 수 있다.)
⑥ 숫돌 반경방향의 온도변화가 심할 때
⑦ 작업에 부적당한 숫돌을 사용할 때
⑧ 숫돌의 치수가 부적당할 때
⑨ 플랜지가 현저히 작을 때

33 다음 연삭기의 덮개 각도를 쓰시오.(단, 이상, 이하, 이내를 정확히 구분할 것)

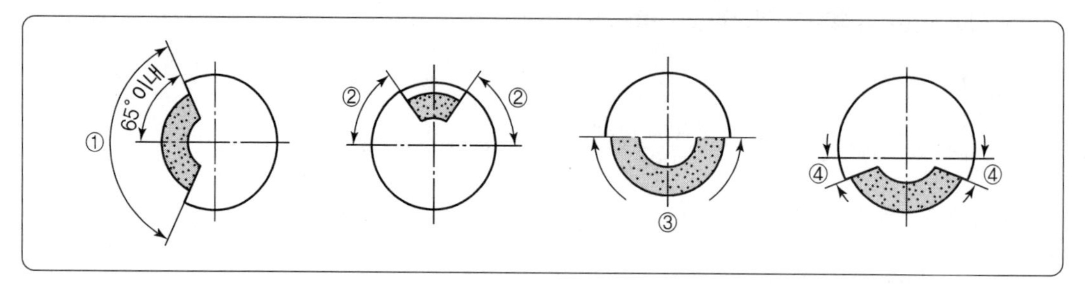

해답

① 125° 이내
② 60° 이상
③ 180° 이내
④ 15° 이상

34 목재가공용 둥근톱기계에 부착하여야 하는 방호장치 2가지를 쓰시오.

해답

① 분할날 등 반발예방장치
② 톱날 접촉예방장치

TIP 목재가공용 둥근톱의 방호장치
① 날접촉예방장치 ② 반발예방장치

35 목재가공용 둥근톱의 방호장치인 반발예방장치의 종류를 2가지 쓰시오.

해답

① 분할날
② 반발방지기구
③ 반발방지롤

36 목재가공용 둥근톱에서 분할날이 갖추어야 할 사항 3가지를 쓰시오.

해답

① 분할날의 두께는 둥근톱 두께의 1.1배 이상이어야 한다.
② 견고히 고정할 수 있으며 분할날과 톱날 원주면과의 거리는 12mm 이내로 조정, 유지할 수 있어야 한다.
③ 표준 테이블면 상의 톱 뒷날의 2/3 이상을 덮도록 하여야 한다.
④ 분할날 조임볼트는 2개 이상이어야 하며 볼트는 이완방지조치가 되어 있어야 한다.

37 산업안전보건법상 다음 [보기]의 기계 · 기구에 설치하여야 할 방호장치를 쓰시오.

① 아세틸렌용접장치　　③ 압력용기
② 교류아크용접기　　④ 연삭기

해답

① 안전기　　③ 압력방출장치
② 자동전격방지기　　④ 덮개

38 산업용 로봇의 작동범위 내에서 해당 로봇에 대하여 교시 등의 작업을 할 경우에는 해당 로봇의 예기치 못한 작동 또는 오조작에 의한 위험을 방지하기 위하여 관련 지침을 정하여 그 지침에 따라 작업을 하도록 하여야 하는데, 이해 관련 지침에 포함되어야 할 사항을 4가지 쓰시오.(단, 기타 로봇의 예기치 못한 작동 또는 오동작에 의한 위험 방지를 하기 위하여 필요한 조치 제외)

해답

① 로봇의 조작방법 및 순서
② 작업 중의 매니퓰레이터의 속도
③ 2명 이상의 근로자에게 작업을 시킬 경우의 신호방법
④ 이상을 발견한 경우의 조치
⑤ 이상을 발견하여 로봇의 운전을 정지시킨 후 이를 재가동시킬 경우의 조치

39 다음의 [보기]와 같은 기계장치들의 방호장치명을 쓰시오.

① 교류아크용접기　　③ 산업용 로봇
② 연삭기

해답

① 자동전격방지기
② 덮개
③ 안전매트

40 다음의 그림에서 지게차의 중량(G)이 1,000kg이고, 앞바퀴에서 화물의 중심까지의 거리(a)가 1.2m, 앞바퀴로부터 차의 중심까지의 거리(b)가 1.5m일 경우 지게차의 안정을 유지하기 위한 최대 화물중량(W)은 얼마 미만으로 해야 하는가?

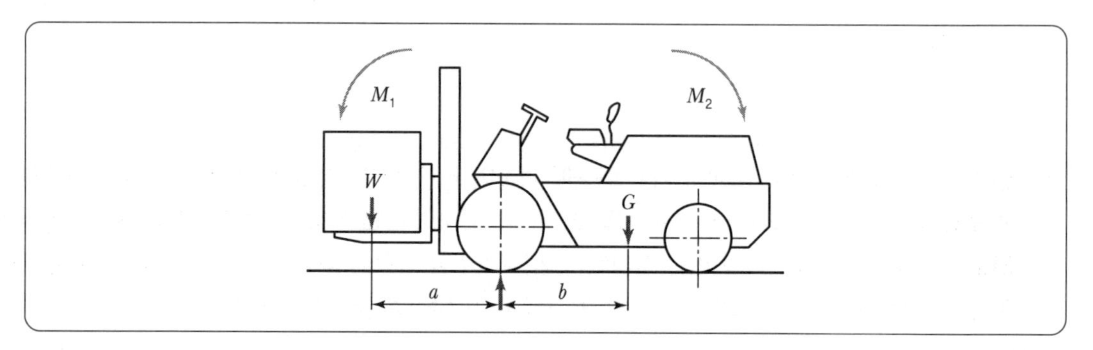

해답

① $M_1 = W_a = W \times 1.2 = 1.2W$

② $M_2 = Gb = 1{,}000 \times 1.5 = 1{,}500\text{kg}$

③ $M_1 < M_2$

④ $1.2W < 1{,}500$

⑤ $W < 1{,}250(\text{kg})$

⑥ $\therefore W = 1{,}250(\text{kg})$ 미만

TIP 지게차의 안정조건

$$Wa < Gb$$

여기서, W : 화물중심에서의 화물의 중량[kgf]
G : 지게차 중심에서의 지게차의 중량[kgf]
a : 앞바퀴에서 화물 중심까지의 최단거리[cm]
b : 앞바퀴에서 지게차 중심까지의 최단거리[cm]
$M_1 = Wa$(화물의 모멘트)
$M_2 = Gb$(지게차의 모멘트)

41 화물의 낙하로 인하여 지게차의 운전자에게 위험을 미칠 우려가 있는 작업장에서 사용되는 지게차의 헤드가드가 갖추어야 할 사항 2가지를 쓰시오.

해답

① 강도는 지게차의 최대하중의 2배 값(4톤을 넘는 값에 대해서는 4톤으로 한다)의 등분포정하중에 견딜 수 있을 것

② 상부틀의 각 개구의 폭 또는 길이가 16센티미터 미만일 것

③ 운전자가 앉아서 조작하거나 서서 조작하는 지게차의 헤드가드는 한국산업표준에서 정하는 높이 기준 이상일 것(좌식 : 0.903m 이상, 입식 : 1.88m 이상)

42 다음 그림의 와이어로프의 꼬임형식을 쓰시오.

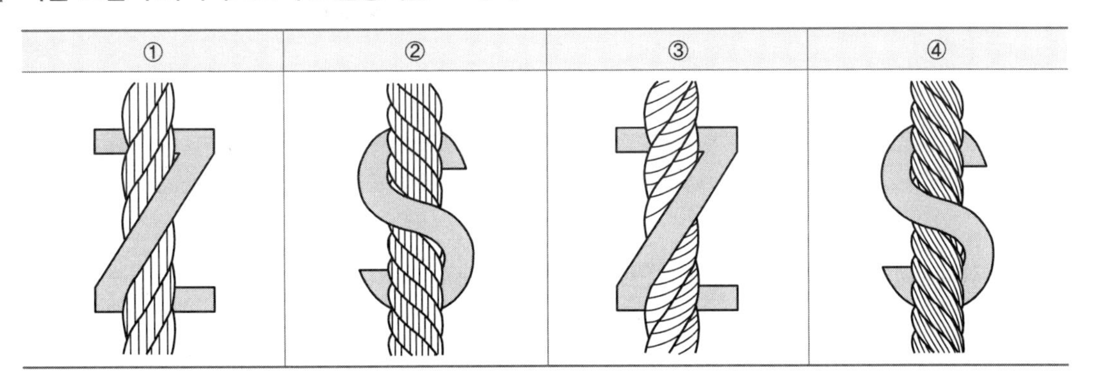

해답

① 보통 Z 꼬임

② 보통 S 꼬임

③ 랭 Z 꼬임

④ 랭 S 꼬임

TIP ① 보통 꼬임 : 로프의 꼬임 방향과 스트랜드의 꼬임 방향이 서로 반대방향으로 꼬는 방법
② 랭 꼬임 : 로프의 꼬임 방향과 스트랜드의 꼬임 방향이 서로 동일한 방향으로 꼬는 방법

43 980[kg]의 화물을 두 줄 걸이 로프로 상부각도 90°로 들어 올릴 때 한쪽 와이어로프에 걸리는 하중 [kg]을 계산하시오.

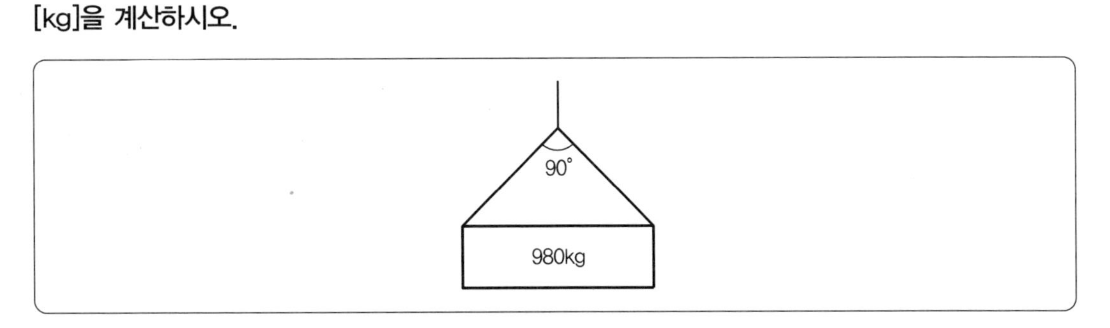

해답

$$하중 = \frac{화물의\ 무게(W_1)}{2} \div \cos\frac{\theta}{2} = \frac{980}{2} \div \cos\frac{90}{2} = 692.964 = 692.96(\text{kg})$$

CHAPTER

04 전기작업안전관리 및 화공안전점검 예상문제

01 전기안전일반

01 전격의 위험을 결정하는 1차적 요인 4가지를 쓰시오.

해답

① 통전전류의 크기
② 통전경로
③ 통전시간
④ 전원의 종류

02 C.F. DALZIEL의 관계식을 이용하여 심실세동을 일으킬 수 있는 에너지[J]를 구하시오.(단, 통전시간은 1초, 인체의 전기저항은 500Ω이다.)

해답

$$W = I^2RT = \left(\frac{165}{\sqrt{T}} \times 10^{-3}\right)^2 \times R \times T = \left(\frac{165}{\sqrt{1}} \times 10^{-3}\right)^2 \times 500 \times 1 = 13.61(\mathrm{J})$$

03 용접작업을 하는 작업자가 전압이 300V인 충전부분에 물에 젖은 손으로 접촉하여 감전으로 인한 심실세동을 일으켰다. 이때 인체에 흐른 심실세동전류[mA]와 통전시간[ms]을 구하시오.(단, 인체의 저항은 1,000Ω으로 한다.)

해답

① 전류$(I) = \dfrac{V}{R} = \dfrac{300}{1{,}000 \times \dfrac{1}{25}} = 7.5(\mathrm{A}) = 7{,}500(\mathrm{mA})$

② 통전시간

㉠ $I = \dfrac{165}{\sqrt{T}}(\mathrm{mA})$

㉡ $7{,}500(\mathrm{mA}) = \dfrac{165}{\sqrt{\mathrm{T}}}$

㉢ $T = \dfrac{165^2}{7{,}500^2} = 0.000484(\mathrm{s}) = 0.48(\mathrm{ms})$

TIP 인체의 전기저항
① 피부가 젖어 있는 경우 1/10로 감소
② 땀이 난 경우 1/12~1/20로 감소
③ 물에 젖은 경우 1/25로 감소

04 다음 [보기] 중 통전경로별 인체의 위험도가 큰 것부터 순서대로 나열하시오.

① 왼손 – 오른손　　③ 왼손 – 등
② 양손 – 양발　　④ 왼손 – 가슴

해답

④ → ② → ③ → ①

TIP 통전경로별 위험도

통전경로	심장전류계수	통전경로	심장전류계수
왼손 – 가슴	1.5	왼손 – 등	0.7
오른손 – 가슴	1.3	한 손 또는 양손 – 앉아 있는 자리	0.7
왼손 – 한 발 또는 양발	1.0	왼손 – 오른손	0.4
양손 – 양발	1.0	오른손 – 등	0.3
오른손 – 한 발 또는 양발	0.8		

※ 숫자가 클수록 위험도가 높다.

PART 01 PART 02 PART 03 PART 04

05 직접접촉에 의한 감전방지대책을 4가지 쓰시오.

해답

① 충전부가 노출되지 않도록 폐쇄형 외함이 있는 구조로 할 것
② 충전부에 충분한 절연효과가 있는 방호망이나 절연덮개를 설치할 것
③ 충전부는 내구성이 있는 절연물로 완전히 덮어 감쌀 것
④ 발전소 · 변전소 및 개폐소 등 구획되어 있는 장소로서 관계 근로자가 아닌 사람의 출입이 금지되는 장소에 충전부를 설치하고, 위험표시 등의 방법으로 방호를 강화할 것
⑤ 전주 위 및 철탑 위 등 격리되어 있는 장소로서 관계 근로자가 아닌 사람이 접근할 우려가 없는 장소에 충전부를 설치할 것

06 단락상태의 전로를 개폐할 수 있는 차단기(CB)의 역할을 2가지 쓰시오.

해답

① 정상전류의 개폐 및 이상상태 발생 시 회로를 차단
② 전기기기 및 전선류 등을 보호하여 안전하게 유지
③ 과부하 및 지락사고를 보호

07 누전차단기에 관련된 내용이다. (　)에 알맞은 답을 쓰시오.

> (1) 누전차단기는 지락검출장치, (①), 개폐기구 등으로 구성
> (2) 중감도형 누전차단기는 정격감도전류가 (②) ~ 1,000mA 이하
> (3) 시연형 누전차단기는 동작시간이 0.1초 초과 (③) 이내

해답

① 트립장치
② 50(mA)
③ 2초

08 감전방지용 누전차단기의 정격감도전류와 동작시간을 쓰시오.

해답

① 정격감도전류 : 30mA 이하
② 동작시간 : 0.03초 이내

09 정전작업을 하기 위한 작업 전 조치사항을 5가지 쓰시오.

해답

① 전기기기 등에 공급되는 모든 전원을 관련 도면, 배선도 등으로 확인할 것
② 전원을 차단한 후 각 단로기 등을 개방하고 확인할 것
③ 차단장치나 단로기 등에 잠금장치 및 꼬리표를 부착할 것
④ 개로된 전로에서 유도전압 또는 전기에너지가 축적되어 근로자에게 전기위험을 끼칠 수 있는 전기기기 등은 접촉하기 전에 잔류전하를 완전히 방전시킬 것
⑤ 검전기를 이용하여 작업 대상 기기가 충전되었는지를 확인할 것
⑥ 전기기기 등이 다른 노출 충전부와의 접촉, 유도 또는 예비동력원의 역송전 등으로 전압이 발생할 우려가 있는 경우에는 충분한 용량을 가진 단락 접지기구를 이용하여 접지할 것

10 충전전로의 선간전압이 다음과 같을 때 충전전로에 대한 접근한계거리를 쓰시오.

> ① 380V
> ② 1.5kV
> ③ 6.6kV
> ④ 22.9kV

해답

① 30cm
② 45cm
③ 60cm
④ 90cm

TIP

충전전로의 선간전압 (단위 : 킬로볼트)	충전전로에 대한 접근 한계거리 (단위 : 센티미터)	충전전로의 선간전압 (단위 : 킬로볼트)	충전전로에 대한 접근 한계거리 (단위 : 센티미터)
0.3 이하	접촉금지	121 초과 145 이하	150
0.3 초과 0.75 이하	30	145 초과 169 이하	170
0.75 초과 2 이하	45	169 초과 242 이하	230
2 초과 15 이하	60	242 초과 362 이하	380
15 초과 37 이하	90	362 초과 550 이하	550
37 초과 88 이하	110	550 초과 800 이하	790
88 초과 121 이하	130		

PART 01 PART 02 PART 03 PART 04

11 산업안전보건기준에 관한 규칙에서 정하는 누전에 의한 감전의 위험을 방지하기 위하여 접지를 하여야 하는 노출된 비충전 금속체 중에서 코드와 플러그를 접속하여 사용하는 전기기계 · 기구를 3가지 쓰시오.

해답

① 사용전압이 대지전압 150볼트를 넘는 것
② 냉장고 · 세탁기 · 컴퓨터 및 주변기기 등과 같은 고정형 전기기계 · 기구
③ 고정형 · 이동형 또는 휴대형 전동기계 · 기구
④ 물 또는 도전성이 높은 곳에서 사용하는 전기기계 · 기구, 비접지형 콘센트
⑤ 휴대형 손전등

12 교류아크 용접기의 방호장치명과 그 성능기준을 쓰시오.

해답

① 방호장치명 : 자동전격방지기
② 성능기준 : 아크 발생을 중지하였을 때 지동시간이 1.0초 이내에 2차 무부하 전압을 25V 이하로 감압시켜 안전을 유지할 수 있어야 한다.

13 정전기 대전형태를 4가지 쓰시오.

해답

① 마찰대전
② 박리대전
③ 유동대전
④ 분출대전
⑤ 충돌대전
⑥ 유도대전
⑦ 비말대전
⑧ 파괴대전
⑨ 교반대전

14 정전기로 인한 화재 폭발 방지대책을 4가지 쓰시오.

해답

① 접지
② 대전방지제 사용
③ 가습
④ 제전기 사용
⑤ 도전성 재료 사용

15 정전기 발생에 영향을 주는 요인 4가지를 쓰시오.

해답

① 물체의 특성
② 물체의 표면상태
③ 물체의 이력
④ 접촉면적 및 압력
⑤ 분리속도
⑥ 완화시간

16 다음 [보기]의 유속제한 속도를 쓰시오.

(1) 에테르, 이황화탄소 등 폭발성 물질 유속제한 : (①)m/s 이하
(2) 저항률이 10^{10}(Ω · cm) 미만의 배관 유속제한 : (②)m/s 이하

해답

① 1
② 7

17 폭발등급을 구분하여 안전간격과 등급별 가스의 종류를 쓰시오.

해답

폭발등급	안전간격	대상가스의 종류
1등급	0.6mm 초과	일산화탄소, 에탄, 프로판, 암모니아, 아세톤, 에틸에테르, 가솔린, 벤젠, 메탄 등
2등급	0.4mm 초과~0.6mm 이하	석탄가스, 에틸렌, 이소프렌, 산화에틸렌 등
3등급	0.4mm 이하	아세틸렌, 이황화탄소, 수소, 수성가스 등

18 가스 폭발 위험 장소 3가지를 분류하고 간단히 설명하시오.

해답

① 0종 장소 : 인화성 액체의 증기 또는 가연성 가스에 의한 폭발위험이 지속적으로 또는 장기간 존재하는 장소
② 1종 장소 : 정상작동상태에서 폭발위험분위기가 존재하기 쉬운 장소
③ 2종 장소 : 정상작동상태에서 폭발위험분위기가 존재할 우려가 없으나, 존재할 경우 그 빈도가 아주 적고 단기간만 존재할 수 있는 장소

19 다음에 해당하는 방폭구조의 기호를 쓰시오.

① 내압 방폭구조
② 충전 방폭구조
③ 본질안전 방폭구조
④ 몰드 방폭구조
⑤ 비점화 방폭구조

해답

① 내압 방폭구조 : d
② 충전 방폭구조 : q
③ 본질안전 방폭구조 : i(ia, ib)
④ 몰드 방폭구조 : m
⑤ 비점화 방폭구조 : n

TIP 방폭구조의 종류에 따른 기호

내압 방폭구조	d	안전증 방폭구조	e	비점화 방폭구조	n
압력 방폭구조	p	특수 방폭구조	s	몰드방폭구조	m
유입 방폭구조	o	본질안전 방폭구조	i(ia, ib)	충전방폭구조	q

20 다음과 같은 방폭구조의 기호를 설명하시오.

d IIA T_4

해답

① d : 방폭구조의 종류(내압방폭구조)
② IIA : 그룹을 나타낸 기호
③ T_4 : 온도등급, 최고표면온도(135℃)

TIP 그룹 II 전기기기의 최고표면온도

온도등급	최고표면온도(℃)
T_1	450 이하
T_2	300 이하
T_3	200 이하
T_4	135 이하
T_5	100 이하
T_6	85 이하

21 다음과 같은 방폭구조의 표시를 쓰시오.

(1) 방폭구조 : 외부가스가 용기 내로 침입하여 폭발하더라도 용기는 그 압력에 견디고 외부의 폭발성 가스에 착화될 우려가 없도록 만들어진 구조
(2) 그룹 : IIB
(3) 최고표면온도 : 90도

해답

Ex d II B T5

TIP ① Ex : 방폭기기 인증 표시
② d : 내압방폭구조

22 다음의 설명에 맞는 방폭구조의 명칭을 쓰시오.

(1) 유체 상부 또는 용기 외부에 존재할 수 있는 폭발성 분위기가 발화될 수 없도록 전기설비 또는 전기설비의 부품을 보호액에 함침시키는 방폭구조 : (①)
(2) 전기기기가 정상작동과 규정된 특정한 비정상상태에서 주위의 폭발성 가스 분위기를 점화시키지 못하도록 만든 방폭구조 : (②)
(3) 전기기기의 스파크 또는 열로 인해 폭발성 위험분위기에 점화되지 않도록 컴파운드를 충전해서 보호한 방폭구조 : (③)
(4) 폭발성 가스 분위기를 점화시킬 수 있는 부품을 고정하여 설치하고, 그 주위를 충전재로 완전히 둘러쌈으로서 외부의 폭발성 가스 분위기를 점화시키지 않도록 하는 방폭구조(④)

해답

① 유입방폭구조(o)
② 비점화 방폭구조(n)
③ 몰드방폭구조(m)
④ 충전방폭구조(q)

02 화공안전일반

23 산업안전보건법상 위험물질의 종류를 물질의 성질에 따라 7가지로 구분하여 쓰시오.

해답

① 폭발성 물질 및 유기과산화물
② 물반응성 물질 및 인화성 고체
③ 산화성 액체 및 산화성 고체
④ 인화성 액체
⑤ 인화성 가스
⑥ 부식성 물질
⑦ 급성 독성 물질

24 산업안전보건법상 위험물의 종류에 있어 다음 각 물질에 해당하는 것을 [보기]에서 2가지씩 골라 번호를 쓰시오.

(1) 폭발성 물질 및 유기과산화물
(2) 물 반응성 물질 및 인화성 고체

① 황
② 염소산
③ 하이드라진 유도체
④ 아세톤
⑤ 과망간산
⑥ 니트로소화합물
⑦ 수소
⑧ 리튬

해답

(1) 폭발성 물질 및 유기과산화물 : ③, ⑥
(2) 물 반응성 물질 및 인화성 고체 : ①, ⑧

TIP ② 염소산 : 산화성 액체 및 산화성 고체
④ 아세톤 : 인화성 액체
⑤ 과망간산 : 산화성 액체 및 산화성 고체
⑦ 수소 : 인화성 가스

25 다음에 해당하는 급성독성물질의 기준치를 쓰시오.

① LD_{50}(경구, 쥐)
② LD_{50}(경피, 토끼 또는 쥐)
③ 가스 LC_{50}(쥐, 4시간 흡입)
④ 증기 LC_{50}(쥐, 4시간 흡입)

해답

① 300mg/kg 이하
② 1,000mg/kg 이하
③ 2,500ppm 이하
④ 10mg/l 이하

26 다음 [보기] 중에서 노출기준(ppm)이 가장 낮은 것과 높은 것을 찾아 쓰시오.

① 암모니아
② 불소
③ 과산화수소
④ 사염화탄소
⑤ 염화수소
⑥ 이황화탄소
⑦ 이산화 황

해답

(1) 가장 낮은 것 : ② 불소
(2) 가장 높은 것 : ① 암모니아

TIP
① 암모니아 : 25ppm
② 불소 : 0.1ppm
③ 과산화수소 : 1ppm
④ 사염화탄소 : 5ppm
⑤ 염화수소 : 1ppm
⑥ 이황화탄소 : 10ppm
⑦ 이산화 황 : 2ppm

27 다음 [보기]의 설명은 산업안전보건법상 신규화학물질의 제조 및 수입 등에 관한 내용이다. ( ) 안에 해당하는 내용을 넣으시오.

> 신규화학물질을 제조하거나 수입하려는 자는 제조하거나 수입하려는 날 (①)일 전까지 해당 신규화학물질의 안전 · 보건에 관한 자료, 독성시험 성적서, 제조 또는 사용 · 취급방법을 기록한 서류 및 제조 또는 사용 공정도, 그 밖의 관련 서류를 첨부하여 (②)에게 제출하여야 한다.

해답

① 30
② 고용노동부장관

28 연소의 3요소와 그에 따른 소화방법을 쓰시오.

해답

① 가연성 물질 : 제거소화
② 산소공급원 : 질식소화
③ 점화원 : 냉각소화

29 다음 [보기]의 물질이 공기 중에서 연소할 때 이루어지는 주된 연소의 종류를 쓰시오.

> ① 수소
> ② 알코올
> ③ TNT
> ④ 알루미늄가루
> ⑤ 목탄
> ⑥ 종이
> ⑦ 파라핀
> ⑧ 피크린산
> ⑨ 석탄

해답

(1) 확산연소 : 수소
(2) 증발연소 : 알코올, 파라핀
(3) 자기연소 : TNT, 피크린산
(4) 표면연소 : 알루미늄가루, 목탄
(5) 분해연소 : 종이, 석탄

30 기체의 연소형태 2가지와 고체의 연소형태 4가지를 쓰시오.

해답

(1) 기체의 연소형태

① 확산연소
② 예혼합연소

(2) 고체의 연소형태

① 표면연소
② 분해연소
③ 증발연소
④ 자기연소

31 발화점과 인화점에 대하여 간단히 설명하시오.

해답

① 발화점 : 착화원(점화원)이 없는 상태에서 가연성 물질을 공기 또는 산소 중에서 가열하였을 때 발화되는 최저온도
② 인화점 : 가연성 물질에 점화원을 주었을 때 연소가 시작되는 최저온도

32 전기설비가 원인이 되어 발생할 수 있는 폭발의 성립조건을 3가지 쓰시오.

해답

① 가연성 가스, 증기 또는 분진이 폭발범위 내에 있어야 한다.
② 밀폐된 공간이 존재하여야 한다.
③ 점화원 또는 폭발에 필요한 에너지가 있어야 한다.

33 SLOP OVER(슬롭 오버)에 관하여 간략히 설명하시오.

해답

위험물 저장탱크의 화재 시 물 또는 포를 화염이 왕성한 표면에 방사할 때 위험물과 함께 탱크 밖으로 흘러넘치는 현상

34 폭발의 정의에서 UVCE와 BLEVE에 대하여 간단히 설명하시오.

해답

① UVCE(개방계 증기운 폭발) : 가연성 가스 또는 기화하기 쉬운 가연성 액체 등이 저장된 고압가스 용기(저장탱크)의 파괴로 인하여 대기 중으로 유출된 가연성 증기가 구름을 형성(증기운)한 상태에서 점화원이 증기운에 접촉하여 폭발하는 현상

② BLEVE(비등액 팽창증기 폭발) : 비등점이 낮은 인화성 액체 저장탱크가 화재로 인한 화염에 장시간 노출되어 탱크 내 액체가 급격히 증발하여 비등하고 증기가 팽창하면서 탱크 내 압력이 설계압력을 초과하여 폭발을 일으키는 현상

35 기체의 조성비가 아세틸렌 70%, 클로로벤젠 30%일 때 아세틸렌의 위험도와 혼합기체의 폭발하한계를 구하시오.(단, 아세틸렌 폭발범위 2.5~81, 클로로벤젠 폭발범위 1.3~7.1)

해답

① 아세틸렌의 위험도

$$위험도 = \frac{UFL - LFL}{LFL} = \frac{81 - 2.5}{2.5} = 31.40$$

② 폭발하한계

$$폭발하한계 = \frac{100}{\frac{V_1}{L_1} + \frac{V_2}{L_2}} = \frac{100}{\frac{70}{2.5} + \frac{30}{1.3}} = 1.975 = 1.96(\%)$$

36 부탄(C_4H_{10})이 완전연소하기 위한 화학양론식을 쓰고, 완전연소에 필요한 최소산소농도를 추정하시오.(단, 부탄의 폭발하한계는 1.6vol%이다.)

해답

① 화학양론식

$C_4H_{10} + 6.5O_2 \rightarrow 4CO_2 + 5H_2O$

② 최소산소농도

최소산소농도 = 연소하한계 × 산소의 화학양론적 계수 = 1.6 × 6.5 = 10.4(vol%)

37 화재의 분류와 분류에 따른 표시색을 쓰시오.

유형	화재의 분류	표시색
A급	일반화재	(④)
B급	(①)	(⑤)
C급	(②)	청색
D급	(③)	없음

해답

① 유류화재
② 전기화재
③ 금속화재
④ 백색
⑤ 황색

38 B급 화재에 적응성이 있는 소형수동식 소화기의 종류를 4가지 쓰시오.

해답

① 이산화탄소 소화기
② 할로겐화합물 소화기
③ 분말 소화기
④ 포말 소화기

39 인화성 물질의 증기, 가연성 가스 등으로 인한 폭발 또는 화재를 예방하기 위한 조치를 3가지 쓰시오.

해답

① 통풍
② 환기
③ 분진 제거

40 공업용으로 사용되는 다음의 고압가스 용기의 색상을 쓰시오.

① 산소
② 질소
③ 아세틸렌
④ 수소
⑤ 암모니아

해답

① 녹색
② 회색
③ 황색
④ 주황색
⑤ 백색

41 화재에 대한 다음 소화방법에 대하여 설명하시오.

① 제거소화법
② 질식소화법

해답

① 제거소화법 : 가연성 물질을 연소구역에서 제거하여 줌으로써 소화하는 방법
② 질식소화법 : 공기 중에 존재하고 있는 산소의 농도 21%를 15% 이하로 낮추어 소화하는 방법

42 할로겐화합물 소화기에 부촉매제로 사용되는 할로겐원소의 종류를 4가지 쓰시오.

해답

① F(불소)
② Cl(염소)
③ Br(브롬)
④ I(요오드)

43 다음 물음에 적응성이 있는 소화기의 답을 [보기]에서 모두 골라 기호로 쓰시오.

(1) 전기설비에 사용하는 소화기
(2) 인화성 액체에 사용하는 소화기
(3) 자기반응성 물질에 사용하는 소화기

① 포 소화기
② 이산화탄소소화기
③ 봉상수소화기
④ 물통 또는 수조
⑤ 할로겐화합물소화기
⑥ 건조사

해답

(1) 전기설비에 사용하는 소화기 : ②, ⑤
(2) 인화성 액체에 사용하는 소화기 : ①, ②, ⑤, ⑥
(3) 자기반응성 물질에 사용하는 소화기 : ①, ③, ④, ⑥

44 다음 [보기]의 안전밸브 형식표시사항을 상세히 기술하시오.

SF II1 – B

해답

① S : 요구성능(증기의 분출압력을 요구)
② F : 유량제한기구(전량식)
③ II : 호칭입구 크기 구분(25mm 초과 50mm 이하)
④ 1 : 호칭압력 구분(1MPa 이하)
⑤ B : 평형형

45 산업안전보건법에 따라 이상 화학반응, 밸브의 막힘 등 이상상태로 인한 압력 상승으로 당해 설비의 최고 사용압력을 구조적으로 초과할 우려가 있는 화학설비 및 그 부속설비에 안전밸브 또는 파열판을 설치하여야 한다. 이때 반드시 파열판을 설치해야 하는 이유 2가지를 쓰시오.

해답

① 반응 폭주 등 급격한 압력 상승 우려가 있는 경우
② 급성 독성물질의 누출로 인하여 주위의 작업환경을 오염시킬 우려가 있는 경우
③ 운전 중 안전밸브에 이상 물질이 누적되어 안전밸브가 작동되지 아니할 우려가 있는 경우

46 특수화학설비의 안전조치 사항을 3가지 쓰시오.

해답

① 계측장치의 설치(온도계, 유량계, 압력계)
② 자동경보장치의 설치
③ 긴급차단장치의 설치

47 화학설비 설치 시 내부의 이상상태를 조기에 파악하기 위한 계측장치의 종류를 3가지 쓰시오.

해답

① 온도계
② 유량계
③ 압력계

48 다음의 빈칸을 채우시오.

사업주는 화학설비 또는 그 배관의 밸브나 콕에는 (①), (②), (③), (④) 등에 따라 내구성이 있는 재료를 사용하여야 한다.

해답

① 개폐의 빈도
② 위험물질 등의 종류
③ 온도
④ 농도

49 공정안전보고서 제출대상이 되는 유해위험 설비로 보지 않는 설비 2가지를 쓰시오.

해답

① 원자력 설비
② 군사시설
③ 사업주가 해당 사업장 내에서 직접 사용하기 위한 난방용 연료의 저장설비 및 사용설비
④ 도매 · 소매시설
⑤ 차량 등의 운송설비
⑥ 「액화석유가스의 안전관리 및 사업법」에 따른 액화석유가스의 충전 · 저장시설
⑦ 「도시가스사업법」에 따른 가스공급시설
⑧ 그 밖에 고용노동부장관이 누출 · 화재 · 폭발 등으로 인한 피해의 정도가 크지 않다고 인정하여 고시하는 설비

50 산업안전보건법상 공정안전보고서에 포함되어야 할 내용을 4가지 쓰시오.

해답

① 공정안전자료
② 공정위험성 평가서
③ 안전운전계획
④ 비상조치계획

51 공정안전보고서의 내용 중 '공정위험성 평가서'에서 적용하는 위험성 평가기법에 있어 '저장탱크, 유틸리티 설비 및 제조공정 중 고체건조, 분쇄설비' 등 간단한 단위공정에 대한 위험성 평가기법 4가지를 쓰시오.

해답

① 체크리스트기법
② 작업자실수분석기법
③ 사고예상질문분석기법
④ 위험과 운전분석기법
⑤ 상대 위험순위결정기법
⑥ 공정위험분석기법
⑦ 공정안전성분석기법

52 공정안전보고서 이행상태의 평가에 관한 내용이다. ( )에 알맞은 내용을 넣으시오.

(1) 고용노동부장관은 공정안전보고서의 확인 후 1년이 경과한 날부터 (①)년 이내에 공정안전보고서 이행상태의 평가를 하여야 한다.
(2) 고용노동부장관은 이행상태평가 후 (②)년마다 이행상태평가를 하여야 한다. 다만, 다음의 어느 하나에 해당하는 경우에는 (③)마다 실시할 수 있다.
㉠ 이행상태평가 후 사업주가 이행상태평가를 요청하는 경우
㉡ 사업장에 출입하여 검사 및 안전 · 보건점검 등을 실시한 결과 변경요소 관리계획 미준수로 공정안전보고서 이행상태가 불량한 것으로 인정되는 경우 등 고용노동부장관이 정하여 고시하는 경우

해답

① 2
② 4
③ 1년 또는 2년

53 공정안전보고서 내용 중 안전작업허가 지침에 포함되어야 하는 위험작업의 종류 5가지를 쓰시오.

해답

① 화기작업
② 일반위험작업
③ 밀폐공간 출입작업
④ 정전작업
⑤ 굴착작업
⑥ 방사선 사용작업

03 작업환경 안전일반

54 유해물질의 취급 등으로 근로자에게 유해한 작업환경을 개선하고 원인을 제거하기 위한 조치사항을 3가지 쓰시오.

해답

① 대치
② 격리
③ 환기

55 사업주가 인체에 해로운 분진, 흄(fume), 미스트(mist), 증기 또는 가스 상태의 물질을 배출하기 위하여 설치하는 국소배기장치의 후드설치 시 기준을 4가지 쓰시오.

해답

① 유해물질이 발생하는 곳마다 설치할 것
② 유해인자의 발생형태와 비중, 작업방법 등을 고려하여 해당 분진 등의 발산원을 제어할 수 있는 구조로 설치할 것
③ 후드(hood) 형식은 가능하면 포위식 또는 부스식 후드를 설치할 것
④ 외부식 또는 리시버식 후드는 해당 분진 등의 발산원에 가장 가까운 위치에 설치할 것

56 작업환경조사 시 사용되는 다음의 단위에 대하여 간략히 설명하시오.

① ppm	③ Lux
② mg/m^3	④ dB(A)

해답

① ppm : 가스 및 증기의 노출기준 표시단위
② mg/m^3 : 분진 및 미스트 등 에어로졸의 노출기준 표시단위
③ Lux : 빛의 양을 나타내는 조도의 단위
④ dB(A) : 소음의 크기를 나타내는 단위

CHAPTER

05 건설현장 안전시설 관리 예상문제

01 건설안전일반

01 토질조사방법에 해당하는 표준관입시험(SPT)에 관하여 간략히 설명하시오.

해답

무게 63.5kg의 해머로 76cm 높이에서 자유 낙하시켜 샘플러를 30cm 관입시키는 데 소요되는 타격횟수 N치를 측정하는 시험

02 히빙현상 방지대책을 3가지만 쓰시오.

해답

① 흙막이 근입깊이를 깊게
② 표토를 제거하여 하중감소
③ 굴착저면 지반개량(흙의 전단강도를 높임)
④ 굴착면 하중증가
⑤ 어스앵커 설치
⑥ 주변 지하수위 저하
⑦ 소단굴착을 하여 소단부 흙의 중량이 바닥을 누르게 함
⑧ 토류벽의 배면토압을 경감

03 굴착공사에서 발생할 수 있는 보일링현상 방지대책 3가지만 쓰시오.(단, 원상매립, 또는 작업의 중지를 제외함)

해답

① 차수성이 높은 흙막이벽 설치
② 흙막이 근입깊이를 깊게
③ 약액주입 등의 굴착면 고결
④ 주변의 지하수위 저하(웰포인트 공법 등)
⑤ 압성토 공법

04 토공사 시 연약지반을 보강하는 방법 5가지를 쓰시오.

해답

① 동다짐 공법
② 전기 충격 공법
③ 다짐 모래 말뚝 공법
④ 진동 다짐 공법
⑤ 폭파 다짐 공법
⑥ 약액 주입 공법
⑦ 치환공법
⑧ 압밀(재하)공법
⑨ 탈수공법
⑩ 배수공법
⑪ 고결공법

TIP

사질토 연약지반 개량 공법	① 동다짐 공법 ② 전기 충격 공법 ③ 다짐 모래 말뚝 공법	④ 진동 다짐 공법 ⑤ 폭파 다짐 공법 ⑥ 약액 주입 공법
점성토 연약지반 개량 공법	① 치환공법 ② 압밀(재하)공법 ③ 탈수공법	④ 배수공법 ⑤ 고결공법

05 건설업 중 고용노동부령으로 정하는 공사착공 시 유해 · 위험방지계획서를 작성하여 제출하는 경우 제출기한과 첨부서류 2가지를 쓰시오.

해답

(1) 제출기한
해당 공사의 착공 전날까지

(2) 첨부서류
① 공사 개요 및 안전보건관리계획
② 작업 공사 종류별 유해 · 위험방지계획

06 지상높이가 31m 이상 되는 건축물을 건설하는 공사현장에서 건설공사 유해 · 위험방지계획서를 작성하여 제출하고자 할 때 첨부하여야 하는 작업공종별 유해위험방지계획의 해당 작업공종을 4가지 쓰시오.

해답

① 가설공사
② 구조물공사
③ 마감공사
④ 기계설비공사
⑤ 해체공사

07 차량계 하역운반기계에 화물을 적재할 경우 준수해야 할 사항 3가지를 쓰시오.

해답

① 하중이 한쪽으로 치우치지 않도록 적재할 것
② 구내운반차 또는 화물자동차의 경우 화물의 붕괴 또는 낙하에 의한 위험을 방지하기 위하여 화물에 로프를 거는 등 필요한 조치를 할 것
③ 운전자의 시야를 가리지 않도록 화물을 적재할 것

08 차량계 하역 운반기계 운전자가 운전위치 이탈 시 준수해야 할 사항 2가지를 쓰시오.

해답

① 포크, 버킷, 디퍼 등의 장치를 가장 낮은 위치 또는 지면에 내려 둘 것
② 원동기를 정지시키고 브레이크를 확실히 거는 등 갑작스러운 주행이나 이탈을 방지하기 위한 조치를 할 것
③ 운전석을 이탈하는 경우에는 시동키를 운전대에서 분리시킬 것. 다만, 운전석에 잠금장치를 하는 등 운전자가 아닌 사람이 운전하지 못하도록 조치한 경우에는 그러하지 아니하다.

09 추락 등에 의한 위험을 방지하기 위하여 설치하는 안전난간의 주요 구성요소를 4가지 쓰시오.

해답

① 상부 난간대
② 중간 난간대
③ 발끝막이판
④ 난간기둥

10 안전난간대 구조에 관한 다음의 사항에서 ( ) 안에 해당하는 내용을 넣으시오.

(1) 상부난간대 : 바닥면 · 발판 또는 경사로의 표면으로부터 (①)m 이상
(2) 발끝막이판 : 바닥면 등으로부터 (②)cm 이상
(3) 난간대 : 지름 (③)cm 이상 금속제 파이프
(4) 하중 : (④)kg 이상 하중에 견딜 수 있는 튼튼한 구조

해답

① 0.9
② 10
③ 2.7
④ 100

11 물체의 낙하 · 비래로 인한 근로자의 위험을 방지하기 위한 시설이나 대책을 3가지 쓰시오.

해답

① 낙하물 방지망 설치
② 수직보호망 설치
③ 방호선반 설치
④ 출입금지구역 설정

12 산업안전보건법에서 굴착면의 높이가 2m 이상이 되는 지반의 굴착작업을 할 경우 근로자의 위험을 방지하기 위하여 해당 작업, 작업장의 지형 · 지반 및 지층 상태 등에 대한 사전조사를 하고 조사결과를 고려하여 작성해야 하는 작업계획서에 포함되어야 할 사항을 4가지 쓰시오.(단, 그 밖에 안전 · 보건에 관련된 사항은 제외한다.)

해답

① 굴착방법 및 순서, 토사 반출 방법
② 필요한 인원 및 장비 사용계획
③ 매설물 등에 대한 이설 · 보호대책
④ 사업장 내 연락방법 및 신호방법
⑤ 흙막이 지보공 설치방법 및 계측계획
⑥ 작업지휘자의 배치계획

13 지반의 굴착작업에 있어서 지반의 붕괴 등에 의해 근로자에게 위험을 미칠 우려가 있을 경우 실시하는 지반조사사항을 3가지 쓰시오.

해답

① 형상 · 지질 및 지층의 상태
② 균열 · 함수 · 용수 및 동결의 유무 또는 상태
③ 매설물 등의 유무 또는 상태
④ 지반의 지하수위 상태

14 사업주는 잠함 또는 우물통의 내부에서 근로자가 굴착작업을 하는 경우에 잠함 또는 우물통의 급격한 침하에 의한 위험을 방지하기 위하여 준수하여야 할 사항을 쓰시오.

해답

① 침하관계도에 따라 굴착방법 및 재하량 등을 정할 것
② 바닥으로부터 천장 또는 보까지의 높이는 1.8미터 이상으로 할 것

15 콘크리트 구조물로 옹벽을 축조할 경우, 필요한 안정조건을 3가지만 쓰시오.

해답

① 전도에 대한 안정
② 활동에 대한 안정
③ 지반지지력에 대한 안정

16 건설현장에서 주로 발생하는 토석붕괴의 원인 중 외적 원인을 4가지만 쓰시오.

해답

① 사면, 법면의 경사 및 기울기의 증가
② 절토 및 성토 높이의 증가
③ 공사에 의한 진동 및 반복 하중의 증가
④ 지표수 및 지하수의 침투에 의한 토사 중량의 증가
⑤ 지진, 차량, 구조물의 하중작용
⑥ 토사 및 암석의 혼합층 두께

17 산업안전보건법에서 정하고 있는 계단에 관한 안전기준이다. 괄호에 맞는 내용을 쓰시오.

(1) 사업주는 계단 및 계단참을 설치하는 경우 매 제곱미터당 (①)킬로그램 이상의 하중에 견딜 수 있는 강도를 가진 구조로 설치하여야 하며, 안전율은 (②) 이상으로 하여야 한다.
(2) 사업주는 계단을 설치하는 경우 그 폭을 (③)미터 이상으로 하여야 한다.
(3) 사업주는 높이가 (④)미터를 초과하는 계단에 높이 3미터 이내마다 너비 1.2미터 이상의 계단참을 설치하여야 한다.
(4) 사업주는 높이 (⑤)미터 이상인 계단의 개방된 측면에 안전난간을 설치하여야 한다.

해답

① 500
② 4
③ 1
④ 3
⑤ 1

18 가설통로 설치 시 준수사항을 5가지 쓰시오.

해답

① 견고한 구조로 할 것
② 경사는 30도 이하로 할 것
③ 경사가 15도를 초과하는 경우에는 미끄러지지 아니하는 구조로 할 것
④ 추락할 위험이 있는 장소에는 안전난간을 설치할 것

⑤ 수직갱에 가설된 통로의 길이가 15미터 이상인 경우에는 10미터 이내마다 계단참을 설치할 것
⑥ 건설공사에 사용하는 높이 8미터 이상인 비계다리에는 7미터 이내마다 계단참을 설치할 것

19 사다리식 통로 등을 설치하는 경우 준수사항 5가지를 쓰시오.

해답

① 견고한 구조로 할 것
② 심한 손상 · 부식 등이 없는 재료를 사용할 것
③ 발판의 간격은 일정하게 할 것
④ 발판과 벽과의 사이는 15센티미터 이상의 간격을 유지할 것
⑤ 폭은 30센티미터 이상으로 할 것
⑥ 사다리가 넘어지거나 미끄러지는 것을 방지하기 위한 조치를 할 것
⑦ 사다리의 상단은 걸쳐놓은 지점으로부터 60센티미터 이상 올라가도록 할 것
⑧ 사다리식 통로의 길이가 10미터 이상인 경우에는 5미터 이내마다 계단참을 설치할 것
⑨ 사다리식 통로의 기울기는 75도 이하로 할 것
⑩ 접이식 사다리 기둥은 사용 시 접혀지거나 펼쳐지지 않도록 철물 등을 사용하여 견고하게 조치할 것

20 달비계의 최대적재하중을 정하고자 한다. 다음에 해당하는 안전계수를 쓰시오.

(1) 달기와이어로프 및 달기강선의 안전계수 : (①) 이상
(2) 달기체인 및 달기훅의 안전계수 : (②) 이상
(3) 달기강대와 달비계의 하부 및 상부지점의 안전계수는 강재의 경우 (③) 이상, 목재의 경우 (④) 이상

해답

① 10
② 5
③ 2.5
④ 5

21 산업안전보건법에 따라 비계 작업 시 비, 눈 그 밖의 기상상태의 불안전으로 날씨가 몹시 나빠서 작업을 중지시킨 후 그 비계에서 작업을 할 때 당해 작업시작 전에 점검해야 할 사항을 4가지 쓰시오.

해답

① 발판 재료의 손상 여부 및 부착 또는 걸림 상태
② 해당 비계의 연결부 또는 접속부의 풀림 상태
③ 연결 재료 및 연결 철물의 손상 또는 부식 상태
④ 손잡이의 탈락 여부
⑤ 기둥의 침하, 변형, 변위 또는 흔들림 상태
⑥ 로프의 부착 상태 및 매단 장치의 흔들림 상태

22 산업안전보건법상 말비계를 조립하여 사용할 경우 준수해야 할 사항을 3가지 쓰시오.

해답

① 지주부재의 하단에는 미끄럼 방지장치를 하고, 근로자가 양측 끝부분에 올라서서 작업하지 않도록 할 것
② 지주부재와 수평면의 기울기를 75도 이하로 하고, 지주부재와 지주부재 사이를 고정시키는 보조부재를 설치할 것
③ 말비계의 높이가 2미터를 초과하는 경우에는 작업발판의 폭을 40센티미터 이상으로 할 것

23 산업안전보건법령상 동바리 조립 시의 준수사항을 3가지만 쓰시오.

해답

① 받침목이나 깔판의 사용, 콘크리트 타설, 말뚝박기 등 동바리의 침하를 방지하기 위한 조치를 할 것
② 동바리의 상하 고정 및 미끄러짐 방지 조치를 할 것
③ 상부 · 하부의 동바리가 동일 수직선상에 위치하도록 하여 깔판 · 받침목에 고정시킬 것
④ 개구부 상부에 동바리를 설치하는 경우에는 상부하중을 견딜 수 있는 견고한 받침대를 설치할 것
⑤ U헤드 등의 단판이 없는 동바리의 상단에 멍에 등을 올릴 경우에는 해당 상단에 U헤드 등의 단판을 설치하고, 멍에 등이 전도되거나 이탈되지 않도록 고정시킬 것
⑥ 동바리의 이음은 같은 품질의 재료를 사용할 것
⑦ 강재의 접속부 및 교차부는 볼트 · 클램프 등 전용철물을 사용하여 단단히 연결할 것
⑧ 거푸집의 형상에 따른 부득이한 경우를 제외하고는 깔판이나 받침목은 2단 이상 끼우지 않도록 할 것
⑨ 깔판이나 받침목을 이어서 사용하는 경우에는 그 깔판 · 받침목을 단단히 연결할 것

24 산업안전보건법령상 콘크리트 타설작업 시 준수사항을 3가지만 쓰시오.

해답

① 당일의 작업을 시작하기 전에 해당 작업에 관한 거푸집 및 동바리의 변형 · 변위 및 지반의 침하 유무 등을 점검하고 이상이 있으면 보수할 것
② 작업 중에는 감시자를 배치하는 등의 방법으로 거푸집 및 동바리의 변형 · 변위 및 침하 유무 등을 확인해야 하며, 이상이 있으면 작업을 중지하고 근로자를 대피시킬 것
③ 콘크리트 타설작업 시 거푸집 붕괴의 위험이 발생할 우려가 있으면 충분한 보강조치를 할 것
④ 설계도서상의 콘크리트 양생기간을 준수하여 거푸집 및 동바리를 해체할 것
⑤ 콘크리트를 타설하는 경우에는 편심이 발생하지 않도록 골고루 분산하여 타설할 것

25 거푸집을 작업발판과 일체로 제작하여 사용하는 작업발판 일체형 거푸집의 종류 4가지를 쓰시오.

해답

① 갱 폼
② 슬립 폼
③ 클라이밍 폼
④ 터널 라이닝 폼

26 깊이 10.5m 이상인 굴착의 경우 흙막이 구조의 안전을 예측하기 위해 설치하여야 하는 계측기기를 3가지만 쓰시오.

해답

① 수위계
② 경사계
③ 하중 및 침하계
④ 응력계

TIP 터널공사 계측관리
① 내공 변위 측정, ② 천단침하측정, ③ 지중 · 지표침하측정, ④ 록볼트 축력측정, ⑤ 숏크리트 응력 측정

27 콘트리트 타설작업 시 거푸집의 측압에 영향을 미치는 요인을 5가지 쓰시오.

해답

① 거푸집 수평단면 : 클수록 크다.
② 콘크리트 슬럼프치 : 클수록 커진다.
③ 거푸집 표면이 평활(평탄)할수록 커진다.
④ 철골, 철근량 : 적을수록 커진다.
⑤ 콘크리트 시공연도 : 좋을수록 커진다.
⑥ 외기의 온도, 습도 : 낮을수록 커진다.
⑦ 타설 속도 : 빠를수록 커진다.
⑧ 다짐 : 충분할수록 커진다.
⑨ 타설 : 상부에서 직접 낙하할 경우 커진다.
⑩ 거푸집의 강성 : 클수록 크다.
⑪ 콘크리트의 비중(단위중량) : 클수록 크다.
⑫ 벽 두께 : 두꺼울수록 커진다.

CHAPTER

06 산업안전 보호장비 관리 예상문제

01 보호구

01 근로자의 안전을 위해 사용하는 개인 보호구의 구비조건을 5가지 쓰시오.

해답

① 착용이 간편할 것
② 작업에 방해요소가 되지 않도록 할 것
③ 유해 · 위험요소에 대한 방호성능이 완전할 것
④ 재료의 품질이 우수할 것
⑤ 구조 및 표면가공이 우수할 것
⑥ 외관이 보기 좋을 것

02 안전모의 성능기준에서 내관통성 시험에 관한 내용이다. 빈칸에 알맞은 내용을 쓰시오.

(1) AE종 및 ABE종의 관통거리 : (①)mm 이하
(2) AB종의 관통거리 : (②)mm 이하

해답

① 9.5
② 11.1

03 안전모의 성능시험 항목을 5가지 쓰시오.

해답

① 내관통성
② 충격흡수성
③ 내전압성
④ 내수성
⑤ 난연성
⑥ 턱끈풀림

04 안전모의 모체를 수중에 담그기 전 무게가 440g, 모체를 20~25℃의 수중에 24시간 담근 후의 무게가 443.5g이었다면 무게 증가율과 합격 여부를 판단하시오.

해답

① 무게 증가율

$$\text{질량 증가율}(\%) = \frac{\text{담근 후의 질량} - \text{담그기 전의 질량}}{\text{담그기 전의 질량}} \times 100$$

$$= \frac{443.5 - 440}{440} \times 100 = 0.795 = 0.80(\%)$$

② 합격 여부

1% 미만이므로 합격

05 안전인증대상 보호구 중 안전화에 있어 성능 구분에 따른 안전화의 종류 5가지를 쓰시오.

해답

① 가죽제 안전화
② 고무제 안전화
③ 정전기 안전화
④ 발등 안전화
⑤ 절연화
⑥ 절연장화
⑦ 화학물질용 안전화

06 안전을 위하여 근로자가 착용하는 보호구 중 가죽제안전화의 성능시험 종류를 4가지 쓰시오.

해답

① 은면결렬시험
② 인열강도시험
③ 내부식성 시험
④ 인장강도시험 및 신장률
⑤ 내유성 시험
⑥ 내압박성 시험
⑦ 내충격성 시험
⑧ 박리저항 시험
⑨ 내답발성 시험

07 분진 등이 발생하는 장소 중에서 1급 방진마스크를 사용해야 하는 장소를 3곳 쓰시오.

해답

① 특급마스크 착용장소를 제외한 분진 등 발생장소
② 금속흄 등과 같이 열적으로 생기는 분진 등 발생장소
③ 기계적으로 생기는 분진 등 발생장소

08 방진마스크 선택 시 고려해야 할 사항 5가지를 쓰시오.

해답

① 여과 효율이 좋을 것
② 흡기 및 배기저항이 낮을 것
③ 사용적이 적을 것
④ 중량이 가벼울 것
⑤ 안면 밀착성이 좋을 것
⑥ 시야가 넓을 것
⑦ 피부 접촉부위의 고무질이 좋을 것

09 안면부 여과식 방진마스크의 분진 초기농도가 30mg/L, 여과 후 농도가 0.2mg/L일 때 다음에 답하시오.

(1) 포집효율(여과효율)은?
(2) 등급과 기준(이유)은?

해답

(1) 포집효율

$$포집효율(\%) = \frac{C_1 - C_2}{C_1} \times 100 = \frac{30 - 0.2}{30} \times 100 = 99.333 = 99.33[\%]$$

(2) 등급과 기준

① 등급 : 특급
② 기준 : 99.0 이상

TIP 여과재 분진 등 포집효율

형태 및 등급		염화나트륨(NaCl) 및 파라핀 오일(Paraffin oil) 시험(%)
분리식	특급	99.95 이상
	1급	94.0 이상
	2급	80.0 이상
안면부 여과식	특급	99.0 이상
	1급	94.0 이상
	2급	80.0 이상

10 방독마스크에 관한 용어를 설명한 것이다. 각각의 설명에 해당하는 용어를 쓰시오.

① 대응하는 가스에 대하여 정화통 내부의 흡착제가 포화상태가 되어 흡착력을 상실한 상태
② 방독마스크(복합형 포함)의 성능에 방진마스크의 성능이 포함된 방독마스크

해답

① 파과
② 겸용 방독마스크

TIP 방독마스크 용어의 정의

① 파과 : 대응하는 가스에 대하여 정화통 내부의 흡착제가 포화상태가 되어 흡착능력을 상실한 상태
② 파과시간 : 어느 일정 농도의 유해물질 등을 포함한 공기를 일정 유량으로 정화통에 통과하기 시작부터 파과가 보일 때까지의 시간
③ 파과곡선 : 파과시간과 유해물질 등에 대한 농도와의 관계를 나타낸 곡선
④ 전면형 방독마스크 : 유해물질 등으로부터 안면부 전체(입, 코, 눈)를 덮을 수 있는 구조의 방독마스크
⑤ 반면형 방독마스크 : 유해물질 등으로부터 안면부의 입과 코를 덮을 수 있는 구조의 방독마스크
⑥ 복합용 방독마스크 : 두 종류 이상의 유해물질 등에 대한 제독능력이 있는 방독마스크
⑦ 겸용 방독마스크 : 방독마스크(복합용 포함)의 성능에 방진마스크의 성능이 포함된 방독마스크

11 다음은 방독마스크의 등급 및 사용장소에 관한 내용이다. 물음에 답하시오.

(1) 고농도 : 가스 또는 증기의 농도가 (①)(암모니아에 있어서는 100분의 3) 이하의 대기 중에서 사용하는 것
(2) 중농도 : 가스 또는 증기의 농도가 (②)(암모니아에 있어서는 100분의 1.5) 이하의 대기 중에서 사용하는 것
(3) 저농도 및 최저농도 : 가스 또는 증기의 농도가 (③) 이하의 대기 중에서 사용하는 것으로서 긴급용이 아닌 것
(4) 방독마스크는 산소농도가 (④) 이상인 장소에서 사용하여야 하고, 고농도와 중농도에서 사용하는 방독마스크는 전면형(격리식, 직결식)을 사용해야 한다.

해답

① 100분의 2
② 100분의 1
③ 100분의 0.1
④ 18%

12 방독마스크를 착용할 수 없는 장소에 관하여 설명하시오.

해답

산소농도가 18% 미만인 장소에서 사용금지

TIP 방독마스크는 산소농도가 18% 이상인 장소에서 사용하여야 하고, 고농도와 중농도에서 사용하는 방독마스크는 전면형(격리식, 직결식)을 사용해야 한다.

13 시험가스의 농도 1.5%에서 표준유효시간이 80분인 정화통을 유해가스농도가 0.8%인 작업장에서 사용할 경우 유효사용 가능시간을 계산하시오.

해답

$$\text{유효사용시간} = \frac{\text{표준유효시간} \times \text{시험가스농도}}{\text{공기 중 유해가스농도}} = \frac{80 \times 1.5}{0.8} = 150(\text{분})$$

14 송풍기형 호스마스크의 종류 2가지를 쓰고 각각의 분진포집효율(%)을 기술하시오.

해답

① 전동 : 99.8% 이상
② 수동 : 95.0% 이상

15 안전인증대상 보호구 중 차광보안경의 사용 구분에 따른 종류 4가지를 쓰시오.

해답

① 자외선용
② 적외선용
③ 복합용
④ 용접용

16 다음의 착용 부위에 따른 방열복의 종류를 쓰시오.

① 상체
② 하체
③ 몸체(상 · 하체)
④ 손
⑤ 머리

해답

① 방열상의
② 방열하의
③ 방열일체복
④ 방열장갑
⑤ 방열두건

17 내전압용 절연장갑의 성능기준에 있어 각 등급에 대한 최대 사용전압을 쓰시오.

등 급	최대사용전압		등급별 색상
	교류(V, 실효값)	직류(V)	
00	500	(①)	갈색
0	(②)	1,500	빨강색
1	7,500	11,250	흰색
2	17,000	25,500	노랑색
3	26,500	39,750	녹색
4	(③)	(④)	등색

해답

① 750
② 1,000
③ 36,000
④ 54,000

02 안전보건표지

18 산업안전보건법상 안전보건표지에 있어 경고표지의 종류를 4가지 쓰시오.

해답

① 인화성물질경고
② 산화성물질경고
③ 폭발성물질경고
④ 급성독성물질경고
⑤ 부식성물질경고
⑥ 방사성물질경고
⑦ 고압전기경고
⑧ 매달린물체경고
⑨ 낙하물경고
⑩ 고온경고
⑪ 저온경고
⑫ 몸균형상실경고
⑬ 레이저광선경고
⑭ 발암성 · 변이원성 · 생식독성 · 전신독성 · 호흡기 과민성물질경고
⑮ 위험장소경고

19 산업안전보건법상의 안전 · 보건표지 중 안내표지 종류를 4가지 쓰시오.

해답

① 녹십자표지
② 응급구호표지
③ 들것
④ 세안장치
⑤ 비상용기구
⑥ 비상구
⑦ 좌측 비상구
⑧ 우측 비상구

20 산업안전보건법상 안전보건표지의 종류에서 '관계자 외 출입금지' 표지의 종류 3가지를 쓰시오.

해답

① 허가대상물질 작업장
② 석면취급/해체작업장
③ 금지대상물질의 취급 실험실 등

21 경고표지에 관한 용도 및 사용 장소에 관한 다음의 내용에 알맞은 종류를 쓰시오.

① 폭발성 물질이 있는 장소
② 돌 및 블록 등의 물체가 떨어질 우려가 있는 장소
③ 넘어질 위험이 있는 경사진 통로 입구
④ 휘발유 등 화기의 취급을 극히 주의해야 하는 물질이 있는 장소

해답

① 폭발성 물질 경고
② 낙하물체 경고
③ 몸균형 상실 경고
④ 인화성 물질 경고

22 안전보건표지 중에서 출입금지 표지를 그리고, 표지판의 색과 문자의 색을 적으시오.

해답

• 바탕 : 흰색
• 기본 모형 : 빨간색
• 관련 부호 및 그림 : 검정색

23 산업안전보건법상 안전 · 보건 표지 중 "응급구호 표지"를 그리시오.(단, 색상표시는 글자로 나타내도록 하고 크기에 대한 기준은 표시하지 않는다.)

해답

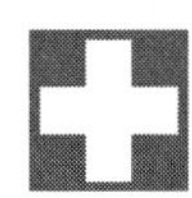

• 바탕 : 녹색
• 관련 부호 및 그림 : 흰색

24 위험장소경고표지를 그리고 색을 표현하시오.

해답

• 바탕 : 노란색
• 기본 모형, 관련 부호 및 그림 : 검은색

25 다음의 안전보건표지에서 경고표지와 지시표지를 고르시오.

①	②	③	④	⑤

⑥	⑦	⑧	⑨	⑩

해답

(1) 경고표지 : ①, ③, ⑤, ⑥, ⑨, ⑩
(2) 지시표지 : ②, ④, ⑦, ⑧

TIP
① 낙하물 경고
② 안전장갑 착용
③ 고압전기 경고
④ 귀마개 착용
⑤ 부식성 물질 경고
⑥ 몸균형상실 경고
⑦ 방독마스크 착용
⑧ 안전화 착용
⑨ 고온 경고
⑩ 인화성 물질 경고

26 산업안전표지의 색채에 대한 용도 및 사용례를 다음의 예시와 같이 구분하여 3가지를 간단히 쓰시오.

[예시]
빨간색(금지) : 정지신호, 소화설비 및 그 장소, 유해행위의 금지

해답

① 빨간색(경고) : 화학물질 취급장소에서의 유해 · 위험 경고
② 노란색(경고) : 화학물질 취급장소에서의 유해 · 위험 경고 이외의 위험 경고, 주의표지 또는 기계방호물
③ 파란색(지시) : 특정 행위의 지시 및 사실의 고지
④ 녹색(안내) : 비상구 및 피난소, 사람 또는 차량의 통행표지

27 다음과 같은 안전표지의 색채에 따른 색도기준, 용도 및 사용례에서 (   ) 안에 알맞은 내용을 쓰시오.

색채	색도기준	용도	사용례
(①)	7.5R 4/14	금지	정지신호, 소화설비 및 그 장소, 유해행위의 금지
		(③)	화학물질 취급장소에서의 유해 · 위험 경고
파란색	2.5PB 4/10	(④)	특정 행위의 지시 및 사실의 고지
흰색	N9.5		(⑤)
검은색	(②)		문자 및 빨간색 또는 노란색에 대한 보조색

해답

① 빨간색
② N0.5
③ 경고
④ 지시
⑤ 파란색 또는 녹색에 대한 보조색

CHAPTER

07 산업안전보건법 예상문제

01 산업안전보건법

01 산업안전보건법상 사업주의 의무와 근로자의 의무를 2가지씩 쓰시오.

해답

(1) 사업주의 의무

① 산업안전보건법에 따른 명령으로 정하는 산업재해 예방을 위한 기준 이행
② 근로자의 신체적 피로와 정신적 스트레스 등을 줄일 수 있는 쾌적한 작업환경의 조성 및 근로조건 개선 이행
③ 해당 사업장의 안전 및 보건에 관한 정보를 근로자에게 제공 이행

(2) 근로자의 의무

① 근로자는 산업안전보건법에 따른 명령으로 정하는 산업재해 예방을 위한 기준을 지켜야 한다.
② 사업주 또는 근로감독관, 공단 등 관계인이 실시하는 산업재해 예방에 관한 조치에 따라야 한다.

02 도급에 따른 산업재해 예방조치 중 경보체계 운영과 대피방법 등 훈련이 필요한 경우를 2가지만 쓰시오.

해답

① 작업 장소에서 발파작업을 하는 경우
② 작업 장소에서 화재 · 폭발, 토사 · 구축물 등의 붕괴 또는 지진 등이 발생한 경우

03 도급사업에 있어서의 합동 안전보건 점검을 할 때 점검반을 구성하여야 할 사람을 3가지 쓰시오.

해답

① 도급인(같은 사업 내에 지역을 달리하는 사업장이 있는 경우에는 그 사업장의 안전보건관리책임자)
② 관계수급인(같은 사업 내에 지역을 달리하는 사업장이 있는 경우에는 그 사업장의 안전보건관리책임자)
③ 도급인 및 관계수급인의 근로자 각 1명(관계수급인의 근로자의 경우에는 해당 공정만 해당)

04 산업안전보건법상 노사협의체의 설치대상 사업 1가지와 노사협의체의 운영에 있어 정기회의의 개최 주기를 쓰시오.

해답

① 설치대상 사업 : 공사금액이 120억 원(토목공사업은 150억 원) 이상인 건설공사
② 정기회의 : 2개월마다 노사협의체의 위원장이 소집

05 산업안전보건법상 취급근로자가 쉽게 볼 수 있는 장소에 게시 또는 비치해야 하는 물질안전보건자료(MSDS)에 기재해야 할 사항을 4가지 쓰시오.

해답

① 대상화학물질의 명칭
② 구성성분의 명칭 및 함유량
③ 안전 · 보건상의 취급주의 사항
④ 건강 유해성 및 물리적 위험성

06 물질안전보건자료(MSDS) 작성 시 포함사항 16가지 중 다음의 [제외]사항을 뺀 4가지를 쓰시오.

[제외]
① 화학제품과 회사에 관한 정보
② 구성성분의 명칭 및 함유량
③ 취급 및 저장방법
④ 물리화학적 특성
⑤ 폐기 시 주의사항
⑥ 그 밖의 참고사항

해답

① 유해성 · 위험성
② 응급조치요령
③ 폭발 · 화재 시 대처방법
④ 누출사고 시 대처방법
⑤ 노출방지 및 개인보호구
⑥ 안정성 및 반응성
⑦ 독성에 관한 정보
⑧ 환경에 미치는 영향
⑨ 운송에 필요한 정보
⑩ 법적 규제 현황

07 물질안전보건자료대상물질을 양도하거나 제공한 자는 변경된 물질안전보건자료를 제공받은 경우 이를 물질안전보건자료대상물질을 양도받거나 제공받는 자에게 제공하여야 한다. 기재내용을 변경할 필요가 있는 사항 중 양도받거나 제공받는 자에게 제공해야 할 내용을 3가지 쓰시오.

해답

① 제품명(구성성분의 명칭 및 함유량의 변경이 없는 경우로 한정)
② 물질안전보건자료대상물질을 구성하는 화학물질 중 유해인자의 분류기준에 해당하는 화학물질의 명칭 및 함유량(제품명의 변경 없이 구성성분의 명칭 및 함유량만 변경된 경우로 한정)
③ 건강 및 환경에 대한 유해성, 물리적 위험성

08 산업안전보건법상 도급사업에 있어 안전보건총괄책임자를 선임하여야 할 사업을 4가지 쓰시오.

해답

① 관계수급인에게 고용된 근로자를 포함한 상시근로자가 100명 이상인 사업
② 관계수급인에게 고용된 근로자를 포함한 상시근로자 50명 이상인 선박 및 보트 건조업
③ 관계수급인에게 고용된 근로자를 포함한 상시근로자 50명 이상인 1차 금속 제조업 및 토사석 광업
④ 관계수급인의 공사금액을 포함한 해당 공사의 총공사금액이 20억 원 이상인 건설업

09 산업안전보건법상 안전보건총괄책임자의 직무를 4가지 쓰시오.

해답

① 위험성 평가의 실시에 관한 사항
② 작업의 중지
③ 도급 시 산업재해 예방조치
④ 산업안전보건관리비의 관계수급인 간의 사용에 관한 협의 · 조정 및 그 집행의 감독
⑤ 안전인증대상기계 등과 자율안전확인대상기계 등의 사용 여부 확인

10 산업안전보건법상 물질안전보건자료의 작성 · 제출 제외 대상 화학물질 5가지를 쓰시오.(단, 일반소비자의 생활용으로 제공되는 것과 고용노동부장관이 독성 · 폭발성 등으로 인한 위해의 정도가 적다고 인정하여 고시하는 화학물질은 제외)

해답

① 「건강기능식품에 관한 법률」에 따른 건강기능식품
② 「농약관리법」에 따른 농약
③ 「마약류 관리에 관한 법률」에 따른 마약 및 향정신성의약품
④ 「비료관리법」에 따른 비료
⑤ 「사료관리법」에 따른 사료
⑥ 「생활주변방사선 안전관리법」에 따른 원료물질

⑦ 「식품위생법」에 따른 식품 및 식품첨가물
⑧ 「약사법」에 따른 의약품 및 의약외품
⑨ 「원자력안전법」에 따른 방사성물질
⑩ 「위생용품 관리법」에 따른 위생용품
⑪ 「의료기기법」에 따른 의료기기
⑫ 「첨단재생의료 및 첨단바이오의약품 안전 및 지원에 관한 법률」에 따른 첨단바이오의약품
⑬ 「총포·도검·화약류 등의 안전관리에 관한 법률」에 따른 화약류
⑭ 「폐기물관리법」에 따른 폐기물
⑮ 「화장품법」에 따른 화장품

11 위험물질을 제조·취급하는 작업장과 그 작업장이 있는 건축물에 출입구 외에 안전한 장소로 대피할 수 있는 비상구 1개 이상을 설치해야 하는 구조 조건을 2가지 쓰시오.

해답

① 출입구와 같은 방향에 있지 아니하고, 출입구로부터 3미터 이상 떨어져 있을 것
② 작업장의 각 부분으로부터 하나의 비상구 또는 출입구까지의 수평거리가 50미터 이하가 되도록 할 것
③ 비상구의 너비는 0.75미터 이상으로 하고, 높이는 1.5미터 이상으로 할 것
④ 비상구의 문은 피난 방향으로 열리도록 하고, 실내에서 항상 열 수 있는 구조로 할 것

12 공사용 가설도로를 설치하는 경우 준수사항 3가지를 쓰시오.

해답

① 도로는 장비와 차량이 안전하게 운행할 수 있도록 견고하게 설치할 것
② 도로와 작업장이 접하여 있을 경우에는 방책 등을 설치할 것
③ 도로는 배수를 위하여 경사지게 설치하거나 배수시설을 설치할 것
④ 차량의 속도제한 표지를 부착할 것

13 공기압축기를 가공하는 때의 작업 시작 전 점검사항을 4가지 쓰시오.

해답

① 공기저장 압력용기의 외관 상태
② 드레인밸브의 조작 및 배수
③ 압력방출장치의 기능
④ 언로드밸브의 기능
⑤ 윤활유의 상태
⑥ 회전부의 덮개 또는 울
⑦ 그 밖의 연결 부위의 이상 유무

14 크레인을 사용하여 작업할 때 작업 시작 전 점검사항을 3가지 쓰시오.

해답

① 권과방지장치 · 브레이크 · 클러치 및 운전장치의 기능
② 주행로의 상측 및 트롤리(trolley)가 횡행하는 레일의 상태
③ 와이어로프가 통하고 있는 곳의 상태

15 산업안전보건법상 이동식 크레인을 사용하여 작업을 할 때의 작업 시작 전 점검사항을 3가지 쓰시오.

해답

① 권과방지장치나 그 밖의 경보장치의 기능
② 브레이크 · 클러치 및 조정장치의 기능
③ 와이어로프가 통하고 있는 곳 및 작업장소의 지반상태

16 지게차를 사용하여 작업을 할 경우 작업 시작 전 점검사항을 4가지 쓰시오.

해답

① 제동장치 및 조종장치 기능의 이상 유무
② 하역장치 및 유압장치 기능의 이상 유무
③ 바퀴의 이상 유무
④ 전조등 · 후미등 · 방향지시기 및 경보장치 기능의 이상 유무

17 산업안전보건법에 따라 구내운반차를 사용하여 작업을 하고자 할 때 작업 시작 전 점검사항을 3가지만 쓰시오.

해답

① 제동장치 및 조종장치 기능의 이상 유무
② 하역장치 및 유압장치 기능의 이상 유무
③ 바퀴의 이상 유무
④ 전조등 · 후미등 · 방향지시기 및 경음기 기능의 이상 유무
⑤ 충전장치를 포함한 홀더 등의 결합상태의 이상 유무

18 컨베이어 작업 시 작업 시작 전에 점검해야 할 사항 3가지를 쓰시오.

해답

① 원동기 및 풀리 기능의 이상 유무
② 이탈 등의 방지장치 기능의 이상 유무
③ 비상정지장치 기능의 이상 유무
④ 원동기 · 회전축 · 기어 및 풀리 등의 덮개 또는 울 등의 이상 유무

19 근로자가 반복하여 계속적으로 중량물을 취급하는 작업을 할 때 작업 시작 전 점검사항을 2가지 쓰시오.(단, 그 밖에 하역운반기계 등의 적절한 사용방법은 제외한다.)

해답

① 중량물 취급의 올바른 자세 및 복장
② 위험물이 날아 흩어짐에 따른 보호구의 착용
③ 카바이드 · 생석회(산화칼슘) 등과 같이 온도상승이나 습기에 의하여 위험성이 존재하는 중량물의 취급방법

20 타워 크레인의 작업중지에 관한 내용이다. 빈칸을 채우시오.

- 운전 중 작업중지 풍속 (①)m/s
- 설치 · 수리 · 점검 작업중지 풍속 (②)m/s

해답

① 15
② 10

21 타워크레인의 설치 · 조립 · 해체작업 시 작업계획서 작성에 포함되어야 할 사항을 4가지 쓰시오.

해답

① 타워크레인의 종류 및 형식
② 설치 · 조립 및 해체순서
③ 작업도구 · 장비 · 가설설비 및 방호설비
④ 작업인원의 구성 및 작업근로자의 역할 범위
⑤ 타워크레인의 지지에 따른 지지 방법

22 차량계 건설기계를 사용하여 작업을 하는 때에는 작업계획을 작성하고 그 작업계획에 따라 작업을 실시하도록 해야 하는데 이 작업계획에 포함되어야 하는 사항을 3가지 쓰시오.

해답

① 사용하는 차량계 건설기계의 종류 및 성능
② 차량계 건설기계의 운행경로
③ 차량계 건설기계에 의한 작업방법

23 건물의 해체작업 시 해체계획에 포함되어야 하는 사항을 4가지 쓰시오.

해답

① 해체의 방법 및 해체 순서도면
② 가설설비 · 방호설비 · 환기설비 및 살수 · 방화설비 등의 방법
③ 사업장 내 연락방법
④ 해체물의 처분계획
⑤ 해체작업용 기계 · 기구 등의 작업계획서
⑥ 해체작업용 화약류 등의 사용계획서

24 사업주가 근로자로 하여금 환경미화 업무 등에 상시적으로 종사하도록 하는 경우 근로자가 접근하기 쉬운 장소에 설치해야 하는 세척시설 4가지를 쓰시오.

해답

① 세면시설
② 목욕시설
③ 탈의시설
④ 세탁시설

25 산업안전보건법상 양중기 안전에 관한 다음 사항에서 ( )에 알맞은 내용을 쓰시오.

① 양중기에 대한 권과방지장치는 훅 · 버킷 등 달기구의 윗면이 드럼, 상부 도르래, 트롤리프레임 등 권상장치의 아랫면과 접촉할 우려가 있는 경우에 그 간격이 ( ) 이상이 되도록 조정하여야 한다.
② 사업주는 순간풍속이 초당 ( )를 초과하는 바람이 불어올 우려가 있는 경우 옥외에 설치되어 있는 주행크레인에 대하여 이탈방지장치를 작동시키는 등 이탈 방지를 위한 조치를 하여야 한다.
③ 사업주는 갠트리 크레인 등과 같이 작업장 바닥에 고정된 레일을 따라 주행하는 크레인의 새들(saddle) 돌출부와 주변 구조물 사이의 안전공간이 ( ) 이상 되도록 바닥에 표시를 하는 등 안전공간을 확보하여야 한다.

해답

① 0.25미터
② 30미터
③ 40센티미터

26 양중기에 사용하는 와이어로프 사용금지 기준을 4가지 쓰시오.(단, 부식된 것, 손상된 것은 제외한다.)

해답

① 이음매가 있는 것
② 와이어로프의 한 꼬임에서 끊어진 소선의 수가 10% 이상인 것
③ 지름의 감소가 공칭지름의 7%를 초과하는 것
④ 꼬인 것

27 관리대상 유해물질을 취급하는 작업장에 게시해야 할 사항을 5가지 쓰시오.

해답

① 관리대상 유해물질의 명칭
② 인체에 미치는 영향
③ 취급상 주의사항
④ 착용하여야 할 보호구
⑤ 응급조치와 긴급 방재 요령

28 철골공사 작업을 중지해야 하는 조건을 3가지 쓰시오.

해답

① 풍속이 초당 10미터 이상인 경우
② 강우량이 시간당 1밀리미터 이상인 경우
③ 강설량이 시간당 1센티미터 이상인 경우

29 철골공사에서 강풍에 의한 풍압 등 외압에 대한 내력설계 확인이 필요한 구조안전의 위험이 큰 구조물의 종류를 4가지 쓰시오.

해답

① 높이 20미터 이상의 구조물
② 구조물의 폭과 높이의 비가 1 : 4 이상인 구조물
③ 단면구조에 현저한 차이가 있는 구조물
④ 연면적당 철골량이 50kg/m² 이하인 구조물
⑤ 기둥이 타이플레이트(tie plate)형인 구조물
⑥ 이음부가 현장용접인 구조물

30 중량물 취급 시 작업계획서 내용을 3가지 쓰시오.

해답

① 추락위험을 예방할 수 있는 안전대책
② 낙하위험을 예방할 수 있는 안전대책
③ 전도위험을 예방할 수 있는 안전대책
④ 협착위험을 예방할 수 있는 안전대책
⑤ 붕괴위험을 예방할 수 있는 안전대책

31 하역작업을 할 때 화물운반용 또는 고정용으로 사용할 수 없는 섬유로프를 쓰시오.

해답

① 꼬임이 끊어진 것
② 심하게 손상되거나 부식된 것

32 다음 괄호 안에 들어갈 알맞은 내용을 쓰시오.

(1) 화물취급 등에 있어서 바닥으로부터의 높이가 2미터 이상 되는 하적단과 인접 하적단 사이의 간격을 하적단의 밑부분을 기준하여 (①)센터미터 이상으로 하여야 한다.
(2) 부두 또는 안벽의 선을 따라 통로를 설치하는 경우에는 폭을 (②)미터 이상으로 할 것
(3) 육상에서의 통로 및 작업장소로서 다리 또는 선거 갑문을 넘는 보도 등의 위험한 부분에는 (③) 또는 울타리 등을 설치할 것

해답

① 10
② 0.9
③ 안전난간

PART 02

산업안전산업기사 예상문제

CHAPTER 01 산업안전관리 계획수립
CHAPTER 02 산업재해 대응
CHAPTER 03 기계안전시설 관리
CHAPTER 04 전기작업안전관리 및 화공안전점검
CHAPTER 05 건설현장 안전시설 관리
CHAPTER 06 산업안전 보호장비 관리
CHAPTER 07 산업안전보건법

CHAPTER

01 산업안전관리 계획수립 예상문제

01 안전관리조직

01 안전관리에 적용될 수 있는 조직의 종류를 열거하고 각각에 대하여 간략하게 3가지로 설명하시오.

해답

(1) 라인(line)형(직계형 조직)

① 명령과 보고가 상하관계뿐이므로 간단 명료한 조직
② 경영자의 명령이나 지휘가 신속, 정확하게 전달되어 개선 조치가 빠르게 진행
③ 안전에 대한 전문지식이나 정보가 불충분
④ 생산라인의 업무에 중점을 두어 안전보건관리가 소홀해질 수 있음
⑤ 100명 미만의 소규모 사업장에 적합한 조직형태

(2) 스태프(staff)형(참모형 조직)

① 경영자의 조언과 자문역할을 함
② 안전에 관한 지식, 기술의 정보 수집이 용이하고 빠름
③ 생산부분은 안전에 대한 책임과 권한이 없음
④ 안전과 생산을 별개로 취급하기 쉬움
⑤ 100명 이상 1,000명 미만의 중규모 사업장에 적합한 조직형태

(3) 라인-스태프(line-staff)형(직계 참모형 조직)

① 라인에서 안전보건 업무가 수행되어 안전보건에 관한 지시 명령 조치가 신속, 정확하게 이루어짐
② 스태프에서 안전에 관한 기획, 조사, 검토 및 연구를 수행
③ 명령계통과 조언, 권고적 참여가 혼동되기 쉬움
④ 라인과 스태프 간에 협조가 안 될 경우 업무의 원활한 추진 불가
⑤ 라인이 스태프에 의존 또는 활용하지 않는 경우가 있음
⑥ 1,000명 이상의 대규모 사업장에 적합한 조직형태

02 산업안전보건법상 안전보건관리 책임자의 업무를 4가지 쓰시오.

해답

① 산업재해 예방계획의 수립에 관한 사항
② 안전보건관리규정의 작성 및 변경에 관한 사항
③ 근로자의 안전 · 보건교육에 관한 사항
④ 작업환경측정 등 작업환경의 점검 및 개선에 관한 사항
⑤ 근로자의 건강진단 등 건강관리에 관한 사항
⑥ 산업재해의 원인 조사 및 재발 방지대책 수립에 관한 사항
⑦ 산업재해에 관한 통계의 유지 · 관리 · 분석을 위한 보좌 및 지도 · 조언
⑧ 안전 · 보건과 관련된 안전장치 및 보호구 구입 시의 적격품 여부 확인에 관한 사항
⑨ 그 밖에 근로자의 유해 · 위험 예방조치에 관한 사항으로서 고용노동부령으로 정하는 사항

03 안전관리자의 업무를 5가지 쓰시오.(그 밖에 안전에 관한 사항으로서 고용노동부장관이 정하는 사항 제외)

해답

① 산업안전보건위원회 또는 안전 및 보건에 관한 노사협의체에서 심의 · 의결한 업무와 해당 사업장의 안전보건관리규정 및 취업규칙에서 정한 업무
② 위험성 평가에 관한 보좌 및 지도 · 조언
③ 안전인증대상 기계 등과 자율안전확인대상 기계 등 구입 시 적격품의 선정에 관한 보좌 및 지도 · 조언
④ 해당 사업장 안전교육계획의 수립 및 안전교육 실시에 관한 보좌 및 지도 · 조언
⑤ 사업장 순회점검, 지도 및 조치 건의
⑥ 산업재해 발생의 원인 조사 · 분석 및 재발 방지를 위한 기술적 보좌 및 지도 · 조언
⑦ 산업재해에 관한 통계의 유지 · 관리 · 분석을 위한 보좌 및 지도 · 조언
⑧ 법 또는 법에 따른 명령으로 정한 안전에 관한 사항의 이행에 관한 보좌 및 지도 · 조언
⑨ 업무수행 내용의 기록 · 유지

04 다음에 제시된 사업에 대한 안전관리자의 최소 인원을 쓰시오.

① 펄프 제조업 – 상시근로자 300명
② 식료품 제조업 – 상시근로자 400명
③ 통신업 – 상시근로자 1,500명
④ 건설업 – 공사금액 120억 원 이상 800억 원 미만
⑤ 건설업 – 공사금액 800억 원 이상 1,500억 원 미만

해답

① 1명
② 1명
③ 2명
④ 1명
⑤ 2명

05 산업안전보건법상 산업안전보건위원회를 설치 · 운영해야 할 사업의 종류 중 상시근로자 50명 이상의 사업의 종류 2가지를 쓰시오.

해답

① 토사석 광업
② 목재 및 나무제품 제조업(가구 제외)
③ 화학물질 및 화학제품 제조업[의약품 제외(세제, 화장품 및 광택제 제조업과 화학섬유 제조업은 제외)]
④ 비금속 광물제품 제조업
⑤ 1차 금속 제조업
⑥ 금속가공제품 제조업(기계 및 가구 제외)
⑦ 자동차 및 트레일러 제조업
⑧ 기타 기계 및 장비 제조업(사무용 기계 및 장비 제조업은 제외)
⑨ 기타 운송장비 제조업(전투용 차량 제조업은 제외)

06 산업안전보건법에 따른 산업안전보건위원회의 심의 의결사항을 4가지 쓰시오.

해답

① 사업장의 산업재해 예방계획의 수립에 관한 사항
② 안전보건관리규정의 작성 및 변경에 관한 사항
③ 안전보건교육에 관한 사항
④ 작업환경측정 등 작업환경의 점검 및 개선에 관한 사항
⑤ 근로자의 건강진단 등 건강관리에 관한 사항
⑥ 산업재해에 관한 통계의 기록 및 유지에 관한 사항
⑦ 산업재해의 원인 조사 및 재발 방지대책 수립에 관한 사항 중 중대재해에 관한 사항
⑧ 유해하거나 위험한 기계 · 기구 · 설비를 도입한 경우 안전 및 보건 관련 조치에 관한 사항

07 산업안전보건위원회의 구성 중 근로자위원과 사용자위원을 쓰시오.

해답

(1) 근로자위원

① 근로자대표
② 근로자대표가 지명하는 1명 이상의 명예산업안전감독관
③ 근로자대표가 지명하는 9명 이내의 해당 사업장의 근로자

(2) 사용자위원

① 해당 사업의 대표자
② 안전관리자 1명
③ 보건관리자 1명
④ 산업보건의
⑤ 해당 사업의 대표자가 지명하는 9명 이내의 해당 사업장 부서의 장

02 안전관리계획 수립 및 운용

08 **산업안전보건법상 사업장에 안전보건관리규정을 작성하고자 할 때 포함되어야 할 사항을 4가지 쓰시오.(단, 그 밖에 안전 및 보건에 관한 사항은 제외)**

해답

① 안전 및 보건에 관한 관리조직과 그 직무에 관한 사항
② 안전보건교육에 관한 사항
③ 작업장의 안전 및 보건 관리에 관한 사항
④ 사고 조사 및 대책 수립에 관한 사항

09 **산업안전보건법상 안전보건 개선계획을 수립해야 하는 대상사업장을 2곳 쓰시오.**

해답

① 산업재해율이 같은 업종의 규모별 평균 산업재해율보다 높은 사업장
② 사업주가 안전보건조치의무를 이행하지 아니하여 중대재해가 발생한 사업장
③ 유해인자의 노출기준을 초과한 사업장

10 **안전보건 개선계획에 포함되어야 할 사항 4가지를 쓰시오.**

해답

① 시설
② 안전 · 보건관리체제
③ 안전 · 보건교육
④ 산업재해 예방 및 작업환경의 개선을 위하여 필요한 사항

11 **안전보건 진단을 받아 안전보건개선계획을 수립해야 하는 대상 사업장 3곳을 쓰시오.**

해답

① 산업재해율이 같은 업종 평균 산업재해율의 2배 이상인 사업장
② 사업주가 필요한 안전조치 또는 보건조치를 이행하지 아니하여 중대재해가 발생한 사업장
③ 직업성 질병자가 연간 2명 이상(상시근로자 1천 명 이상 사업장의 경우 3명 이상) 발생한 사업장

03 산업재해발생 및 재해조사 분석

12 재해조사의 목적을 쓰시오.

해답

재해 원인과 결함을 규명하고 예방 자료를 수집하여 동종 재해 및 유사재해의 재발 방지 대책을 강구하는 데 목적이 있다.

13 산업안전보건법에서 정하는 중대재해의 종류를 3가지 쓰시오.

해답

① 사망자가 1명 이상 발생한 재해
② 3개월 이상의 요양이 필요한 부상자가 동시에 2명 이상 발생한 재해
③ 부상자 또는 직업성 질병자가 동시에 10명 이상 발생한 재해

14 산업안전보건법상 산업재해가 발생한 때에 사업주가 기록 · 보존하여야 하는 사항을 4가지 쓰시오.

해답

① 사업장의 개요 및 근로자의 인적 사항
② 재해 발생의 일시 및 장소
③ 재해 발생의 원인 및 과정
④ 재해 재발방지 계획

15 재해발생에 관련된 이론 중 하인리히의 재해 연쇄성 이론과 버드의 연쇄성 이론, 아담스의 연쇄성 이론을 각각 구분하여 쓰시오.

해답

	하인리히 이론	버드 이론	아담스 이론
제1단계	사회적 환경 및 유전적 요인	제어의 부족(관리)	관리구조
제2단계	개인적 결함	기본원인(기원)	작전적 에러
제3단계	불안전한 행동 및 불안전한 상태	직접원인(징후)	전술적 에러
제4단계	사고	사고(접촉)	사고
제5단계	재해	상해(손실)	상해, 손해

16 작업자가 벽돌을 운반하기 위해 벽돌을 들고 비계 위를 걷다가 몸의 중심을 잃으면서 벽돌을 떨어뜨려 발가락의 뼈가 부러졌다. 다음 물음에 답하시오.

① 재해형태
② 가해물
③ 기인물

해답

① 재해형태 : 맞음
② 가해물 : 벽돌
③ 기인물 : 벽돌

17 선반 작업장에서 신입사원 A군이 감독자의 허가 없이 변속부분의 덮개를 열고 회전 상태에서 기어에 주유를 하다 손가락이 절단되는 재해가 발생했다. 재해분석을 위한 다음 사항을 기술하시오.

① 사고형태
② 가해물
③ 기인물
④ 불안전한 행동
⑤ 불안전한 상태
⑥ 관리적 원인
⑦ 기술적 원인
⑧ 교육적 원인

해답

① 사고형태 : 절단
② 가해물 : 기어
③ 기인물 : 선반
④ 불안전한 행동 : 회전 상태에서 기어에 주유
⑤ 불안전한 상태 : 덮개부분의 인터록 장치 불량
⑥ 관리적 원인 : 감독자의 관리 소홀
⑦ 기술적 원인 : 덮개의 설계 불량
⑧ 교육적 원인 : 작업방법의 교육 불충분

18 다음은 재해발생 형태별 분류항목이다. 각 항목을 간략하게 설명하시오.

① 넘어짐
② 맞음
③ 끼임
④ 부딪힘
⑤ 떨어짐

해답

① 넘어짐 : 사람이 거의 평면 또는 경사면, 층계 등에서 구르거나 넘어지는 경우
② 맞음 : 구조물, 기계 등에 고정되어 있던 물체가 중력, 원심력, 관성력 등에 의하여 고정부에서 이탈하거나 또는 설비 등으로부터 물질이 분출되어 사람을 가해하는 경우
③ 끼임 : 두 물체 사이의 움직임에 의하여 일어난 것으로 직선 운동하는 물체 사이의 끼임, 회전부와 고정체 사이의 끼임, 롤러 등 회전체 사이에 물리거나 또는 회전체 · 돌기부 등에 감긴 경우

④ 부딪힘 : 재해자 자신의 움직임 · 동작으로 인하여 기인물에 접촉 또는 부딪히거나, 물체가 고정부에서 이탈하지 않은 상태로 움직임(규칙, 불규칙) 등에 의하여 부딪히거나, 접촉한 경우
⑤ 떨어짐 : 사람이 인력(중력)에 의하여 건축물, 구조물, 가설물, 수목, 사다리 등의 높은 장소에서 떨어지는 것

TIP 재해 발생 형태별 분류

변경 전	변경 후
추락	떨어짐(높이가 있는 곳에서 사람이 떨어짐)
전도	• 넘어짐(사람이 미끄러지거나 넘어짐) • 깔림 · 뒤집힘(물체의 쓰러짐이나 뒤집힘)
충돌	부딪힘(물체에 부딪힘) · 접촉
낙하 · 비래	맞음(날아오거나 떨어진 물체에 맞음)
붕괴 · 도괴	무너짐(건축물이나 쌓여진 물체가 무너짐)
협착	끼임(기계설비에 끼이거나 감김)

19 다음 [보기]의 내용에서 재해와 상해를 구분하시오.

① 골절
② 떨어짐
③ 화재폭발
④ 맞음
⑤ 부종
⑥ 이상온도접촉
⑦ 끼임
⑧ 중독 및 질식

해답

(1) 재해 : ②, ③, ④, ⑥, ⑦
(2) 상해 : ①, ⑤, ⑧

20 다음에 해당하는 재해 발생 형태별 분류를 쓰시오.

① 재해자가 구조물 상부에서 「넘어짐」으로 인하여 사람이 떨어져 두개골 골절이 발생한 경우
② 재해자가 「넘어짐」 또는 「떨어짐」으로 물에 빠져 익사한 경우

해답

① 떨어짐
② 유해 · 위험물질 노출 · 접촉

TIP 두 가지 이상의 발생 형태가 연쇄적으로 발생된 재해의 경우는 상해결과 또는 피해를 크게 유발한 형태로 분류

PART 03

PART 04

21 재해분석방법으로 개별분석방법과 통계에 의한 분석방법이 있다. 통계적인 분석방법 2가지만 쓰고, 각각의 방법에 대해 설명하시오.

해답

① 파레토도 : 사고의 유형, 기인물 등 분류항목을 큰 값에서 작은 값의 순서로 도표화하며, 문제나 목표의 이해에 편리하다.
② 특성 요인도 : 특성과 요인관계를 어골상으로 도표화하여 분석하는 기법
③ 클로즈(close) 분석 : 두 개 이상의 문제관계를 분석하는 데 사용하는 것으로, 데이터를 집계하고 표로 표시하여 요인별 결과내역을 교차한 클로즈 그림을 작성하여 분석하는 기법
④ 관리도 : 재해발생 건수 등의 추이에 대해 한계선을 설정하여 목표 관리를 수행하는 데 사용되는 방법으로 관리선은 관리상한선, 중심선, 관리하한선으로 구성된다.

22 재해예방의 기본 4원칙을 쓰시오.

① 예방가능의 원칙
② 손실우연의 원칙
③ 원인계기의 원칙
④ 대책선정의 원칙

23 상시근로자 50명이 작업하는 어느 사업장에서 연간 재해건수 8건, 재해자 수 10명이 발생하였으며, 휴업일수가 219일이었다. 도수율과 강도율을 구하시오.(단, 근로시간은 1일 9시간, 연간 280일)

해답

(1) 도수율

$$\text{도수율} = \frac{\text{재해발생건수}}{\text{연간총근로시간수}} \times 1,000,000 = \frac{8}{50 \times 9 \times 280} \times 1,000,000 = 63.492 = 63.49$$

(2) 강도율

$$\text{강도율} = \frac{\text{근로손실일수}}{\text{연간총근로시간수}} \times 1,000 = \frac{219 \times \frac{280}{365}}{50 \times 9 \times 280} \times 1,000 = 1.333 = 1.33$$

24 근로자 수가 500명인 어느 회사에서 연간 10건의 재해가 발생하여 6명의 사상자가 발생하였다. 도수율(빈도율)과 연천인율을 구하시오.(단, 하루 9시간, 연간 250일 근로함)

해답

(1) 도수율

$$\text{도수율} = \frac{\text{재해발생건수}}{\text{연간총근로시간수}} \times 1,000,000 = \frac{10}{500 \times 9 \times 250} \times 1,000,000 = 8.888 = 8.89$$

(2) 연천인율

$$연천인율 = \frac{연간재해자수}{연평균근로자수} \times 1,000 = \frac{6}{500} \times 1,000 = 12$$

25 상시근로자 500명이 작업하는 어느 사업장에서 연간 재해가 5건 발생하여 8명의 재해자가 발생하였다. 근로시간은 1일 9시간, 연간 250일이며, 휴업일수가 235일이었다. 연천인율과 강도율을 구하시오.

해답

(1) 연천인율

$$연천인율 = \frac{연간재해자수}{연평균근로자수} \times 1,000 = \frac{8}{500} \times 1,000 = 16$$

(2) 강도율

$$강도율 = \frac{근로손실일수}{연간총근로시간수} \times 1,000 = \frac{235 \times \frac{250}{365}}{500 \times 9 \times 250} \times 1,000 = 0.143 = 0.14$$

26 연평균근로자 600명이 작업하는 어느 사업장에서 15건의 재해가 발생하였다. 근로시간은 48시간×50주이며, 잔업시간은 연간 1인당 100시간, 평생근로년수는 40년일 때 다음을 구하시오.

(1) 도수율을 구하시오.
(2) 이 사업장에서 어느 작업자가 평생 근로한다면 몇 건의 재해를 당하겠는가?

해답

(1) 도수율

$$도수율 = \frac{재해발생건수}{연간총근로시간수} \times 1,000,000 = \frac{15}{(600 \times 48 \times 50) + (600 \times 100)} \times 1,000,000 = 10$$

(2) 환산도수율

$$환산도수율 = 도수율 \times \frac{1}{10}(건) = 10 \times \frac{1}{10} = 1(건)$$

27 근로자 400명이 1일 8시간, 연간 300일 작업(잔업은 1인당 연 50시간)하는 어떤 작업장에 연간 20건의 재해가 발생하여 근로손실일수 150일과 휴업일수 73일이 발생하였다. 강도율, 도수율을 구하시오.

해답

(1) 강도율

$$강도율 = \frac{근로손실일수}{연간총근로시간수} \times 1,000 = \frac{150 + \left(73 \times \frac{300}{365}\right)}{(400 \times 8 \times 300) + (400 \times 50)} \times 1,000 = 0.214 = 0.21$$

(2) 도수율

$$도수율 = \frac{재해발생건수}{연간총근로시간수} \times 1,000,000$$
$$= \frac{20}{(400 \times 8 \times 300) + (400 \times 50)} \times 1,000,000 = 20.408 = 20.41$$

28 근로자수 450명 A사업장에서 연간 4건의 재해로 인하여 73일의 휴업일 수가 발생하였다. A사업장의 강도율과 도수율을 구하시오.(단, 근로시간은 1일 8시간, 월 25일)

해답

(1) 강도율

$$강도율 = \frac{근로손실일수}{연간총근로시간수} \times 1,000 = \frac{73 \times \frac{(25 \times 12)}{365}}{450 \times 8 \times 25 \times 12} \times 1,000 = 0.055 = 0.06$$

(2) 도수율

$$도수율 = \frac{재해발생건수}{연간총근로시간수} \times 1,000,000 = \frac{4}{450 \times 8 \times 25 \times 12} \times 1,000,000 = 3.703 = 3.70$$

29 평균근로자 150명이 작업하는 H사업장에서 한해 동안 사망 1명, 3급 장해 1명, 14급 장해 1명, 기타 휴업일수가 20일일 경우 강도율을 계산하시오.

해답

$$강도율 = \frac{근로손실일수}{연간총근로시간수} \times 1,000 = \frac{7,500 + 7,500 + 50 + \left(20 \times \frac{300}{365}\right)}{150 \times 8 \times 300} \times 1,000 = 41.851 = 41.85$$

TIP 근로손실일수의 산정 기준

① 사망 및 영구 전노동불능(신체장해등급 1~3급) : 7,500일

② 영구 일부노동불능(근로손실일수)

신체장해등급	4	5	6	7	8	9	10	11	12	13	14
근로손실일수	5,500	4,000	3,000	2,200	1,500	1,000	600	400	200	100	50

30 상시근로자 100명이 작업하는 어느 사업장에서 강도율이 4.5일 경우 근로손실일수는 얼마인가?

해답

① $강도율 = \frac{근로손실일수}{연간총근로시간수} \times 1,000$에서

① $연간근로손실일수 = \frac{강도율 \times 연간총근로시간수}{1,000} = \frac{4.5 \times (100 \times 8 \times 300)}{1,000} = 1,080(일)$

31 A사업장의 도수율이 4이고 지난 한해 동안 5건의 재해로 인하여 15명의 재해자가 발생하였고 350일의 근로손실일수가 발생하였을 경우 강도율을 구하시오.

해답

① $\text{연간총근로시간수} = \dfrac{\text{재해발생건수}}{\text{도수율}} \times 1{,}000{,}000 = \dfrac{5}{4} \times 1{,}000{,}000 = 1{,}250{,}000(\text{시간})$

② $\text{강도율} = \dfrac{\text{근로손실일수}}{\text{연간총근로시간수}} \times 1{,}000 = \dfrac{350}{1{,}250{,}000} \times 1{,}000 = 0.28$

32 평균근로자 400명이 작업하는 어느 사업장에서 일일근로시간은 7시간 30분, 연간근무일수는 300일, 잔업시간 10,000시간, 조퇴 500시간, 휴업 4일 이상의 재해건수가 4건, 불휴재해건수가 6건 일 때 도수율(빈도율)은 얼마인가?(단, 결근율이 5%이다.)

해답

① $\text{출근율} = 1 - \dfrac{5}{100} = 0.95$

② $\text{도수율} = \dfrac{\text{재해발생건수}}{\text{연간총근로시간수}} \times 1{,}000{,}000$

$= \dfrac{4+6}{(400 \times 7.5 \times 300 \times 0.95) + (10{,}000 - 500)} \times 1{,}000{,}000 = 11.567 = 11.57$

33 시몬즈(Simonds) 방식의 재해손실비 산정에 있어 비보험코스트에 해당하는 항목을 4가지 쓰시오.

해답

① 휴업상해
② 통원상해
③ 응급조치
④ 무상해사고

34 재해사례 연구순서를 5단계로 쓰시오.

해답

① 전제조건 : 재해상황의 파악
② 제1단계 : 사실의 확인
③ 제2단계 : 문제점의 발견
④ 제3단계 : 근본적 문제점의 결정
⑤ 제4단계 : 대책의 수립

04 안전점검 · 검사 · 인증 및 진단

35 안전점검의 종류 4가지를 쓰고 간략히 설명하시오.

해답

① 정기점검 : 일정기간마다 정기적으로 실시하는 점검
② 수시점검 : 작업 시작 전, 작업 중, 작업 후에 실시하는 점검
③ 임시점검 : 설비의 이상 발견 시에 임시로 하는 점검
④ 특별점검 : 설비의 신설, 변경, 고장 수리 등을 할 경우 하는 점검

36 체크리스트(check list) 작성 시 유의해야 할 사항을 3가지 쓰시오.

해답

① 사업장에 적합한 독자적인 내용일 것
② 위험성이 높고 긴급을 요하는 순으로 작성할 것
③ 정기적으로 검토하여 재해방지에 실효성 있게 개조된 내용일 것
④ 점검표는 되도록 일정한 양식으로 할 것
⑤ 점검표의 내용은 이해하기 쉽도록 표현하고 구체적일 것

37 다음은 압력용기 안전검사 주기에 관한 내용이다. 빈칸에 알맞은 주기를 쓰시오.

(1) 사업장에 설치가 끝난 날부터 (①)년 이내에 최초 안전검사를 실시한다.
(2) 최초안전검사 이후 매 (②)년마다 안전검사를 실시한다.
(3) 공정안전보고서를 제출하여 확인을 받은 압력용기는 (③)년마다 안전검사를 실시한다.

해답

① 3
② 2
③ 4

38 산업안전보건법상 안전인증 대상 방호장치의 종류를 4가지 쓰시오.

해답

① 프레스 및 전단기 방호장치
② 양중기용 과부하방지장치
③ 보일러 압력방출용 안전밸브
④ 압력용기 압력방출용 안전밸브
⑤ 압력용기 압력방출용 파열판
⑥ 절연용 방호구 및 활선작업용 기구
⑦ 방폭구조 전기기계 · 기구 및 부품
⑧ 추락 · 낙하 및 붕괴 등의 위험 방지 및 보호에 필요한 가설기자재로서 고용노동부장관이 정하여 고시하는 것
⑨ 충돌 · 협착 등의 위험 방지에 필요한 산업용 로봇 방호장치로서 고용노동부장관이 정하여 고시하는 것

39 안전인증 대상 기계 또는 설비를 5가지 쓰시오.(단, 프레스, 크레인은 제외)

해답

① 전단기 및 절곡기
② 리프트
③ 압력용기
④ 롤러기
⑤ 사출성형기
⑥ 고소 작업대
⑦ 곤돌라

40 산업안전보건법상 안전 인증 대상 보호구를 5가지 쓰시오.

해답

① 추락 및 감전 위험방지용 안전모
② 안전화
③ 안전장갑
④ 방진마스크
⑤ 방독마스크
⑥ 송기마스크
⑦ 전동식 호흡보호구
⑧ 보호복
⑨ 안전대
⑩ 차광 및 비산물 위험방지용 보안경
⑪ 용접용 보안면
⑫ 방음용 귀마개 또는 귀덮개

41 산업안전보건법상 보호구의 안전인증 제품에 안전인증의 표시 외에 표시하여야 하는 사항을 4가지만 쓰시오.

해답

① 형식 또는 모델명
② 규격 또는 등급 등
③ 제조자명
④ 제조번호 및 제조연월
⑤ 안전인증 번호

42 안전인증 파열판에 안전인증 외에 추가로 표시하여야 할 사항 4가지를 쓰시오.

해답

㉠ 호칭지름
㉡ 용도(요구성능)
㉢ 설정파열압력(MPa) 및 설정온도(℃)
㉣ 분출용량(kg/h) 또는 공칭분출계수
㉤ 파열판의 재질
㉥ 유체의 흐름방향 지시

43 안전인증 방독마스크에 안전인증의 표시에 다른 표시 외에 추가로 표시해야 할 사항을 4가지 쓰시오.

해답

① 파과곡선도
② 사용시간 기록카드
③ 정화통의 외부측면의 표시 색
④ 사용상의 주의사항

44 자율안전확인 안전기에 자율안전확인의 표시에 따른 표시 외에 추가로 표시해야 할 사항을 2가지 쓰시오.

해답

① 가스의 흐름 방향
② 가스의 종류

45 자율안전확인대상 연삭기 덮개에 자율안전확인 표시 외에 추가로 표시해야 할 사항 2가지를 쓰시오.

해답

① 숫돌사용 주 속도
② 숫돌회전방향

46 자율안전확인 대상 기계기구 등에 해당하는 방호장치의 종류를 4가지 쓰시오.

해답

① 아세틸렌 용접장치용 또는 가스집합 용접장치용 안전기
② 교류 아크용접기용 자동전격방지기
③ 롤러기 급정지장치
④ 연삭기 덮개
⑤ 목재 가공용 둥근톱 반발 예방장치와 날 접촉 예방장치
⑥ 동력식 수동대패용 칼날 접촉 방지장치
⑦ 산업용 로봇 안전매트
⑧ 추락·낙하 및 붕괴 등의 위험 방지 및 보호에 필요한 가설기자재(안전인증대상 기계·기구에 해당하는 가설기자재는 제외)로서 고용노동부장관이 정하여 고시하는 것

47 산업안전보건법상 자율안전확인대상 기계 또는 설비 3가지를 쓰시오.

해답

① 연삭기 또는 연마기(휴대형은 제외)
② 산업용 로봇
③ 혼합기
④ 파쇄기 또는 분쇄기
⑤ 식품가공용 기계(파쇄·절단·혼합·제면기만 해당)
⑥ 컨베이어
⑦ 자동차 정비용 리프트
⑧ 공작기계(선반, 드릴기, 평삭·형삭기, 밀링만 해당)
⑨ 고정형 목재가공용 기계(둥근톱, 대패, 루타기, 띠톱, 모떼기 기계만 해당)
⑩ 인쇄기

48 산업안전보건법상 유해·위험기계 등이 안전기준에 적합한지를 확인하기 위하여 안전인증기관이 심사하는 심사의 종류 3가지와 심사기간을 쓰시오.

해답

① 예비심사 : 7일
② 서면심사 : 15일(외국에서 제조한 경우 30일)
③ 기술능력 및 생산체계심사 : 30일(외국에서 제조한 경우 45일)
④ 제품심사
　㉠ 개별 제품심사 : 15일
　㉡ 형식별 제품심사 : 30일

CHAPTER

02 산업재해 대응 예상문제

01 안전교육

01 안전교육의 3요소를 쓰시오.

해답

① 강사
② 수강자
③ 교재

02 다음은 적응의 기제에 관한 설명이다. 해당되는 적응의 기제를 쓰시오.

적응의 기제	설명
(①)	자신이 무의식적으로 저지른 일관성 있는 행동에 대해 그럴듯한 이유를 붙여 설명하는 일종의 자기변명으로, 자신의 행동을 정당화하여 자신이 받을 수 있는 상처를 완화시킴
(②)	받아들일 수 없는 충동이나 욕망 또는 실패 등을 타인의 탓으로 돌리는 행위
(③)	욕구가 좌절되었을 때 욕구 충족을 위해 보다 가치 있는 방향으로 전환하는 것
(④)	자신의 결함으로 욕구 충족에 방해를 받을 때 그 결함을 다른 것으로 대치하여 욕구를 충족하고, 자신의 열등감에서 벗어나려는 행위

해답

① 합리화
② 투사
③ 승화
④ 보상

03 구안법(project method)의 장점 4가지를 쓰시오.

해답

① 작업에 대하여 창의력이 생긴다.
② 동기부여가 충분하다.
③ 실제문제를 연구하므로 현실적인 학습이 된다.
④ 작업에 대한 책임감이나 인내력을 기를 수가 있다.
⑤ 중소기업에서도 용이하게 행해진다.
⑥ 스스로 계획하고 실시하므로 주체적으로 책임을 가지고 학습을 할 수 있다.

04 교육대상은 주로 제일선의 감독자에 두고 있는 TWI의 교육내용 4가지를 쓰시오.

해답

① 작업방법훈련(JMT)
② 작업지도훈련(JIT)
③ 인간관계훈련(JRT)
④ 작업안전훈련(JST)

05 산업안전보건법에서 근로자 안전 · 보건교육의 종류를 4가지 쓰시오.

해답

① 정기교육
② 채용 시의 교육
③ 작업내용 변경 시의 교육
④ 특별교육
⑤ 건설업 기초안전 · 보건교육

06 산업안전보건법상 신규 · 보수 교육 대상자 4명을 쓰시오.

해답

① 안전보건관리책임자
② 안전관리자, 안전관리전문기관의 종사자
③ 보건관리자, 보건관리전문기관의 종사자
④ 건설재해예방전문지도기관의 종사자
⑤ 석면조사기관의 종사자
⑥ 안전보건관리담당자
⑦ 안전검사기관, 자율안전검사기관의 종사자

07 산업안전보건법령상 근로자 안전보건교육 중 근로자 정기교육의 내용을 4가지 쓰시오.(단, 산업안전보건법령 및 산업재해보상보험 제도에 관한 사항은 제외)

해답

① 산업안전 및 사고 예방에 관한 사항
② 산업보건 및 직업병 예방에 관한 사항
③ 위험성 평가에 관한 사항
④ 건강증진 및 질병 예방에 관한 사항
⑤ 유해 · 위험 작업환경 관리에 관한 사항
⑥ 직무스트레스 예방 및 관리에 관한 사항
⑦ 직장 내 괴롭힘, 고객의 폭언 등으로 인한 건강장해 예방 및 관리에 관한 사항

08 **산업안전보건법상 근로자 안전보건교육 중 "채용 시 및 작업내용 변경 시 교육"의 교육내용을 4가지 쓰시오.(단, 산업안전보건법령 및 산업재해보상보험 제도에 관한 사항은 제외)**

해답

① 산업안전 및 사고 예방에 관한 사항
② 산업보건 및 직업병 예방에 관한 사항
③ 위험성 평가에 관한 사항
④ 직무스트레스 예방 및 관리에 관한 사항
⑤ 직장 내 괴롭힘, 고객의 폭언 등으로 인한 건강장해 예방 및 관리에 관한 사항
⑥ 기계 · 기구의 위험성과 작업의 순서 및 동선에 관한 사항
⑦ 작업 개시 전 점검에 관한 사항
⑧ 정리정돈 및 청소에 관한 사항
⑨ 사고 발생 시 긴급조치에 관한 사항
⑩ 물질안전보건자료에 관한 사항

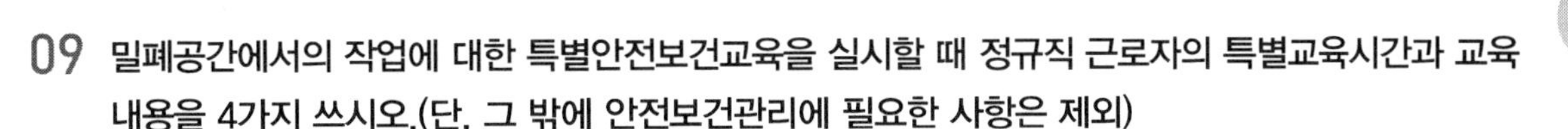

09 **밀폐공간에서의 작업에 대한 특별안전보건교육을 실시할 때 정규직 근로자의 특별교육시간과 교육내용을 4가지 쓰시오.(단, 그 밖에 안전보건관리에 필요한 사항은 제외)**

해답

(1) 교육시간 : 16시간 이상
(2) 교육내용
  ① 산소농도 측정 및 작업환경에 관한 사항
  ② 사고 시의 응급처치 및 비상 시 구출에 관한 사항
  ③ 보호구 착용 및 보호 장비 사용에 관한 사항
  ④ 작업내용 · 안전작업방법 및 절차에 관한 사항
  ⑤ 장비 · 설비 및 시설 등의 안전점검에 관한 사항

10 암실에서 정지된 작은 광점이나 밤하늘의 별들을 응시하면 움직이는 것처럼 보이는 현상을 운동의 착각현상 중 '자동운동'이라 한다. 자동운동이 생기기 쉬운 조건을 3가지 쓰시오.

해답

㉠ 광점이 작을 것
㉡ 시야의 다른 부분이 어두울 것
㉢ 광의 강도가 작을 것
㉣ 대상이 단순할 것

11 인간의 주의에 대한 특성을 설명하시오.

해답

① 선택성 : 주의는 동시에 두 개의 방향에 집중하지 못한다.
② 변동성 : 고도의 주의는 장시간 지속할 수 없다.
③ 방향성 : 한 지점에 주의를 집중하면 다른 곳의 주의는 약해진다.

12 불안전한 행동의 직접원인 4가지를 쓰시오.

해답

① 지식의 부족
② 기능의 미숙
③ 태도의 불량
④ 인간에러

13 산업안전심리의 5대 요소를 쓰시오.

해답

① 기질
② 동기
③ 습관
④ 감정
⑤ 습성

14 다음 재해빈발자의 유발요인을 각각 3가지씩 쓰시오.

① 상황성 유발자
② 소질성 유발자

해답

① 상황성 유발자

㉠ 작업이 어렵기 때문에
㉡ 기계설비에 결함이 있기 때문에
㉢ 심신에 근심이 있기 때문에
㉣ 환경상 주의력의 집중이 혼란되기 때문에

② 소질성 유발자

㉠ 주의력 산만
㉡ 저지능
㉢ 흥분성
㉣ 비협조성
㉤ 소심한 성격
㉥ 도덕성의 결여
㉦ 감각운동 부적합

15 재해누발자 유형 3가지를 쓰시오.

해답

① 상황성 누발자
② 습관성 누발자
③ 미숙성 누발자
④ 소질성 누발자

16 플리커 테스트(flicker fusion frequency, 점멸 융합 주파수)를 간략히 설명하시오.

해답

시각 또는 청각적 자극이 단속적 점멸이 아니고 연속적으로 느껴지게 되는 주파수로 중추 신경계의 피로, 즉 정신 피로의 척도로 사용

17 근로자가 1시간 동안 1분당 6kcal의 에너지를 소모하는 작업을 수행하는 경우 휴식시간 및 작업시간을 각각 구하시오.(단, 작업에 대한 권장 평균 에너지 소비량은 분당 5kcal이다.)

해답

(1) 휴식시간

$$R = \frac{60(E-5)}{E-1.5} = \frac{60(6-5)}{6-1.5} = 13.333 = 13.33(\text{분})$$

(2) 작업시간

$60-13.33=46.67$(분)

18 근로자가 1시간 동안 1분당 6.5kcal의 에너지를 소모하는 작업을 수행하는 경우 휴식시간을 구하시오.(단, 작업에 대한 권장 평균에너지 소비량은 분당 5kcal이다.)

해답

$$R=\frac{60(E-5)}{E-1.5}=\frac{60(6.5-5)}{6.5-1.5}=18(\text{분})$$

19 작업현장에서 60분 동안 선반작업을 하는 어느 근로자의 평균에너지 소비량이 6.5kcal일 때 휴식시간을 산출하시오.

해답

$$R=\frac{60(E-4)}{E-1.5}=\frac{60(6.5-4)}{6.5-1.5}=30(\text{분})$$

20 산소소비량을 측정하기 위하여 5분간 배기하여 성분을 분석한 결과 $O_2=16(\%)$, $CO_2=4(\%)$이고, 총 배기량은 90(l)일 경우 분당 산소소비량과 에너지를 구하시오.(단, 산소 1(l)의 에너지가는 5(kcal)이다.)

해답

① 분당 배기량$(V_2)=\frac{90}{5}=18(l/\text{분})$

② 분당 흡기량$(V_1)=\frac{(100-O_2\%-CO_2\%)}{79}\times V_2=\frac{(100-16-4)}{79}\times 18=18.227=18.23(l/\text{분})$

③ 분당 산소소비량$=(21\%\times V_1)-(O_2\%\times V_2)=(0.21\times18.23)-(0.16\times18)=0.948=0.95(l/\text{분})$

④ 분당 에너지 소비량=분당 산소소비량 × 5kcal=0.95 × 5=4.75(kcal/분)

21 생체리듬의 종류 3가지를 쓰시오.

해답

① 육체적 리듬
② 감성적 리듬
③ 지성적 리듬

22 매슬로(Abraham Maslow)의 욕구 5단계를 순서대로 쓰시오.

해답

① 제1단계 : 생리적 욕구
② 제2단계 : 안전의 욕구
③ 제3단계 : 사회적 욕구
④ 제4단계 : 인정받으려는 욕구
⑤ 제5단계 : 자아실현의 욕구

23 동기부여의 이론 중 허즈버그와 알더퍼의 이론을 상호비교한 아래 표의 빈칸에 알맞은 내용을 쓰시오.

<table>
<tr><th>욕구단계</th><th>허즈버그의 2요인 이론</th><th>알더퍼의 ERG이론</th></tr>
<tr><td>1단계</td><td rowspan="3">①</td><td rowspan="2">③</td></tr>
<tr><td>2단계</td></tr>
<tr><td>3단계</td><td>④</td></tr>
<tr><td>4단계</td><td rowspan="2">②</td><td rowspan="2">⑤</td></tr>
<tr><td>5단계</td></tr>
</table>

해답

① 위생요인
② 동기요인
③ 생존욕구
④ 관계욕구
⑤ 성장욕구

24 허즈버그의 두 요인이론에서 위생요인과 동기요인에 해당하는 내용을 각각 3가지 쓰시오.

해답

(1) 위생요인

① 보수
② 작업조건
③ 관리감독
④ 임금
⑤ 지위
⑥ 회사 정책과 관리

(2) 동기요인

① 성취감
② 책임감
③ 성장과 발전
④ 인정
⑤ 도전감
⑥ 일 그 자체

25 무재해운동의 3기둥을 쓰시오.

해답

① 최고경영자의 경영자세
② 관리감독자에 의한 안전보건의 추진(라인화의 철저)
③ 직장 소집단의 자주 활동의 활성화

26 무재해운동의 3원칙을 쓰고 설명하시오.

해답

① 무의 원칙 : 사업장 내의 모든 잠재위험요인을 적극적으로 사전에 발견하고 파악 · 해결함으로써 산업재해의 근원적인 요소를 없앤다는 것을 의미
② 참가의 원칙 : 작업에 따르는 잠재위험요인을 발견하고 파악 · 해결하기 위해 전원이 일치 협력하여 각자의 위치에서 적극적으로 문제해결을 하겠다는 것을 의미
③ 선취의 원칙 : 안전한 사업장을 조성하기 위한 궁극의 목표로서 사업장 내에서 행동하기 전에 잠재위험요인을 발견하고 파악 · 해결하여 재해를 예방하는 것을 의미

27 무재해운동의 위험예지 훈련에서 실시하는 문제해결 4단계 진행법을 순서대로 쓰시오.

해답

① 제1단계 : 현상파악
② 제2단계 : 본질추구
③ 제3단계 : 대책수립
④ 제4단계 : 목표설정

28 보호안경 착용에 관하여 안전관리자가 안전조회를 실시하고자 한다. 아래의 교육내용을 도입, 전개, 결말의 순서로 정리하여 번호를 쓰시오.

① 연삭기 작업은 비록 짧은시간(20~30)이라 할지라도 반드시 보안경을 착용한다. 칩은 어디로부터도 눈에 들어올 수 있다.
② 아무리 귀찮아도 잊지 말고 연삭작업 시에는 반드시 보안경을 착용하자.
③ 오늘은 보호안경 착용에 관한 안전교육을 실시한다.

해답

(1) 도입 : ③
(2) 전개 : ①
(3) 결말 : ②

29 무재해운동에서 위험예지 훈련의 실질적 훈련 3가지를 쓰시오.

해답

① 감수성 훈련
② 단시간 미팅 훈련
③ 문제해결 훈련

CHAPTER

03 기계안전시설 관리 예상문제

01 기계안전일반

01 기계설비에 의해 형성되는 위험점의 종류를 5가지 쓰시오.

해답

① 협착점
② 끼임점
③ 절단점
④ 물림점
⑤ 접선 물림점
⑥ 회전 말림점

02 파괴하중이 600(kg)이고 최대사용하중이 300(kg)인 재료의 안전율을 계산하시오.

해답

$$안전율 = \frac{파괴하중}{최대사용하중} = \frac{600}{300} = 2$$

03 Cardullo의 안전율 계산공식을 쓰시오.

해답

안전율$(F) = a \times b \times c \times d$

여기서, a : 사용재료의 극한강도/사용재료의 탄성강도
b : 하중의 종류
c : 하중속도
d : 재료의 조건

04 기계설비의 방호장치 분류에서 격리식 방호장치에 해당하는 종류를 3가지 쓰시오.

해답

① 완전차단형 방호장치
② 덮개형 방호장치
③ 안전방책

05 작업점에 설치하는 가드의 설치기준을 3가지 쓰시오.

해답

① 충분한 강도를 유지할 것
② 구조가 단순하고 조정이 용이할 것
③ 작업, 점검, 주유 시 장애가 없을 것
④ 위험점 방호가 확실할 것
⑤ 개구부 등 간격(틈새)이 적정할 것

06 기계의 원동기 · 회전축 · 기어 · 풀리 · 플라이 휠 · 벨트 및 체인 등 근로자에게 위험을 미칠 우려가 있는 부위에 설치해야 하는 방호장치를 쓰시오.

해답

① 덮개
② 울
③ 슬리브
④ 건널다리

07 산업안전보건법에서 사업주가 해야 할 다음의 사항에서 괄호에 알맞은 내용을 쓰시오.

> 사업주는 (①) · (②) · (③) 및 (④) 등에 부속되는 키 · 핀 등의 기계요소는 묻힘형으로 하거나 해당 부위에 덮개를 설치하여야 한다.

해답

① 회전축
② 기어
③ 풀리
④ 플라이 휠

08 유해 · 위험 방지를 위한 방호조치를 하지 아니하고는 양도 · 대여 · 설치 · 사용하거나 양도 · 대여를 목적으로 진열해서는 아니 되는 기계 · 기구를 5가지 쓰시오.

해답

① 예초기
② 원심기
③ 공기압축기
④ 금속절단기
⑤ 지게차
⑥ 포장기계

09 산업안전보건법상 유해 · 위험 방지를 위한 방호조치를 해야만 하는 다음 기계 · 기구에 설치해야 할 방호장치를 쓰시오.

> ① 예초기
> ② 원심기
> ③ 공기압축기
> ④ 금속절단기
> ⑤ 지게차

해답

① 날접촉 예방장치
② 회전체 접촉 예방장치
③ 압력방출장치
④ 날접촉 예방장치
⑤ 헤드가드, 백레스트, 전조등, 후미등, 안전벨트

> **TIP** 포장기계(진공포장기, 랩핑기로 한정) : 구동부 방호 연동장치

10 프레스의 손쳐내기식 방호장치의 설치방법에 관한 사항이다. ( )에 맞는 내용을 쓰시오.

(1) 슬라이드 하행정거리의 (①)위치에서 손을 완전히 밀어내어야 한다.
(2) 방호판의 폭은 (②)의 (③)이어야 하고, 행정길이가 (④)mm 이상의 프레스기계에는 방포판 폭을 300mm로 해야 한다.

해답

① 3/4
② 금형폭
③ 1/2 이상
④ 300

11 프레스와 전단기에 관한 다음의 설명에 맞는 방호장치를 쓰시오.

① 1행정 1정지 기구에 사용할 수 있어야 하며, 양손으로 동시에 조작하지 않으면 동작하지 않고 한손이라도 조작장치에서 떨어지면 정지되는 구조이어야 한다.
② 슬라이드와 작업자의 손을 끈으로 연결하여 슬라이드가 하강할 때 작업자의 손을 당겨 위험영역에서 떨어질 수 있도록 한 것으로 수인끈은 작업자와 작업공정에 따라 그 길이를 조정할 수 있어야 한다.
③ 부착볼트 등의 고정금속부분은 예리한 돌출현상이 없어야 하며, 슬라이드 하행정거리의 3/4 위치에서 손을 완전히 밀어내어야 한다.

해답

① 양수조작식 방호장치
② 수인식 방호장치
③ 손쳐내기식 방호장치

12 수인식 방호장치의 수인끈, 수인끈의 안내통, 손목밴드의 구비조건 3가지를 쓰시오.

해답

① 수인끈은 작업자와 작업공정에 따라 그 길이를 조정할 수 있어야 한다.
② 수인끈의 안내통은 끈의 마모와 손상을 방지할 수 있는 조치를 해야 한다.
③ 손목밴드는 착용감이 좋으며 쉽게 착용할 수 있는 구조이어야 한다.

13 동력 프레스기의 양수기동식 안전장치의 클러치 맞물림 개소 수가 4, 매분 행정 수가 300일 경우 안전거리를 계산하시오.

해답

① $T_m = \left(\dfrac{1}{\text{클러치 맞물림 개소 수}} + \dfrac{1}{2}\right) \times \left(\dfrac{60,000}{\text{매분 행정 수}}\right) = \left(\dfrac{1}{4} + \dfrac{1}{2}\right) \times \dfrac{60,000}{300} = 150(\text{ms})$

② $D_m = 1.6 \times T_m = 1.6 \times 150 = 240(\text{mm})$

> **TIP** 양수기동식 안전거리
>
> $$D_m = 1.6\,T_m$$
>
> 여기서, D_m : 안전거리[mm]
>
> T_m : 양손으로 누름단추를 누르기 시작할 때부터 슬라이드가 하사점에 도달하기까지 소요시간[ms]
>
> $T_m = \left(\dfrac{1}{\text{클러치 맞물림 개소 수}} + \dfrac{1}{2}\right) \times \dfrac{60,000}{\text{매분 행정 수}}(\text{ms})$

14 광전자식 방호장치가 설치된 마찰클러치식 기계프레스에서 급정지시간이 200ms로 측정되었을 경우 안전거리(mm)를 구하시오.

해답

안전거리(mm) $= 1,600 \times (T_c + T_s) = 1,600 \times$ 급정지시간(초) $= 1,600 \times \left(200 \times \dfrac{1}{1,000}\right) = 320(\text{mm})$

> **TIP** $\text{ms} = \dfrac{1}{1,000}$초

15 아세틸렌 용접장치를 사용하여 금속의 용접, 용단 또는 가열작업을 하는 경우의 준수사항이다. ( )에 알맞은 내용을 넣으시오.

> 발생기에서 (①)m 이내 또는 발생기실에서 (②)m 이내의 장소에서는 흡연, 화기의 사용 또는 불꽃이 발생할 위험한 행위를 금지시킬 것

해답

① 5

② 3

TIP 아세틸렌 용접장치의 관리

① 발생기(이동식 아세틸렌 용접장치의 발생기는 제외)의 종류, 형식, 제작업체명, 매 시 평균 가스발생량 및 1회 카바이드 공급량을 발생기실 내의 보기 쉬운 장소에 게시할 것
② 발생기실에는 관계 근로자가 아닌 사람이 출입하는 것을 금지할 것
③ 발생기에서 5미터 이내 또는 발생기실에서 3미터 이내의 장소에서는 흡연, 화기의 사용 또는 불꽃이 발생할 위험한 행위를 금지시킬 것
④ 도관에는 산소용과 아세틸렌용의 혼동을 방지하기 위한 조치를 할 것
⑤ 아세틸렌 용접장치의 설치장소에는 적당한 소화설비를 갖출 것
⑥ 이동식 아세틸렌용접장치의 발생기는 고온의 장소, 통풍이나 환기가 불충분한 장소 또는 진동이 많은 장소 등에 설치하지 않도록 할 것

16 가스집합장치에 관한 사항이다. ( ) 안에 알맞은 숫자를 쓰시오.

(1) 사업주는 가스집합장치에 대해서는 화기를 사용하는 설비로부터 (①)미터 이상 떨어진 장소에 설치하여야 한다.
(2) 주관 및 분기관에는 안전기를 설치할 것. 이 경우 하나의 취관에 (②)개 이상의 안전기를 설치하여야 한다.
(3) 사업주는 용해아세틸렌의 가스집합용접장치의 배관 및 부속기구는 구리나 구리 함유량이 (③)퍼센트 이상인 합금을 사용해서는 아니 된다.

해답

① 5
② 2
③ 70

17 금속의 용접 등에 사용되는 가스용기를 저장해서는 안 되는 장소를 3가지 쓰시오.

해답

① 통풍이나 환기가 불충분한 장소
② 화기를 사용하는 장소 및 그 부근
③ 위험물 또는 인화성 액체를 취급하는 장소 및 그 부근

18 아세틸렌 용접장치의 역화원인 4가지를 쓰시오.

해답

① 압력조정기의 고장
② 과열되었을 때
③ 산소 공급이 과다할 때
④ 토치의 성능이 좋지 않을 때
⑤ 토치 팁에 이물질이 묻었을 때

19 안전기 성능시험의 종류를 3가지 쓰시오.

해답

① 내압시험
② 기밀시험
③ 역류방지시험
④ 역화방지시험
⑤ 가스압력손실시험
⑥ 방출장치 동작시험

20 산업안전보건법에서 정하고 있는 승강기의 종류를 4가지 쓰시오.

해답

① 승객용 엘리베이터
② 승객화물용 엘리베이터
③ 화물용 엘리베이터
④ 소형화물용 엘리베이터
⑤ 에스컬레이터

21 산업안전보건법에서 정하는 양중기의 종류를 4가지 쓰시오.

해답

① 크레인(호이스트 포함)
② 이동식 크레인
③ 리프트(이삿짐 운반용 리프트의 경우에는 적재하중이 0.1톤 이상인 것)
④ 곤돌라
⑤ 승강기

22 크레인 등에 대한 위험방지를 위하여 취해야 할 안전조치를 4가지 쓰시오.

해답

① 과부하방지장치
② 권과방지장치
③ 비상정지장치
④ 제동장치

23 크레인에 걸리는 하중에서 정격하중과 권상하중의 정의를 쓰시오.

해답

① 정격하중 : 크레인의 권상하중에서 훅, 크래브 또는 버킷 등 달기기구의 중량에 상당하는 하중을 뺀 하중을 말한다.
② 권상하중 : 들어 올릴 수 있는 최대의 하중을 말한다.

24 롤러의 맞물림점 전방에 개구간격 25mm의 가드를 설치하고자 한다. 가드의 위치는 맞물림점에서 얼마의 거리를 유지하여야 하는가?

해답

① $Y = 6 + 0.15X$에서

② $X = \dfrac{25-6}{0.15} = 126.666 = 126.67(\text{mm})$

> **TIP** 롤러기 가드의 개구부 간격(ILO 기준, 위험점이 전동체가 아닌 경우)
>
> $$Y = 6 + 0.15X(X < 160\text{mm})\ (\text{단, } X \geq 160\text{mm 일 때, } Y = 30\text{mm})$$
>
> 여기서, X : 가드와 위험점 간의 거리(안전거리)(mm)
> Y : 가드 개구부 간격(안전간극)(mm)

25 산업안전보건법상 롤러기에 설치하여야 하는 방호장치의 명칭과 그 종류 3가지를 쓰시오.

해답

(1) 방호장치의 명칭

급정지장치

(2) 종류

① 손으로 조작하는 것
② 복부로 조작하는 것
③ 무릎으로 조작하는 것

TIP 급정지장치 조작부의 종류 및 위치

급정지장치 조작부의 종류	설치위치	비 고
손으로 조작하는 것	밑면으로부터 1.8m 이내	위치는 급정지장치 조작부의 중심점을 기준으로 함
복부로 조작하는 것	밑면으로부터 0.8m 이상 1.1m 이내	
무릎으로 조작하는 것	밑면으로부터 0.4m 이상 0.6m 이내	

26 60rpm으로 회전하는 롤러의 앞면 롤러의 지름이 120mm인 경우 앞면 롤러의 표면속도와 관련 규정에 따른 급정지거리(mm)를 구하시오.

해답

① $V(\text{표면속도}) = \dfrac{\pi DN}{1{,}000} = \dfrac{\pi \times 120 \times 60}{1{,}000} = 22.619 = 22.62(\text{m/min})$

② 급정지거리 기준 : 표면속도가 30(m/min) 미만 시 원주의 $\dfrac{1}{3}$ 이내

③ 급정지거리 $= \pi D \times \dfrac{1}{3} = \pi \times 120 \times \dfrac{1}{3} = 125.663 = 125.66(\text{mm})$

TIP ① 급정지장치의 성능조건

앞면 롤러의 표면속도(m/min)	급정지거리
30 미만	앞면 롤러 원주의 1/3
30 이상	앞면 롤러 원주의 1/2.5

② 원둘레 길이

$$\pi D = 2\pi r$$

여기서, D : 지름, r : 반지름

27 연삭기의 숫돌차 바깥지름이 280mm일 경우 플랜지의 바깥지름은 최소 몇 mm인가?

해답

플랜지의 지름＝숫돌지름 × $\frac{1}{3}$ ＝280 × $\frac{1}{3}$ ＝93.333＝93.33(mm)

28 숫돌속도가 2,000m/min일 때 회전수 rpm은 얼마인지 쓰시오.(단, 숫돌치수는 150×25×15.88이라고 한다.)

해답

① 회전속도(V)＝ $\frac{\pi DN}{1,000}$(m/min)

② $N = \frac{V \times 1,000}{\pi \times D} = \frac{2,000 \times 1,000}{\pi \times 150} = 4,244.131 = 4,244.13$(rpm)

TIP

150	×	25	×	15.88
바깥지름(직경)		두께		구멍지름

29 숫돌의 회전수(rpm)가 2,000인 연삭기에 지름 30(cm)의 숫돌을 사용할 경우 숫돌의 원주속도는 얼마 이하로 해야 하는가?

해답

원주속도(V)＝ $\frac{\pi DN}{1,000}$(m/min)＝ $\frac{\pi \times 300 \times 2,000}{1,000}$ ＝ 1,884.955＝ 1,884.96(m/min)

30 다음은 연삭기 덮개에 관한 사항이다. 괄호에 알맞은 답을 쓰시오.

(1) 탁상용 연삭기의 덮개에는 (①) 및 조정편을 구비하여야 한다.
(2) (①)는 연삭숫돌과의 간격을 (②)mm 이하로 조정할 수 있는 구조이어야 한다.
(3) 연삭기 덮개에는 자율안전확인의 표시에 따른 표시 외의 추가로 숫돌사용주속도, (③)을 표시해야 한다.

해답

① 워크레스트
② 3
③ 숫돌회전방향

31 다음 연삭기의 방호장치에 해당하는 각도를 쓰시오.

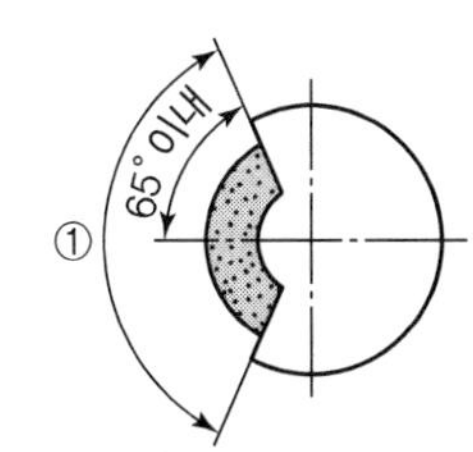

① 일반연삭작업 등에 사용하는 것을 목적으로 하는 탁상용 연삭기의 덮개 각도

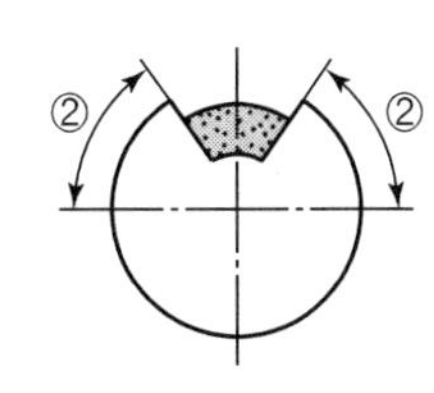

② 연삭숫돌의 상부를 사용하는 것을 목적으로 하는 탁상용 연삭기 덮개 각도

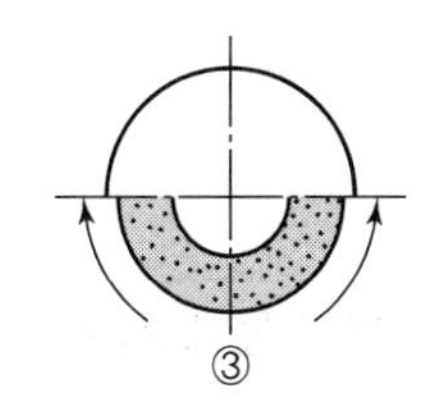

③ 휴대용 연삭기, 스윙연삭기, 스라브연삭기, 기타 이와 비슷한 연삭기의 덮개 각도

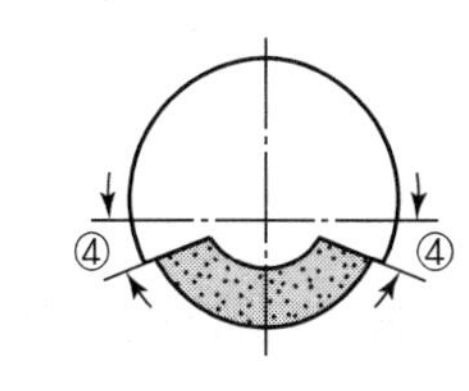

④ 평면연삭기, 절단연삭기, 기타 이와 비슷한 연삭기의 덮개 각도

해답

① 125° 이내
② 60° 이상
③ 180° 이내
④ 15° 이상

32 휴대용 목재가공용 둥근톱기계의 방호장치와 설치방법에서 덮개에 대한 구조 조건을 3가지 쓰시오.

해답

① 절단작업이 완료되었을 때 자동적으로 원위치에 되돌아오는 구조일 것
② 이동범위를 임의의 위치로 고정할 수 없을 것
③ 휴대용 둥근톱 덮개의 지지부는 덮개를 지지하기 위한 충분한 강도를 가질 것
④ 휴대용 둥근톱 덮개의 지지부의 볼트 및 이동덮개가 자동적으로 되돌아오는 기계의 스프링 고정볼트는 이완방지장치가 설치되어 있는 것일 것

33 동력식 수동대패기의 방호장치와 그 방호장치와 송급테이블의 간격을 쓰시오.

해답

① 방호장치 : 칼날접촉방지장치(날접촉예방장치)
② 간격 : 8mm 이하

34 목재가공용 둥근톱에 설치해야 하는 방호장치 종류 2가지를 쓰시오.

해답

① 날접촉예방장치
② 반발예방장치

> **TIP** 목재가공용 둥근톱기계의 방호장치
> ① 분할날 등 반발예방장치
> ② 톱날접촉예방장치

35 다음 기계장치들의 방호장치명을 쓰시오.

> ① 사출성형기
> ② 띠톱기계
> ③ 목재가공용 둥근톱
> ④ 연삭기
> ⑤ 롤러기

해답

① 게이트가드 또는 양수조작식의 방호장치
② 덮개 또는 울
③ 날접촉예방장치, 반발예방장치
④ 덮개
⑤ 급정지장치

36 로봇을 운전하는 경우 당해 로봇에 접촉함으로 근로자에게 위험이 발생할 우려가 있는 때에 사업주가 취해야 할 안전조치 사항을 2가지 쓰시오.

해답

① 높이 1.8미터 이상의 울타리 설치
② 컨베이어 시스템의 설치 등으로 울타리를 설치할 수 없는 일부 구간 : 안전매트 또는 광전자식 방호장치 등 감응형 방호장치 설치

37 산업안전보건법상 다음 기계 · 기구에 설치하여야 할 방호장치를 쓰시오.

① 가스집합용접장치	④ 산업용 로봇
② 압력용기	⑤ 교류아크용접기
③ 동력식 수동대패	⑥ 연삭기

해답

① 안전기
② 압력방출장치
③ 칼날접촉방지장치(날접촉예방장치)
④ 안전매트
⑤ 자동전격방지기
⑥ 덮개

38 선반작업 시 사용하는 방호장치를 4가지 쓰시오.

해답

① 칩 브레이커
② 급정지 브레이크
③ 실드(칩비산방지 투명판)
④ 척 커버

39 비파괴 검사의 종류를 4가지 쓰시오.

해답

① 육안검사
② 누설검사
③ 침투검사
④ 초음파검사
⑤ 자기탐상검사
⑥ 음향검사
⑦ 방사선투과 검사
⑧ 와류탐상검사

40 다음의 그림에서 지게차의 중량(G)이 2ton이고, 앞바퀴에서 화물의 중심까지의 거리(a)가 1.5m, 앞바퀴로부터 차의 중심까지는 거리(b)가 1.5m일 경우 지게차의 안정을 유지하기 위한 최대 화물중량(W)은 얼마 미만으로 해야 하는가?

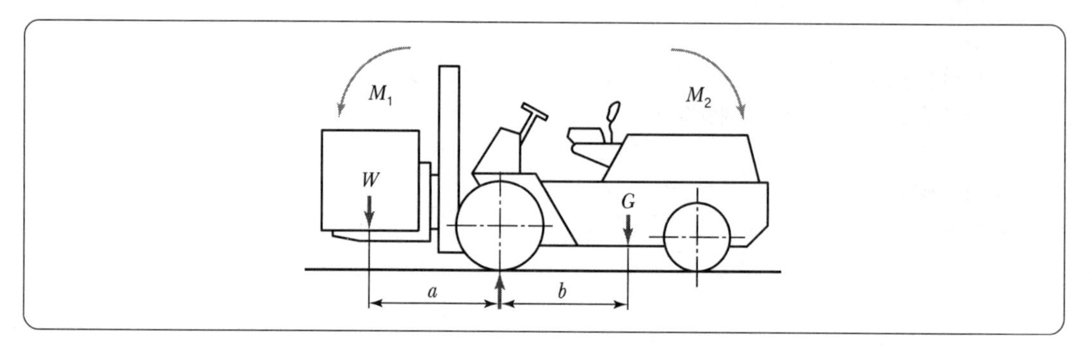

해답

① $M_1 = Wa = W \times 1.2 = 1.2W$

② $M_2 = Gb = 1{,}000 \times 1.5 = 1{,}500\text{kg}$

③ $M_1 < M_2$

④ $1.2W < 1{,}500$

⑤ $W < 1{,}250(\text{kg})$

⑥ $\therefore W = 1{,}250(\text{kg})$ 미만

TIP 지게차의 안정조건

$$Wa < Gb$$

여기서, W : 화물 중심에서의 화물의 중량[kgf]
G : 지게차 중심에서의 지게차의 중량[kgf]
a : 앞바퀴에서 화물 중심까지의 최단거리[cm]
b : 앞바퀴에서 지게차 중심까지의 최단거리[cm]
$M_1 = Wa$(화물의 모멘트)
$M_2 = Gb$(지게차의 모멘트)

41 크레인 작업 시 와이어로프에 980kg의 중량을 걸어 25m/s²의 가속도로 감아 올릴 경우 와이어로프에 걸리는 총하중을 계산하시오.

해답

(1) 동하중

$$\text{동하중}(W_2) = \frac{W_1}{\text{중력가속도}(\text{m/s}^2)} \times \text{가속도}(\text{m/s}^2) = \frac{980}{9.8} \times 25 = 2{,}500(\text{kg})$$

(2) 총하중

$$\text{총하중}(W) = \text{정하중}(W_1) + \text{동하중}(W_2) = 980 + 2{,}500 = 3{,}480(\text{kg})$$

42 1,000(kg)의 화물을 두줄걸이 로프로 상부각도 60°로 들어올릴 때 한쪽 와이어로프에 걸리는 하중을 계산하시오.

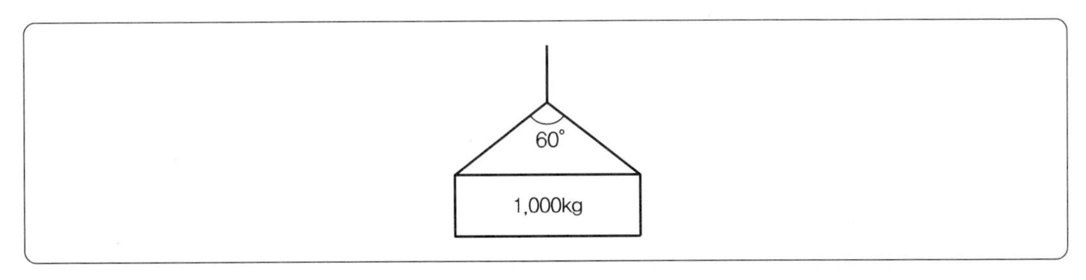

해답

$$\text{하중} = \frac{\text{화물의 무게}(W_1)}{2} \div \cos\frac{\theta}{2} = \frac{1{,}000}{2} \div \cos\frac{60}{2} = 577.35(\text{kg})$$

43 양중기에 사용하는 달기체인의 사용금지 기준을 2가지 쓰시오.

해답

① 달기 체인의 길이가 달기 체인이 제조된 때의 길이의 5%를 초과한 것
② 링의 단면지름이 달기 체인이 제조된 때의 해당 링의 지름의 10%를 초과하여 감소한 것
③ 균열이 있거나 심하게 변형된 것

CHAPTER

04 전기작업안전관리 및 화공안전점검 예상문제

01 전기안전일반

01 전격위험의 주된 원인을 4가지 쓰시오.

해답

① 통전전류의 크기
② 통전경로
③ 통전시간
④ 전원의 종류

02 전격에 의한 인체의 영향에서 ( ) 안에 알맞은 말을 쓰시오.

전류(mA)	인체의 영향
1	전기를 느낄 정도
5	상당한 고통을 느낌
10	(①)
20	(②)
50	(③)
100	치명적인 결과 초래

해답

① 견디기 어려운 정도의 고통
② 근육수축이 심하고 신경이 마비되어 행동불능 상태
③ 위험한 상태

03 심실세동전류의 정의와 구하는 공식을 쓰시오.

해답

① 정의
인체에 흐르는 전류가 더욱 증가하면 심장부를 흐르게 되어 정상적인 박동을 하지 못하고 불규칙적인 세동으로 혈액순환이 순조롭지 못하게 되는 현상을 말하며, 그대로 방치하면 수 분 내로 사망하게 된다.

② 공식

$$I = \frac{165}{\sqrt{T}} (\mathrm{mA})$$

04 100V 단상 2선식 회로의 전류를 물에 젖은 손으로 조작하여 감전으로 인한 심실세동을 일으켰다. 이때 인체에 흐른 전류와 심실세동을 일으킨 시간을 구하시오.(단, 인체의 저항은 5,000Ω이며, 길버트의 이론에 의해 계산할 것)

해답

① 전류$(I) = \dfrac{V}{R} = \dfrac{100}{5{,}000 \times \dfrac{1}{25}} = 0.5(\mathrm{A}) = 500(\mathrm{mA})$

② 통전시간

㉠ $I = \dfrac{165}{\sqrt{T}}(\mathrm{mA})$

㉡ $500(\mathrm{mA}) = \dfrac{165}{\sqrt{\mathrm{T}}}$

㉢ $T = \dfrac{165^2}{500^2} = 0.1089 = 0.11(\text{초})$

TIP 인체의 전기저항
① 피부가 젖어 있는 경우 1/10로 감소
② 땀이 난 경우 1/12~1/20로 감소
③ 물에 젖은 경우 1/25로 감소

05 통전경로의 위험도에서 위험한 순서대로 번호를 쓰시오.

① 왼손 → 가슴
② 오른손 → 가슴
③ 왼손 → 등
④ 양손 → 양발

해답

① → ② → ④ → ③

TIP 통전경로별 위험도

통전경로	심장전류계수	통전경로	심장전류계수
왼손 – 가슴	1.5	왼손 – 등	0.7
오른손 – 가슴	1.3	한 손 또는 양손 – 앉아 있는 자리	0.7
왼손 – 한 발 또는 양발	1.0	왼손 – 오른손	0.4
양손 – 양발	1.0	오른손 – 등	0.3
오른손 – 한 발 또는 양발	0.8		

※ 숫자가 클수록 위험도가 높다.

06 전압을 구분하는 다음의 기준에서 ( )에 알맞은 내용을 쓰시오.

전원의 종류	저압	고압	특고압
직류[DC]	(①)	(②)	(③)
교류[AC]	(④)	(⑤)	7,000V 초과

해답

① 750V 이하
② 750V 초과, 7,000V 이하
③ 7,000V 초과
④ 600V 이하
⑤ 600V 초과 7,000V 이하

07 인체의 접촉상태에 따른 허용접촉전압을 종별로 구분하여 쓰시오.

종별	접촉상태	허용접촉전압
제1종	• 인체의 대부분이 수중에 있는 경우	(①)
제2종	• 인체가 현저하게 젖어 있는 경우 • 금속성의 전기기계장치나 구조물에 인체의 일부가 상시 접촉되어 있는 경우	(②)
제3종	• 제1종, 제2종 이외의 경우로 통상의 인체상태에 있어서 접촉전압이 가해지면 위험성이 높은 경우	(③)
제4종	• 제1종, 제2종 이외의 경우로 통상의 인체상태에 있어서 접촉전압이 가해지더라도 위험성이 낮은 경우 • 접촉전압이 가해질 우려가 없는 경우	(④)

해답

① 2.5V 이하
② 25V 이하
③ 50V 이하
④ 제한 없음

08 전기기기의 누전으로 인한 재해를 방지하기 위한 조치사항을 3가지 쓰시오.

해답

① 보호접지
② 누전차단기의 설치
③ 비접지식 전로의 채용
④ 이중절연기기의 사용

09 다음은 전기안전에 관련된 사항이다. (　) 안에 알맞은 말을 쓰시오.

(1) 피뢰기의 접지저항은 (①)Ω 이하이다.
(2) 저압퓨즈는 정격전류의 (②)배에 견디어야 하고, 고압전류에 사용할 때는 정격전류의 (③)배에 견디어야 한다.
(3) 전격 시의 위험도를 결정하는 1차적 요인은 (④), (⑤), (⑥) 등이다.

해답

① 10
② 1.1
③ 1.3
④ 통전전류의 크기
⑤ 통전경로
⑥ 통전시간

10 전기기계기구 중 이동형이나 휴대형의 것으로 감전방지용 누전차단기를 설치해야 하는 장소를 쓰시오.

해답

① 대지전압이 150V를 초과하는 이동형 또는 휴대형 전기기계 · 기구
② 물 등 도전성이 높은 액체가 있는 습윤장소에서 사용하는 저압용 전기기계 · 기구
③ 철판 · 철골 위 등 도전성이 높은 장소에서 사용하는 이동형 또는 휴대형 전기기계 · 기구
④ 임시배선의 전로가 설치되는 장소에서 사용하는 이동형 또는 휴대형 전기기계 · 기구

11 근로자가 노출된 충전부 또는 그 부근에서 작업함으로써 감전될 우려가 있는 경우에는 작업에 들어가기 전에 해당 전로를 차단하여야 한다. 전로 차단절차에 해당하는 다음 내용의 괄호에 알맞은 내용을 쓰시오.

(1) 차단장치나 단로기 등에 (①) 및 꼬리표를 부착할 것
(2) 개로된 전로에서 유도전압 또는 전기 에너지가 축적되어 근로자에게 전기 위험을 끼칠 수 있는 전기기기 등은 접촉하기 전에 (②)를 완전히 방전시킬 것
(3) 전기기기 등이 다른 노출 충전부와 접촉, 유도 또는 예비 동력원의 역송전 등으로 전압이 발생할 우려가 있는 경우에는 충분한 용량을 가진 단락 (③)를 이용하여 접지할 것

해답

① 잠금장치
② 잔류전하
③ 접지기구

12 **전로를 개로하여 당해전로 또는 그 지지물의 설치 · 점검 · 수리 및 도장 등의 작업을 하는 때에는 전로를 개로한 후 당해전로에 안전조치를 하여야 한다. 조치사항을 3가지 쓰시오.**

해답

① 전기기기 등에 공급되는 모든 전원을 관련 도면, 배선도 등으로 확인할 것
② 전원을 차단한 후 각 단로기 등을 개방하고 확인할 것
③ 차단장치나 단로기 등에 잠금장치 및 꼬리표를 부착할 것
④ 개로된 전로에서 유도전압 또는 전기에너지가 축적되어 근로자에게 전기위험을 끼칠 수 있는 전기기기 등은 접촉하기 전에 잔류전하를 완전히 방전시킬 것
⑤ 검전기를 이용하여 작업 대상 기기가 충전되었는지를 확인할 것
⑥ 전기기기 등이 다른 노출 충전부와의 접촉, 유도 또는 예비동력원의 역송전 등으로 전압이 발생할 우려가 있는 경우에는 충분한 용량을 가진 단락 접지기구를 이용하여 접지할 것

13 **다음에 해당하는 충전전로에 대한 접근한계거리를 쓰시오.**

(1) 충전전로 220V일 때 (①)
(2) 충전전로 1kV일 때 (②)
(3) 충전전로 22kV일 때 (③)
(4) 충전전로 154kV일 때 (④)

해답

① 접촉금지
② 45cm
③ 90cm
④ 170cm

TIP

충전전로의 선간전압 (단위 : 킬로볼트)	충전전로에 대한 접근 한계거리 (단위 : 센티미터)	충전전로의 선간전압 (단위 : 킬로볼트)	충전전로에 대한 접근 한계거리 (단위 : 센티미터)
0.3 이하	접촉금지	121 초과 145 이하	150
0.3 초과 0.75 이하	30	145 초과 169 이하	170
0.75 초과 2 이하	45	169 초과 242 이하	230
2 초과 15 이하	60	242 초과 362 이하	380
15 초과 37 이하	90	362 초과 550 이하	550
37 초과 88 이하	110	550 초과 800 이하	790
88 초과 121 이하	130		

14 자동전격방지기에 관한 다음의 설명 중 ( )에 맞는 내용을 쓰시오.

(①) : 용접봉을 모재로부터 분리시킨 후 주접점이 개로되어 용접기 2차 측 (②)을 25V 이하로 감압시킬 때까지의 시간

해답

① 지동시간 ② 무부하전압

15 교류아크 용접기에 관한 자동전격방지장치 성능 기준으로 다음의 물음에 답을 쓰시오.

① 사용전압이 220V인 경우 출력 측의 무부하전압(실효값)은 몇 V 이하여야 하는가?
② 용접봉 홀더에 용접기 출력 측의 무부하전압이 발생한 후 주접점이 개방될 때까지의 시간은 몇 초 이내여야 하는가?

해답

① 25V 이하 ② 1.0 이내

16 [보기]의 교류아크 용접기의 자동전격방지기 표시사항을 상세히 기술하시오.

SP－3A－H

해답

① SP : 외장형
② 3 : 300A
③ A : 용접기에 내장되어 있는 콘덴서의 유무에 관계없이 사용할 수 있는 것
④ H : 고저항 시동형

TIP (1) 외장형 : 외장형은 용접기 외함에 부착하여 사용하는 전격방지기로 그 기호는 SP로 표시
(2) 내장형 : 내장형은 용접기함 안에 설치하여 사용하는 전격방지기로 그 기호는 SPB로 표시
(3) 기호 SP 또는 SPB 뒤의 숫자는 출력 측의 정격전류의 100단위의 수치로 표시
(예 : 2.5는 250A, 3은 300A를 표시)
(4) 숫자 다음의 표시
① A : 용접기에 내장되어 있는 콘덴서의 유무에 관계없이 사용할 수 있는 것
② B : 콘덴서를 내장하지 않은 용접기에 사용하는 것
③ C : 콘덴서 내장형 용접기에 사용하는 것
④ E : 엔진구동 용접기에 사용하는 것
(5) L형과 H형
① 저저항 시동형 : L형
② 고저항 시동형 : H형

17 교류아크 용접기에 설치하는 자동전격방지기 설치 시 요령 및 유의사항 3가지를 쓰시오.

해답

① 직각으로 부착할 것(단, 직각이 어려울 때는 직각에 대해 20도를 넘지 않을 것)
② 용접기의 이동, 진동, 충격으로 이완되지 않도록 이완 방지 조치를 취할 것
③ 작동상태를 알기 위한 표시 등은 보기 쉬운 곳에 설치할 것
④ 작동상태를 시험하기 위한 테스트 스위치는 조작하기 쉬운 곳에 설치할 것
⑤ 용접기의 전원 측에 접속하는 선과 출력 측에 접속하는 선을 혼동하지 말 것
⑥ 외함이 금속제인 경우는 이것에 적당한 접지단자를 설치할 것

18 정전기 발생현상에 관한 대전의 종류를 4가지 쓰시오.

해답

① 마찰대전
② 박리대전
③ 유동대전
④ 분출대전
⑤ 충돌대전
⑥ 유도대전
⑦ 비말대전
⑧ 파괴대전
⑨ 교반대전

19 다음은 정전기 대전에 관한 설명이다. 해당되는 대전의 종류를 쓰시오.

① 두 물질이 접촉과 분리과정이 반복되면서 마찰을 일으킬 때 전하분리가 생기면서 정전기가 발생
② 분체류, 액체류, 기체류가 단면적이 작은 개구부를 통해 분출할 때 분출물질과 개구부의 마찰로 인하여 정전기가 발생
③ 분체류에 의한 입자끼리 또는 입자와 고정된 고체의 충돌, 접촉, 분리 등에 의해 정전기가 발생
④ 액체류를 파이프 등으로 수송할 때 액체류가 파이프 등과 접촉하여 두 물질의 경계에 전기 2중층이 형성되어 정전기가 발생
⑤ 상호 밀착해 있던 물체가 떨어지면서 전하 분리가 생겨 정전기가 발생
⑥ 공간에 분출한 액체류가 미세하게 비산되어 분리되고 크고 작은 방울로 될 때 새로운 표면을 형성하기 때문에 정전기가 발생

해답

① 마찰대전
② 분출대전
③ 충돌대전
④ 유동대전
⑤ 박리대전
⑥ 비말대전

20 정전기 발생의 영향요인을 5가지 쓰시오.

해답

① 물체의 특성
② 물체의 표면상태
③ 물체의 이력
④ 접촉면적 및 압력
⑤ 분리속도
⑥ 완화시간

21 착화에너지가 0.25mJ인 가스가 있는 사업장의 전기설비의 정전용량이 12pF일 때 방전 시 착화 가능한 최소 대전 전위를 구하시오.

해답

① $W=\frac{1}{2}CV^2$ 의 식에서 $V=\sqrt{\frac{2W}{C}}$ 이므로

② $V=\sqrt{\frac{2W}{C}}=\sqrt{\frac{2\times 0.25\times 10^{-3}}{12\times 10^{-12}}}=6{,}454.972=6{,}454.97(\text{V})$

TIP $pF=10^{-12}F$, $mJ=10^{-3}J$

22 방폭구조의 종류를 5가지 쓰시오.

해답

① 내압 방폭구조
② 압력 방폭구조
③ 안전증 방폭구조
④ 유입 방폭구조
⑤ 본질안전 방폭구조
⑥ 비점화 방폭구조
⑦ 몰드 방폭구조
⑧ 충전 방폭구조
⑨ 특수 방폭구조

TIP 방폭구조의 종류에 따른 기호

내압 방폭구조	d	안전증 방폭구조	e	비점화 방폭구조	n
압력 방폭구조	p	특수 방폭구조	s	몰드 방폭구조	m
유입 방폭구조	o	본질안전 방폭구조	i(ia, ib)	충전 방폭구조	q

23 다음 기호에 해당되는 방폭구조의 명칭을 쓰시오.

① q
② e
③ m
④ n
⑤ ia, ib

해답

① 충전 방폭구조
② 안전증 방폭구조
③ 몰드 방폭구조
④ 비점화 방폭구조
⑤ 본질안전 방폭구조

24 다음 방폭구조에 해당하는 기호를 쓰시오.

① 용기 분진방폭구조
② 본질안전 분진방폭구조
③ 몰드 분진방폭구조
④ 압력 분진방폭구조

해답

① tD
② iD
③ mD
④ pD

25 다음의 위험장소에 해당하는 전기설비의 방폭구조를 쓰시오.(그 밖에 인증한 방폭구조 제외)

(1) 0종 장소
(2) 1종 장소

해답

(1) 0종 장소

본질안전 방폭구조(ia)

(2) 1종 장소

① 내압 방폭구조(d)
② 압력 방폭구조(p)
③ 충전 방폭구조(q)
④ 유입 방폭구조(o)
⑤ 안전증 방폭구조(e)
⑥ 본질안전 방폭구조(ia, ib)
⑦ 몰드 방폭구조(m)

02 화공안전일반

26 다음 용어의 설명 중 (   )에 알맞은 내용을 쓰시오.

(1) 인화성 액체 : 표준압력(101.3 KPa)하에서 인화점이 (①)℃ 이하이거나 고온 · 고압의 공정운전조건으로 인하여 화재 · 폭발위험이 있는 상태에서 취급되는 가연성 물질을 말한다.
(2) 인화성 가스 : 인화한계 농도의 최저한도가 (②)퍼센트 이하 또는 최고한도와 최저한도의 차가 (③)퍼센트 이상인 것으로서 표준압력(101.3 KPa)하의 (④)℃에서 가스 상태인 물질을 말한다.

해답

① 60
② 13
③ 12
④ 20

27 산업안전보건법상 위험물의 종류에 관한 사항이다. 괄호에 알맞은 내용을 쓰시오.

(1) 인화성 액체 : 노르말헥산, 아세톤, 메틸에틸케톤, 메틸알코올, 에틸알코올, 이황화탄소, 그 밖에 인화점이 섭씨 (①)도 미만이고 초기 끓는점이 섭씨 35도를 초과하는 물질
(2) 인화성 액체 : 크실렌, 아세트산아밀, 등유, 경유, 테레핀유, 이소아밀알코올, 아세트산, 하이드라진, 그 밖에 인화점이 섭씨 23도 이상 섭씨 (②)도 이하인 물질
(3) 부식성 산류 : 농도가 (③)퍼센트 이상인 염산, 황산, 질산, 그 밖에 이와 같은 정도 이상의 부식성을 가지는 물질
(4) 부식성 산류 : 농도가 (④)퍼센트 이상인 인산, 아세트산, 불산, 그 밖에 이와 같은 정도 이상의 부식성을 가지는 물질

해답

① 23
② 60
③ 20
④ 60

28 산업안전보건법상 위험성 물질의 분류 중 화학적 성질에 의한 종류를 5가지 쓰시오.

해답

① 폭발성 물질 및 유기과산화물
② 물반응성 물질 및 인화성 고체
③ 산화성 액체 및 산화성 고체
④ 인화성 액체
⑤ 인화성 가스
⑥ 부식성 물질
⑦ 급성 독성 물질

29 위험물에 해당하는 급성 독성 물질의 다음에 해당하는 기준치를 쓰시오.

(1) LD_{50}은 쥐에 대한 경구투입실험에 의하여 실험동물의 50%를 사망케 한다. : (①)
(2) LD_{50}은 쥐 또는 토끼에 대한 경피흡수실험에 의하여 실험동물의 50%를 사망케 한다. : (②)
(3) LC_{50}은 가스로 쥐에 대한 4시간 동안 흡입실험에 의하여 실험동물의 50%를 사망케 한다. : (③)
(4) LC_{50}은 증기로 쥐에 대한 4시간 동안 흡입실험에 의하여 실험동물의 50%를 사망케 한다. : (④)

해답

① 300mg/kg 이하
② 1,000mg/kg 이하
③ 2,500ppm 이하
④ 10mg/l 이하

30 화학설비 안전거리를 쓰시오.

① 사무실 · 연구실 · 실험실 · 정비실 또는 식당으로부터 단위공정시설 및 설비, 위험물질의 저장탱크, 위험물질 하역설비, 보일러 또는 가열로의 사이
② 위험물질 저장탱크로부터 단위공정 시설 및 설비, 보일러 또는 가열로의 사이

해답

① 사무실 등의 바깥 면으로부터 20m 이상
② 저장탱크 바깥 면으로부터 20m 이상

TIP 위험물 저장 취급 화학설비 안전거리

구분	안전거리
1. 단위공정시설 및 설비로부터 다른 단위공정시설 및 설비의 사이	설비의 바깥 면으로부터 10미터 이상
2. 플레어스택으로부터 단위공정시설 및 설비, 위험물질 저장탱크 또는 위험물질 하역설비의 사이	플레어스택으로부터 반경 20미터 이상. 다만, 단위공정시설 등이 불연재로 시공된 지붕 아래에 설치된 경우에는 그러하지 아니하다.
3. 위험물질 저장탱크로부터 단위공정시설 및 설비, 보일러 또는 가열로의 사이	저장탱크의 바깥 면으로부터 20미터 이상. 다만, 저장탱크의 방호벽, 원격조종화설비 또는 살수설비를 설치한 경우에는 그러하지 아니하다.
4. 사무실 · 연구실 · 실험실 · 정비실 또는 식당으로부터 단위공정시설 및 설비, 위험물질 저장탱크, 위험물질 하역설비, 보일러 또는 가열로의 사이	사무실 등의 바깥 면으로부터 20미터 이상. 다만, 난방용 보일러인 경우 또는 사무실 등의 벽을 방호구조로 설치한 경우에는 그러하지 아니하다.

31 다음의 용어를 설명하시오.

① TLV－TWA
② TLV－STEL
③ TLV－C

해답

① TLV－TWA : 1일 8시간, 주 40시간 동안의 평균노출농도로서 거의 모든 근로자가 평상작업에서 반복하여 노출되더라도 건강장해를 일으키지 않는 공기 중 유해물질의 농도
② TLV－STEL : 1일 8시간 동안 근로자가 1회 15분간의 시간가중 평균 노출기준(허용농도)
③ TLV－C : 1일 8시간 동안 근로자가 1일 작업시간 동안 잠시라도 노출되어서는 아니 되는 기준

32 연소의 3가지 요소를 쓰시오.

해답

① 가연성 물질
② 산소 공급원
③ 점화원

33 연소의 형태에서 고체의 연소형태를 4가지 쓰시오.

해답

① 표면연소
② 분해연소
③ 증발연소
④ 자기연소

34 폭발은 3가지 조건이 갖추어져야 가능하다. 폭발의 성립조건 3가지를 쓰시오.

해답

① 가연성 가스, 증기 또는 분진이 폭발범위 내에 있어야 한다.
② 밀폐된 공간이 존재하여야 한다.
③ 점화원 또는 폭발에 필요한 에너지가 있어야 한다.

35 최초의 완만한 연소에서 폭굉까지 발달하는 데 유도되는 거리인 폭굉 유도거리가 짧아지는 요건을 3가지 쓰시오.

해답

① 정상연소속도가 큰 혼합가스일수록 짧아진다.
② 관속에 방해물이 있거나 관경이 가늘수록 짧다.
③ 압력이 높을수록 짧다.
④ 점화원의 에너지가 강할수록 짧다.

36 분진폭발의 과정에 해당하는 다음 [보기]의 내용을 보고 폭발의 순서를 쓰시오.

① 입자표면 열분해 및 기체발생
② 주위의 공기와 혼합
③ 입자표면 온도상승
④ 폭발열에 의하여 주위 입자 온도상승 및 열분해
⑤ 점화원에 의한 폭발

해답

③ → ① → ② → ⑤ → ④

37 분진폭발 위험성을 증가시키는 조건 4가지를 쓰시오.

해답

① 분진의 화학적 성질과 조성
② 입도와 입도분포
③ 입자의 형상과 표면의 상태
④ 수분
⑤ 분진의 농도
⑥ 분진의 온도
⑦ 분진의 부유성
⑧ 산소의 농도

38 수소 28[vol%], 메탄 45[vol%], 에탄 27[vol%]의 조성을 가진 혼합가스의 폭발상한계값[vol%]과 메탄의 위험도를 계산하시오.

물질명	폭발하한계	폭발상한계
수소	4.0[vol%]	75[vol%]
메탄	5.0[vol%]	15[vol%]
에탄	3.0[vol%]	12.4[vol%]

해답

(1) 폭발상한계

$$\text{폭발상한계} = \frac{100}{\frac{V_1}{L_1} + \frac{V_2}{L_2}} = \frac{100}{\frac{28}{75} + \frac{45}{15} + \frac{27}{12.4}} = 18.015 = 18.02(\text{vol\%})$$

(2) 메탄의 위험도

$$\text{위험도} = \frac{UFL - LFL}{LFL} = \frac{15 - 5.0}{5.0} = 2$$

39 LPG가스가 공기 중에 누출되어 공기와 혼합된 상태이다. 기체의 조성은 공기 55%, 프로판 40%, 부탄 5%라면, 혼합기체의 폭발하한계를 계산하시오.(단, 프로판 및 부탄의 공기중 폭발하한계는 각각 2.1%, 1.8%이다.)

해답

$$\text{폭발하한계} = \frac{V_1 + V_2}{\dfrac{V_1}{L_1} + \dfrac{V_2}{L_2}} = \frac{40+5}{\dfrac{40}{2.1} + \dfrac{5}{1.8}} = 2.061 = 2.06(\%)$$

TIP 혼합가스가 공기와 섞여 있을 경우

$$L = \frac{V_1 + V_2 + \cdots\cdots + V_n}{\dfrac{V_1}{L_1} + \dfrac{V_2}{L_2} + \cdots\cdots + \dfrac{V_n}{L_n}}$$

여기서, V_n : 전체 혼합가스 중 각 성분 가스의 체적(비율)[%]
L_n : 각 성분 단독의 폭발한계(상한 또는 하한)
L : 혼합가스의 폭발한계(상한 또는 하한)[vol%]

40 부탄(C_4H_{10})의 폭발하한계는 1.6(vol%)이고, 폭발상한계는 9.0(vol%)이다. 부탄의 위험도 및 완전연소조성농도를 계산하시오.(단, 소수 둘째 자리에서 반올림할 것)

해답

(1) 위험도

$$\text{위험도} = \frac{UFL - LFL}{LFL} = \frac{9.0 - 1.6}{1.6} = 4.625 = 4.6$$

(2) 완전연소조성농도

$$Cst = \frac{100}{1 + 4.773\left(n + \dfrac{m - f - 2\lambda}{4}\right)} = \frac{100}{1 + 4.773\left(4 + \dfrac{10}{4}\right)} = 3.123 = 3.1(\text{vol}\%)$$

(여기서, $C_4H_{10} \rightarrow n = 4,\ m = 10,\ f = 0,\ \lambda = 0$)

TIP 완전연소조성농도

$$Cst = \frac{100}{1 + 4.773\left(n + \dfrac{m - f - 2\lambda}{4}\right)}$$

여기서, n : 탄소
m : 수소
f : 할로겐 원소의 원자 수
λ : 산소의 원자 수

41 화재의 분류에 따른 소화기의 표시색을 쓰시오.

해답

① 일반화재(A급 화재) : 백색
② 유류화재(B급 화재) : 황색
③ 전기화재(C급 화재) : 청색
④ 금속화재(D급 화재) : 무색

42 전기화재에 해당하는 급수와 적응소화기를 2가지 쓰시오.

해답

① 급수 : C급 화재
② 적응소화기
㉠ 이산화탄소 소화기
㉡ 할로겐화합물 소화기
㉢ 분말소화기

43 폭발방지를 위한 불활성화 방법 중 퍼지의 종류를 3가지 쓰시오.

해답

① 진공 퍼지
② 압력 퍼지
③ 스위프 퍼지
④ 사이폰 퍼지

44 가스폭발 위험장소 또는 분진폭발 위험장소에 설치되는 건축물 등에 대해서는 산업안전보건법에서 정하고 있는 해당 부분을 내화구조로 하여야 하며, 그 성능이 항상 유지될 수 있도록 점검 · 보수 등 적절한 조치를 하여야 한다. 여기에 해당하는 부분을 2가지 쓰시오.

해답

① 건축물의 기둥 및 보 : 지상 1층(지상 1층의 높이가 6미터를 초과하는 경우에는 6미터)까지
② 위험물 저장 · 취급용기의 지지대(높이가 30센티미터 이하인 것은 제외) : 지상으로부터 지지대의 끝부분까지
③ 배관 · 전선관 등의 지지대 : 지상으로부터 1단(1단의 높이가 6미터를 초과하는 경우에는 6미터)까지

45 다음의 고압가스용기에 해당하는 색을 쓰시오.

① 산소
② 아세틸렌
③ 헬륨
④ 질소
⑤ 수소

해답

① 녹색
② 황색
③ 회색
④ 회색
⑤ 주황색

TIP 가연성 가스 및 독성가스의 용기

가스의 종류	도색의 구분	가스의 종류	도색의 구분
액화석유가스	밝은 회색	액화암모니아	백색
수소	주황색	액화염소	갈색
아세틸렌	황색	산소	녹색
액화탄산가스	청색	질소	회색
소방용 용기	소방법에 따른 도색	그 밖의 가스	회색

PART 01 PART 02 PART 03 PART 04

46 아세틸렌 가스의 용기에 표시해야 할 다음의 사항을 설명하시오.

① TP25　　② FP15

해답

① TP25 : 내압시험압력 25[MPa]
② FP15 : 최고충전압력 15[MPa]

47 할로겐 소화기 1211의 주요 원소 4가지를 쓰시오.

해답

① F(불소)
② Cl(염소)
③ Br(브롬)
④ I(요오드)

TIP 할론소화약제의 명명법

① 일취화 일염화 메탄 소화기(CH_2ClBr) : 할론 1011
② 이취화 사불화 에탄 소화기($C_2F_4Br_2$) : 할론 2402
③ 일취화 삼불화 메탄 소화기(CF_3Br) : 할론 1301
④ 일취화 일염화 이불화 메탄 소화기(CF_2ClBr) : 할론 1211
⑤ 사염화 탄소 소화기(CCl_4) : 할론 1040

48 다음 물음에 해당하는 답을 [보기]에서 모두 골라 기호와 함께 쓰시오.

(1) 전기설비에 사용하는 소화기
(2) 인화성 액체에 사용하는 소화기
(3) 자기반응성 물질에 사용하는 소화기

① 포 소화기	③ 봉상수소화기	⑤ 할로겐화합물소화기
② 이산화탄소소화기	④ 봉상강화액소화기	⑥ 분말소화기

해답

(1) 전기설비에 사용하는 소화기 : ②, ⑤, ⑥
(2) 인화성 액체에 사용하는 소화기 : ①, ②, ⑤, ⑥
(3) 자기반응성 물질에 사용하는 소화기 : ①, ③, ④

49 사업주는 위험물을 기준량 이상으로 제조하거나 취급하는 경우에는 내부의 이상 상태를 조기에 파악하기 위하여 필요한 온도계 · 유량계 · 압력계 등의 계측장치를 설치하여야 한다. 해당되는 화학설비를 4가지 쓰시오.

해답

① 발열반응이 일어나는 반응장치
② 증류 · 정류 · 증발 · 추출 등 분리를 하는 장치
③ 가열시켜 주는 물질의 온도가 가열되는 위험물질의 분해온도 또는 발화점보다 높은 상태에서 운전되는 설비
④ 반응폭주 등 이상 화학반응에 의하여 위험물질이 발생할 우려가 있는 설비
⑤ 온도가 섭씨 350도 이상이거나 게이지 압력이 980킬로파스칼 이상인 상태에서 운전되는 설비
⑥ 가열로 또는 가열기

50 특수화학설비에 사용하는 안전장치의 종류를 3가지 쓰시오.

해답

① 계측장치의 설치(온도계, 유량계, 압력계)
② 자동경보장치의 설치
③ 긴급차단장치의 설치

51 공기 압축기의 불안정한 운전에 해당하는 서징(surging)현상의 방지대책을 4가지 쓰시오.

해답

① 풍량을 감소시킨다.
② 배관의 경사를 완만하게 한다.
③ 교축밸브를 기계에 가까이 설치한다.
④ 방출밸브에 의해 잔류 공기를 대기로 방출시킨다.
⑤ 회전수를 변경시킨다.

TIP 서징[맥동현상(Surging)]
펌프나 원심 압축기 및 기타 유체기계에 펌프출구, 입구에 부착한 압력계 및 진공계의 바늘이 흔들리고 동시에 송출 유량이 변화하는 현상, 즉 송출압력과 송출유량 사이에 주기적인 변동이 일어나는 현상을 말한다.

52 공정안전보고서 제출대상 사업장을 4가지 쓰시오.

해답

① 원유 정제처리업
② 기타 석유정제물 재처리업
③ 석유화학계 기초화학물질 제조업 또는 합성수지 및 기타 플라스틱물질 제조업
④ 질소 화합물, 질소 · 인산 및 칼리질 화학비료 제조업 중 질소질 비료 제조
⑤ 복합비료 및 기타 화학비료 제조업 중 복합비료 제조(단순혼합 또는 배합에 의한 경우는 제외)
⑥ 화학 살균 · 살충제 및 농업용 약제 제조업(농약 원제 제조만 해당)
⑦ 화약 및 불꽃제품 제조업

53 공정안전보고서 내용에 포함하여야 할 사항을 4가지 쓰시오.

해답

① 공정안전자료
② 공정위험성 평가서
③ 안전운전계획
④ 비상조치계획

03 작업환경 안전일반

54 소음작업이란 산업안전보건법상 1일 8시간 작업을 기준으로 몇 (dB) 이상의 소음을 말하는가?

해답

85데시벨 이상

CHAPTER

05 건설현장 안전시설 관리 예상문제

01 건설안전일반

01 히빙이 발생하기 쉬운 지반형태와 발생원인을 2가지 쓰시오.

해답

(1) 지반형태

연약성 점토지반

(2) 발생원인

① 흙막이 근입장 깊이 부족
② 흙막이 흙의 중량 차이
③ 지표 재하중

02 보일링과 히빙현상이 주로 발생하는 지반의 형태를 각각 한 가지씩만 쓰시오.

해답

① 보일링 : 사질토 지반
② 히빙 : 연약성 점토지반

03 히빙(Heaving)현상에 대하여 간단히 설명하시오.

해답

연질점토 지반에서 굴착에 의한 흙막이 내·외면의 흙의 중량 차이로 인해 굴착저면이 부풀어 올라오는 현상

TIP ① 보일링(Boiling)현상 : 사질토 지반에서 굴착저면과 흙막이 배면과의 수위 차이로 인해 굴착저면의 흙과 물이 함께 위로 솟구쳐 오르는 현상
② 파이핑(Piping)현상 : 보일링 현상으로 인하여 지반 내에서 물의 통로가 생기면서 흙이 세굴되는 현상

04 연약지반의 개량공법 중 사질토지반에 대한 개량공법을 4가지 쓰시오.

해답

① 동다짐 공법
② 전기충격 공법
③ 다짐 모래 말뚝 공법
④ 진동 다짐 공법
⑤ 폭파 다짐 공법
⑥ 약액 주입 공법

05 토질의 동상현상에 영향을 주는 주된 인자 4가지를 쓰시오.

해답

① 흙의 투수성
② 지하수위
③ 모관 상승고의 크기
④ 동결온도의 지속시간

TIP 동상현상(Frost Heave)
온도가 하강함에 따라 흙 속의 간극수(공극수)가 얼면 물의 체적이 약 9% 팽창하기 때문에 지표면이 부풀어 오르게 되는 현상

06 산업안전보건법상 건설업 중 유해 · 위험방지계획서 제출대상 사업장을 4가지 쓰시오.

해답

① 다음 각 목의 어느 하나에 해당하는 건축물 또는 시설 등의 건설 · 개조 또는 해체공사
   ㉠ 지상높이가 31미터 이상인 건축물 또는 인공구조물
   ㉡ 연면적 3만 제곱미터 이상인 건축물
   ㉢ 연면적 5천 제곱미터 이상인 시설로서 다음의 어느 하나에 해당하는 시설
      ⓐ 문화 및 집회시설(전시장 및 동물원 · 식물원은 제외)
      ⓑ 판매시설, 운수시설(고속철도의 역사 및 집배송시설은 제외)
      ⓒ 종교시설
      ⓓ 의료시설 중 종합병원
      ⓔ 숙박시설 중 관광숙박시설
      ⓕ 지하도상가
      ⓖ 냉동 · 냉장 창고시설
② 연면적 5천 제곱미터 이상인 냉동 · 냉장 창고시설의 설비공사 및 단열공사
③ 최대 지간길이(다리의 기둥과 기둥의 중심 사이의 거리)가 50미터 이상인 다리의 건설 등 공사
④ 터널의 건설 등 공사
⑤ 다목적댐, 발전용댐, 저수용량 2천만 톤 이상의 용수 전용 댐 및 지방상수도 전용 댐의 건설 등 공사
⑥ 깊이 10미터 이상인 굴착공사

07 차량계 하역운반기계 운전자가 운전위치 이탈 시 준수해야 할 사항 2가지를 쓰시오.

해답

① 포크, 버킷, 디퍼 등의 장치를 가장 낮은 위치 또는 지면에 내려 둘 것
② 원동기를 정지시키고 브레이크를 확실히 거는 등 갑작스러운 주행이나 이탈을 방지하기 위한 조치를 할 것
③ 운전석을 이탈하는 경우에는 시동키를 운전대에서 분리시킬 것

08 산업안전보건법령상 항타기 또는 항발기를 조립하거나 해체하는 경우 점검해야 할 사항을 4가지만 쓰시오.

해답

① 본체 연결부의 풀림 또는 손상의 유무
② 권상용 와이어로프 · 드럼 및 도르래의 부착상태의 이상 유무
③ 권상장치의 브레이크 및 쐐기장치 기능의 이상 유무
④ 권상기의 설치상태의 이상 유무
⑤ 리더(Leader)의 버팀 방법 및 고정상태의 이상 유무
⑥ 본체 · 부속장치 및 부속품의 강도가 적합한지 여부
⑦ 본체 · 부속장치 및 부속품에 심한 손상 · 마모 · 변형 또는 부식이 있는지 여부

09 권상용 와이어로프(항타기, 항발기)의 사용제한 조건을 4가지 쓰시오.

해답

① 이음매가 있는 것
② 와이어로프의 한 꼬임에서 끊어진 소선의 수가 10퍼센트 이상인 것
③ 지름의 감소가 공칭지름의 7퍼센트를 초과하는 것
④ 꼬인 것
⑤ 심하게 변형되거나 부식된 것
⑥ 열과 전기충격에 의해 손상된 것

10 높이가 2m 이상인 장소에서 작업 시 근로자가 추락할 위험이 있을 경우 취해야 할 조치사항을 2가지 쓰시오.

해답

① 작업발판 설치
② 추락방호망 설치
③ 안전대 착용

11 지반굴착작업을 실시하기 전 사전에 조사해야 할 사항 3가지를 쓰시오.

해답

① 형상 · 지질 및 지층의 상태
② 균열 · 함수 · 용수 및 동결의 유무 또는 상태
③ 매설물 등의 유무 또는 상태
④ 지반의 지하수위 상태

12 지반 굴착작업 시 준수해야 할 경사면의 기울기에 관한 다음의 내용을 보고 (   )에 해당하는 기울기를 쓰시오.

지반의 종류	굴착면의 기울기
(①)	1 : 1.8
연암 및 풍화암	(②)
경암	(③)
그 밖의 흙	1 : 1.2

해답

① 모래
② 1 : 1.0
③ 1 : 0.5

13 굴착작업 시 지반의 붕괴 또는 토석의 낙하로 인하여 근로자에게 위험을 미칠 우려가 있을 경우 취해야 할 안전조치사항을 3가지 쓰시오.

해답

① 흙막이 지보공의 설치
② 방호망의 설치
③ 근로자의 출입금지
④ 비가 올 경우를 대비하여 측구를 설치하거나 굴착사면에 비닐을 덮는 등의 조치

14 잠함 또는 우물통의 내부에서 굴착작업 시 급격한 침하로 인한 위험을 방지하기 위하여 준수해야 할 사항을 2가지 쓰시오.

해답

① 침하관계도에 따라 굴착방법 및 재하량 등을 정할 것
② 바닥으로부터 천장 또는 보까지의 높이는 1.8미터 이상으로 할 것

15 잠함 · 우물통 · 수직갱 기타 이와 유사한 건설물 또는 설비의 내부에서 굴착작업을 하는 경우 준수해야 할 사항을 2가지 쓰시오.

해답

① 산소 결핍 우려가 있는 경우에는 산소의 농도를 측정하는 사람을 지명하여 측정하도록 할 것
② 근로자가 안전하게 오르내리기 위한 설비를 설치할 것
③ 굴착 깊이가 20미터를 초과하는 경우에는 해당 작업장소와 외부와의 연락을 위한 통신설비 등을 설치할 것

16 잠함 등의 내부에서 굴착작업을 하는 경우 설치해야 할 설비의 종류를 3가지 쓰시오.

해답

① 승강설비
② 통신설비
③ 송기설비

17 절토사면의 붕괴 방지를 위한 예방 점검을 실시하는 경우 점검사항 3가지를 쓰시오.

해답

① 전 지표면의 답사
② 경사면의 지층 변화부 상황 확인
③ 부석의 상황 변화의 확인
④ 용수의 발생 유 · 무 또는 용수량의 변화 확인
⑤ 결빙과 해빙에 대한 상황의 확인
⑥ 각종 경사면 보호공의 변위, 탈락 유무

18 토사붕괴의 발생을 예방하기 위하여 점검사항을 점검해야 할 시기를 4가지 쓰시오.

해답

① 작업 전
② 작업 중
③ 작업 후
④ 비온 후
⑤ 인접 작업구역에서 발파한 경우

19 구축물 또는 이와 유사한 시설물에 대하여 안전진단 등 안전성 평가를 하여 근로자에게 미칠 위험성을 미리 제거하여야 하는 경우를 3가지 쓰시오.(단, 그 밖의 잠재 위험이 예상될 경우 제외)

해답

① 구축물 또는 이와 유사한 시설물의 인근에서 굴착 · 항타작업 등으로 침하 · 균열 등이 발생하여 붕괴의 위험이 예상될 경우
② 구축물 또는 이와 유사한 시설물에 지진, 동해, 부동침하 등으로 균열 · 비틀림 등이 발생하였을 경우
③ 구조물, 건축물, 그 밖의 시설물이 그 자체의 무게 · 적설 · 풍압 또는 그 밖에 부가되는 하중 등으로 붕괴 등의 위험이 있을 경우
④ 화재 등으로 구축물 또는 이와 유사한 시설물의 내력이 심하게 저하되었을 경우
⑤ 오랜 기간 사용하지 아니하던 구축물 또는 이와 유사한 시설물을 재사용하게 되어 안전성을 검토하여야 하는 경우

20 건설현장에서 주로 발생하는 절토면 토사붕괴의 원인 중 외적 원인을 4가지 쓰시오.

해답

① 사면, 법면의 경사 및 기울기의 증가
② 절토 및 성토 높이의 증가
③ 공사에 의한 진동 및 반복 하중의 증가
④ 지표수 및 지하수의 침투에 의한 토사 중량의 증가
⑤ 지진, 차량, 구조물의 하중작용
⑥ 토사 및 암석의 혼합층두께

21 산업안전보건법에서 정하고 있는 계단에 관한 안전기준이다. 괄호에 맞는 내용을 쓰시오.

(1) 사업주는 계단 및 계단참을 설치하는 경우 매 제곱미터당 (①)킬로그램 이상의 하중에 견딜 수 있는 강도를 가진 구조로 설치하여야 하며, 안전율은 (②) 이상으로 하여야 한다.
(2) 사업주는 계단을 설치하는 경우 그 폭을 (③)미터 이상으로 하여야 한다.
(3) 사업주는 높이가 (④)미터를 초과하는 계단에 높이 3미터 이내마다 너비 1.2미터 이상의 계단참을 설치하여야 한다.
(4) 사업주는 높이 (⑤)미터 이상인 계단의 개방된 측면에 안전난간을 설치하여야 한다.

해답

① 500
② 4
③ 1
④ 3
⑤ 1

22 산업안전보건법상 가설 통로 설치 시 준수해야 할 사항이다. 괄호에 알맞은 내용을 쓰시오.

(1) 경사는 (①)도 이하로 할 것
(2) 경사가 (②)도를 초과하는 때에는 미끄러지지 아니하는 구조로 할 것
(3) 추락의 위험이 있는 장소에는 (③)을 설치할 것
(4) 수직갱에 가설된 통로의 길이가 (④)m 이상인 때에는 (⑤)m 이내마다 계단참을 설치할 것
(5) 건설공사에 사용하는 높이 (⑥)m 이상인 비계다리에는 (⑦)m 이내마다 계단참을 설치할 것

해답

① 30
② 15
③ 안전난간
④ 15
⑤ 10
⑥ 8
⑦ 7

23 사다리식 통로 등을 설치하는 경우 준수사항 4가지를 쓰시오.

해답

① 견고한 구조로 할 것
② 심한 손상 · 부식 등이 없는 재료를 사용할 것
③ 발판의 간격은 일정하게 할 것
④ 발판과 벽과의 사이는 15센티미터 이상의 간격을 유지할 것
⑤ 폭은 30센티미터 이상으로 할 것
⑥ 사다리가 넘어지거나 미끄러지는 것을 방지하기 위한 조치를 할 것
⑦ 사다리의 상단은 걸쳐 놓은 지점으로부터 60센티미터 이상 올라가도록 할 것
⑧ 사다리식 통로의 길이가 10미터 이상인 경우에는 5미터 이내마다 계단참을 설치할 것
⑨ 사다리식 통로의 기울기는 75도 이하로 할 것
⑩ 접이식 사다리 기둥은 사용 시 접혀지거나 펼쳐지지 않도록 철물 등을 사용하여 견고하게 조치할 것

24 달비계의 최대적재하중을 정하고자 한다. 다음에 해당하는 안전계수를 쓰시오.

(1) 달기와이어로프 및 달기강선의 안전계수 : (①) 이상
(2) 달기체인 및 달기훅의 안전계수 : (②) 이상
(3) 달기강대와 달비계의 하부 및 상부지점의 안전계수는 강재의 경우 (③) 이상, 목재의 경우 (④) 이상

해답

① 10
② 5
③ 2.5
④ 5

25 비, 눈, 그 밖의 기상상태의 악화로 작업을 중지시킨 후 또는 비계를 조립, 해체하거나 변경한 후에 그 비계에서 작업을 하는 경우 해당 작업을 시작하기 전에 점검해야 할 사항을 4가지 쓰시오.

해답

① 발판 재료의 손상 여부 및 부착 또는 걸림 상태
② 해당 비계의 연결부 또는 접속부의 풀림 상태
③ 연결 재료 및 연결 철물의 손상 또는 부식 상태
④ 손잡이의 탈락 여부
⑤ 기둥의 침하, 변형, 변위 또는 흔들림 상태
⑥ 로프의 부착 상태 및 매단 장치의 흔들림 상태

26 강관비계 조립 시 준수해야 할 사항을 4가지 쓰시오.

해답

① 비계기둥에는 미끄러지거나 침하하는 것을 방지하기 위하여 밑받침철물을 사용하거나 깔판·깔목 등을 사용하여 밑둥잡이를 설치하는 등의 조치를 할 것
② 강관의 접속부 또는 교차부는 적합한 부속철물을 사용하여 접속하거나 단단히 묶을 것
③ 교차 가새로 보강할 것
④ 가공전로에 근접하여 비계를 설치하는 경우에는 가공전로를 이설하거나 가공전로에 절연용 방호구를 장착하는 등 가공전로와의 접촉을 방지하기 위한 조치를 할 것

27 다음은 비계의 벽이음 간격이다. ( ) 안에 알맞은 숫자를 쓰시오.

구분		조립간격(m)	
		수직방향	수평방향
통나무 비계		(①)	(②)
강관비계	단관비계	(③)	(④)
	틀비계	(⑤)	(⑥)

해답

① 5.5
② 7.5
③ 5
④ 5
⑤ 6
⑥ 8

28 산업안전보건법령상 동바리 유형에 따른 동바리 조립 시의 안전조치에 관한 사항이다. ( ) 안에 알맞은 내용을 쓰시오.

(1) 동바리로 사용하는 파이프 서포트의 경우 높이가 3.5미터를 초과하는 경우에는 높이 (①)미터 이내마다 수평연결재를 2개 방향으로 만들고 수평연결재의 변위를 방지할 것
(2) 동바리로 사용하는 강관틀의 경우 최상단 및 (②)단 이내마다 동바리의 측면과 틀면의 방향 및 교차가새의 방향에서 5개 이내마다 수평연결재를 설치하고 수평연결재의 변위를 방지할 것
(3) 동바리로 사용하는 조립강주의 경우 조립강주의 높이가 (③)미터를 초과하는 경우에는 높이 4미터 이내마다 수평연결재를 2개 방향으로 설치하고 수평연결재의 변위를 방지할 것

해답

① 2
② 5
③ 4

29 작업발판 일체형 거푸집의 종류를 4가지 쓰시오.

해답

① 갱 폼
② 슬립 폼
③ 클라이밍 폼
④ 터널 라이닝 폼

30 NATM공법에 의한 터널공사 시 계측방법의 종류를 4가지 쓰시오.

해답

① 내공 변위 측정
② 천단침하 측정
③ 지중, 지표침하 측정
④ 록볼트 축력 측정
⑤ 숏크리트 응력 측정

TIP 굴착공사 계측관리
① 수위계
② 경사계
③ 하중 및 침하계
④ 응력계

31 산업안전보건법령상 콘크리트 타설작업 시 준수사항을 3가지만 쓰시오.

해답

① 당일의 작업을 시작하기 전에 해당 작업에 관한 거푸집 및 동바리의 변형 · 변위 및 지반의 침하 유무 등을 점검하고 이상이 있으면 보수할 것
② 작업 중에는 감시자를 배치하는 등의 방법으로 거푸집 및 동바리의 변형 · 변위 및 침하 유무 등을 확인해야 하며, 이상이 있으면 작업을 중지하고 근로자를 대피시킬 것
③ 콘크리트 타설작업 시 거푸집 붕괴의 위험이 발생할 우려가 있으면 충분한 보강조치를 할 것
④ 설계도서상의 콘크리트 양생기간을 준수하여 거푸집 및 동바리를 해체할 것
⑤ 콘크리트를 타설하는 경우에는 편심이 발생하지 않도록 골고루 분산하여 타설할 것

32 산업안전보건법령상 콘크리트 타설작업을 하기 위하여 콘크리트 플레이싱 붐(Placing Boom), 콘크리트 분배기, 콘크리트 펌프카 등 콘크리트 타설장비을 사용하는 경우 사업주의 준수사항을 3가지만 쓰시오.

해답

① 작업을 시작하기 전에 콘크리트 타설장비를 점검하고 이상을 발견하였으면 즉시 보수할 것
② 건축물의 난간 등에서 작업하는 근로자가 호스의 요동 · 선회로 인하여 추락하는 위험을 방지하기 위하여 안전난간 설치 등 필요한 조치를 할 것
③ 콘크리트 타설장비의 붐을 조정하는 경우에는 주변의 전선 등에 의한 위험을 예방하기 위한 적절한 조치를 할 것
④ 작업 중에 지반의 침하나 아웃트리거 등 콘크리트 타설장비 지지구조물의 손상 등에 의하여 콘크리트 타설장비가 넘어질 우려가 있는 경우에는 이를 방지하기 위한 적절한 조치를 할 것

33 콘크리트 타설작업 시 거푸집의 측압에 영향을 미치는 요인을 5가지 쓰시오.

해답

① 거푸집 수평단면 : 클수록 크다.
② 콘크리트 슬럼프치 : 클수록 커진다.
③ 거푸집 표면이 평활(평탄)할수록 커진다.
④ 철골, 철근량 : 적을수록 커진다.
⑤ 콘크리트 시공연도 : 좋을수록 커진다.
⑥ 외기의 온도, 습도 : 낮을수록 커진다.
⑦ 타설 속도 : 빠를수록 커진다.
⑧ 다짐 : 충분할수록 커진다.
⑨ 타설 : 상부에서 직접 낙하할 경우 커진다.
⑩ 거푸집의 강성 : 클수록 크다.
⑪ 콘크리트의 비중(단위중량) : 클수록 크다.
⑫ 벽 두께 : 두꺼울수록 커진다.

CHAPTER

06 산업안전 보호장비 관리 예상문제

01 보호구

01 비계조립 시 추락에 의한 위험을 방지하기 이하여 착용해야 할 보호구를 3가지 쓰시오.

해답

① 안전모
② 안전대
③ 안전화

02 충전전로에 근접하여 작업 시 충전전로에 접촉할 위험이 있는 경우 작업자에게 보호구를 지급하여 착용하게 한 후 작업에 임하도록 하여야 한다. 다음의 작업자 신체 부위별 착용해야 할 보호구를 쓰시오.

① 손
② 어깨, 팔 등
③ 머리
④ 다리(발)

해답

① 절연장갑
② 절연보호복
③ 절연용 안전모
④ 절연화

03 근로자의 신체보호를 위하여 착용하는 보호구의 구비조건을 4가지 쓰시오.

해답

① 착용이 간편할 것
② 작업에 방해요소가 되지 않도록 할 것
③ 유해 · 위험요소에 대한 방호성능이 완전할 것
④ 재료의 품질이 우수할 것
⑤ 구조 및 표면가공이 우수할 것
⑥ 외관이 보기 좋을 것

04 추락 및 감전 위험방지용 안전모의 종류 및 사용 구분에 관하여 간단히 설명하시오.

해답

종류(기호)	사용 구분
AB	물체의 낙하 또는 비래 및 추락에 의한 위험을 방지 또는 경감시키기 위한 것
AE	물체의 낙하 또는 비래에 의한 위험을 방지 또는 경감하고, 머리부위 감전에 의한 위험을 방지하기 위한 것
ABE	물체의 낙하 또는 비래 및 추락에 의한 위험을 방지 또는 경감하고, 머리부위 감전에 의한 위험을 방지하기 위한 것

05 안전모의 성능시험 항목을 5가지 쓰시오.

해답

① 내관통성
② 충격흡수성
③ 내전압성
④ 내수성
⑤ 난연성
⑥ 턱끈풀림

06 안전모(자율안전확인)의 시험성능기준 항목을 4가지 쓰시오.

해답

① 내관통성
② 충격흡수성
③ 난연성
④ 턱끈풀림

07 근로자가 착용하는 보호구 중 가죽제안전화의 성능시험 종류를 4가지 쓰시오.

해답

① 은면결렬시험
② 인열강도시험
③ 내부식성 시험
④ 인장강도시험 및 신장률
⑤ 내유성 시험
⑥ 내압박성 시험
⑦ 내충격성 시험
⑧ 박리저항시험
⑨ 내답발성 시험

08 방진마스크의 등급 및 해당 사항에 알맞은 내용을 쓰시오.

(1) 석면 취급장소의 등급 (①)
(2) 금속흄 등과 같이 열적으로 생기는 분진 등 발생장소의 등급 (②)
(3) 베릴륨 등과 같이 독성이 강한 물질들을 함유한 분진 등 발생장소의 등급 (③)
(4) 산소농도 (④)% 미만인 장소에서는 방진마스크 착용을 금지한다.
(5) 안면부 내부의 이산화탄소 농도가 부피분율 (⑤)% 이하이어야 한다.

해답

① 특급
② 1급
③ 특급
④ 18
⑤ 1

09 근로자의 안전을 위하여 착용하는 보호구 중 방진마스크의 구비조건을 3가지 쓰시오.

해답

① 여과 효율(분집, 포집 효율)이 좋을 것
② 흡기 및 배기저항이 낮을 것
③ 사용적이 적을 것
④ 중량이 가벼울 것
⑤ 안면 밀착성이 좋을 것
⑥ 시야가 넓을 것
⑦ 피부 접촉부위의 고무질이 좋을 것

10 방진마스크의 시험성능 기준에 있는 여과재분진 등 포집효율에 관한 다음 내용 중 ( )에 알맞은 내용을 쓰시오.

형태 및 등급		염화나트륨(NaCl) 및 파라핀오일(Paraffin oil)시험(%)
분리식	특급	(①)% 이상
	1급	94.0% 이상
	2급	(②)% 이상
안면부여과식	특급	(③)% 이상
	1급	94.0% 이상
	2급	(④)% 이상

해답

① 99.95
② 80.0
③ 99.0
④ 80.0

11 방독마스크 정화통외부 측면 표시색에 관한 다음의 사항에서 ( ) 안에 해당하는 내용을 넣으시오.

종 류	시험가스	정화통 외부 측면의 표시 색
유기화합물용	시클로헥산(C_6H_{12})	(①)
	디메틸에테르(CH_3OCH_3)	
	이소부탄(C_4H_{10})	
할로겐용	(②)	회색
황화수소용	황화수소가스(H_2S)	
시안화수소용	시안화수소가스(HCN)	
아황산용	(③)	노랑색
암모니아용	암모니아가스(NH_3)	(④)

해답

① 갈색
② 염소가스 또는 증기(Cl_2)
③ 아황산가스(SO_2)
④ 녹색

12 방독마스크 및 방진마스크에 관한 다음 사항에 답하시오.

① 방진마스크는 산소농도 몇 % 이상에서 사용 가능한가?
② 방진마스크는 안면부 내부의 이산화탄소(CO_2) 농도가 부피분율 얼마 이하여야 하는가?
③ 방독마스크는 산소농도 몇 % 이상에서 사용 가능한가?
④ 방독마스크는 안면부 내부의 이산화탄소(CO_2) 농도가 부피분율 얼마 이하여야 하는가?
⑤ 고농도와 중농도에서 사용 가능한 방독마스크는?

해답

① 18
② 1%
③ 18
④ 1%
⑤ 전면형(격리식, 직결식)

13 사염화탄소 농도 0.2% 작업장에서, 사용하는 흡수관의 제품(흡수)능력이 사염화탄소 0.5%이며 사용 시간이 100분일 때 방독마스크의 파과(유효)시간을 계산하시오.

해답

$$\text{유효사용시간} = \frac{\text{표준유효시간} \times \text{시험가스농도}}{\text{공기 중 유해가스농도}} = \frac{100 \times 0.5}{0.2} = 250(\text{분})$$

14 차광보안경의 종류를 4가지 쓰시오.

해답

① 자외선용
② 적외선용
③ 복합용
④ 용접용

15 차광보안경에 관한 용어의 정의에서 괄호에 알맞은 내용을 쓰시오.

(1) (①) : 착용자의 시야를 확보하는 보안경의 일부로서 렌즈 및 플레이트 등을 말한다.
(2) (②) : 필터와 플레이트의 유해광선을 차단할 수 있는 능력을 말한다.
(3) (③) : 필터 입사에 대한 투과 광속의 비를 말하며, 분광투과율을 측정한다.

해답

① 접안경
② 차광도 번호
③ 시감투과율

16 보호구에 관한 규정에서 정의한 다음 설명에 해당하는 용어를 쓰시오.

① 유기화합물용 보호복에 있어 화학물질이 보호복의 재료의 외부 표면에 접촉된 후 내부로 확산하여 내부 표면으로부터 탈착되는 현상
② 방독마스크에 있어 대응하는 가스에 대하여 정화통 내부의 흡착제가 포화상태가 되어 흡착능력을 상실한 상태

해답

① 투과
② 파과

17 산소결핍이 우려되는 밀폐공간에서 작업할 경우 착용해야 할 보호구를 2가지 쓰시오.

해답

① 공기 호흡기
② 송기 마스크

18 먼지, 분진, 소음 작업장에서 작업하는 근로자가 착용해야 할 보호구의 종류를 3가지 쓰시오.

해답

① 방진마스크
② 보안경
③귀마개 및 귀덮개

02 안전보건표지

19 안전 · 보건표지의 종류를 4가지 쓰시오.

해답

① 금지표지
② 경고표지
③ 지시표지
④ 안내표지
⑤ 관계자 외 출입금지

20 산업안전표지 중 다음의 금지표시에 해당하는 명칭을 쓰시오.

①	②	③	④

해답

① 보행금지
② 탑승금지
③ 사용금지
④ 물체이동금지

21 휘발유 저장탱크에 표시해야 할 안전보건표지에 관한 다음 사항에 답하시오.

① 표지 종류
② 바탕색
③ 그림색
④ 기본 모형색
⑤ 모양

해답

① 표지 종류 : 경고표지(인화성물질 경고)
② 바탕색 : 무색
③ 그림색 : 검은색
④ 기본 모형색 : 빨간색
⑤ 모양 : 마름모

22 산업안전보건법상 안전 · 보건 표지에서 '관계자 외 출입금지표지'의 종류 3가지를 쓰시오.

해답

① 허가대상물질작업장
② 석면취급/해체작업장
③ 금지대상물질의 취급 실험실 등

23 산업안전보건법상의 안전 · 보건표지 중 안내표지 종류를 3가지 쓰시오.

해답

① 녹십자표지
② 응급구호표지
③ 들것
④ 세안장치
⑤ 비상용 기구
⑥ 비상구
⑦ 좌측 비상구
⑧ 우측 비상구

24 경고표지를 4가지 쓰시오.(단, 위험장소 경고는 제외한다.)

해답

① 인화성물질경고
② 산화성물질경고
③ 폭발성물질경고
④ 급성독성물질경고
⑤ 부식성물질경고
⑥ 방사성물질경고
⑦ 고압전기경고
⑧ 매달린물체경고
⑨ 낙하물경고
⑩ 고온경고
⑪ 저온경고
⑫ 몸균형상실경고
⑬ 레이저광선경고
⑭ 발암성 · 변이원성 · 생식독성 · 전신독성 · 호흡기 과민성물질경고

25 다음 그림과 같은 안전보건 표지의 바탕색채와 기본모형, 관련 부호 및 그림의 색채를 쓰시오.

해답

① 바탕색채 : 노란색
② 기본모형, 관련 부호 및 그림 : 검은색

26 다음과 같은 안전표지의 색채에 따른 색도기준 및 용도에서 ( ) 안에 알맞은 내용을 쓰시오.

색채	색도기준	용도
빨간색	(①)	금지
		경고
(②)	5Y 8.5/12	(③)
파란색	2.5PB 4/10	(④)
녹색	2.5G 4/10	안내
(⑤)	N9.5	
검은색	N0.5	

① 7.5R 4/14
② 노란색
③ 경고
④ 지시
⑤ 흰색

CHAPTER

07 산업안전보건법 예상문제

01 산업안전보건법

01 물질안전보건자료의 작성항목 16가지 중 5가지만 쓰시오.(단, 그 밖의 참고사항은 제외한다.)

해답

① 화학제품과 회사에 관한 정보
② 유해성 · 위험성
③ 구성성분의 명칭 및 함유량
④ 응급조치요령
⑤ 폭발 · 화재 시 대처방법
⑥ 누출사고 시 대처방법
⑦ 취급 및 저장방법
⑧ 노출방지 및 개인보호구
⑨ 물리화학적 특성
⑩ 안정성 및 반응성
⑪ 독성에 관한 정보
⑫ 환경에 미치는 영향
⑬ 폐기 시 주의사항
⑭ 운송에 필요한 정보
⑮ 법적 규제 현황

02 산업안전보건법상 도급사업에 있어서 안전보건총괄책임자를 선임하여야 할 사업을 4가지 쓰시오.

해답

① 관계수급인에게 고용된 근로자를 포함한 상시근로자가 100명 이상인 사업
② 관계수급인에게 고용된 근로자를 포함한 상시근로자 50명 이상인 선박 및 보트 건조업
③ 관계수급인에게 고용된 근로자를 포함한 상시근로자 50명 이상인 1차 금속 제조업 및 토사석 광업
④ 관계수급인의 공사금액을 포함한 해당 공사의 총공사금액이 20억 원 이상인 건설업

03 산업안전보건법상 건강진단의 종류 5가지를 쓰시오.

해답

① 일반건강진단
② 특수건강진단
③ 배치 전 건강진단
④ 수시건강진단
⑤ 임시건강진단

04 산업안전보건법상 다음의 특수건강진단 대상 유해인자에 해당하는 배치 후 첫 번째 특수건강진단 시기와 주기를 쓰시오.

① 벤젠
② 소음 및 충격소음
③ 석면, 면 분진

해답

① 2개월 이내
② 12개월 이내
③ 12개월 이내

PART 01 PART 02 PART 03 PART 04

05 근로자가 밀폐된 공간에서 작업 시 안전담당자의 직무 4가지를 쓰시오.

해답

① 산소가 결핍된 공기나 유해가스에 노출되지 않도록 작업 시작 전에 해당 근로자의 작업을 지휘하는 업무
② 작업을 하는 장소의 공기가 적절한지를 작업 시작 전에 측정하는 업무
③ 측정장비 · 환기장치 또는 공기호흡기 또는 송기마스크를 작업 시작 전에 점검하는 업무
④ 근로자에게 공기호흡기 또는 송기마스크의 착용을 지도하고 착용 상황을 점검하는 업무

06 산업안전보건법상 프레스를 사용하여 작업을 할 때의 작업 시작 전 점검사항을 3가지를 쓰시오.

해답

① 클러치 및 브레이크의 기능
② 크랭크축 · 플라이휠 · 슬라이드 · 연결봉 및 연결 나사의 풀림 여부
③ 1행정 1정지기구 · 급정지장치 및 비상정지장치의 기능
④ 슬라이드 또는 칼날에 의한 위험방지 기구의 기능
⑤ 프레스의 금형 및 고정볼트 상태
⑥ 방호장치의 기능
⑦ 전단기의 칼날 및 테이블의 상태

07 로봇의 작동범위 내에서 그 로봇에 관하여 교시 등(로봇의 동원력을 차단하고 행하는 것을 제외)의 작업을 하는 경우 작업 시작 전 점검사항을 3가지 쓰시오.

해답

① 외부 전선의 피복 또는 외장의 손상 유무
② 매니퓰레이터 작동의 이상 유무
③ 제동장치 및 비상정지장치의 기능

08 공기압축기의 작업 시작 전 점검해야 할 사항을 4가지 쓰시오.

해답

① 공기저장 압력용기의 외관 상태
② 드레인밸브의 조작 및 배수
③ 압력방출장치의 기능
④ 언로드밸브의 기능
⑤ 윤활유의 상태
⑥ 회전부의 덮개 또는 울
⑦ 그 밖의 연결 부위의 이상 유무

09 산업안전보건법상 지게차의 작업 시작 전 점검사항 4가지를 쓰시오.

해답

① 제동장치 및 조종장치 기능의 이상 유무
② 하역장치 및 유압장치 기능의 이상 유무
③ 바퀴의 이상 유무
④ 전조등 · 후미등 · 방향지시기 및 경보장치 기능의 이상 유무

10 구내운반차를 사용하여 작업을 하는 때의 작업 시작 전 점검사항을 4가지 쓰시오.

해답

① 제동장치 및 조종장치 기능의 이상 유무
② 하역장치 및 유압장치 기능의 이상 유무
③ 바퀴의 이상 유무
④ 전조등 · 후미등 · 방향지시기 및 경음기 기능의 이상 유무
⑤ 충전장치를 포함한 홀더 등의 결합상태의 이상 유무

11 타워크레인 설치 · 조립 · 해체 시 작업계획서에 포함되어야 할 사항을 5가지 쓰시오.

해답

① 타워크레인의 종류 및 형식
② 설치 · 조립 및 해체순서
③ 작업도구 · 장비 · 가설설비 및 방호설비
④ 작업인원의 구성 및 작업근로자의 역할 범위
⑤ 타워크레인의 지지에 따른 지지 방법

12 터널굴착작업 시 시공계획에 포함되어야 할 사항을 3가지 쓰시오.

해답

① 굴착의 방법
② 터널지보공 및 복공의 시공방법과 용수의 처리방법
③ 환기 또는 조명시설을 설치할 때에는 그 방법

13 교량작업을 하는 경우 작업계획서 내용을 4가지 쓰시오.(단, 그 밖에 안전 · 보건에 관련된 사항 제외)

해답

① 작업 방법 및 순서
② 부재의 낙하 · 전도 또는 붕괴를 방지하기 위한 방법
③ 작업에 종사하는 근로자의 추락 위험을 방지하기 위한 안전조치 방법
④ 공사에 사용되는 가설 철구조물 등의 설치 · 사용 · 해체 시 안전성 검토 방법
⑤ 사용하는 기계 등의 종류 및 성능, 작업방법
⑥ 작업지휘자 배치계획

14 차량계 건설기계를 사용하여 작업을 하는 때에는 작업계획을 작성하고 그에 따라 작업을 실시하여야 한다. 작업계획에 포함되어야 할 사항을 3가지 쓰시오.

해답

① 사용하는 차량계 건설기계의 종류 및 성능
② 차량계 건설기계의 운행경로
③ 차량계 건설기계에 의한 작업방법

15 운전자가 운전위치를 이탈하게 해서는 안 되는 기계를 3가지 쓰시오.

해답

① 양중기
② 항타기 또는 항발기(권상장치에 하중을 건 상태)
③ 양화장치(화물을 적재한 상태)

02 산업안전에 관한 기준

16 폭풍 등에 대한 다음의 안전조치기준에서 알맞은 풍속의 기준을 쓰시오.

(1) 폭풍에 의한 옥외에 설치되어 있는 주행 크레인에 대하여 이탈방지장치를 작동시키는 등 이탈 방지를 위한 조치 : 순간풍속 (①)m/s 초과
(2) 폭풍에 의한 건설작업용 리프트에 대하여 받침수의 수를 증가시키는 등 그 붕괴 등을 방지하기 위한 조치 : 순간풍속 (②)m/s 초과
(3) 폭풍에 의한 옥외에 설치되어 있는 승강기에 대하여 받침수의 수를 증가시키는 등 승강기가 무너지는 것을 방지하기 위한 조치 : 순간풍속 (③)m/s 초과

해답

① 30
② 35
③ 35

17 크레인에 관한 다음 사항에 해당하는 풍속기준을 쓰시오.

① 타워크레인의 설치 · 수리 · 점검 또는 해체작업을 중지
② 타워크레인의 운전작업 중지
③ 옥외에 설치되어 있는 주행 크레인에 대하여 이탈방지장치를 작동시키는 등 이탈 방지를 위한 조치

해답

① 순간풍속이 초당 10미터를 초과하는 경우
② 순간풍속이 초당 15미터를 초과하는 경우
③ 순간풍속이 초당 30미터를 초과하는 경우

18 승강기의 설치 · 조립 · 수리 · 점검 또는 해체 작업을 하는 경우 안전조치 사항 3가지를 쓰시오.

해답

① 작업을 지휘하는 사람을 선임하여 그 사람의 지휘하에 작업을 실시할 것
② 작업을 할 구역에 관계 근로자가 아닌 사람의 출입을 금지하고 그 취지를 보기 쉬운 장소에 표시할 것
③ 비, 눈, 그 밖에 기상상태의 불안정으로 날씨가 몹시 나쁜 경우에는 그 작업을 중지시킬 것

19 산업안전보건법상 양중기 안전에 관한 다음 사항에서 (   )에 알맞은 내용을 쓰시오.

① 양중기에 대한 권과방지장치는 훅 · 버킷 등 달기구의 윗면이 드럼, 상부 도르래, 트롤리프레임 등 권상장치의 아랫면과 접촉할 우려가 있는 경우에 그 간격이 (   ) 이상이 되도록 조정하여야 한다.
② 사업주는 순간풍속이 초당 (   )를 초과하는 바람이 불어올 우려가 있는 경우 옥외에 설치되어 있는 주행 크레인에 대하여 이탈방지장치를 작동시키는 등 이탈 방지를 위한 조치를 하여야 한다.
③ 사업주는 갠트리 크레인 등과 같이 작업장 바닥에 고정된 레일을 따라 주행하는 크레인의 새들(saddle) 돌출부와 주변 구조물 사이의 안전공간이 (   ) 이상 되도록 바닥에 표시를 하는 등 안전공간을 확보하여야 한다.

해답

① 0.25미터
② 30미터
③ 40센티미터

20 다음 내용에 맞는 안전계수를 쓰시오.

구분	안전계수
근로자가 탑승하는 운반구를 지지하는 달기와이어로프 또는 달기체인의 경우	(①) 이상
하물의 하중을 직접 지지하는 경우 달기와이어로프 또는 달기체인의 경우	(②) 이상
훅, 샤클, 클램프, 리프팅 빔의 경우	(③) 이상
그 밖의 경우	(④) 이상

해답

① 10
② 5
③ 3
④ 4

21 양중기에 사용하여서는 아니 되는 와이어로프의 기준을 5가지 쓰시오.

해답

① 이음매가 있는 것
② 와이어로프의 한 꼬임에서 끊어진 소선의 수가 10% 이상인 것
③ 지름의 감소가 공칭지름의 7%를 초과하는 것
④ 꼬인 것
⑤ 심하게 변형되거나 부식된 것
⑥ 열과 전기충격에 의해 손상된 것

22 공칭지름이 10mm인 와이어로프의 지름을 측정해 보니 9.2mm였다. 양중기에 이 와이어로프를 사용 가능한지 판단하시오.

해답

① 지름의 감소가 공칭지름의 7%를 초과하는 것은 사용할 수 없다.
② 측정값 = 10mm − (10 × 0.07) = 9.3mm
③ 사용 가능 범위 : 10∼9.3mm로 9.2mm 와이어로프는 사용 불가능

23 암석이 떨어질 우려가 있는 위험장소에서 견고한 낙하물 보호구조를 갖춰야 하는 차량계 건설기계의 종류를 5가지만 쓰시오.

해답

① 불도저
② 트랙터
③ 굴착기
④ 로더
⑤ 스크레이퍼
⑥ 덤프트럭
⑦ 모터그레이더
⑧ 롤러
⑨ 천공기
⑩ 항타기 및 항발기

24 관리대상 유해물질을 취급하는 작업장에 게시해야 할 사항을 5가지 쓰시오.

해답

① 관리대상 유해물질의 명칭
② 인체에 미치는 영향
③ 취급상 주의사항
④ 착용하여야 할 보호구
⑤ 응급조치와 긴급 방재 요령

25 산소결핍에 관하여 간략히 설명하시오.

해답

공기 중의 산소농도가 18퍼센트 미만인 상태를 말한다.

26 밀폐공간에서 작업 시에는 밀폐공간보건작업 프로그램을 수립하여 시행하여야 한다. 밀폐공간보건작업 프로그램에 포함되어야 할 사항을 4가지 쓰시오.

해답

① 작업 시작 전 공기 상태가 적정한지를 확인하기 위한 측정 · 평가
② 응급조치 등 안전보건 교육 및 훈련
③ 공기호흡기나 송기마스크 등의 착용과 관리
④ 그 밖에 밀폐공간 작업근로자의 건강장해 예방에 관한 사항

PART 03

과년도 기출문제

2002년 4월 20일 산업안전기사 실기 필답형

01 다음과 같은 안전표지의 색채에 따른 색도기준 및 용도에서 ( ) 안에 알맞은 내용을 쓰시오.

색채	색도기준	용도
빨간색	7.5R 4/14	금지
		경고
(①)	5Y 8.5/12	경고
파란색	2.5PB 4/10	(②)
녹색	(③)	안내
흰색	N9.5	
검은색	N0.5	

해답

① 노란색, ② 지시, ③ 2.5G 4/10

02 FTA에 있어서 cut set과 path set를 간략히 설명하시오.

해답

① cut set : 정상사상을 발생시키는 기본사상의 집합으로 그 안에 포함되는 모든 기본사상이 발생할 때 정상사상을 발생시킬 수 있는 기본사상의 집합이다.
② path set : 그 안에 포함되는 모든 기본사상이 일어나지 않을 때 처음으로 정상사상이 일어나지 않는 기본사상의 집합, 즉 시스템이 고장 나지 않도록 하는 사상의 조합이다.

03 산업안전보건법에서 정하는 목재가공용 둥근톱기계의 방호조치를 2가지 쓰시오.

해답

① 분할날 등 반발예방장치
② 톱날접촉예방장치

TIP 목재가공용 둥근톱의 방호장치
① 날접촉예방장치
② 반발예방장치

04 예비사고분석(PHA)의 목적에 관하여 간략히 설명하시오.

해답

시스템의 구상 단계에서 시스템 고유의 위험 상태를 식별하고 예상되는 재해의 위험수준을 결정하기 위한 것이다.

05 다음 신뢰도의 공식을 쓰시오.

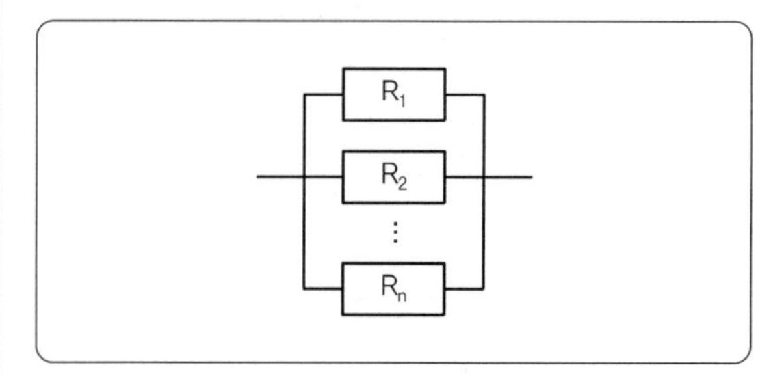

해답

$$R = 1-(1-R_1)(1-R_2)\cdots(1-R_n)$$
$$= 1-\prod_{i=1}^{n}(1-R_i)$$

06 다음의 보기와 같은 기계장치들의 방호장치명을 쓰시오.

① 사출성형기
② 연삭기
③ 띠톱기계
④ 롤러기
⑤ 모떼기기계

해답

① 사출성형기 : 게이트가드 또는 양수조작식의 방호장치
② 연삭기 : 덮개
③ 띠톱기계 : 덮개 또는 울
④ 롤러기 : 급정지장치
⑤ 모떼기기계 : 날접촉예방장치

07 금속의 용접 · 용단 · 가열에 사용되는 가스 등의 용기취급 시 준수해야 할 사항을 5가지 쓰시오.

해답

① 용기의 온도를 섭씨 40도 이하로 유지할 것
② 전도의 위험이 없도록 할 것
③ 충격을 가하지 않도록 할 것
④ 운반하는 경우에는 캡을 씌울 것
⑤ 사용하는 경우에는 용기의 마개에 부착되어 있는 유류 및 먼지를 제거할 것
⑥ 밸브의 개폐는 서서히 할 것
⑦ 사용 전 또는 사용 중인 용기와 그 밖의 용기를 명확히 구별하여 보관할 것
⑧ 용해아세틸렌의 용기는 세워 둘 것
⑨ 용기의 부식 · 마모 또는 변형 상태를 점검한 후 사용할 것

08 다음 FT도의 고장 발생확률을 계산하시오.

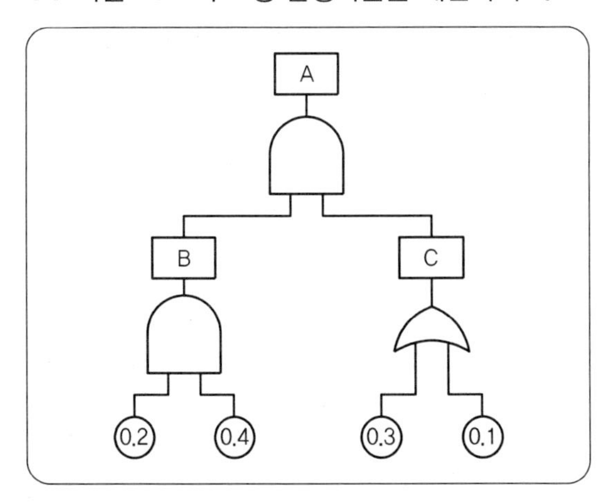

해답

① $B = 0.2 \times 0.4 = 0.08$
② $C = 1-(1-0.3)(1-0.1) = 0.19 = 0.37$
③ $A = B \times C = 0.08 \times 0.37 = 0.0296 = 0.03$

09 교류아크 용접기의 방호장치명과 그 성능기준을 쓰시오.

해답

① 방호장치명 : 자동전격방지기
② 성능기준 : 아크 발생을 중지하였을 때 지동시간이 1.0초 이내에 2차 무부하 전압을 25V 이하로 감압시켜 안전을 유지할 수 있어야 한다.

10 산업안전보건법에서 정하는 중대재해의 종류를 3가지 쓰시오.

해답

① 사망자가 1명 이상 발생한 재해
② 3개월 이상의 요양이 필요한 부상자가 동시에 2명 이상 발생한 재해
③ 부상자 또는 직업성 질병자가 동시에 10명 이상 발생한 재해

11 매슬로(Abraham Maslow)의 욕구 5단계를 순서대로 쓰시오.

해답

① 제1단계 : 생리적 욕구
② 제2단계 : 안전의 욕구
③ 제3단계 : 사회적 욕구
④ 제4단계 : 인정받으려는 욕구
⑤ 제5단계 : 자아실현의 욕구

2002년 4월 20일 산업안전산업기사 실기 필답형

01 다음은 안전 · 보건표지에 대한 물음이다. 빈칸을 채우시오.

색채	색도기준	용도
빨간색	(①)	금지
		경고
(②)	5Y 8.5/12	(③)
파란색	2.5PB 4/10	(④)
녹색	2.5G 4/10	안내
(⑤)	N9.5	
검은색	N0.5	

해답

① 7.5R 4/14
② 노란색
③ 경고
④ 지시
⑤ 흰색

02 다음 FT도의 A, B, C의 고장발생확률을 구하시오.(단, ①, ③의 발생확률은 0.2이고, ②의 발생확률은 0.1, ④, ⑤, ⑥의 발생확률은 0.3이며, 소수 다섯째 자리에서 반올림하여 소수 넷째 자리까지 표기할 것)

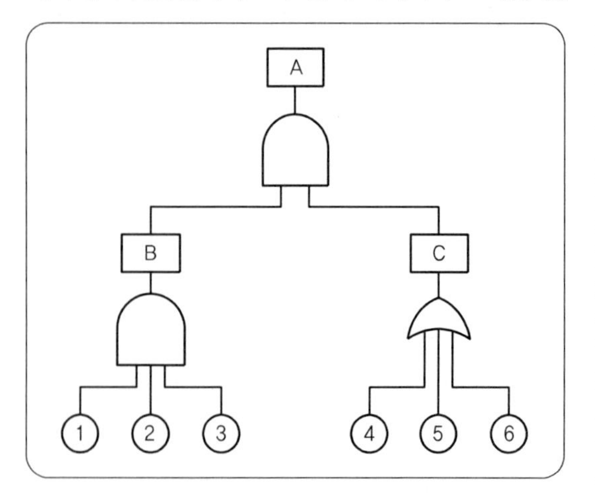

해답

① B=0.2×0.1×0.2=0.004
② C=1−(1−0.3)(1−0.3)(1−0.3)=0.657
③ A=B×C=0.004×0.657=0.002628=0.0026

03 선반작업 시 사용하는 방호장치를 4가지 쓰시오.

해답

① 칩 브레이커
② 급정지 브레이크
③ 실드(칩비산방지 투명판)
④ 척 커버

04 다음의 보기와 같은 기계장치들의 방호장치명을 쓰시오.

① 사출성형기
② 띠톱기계
③ 목재가공용 둥근톱
④ 연삭기
⑤ 롤러기

해답

① 사출성형기 : 게이트가드 또는 양수조작식의 방호장치
② 띠톱기계 : 덮개 또는 울
③ 목재가공용 둥근톱 : 날접촉예방장치, 반발예방장치
④ 연삭기 : 덮개
⑤ 롤러기 : 급정지장치

05 다음 신뢰도의 공식을 쓰시오.

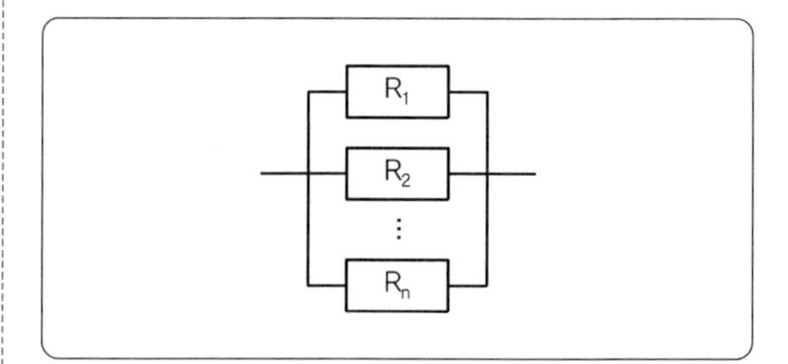

해답

$$R = 1-(1-R_1)(1-R_2)\cdots(1-R_n) = 1-\prod_{i=1}^{n}(1-R_i)$$

06 PHA(예비위험분석)의 목적을 간단히 설명하시오.

해답

시스템의 구상 단계에서 시스템 고유의 위험상태를 식별하고 예상되는 재해의 위험수준을 결정하기 위한 것이다.

07 사다리식 통로 등을 설치하는 경우 준수사항 4가지를 쓰시오.

해답

① 견고한 구조로 할 것
② 심한 손상·부식 등이 없는 재료를 사용할 것
③ 발판의 간격은 일정하게 할 것
④ 발판과 벽과의 사이는 15센티미터 이상의 간격을 유지할 것
⑤ 폭은 30센티미터 이상으로 할 것
⑥ 사다리가 넘어지거나 미끄러지는 것을 방지하기 위한 조치를 할 것
⑦ 사다리의 상단은 걸쳐놓은 지점으로부터 60센티미터 이상 올라가도록 할 것
⑧ 사다리식 통로의 길이가 10미터 이상인 경우에는 5미터 이내마다 계단참을 설치할 것
⑨ 사다리식 통로의 기울기는 75도 이하로 할 것
⑩ 접이식 사다리 기둥은 사용 시 접혀지거나 펼쳐지지 않도록 철물 등을 사용하여 견고하게 조치할 것

08 산업안전보건법상 안전 인증 대상 보호구를 5가지 쓰시오.

해답

① 추락 및 감전 위험방지용 안전모
② 안전화
③ 안전장갑
④ 방진마스크
⑤ 방독마스크
⑥ 송기마스크
⑦ 전동식 호흡보호구
⑧ 보호복
⑨ 안전대
⑩ 차광 및 비산물 위험방지용 보안경
⑪ 용접용 보안면
⑫ 방음용 귀마개 또는 귀덮개

09 다음 보기의 용어를 간략히 설명하시오.

> ① cut set
> ② path set

해답

① cut set : 정상사상을 발생시키는 기본사상의 집합으로 그 안에 포함되는 모든 기본사상이 발생할 때 정상사상을 발생시킬 수 있는 기본사상의 집합
② path set : 그 안에 포함되는 모든 기본사상이 일어나지 않을 때 처음으로 정상사상이 일어나지 않는 기본사상의 집합, 즉 시스템이 고장나지 않도록 하는 사상의 조합이다.

10 전기설비 등에서 폭발현상이 일어나는 조건을 3가지 쓰시오.

해답

① 가연성 가스, 증기 또는 분진이 폭발범위 내에 있어야 한다.
② 밀폐된 공간이 존재하여야 한다.
③ 점화원 또는 폭발에 필요한 에너지가 있어야 한다.

11 매슬로(Abraham Maslow)의 욕구 5단계를 순서대로 쓰시오.

해답

① 제1단계 : 생리적 욕구
② 제2단계 : 안전의 욕구
③ 제3단계 : 사회적 욕구
④ 제4단계 : 인정받으려는 욕구
⑤ 제5단계 : 자아실현의 욕구

12 다음에 해당하는 충전전로에 대한 접근한계거리를 쓰시오.

> (1) 충전전로 220V일 때 (①)
> (2) 충전전로 1kV일 때 (②)
> (3) 충전전로 22kV일 때 (③)
> (4) 충전전로 154kV일 때 (④)

해답

① 접촉금지
② 45cm
③ 90cm
④ 170cm

TIP 접근한계거리

충전전로의 선간전압 (단위 : 킬로볼트)	충전전로에 대한 접근한계거리 (단위 : 센티미터)
0.3 이하	접촉금지
0.3 초과 0.75 이하	30
0.75 초과 2 이하	45
2 초과 15 이하	60
15 초과 37 이하	90
37 초과 88 이하	110
88 초과 121 이하	130
121 초과 145 이하	150
145 초과 169 이하	170
169 초과 242 이하	230
242 초과 362 이하	380
362 초과 550 이하	550
550 초과 800 이하	790

13 분쇄기 · 파쇄기 · 마쇄기 · 혼합기 및 혼화기 등을 가동하거나 원료가 흩날릴 우려가 있는 경우에 적합한 안전장치를 쓰시오.

해답

덮개

14 금속의 용접 · 용단 · 가열에 사용되는 가스등의 용기 취급 시 준수해야 할 사항을 5가지 쓰시오.

해답

① 용기의 온도를 섭씨 40도 이하로 유지할 것
② 전도의 위험이 없도록 할 것
③ 충격을 가하지 않도록 할 것
④ 운반하는 경우에는 캡을 씌울 것
⑤ 사용하는 경우에는 용기의 마개에 부착되어 있는 유류 및 먼지를 제거할 것
⑥ 밸브의 개폐는 서서히 할 것
⑦ 사용 전 또는 사용 중인 용기와 그 밖의 용기를 명확히 구별하여 보관할 것
⑧ 용해아세틸렌의 용기는 세워 둘 것
⑨ 용기의 부식 · 마모 또는 변형상태를 점검한 후 사용할 것

2002년 7월 7일 산업안전기사 실기 필답형

01 재해예방과 피해의 최소화를 위한 시스템 안전 설계원칙을 3가지 쓰시오.

해답

① 위험상태의 존재를 최소화
② 안전장치의 채용
③ 경보장치의 채택
④ 특수한 수단 개발

02 습윤한 장소에서의 배선작업 중 이동전선 등을 사용하는 경우 감전방지 대책 2가지를 쓰시오.

해답

① 전선을 서로 접속하는 경우에는 해당 전선의 절연성능 이상으로 절연될 수 있는 것으로 충분히 피복하거나 적합한 접속기구를 사용하여야 한다.
② 물 등의 도전성이 높은 액체가 있는 습윤한 장소에서 근로자가 작업 중에나 통행하면서 이동전선 및 이에 부속하는 접속기구에 접촉할 우려가 있는 경우에는 충분한 절연효과가 있는 것을 사용하여야 한다.

03 방진마스크 중 분리식 마스크에 대한 여과재의 분진 등 포집효율 시험에서 여과재 통과전의 염화나트륨 농도는 20mg/m³이고, 여과재 통과 후의 염화나트륨 농도는 4mg/m³이었다. 여과재의 분진 등 포집효율을 구하시오.

해답

$$포집효율(\%) = \frac{C_1 - C_2}{C_1} \times 100 = \frac{20-4}{20} \times 100 = 80(\%)$$

04 인간-기계 시스템의 구성요소에 있어서 다음에 들어갈 내용을 쓰시오.

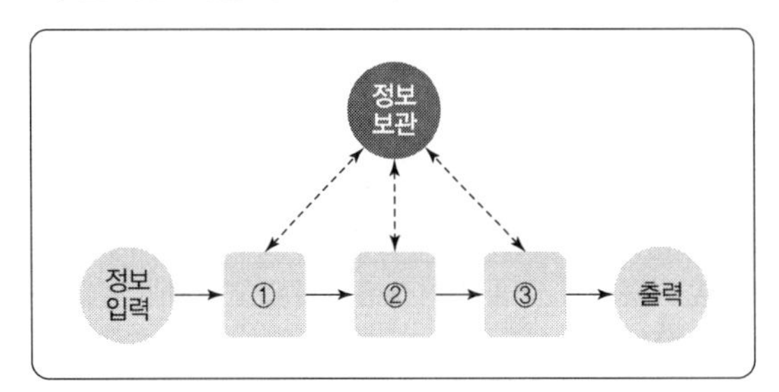

해답

① 감지
② 정보처리 및 의사결정
③ 행동기능

05 인간의 행동 특성과 관련된 다음의 설명에서 해당하는 용어를 보기에서 골라 넣으시오.

(1) 단조로운 업무가 장시간 지속될 경우 작업자의 감각기능 및 판단능력이 둔화 또는 마비되는 현상
(2) 사람이 주의를 번갈아 가며 두 가지 이상 일을 돌보아야 하는 상황
(3) 자신의 생각대로 주관적인 판단이나 희망적 관찰에 의해 행동으로 실행하는 현상
(4) 상황해석을 잘못하거나 목표를 잘못 이해하고 착각하여 행하는 경우

① 감각차단현상
② 시배분
③ 착시현상
④ 실수(Slip)
⑤ 착오(Mistake)
⑥ 억측판단

해답

(1) 단조로운 업무가 장시간 지속될 경우 작업자의 감각기능 및 판단능력이 둔화 또는 마비되는 현상 : ①
(2) 사람이 주의를 번갈아 가며 두 가지 이상 일을 돌보아야 하는 상황 : ②

(3) 자신의 생각대로 주관적인 판단이나 희망적 관찰에 의해 행동으로 실행하는 현상 : ⑥
(4) 상황해석을 잘못하거나 목표를 잘못이해하고 착각하여 행하는 경우 : ⑤

06 화학설비 중 증류탑의 개방 시 점검해야 할 사항을 5가지 쓰시오.

해답

① 트레이의 부식상태, 정도, 범위
② 폴리머 등의 생성물, 녹 등으로 인하여 포종의 막힘 여부, 다공판의 상태, 밸러스트 유닛은 고정되어 있는지의 여부
③ 넘쳐 흐르는 둑의 높이가 설계와 같은지의 여부
④ 용접선의 상황과 포종이 단(선반)에 고정되어 있는지의 여부
⑤ 누출의 원인이 되는 균열, 손상 여부
⑥ 라이닝 코팅 상황

07 근로자 400명이 작업하는 사업장에서 1일 8시간씩 연간 300일 근무하는 동안 10건의 재해가 발생하였다. 도수율(빈도율)은 얼마인가?(단, 결근율은 10%이다.)

해답

① 출근율 $= 1 - \frac{10}{100} = 0.9$

② 도수율 $= \frac{\text{재해발생건수}}{\text{연간총근로시간수}} \times 1{,}000{,}000$

$= \frac{10}{400 \times 8 \times 300 \times 0.9} \times 1{,}000{,}000$

$= 11.574 = 11.57$

08 산업안전보건법상 화물용 승강기는 매월 1회 이상 정기적으로 자체검사를 실시하여야 한다. 자체검사 항목 3가지를 쓰시오.

해답

본 문제는 2009년 법 개정으로 삭제되고 안전검사로 관련법이 제정되었습니다.

09 다음은 산업재해 발생 시의 조치내용을 순서대로 표시하였다. 아래의 빈칸에 알맞은 내용을 적으시오.

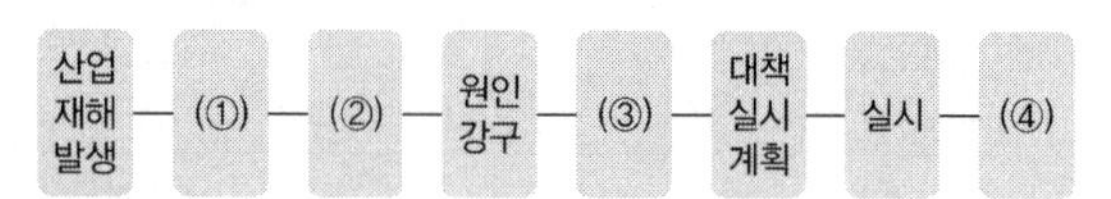

해답

① 긴급처리, ② 재해조사, ③ 원인강구

10 프레스 급정지 기구가 부착되어 있지 않아도 유효한 방호장치 4가지를 쓰시오.

해답

① 게이트 가드식 방호장치
② 양수기동식 방호장치
③ 손쳐내기식 방호장치
④ 수인식 방호장치

11 재해를 발생시킬 수 있는 요인, 또는 재해발생의 환경적 요인으로 분류되는(관리적 결함) 대표적인 불안전한 상태에 해당되는 요소 3가지와 그 예를 각각 3가지씩 쓰시오.

해답

(1) 기술적 원인
① 건물, 기계장치의 설계불량
② 구조, 재료의 부적합
③ 생산방법의 부적당
④ 점검, 정비보존의 불량

(2) 교육적 원인
① 안전의식의 부족
② 안전수칙의 오해
③ 경험훈련의 미숙
④ 작업방법의 교육 불충분
⑤ 유해위험 작업의 교육 불충분

(3) 작업관리상의 원인
① 안전관리조직의 결함
② 안전수칙의 미제정
③ 작업준비 불충분
④ 인원배치 부적당
⑤ 작업지시 부적당

12 안전점검 기준을 정하여 점검을 실시하고자 한다. 체크리스트에 포함시켜야 할 내용을 5가지 쓰시오.

해답

① 점검대상
② 점검부분
③ 점검항목
④ 점검주기
⑤ 점검방법
⑥ 판정기준
⑦ 조치사항

13 정전기 제거를 위한 제전기 중 화재 발생 요인이 없는 제전기는 무엇인가?

해답

방폭형 제전기

14 콘트리트 타설작업 시 거푸집의 측압에 영향을 미치는 요인을 5가지 쓰시오.

해답

① 거푸집 수평단면 : 클수록 크다.
② 콘크리트 슬럼프치 : 클수록 커진다.
③ 거푸집 표면이 평활(평탄)할수록 커진다.
④ 철골, 철근량 : 적을수록 커진다.
⑤ 콘크리트 시공연도 : 좋을수록 커진다.
⑥ 외기의 온도, 습도 : 낮을수록 커진다.
⑦ 타설 속도 : 빠를수록 커진다.
⑧ 다짐 : 충분할수록 커진다.
⑨ 타설 : 상부에서 직접 낙하할 경우 커진다.
⑩ 거푸집의 강성 : 클수록 크다.
⑪ 콘크리트의 비중(단위중량) : 클수록 크다.
⑫ 벽 두께 : 두꺼울수록 커진다.

2002년 7월 7일 산업안전산업기사 실기 필답형

01 다음은 화학설비의 안전성에 대한 정량적 평가이다. 위험등급에 따른 점수를 계산하고 해당되는 항목을 쓰시오.

① 위험등급 I : ( )
② 위험등급 II : ( )
③ 위험등급 III : ( )

항목 분류	A급(10점)	B급(5점)	C급(2점)	D급(0점)
취급물질			○	○
화학설비의 용량		○	○	
온도	○	○		
압력	○	○	○	
조작			○	○

해답

① 위험등급 Ⅰ : 합산점수가 16점 이상 – 압력(17점)
② 위험등급 Ⅱ : 합산점수가 11~15점 – 온도(15점)
③ 위험등급 Ⅲ : 합산점수가 0~10점 – 화학설비의 용량(7점), 조작(2점), 취급물질(2점)

02 폭발은 3가지 조건이 갖추어져야 가능하다. 폭발의 성립조건 3가지를 쓰시오.

해답

① 가연성 가스, 증기 또는 분진이 폭발범위 내에 있어야 한다.
② 밀폐된 공간이 존재하여야 한다.
③ 점화원 또는 폭발에 필요한 에너지가 있어야 한다.

03 산업안전보건법상 안전표지의 종류를 4가지 쓰시오.

해답

① 금지표지
② 경고표지
③ 지시표지
④ 안내표지
⑤ 관계자 외 출입금지

04 안전조직 중 라인형의 특징을 2가지 쓰시오.

해답

① 명령과 보고가 상하관계뿐이므로 간단명료한 조직
② 경영자의 명령이나 지휘가 신속 · 정확하게 전달되어 개선조치가 빠르게 진행
③ 안전에 대한 전문지식이나 정보가 불충분
④ 생산라인의 업무에 중점을 두어 안전보건관리가 소홀해질 수 있음
⑤ 100명 미만의 소규모 사업장에 적합한 조직형태

05 저압전기기기의 누전으로 인한 감전재해 방지를 위한 안전대책을 3가지 쓰시오.

해답

① 보호접지
② 누전차단기의 설치
③ 비접지식 전로의 채용
④ 이중절연기기의 사용

06 선반작업장에서 신입사원 A군이 감독자의 허가 없이 변속부분의 덮개를 열고 회전상태에서 기어에 주유를 하다 손가락이 절단되는 재해가 발생했다. 재해분석을 위한 다음 사항을 기술하시오.

① 사고형태	⑤ 불안전한 상태
② 가해물	⑥ 관리적 원인
③ 기인물	⑦ 기술적 원인
④ 불안전한 행동	⑧ 교육적 원인

해답

① 사고형태 : 절단
② 가해물 : 기어
③ 기인물 : 선반
④ 불안전한 행동 : 회전 상태에서 기어에 주유
⑤ 불안전한 상태 : 덮개 부분의 인터록 장치 불량
⑥ 관리적 원인 : 감독자의 관리소홀

⑦ 기술적 원인 : 덮개의 설계 불량
⑧ 교육적 원인 : 작업방법의 교육 불충분

07 감각차단현상에 관하여 간략히 설명하시오.

해답

단조로운 업무가 장시간 지속될 경우 작업자의 감각기능 및 판단능력이 둔화 또는 마비되는 현상

08 전기재해예방을 위하여 절연용 방호구를 장착함으로써 근로자가 접근할 수 있는 이격거리를 전로의 전압별로 구분하여 쓰시오.

해답

본 문제는 법 개정으로 삭제되었습니다.

09 인간이 기계를 조종하는 인간－기계체계에서 인간의 신뢰도가 0.8일 때 체계의 전체 신뢰도가 0.7 이상이 되려면 기계의 신뢰도는 얼마 이상이어야 하는가?

해답

① $R_S = R_E \cdot R_H$

② 기계의 신뢰도$(R_E) = \dfrac{0.7}{0.8} = 0.875 = 0.88$

10 비, 눈 그 밖의 기상 상태의 악화로 작업을 중지시킨 후 그 비계에서 작업할 경우 작업 시작 전 점검사항을 4가지 쓰시오.

해답

① 발판 재료의 손상 여부 및 부착 또는 걸림 상태
② 해당 비계의 연결부 또는 접속부의 풀림 상태
③ 연결 재료 및 연결 철물의 손상 또는 부식 상태
④ 손잡이의 탈락 여부
⑤ 기둥의 침하, 변형, 변위 또는 흔들림 상태
⑥ 로프의 부착 상태 및 매단 장치의 흔들림 상태

11 굴착작업 시 지반붕괴 등에 의한 위험방지 조치사항을 3가지 쓰시오.

해답

① 흙막이 지보공의 설치
② 방호망의 설치
③ 근로자의 출입금지
④ 비가 올 경우를 대비하여 측구를 설치하거나 굴착사면에 비닐을 덮는 등의 조치

12 안전경고등을 작동시킬 때 스위치가 on－off로 작동된다면 정보량은 몇 bit인가?

해답

정보량$(H) = \log_2 n = \log_2 2 = \dfrac{\log 2}{\log 2} = 1\,(\text{bit})$

2002년 9월 29일 산업안전기사 실기 필답형

01 안전 조직 중 라인형의 장단점을 2가지씩 쓰시오.

해답

(1) 장점

① 명령과 보고가 상하관계뿐이므로 간단 명료한 조직

② 경영자의 명령이나 지휘가 신속, 정확하게 전달되어 개선 조치가 빠르게 진행

(2) 단점

① 안전에 대한 전문지식이나 정보가 불충분

② 생산라인의 업무에 중점을 두어 안전보건관리가 소홀해질 수 있음

02 차량계 하역운반 기계(지게차)의 운전 위치 이탈 시 조치사항 2가지를 쓰시오.

해답

① 포크, 버킷, 디퍼 등의 장치를 가장 낮은 위치 또는 지면에 내려 둘 것

② 원동기를 정지시키고 브레이크를 확실히 거는 등 갑작스러운 주행이나 이탈을 방지하기 위한 조치를 할 것

③ 운전석을 이탈하는 경우에는 시동키를 운전대에서 분리시킬 것. 다만, 운전석에 잠금장치를 하는 등 운전자가 아닌 사람이 운전하지 못하도록 조치한 경우에는 그러하지 아니하다.

03 톨루엔 도장작업 시 정전기로 인한 재해를 방지하기 위한 안전 조치사항을 3가지 쓰시오.

해답

① 접지

② 대전방지제 사용

③ 가습

④ 제전기 사용

⑤ 도전성 재료 사용

04 관리대상 유해물질 취급 작업장에 게시해야 할 사항을 4가지 쓰시오.

해답

① 관리대상 유해물질의 명칭

② 인체에 미치는 영향

③ 취급상 주의사항

④ 착용하여야 할 보호구

⑤ 응급조치와 긴급 방재 요령

05 피로의 종류 2가지와 피로를 판정하는 방법 2가지를 쓰시오.

해답

(1) 피로의 종류

① 정신피로

② 육체피로

(2) 피로 판정 방법

① 생리적 방법

② 심리학적 방법

③ 생화학적 방법

06 100V 단상 2선식 회로의 전류를 물에 젖은 손으로 조작하여 감전으로 인한 심실세동을 일으켰다. 이때 인체에 흐른 전류와 심실세동을 일으킨 시간을 구하시오.(단, 인체의 저항은 5,000Ω이며, 길버트의 이론에 의해 계산할 것)

해답

① 전류$(I) = \dfrac{V}{R} = \dfrac{100}{5{,}000 \times \dfrac{1}{25}} = 0.5(\text{A}) = 500(\text{mA})$

② 통전시간

㉠ $I = \dfrac{165}{\sqrt{T}}(\text{mA})$

㉡ $500(\text{mA}) = \dfrac{165}{\sqrt{T}}$

㉢ $T = \frac{165^2}{500^2} = 0.1089 = 0.11(초)$

> **TIP** 인체의 전기저항
> ① 피부가 젖어 있는 경우 1/10로 감소
> ② 땀이 난 경우 1/12~1/20로 감소
> ③ 물에 젖은 경우 1/25로 감소

07 연간 평균 근로자 100명의 사업장에서 1일 8시간 연간 300일 작업하는 가운데 산업재해로 인한 신체 장해등급 2급 1명, 3급 2명이 발생하였다. 강도율은 얼마인지 계산하시오.

해답

$$강도율 = \frac{근로손실일수}{연간총근로시간수} \times 1,000$$
$$= \frac{7,500 + (7,500 \times 2)}{100 \times 8 \times 300} \times 1,000 = 93.75$$

> **TIP** 근로손실일수의 산정 기준
> ① 사망 및 영구 전노동불능(신체장해등급 1~3급) : 7,500일
> ② 영구 일부노동불능(근로손실일수)

신체장해등급	근로손실일수	신체장해등급	근로손실일수
4	5,500	10	600
5	4,000	11	400
6	3,000	12	200
7	2,200	13	100
8	1,500	14	50
9	1,000		

08 작업장 바닥에 기름이 있는 통로를 지나다가 작업자가 기름에 미끄러져 넘어져 기계에 부딪히는 사고가 발생했다. 재해 발생 형태, 기인물, 가해물, 불안전한 상태를 쓰시오.

해답

① 재해 발생 형태 : 넘어짐
② 기인물 : 기름
③ 가해물 : 기계
④ 불안전한 상태 : 작업장 바닥에 기름이 있었음(작업장 통로의 청소불량)

> **TIP** 재해 발생 형태별 분류

변경 전	변경 후
추락	떨어짐(높이가 있는 곳에서 사람이 떨어짐)
전도	• 넘어짐(사람이 미끄러지거나 넘어짐) • 깔림 · 뒤집힘(물체의 쓰러짐이나 뒤집힘)
충돌	부딪힘(물체에 부딪힘) · 접촉
낙하 · 비래	맞음(날아오거나 떨어진 물체에 맞음)
붕괴 · 도괴	무너짐(건축물이나 쌓여진 물체가 무너짐)
협착	끼임(기계설비에 끼이거나 감김)

09 인간의 과오나 실수를 유발시키는 요인 중에서 환경적 요인을 쓰시오.

해답

① 인간관계 요인
② 작업적 요인
③ 관리적 요인
④ 설비적(물적) 요인

10 작업환경개선을 위한 원칙 4가지 쓰시오.

해답

① 대치
② 격리
③ 환기
④ 교육

11 시험가스의 농도 0.2%에서 표준유효시간이 150분인 정화통을 유해가스농도가 0.5%인 작업장에서 사용할 경우 유효사용 가능시간을 계산하시오.

해답

$$유효사용시간 = \frac{표준유효시간 \times 시험가스농도}{공기\ 중\ 유해가스농도}$$
$$= \frac{150 \times 0.2}{0.5} = 60(분)$$

12 해체 공법은 여러 가지 현장 상황을 고려하여 안전하고 효율적인 공법을 선정하여야 한다. 해체공법 선정 시 고려해야 할 사항을 3가지 쓰시오.

해답

① 해체 대상물의 구조와 상태
② 해체 대상물의 부재단면 및 높이
③ 부지 내 작업용 공지
④ 부지 주변의 도로상황 및 환경
⑤ 해체공법의 시공성, 경제성, 안전성 등

13 연삭작업 시 숫돌의 파괴원인을 4가지 쓰시오.

해답

① 숫돌의 회전속도가 너무 빠를 때
② 숫돌 자체에 균열이 있을 때
③ 숫돌에 과대한 충격을 가할 때
④ 숫돌의 측면을 사용하여 작업할 때
⑤ 숫돌의 불균형이나 베어링 마모에 의한 진동이 있을 때(숫돌이 경우에 따라 파손될 수 있다.)
⑥ 숫돌 반경방향의 온도 변화가 심할 때
⑦ 작업에 부적당한 숫돌을 사용할 때
⑧ 숫돌의 치수가 부적당할 때
⑨ 플랜지가 현저히 작을 때

2002년 9월 29일 산업안전산업기사 실기 필답형

01 산업안전보건법상 양중기의 종류를 4가지 쓰시오.

해답

① 크레인(호이스트 포함)
② 이동식 크레인
③ 리프트(이삿짐 운반용 리프트의 경우에는 적재하중이 0.1톤 이상인 것)
④ 곤돌라
⑤ 승강기

02 페인트 통이 쌓여 있는 작업장 부근에서 용접작업을 하고자 한다. 당신이 관리감독자라면 어떠한 사전 안전조치를 취하겠는가?(안전대책을 5가지만 쓰시오.)

해답

① 보호구를 확실히 착용해야 한다.
② 용접불꽃으로 인한 화재 우려 때문에 소화기를 설치하여야 한다.
③ 감시인을 배치한다.
④ 작업방법을 개선한다.
⑤ 작업 시작 전 페인트 통 등의 인화성 물질을 제거하는 등 작업장을 정리한다.

03 보호구 중 안전모의 종류 및 사용 구분에 관하여 간략히 쓰시오.

해답

종류(기호)	사용 구분
AB	물체의 낙하 또는 비래 및 추락에 의한 위험을 방지 또는 경감시키기 위한 것
AE	물체의 낙하 또는 비래에 의한 위험을 방지 또는 경감하고, 머리부위 감전에 의한 위험을 방지하기 위한 것
ABE	물체의 낙하 또는 비래 및 추락에 의한 위험을 방지 또는 경감하고, 머리부위 감전에 의한 위험을 방지하기 위한 것

04 고압 또는 특별고압용의 기계기구의 철대 및 외함의 접지공사의 종류, 저항값, 접지선의 굵기를 쓰시오.

해답

① 접지공사의 종류 : 제1종 접지공사
② 접지저항값 : 10Ω 이하
③ 접지선의 굵기 : 공칭단면적 $6mm^2$ 이상의 연동선

TIP 법 개정으로 접지대상에 따라 일괄 적용한 종별접지(1종, 2종, 3종, 특별3종)가 폐지되었습니다.

05 다음 표에서 전원에 따른 전압을 구분하여 적으시오.

전원의 종류	저압	고압	특고압
직류	①	②	7,000V 초과
교류	③	④	⑤

해답

① 1,500V 이하
② 1,500V 초과, 7,000V 이하
③ 1,000V 이하
④ 1,000V 초과, 7,000V 이하
⑤ 7,000V 초과

06 사업장 안전보건관리규정의 작성 시 유의해야 할 사항 4가지를 쓰시오.

해답

① 규정된 안전기준은 법적 기준을 상회하도록 작성할것
② 관리자층의 직무와 권한 및 근로자에게 강제 또는 요청한 부분을 명확히 한다.
③ 관계 법령의 제정, 개정에 따라 즉시 개정한다.
④ 작성 또는 개정 시에 현장의 의견을 충분히 반영한다.
⑤ 규정내용은 정상시는 물론 이상시, 즉 사고 및 재해 발생 시의 조치에 관해서도 규정한다.

07 보호안경 착용에 관하여 안전관리자가 안전조회를 실시하고자 한다. 아래의 교육내용을 도입, 전개, 결말의 순서로 정리하여 번호를 쓰시오.

> ① 연삭기 작업은 비록 짧은시간(20~30분)이라 할지라도 예측할 수 없는 칩으로부터의 눈의 상해를 방지하기 위하여 반드시 보안경을 착용한다.
> ② 아무리 귀찮아도 잊지 말고 연삭작업 시에는 반드시 보안경을 착용하자.
> ③ 오늘은 보호안경 착용에 관한 안전교육을 실시한다.

해답

(1) 도입 : ③
(2) 전개 : ①
(3) 결말 : ②

08 평균근로자 400명이 작업하는 어느 사업장에서 일일근로시간은 7시간 30분, 연간근무일수는 300일, 잔업시간 10,000시간, 조퇴 500시간, 휴업 4일 이상의 재해건수 4건, 불휴재해건수 6건일 때 도수율(빈도율)은 얼마인가?(단, 결근율은 5%이다.)

해답

① 출근율 $= 1 - \frac{5}{100} = 0.95$

② 도수율

$$= \frac{\text{재해발생건수}}{\text{연간총근로시간수}} \times 1{,}000{,}000$$

$$= \frac{4+6}{(400 \times 7.5 \times 300 \times 0.95) + (10000 - 500)} \times 1{,}000{,}000$$

$$= 11.567 = 11.57$$

09 상시근로자 5,000명이 작업하는 어느 사업장에서 연간 재해로 인한 사상자 수가 50명이라면 이 작업장의 연천인율은 얼마인가?

해답

$$\text{연천인율} = \frac{\text{연간재해자 수}}{\text{연평균근로자 수}} \times 1{,}000$$

$$= \frac{50}{5{,}000} \times 1{,}000 = 10$$

10 지반굴착작업을 실시하기 전 사전에 조사해야 할 사항 3가지를 쓰시오.

해답

① 형상 · 지질 및 지층의 상태
② 균열 · 함수 · 용수 및 동결의 유무 또는 상태
③ 매설물 등의 유무 또는 상태
④ 지반의 지하수위 상태

2003년 4월 27일 산업안전기사 실기 필답형

01 방폭구조의 종류와 종류별 기호를 3가지만 표시하시오.(예 : 충전 방폭구조 : q)

해답

① 내압 방폭구조 : d
② 안전증 방폭구조 : e
③ 비점화 방폭구조 : n
④ 특수 방폭구조 : s
⑤ 몰드 방폭구조 : m
⑥ 유입 방폭구조 : o
⑦ 본질안전 방폭구조 : i(ia, ib)

02 건설공사에서 가설구조의 특징을 4가지 쓰시오.

해답

① 연결재가 적은 구조가 되기 쉽다.
② 부재결합이 간략하여 불안전 결합이 되기 쉽다.
③ 구조물이라는 개념이 확고하지 않아 조립 정밀도가 낮다.
④ 사용부재는 과소 단면이거나 결함재가 되기 쉽다.

03 산업안전기준에서 정하는 사다리식 통로의 설치 시 준수사항 5가지를 쓰시오.

해답

① 견고한 구조로 할 것
② 심한 손상 · 부식 등이 없는 재료를 사용할 것
③ 발판의 간격은 일정하게 할 것
④ 발판과 벽과의 사이는 15센티미터 이상의 간격을 유지할 것
⑤ 폭은 30센티미터 이상으로 할 것
⑥ 사다리가 넘어지거나 미끄러지는 것을 방지하기 위한 조치를 할 것
⑦ 사다리의 상단은 걸쳐 놓은 지점으로부터 60센티미터 이상 올라가도록 할 것
⑧ 사다리식 통로의 길이가 10미터 이상인 경우에는 5미터 이내마다 계단참을 설치할 것
⑨ 사다리식 통로의 기울기는 75도 이하로 할 것
⑩ 접이식 사다리 기둥은 사용 시 접혀지거나 펼쳐지지 않도록 철물 등을 사용하여 견고하게 조치할 것

04 교육방법의 여러 가지 종류 중에서 가장 많이 사용되고 있는 강의식 교육의 장점 3가지를 쓰시오.

해답

① 한번에 많은 사람이 지식을 부여 받는다.(최적인원 40~50명)
② 시간의 계획과 통제가 용이하다.
③ 체계적으로 교육할 수 있다.
④ 준비가 간단하고 어디에서도 가능하다.
⑤ 수업의 도입이나 초기단계에 적용하는 것이 효과적이다.

TIP 단점
① 가르치는 방법이 일방적, 기계적, 획일적이다.
② 참가자는 대개 수동적 입장이며 참여가 제약된다.
③ 암기에 빠지기 쉽고, 현실에서 필요한 개념 형성이 되기 어렵다.

05 산업안전보건법상 화학설비 및 그 부속설비에 대하여 사업주는 2년에 1회 이상 자체 검사를 실시해야 한다. 해당되는 자체 검사 항목 6가지를 쓰시오.

해답

본 문제는 2009년 법 개정으로 삭제되고 안전검사로 관련법이 제정되었습니다.

06 재해조사를 실시할 경우 안전관리자로서 유의해야 할 사항 4가지를 쓰시오.

해답

① 사실을 수집하고 재해 이유는 뒤로 미룬다.
② 목격자 등이 발언하는 사실 이외의 추측의 말은 참고로 한다.

③ 조사는 신속하게 행하고 2차 재해의 방지를 도모한다.
④ 사람, 설비, 환경의 측면에서 재해요인을 도출한다.
⑤ 객관성을 가지고 제3자의 입장에서 공정하게 조사하며, 조사는 2인 이상으로 한다.
⑥ 책임추궁보다 재발방지를 우선하는 기본태도를 갖는다.
⑦ 피해자에 대한 구급조치를 우선으로 한다.
⑧ 2차 재해의 예방과 위험성에 대응하여 보호구를 착용한다.
⑨ 발생 후 가급적 빨리 재해현장이 변형되지 않은 상태에서 실시한다.

07 상시근로자 100명이 작업하는 어느 사업장에서 3건의 재해가 발생하여 사망 2명, 휴업일수 35일 1명이 발생하였다. 연간근로시간이 2,400시간일 경우 강도율을 계산하시오.

해답

$$강도율 = \frac{근로손실일수}{연간총근로시간수} \times 1,000$$

$$= \frac{(7,500 \times 2) + \left(35 \times \frac{300}{365}\right)}{100 \times 2,400} \times 1,000$$

$$= 62.619 = 62.62$$

08 인체 계측자료를 장비나 설비의 설계에 응용하는 경우 활용되는 3가지 원칙을 쓰시오.

해답

① 조절 가능한 설계
② 극단치를 이용한 설계
③ 평균치를 이용한 설계

09 교류 220V용 변압기 등 전기기계기구의 절연내력시험의 전압과 시간을 쓰시오.

해답

① 절연내력시험의 전압 : 500V
② 시험시간 : 10분

TIP ① 절연내력시험의 전압
㉠ 최대 사용전압의 1.5배의 전압(500V 미만으로 되는 경우에는 500V)
㉡ 220×1.5=330V이나 500V 미만이므로 500V
② 시험방법 : 시험되는 권선과 다른 권선, 철심 및 외함 간에 시험전압을 연속하여 10분간 가한다.

10 승강기에 있어서 카만의 무게가 3,000(kg), 정격적재하중이 2,000(kg), 오버밸런스율이 40(%)일 때 평형추의 무게를 구하시오.

해답

평형추의 중량=카중량+적재하중×오버밸런스율(f)
=3,000kg+(2,000kg×0.4)=3,800(kg)

11 토질조사방법에 해당하는 표준관입시험(S. P. T)에 관하여 간략히 설명하시오.

해답

무게 63.5kg의 해머로 76cm 높이에서 자유 낙하시켜 샘플러를 30cm 관입시키는 데 소요되는 타격횟수 N치를 측정하는 시험

12 송풍기형 호스마스크의 종류 2가지를 쓰고 각각의 분진포집효율(%)을 기술하시오.

해답

① 전동 : 99.8% 이상
② 수동 : 95.0% 이상

13 동작상의 실패를 방지하기 위한 일반적인 조건 3가지를 쓰시오.

해답

① 착각을 일으킬 수 있는 외부 조건이 없을 것
② 감각기의 기능이 정상일 것
③ 시간적, 수량적으로 능력을 발휘할 수 있는 체력이 있을 것
④ 올바른 판단을 내리기 위한 필요한 지식을 갖고 있을 것
⑤ 의식 동작을 필요로 할 때 무의식 동작을 행하지 않을 것

2003년 4월 27일 산업안전산업기사 실기 필답형

01 연소는 가연물, 산소, 점화원이라는 3요소가 존재해야 가능하다. 이 중 가연물이 될 수 없는 조건을 3가지 쓰시오.

해답

① 흡열반응 물질(질소 및 질소화합물)
② 불활성 기체(주기율표의 0족 원소, 헬륨, 네온, 아르곤 등)
③ 완전산화물(이산화탄소, 물 등)

02 안전관리에 적용될 수 있는 조직의 종류를 열거하고 각각에 대하여 간략하게 3가지로 설명하시오.

해답

(1) 라인(line)형(직계형 조직)
① 명령과 보고가 상하관계뿐이므로 간단 명료한 조직
② 경영자의 명령이나 지휘가 신속, 정확하게 전달되어 개선조치가 빠르게 진행
③ 안전에 대한 전문지식이나 정보가 불충분
④ 생산라인의 업무에 중점을 두어 안전보건관리가 소홀해질 수 있음
⑤ 100명 미만의 소규모 사업장에 적합한 조직형태

(2) 스태프(staff)형(참모형 조직)
① 경영자의 조언과 자문역할을 함
② 안전에 관한 지식, 기술의 정보 수집이 용이하고 빠름
③ 생산부분은 안전에 대한 책임과 권한이 없음
④ 안전과 생산을 별개로 취급하기 쉬움
⑤ 100명 이상 1,000명 미만의 중규모 사업장에 적합한 조직형태

(3) 라인–스태프(line–staff)형(직계 참모형 조직)
① 라인에서 안전보건 업무가 수행되어 안전보건에 관한 지시 명령 조치가 신속·정확하게 이루어짐
② 스태프에서 안전에 관한 기획, 조사, 검토 및 연구를 수행
③ 명령계통과 조언, 권고적 참여가 혼동되기 쉬움
④ 라인과 스태프 간에 협조가 안 될 경우 업무의 원활한 추진 불가
⑤ 라인이 스탭에 의존 또는 활용하지 않는 경우가 있음
⑥ 1,000명 이상의 대규모 사업장에 적합한 조직형태

03 밀폐공간에서의 작업에 대한 특별안전보건교육을 실시할 때 정규직 근로자의 특별교육시간과 교육내용을 4가지 쓰시오.(단, 그 밖에 안전보건관리에 필요한 사항은 제외)

해답

(1) 교육시간 : 16시간 이상
(2) 교육내용
① 산소농도 측정 및 작업환경에 관한 사항
② 사고 시의 응급처치 및 비상 시 구출에 관한 사항
③ 보호구 착용 및 보호 장비 사용에 관한 사항
④ 작업내용·안전작업방법 및 절차에 관한 사항
⑤ 장비·설비 및 시설 등의 안전점검에 관한 사항

TIP 특별안전·보건교육 대상 작업의 어느 하나에 해당하는 작업에 종사하는 일용근로자 : 2시간 이상

04 공간에 분출한 액체류가 미세하게 비산되어 분리하고, 크고 작은 방울로 될 때 새로운 표면을 형성하면서 정전기가 발생하는 대전현상을 무엇이라 하는가?

해답

비말대전

05 암석이 떨어질 우려가 있는 위험장소에서 견고한 낙하물 보호구조를 갖춰야 하는 차량계 건설기계의 종류를 5가지만 쓰시오.

해답

① 불도저
② 트랙터
③ 굴착기
④ 로더
⑤ 스크레이퍼
⑥ 덤프트럭
⑦ 모터그레이더
⑧ 롤러
⑨ 천공기
⑩ 항타기 및 항발기

06 반사경 없이 모든 방향으로 빛을 발하는 점광원에서 2m 떨어진 곳의 조도가 120lux라면 3m 떨어진 곳의 조도는 얼마인가?

해답

① $조도 = \dfrac{광도}{(거리)^2}$

② $광도 = 조도 \times (거리)^2$

③ 2m 거리의 광도 $= 120 \times 2^2 = 480(cd)$ 이므로

④ 3m 거리의 조도 $= \dfrac{480}{3^2} = 53.333 = 53.33(lux)$

07 하인리히의 재해발생의 도미노이론을 순서대로 쓰시오.

해답

① 제1단계 : 사회적 환경 및 유전적 요인
② 제2단계 : 개인적 결함
③ 제3단계 : 불안전한 행동 및 불안전한 상태
④ 제4단계 : 사고
⑤ 제5단계 : 재해

08 방폭구조의 종류를 5가지 쓰시오.

해답

① 내압 방폭구조
② 압력 방폭구조
③ 안전증 방폭구조
④ 유입 방폭구조
⑤ 본질안전 방폭구조
⑥ 비점화 방폭구조
⑦ 몰드 방폭구조
⑧ 충전 방폭구조
⑨ 특수 방폭구조

TIP 방폭구조의 종류에 따른 기호

내압 방폭구조	d	본질안전 방폭구조	i(ia, ib)
압력 방폭구조	p	비점화 방폭구조	n
유입 방폭구조	o	몰드 방폭구조	m
안전증 방폭구조	e	충전 방폭구조	q
특수 방폭구조	s		

09 인간의 불안전행동에는 여러 가지 형태가 있지만 안전관리를 추진하는 입장에서 구분하는 불안전행동의 종류를 4가지 쓰시오.

해답

① 지식의 부족
② 기능의 미숙
③ 태도의 불량
④ 인간에러

10 다음의 그림에서 지게차의 중량(G)이 2ton이고, 앞바퀴에서 화물의 중심까지의 거리(a)가 1.5m, 앞바퀴로부터 차의 중심까지는 거리(b)가 1.5m일 경우 지게차의 안정을 유지하기 위한 최대 화물중량(W)은 얼마 미만으로 해야 하는가?

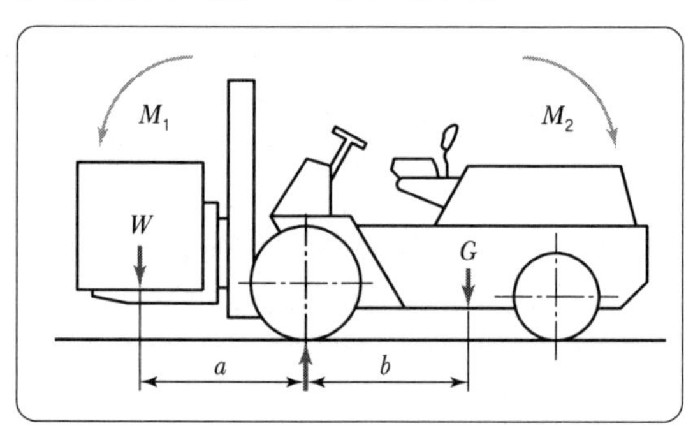

해답

① $M_1 = Wa = W \times 1.5 = 1.5W$

② $M_2 = Gb = 2 \times 1.5 = 3ton$

③ $M_1 < M_2$

④ $1.5W < 3ton$

⑤ $W < 2ton$

⑥ $\therefore W = 2(ton)$ 미만

TIP 지게차의 안정조건

$$Wa < Gb$$

여기서, W : 화물중심에서의 화물의 중량(kgf)
G : 지게차 중심에서의 지게차의 중량(kgf)
a : 앞바퀴에서 화물 중심까지의 최단거리(cm)
b : 앞바퀴에서 지게차 중심까지의 최단거리(cm)
$M_1 = Wa$(화물의 모멘트)
$M_2 = Gb$(지게차의 모멘트)

11 산업안전보건법상 위험기계 · 기구에 설치한 방호조치에 대하여 근로자가 지켜야 할 준수사항을 3가지 쓰시오.

해답

① 방호조치를 해체하려는 경우 : 사업주의 허가를 받아 해체할 것
② 방호조치를 해체한 후 그 사유가 소멸된 경우 : 지체 없이 원상으로 회복시킬 것
③ 방호조치의 기능이 상실된 것을 발견한 경우 : 지체 없이 사업주에게 신고할 것

12 거푸집에 작용하는 하중 중에서 연직 하중에 해당하는 3가지 종류를 쓰시오.

해답

① 고정하중
② 작업하중
③ 충격하중

13 저압전기를 취급하는 작업 시 감전으로부터 신체를 보호하기 위하여 착용하는 안전화의 명칭과 저압전기의 전압을 쓰시오.

해답

(1) 안전화 : 절연화
(2) 저압전기
① 직류 : 1,500V 이하
② 교류 : 1,000V 이하

2003년 7월 13일 산업안전기사 실기 필답형

01 재해사례 연구순서 중에서 전제조건을 제외한 4단계를 쓰시오.

해답

① 제1단계 : 사실의 확인
② 제2단계 : 문제점의 발견
③ 제3단계 : 근본적 문제점의 결정
④ 제4단계 : 대책의 수립

02 인체 계측 자료의 응용 3원칙을 쓰시오.

해답

① 조절 가능한 설계
② 극단치를 이용한 설계
③ 평균치를 이용한 설계

03 근로자가 착용하는 보호구 중 가죽제 안전화의 성능시험 종류를 4가지 쓰시오.

해답

① 은면결렬시험
② 인열강도시험
③ 내부식성시험
④ 인장강도시험 및 신장률
⑤ 내유성시험
⑥ 내압박성시험
⑦ 내충격성 시험
⑧ 박리저항시험
⑨ 내답발성시험

04 산업안전보건법에서 정하고 있는 승강기의 최대하중은 얼마인가?(단, 단위를 반드시 기록할 것)

해답

※ 본 문제는 2019년 법 개정으로 삭제된 내용입니다.

05 상시근로자 500명이 작업하는 어느 사업장에서 연간 재해가 6건(6명) 발생하여 신체장해 등급 3급, 5급, 7급, 11급 각 1명씩 발생하였으며, 기타 사상자의 총 휴업일수가 438일이었다. 도수율과 강도율을 구하시오.(단, 5급 4,000일, 7급 2,200일, 11급 400일이며, 소수 셋째 자리에서 반올림하시오.)

해답

(1) 도수율

$$= \frac{\text{재해발생건수}}{\text{연간총근로시간수}} \times 1{,}000{,}000$$

$$= \frac{6}{500 \times 8 \times 300} \times 1{,}000{,}000 = 5.00$$

(2) 강도율

$$= \frac{\text{근로손실일수}}{\text{연간총근로시간수}} \times 1{,}000$$

$$= \frac{(7{,}500 + 4{,}000 + 2{,}200 + 400) + \left(438 \times \frac{300}{365}\right)}{500 \times 8 \times 300} \times 1{,}000 = 12.05$$

TIP 근로손실일수의 산정 기준
① 사망 및 영구 전노동불능(신체장해등급 1~3급) : 7,500일
② 영구 일부노동불능(근로손실일수)

신체장해등급	근로손실일수	신체장해등급	근로손실일수
4	5,500	10	600
5	4,000	11	400
6	3,000	12	200
7	2,200	13	100
8	1,500	14	50
9	1,000		

06 파브로브의 조건 반사설에서 학습 이론의 원리 4가지를 쓰시오.

해답

① 강도의 원리
② 일관성의 원리
③ 시간의 원리
④ 계속성의 원리

07 상시근로자 1,500명이 근로하는 H기업의 연간 재해건수는 45건이며, 지난해에 납부한 산재보험료는 25,000,000원, 산재보상금은 15,800,000원을 받았다. H기업의 재해건수 중 휴업상해(A) 건수는 12건, 통원상해(B) 건수는 10건, 구급처치(C) 건수는 8건, 무상해사고(D) 건수는 15건 발생하였다면 Heinrich 방식과 Simonds 방식에 의한 재해손실비용을 각각 계산하시오.(단, A : 850,000원, B : 320,000원, C : 220,000원, D : 120,000원)

해답

(1) Heinrich 방식(1 : 4 원칙)

① 총재해 코스트(재해손실비용)
=직접비+간접비=직접비×5
② 총재해 코스트=15,800,000×5=79,000,000(원)

(2) Simonds 방식

① 총재해 코스트=산재보험료+(A×휴업상해건수)
+(B×통원상해건수)+(C×응급조치건수)
+(D×무상해사고건수)
② 총재해 코스트=25,000,000+(850,000×12)+
(320,000×10)+(220,000×8)+(120,000×15)
=41,960,000(원)

08 SLOP OVER(슬롭 오버)에 관하여 간략히 설명하시오.

해답

위험물 저장탱크의 화재 시 물 또는 포를 화염이 왕성한 표면에 방사할 때 위험물과 함께 탱크 밖으로 흘러넘치는 현상

09 차광용 보안경의 종류 4가지를 쓰시오.

해답

① 자외선용
② 적외선용
③ 복합용
④ 용접용

10 목재가공용 둥근톱의 방호장치인 반발예방장치의 종류를 2가지 쓰시오.

해답

① 분할날
② 반발방지기구
③ 반발방지롤

11 산업안전보건법상 이동식 크레인의 방호장치 4가지를 쓰시오.

해답

① 과부하방지장치
② 권과방지장치
③ 비상정지장치
④ 제동장치

12 화학설비의 안전성평가 5단계를 순서대로 쓰시오.

해답

① 제1단계 : 관계자료의 정비 검토
② 제2단계 : 정성적 평가
③ 제3단계 : 정량적 평가
④ 제4단계 : 안전대책
⑤ 제5단계 : 재해정보, FTA에 의한 재평가

TIP 안전성 평가의 단계

안전성 평가는 6단계에 의해 실시되며, 경우에 따라 5단계와 6단계가 동시에 이루어지는 경우도 있다.
① 제1단계 : 관계자료의 정비 검토
② 제2단계 : 정성적 평가
③ 제3단계 : 정량적 평가
④ 제4단계 : 안전대책
⑤ 제5단계 : 재해정보에 의한 재평가
⑥ 제6단계 : FTA에 의한 재평가

13 다음 보기에서 물 반응성 물질 및 인화성 고체를 고르시오.

① 니트로글리세린	⑤ 질산나트륨
② 나트륨	⑥ 탄화칼슘
③ 황화인	⑦ 셀룰로이드류
④ 염소산칼륨	⑧ 마그네슘 분말

해답

②, ③, ⑥, ⑦, ⑧

- 니트로글리세린 : 폭발성 물질 및 유기과산화물
- 염소산칼륨, 질산나트륨 : 산화성 액체 및 산화성 고체

14 폭발성의 분위기에서 사용하는 전기기기의 내부 또는 배선 사이의 단선에 문제가 일어나더라도 외부의 분위기에 의해 착화되지 않도록 설계된 구조를 가리키는 말이었으나, 지금은 더욱 넓은 개념으로 확장되어 현재 일반적으로 우리가 사용하는 설비에서 사용자가 의도적으로 혹은 실수로 위험기기나 설비를 작동시키더라도 사고가 발생하지 않게 하는 설계기능을 무엇이라고 하는가?

해답

Fool proof

2003년 7월 13일 산업안전산업기사 실기 필답형

01 충전전로의 선간전압이 다음과 같을 때 충전전로에 대한 접근한계거리를 쓰시오.

(1) 충전전로의 사용전압이 22kV일 때 (①)
(2) 충전전로의 사용전압이 66kV일 때 (②)
(3) 충전전로의 사용전압이 154kV일 때 (③)

해답

① 90cm
② 110cm
③ 170cm

TIP 접근한계거리

충전전로의 선간전압 (단위 : 킬로볼트)	충전전로에 대한 접근한계거리 (단위 : 센티미터)
0.3 이하	접촉금지
0.3 초과 0.75 이하	30
0.75 초과 2 이하	45
2 초과 15 이하	60
15 초과 37 이하	90
37 초과 88 이하	110
88 초과 121 이하	130
121 초과 145 이하	150
145 초과 169 이하	170
169 초과 242 이하	230
242 초과 362 이하	380
362 초과 550 이하	550
550 초과 800 이하	790

02 보호구 중 방독마스크를 착용해야 하는 경우 주의사항 3가지를 쓰시오.

해답

① 방독마스크를 과신하지 말 것
② 수명이 지난 것은 절대 사용하지 말 것
③ 산소결핍장소에서는 사용하지 말 것
④ 가스의 종류에 따라 용도 이외에는 사용하지 말 것

03 상시근로자 500명을 사용하는 어느 사업장에서 연간 20명의 재해자가 발생하였다. 연천인율을 구하시오.

해답

$$\text{연천인율} = \frac{\text{연간재해자 수}}{\text{연평균근로자 수}} \times 1,000$$
$$= \frac{20}{500} \times 1,000 = 40$$

04 목재가공용 둥근톱 기계의 방호장치를 쓰시오.

해답

① 분할날 등 반발예방장치
② 톱날접촉예방장치

TIP 목재가공용 둥근톱의 방호장치
① 날접촉예방장치
② 반발예방장치

05 다음은 비계의 벽이음 간격이다. ( ) 안에 알맞은 숫자를 쓰시오.

구분		조립간격(m)	
		수직방향	수평방향
통나무 비계		(①)	(②)
강관비계	단관비계	(③)	(④)
	틀비계	(⑤)	(⑥)

해답

① 5.5　③ 5　⑤ 6
② 7.5　④ 5　⑥ 8

06 기업 내 정형교육형태의 종류를 3가지로 구분하여 적으시오.

해답

① TWI(Training Within Industry)
② MTP(Mnagement Training Program)
③ ATT(American Telephone & Telegram Co.)
④ CCS(Civil Communication Section)

07 Fool proof의 대표적인 기구를 5가지 쓰시오.

해답

① 가드
② 록 기구
③ 오버런 기구
④ 트립 기구
⑤ 밀어내기 기구
⑥ 기동방지 기구

08 위험물을 저장하는 시설물에 설치해야 하는 피뢰침의 설치 시 준수해야 할 사항을 3가지 쓰시오.

해답

본 문제는 관련법이 개정되어 삭제되었습니다.

09 압출가공 시 발생하는 위험요소를 4가지 쓰시오.

해답

① 1요소 : 함정
② 2요소 : 충격
③ 3요소 : 접촉
④ 4요소 : 얽힘, 말림
⑤ 5요소 : 튀어나옴

10 전로를 개로하여 당해 전로 또는 그 지지물의 설치 · 점검 · 수리 및 도장 등의 작업을 하는 때에는 전로를 개로한 후 당해 전로에 안전조치를 하여야 한다. 조치사항을 3가지 쓰시오.

해답

① 전기기기 등에 공급되는 모든 전원을 관련 도면, 배선도 등으로 확인할 것
② 전원을 차단한 후 각 단로기 등을 개방하고 확인할 것
③ 차단장치나 단로기 등에 잠금장치 및 꼬리표를 부착할 것
④ 개로된 전로에서 유도전압 또는 전기에너지가 축적되어 근로자에게 전기위험을 끼칠 수 있는 전기기기 등은 접촉하기 전에 잔류전하를 완전히 방전시킬 것
⑤ 검전기를 이용하여 작업 대상기기가 충전되었는지를 확인할 것
⑥ 전기기기 등이 다른 노출 충전부와의 접촉, 유도 또는 예비동력원의 역송전 등으로 전압이 발생할 우려가 있는 경우에는 충분한 용량을 가진 단락 접지기구를 이용하여 접지할 것

11 상시근로자 100명이 작업하는 어느 사업장에서 강도율이 4.5일 경우 근로손실일수는 얼마인가?

해답

$$\text{강도율} = \frac{\text{근로손실일수}}{\text{연간총근로시간 수}} \times 1{,}000 \text{에서}$$

$$\text{연간근로손실일수} = \frac{\text{강도율} \times \text{연간총근로시간 수}}{1{,}000} = \frac{4.5 \times (100 \times 8 \times 300)}{1{,}000} = 1{,}080(\text{일})$$

12 무재해운동에서 위험예지훈련의 실질적 훈련 3가지를 쓰시오.

해답

① 감수성 훈련
② 단시간 미팅 훈련
③ 문제해결 훈련

2003년 10월 5일 산업안전기사 실기 필답형

01 폭발등급을 구분하여 안전간격과 등급별 가스의 종류를 쓰시오.

해답

폭발등급	안전간격	대상가스의 종류
1등급	0.6mm 초과	일산화탄소, 에탄, 프로판, 암모니아, 아세톤, 에틸에테르, 가솔린, 벤젠, 메탄 등
2등급	0.4mm 초과~0.6mm 이하	석탄가스, 에틸렌, 이소프렌, 산화에틸렌 등
3등급	0.4mm 이하	아세틸렌, 이황화탄소, 수소, 수성가스 등

02 어떤 기계가 1시간 가동했을 때 고장발생확률이 0.0005일 경우 MTBF와 1,000시간 가동할 경우의 신뢰도 및 불신뢰도를 각각 구하시오.

해답

(1) MTBF : $평균고장간격(MTBF) = \frac{1}{\lambda} = \frac{1}{0.0005} = 2{,}000(시간)$

(2) 신뢰도 : $신뢰도\ R(t) = e^{-\lambda t} = e^{-(0.0005 \times 1000)} = 0.6065 = 0.61$

(3) 불신뢰도 : $F(t) = 1 - R(t) = 1 - 0.6065 = 0.3935 = 0.39$

03 동기부여에 관한 이론 중에서 매슬로의 욕구이론과 허즈버그, 알더퍼의 이론을 각각 쓰시오.

해답

(1) 매슬로의 욕구이론
① 제1단계 : 생리적 욕구
② 제2단계 : 안전의 욕구
③ 제3단계 : 사회적 욕구
④ 제4단계 : 인정받으려는 욕구
⑤ 제5단계 : 자아실현의 욕구

(2) 허즈버그
① 동기요인
② 위생요인

(3) 알더퍼
① 생존욕구
② 관계욕구
③ 성장욕구

04 프레스 및 전단기에 설치해야 할 방호장치의 종류를 3가지 쓰시오.

해답

① 광전자식
② 양수조작식
③ 가드식
④ 손쳐내기식
⑤ 수인식

05 다음 시스템의 전체 신뢰도가 0.8일 때 R_x를 구하시오.

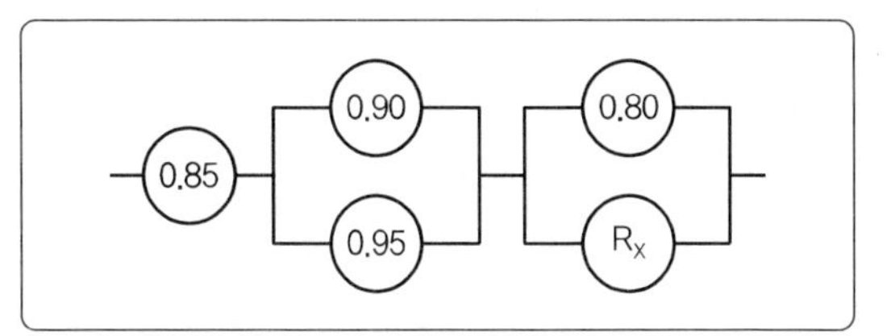

해답

① $0.80 = 0.85 \times [1-(1-0.9)(1-0.95)] \times [1-(1-0.8)(1-R_X)]$

② $0.80 = 0.85 \times (1-0.005) \times [1-(0.2)(1-R_X)]$

③ $\frac{0.80}{0.85 \times 0.995} = 1 - 0.2 + 0.2R_X$

④ $0.2R_X = \frac{0.80}{0.84575} - 0.8$

⑤ $R_X = 0.729 = 0.73$

06 체크리스트(check list) 작성 시 유의해야 할 사항을 3가지 쓰시오.

해답

① 사업장에 적합한 독자적인 내용일 것
② 위험성이 높고 긴급을 요하는 순으로 작성할 것
③ 정기적으로 검토하여 재해방지에 실효성 있게 개조된 내용일 것(관계자 의견청취)
④ 점검표는 되도록 일정한 양식으로 할 것
⑤ 점검표의 내용은 이해하기 쉽도록 표현하고 구체적일 것

07 건설현장에서 주로 발생하는 토석붕괴의 원인 중 외적 원인을 4가지만 쓰시오.

해답

① 사면, 법면의 경사 및 기울기의 증가
② 절토 및 성토 높이의 증가
③ 공사에 의한 진동 및 반복 하중의 증가
④ 지표수 및 지하수의 침투에 의한 토사 중량의 증가
⑤ 지진, 차량, 구조물의 하중작용
⑥ 토사 및 암석의 혼합층 두께

08 고압의 충전전로의 점검 및 수리 등 당해 충전전로를 취급하는 작업에 있어서 당해 작업에 종사하는 근로자에게 감전의 위험이 발생할 우려가 있는 경우 취해야 할 조치사항을 3가지 쓰시오.

해답

본 문제는 2011년 법 개정으로 삭제된 내용입니다.

09 안전을 위하여 근로자가 착용하는 보호구 중 가죽제안전화의 성능시험 종류를 4가지 쓰시오.

해답

① 은면결렬시험
② 인열강도시험
③ 내부식성시험
④ 인장강도시험 및 신장률
⑤ 내유성시험
⑥ 내압박성시험
⑦ 내충격성시험
⑧ 박리저항시험
⑨ 내답발성시험

10 비, 눈 그 밖의 기상상태의 불안정으로 인하여 날씨가 몹시 나빠서 작업을 중지시킨 후 또는 비계를 조립 · 해체하거나 또는 변경한 후 그 비계에서 작업을 할 때 당해 작업 시작 전에 점검해야 할 사항을 구체적으로 4가지 쓰시오.

해답

① 발판 재료의 손상 여부 및 부착 또는 걸림 상태
② 해당 비계의 연결부 또는 접속부의 풀림 상태
③ 연결 재료 및 연결 철물의 손상 또는 부식 상태
④ 손잡이의 탈락 여부
⑤ 기둥의 침하, 변형, 변위 또는 흔들림 상태
⑥ 로프의 부착 상태 및 매단 장치의 흔들림 상태

11 산업재해 조사 시 유의해야 할 사항을 3가지 쓰시오.

해답

① 사실을 수집하고 재해 이유는 뒤로 미룬다.
② 목격자 등이 발언하는 사실 이외의 추측의 말은 참고로 한다.
③ 조사는 신속하게 행하고 2차 재해의 방지를 도모한다.
④ 사람, 설비, 환경의 측면에서 재해요인을 도출한다.
⑤ 객관성을 가지고 제3자의 입장에서 공정하게 조사하며, 조사는 2인 이상으로 한다.
⑥ 책임추궁보다 재발방지를 우선하는 기본태도를 갖는다.
⑦ 피해자에 대한 구급조치를 우선으로 한다.
⑧ 2차 재해의 예방과 위험성에 대응하여 보호구를 착용한다.
⑨ 발생 후 가급적 빨리 재해현장이 변형되지 않은 상태에서 실시한다.

12 보일러의 사고형태는 다음과 같다.

(1) 구조상의 결함
(2) 구성재료의 결함
(3) 보일러 내부의 압력
(4) 고열에 의한 배관의 강도 저하

위의 내용을 토대로 보일러 사고를 방지하기 위한 대책을 간략히 기술하시오.

해답

① 구조상의 결함, 구성재료의 결함 등을 예방하기 위하여 안전한 설계 및 품질 또는 성능검사에 합격한 안전한 재료를 사용하여야 한다.
② 보일러 내부의 압력 상승으로 인한 폭발을 예방하기 위하여 압력방출장치, 고저수위조절장치, 화염검출기 등의 기능이 정상적으로 작동할 수 있도록 유지 · 관리하여야 한다.
③ 고열에 의한 배관의 강도 저하를 위하여 과열을 사전에 예방할 수 있는 압력제한스위치를 부착하여 사용하여야 한다.

13 다음 보기의 가연성 기체, 액체, 고체의 연소의 형태에 관하여 쓰시오.

① 수소	③ 석탄
② 알코올	④ 알루미늄

해답

① 수소 : 확산연소
② 알코올 : 증발연소
③ 석탄 : 분해연소
④ 알루미늄 : 표면연소

2004년 4월 25일 산업안전기사 실기 필답형

01 승강기 와이어 로프 검사 후 사용 가능 여부를 판단하는 항목 기준에 대해 쓰시오.

해답

① 이음매가 있는 것
② 와이어로프의 한 꼬임에서 끊어진 소선의 수가 10% 이상인 것
③ 지름의 감소가 공칭지름의 7%를 초과하는 것
④ 꼬인 것
⑤ 심하게 변형되거나 부식된 것
⑥ 열과 전기충격에 의해 손상된 것

02 3개월 동안 건설현장에서 항타기 작업을 하던 근로자가 건강진단 결과 기계의 소음으로 인한 소음성 난청 장해로 진단되었다. 이와 같은 장해를 사전에 예방하기 위하여 취해야 할 조치사항을 3가지 쓰시오.

해답

① 해당 작업장의 소음성 난청 발생 원인 조사
② 청력손실을 감소시키고 청력손실의 재발을 방지하기 위한 대책 마련
③ 제②호에 따른 대책의 이행 여부 확인
④ 작업전환 등 의사의 소견에 따른 조치

03 프레스 작업이 끝난 후 페달에 U자형 커버를 씌우는 이유를 간략히 설명하시오.

해답

페달의 불시작동으로 인한 사고를 예방하고 안전을 유지하기 하기 위하여 설치한다.

04 거푸집에 사용되는 재료에 해당하는 금속재 패널의 장단점을 쓰시오.

해답

(1) 장점
① 강성이 크고 정밀도가 높다.
② 평면이 평활한 콘크리트가 된다.
③ 수밀성이 좋으며 강도가 크다.
④ 전용성이 우수하다.

(2) 단점
① 녹물에 의해 콘크리트가 오염될 가능성이 있다.
② 중량이 무거워 취급에 불편함이 있다.
③ 재료비가 고가이므로 초기 투자율이 높다.
④ 외부 온도의 영향을 받기 쉬우므로 한랭기 작업에는 특히 주의해야 한다.

05 프레스기의 방호장치 중에서 양수조작식 방호장치의 설치방법 3가지를 쓰시오.

해답

① 누름버튼을 양손으로 동시에 조작하지 않으면 작동시킬 수 없는 구조이어야 하며, 양쪽 버튼의 작동시간 차이는 최대 0.5초 이내일 때 프레스가 동작되도록 해야 한다.
② 누름버튼의 상호 간 내측거리는 300mm 이상이어야 한다.
③ 1행정마다 누름버튼에서 양손을 떼지 않으면 다음 작업의 동작을 할 수 없는 구조이어야 한다.

06 산업안전보건법상 위험물 제조, 취급 시 화재, 폭발재해를 방지하기 위해 제한해야 할 사항을 3가지 쓰시오.

해답

① 폭발성 물질, 유기과산화물을 화기나 그 밖에 점화원이 될 우려가 있는 것에 접근시키거나 가열하거나 마

찰시키거나 충격을 가하는 행위

② 물반응성 물질, 인화성 고체를 각각 그 특성에 따라 화기나 그 밖에 점화원이 될 우려가 있는 것에 접근시키거나 발화를 촉진하는 물질 또는 물에 접촉시키거나 가열하거나 마찰시키거나 충격을 가하는 행위

③ 산화성 액체 · 산화성 고체를 분해가 촉진될 우려가 있는 물질에 접촉시키거나 가열하거나 마찰시키거나 충격을 가하는 행위

④ 인화성 액체를 화기나 그 밖에 점화원이 될 우려가 있는 것에 접근시키거나 주입 또는 가열하거나 증발시키는 행위

⑤ 인화성 가스를 화기나 그 밖에 점화원이 될 우려가 있는 것에 접근시키거나 압축 · 가열 또는 주입하는 행위

⑥ 부식성 물질 또는 급성 독성물질을 누출시키는 등으로 인체에 접촉시키는 행위

⑦ 위험물을 제조하거나 취급하는 설비가 있는 장소에 인화성 가스 또는 산화성 액체 및 산화성 고체를 방치하는 행위

07 산업안전보건법상 취급근로자가 쉽게 볼 수 있는 장소에 게시 또는 비치해야 하는 물질안전보건자료(MSDS)에 기재해야 할 사항을 4가지 쓰시오.

해답

① 대상화학물질의 명칭
② 구성성분의 명칭 및 함유량
③ 안전 · 보건상의 취급주의 사항
④ 건강 유해성 및 물리적 위험성

08 클러치 맞물림 개소수 4개, spm 200인 프레스의 양수기동식 방호장치의 안전거리를 구하시오.

해답

① $T_m = \left(\dfrac{1}{\text{클러치 맞물림 개소수}} + \dfrac{1}{2}\right) \times \left(\dfrac{60{,}000}{\text{매분 행정수}}\right)$

$= \left(\dfrac{1}{4} + \dfrac{1}{2}\right) \times \dfrac{60{,}000}{200} = 225(\text{ms})$

② $D_m = 1.6 \times T_m = 1.6 \times 225 = 360(\text{mm})$

TIP 양수기동식 안전거리

$$D_{\text{m}} = 1.6\,T_{\text{m}}$$

여기서,
D_{m} : 안전거리(mm)
T_{m} : 양손으로 누름단추를 누르기 시작할 때부터 슬라이드가 하사점에 도달하기까지 소요시간(ms)

$T_{\text{m}} = \left(\dfrac{1}{\text{클러치 맞물림 개소수}} + \dfrac{1}{2}\right) \times \dfrac{60{,}000}{\text{매분 행정수}}(\text{ms})$

09 기계의 원동기, 회전축, 기어, 풀리, 플라이휠, 벨트 및 체인 등 근로자에게 위험을 미칠 우려가 있는 부위에 사업주가 설치해야 하는 방호장치를 쓰시오.

해답

① 덮개
② 울
③ 슬리브
④ 건널다리

10 근로자 400명이 1일 8시간, 연간 300일 작업하는 어떤 작업장에 연간 10건의 재해가 발생하였다. 2건은 사망, 8건은 신체장해등급 14급일 때 연천인율, 강도율, 도수율을 구하시오.

해답

(1) 연천인율 $= \dfrac{\text{연간재해자수}}{\text{연평균근로자수}} \times 1{,}000$

$= \dfrac{10}{400} \times 1{,}000 = 25$

(2) 강도율 $= \dfrac{\text{근로손실일수}}{\text{연간총근로시간수}} \times 1{,}000$

$= \dfrac{(7{,}500 \times 2) + (50 \times 8)}{400 \times 8 \times 300} \times 1{,}000 = 16.04$

(3) 도수율 $= \dfrac{\text{재해발생건수}}{\text{연간총근로시간수}} \times 1{,}000{,}000$

$= \dfrac{10}{400 \times 8 \times 300} \times 1{,}000{,}000 = 10.42$

TIP 근로손실일수의 산정 기준

① 사망 및 영구 전노동불능(신체장해등급 1~3급) : 7,500일

② 영구 일부노동불능(근로손실일수)

신체장해등급	근로손실일수	신체장해등급	근로손실일수
4	5,500	10	600
5	4,000	11	400
6	3,000	12	200
7	2,200	13	100
8	1,500	14	50
9	1,000		

11 송풍기형 호스마스크의 종류 2가지를 쓰고 각각의 분진포집효율(%)을 기술하시오.

해답

① 전동 : 99.8% 이상

② 수동 : 95.0% 이상

12 어떤 부품 10,000개를 1,000시간 가동 중에 5개의 불량품이 발생하였다면 고장률과 MTBF는?

해답

(1) 고장률

$$\text{평균고장률}(\lambda) = \frac{r(\text{그 기간 중의 총 고장 수})}{T(\text{총 동작시간})} = \frac{5}{10{,}000 \times 1{,}000} = 5 \times 10^{-7}(\text{건/시간})$$

(2) MTBF

$$\text{평균고장간격}(\text{MTBF}) = \frac{1}{\lambda} = \frac{1}{5 \times 10^{-7}} = 2 \times 10^{6}(\text{시간})$$

13 피뢰침 설치 시 준수사항을 4가지 쓰시오.

해답

본 문제는 법 개정으로 삭제되었습니다.

14 산업안전보건법상 말비계를 조립하여 사용할 경우 준수해야 할 사항을 3가지 쓰시오.

해답

① 지주부재의 하단에는 미끄럼 방지장치를 하고, 근로자가 양측 끝부분에 올라서서 작업하지 않도록 할 것

② 지주부재와 수평면의 기울기를 75도 이하로 하고, 지주부재와 지주부재 사이를 고정시키는 보조부재를 설치할 것

③ 말비계의 높이가 2미터를 초과하는 경우에는 작업발판의 폭을 40센티미터 이상으로 할 것

2004년 4월 25일 산업안전산업기사 실기 필답형

01 다음은 전기안전에 관련된 사항이다. ( ) 안에 알맞은 말을 쓰시오.

> (1) 피뢰기의 접지저항은 (①)Ω 이하이다.
> (2) 저압퓨즈는 정격전류의 (②)배에 견디어야 하고, 고압전류에 사용할 때는 정격전류의 (③)배에 견디어야 한다.
> (3) 전격 시의 위험도를 결정하는 1차적 요인은 (④), (⑤), (⑥) 등이다.

해답

① 10
② 1.1
③ 1.3
④ 통전 전류의 크기
⑤ 통전경로
⑥ 통전시간

02 다음은 화학설비의 안전성에 대한 정량적 평가이다. 위험등급에 따른 점수를 계산하고 해당되는 항목을 쓰시오.

> ① 위험등급 I : ( )
> ② 위험등급 II ( )
> ③ 위험등급 III : ( )

항목 분류	A급(10점)	B급(5점)	C급(2점)	D급(0점)
취급물질	○		○	
화학설비의 용량	○	○	○	
온도		○	○	○
압력	○	○		
조작			○	○

해답

① 위험등급 Ⅰ : 합산점수가 16점 이상 – 화학설비의 용량(17점)
② 위험등급 Ⅱ : 합산점수가 11~15점 – 압력(15점), 취급물질(12점)
③ 위험등급 Ⅲ : 합산점수가 0~10점 – 온도(7점), 조작(2점)

03 "안전의식을 높이기 위하여 베르크호프의 재해정의를 정의한다"라는 학습목적에서 목표, 주제, 학습정도를 구분하여 쓰시오.

해답

① 목표 : 안전의식의 고양
② 주제 : 베르크호프의 재해정의
③ 학습정도 : 이해한다.

04 근로자의 안전을 위하여 착용하는 보호구 중 방진마스크의 구비조건을 3가지 쓰시오.

해답

① 여과 효율(분집, 포집 효율)이 좋을 것
② 흡기 및 배기저항이 낮을 것
③ 사용적이 적을 것
④ 중량이 가벼울 것
⑤ 안면 밀착성이 좋을 것
⑥ 시야가 넓을 것
⑦ 피부 접촉부위의 고무질이 좋을 것

05 작업점에 설치하는 가드의 설치기준을 3가지 쓰시오.

해답

① 충분한 강도를 유지할 것
② 구조가 단순하고 조정이 용이할 것
③ 작업, 점검, 주유 시 장애가 없을 것
④ 위험점 방호가 확실할 것
⑤ 개구부 등 간격(틈새)이 적정할 것

PART 01 PART 02 PART 03 PART 04

06 TLV－TWA(시간가중 평균 노출기준)는 어떤 의미인지 간략히 설명하시오.

해답

1일 8시간, 주 40시간 동안의 평균노출농도로서 거의 모든 근로자가 평상작업에서 반복하여 노출되더라도 건강장해를 일으키지 않는 공기 중 유해물질의 농도

07 콘크리트 타설작업 시 거푸집의 측압에 영향을 미치는 요인을 5가지 쓰시오.

해답

① 거푸집 수평단면 : 클수록 크다.
② 콘크리트 슬럼프치 : 클수록 커진다.
③ 거푸집 표면이 평활(평탄)할수록 커진다.
④ 철골, 철근량 : 적을수록 커진다.
⑤ 콘크리트 시공연도 : 좋을수록 커진다.
⑥ 외기의 온도, 습도 : 낮을수록 커진다.
⑦ 타설 속도 : 빠를수록 커진다.
⑧ 다짐 : 충분할수록 커진다.
⑨ 타설 : 상부에서 직접 낙하할 경우 커진다.
⑩ 거푸집의 강성 : 클수록 크다.
⑪ 콘크리트의 비중(단위중량) : 클수록 크다.
⑫ 벽 두께 : 두꺼울수록 커진다.

08 다음 FT도의 고장 발생확률을 계산하시오.

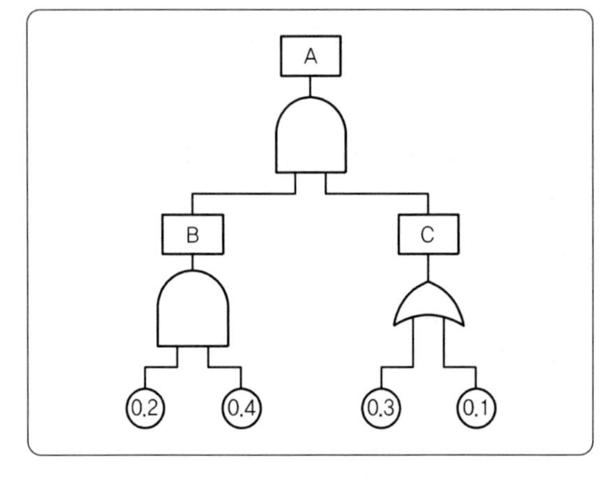

해답

① B＝0.2×0.4＝0.08
② C＝1－(1－0.3)(1－0.1)＝0.19＝0.37
③ A＝B×C＝0.08×0.37＝0.0296＝0.03

09 소음원으로부터 20(m) 떨어진 곳에서의 음압수준이 120(dB)이라면 200(m) 떨어진 곳에서의 음압은 얼마인가?

해답

$$dB_2 = dB_1 - 20\log\left(\frac{d_2}{d_1}\right) = 120 - 20\log\left(\frac{200}{20}\right) = 100(dB)$$

10 재해누발자(빈발자)에 해당하는 유형 중 소질성 누발자의 성격을 5가지 쓰시오.

해답

① 주의력 산만
② 저지능
③ 흥분성
④ 비협조성
⑤ 소심한 성격
⑥ 도덕성의 결여
⑦ 감각운동 부적합

11 1,000(kg)의 화물을 두줄걸이 로프로 상부각도 60°로 들어올릴 때 한쪽 와이어로프에 걸리는 하중을 계산하시오.

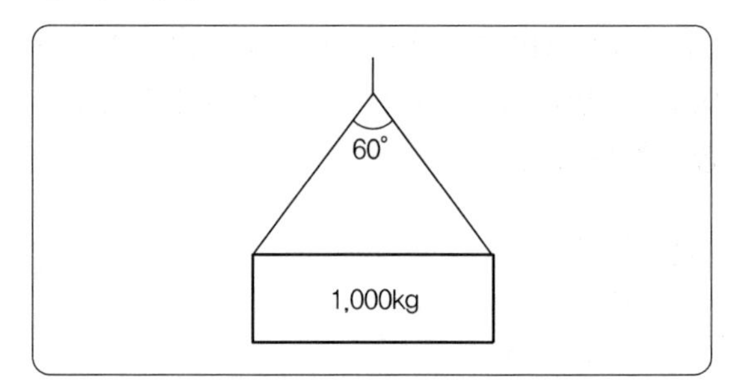

해답

$$하중 = \frac{화물의\ 무게(W_1)}{2} \div \cos\frac{\theta}{2}$$
$$= \frac{1000}{2} \div \cos\frac{60}{2} = 577.35(kg)$$

12 기계설비로 인하여 형성되는 위험점의 종류를 6가지 쓰시오.

해답

① 협착점
② 끼임점
③ 절단점
④ 물림점
⑤ 접선 물림점
⑥ 회전 말림점

2004년 7월 4일 산업안전기사 실기 필답형

01 방독마스크를 착용할 수 없는 장소에 관하여 설명하시오.

해답

산소농도가 18% 미만인 장소에서 사용금지

TIP 방독마스크는 산소농도가 18% 이상인 장소에서 사용하여야 하고, 고농도와 중농도에서 사용하는 방독마스크는 전면형(격리식, 직결식)을 사용해야 한다.

02 연평균근로자 600명이 작업하는 어느 사업장에서 15건의 재해가 발생하였다. 근로시간은 48시간×50주이며, 잔업시간이 1인당 100시간일 때 도수율을 구하시오.

해답

도수율

$$= \frac{\text{재해발생건수}}{\text{연간총근로시간수} } \times 1,000,000$$

$$= \frac{15}{(600 \times 48 \times 50) + (600 \times 100)} \times 1,000,000$$

$$= 10.00$$

03 하인리히의 안전사고 연쇄성 이론 5단계를 순서대로 쓰고, 어느 단계를 제거하는 것이 가장 효과적인지 쓰시오.

해답

(1) 안전사고 연쇄성 이론 5단계

① 제1단계 : 사회적 환경 및 유전적 요인
② 제2단계 : 개인적 결함
③ 제3단계 : 불안전한 행동 및 불안전한 상태
④ 제4단계 : 사고
⑤ 제5단계 : 재해

(2) 제거해야 할 단계

제3단계 : 불안전한 행동 및 불안전한 상태

04 산업안전보건법상 안전 인증 대상 보호구를 5가지 쓰시오.

해답

① 추락 및 감전 위험방지용 안전모
② 안전화
③ 안전장갑
④ 방진마스크
⑤ 방독마스크
⑥ 송기마스크
⑦ 전동식 호흡보호구
⑧ 보호복
⑨ 안전대
⑩ 차광 및 비산물 위험방지용 보안경
⑪ 용접용 보안면
⑫ 방음용 귀마개 또는 귀덮개

05 폭발의 성립 조건에 관하여 3가지 쓰시오.

해답

① 가연성 가스, 증기 또는 분진이 폭발범위 내에 있어야 한다.
② 밀폐된 공간이 존재하여야 한다.
③ 점화원 또는 폭발에 필요한 에너지가 있어야 한다.

06 정전기 발생에 영향을 주는 요인 4가지를 쓰시오.

해답

① 물체의 특성
② 물체의 표면상태
③ 물체의 이력
④ 접촉면적 및 압력
⑤ 분리속도
⑥ 완화시간

07 산업안전보건법상 차량계 건설기계를 사용하여 작업할 경우 작업계획 작성 시 포함해야 할 사항을 3가지 쓰시오.

해답

① 사용하는 차량계 건설기계의 종류 및 성능
② 차량계 건설기계의 운행경로
③ 차량계 건설기계에 의한 작업방법

08 보일링 현상 방지를 위한 안전대책을 3가지 쓰시오.

해답

① 차수성이 높은 흙막이벽 설치
② 흙막이 근입깊이를 깊게
③ 약액주입 등의 굴착면 고결
④ 주변의 지하수위 저하(웰포인트 공법 등)
⑤ 압성토 공법

09 어느 소음 작업장에서 8시간 동안 소음을 측정한 결과 85dB(A) 2시간, 90dB(A) 4시간, 95dB(A) 2시간 동안 노출되었다면, 소음노출지수(%)를 구하고, 소음노출기준 초과 여부를 쓰시오.

해답

① 소음노출수준$=\left(\frac{2}{16}+\frac{4}{8}+\frac{2}{4}\right)\times 100=112.5(\%)$
② 소음노출기준 초과 여부 : 100(%)를 초과했으므로 소음노출기준 초과

TIP OSHA의 소음노출 허용 수준

음압수준(dB-A)	허용시간	음압수준(dB-A)	허용시간
80	32	110	0.5
85	16	115	0.25
90	8	120	0.0125
95	4	125	0.063
100	2	130	0.031
105	1		

10 FMEA에 의한 시스템위험 분석 시 고장영향과 발생확률에서 $\beta=1.00$과 $\beta=0$일 때 재해 발생확률을 쓰시오.

해답

① $\beta=1.00$: 실제의 손실
② $\beta=0$: 영향 없음

TIP FMEA에서 고장영향과 발생확률

영향	발생확률(β의 값)
실제의 손실	$\beta=1.00$
예상되는 손실	$0.10\leq\beta<1.00$
가능한 손실	$0<\beta<0.10$
영향 없음	$\beta=0$

11 동기부여에 관한 이론 3가지를 쓰시오.

해답

① 매슬로의 욕구단계 이론
② 맥그리거의 X, Y이론
③ 허즈버그의 2요인(동기－위생)이론
④ 알더퍼의 ERG이론
⑤ 데이비스의 동기 부여 이론

12 허가대상 유해물질을 제조하거나 사용하는 작업장에 게시해야 하는 사항 5가지를 쓰시오.

해답

① 허가대상 유해물질의 명칭
② 인체에 미치는 영향
③ 취급상의 주의사항
④ 착용하여야 할 보호구
⑤ 응급처치와 긴급 방재 요령

2004년 7월 4일 산업안전산업기사 실기 필답형

01 피로에 영향을 미치는 기계 측 인자 4가지를 쓰시오.

해답

① 기계의 종류
② 조작부분에 대한 감촉
③ 조작부분의 배치
④ 기계의 쉬운 이해
⑤ 기계의 색채

02 기계의 원동기 · 회전축 · 기어 · 풀리 · 플라이휠 · 벨트 및 체인 등 근로자에게 위험을 미칠 우려가 있는 부위에 사업주가 설치해야 하는 방호장치를 쓰시오.

해답

① 덮개
② 울
③ 슬리브
④ 건널다리

03 제1종 접지공사에 해당하는 기기의 종류, 접지저항값, 접지선의 굵기를 쓰시오.

해답

① 기기의 종류 : 고압 및 특고압의 전로에 시설하는 피뢰기
② 접지 저항값 : 10Ω 이하
③ 접지선의 굵기 : 공칭단면적 $6mm^2$ 이상의 연동선

> **TIP** 법 개정으로 접지대상에 따라 일괄 적용한 종별접지(1종, 2종, 3종, 특별3종)가 폐지되었습니다.

04 산업안전보건법상 가설통로 설치 시 준수해야 할 사항 5가지를 쓰시오.

해답

① 견고한 구조로 할 것
② 경사는 30도 이하로 할 것
③ 경사가 15도를 초과하는 경우에는 미끄러지지 아니하는 구조로 할 것
④ 추락할 위험이 있는 장소에는 안전난간을 설치할 것
⑤ 수직갱에 가설된 통로의 길이가 15미터 이상인 경우에는 10미터 이내마다 계단참을 설치할 것
⑥ 건설공사에 사용하는 높이 8미터 이상인 비계다리에는 7미터 이내마다 계단참을 설치할 것

05 화학설비에 설치하는 안전밸브의 종류를 쓰시오.

해답

① 스프링식
② 중추식
③ 파열판식
④ 가용전식

06 권상용 와이어로프(항타기 항발기)의 사용제한 조건을 4가지 쓰시오.

해답

① 이음매가 있는 것
② 와이어로프의 한 꼬임에서 끊어진 소선의 수가 10퍼센트 이상인 것
③ 지름의 감소가 공칭지름의 7퍼센트를 초과하는 것
④ 꼬인 것
⑤ 심하게 변형되거나 부식된 것
⑥ 열과 전기충격에 의해 손상된 것

07 로봇을 운전하는 경우 당해 로봇에 접촉함으로써 근로자에게 위험이 발생할 우려가 있는 때에 사업주가 취해야 할 안전조치사항을 2가지 쓰시오.

해답

① 높이 1.8미터 이상의 울타리 설치
② 컨베이어 시스템의 설치 등으로 울타리를 설치할 수 없는 일부 구간 : 안전매트 또는 광전자식 방호장치 등 감응형 방호장치 설치

08 전격의 위험을 결정하는 1차적 요인 4가지를 쓰시오.

해답

① 통전 전류의 크기
② 통전경로
③ 통전시간
④ 전원의 종류

09 누적외상성 질환 등 근골격계 질환의 주요원인을 4가지 쓰시오.

해답

① 반복적인 동작
② 부적절한 작업자세
③ 무리한 힘의 사용
④ 날카로운 면과의 신체접촉
⑤ 진동 및 온도

10 차광보안경의 종류를 4가지 쓰시오.

해답

① 자외선용
② 적외선용
③ 복합용
④ 용접용

11 사다리식 통로 등을 설치하는 경우 준수사항 4가지를 쓰시오.

해답

① 견고한 구조로 할 것
② 심한 손상 · 부식 등이 없는 재료를 사용할 것
③ 발판의 간격은 일정하게 할 것
④ 발판과 벽과의 사이는 15센티미터 이상의 간격을 유지할 것
⑤ 폭은 30센티미터 이상으로 할 것
⑥ 사다리가 넘어지거나 미끄러지는 것을 방지하기 위한 조치를 할 것
⑦ 사다리의 상단은 걸쳐놓은 지점으로부터 60센티미터 이상 올라가도록 할 것
⑧ 사다리식 통로의 길이가 10미터 이상인 경우에는 5미터 이내마다 계단참을 설치할 것
⑨ 사다리식 통로의 기울기는 75도 이하로 할 것
⑩ 접이식 사다리 기둥은 사용 시 접혀지거나 펼쳐지지 않도록 철물 등을 사용하여 견고하게 조치할 것

2004년 9월 19일 산업안전기사 실기 필답형

01 전구가 2개 있는 방에서 X_1(정전 또는 퓨즈 나감), X_2(전구 1고장), X_3(전구 2고장)가 다음과 같은 시스템일 경우, 방이 어두워지는 사상(A)을 정상사상으로 FT도를 작성하고 최소 컷셋(Minimal cut set)을 구하시오.

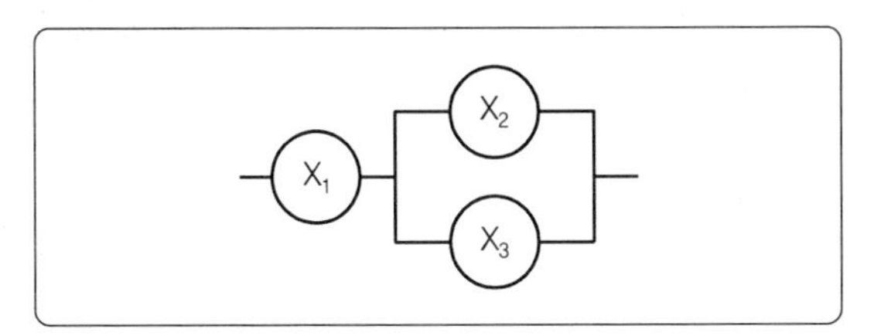

해답

(1) FT도 작성

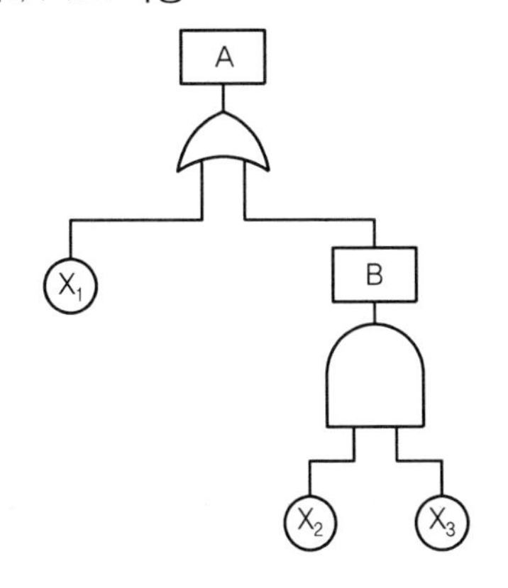

(2) 최소 컷셋

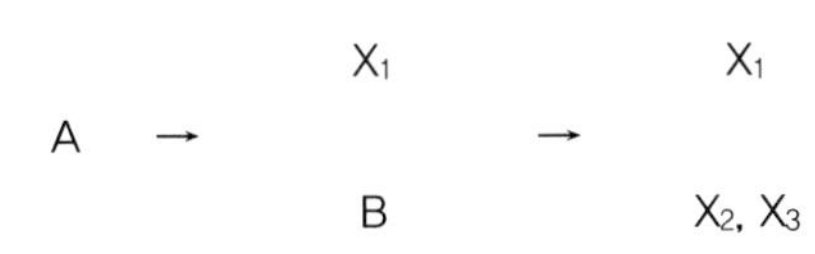

그러므로 최소 컷셋은 (X_1), (X_2, X_3)

02 다음과 같은 안전표지의 색채에 따른 색도기준 및 용도에서 ( )에 알맞은 내용을 쓰시오.

색채	색도기준	용도
빨간색	7.5R 4/14	금지
		(②)
노란색	5Y 8.5/12	경고
파란색	2.5PB 4/10	(③)
녹색	(①)	안내
흰색	N9.5	
검은색	N0.5	

해답

① 2.5G 4/10
② 경고
③ 지시

03 다음 보기의 유속제한 속도를 쓰시오.

(1) 에테르, 이황화탄소 등 폭발성 물질 유속제한 : (①)m/s 이하
(2) 저항률이 10^{10}(Ω · cm) 미만의 배관 유속제한 : (②)m/s 이하

해답

① 1
② 7

04 산업안전보건법상 아세틸렌 용접장치 및 가스집합 용접장치의 자체 검사주기와 검사내용을 쓰시오.

해답

본 문제는 2009년 법 개정으로 삭제되고 안전검사로 관련 법이 제정되었습니다.

PART 03

05 정전작업 시 취해야 할 5가지 안전수칙을 쓰시오.

해답

① 작업 전 전원 차단
② 전원 투입의 방지
③ 작업장소의 무전압 여부 확인
④ 단락 및 단락접지
⑤ 작업장소의 보호

06 피로는 작업으로 인하여 발생하는 것으로 피로의 3가지 특징을 쓰시오.

해답

① 능률의 저하
② 생체의 타각적인 기능의 변화
③ 피로의 자각 등의 변화 발생

07 기초대사량이 7,000[kcal/day]이고 작업 시 소비에너지가 20,000[kcal/day], 안정 시 소비에너지가 6,000[kcal/day]일 때 RMR을 구하시오.

해답

$$\text{RMR} = \frac{\text{작업 시 소비에너지} - \text{안정 시 소비에너지}}{\text{기초대사량}}$$

$$= \frac{\text{작업대사량}}{\text{기초대사량}} = \frac{20{,}000 - 6{,}000}{7{,}000}$$

$$= \frac{14{,}000}{7{,}000} = 2$$

08 방진마스크 선택 시 고려해야 할 사항 5가지를 쓰시오.

해답

① 여과 효율이 좋을 것
② 흡기 및 배기저항이 낮을 것
③ 사용적이 적을 것
④ 중량이 가벼울 것
⑤ 안면 밀착성이 좋을 것
⑥ 시야가 넓을 것
⑦ 피부 접촉부위의 고무질이 좋을 것

09 크레인의 권과방지장치에서 사용하는 리미트 스위치 종류 3가지를 쓰시오.

해답

① 캠형 리미트 스위치
② 중추형 리미트 스위치
③ 나사형 리미트 스위치

10 작업자가 회전 중인 롤러기를 청소하던 중 롤러에 손이 말려 들어가는 재해가 발생하였다. 재해를 분석하시오.

① 기인물
② 가해물
③ 사고유형
④ 불안전한 행동
⑤ 불안전한 상태

해답

① 기인물 : 롤러기
② 가해물 : 롤러
③ 사고유형 : 끼임
④ 불안전한 행동 : 운전 중 청소
⑤ 불안전한 상태 : 방호장치 미부착

11 직접접촉에 의한 감전방지대책 4가지를 쓰시오.

해답

① 충전부가 노출되지 않도록 폐쇄형 외함이 있는 구조로 할 것
② 충전부에 충분한 절연효과가 있는 방호망이나 절연덮개를 설치할 것
③ 충전부는 내구성이 있는 절연물로 완전히 덮어 감쌀 것
④ 발전소 · 변전소 및 개폐소 등 구획되어 있는 장소로서 관계 근로자가 아닌 사람의 출입이 금지되는 장소에 충전부를 설치하고, 위험표시 등의 방법으로 방호를 강화할 것
⑤ 전주 위 및 철탑 위 등 격리되어 있는 장소로서 관계 근로자가 아닌 사람이 접근할 우려가 없는 장소에 충전부를 설치할 것

12 교량건설 현장에서 작업장 간의 이동을 원활하게 하기 위하여 가설통로를 설치하고자 한다. 가설통로 설치 시 준수해야 할 사항 5가지를 쓰시오.

해답

① 견고한 구조로 할 것
② 경사는 30도 이하로 할 것
③ 경사가 15도를 초과하는 경우에는 미끄러지지 아니하는 구조로 할 것
④ 추락할 위험이 있는 장소에는 안전난간을 설치할 것
⑤ 수직갱에 가설된 통로의 길이가 15미터 이상인 경우에는 10미터 이내마다 계단참을 설치할 것
⑥ 건설공사에 사용하는 높이 8미터 이상인 비계다리에는 7미터 이내마다 계단참을 설치할 것

13 토공사 시 연약지반을 보강하는 방법 5가지를 쓰시오.

해답

(1) 사질토 연약지반 개량 공법
① 동다짐 공법
② 전기 충격 공법
③ 다짐 모래 말뚝 공법
④ 진동 다짐 공법
⑤ 폭파다짐 공법
⑥ 약액 주입 공법

(2) 점성토 연약지반 개량 공법
① 치환공법
② 압밀(재하)공법
③ 탈수공법
④ 배수공법
⑤ 고결공법

14 연간 평균근로자 100명이 작업하는 어느 사업장에서 연간 5건의 재해가 발생하여, 사망자가 1명 발생하고 장해등급 14급 2명, 1명은 입원가료 30일, 다른 1명은 입원가료 7일이었다. 강도율을 계산하시오.

해답

강도율

$$= \frac{\text{근로손실일수}}{\text{연간총근로시간수}} \times 1{,}000$$

$$= \frac{7{,}500 + (50 \times 2) + \left((30+7) \times \frac{300}{365}\right)}{100 \times 8 \times 300} \times 1{,}000$$

$$= 31.793 = 31.79$$

TIP 근로손실일수의 산정 기준

① 사망 및 영구 전노동불능(신체장해등급 1～3급) : 7,500일
② 영구 일부노동불능(근로손실일수)

신체장해등급	근로손실일수	신체장해등급	근로손실일수
4	5,500	10	600
5	4,000	11	400
6	3,000	12	200
7	2,200	13	100
8	1,500	14	50
9	1,000		

2004년 9월 19일 산업안전산업기사 실기 필답형

01 산업안전보건법상 보호구의 안전인증제품에 안전인증의 표시 외에 표시하여야 하는 사항을 4가지만 쓰시오.

해답

① 형식 또는 모델명
② 규격 또는 등급 등
③ 제조자명
④ 제조번호 및 제조연월
⑤ 안전인증 번호

02 TLV－TWA에 관하여 간략히 설명하시오.

해답

1일 8시간, 주 40시간 동안의 평균노출농도로서 거의 모든 근로자가 평상작업에서 반복하여 노출되더라도 건강장해를 일으키지 않는 공기 중 유해물질의 농도

03 롤러기의 작업에서 롤러의 직경이 40cm이고 분당회전수가 30rpm인 앞면 롤러의 표면속도와 급정지장치의 급정지거리를 구하시오.

해답

① $V(\text{표면속도})=\frac{\pi DN}{1,000}=\frac{\pi\times 400\times 30}{1,000}=37.699$
$=37.70(\text{m/min})$

② 급정지거리 기준 : 표면속도가 30(m/min) 이상 시 원주의 $\frac{1}{2.5}$ 이내

③ 급정지 거리$=\pi D\times\frac{1}{3}=\pi\times 40\times\frac{1}{2.5}$
$=50.265=50.27(\text{cm})$

TIP ① 급정지장치의 성능조건

앞면 롤러의 표면속도 (m/min)	급정지거리
30 미만	앞면 롤러 원주의 1/3
30 이상	앞면 롤러 원주의 1/2.5

② 원둘레 길이$=\pi D=2\pi r$
여기서, D : 지름 r : 반지름

04 플리커 테스트(flicker fusion frequency : 점멸 융합주파수)를 간략히 설명하시오.

해답

시각 또는 청각적 자극이 단속적 점멸이 아니고 연속적으로 느껴지게 되는 주파수로 중추신경계의 피로, 즉 정신피로의 척도로 사용

05 불안전한 행동의 직접원인 4가지를 쓰시오.

해답

① 지식의 부족
② 기능의 미숙
③ 태도의 불량
④ 인간에러

06 상시근로자 400명이 작업하는 어느 작업장에 1년간 30건의 재해가 발생하였다면 도수율(빈도율)은 얼마인가?

해답

$$\text{도수율}=\frac{\text{재해발생건수}}{\text{연간총근로시간수}}\times 1,000,000$$
$$=\frac{30}{400\times 8\times 300}\times 1,000,000=31.25$$

07 가죽제 발 보호 안전화의 성능시험 항목 4가지를 쓰시오.

해답

① 은면결렬시험
② 인열강도시험
③ 내부식성시험
④ 인장강도시험 및 신장률
⑤ 내유성시험
⑥ 내압박성시험
⑦ 내충격성시험
⑧ 박리저항시험
⑨ 내답발성시험

08 고압선 아래쪽에서 크레인 운전자 혼자서 작업을 하던 중 크레인 붐이 고압선에 부딪혀 운전자가 감전되는 사고가 발생하였다. 사고원인 및 안전대책을 각각 2가지 쓰시오.

해답

(1) 사고원인
① 작업지휘자 및 감시인 미배치
② 충전전로에 절연용 방호구 미설치
③ 충전전로로부터 접근한계거리 이상 유지하지 않음

(2) 안전대책
① 작업지휘자 및 감시인 배치
② 충전전로에 절연용 방호구 설치
③ 충전전로로부터 접근한계거리 이상 유지

09 건축구조물 공사를 하는 2m 이상의 고소작업에서 작업 중이던 근로자가 안전대를 착용하였으나 안전대의 끈이 너무 길어 떨어지면서 바닥에 머리가 부딪혀 사망하였다. 기인물, 가해물 및 재해발생형태를 쓰시오.

해답

① 기인물 : 안전대의 끈
② 가해물 : 바닥(지면)
③ 재해발생형태 : 떨어짐

10 인간의 동작은 주의력의 영향을 많이 받게 되는데, 이러한 주의의 특성을 3가지를 설명하시오.

해답

① 선택성 : 주의는 동시에 두 개의 방향에 집중하지 못한다.
② 변동성 : 고도의 주의는 장시간 지속할 수 없다.
③ 방향성 : 한 지점에 주의를 집중하면 다른 곳의 주의는 약해진다.

11 산업안전보건법상 지게차의 작업 시작 전 점검사항 4가지를 쓰시오.

해답

① 제동장치 및 조종장치 기능의 이상 유무
② 하역장치 및 유압장치 기능의 이상 유무
③ 바퀴의 이상 유무
④ 전조등 · 후미등 · 방향지시기 및 경보장치 기능의 이상 유무

12 전격에 의한 인체의 영향에서 ( ) 안에 알맞은 말을 쓰시오.

전류(mA)	인체의 영향
1	전기를 느낄 정도
5	상당한 고통을 느낌
10	(①)
20	(②)
50	(③)
100	치명적인 결과 초래

해답

① 견디기 어려운 정도의 고통
② 근육수축이 심하고 신경이 마비되어 행동불능 상태
③ 위험한 상태

PART 03

2005년 4월 30일 산업안전기사 실기 필답형

01 다음은 Y기업체에서 발생한 산업재해 비용이다. 직접비와 간접비 그리고, 총재해 비용을 구하시오.

1. 의료비 : 200만원
2. 생산손실비 : 1,000만원
3. 설비개선비 : 300만원
4. 교육훈련비 : 500만원
5. 작업개선비 : 700만원
6. 휴업보상비 : 800만원

해답

(1) 직접비 = 의료비 + 휴업보상비 = 200 + 800
= 1,000만원

(2) 간접비 = 생산손실비 + 설비개선비 + 교육훈련비 + 작업개선비
= 1,000 + 300 + 500 + 700
= 2,500만원

(3) 총재해 비용 = 직접비 + 간접비 = 3,500만원

02 연평균 440명의 근로자가 작업하는 어느 사업장에서 4건의 재해가 발생하였다. 장해등급 13급(100일) 1건, 장해등급 12급(200일) 1건, 나머지 2건은 휴업 27일이었다. 강도율을 구하시오.

해답

강도율

$$= \frac{\text{근로손실일수}}{\text{연간총근로시간수}} \times 1,000$$

$$= \frac{(100 \times 1) + (200 \times 1) + \left(27 \times \frac{300}{365}\right)}{440 \times 8 \times 300} \times 1,000$$

$= 0.305 = 0.31$

TIP 근로손실일수의 산정 기준

① 사망 및 영구 전노동불능(신체장해등급 1~3급) : 7,500일

② 영구 일부노동불능(근로손실일수)

신체장해등급	근로손실일수	신체장해등급	근로손실일수
4	5,500	10	600
5	4,000	11	400
6	3,000	12	200
7	2,200	13	100
8	1,500	14	50
9	1,000		

03 지게차를 사용하여 작업을 할 경우 작업 시작 전 점검해야 할 사항을 4가지 쓰시오.

해답

① 제동장치 및 조종장치 기능의 이상 유무
② 하역장치 및 유압장치 기능의 이상 유무
③ 바퀴의 이상 유무
④ 전조등 · 후미등 · 방향지시기 및 경보장치 기능의 이상 유무

04 가죽제 안전화의 성능시험항목을 4가지 쓰시오.

해답

① 은면결렬시험
② 인열강도시험
③ 내부식성시험
④ 인장강도시험 및 신장률
⑤ 내유성시험
⑥ 내압박성시험
⑦ 내충격성시험
⑧ 박리저항시험
⑨ 내답발성시험

05 봄에 많이 발생하는 정전기의 방지대책을 4가지 쓰시오.

해답

① 접지
② 대전방지제 사용
③ 가습
④ 제전기 사용
⑤ 도전성 재료 사용

06 재해사례연구순서에서 가장 중요한 제1단계 사실의 확인 단계의 4가지 확인사항을 쓰시오.

해답

① 사람에 관한 사항
② 물에 관한 사항
③ 관리에 관한 사항
④ 재해발생까지의 경과

07 FTA에 의한 재해사례연구순서 4단계를 쓰시오.

해답

① 제1단계 : 톱사상(정상사상)의 선정
② 제2단계 : 각 사상의 재해원인 규명
③ 제3단계 : FT도의 작성
④ 제4단계 : 개선 계획의 작성

08 A.F.Osborn의 브레인 스토밍(Brain Storming) 4원칙을 쓰시오.

해답

① 비판금지 : 「좋다」, 「나쁘다」라고 비판은 하지 않는다.
② 대량발언 : 내용의 질적 수준보다 양적으로 무엇이든 많이 발언한다.
③ 자유분방 : 자유로운 분위기에서 마음대로 편안한 마음으로 발언한다.
④ 수정발언 : 타인의 아이디어를 수정하거나 보충 발언해도 좋다.

09 물자취급 운반공정은 최근 자동화 및 시스템화되어 운반안전이 많이 발전되어 가고 있으나 여전히 사람의 조작을 필요로 하는 경우가 많다. 취급운반의 안전관리 관점에서 고려해야 할 조건 3가지를 쓰시오.

해답

① 운반(취급)거리는 극소화시킬 것
② 손이 가지 않는 작업방법일 것
③ 운반(이동)은 기계화 작업일 것

10 단락상태의 전로를 개폐할 수 있는 차단기(C.B)의 역할을 2가지 쓰시오.

해답

① 정상전류의 개폐 및 이상상태 발생 시 회로를 차단
② 전기기기 및 전선류 등을 보호하여 안전하게 유지
③ 과부하 및 지락사고를 보호

11 철골공사에서 강풍에 의한 풍압 등 외압에 대한 내력설계 확인이 필요한 구조안전의 위험이 큰 구조물의 종류를 4가지 쓰시오.

해답

① 높이 20미터 이상의 구조물
② 구조물의 폭과 높이의 비가 1 : 4 이상인 구조물
③ 단면구조에 현저한 차이가 있는 구조물
④ 연면적당 철골량이 50kg/m^2 이하인 구조물
⑤ 기둥이 타이플레이트(tie plate)형인 구조물
⑥ 이음부가 현장용접인 구조물

12 전기설비가 원인이 되어 발생할 수 있는 폭발의 성립조건을 3가지 쓰시오.

해답

① 가연성 가스, 증기 또는 분진이 폭발범위 내에 있어야 한다.
② 밀폐된 공간이 존재하여야 한다.
③ 점화원 또는 폭발에 필요한 에너지가 있어야 한다.

13 다음은 인간의 "주의"에 관한 설명이다. ( ) 안에 알맞은 기호를 쓰시오.

> ① 선택성
> ② 방향성
> ③ 변동성

(1) 주의는 동시에 두 개 이상의 자극에 집중할 수 없다. ( )
(2) 고도의 주의는 장시간 지속되지 않는다. ( )
(3) 한 지점에 집중하면 다른 곳에는 약해진다. ( )

해답

(1) ①
(2) ③
(3) ②

2005년 4월 30일 산업안전산업기사 실기 필답형

01 높이가 2m 이상인 장소에서 작업을 함에 있어서 추락에 의하여 근로자에게 위험을 미칠 우려가 있을 경우 취해야 할 조치사항을 2가지 쓰시오.

해답

① 작업발판 설치
② 추락방호망
③ 안전대 착용

02 산업안전보건법상 화학설비의 탱크 내 작업 시 특별안전보건교육 내용 3가지를 쓰시오.

해답

① 차단장치 · 정지장치 및 밸브 개폐장치의 점검에 관한 사항
② 탱크 내의 산소농도 측정 및 작업환경에 관한 사항
③ 안전보호구 및 이상 발생 시 응급조치에 관한 사항
④ 작업절차 · 방법 및 유해 · 위험에 관한 사항
⑤ 그 밖에 안전 · 보건관리에 필요한 사항

03 산업안전보건법상 위험성 물질의 분류 중 화학적 성질에 따른 종류를 5가지 쓰시오.

해답

① 폭발성 물질 및 유기과산화물
② 물반응성 물질 및 인화성 고체
③ 산화성 액체 및 산화성 고체
④ 인화성 액체
⑤ 인화성 가스
⑥ 부식성 물질
⑦ 급성 독성 물질

04 고압의 충전전로에 근접하는 장소에서 전로 또는 그 지지물의 설치 · 점검 · 수리 및 도장의 작업을 함에 있어 당해 작업에 종사하는 근로자의 신체 등이 충전전로에 접촉하는 등으로 인한 감전의 우려가 있는 경우 당해 충전전로에 절연용 방호구를 설치하여야 한다. 이에 대한 기준으로 알맞은 내용을 쓰시오.

충전전로에 대하여 머리 위로 (①)cm 이내이거나 신체 또는 발 아래로의 거리가 (②)cm 이내로 접근한 경우

해답

① 30
② 60

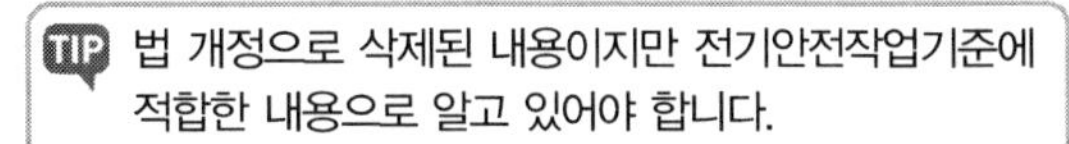

TIP 법 개정으로 삭제된 내용이지만 전기안전작업기준에 적합한 내용으로 알고 있어야 합니다.

05 전격위험의 주된 원인을 4가지 쓰시오.

해답

① 통전 전류의 크기
② 통전경로
③ 통전시간
④ 전원의 종류

06 롤러의 맞물림점 전방에 개구간격 25mm의 가드를 설치하고자 한다. 가드의 위치는 맞물림점에서 얼마의 거리를 유지하여야 하는가?

해답

① $Y = 6 + 0.15X$에서
② $X = \frac{25-6}{0.15} = 126.666 = 126.67(\text{mm})$

TIP 롤러기 가드의 개구부 간격(ILO기준, 위험점이 전동체가 아닌 경우)

$$Y = 6 + 0.15X (X < 160\text{mm})$$
$$(\text{단}, X \geq 160\text{mm 일 때}, Y = 3\text{mm})$$

여기서, X : 가드와 위험점 간의 거리(안전거리)(mm)
Y : 가드 개구부 간격(안전간극)(mm)

07 근로자가 작업장 통로를 청소하다가 공작기계 아래에 기름이 묻어있는 것을 보고 제거하기 위해 손을 기계의 아랫부분으로 이동하던 중 회전하던 두 개의 치차에 의한 손가락이 절단되는 사고가 발생하였다. 다음과 같은 내용으로 재해를 분석하시오.

① 기인물	④ 불안전 행동
② 가해물	⑤ 불안전 상태
③ 재해형태	

해답

① 기인물 : 공작기계
② 가해물 : 치차
③ 재해형태 : 끼임
④ 불안전 행동 : 운전 중 기계장치 손질
⑤ 불안전 상태 : 인터록장치 미설치

TIP 분류기준
재해자가 「넘어짐」으로 인하여 기계의 동력전달부위 등에 끼이는 사고가 발생하여 신체부위가 「절단」된 경우에는 「끼임」으로 분류

08 연약지반의 개량공법 중 사질토 지반에 대한 개량공법을 4가지 쓰시오.

해답

① 동다짐 공법
② 전기충격 공법
③ 다짐 모래 말뚝 공법
④ 진동 다짐 공법
⑤ 폭파 다짐 공법
⑥ 약액 주입 공법

09 스웨인(A.D. Swain)은 인간의 실수를 작위실수와 부작위실수로 구분하고 있다. 이 중 작위실수에 해당하는 종류를 2가지 쓰시오.

해답

① 선택착오 ③ 시간착오
② 순서착오 ④ 정성적 착오

10 거푸집에 작용하는 하중 중에서 작업하중은 m^2당 보통 얼마를 고려해야 하는가?

해답

$2.5kN/m^2$

11 연삭기 숫돌의 회전속도가 2,000m/min이고, 숫돌의 직경이 500mm일 때 rpm은 얼마인가?

해답

① 회전속도$(V) = \dfrac{\pi DN}{1,000}$(m/min)

② $N = \dfrac{V \times 1,000}{\pi \times D} = \dfrac{2,000 \times 1,000}{\pi \times 500}$
$= 1,273.239 = 1,273.24$(rpm)

2005년 7월 10일 산업안전기사 실기 필답형

01 시스템위험분석에 해당하는 PHA(예비사고분석)에서 목표달성을 위한 특징 4가지를 쓰시오.

해답

① 시스템에 관한 모든 주요한 사고를 식별하고 개략적인 말로 표시할 것
② 사고를 초래하는 요인을 식별할 것
③ 사고가 생긴다고 가정하고 시스템에 생기는 결과를 식별하여 평가할 것
④ 식별된 사고를 4가지 범주로 분류할 것(파국적, 중대, 한계적, 무시 가능)

02 부주의에 해당하는 부주의 현상 4가지를 쓰시오.

해답

① 의식의 단절(중단)
② 의식의 우회
③ 의식수준의 저하
④ 의식의 과잉
⑤ 의식의 혼란

03 산업안전보건법상 양중기의 종류 4가지를 쓰시오.

해답

① 크레인(호이스트 포함)
② 이동식 크레인
③ 리프트(이삿짐 운반용 리프트의 경우에는 적재하중이 0.1톤 이상인 것)
④ 곤돌라
⑤ 승강기

04 2m에서의 조도가 150lux일 경우 3m에서의 조도는 얼마인가?

해답

① $조도 = \frac{광도}{(거리)^2}$
② $광도 = 조도 \times (거리)^2$
③ 2m 거리의 광도 $= 150 \times 2^2 = 600(cd)$이므로
④ 3m 거리의 조도 $= \frac{600}{3^2} = 66.67(lux)$

05 악천후 및 기상상태 불안정으로 작업을 중지하거나 비계의 조립 · 해체 또는 변경 후 그 비계에서 작업을 할 경우 작업 시작 전 점검해야 할 사항 6가지를 쓰시오.

해답

① 발판 재료의 손상 여부 및 부착 또는 걸림 상태
② 해당 비계의 연결부 또는 접속부의 풀림 상태
③ 연결 재료 및 연결 철물의 손상 또는 부식 상태
④ 손잡이의 탈락 여부
⑤ 기둥의 침하, 변형, 변위 또는 흔들림 상태
⑥ 로프의 부착 상태 및 매단 장치의 흔들림 상태

06 아세틸렌 용접장치의 안전장치인 안전기의 설치위치를 쓰시오.

① 취관
② 분기관
③ 발생기와 가스용기 사이

TIP 안전기의 설치
① 아세틸렌 용접장치의 취관마다 안전기를 설치하여야 한다. 다만, 주관 및 취관에 가장 가까운 분기관마다 안전기를 부착한 경우에는 그러하지 아니한다.
② 가스용기가 발생기와 분리되어 있는 아세틸렌 용접장치에 대하여 발생기와 가스용기 사이에 안전기를 설치하여야 한다.

07 정보의 측정단위인 bit에 관하여 간략히 설명하시오.

해답

실현 가능성이 같은 2개의 대안 중 하나가 명시되었을 때 우리가 얻는 정보량

08 100V 단상 2선식 회로의 전류를 물에 젖은 손으로 조작하여 감전으로 인한 심실세동을 일으켰다. 이때 인체에 흐른 전류와 심실세동을 일으킨 시간을 구하시오.(단, 인체의 저항은 5,000Ω이며, Gilbert와 Dalziel의 이론에 의하여 계산할 것)

해답

① 전류$(I) = \frac{V}{R} = \frac{100}{5{,}000 \times \frac{1}{25}} = 0.5(\text{A}) = 500(\text{mA})$

② 통전시간

㉠ $I = \frac{165}{\sqrt{T}}(\text{mA})$

㉡ $500(\text{mA}) = \frac{165}{\sqrt{T}}$

㉢ $T = \frac{165^2}{500^2} = 0.1089 = 0.11(초)$

TIP 인체의 전기저항
① 피부가 젖어 있는 경우 1/10로 감소
② 땀이 난 경우 1/12~1/20로 감소
③ 물에 젖은 경우 1/25로 감소

09 Fail safe를 기능적인 측면에서 3단계로 분류하여 간략히 설명하시오.

해답

① Fail－passive : 부품이 고장 나면 기계가 정지하는 방향으로 이동하는 것(일반적인 산업기계)
② Fail－active : 부품이 고장 나면 경보를 울리며 잠시 동안 계속 운전이 가능한 것
③ Fail－operational : 부품이 고장 나도 추후에 보수가 될 때까지 안전한 기능을 유지하는 것

10 다음과 같은 병렬 시스템의 신뢰도 공식을 쓰시오.

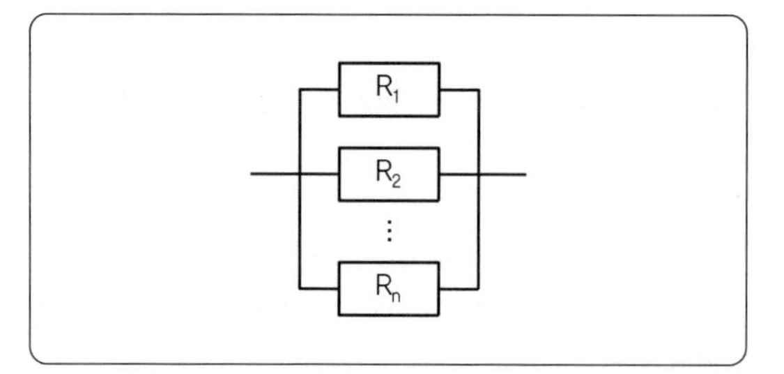

해답

$$R = 1-(1-R_1)(1-R_2)\cdots(1-R_n) = 1-\prod_{i=1}^{n}(1-R_i)$$

11 전격의 위험을 결정하는 1차적 요인 4가지를 쓰시오.

해답

① 통전 전류의 크기
② 통전경로
③ 통전시간
④ 전원의 종류

12 휴먼에러(Human Error)의 분류방법을 3가지 쓰고, 각각의 예를 적으시오.

해답

(1) 심리적인 분류
① 생략에러(omission error)
② 작위에러(commission error)
③ 순서에러(sequential error)
④ 시간에러(time error)
⑤ 과잉행동에러(extraneous error)

(2) 원인의 레벨적 분류
① 1차 에러(primary error)
② 2차 에러(secondary error)
③ 지시에러(command error)

(3) 행동 과정을 통한 분류
① 입력 에러(input error)
② 정보처리 에러(information processing error)
③ 출력 에러(out put error)
④ 의사결정 에러(decision making error)
⑤ 피드백 에러(feedback error)

(4) 대뇌의 정보처리 에러
① 인지 · 확인 미스
② 기억 · 판단 미스
③ 동작 · 조작 미스

2005년 7월 10일 산업안전산업기사 실기 필답형

01 작업현장에서 60분 동안 선반작업을 하는 어느 근로자의 평균에너지 소비량이 6.5kcal일 때 휴식시간을 산출하시오.

해답

$$R=\frac{60(E-4)}{E-1.5}=\frac{60(6.5-4)}{6.5-1.5}=30(\text{분})$$

02 전기기기의 누전으로 인한 재해를 방지하기 위한 조치사항을 3가지 쓰시오.

해답

① 보호접지
② 누전차단기의 설치
③ 비접지식 전로의 채용
④ 이중절연기기의 사용

03 재해사례 연구순서를 5단계로 쓰시오.

해답

① 전제조건 : 재해상황의 파악
② 제1단계 : 사실의 확인
③ 제2단계 : 문제점의 발견
④ 제3단계 : 근본적 문제점의 결정
⑤ 제4단계 : 대책의 수립

04 기계를 사용하여 지중에 구멍을 뚫어 굴진속도와 굴진 중 반응 및 파낸 찌꺼기와 시료로부터 지반의 성층을 알 수 있는 동시에 구성하는 흙 또는 암반을 관찰하는 검사방법을 (①)라 하며, 그 결과 얻어진 그림을 (②)라 한다.

해답

① 지반조사
② 지층단면도

05 충전전로에 근접하여 작업 시 충전전로에 접촉할 위험이 있는 경우 작업자에게 보호구를 지급하여 착용하게 한 후 작업에 임하도록 하여야 한다. 보기의 작업자 신체 부위별 착용해야 할 보호구를 쓰시오.

① 손	③ 머리
② 어깨, 팔 등	④ 다리(발)

해답

① 절연장갑
② 절연보호복
③ 절연용 안전모
④ 절연화

06 안전점검의 종류 4가지를 쓰고 간략히 설명하시오.

해답

① 정기점검 : 일정기간마다 정기적으로 실시하는 점검
② 수시점검 : 작업 시작 전, 작업 중, 작업 후에 실시하는 점검
③ 임시점검 : 설비의 이상 발견 시에 임시로 하는 점검
④ 특별점검 : 설비의 신설, 변경, 고장 수리 등을 할 경우 하는 점검

07 공간에 분출한 액체류가 미세하게 비산되어 분리되고 크고 작은 방울로 될 때 새로운 표면을 형성하기 때문에 정전기가 발생하게 되는데 이때의 대전현상을 무엇이라 하는가?

해답

비말대전

08 방폭구조의 종류를 4가지 쓰시오.

해답

① 내압 방폭구조
② 압력 방폭구조
③ 안전증 방폭구조
④ 유입 방폭구조
⑤ 본질안전 방폭구조
⑥ 비점화 방폭구조
⑦ 몰드 방폭구조
⑧ 충전 방폭구조
⑨ 특수 방폭구조

TIP 방폭구조의 종류에 따른 기호

내압 방폭구조	d	본질안전 방폭구조	i(ia, ib)
압력 방폭구조	p	비점화 방폭구조	n
유입 방폭구조	o	몰드 방폭구조	m
안전증 방폭구조	e	충전 방폭구조	q
특수 방폭구조	s		

09 굴착작업 시 지반의 붕괴 또는 토석의 낙하로 인하여 근로자에게 위험을 미칠 우려가 있을 경우 취해야 할 안전조치사항을 3가지 쓰시오.

해답

① 흙막이 지보공의 설치
② 방호망의 설치
③ 근로자의 출입금지
④ 비가 올 경우를 대비하여 측구를 설치하거나 굴착사면에 비닐을 덮는 등의 조치

10 보안경에서 필터렌즈와 커버렌즈에 관하여 간략하게 설명하시오.

해답

① 필터렌즈 : 유해광선을 차단하는 원형 또는 변형모양의 렌즈를 말한다.
② 커버렌즈 : 분진, 칩, 액체약품 등 비산물로부터 눈을 보호하기 위해 사용하는 렌즈를 말한다.

11 다음과 같은 시스템의 신뢰도를 구하시오.

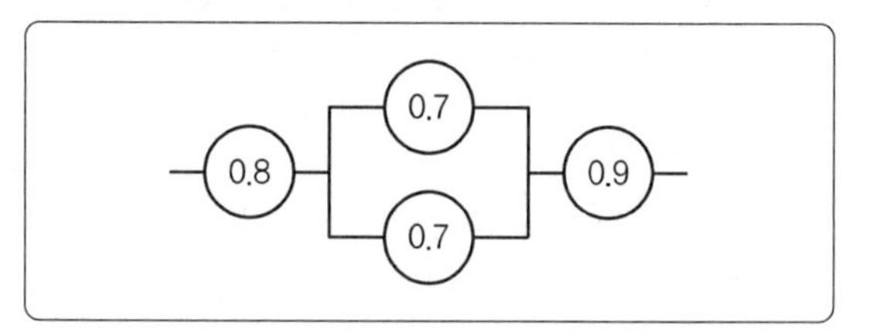

해답

$R_s = 0.8 \times [1-(1-0.7)(1-0.7)] \times 0.9 = 0.4851$
$= 0.655 = 0.66$

12 교류아크용접기는 용접작업 중 즉, 용접을 위한 아크가 발생할 때 용접기 2차측 전압이 무부하 2차측 전압보다 훨씬 낮아져서 안전전압 이하로 유지된다. 용접 변압기의 이와 같은 특성을 무엇이라 하는가?

해답

수하특성

TIP 수하특성(dropping characteristic)
부하전류가 증가하면 단자 전압이 낮아지는 특성을 수하특성이라 한다. 처음 아크를 발생시키려고 할 때의 전압, 즉 무부하 전압(개로 전압)은 어느 정도 높은 것을 필요로 한다. 일단 아크가 발생되어 부하전류가 증가하게 된다 하더라도 단자 전압은 낮아져야 한다.

13 무재해운동의 3원칙을 쓰시오.

해답

① 무의 원칙
② 참여의 원칙(전원참가의 원칙)
③ 안전제일의 원칙(선취의 원칙)

2005년 9월 25일 산업안전기사 실기 필답형

01 산업안전보건법상 작업장의 조도기준에 관하여 쓰시오.

해답

① 초정밀작업 : 750럭스 이상
② 정밀작업 : 300럭스 이상
③ 보통작업 : 150럭스 이상
④ 그 밖의 작업 : 75럭스 이상

02 자동차로부터 25m 떨어진 장소에서의 음압수준이 120dB이라면 4,000m에서의 음압은 몇 dB인지 계산하시오.

해답

$$dB_2 = dB_1 - 20\log\left(\frac{d_2}{d_1}\right) = 120 - 20\log\left(\frac{4,000}{25}\right)$$

$$= 75.917 = 75.92(dB)$$

03 지반굴착작업을 실시하기 전 사전에 조사해야 할 사항 3가지를 쓰시오.

해답

① 형상 · 지질 및 지층의 상태
② 균열 · 함수 · 용수 및 동결의 유무 또는 상태
③ 매설물 등의 유무 또는 상태
④ 지반의 지하수위 상태

04 물체의 낙하 · 비래로 인한 근로자의 위험을 방지하기 위한 시설이나 대책을 3가지 쓰시오.

해답

① 낙하물 방지망 설치
② 수직보호망 또는 방호선반설치
③ 출입금지구역 설정
④ 보호구 착용

05 평균강도율의 공식을 쓰시오.

해답

$$\text{평균강도율} = \frac{\text{강도율}}{\text{도수율}} \times 1,000$$

06 인화성 물질의 증기, 가연성 가스 등으로 인한 폭발 또는 화재를 예방하기 위한 조치를 3가지 쓰시오.

해답

① 통풍
② 환기
③ 분진 제거

07 안전교육의 단계에서 기능교육의 3원칙을 쓰시오.

해답

① 준비
② 위험작업의 규제
③ 안전작업의 표준화

08 근로자 400명이 작업하는 어느 작업장에서 1일 8시간, 연 300일 근무하는 동안 지각 및 조퇴 500시간, 잔업시간 10,000시간, 사망재해건수 2건, 기타 휴업일수가 27일이다. 이 작업장의 강도율을 구하시오.

해답

$$\text{강도율} = \frac{\text{근로손실일수}}{\text{연간총근로시간수}} \times 1,000$$

$$= \frac{(7,500 \times 2) + \left(27 \times \frac{300}{365}\right)}{(400 \times 8 \times 300) + (10,000 - 500)} \times 1,000$$

$$= 15.494 = 15.49$$

TIP 근로손실일수의 산정 기준

① 사망 및 영구 전노동불능(신체장해등급 1~3급) : 7,500일

② 영구 일부노동불능(근로손실일수)

신체장해등급	근로손실일수	신체장해등급	근로손실일수
4	5,500	10	600
5	4,000	11	400
6	3,000	12	200
7	2,200	13	100
8	1,500	14	50
9	1,000		

09 건조설비를 사용하는 작업에서 관리감독자의 직무내용을 쓰시오.

해답

① 건조설비를 처음으로 사용하거나 건조방법 또는 건조물의 종류를 변경했을 때에는 근로자에게 미리 그 작업방법을 교육하고 작업을 직접 지휘하는 일

② 건조설비가 있는 장소를 항상 정리정돈하고 그 장소에 가연성 물질을 두지 않도록 하는 일

10 다음과 같은 FT도에서 고장발생확률을 계산하시오.

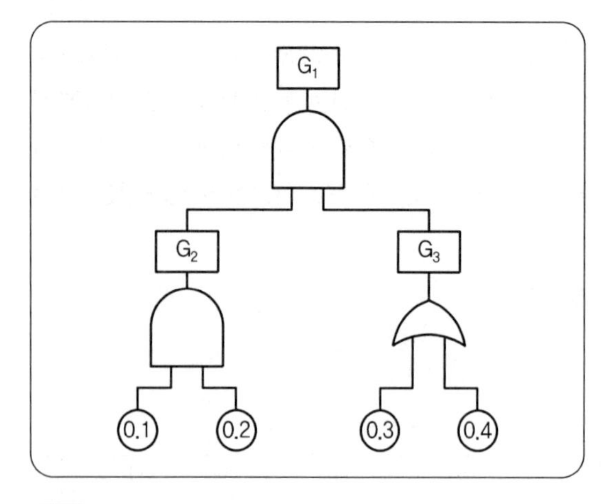

해답

① $G_2 = 0.1 \times 0.2 = 0.02$

② $G_3 = 1-(1-0.3)(1-0.4) = 0.58$

③ $G_1 = 0.02 \times 0.58 = 0.0116$

11 MSDS(물질안전보건자료)의 작성내용을 4가지 쓰시오.

해답

① 제품명

② 물질안전보건자료대상물질을 구성하는 화학물질 중 유해인자의 분류기준에 해당하는 화학물질의 명칭 및 함유량

③ 안전 및 보건상의 취급주의사항

④ 건강 및 환경에 대한 유해성, 물리적 위험성

12 연간 1,500명의 근로자가 작업하는 어느 업체에서 연간 20명의 재해자가 발생하였다면 연천인율은 얼마인가?

해답

$$연천인율 = \frac{연간재해자수}{연평균근로자수} \times 1,000$$

$$= \frac{20}{1,500} \times 1,000 = 13.333 = 13.33$$

13 버드의 최신 도미노(연쇄성) 이론을 순서대로 쓰시오.

해답

① 제1단계 : 제어의 부족(관리)

② 제2단계 : 기본원인(기원)

③ 제3단계 : 직접원인(징후)

④ 제4단계 : 사고(접촉)

⑤ 제5단계 : 상해(손실)

14 전기 활선작업을 할 경우 가죽장갑과 고무장갑의 올바른 착용방법을 쓰시오.

해답

절연 고무장갑을 사용할 때는 고무장갑을 보호하기 위한 가죽장갑을 바깥쪽에 착용하여야 한다.

15 보호구의 종류 중에서 위생보호구를 5가지 쓰고, 산소농도 18% 미만 장소에서 사용해야 하는 보호구를 한 가지 쓰시오.

해답

(1) 위생보호구

① 방독마스크
② 방진마스크
③ 송기마스크
④ 보호복
⑤ 보안경
⑥ 방음보호구(귀마개, 귀덮개)
⑦ 특수복 등

(2) 산소농도 18% 미만 장소 착용 보호구

송기마스크

2005년 9월 25일 산업안전산업기사 실기 필답형

01 LPG가스가 공기 중에서 누출되어 공기와 혼합된 상태이다. 기체의 조성은 공기 55%, 프로판 40%, 부탄 5%라면, 혼합기체의 폭발하한계를 계산하시오.(단, 프로판 및 부탄의 공기 중 폭발하한계는 각각 2.1%, 1.8%이다.)

해답

$$\text{폭발하한계} = \frac{V_1 + V_2}{\frac{V_1}{L_1} + \frac{V_2}{L_2}} = \frac{40+5}{\frac{40}{2.1} + \frac{5}{1.8}}$$

$$= 2.061 = 2.06(\%)$$

TIP 혼합가스가 공기와 섞여 있을 경우

$$L = \frac{V_1 + V_2 + \cdots\cdots + V_n}{\frac{V_1}{L_1} + \frac{V_2}{L_2} + \cdots\cdots + \frac{V_n}{L_n}}$$

여기서, V_n : 전체 혼합가스 중 각 성분 가스의 체적(비율)[%]
L_n : 각 성분 단독의 폭발한계(상한 또는 하한)
L : 혼합가스의 폭발한계(상한 또는 하한)[vol%]

02 Cardullo의 안전율 계산공식을 쓰시오.

해답

안전율$(F) = a \times b \times c \times d$

여기서, a : 사용재료의 극한강도/사용재료의 탄성강도
b : 하중의 종류
c : 하중속도
d : 재료의 조건

03 FTA에서 cut set과 path set에 관하여 간략히 설명하시오.

해답

① cut set : 정상사상을 발생시키는 기본사상의 집합으로 그 안에 포함되는 모든 기본사상이 발생할 때 정상사상을 발생시킬 수 있는 기본사상의 집합
② path set : 그 안에 포함되는 모든 기본사상이 일어나지 않을 때 처음으로 정상사상이 일어나지 않는 기본사상의 집합, 즉 시스템이 고장나지 않도록 하는 사상의 조합이다.

04 활선 근접 작업 시 전로의 전압에 대한 안전한 이격거리를 쓰시오.

해답

본 문제는 법 개정으로 삭제되었습니다.

05 사다리식 통로 등을 설치하는 경우 준수사항 4가지를 쓰시오.

해답

① 견고한 구조로 할 것
② 심한 손상 · 부식 등이 없는 재료를 사용할 것
③ 발판의 간격은 일정하게 할 것
④ 발판과 벽과의 사이는 15센티미터 이상의 간격을 유지할 것
⑤ 폭은 30센티미터 이상으로 할 것
⑥ 사다리가 넘어지거나 미끄러지는 것을 방지하기 위한 조치를 할 것
⑦ 사다리의 상단은 걸쳐놓은 지점으로부터 60센티미터 이상 올라가도록 할 것
⑧ 사다리식 통로의 길이가 10미터 이상인 경우에는 5미터 이내마다 계단참을 설치할 것
⑨ 사다리식 통로의 기울기는 75도 이하로 할 것
⑩ 접이식 사다리 기둥은 사용 시 접혀지거나 펼쳐지지 않도록 철물 등을 사용하여 견고하게 조치할 것

06 안전보건 개선계획에 포함되어야 할 내용 4가지를 쓰시오.

해답

① 시설
② 안전 · 보건관리체제
③ 안전 · 보건교육
④ 산업재해 예방 및 작업환경의 개선을 위하여 필요한 사항

07 목재가공용 둥근톱에 설치해야 하는 방호장치 종류 2가지를 쓰시오.

해답

① 날접촉예방장치
② 반발예방장치

> **TIP** 목재가공용 둥근톱기계의 방호장치
> ① 분할날 등 반발예방장치
> ② 톱날접촉 예방장치

08 변전설비에 사용하는 MOF의 역할 2가지를 쓰시오.

해답

① 고전압을 저압으로 변성
② 대전류를 소전류로 변성

09 재해조사의 목적을 쓰시오.

해답

재해 원인과 결함을 규명하고 예방자료를 수집하여 동종재해 및 유사재해의 재발방지대책을 강구하는 데 목적이 있다.

10 생체리듬의 종류 3가지를 쓰시오.

해답

① 육체적 리듬
② 감성적 리듬
③ 지성적 리듬

11 전기기계기구 중 이동형이나 휴대형의 것으로 감전방지용 누전차단기를 설치해야 하는 장소를 쓰시오.

해답

① 대지전압이 150볼트를 초과하는 이동형 또는 휴대형 전기기계 · 기구
② 물 등 도전성이 높은 액체가 있는 습윤장소에서 사용하는 저압용 전기기계 · 기구
③ 철판 · 철골 위 등 도전성이 높은 장소에서 사용하는 이동형 또는 휴대형 전기기계 · 기구
④ 임시배선의 전로가 설치되는 장소에서 사용하는 이동형 또는 휴대형 전기기계 · 기구

12 차량계 건설기계를 사용하여 작업을 하는 때에는 작업계획을 작성하고 그에 따라 작업을 실시하여야 한다. 작업계획에 포함되어야 할 사항을 3가지 쓰시오.

해답

① 사용하는 차량계 건설기계의 종류 및 성능
② 차량계 건설기계의 운행경로
③ 차량계 건설기계에 의한 작업방법

13 연삭기의 숫돌차 바깥지름이 280(mm)일 경우 플랜지의 바깥지름은 최소 몇 (mm)인가?

해답

플랜지의 지름 = 숫돌지름 $\times \frac{1}{3} = 280 \times \frac{1}{3} = 93.333$

$= 93.33(\text{mm})$

14 강관비계 조립 시 준수해야 할 사항을 4가지 쓰시오.

해답

① 비계기둥에는 미끄러지거나 침하하는 것을 방지하기 위하여 밑받침철물을 사용하거나 깔판 · 깔목 등을 사용하여 밑둥잡이를 설치하는 등의 조치를 할 것
② 강관의 접속부 또는 교차부는 적합한 부속철물을 사용하여 접속하거나 단단히 묶을 것
③ 교차 가새로 보강할 것
④ 가공전로에 근접하여 비계를 설치하는 경우에는 가공전로를 이설하거나 가공전로에 절연용 방호구를 장착하는 등 가공전로와의 접촉을 방지하기 위한 조치를 할 것

15 비계 조립 시 추락에 의한 위험을 방지하기 위하여 착용해야 할 보호구를 3가지 쓰시오.

해답

① 안전모
② 안전대
③ 안전화

2006년 4월 23일 산업안전기사 실기 필답형

01 근로자 수 1,200명인 어느 사업장에서 1주일에 54시간, 연 50주를 근무하는 동안 77건의 재해가 발생했다면 도수율(빈도율)은 얼마인가?(단, 결근율 5.5%이다.)

해답

① 출근율 $= 1 - \frac{5.5}{100} = 0.945$

② 도수율 $= \frac{\text{재해발생건수}}{\text{연간총근로시간수}} \times 1,000,000$

$= \frac{77}{1,200 \times 54 \times 50 \times 0.945} \times 1,000,000$

$= 25.148 = 25.15$

02 컨베이어 작업 시 작업 시작 전에 점검해야 할 사항 4가지를 쓰시오.

해답

① 원동기 및 풀리 기능의 이상 유무
② 이탈 등의 방지장치 기능의 이상 유무
③ 비상정지장치 기능의 이상 유무
④ 원동기 · 회전축 · 기어 및 풀리 등의 덮개 또는 울 등의 이상 유무

03 연소의 3가지 요소를 쓰시오.

해답

① 가연성 물질
② 산소 공급원
③ 점화원

04 하인리히의 재해예방 대책 5단계를 쓰시오.

해답

- 제1단계 : 안전관리조직
- 제2단계 : 사실의 발견
- 제3단계 : 분석평가
- 제4단계 : 시정책의 선정
- 제5단계 : 시정책의 적용

05 근로자 수 300명인 어느 사업장에서 1일 8시간, 연 300일 근로하는 동안 발생한 10명의 재해자 중 3급 장해등급 2명, 기타 휴업일수총계가 219일이라면 강도율은 얼마인가?

해답

강도율 $= \frac{\text{근로손실일수}}{\text{연간총근로시간수}} \times 1,000$

$= \frac{(7,500 \times 2) + \left(219 \times \frac{300}{365}\right)}{300 \times 8 \times 300} \times 1,000$

$= 21.083 = 21.08$

TIP 근로손실일수의 산정 기준
① 사망 및 영구 전노동불능(신체장해등급 1~3급) : 7,500일
② 영구 일부노동불능(근로손실일수)

신체장해등급	근로손실일수	신체장해등급	근로손실일수
4	5,500	10	600
5	4,000	11	400
6	3,000	12	200
7	2,200	13	100
8	1,500	14	50
9	1,000		

06 안전모의 성능기준에서 내관통성 시험에 해당하는 다음의 보기에 해당하는 거리를 쓰시오.

(1) AE종 및 ABE종의 관통거리 : (①)mm 이하
(2) AB종의 관통거리 : (②)mm 이하

해답

① 9.5
② 11.1

07 차량계 하역운반기계(지게차)의 운전위치 이탈 시 운전자가 준수해야 할 사항을 2가지 쓰시오.

해답

① 포크, 버킷, 디퍼 등의 장치를 가장 낮은 위치 또는 지면에 내려 둘 것
② 원동기를 정지시키고 브레이크를 확실히 거는 등 갑작스러운 주행이나 이탈을 방지하기 위한 조치를 할 것
③ 운전석을 이탈하는 경우에는 시동키를 운전대에서 분리시킬 것. 다만, 운전석에 잠금장치를 하는 등 운전자가 아닌 사람이 운전하지 못하도록 조치한 경우에는 그러하지 아니하다.

08 항타기 항발기의 권상용 와이어로프의 안전계수는?

해답

안전계수 : 5 이상

09 승강기의 자체 검사 항목을 4가지 쓰시오.

해답

본 문제는 2009년 법 개정으로 삭제되고 안전검사로 관련 법이 제정되었습니다.

10 다음과 같은 시스템의 신뢰도를 계산하시오.(신뢰도를 %로 구하시오.)

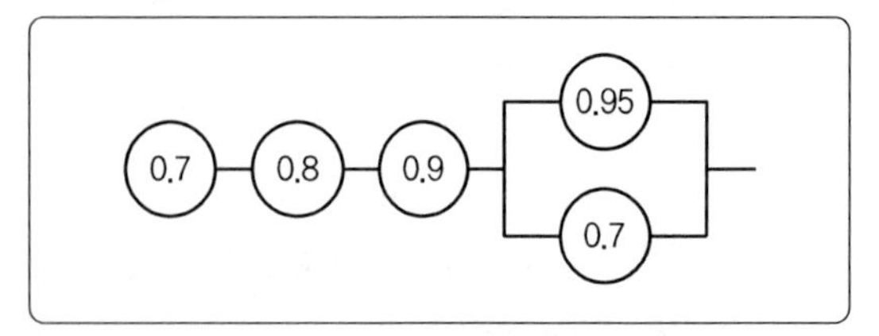

해답

$R_s = 0.7 \times 0.8 \times 0.9 \times [1-(1-0.95)(1-0.7)]$

$= 0.4964 = 49.64\%$

11 산업안전보건법상 양중기의 종류 4가지를 쓰시오.(세부사항까지 쓰시오.)

해답

① 크레인(호이스트 포함)
② 이동식 크레인
③ 리프트(이삿짐 운반용 리프트의 경우에는 적재하중이 0.1톤 이상인 것)
④ 곤돌라
⑤ 승강기

2006년 4월 23일 산업안전산업기사 실기 필답형

01 안전관리조직의 종류 3가지를 쓰시오.

해답

① 라인(line)형(직계형 조직)
② 스태프(staff)형(참모형 조직)
③ 라인－스태프(line－staff)형(직계참모형 조직)

02 전단기의 자체 검사항목을 4가지 쓰시오.

해답

본 문제는 2009년 법 개정으로 삭제되고 안전검사로 관련 법이 제정되었습니다.

03 연평균 근로자 240명이 작업하는 어느 사업장에서 사상자가 3명 발생하였다면 연천인율은 얼마인가?

해답

$$\text{연천인율} = \frac{\text{연간재해자 수}}{\text{연평균근로자 수}} \times 1,000$$
$$= \frac{3}{240} \times 1,000 = 12.50$$

04 안전성평가의 기본원칙 6단계를 순서대로 쓰시오.

해답

① 제1단계 : 관계자료의 정비 검토
② 제2단계 : 정성적 평가
③ 제3단계 : 정량적 평가
④ 제4단계 : 안전대책
⑤ 제5단계 : 재해정보에 의한 재평가
⑥ 제6단계 : FTA에 의한 재평가

TIP 안전성 평가의 단계

안전성 평가는 6단계에 의해 실시되며, 경우에 따라 5단계와 6단계가 동시에 이루어지는 경우도 있다.
① 제1단계 : 관계자료의 정비 검토
② 제2단계 : 정성적 평가
③ 제3단계 : 정량적 평가
④ 제4단계 : 안전대책
⑤ 제5단계 : 재해정보, FTA에 의한 재평가

05 근로자가 밀폐된 공간에서 작업 시 관리감독자의 직무 4가지를 쓰시오.

해답

① 산소가 결핍된 공기나 유해가스에 노출되지 않도록 작업 시작 전에 해당 근로자의 작업을 지휘하는 업무
② 작업을 하는 장소의 공기가 적절한지를 작업 시작 전에 측정하는 업무
③ 측정장비 · 환기장치 또는 공기호흡기 또는 송기마스크를 작업 시작 전에 점검하는 업무
④ 근로자에게 공기호흡기 또는 송기마스크의 착용을 지도하고 착용 상황을 점검하는 업무

06 소음작업이란 산업안전보건법상 1일 8시간 작업기준으로 몇 dB 이상의 소음을 말하는가?

해답

85데시벨 이상

07 Fail－safe의 정의에 관하여 간략하게 설명하시오.

해답

기계나 그 부품에 파손 · 고장이나 기능불량이 발생하여도 항상 안전하게 작동할 수 있는 기능을 가진 구조

PART 01 PART 02 PART 03 PART 04

08 비계의 조립간격에 관한 다음의 표에서 ( ) 안에 알맞은 말을 쓰시오.

강관 비계의 종류	조립간격(단위 : m)	
	수직방향	수평방향
단관 비계	(①)	5
틀 비계 (높이가 5m 미만의 것 제외)	6	(②)
통나무 비계	(③)	7.5

해답

① 5
② 8
③ 5.5

09 무재해운동의 위험예지훈련에서 실시하는 문제해결 4단계 진행법을 순서대로 쓰시오.

해답

① 제1단계 : 현상파악
② 제2단계 : 본질추구
③ 제3단계 : 대책수립
④ 제4단계 : 목표설정

10 어느 사업장에서 근로자의 수가 350명이고, 주당 48시간씩 연간 50주 작업하는 동안 30건의 재해가 발생하였다. 도수율(빈도율)을 구하시오.

해답

$$\text{도수율} = \frac{\text{재해발생건수}}{\text{연간총근로시간수}} \times 1{,}000{,}000$$
$$= \frac{30}{350 \times 48 \times 50} \times 1{,}000{,}000$$
$$= 35.71$$

11 다음과 같은 시스템의 신뢰도를 계산하시오.

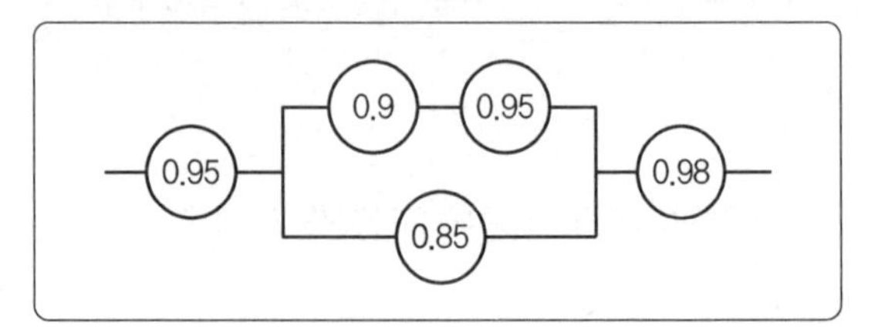

해답

$R_s = 0.95 \times [1-(1-0.9 \times 0.95)(1-0.85)] \times 0.98 = 0.91$

2006년 7월 9일 산업안전기사 실기 필답형

01 프레스 및 전단기의 방호장치를 4가지 쓰시오.

해답

① 광전자식
② 양수조작식
③ 가드식
④ 손쳐내기식
⑤ 수인식

02 프레스의 양수조작식 방호장치의 누름버튼 거리는 얼마 이상으로 하여야 하는가?

해답

300mm 이상

03 동력프레스의 자체 검사 항목을 3가지 쓰시오.

해답

본 문제는 2009년 법 개정으로 삭제되고 안전검사로 관련 법이 제정되었습니다.

04 안전모의 모체를 수중에 담그기 전 무게가 440g, 모체를 20～25℃의 수중에 24시간 담근 후의 무게가 443.5g이었다면 무게 증가율과 합격 여부를 판단하시오.

해답

(1) 무게 증가율

질량 증가율(%)

$$= \frac{\text{담근 후의 질량} - \text{담그기 전의 질량}}{\text{담그기 전의 질량}} \times 100$$

$$= \frac{443.5 - 440}{440} \times 100 = 0.795 = 0.80(\%)$$

(2) 합격 여부

1% 미만이므로 합격

05 차량계 하역운반기계에 화물을 적재할 경우 준수해야 할 사항 3가지를 쓰시오.

해답

① 하중이 한쪽으로 치우치지 않도록 적재할 것
② 구내운반차 또는 화물자동차의 경우 화물의 붕괴 또는 낙하에 의한 위험을 방지하기 위하여 화물에 로프를 거는 등 필요한 조치를 할 것
③ 운전자의 시야를 가리지 않도록 화물을 적재할 것

06 보일링 현상을 방지하기 위한 대책 3가지를 쓰시오.

해답

① 차수성이 높은 흙막이벽 설치
② 흙막이 근입깊이를 깊게
③ 약액주입 등의 굴착면 고결
④ 주변의 지하수위 저하(웰포인트 공법 등)
⑤ 압성토 공법

07 산업안전보건법상 근로자 안전보건교육 중 "채용 시 및 작업내용 변경 시 교육"의 교육내용을 4가지 쓰시오.(단, 산업안전보건법령 및 산업재해보상보험 제도에 관한 사항은 제외)

해답

① 산업안전 및 사고 예방에 관한 사항
② 산업보건 및 직업병 예방에 관한 사항
③ 위험성 평가에 관한 사항
④ 직무스트레스 예방 및 관리에 관한 사항
⑤ 직장 내 괴롭힘, 고객의 폭언 등으로 인한 건강장해 예방 및 관리에 관한 사항
⑥ 기계 · 기구의 위험성과 작업의 순서 및 동선에 관한 사항
⑦ 작업 개시 전 점검에 관한 사항
⑧ 정리정돈 및 청소에 관한 사항
⑨ 사고 발생 시 긴급조치에 관한 사항
⑩ 물질안전보건자료에 관한 사항

08 작업환경조사 시 사용되는 다음의 단위에 대하여 간략히 설명하시오.

① ppm	③ Lux
② mg/m^3	④ dB(A)

해답

① ppm : 가스 및 증기의 노출기준 표시단위
② mg/m^3 : 분진 및 미스트 등 에어로졸의 노출기준 표시단위
③ Lux : 빛의 양을 나타내는 조도의 단위
④ dB(A) : 소음의 크기를 나타내는 단위

09 가설통로 설치 시 준수사항을 3가지 쓰시오.

해답

① 견고한 구조로 할 것
② 경사는 30도 이하로 할 것
③ 경사가 15도를 초과하는 경우에는 미끄러지지 아니하는 구조로 할 것
④ 추락할 위험이 있는 장소에는 안전난간을 설치할 것
⑤ 수직갱에 가설된 통로의 길이가 15미터 이상인 경우에는 10미터 이내마다 계단참을 설치할 것
⑥ 건설공사에 사용하는 높이 8미터 이상인 비계다리에는 7미터 이내마다 계단참을 설치할 것

10 화학설비 설치 시 내부의 이상상태를 조기에 파악하기 위한 계측장치의 종류를 3가지 쓰시오.

해답

① 온도계 ② 유량계 ③ 압력계

11 연평균근로자가 500명인 H사업장에서 연간 25명의 사상자가 발생하였다. 연천인율을 계산하시오.(단, 결근율은 3%이다.)

해답

$$\text{연천인율} = \frac{\text{연간재해자수}}{\text{연평균근로자수}} \times 1,000$$

$$= \frac{25}{500} \times 1,000 = 50$$

12 다음은 상해의 종류이다. 간략히 설명하시오.

① 골절	③ 좌상
② 자상	④ 창상

해답

① 골절 : 뼈가 부러진 상해
② 자상 : 칼날 등 날카로운 물건에 찔린 상해
③ 좌상 : 타박, 충돌, 추락 등으로 피부표면보다는 피하조직 또는 근육부를 다친 상해(삔 것 포함)
④ 창상 : 창, 칼 등에 베인 상해

13 스팀이 누출되는 장소를 확인하기 위해 증기배관의 보온커버를 벗기는 작업을 하고 있다. 위험요인 및 안전대책을 3가지 쓰시오.

해답

(1) 위험요인

① 안전장갑을 착용하고 있지 않아 고온 배관에 의한 화상 위험
② 고온의 증기가 계속 누출되고 있어 얼굴부위 화상 위험
③ 보온커버 등에서 발생하는 가루나 분진 등에 의한 눈의 상해 위험

(2) 안전대책

① 방열장갑을 착용하고 작업한다.
② 보안면을 착용하여 얼굴을 보호한다.
③ 보안경을 착용하여 얼굴 및 눈을 보호한다.

14 검사공정에서 제품을 검사하는 작업자가 한 로트에 10,000개의 제품을 검사하여 200개의 불량품을 발견하였으나 이 로트에는 실제로 500개의 불량품이 있었다. 이때의 인간과오율(Human Error Probability)을 계산하시오.

해답

$$\text{HEP} = \frac{\text{인간의 실수 수}}{\text{전체실수발생기회의 수}}$$

$$= \frac{500-200}{10,000} = 0.03$$

2006년 7월 9일 산업안전산업기사 실기 필답형

01 숫돌의 회전수(rpm)가 2,000인 연삭기에 지름 300(mm)의 숫돌을 사용할 경우 숫돌의 원주속도[m/min]는 얼마 이하로 해야 하는가?

해답

$$\text{원주속도}(V) = \frac{\pi DN}{1{,}000}(\text{m/min}) = \frac{\pi \times 300 \times 2{,}000}{1{,}000}$$
$$= 1{,}884.955 = 1{,}884.96(\text{m/min})$$

02 공기압축기의 작업 시작 전 점검해야 할 사항을 4가지 쓰시오.

해답

① 공기저장 압력용기의 외관 상태
② 드레인밸브의 조작 및 배수
③ 압력방출장치의 기능
④ 언로드밸브의 기능
⑤ 윤활유의 상태
⑥ 회전부의 덮개 또는 울
⑦ 그 밖의 연결 부위의 이상 유무

03 다음은 계단과 계단참에 관한 안전기준이다. ( )에 알맞는 내용을 쓰시오.

> 사업주는 계단 및 계단참을 설치할 때에는 매 제곱미터당 (①)kg 이상의 하중에 견딜 수 있는 강도를 가진 구조로 설치하여야 하며, 안전율은 (②) 이상으로 하여야 한다. 높이가 3m를 초과하는 계단에는 높이(③)m 이내마다 너비 (④)m 이상의 계단참을 설치하여야 한다.

해답

① 500
② 4
③ 3
④ 1.2

04 산업안전보건법에서 정하고 있는 중대재해의 종류를 3가지 쓰시오.

해답

① 사망자가 1명 이상 발생한 재해
② 3개월 이상의 요양이 필요한 부상자가 동시에 2명 이상 발생한 재해
③ 부상자 또는 직업성 질병자가 동시에 10명 이상 발생한 재해

05 정전기 발생현상에 관한 대전의 종류를 3가지 쓰시오.

해답

① 마찰대전	④ 분출대전	⑦ 비말대전
② 박리대전	⑤ 충돌대전	⑧ 파괴대전
③ 유동대전	⑥ 유도대전	⑨ 교반대전

06 다음과 같은 시스템의 신뢰도를 계산하시오.(소수 넷째 자리까지)

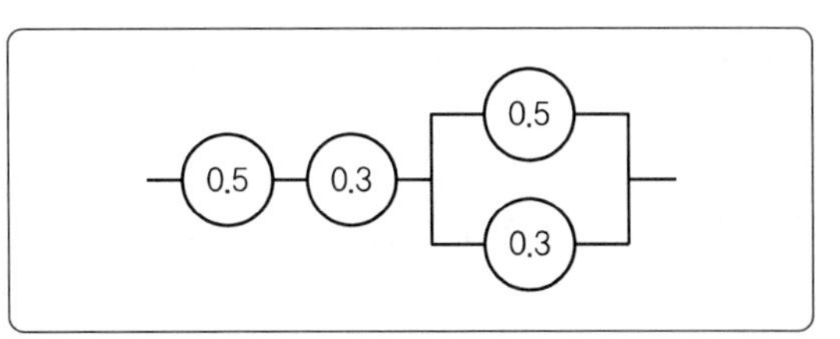

해답

$R_s = 0.5 \times 0.3 \times [1-(1-0.5)(1-0.3)] = 0.0975$

07 평균근로자 150명이 작업하는 H사업장에서 한 해 동안 사망 1명, 3급장해 1명, 14급장해 1명, 기타 휴업일수가 20일일 경우 강도율을 계산하시오.

해답

강도율

$$= \frac{\text{근로손실일수}}{\text{연간총근로시간수}} \times 1{,}000$$

$$= \frac{7{,}500 + 7{,}500 + 50 + \left(20 \times \frac{300}{365}\right)}{150 \times 8 \times 300} \times 1{,}000$$

$= 41.851 = 41.85$

TIP 근로손실일수의 산정 기준

① 사망 및 영구 전노동불능(신체장해등급 1~3급) : 7,500일

② 영구 일부노동불능(근로손실일수)

신체장해등급	근로손실일수	신체장해등급	근로손실일수
4	5,500	10	600
5	4,000	11	400
6	3,000	12	200
7	2,200	13	100
8	1,500	14	50
9	1,000		

08 안전관리조직의 기본유형을 3가지 쓰시오.

해답

① 라인(line)형(직계형 조직)

② 스태프(staff)형(참모형 조직)

③ 라인－스태프(line－staff)형(직계 참모형 조직)

09 산소결핍에 관하여 간략히 설명하시오.

해답

공기 중의 산소농도가 18퍼센트 미만인 상태를 말한다.

10 TLV－TWA에 관하여 간략히 설명하시오.

해답

1일 8시간, 주 40시간 동안의 평균노출농도로서 거의 모든 근로자가 평상작업에서 반복하여 노출되더라도 건강장해를 일으키지 않는 공기 중 유해물질의 농도

11 보호구 중 송기 마스크의 종류를 3가지 쓰시오.

해답

① 호스 마스크

② 에어라인마스크

③ 복합식 에어라인마스크

12 높이 5m 이상의 비계를 조립 · 해체하는 작업에서 와이어로프가 절단되는 사고가 발생하여 추락재해가 발생하였다. 다음 물음에 답하시오.

(1) 달기 와이어로프의 안전계수는 얼마 이상이어야 하는가?

(2) 달기 와이어로프의 사용제한조건 2가지를 쓰시오.

(3) 이러한 작업에서 사업주가 준수해야 할 사항 3가지를 쓰시오.

해답

(1) 안전계수

10 이상

(2) 사용제한조건

① 이음매가 있는 것

② 와이어로프의 한 꼬임에서 끊어진 소선의 수가 10퍼센트 이상인 것

③ 지름의 감소가 공칭지름의 7퍼센트를 초과하는 것

④ 꼬인 것

⑤ 심하게 변형되거나 부식된 것

⑥ 열과 전기충격에 의해 손상된 것

(3) 사업주가 준수해야 할 사항

① 근로자가 관리감독자의 지휘에 따라 작업하도록 할 것

② 조립 · 해체 또는 변경의 시기 · 범위 및 절차를 그 작업에 종사하는 근로자에게 주지시킬 것

③ 조립 · 해체 또는 변경 작업구역에는 해당 작업에 종사하는 근로자가 아닌 사람의 출입을 금지하고 그 내용을 보기 쉬운 장소에 게시할 것

④ 비, 눈, 그 밖의 기상상태의 불안정으로 날씨가 몹시 나쁜 경우에는 그 작업을 중지시킬 것

⑤ 비계재료의 연결 · 해체작업을 하는 경우에는 폭 20센티미터 이상의 발판을 설치하고 근로자로 하

여금 안전대를 사용하도록 하는 등 추락을 방지하기 위한 조치를 할 것

⑥ 재료 · 기구 또는 공구 등을 올리거나 내리는 경우에는 근로자가 달줄 또는 달포대 등을 사용하게 할 것

13 산업안전보건법에서 근로자 안전 · 보건교육의 종류를 4가지 쓰시오.

해답

① 정기교육
② 채용 시의 교육
③ 작업내용 변경 시의 교육
④ 특별교육
⑤ 건설업 기초안전 · 보건교육

14 지반 굴착 작업 시 준수해야 할 경사면의 기울기에 관한 다음의 내용을 보고 ( ) 안에 해당하는 기울기를 쓰시오.

지반의 종류	굴착면의 기울기
모래	(①)
연암 및 풍화암	(②)
경암	(③)
그 밖의 흙	1 : 1.2

해답

① 1 : 1.8
② 1 : 1.0
③ 1 : 0.5

2006년 9월 17일 산업안전기사 실기 필답형

01 터널굴착 작업 시 사전조사 내용과 작업계획서에 포함하여야 하는 사항 3가지를 쓰시오.

해답

(1) 사전조사 내용

보링(boring) 등 적절한 방법으로 낙반 · 출수 및 가스 폭발 등으로 인한 근로자의 위험을 방지하기 위하여 미리 지형 · 지질 및 지층상태를 조사

(2) 작업계획서 포함사항

① 굴착의 방법
② 터널지보공 및 복공의 시공방법과 용수의 처리방법
③ 환기 또는 조명시설을 설치할 때에는 그 방법

02 감전방지용 누전차단기의 정격감도전류와 동작시간을 쓰시오.

해답

① 정격감도전류 : 30mA 이하
② 동작시간 : 0.03초 이내

03 기업 내 정형교육인 TWI의 교육내용을 4가지 쓰시오.

해답

① 작업방법훈련(JMT)
② 작업지도훈련(JIT)
③ 인간관계훈련(JRT)
④ 작업안전훈련(JST)

04 관리대상 유해물질을 취급하는 작업장에 게시해야 할 사항을 5가지 쓰시오.

해답

① 관리대상 유해물질의 명칭
② 인체에 미치는 영향
③ 취급상 주의사항
④ 착용하여야 할 보호구
⑤ 응급조치와 긴급 방재 요령

05 근로자의 안전을 위해 착용하는 보호구의 관리요령을 3가지 쓰시오.

해답

① 정기적으로 점검하고 항상 깨끗이 보관할 것
② 청결하고 습기가 없는 장소에 보관할 것
③ 사용 후에는 세척하여 그늘에 말려서 보관할 것
④ 세척한 후에는 완전히 건조시킨 후 보관할 것
⑤ 부식성 액체, 유기용제, 기름, 산 등과 혼합하여 보관하지 말 것

06 프레스 및 전단기의 방호장치를 4가지 쓰시오.

해답

① 광전자식
② 양수조작식
③ 가드식
④ 손쳐내기식
⑤ 수인식

07 다음에 해당하는 근로불능 상해의 종류에 관하여 간략히 설명하시오.

> ① 영구 전 노동불능 상해
> ② 영구 일부 노동불능 상해
> ③ 일시 전 노동불능 상해
> ④ 일시 일부 노동불능 상해

해답

① 영구 전 노동불능 상해 : 부상결과 근로기능을 완전히 잃은 경우로 신체장해등급 제1급~제3급에 해당되며 노동손실일수는 7,500일이다.
② 영구 일부 노동불능 상해 : 부상결과 신체의 일부가

근로기능을 상실한 경우로 신체장해등급 제4급~제14급에 해당된다.

③ 일시 전 노동불능 상해 : 의사의 진단에 따라 일정기간 근로를 할 수 없는 경우로 신체장해가 남지 않는 일반적인 휴업재해를 말한다.

④ 일시 일부 노동불능 상해 : 의사의 진단에 따라 부상 다음날 혹은 그 이후에 정규근로에 종사할 수 없는 휴업재해 이외의 경우를 말한다.

08 다음에 해당하는 위험물질의 종류를 찾아서 번호를 쓰시오.

(1) 폭발성 물질 및 유기과산화물
(2) 물반응성 물질 및 인화성 고체
(3) 산화성 액체 및 산화성 고체
(4) 인화성 액체

① 니트로 화합물	⑤ 테레핀유
② 마그네슘분말	⑥ 질산칼륨
③ 과산화수소	⑦ 황화인
④ 가솔린	⑧ 아조화합물

해답

(1) 폭발성 물질 및 유기과산화물 : ①, ⑧
(2) 물반응성 물질 및 인화성 고체 : ②, ⑦
(3) 산화성 액체 및 산화성 고체 : ③, ⑥
(4) 인화성 액체 : ④, ⑤

09 다음의 위험장소에 해당하는 전기설비의 방폭구조를 쓰시오.(그 밖에 인증한 방폭구조 제외)

(1) 0종 장소
(2) 1종 장소

해답

(1) 0종 장소

본질안전방폭구조(ia)

(2) 1종 장소

① 내압방폭구조(d)
② 압력방폭구조(p)
③ 충전방폭구조(q)
④ 유입방폭구조(o)
⑤ 안전증방폭구조(e)
⑥ 본질안전방폭구조(ia, ib)
⑦ 몰드방폭구조(m)

10 산업안전보건법령상 동바리 조립 시의 준수사항을 3가지만 쓰시오.

해답

① 받침목이나 깔판의 사용, 콘크리트 타설, 말뚝박기 등 동바리의 침하를 방지하기 위한 조치를 할 것
② 동바리의 상하 고정 및 미끄러짐 방지 조치를 할 것
③ 상부 · 하부의 동바리가 동일 수직선상에 위치하도록 하여 깔판 · 받침목에 고정시킬 것
④ 개구부 상부에 동바리를 설치하는 경우에는 상부하중을 견딜 수 있는 견고한 받침대를 설치할 것
⑤ U헤드 등의 단판이 없는 동바리의 상단에 멍에 등을 올릴 경우에는 해당 상단에 U헤드 등의 단판을 설치하고, 멍에 등이 전도되거나 이탈되지 않도록 고정시킬 것
⑥ 동바리의 이음은 같은 품질의 재료를 사용할 것
⑦ 강재의 접속부 및 교차부는 볼트 · 클램프 등 전용철물을 사용하여 단단히 연결할 것
⑧ 거푸집의 형상에 따른 부득이한 경우를 제외하고는 깔판이나 받침목은 2단 이상 끼우지 않도록 할 것
⑨ 깔판이나 받침목을 이어서 사용하는 경우에는 그 깔판 · 받침목을 단단히 연결할 것

11 사염화탄소 농도 0.2% 작업장에서, 사용하는 흡수관의 제품(흡수)능력이 사염화탄소 0.5%이며 사용시간이 100분일 때 방독마스크의 파과(유효)시간을 계산하시오.

해답

$$\text{유효사용시간} = \frac{\text{표준유효시간} \times \text{시험가스농도}}{\text{공기 중 유해가스농도}} = \frac{100 \times 0.5}{0.2} = 250(\text{분})$$

12 안전관리자수를 정수 이상으로 증원 · 교체 임명할 수 있는 경우에 해당하는 내용을 3가지 쓰시오.

해답

① 해당 사업장의 연간재해율이 같은 업종의 평균재해율의 2배 이상인 경우
② 중대재해가 연간 2건 이상 발생한 경우
③ 관리자가 질병이나 그 밖의 사유로 3개월 이상 직무를 수행할 수 없게 된 경우
④ 화학적 인자로 인한 직업성 질병자가 연간 3명 이상 발생한 경우

13 부품배치의 4원칙을 쓰시오.

해답

① 중요성의 원칙
② 사용빈도의 원칙
③ 기능별 배치의 원칙
④ 사용 순서의 원칙

14 상시근로자 1,000명이 근로하는 H기업의 연간 재해건수는 60건이며, 지난해에 납부한 산재보험료는 18,000,000원, 산재보상금으로는 12,650,000원을 받았다. H기업의 재해건수 중 휴업상해(A) 건수는 10건, 통원상해(B) 건수는 15건, 구급처치(C) 건수는 8건, 무상해사고(D) 건수는 20건 발생하였다면 Heinrich 방식과 Simonds 방식에 의한 재해손실비용을 각각 계산하시오.(단, A : 900,000원, B : 290,000원, C : 150,000원, D : 200,000원. 공식과 계산식도 함께 쓸 것)

해답

(1) Heinrich 방식(1 : 4 원칙)

① 총재해 코스트(재해손실비용) = 직접비 + 간접비
= 직접비×5

② 총재해 코스트 = 12,650,000×5 = 63,250,000(원)

(2) Simonds 방식

① 총재해 코스트
= 산재보험료 + (A×휴업상해건수) + (B×통원상해건수) + (C×응급조치건수) + (D×무상해사고건수)

② 총재해 코스트
= 18,000,000 + (900,000×10) + (290,000×15) + (150,000×8) + (200,000×20)
= 36,550,000(원)

15 평균근로자 400명이 작업하는 프레스 금형공장에서 재해자수 11명, 재해건수 11건, 장해등급 1급 1명, 14급 3명이 발생하였으며, 총 재해 코스트는 5,000만원이었다. 1일 8시간, 연간 300일 근로한다면 FSI는 얼마인지 계산하시오.

해답

① $\text{도수율} = \dfrac{\text{재해발생건수}}{\text{연간총근로시간수}} \times 1{,}000{,}000$

$= \dfrac{11}{400 \times 8 \times 300} \times 1{,}000{,}000$

$= 11.458$

$= 11.46$

② $\text{강도율} = \dfrac{\text{근로손실일수}}{\text{연간총근로시간수}} \times 1{,}000$

$= \dfrac{7{,}500 + (50 \times 3)}{400 \times 8 \times 300} \times 1{,}000$

$= 7.968$

$= 7.97$

③ $\text{종합재해지수}(FSI) = \sqrt{\text{도수율} \times \text{강도율}}$

$= \sqrt{11.46 \times 7.97} = 9.556$

$= 9.56$

TIP 근로손실일수의 산정 기준

① 사망 및 영구 전노동불능(신체장해등급 1~3급) : 7,500일

② 영구 일부노동불능(근로손실일수)

신체장해등급	근로손실일수	신체장해등급	근로손실일수
4	5,500	10	600
5	4,000	11	400
6	3,000	12	200
7	2,200	13	100
8	1,500	14	50
9	1,000		

2006년 9월 17일 산업안전산업기사 실기 필답형

01 허가대상 유해물질을 제조하거나 사용하는 작업장에 게시해야 할 사항을 5가지 쓰시오.

해답

① 허가대상 유해물질의 명칭
② 인체에 미치는 영향
③ 취급상의 주의사항
④ 착용하여야 할 보호구
⑤ 응급처치와 긴급 방재 요령

02 풀 프루프(Fool－proof)에 관하여 간략히 설명하시오.

해답

작업자가 기계를 잘못 취급하여 불안전 행동이나 실수를 하여도 기계설비의 안전기능이 작용되어 재해를 방지할 수 있는 기능을 가진 구조

TIP 페일세이프(Fail Safe)
기계나 그 부품에 파손 · 고장이나 기능불량이 발생하여도 항상 안전하게 작동할 수 있는 기능을 가진 구조

03 다음 FT도에서 정상사상 T의 고장발생 확률을 구하시오.(단, 기본사상 X_1, X_2, X_3의 발생확률은 각각 0.1이다.)

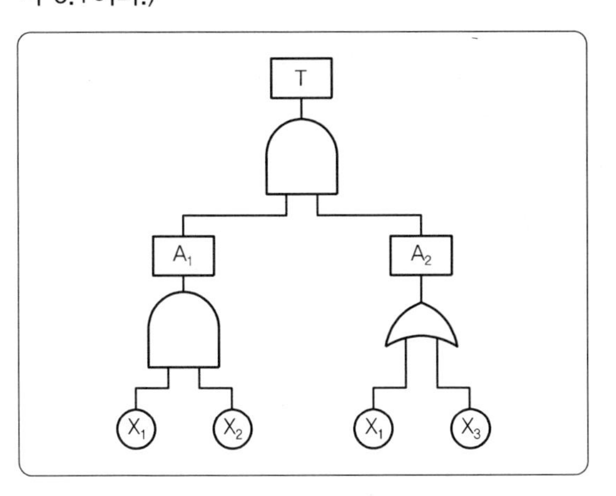

해답

① 미니멀 컷셋 T → A_1, A_2 → X_1, X_2, A_2 → $\begin{matrix} X_1, X_2, X_1 \\ X_1, X_2, X_3 \end{matrix}$ → $\begin{matrix} X_1, X_2 \\ X_1, X_2, X_3 \end{matrix}$ → X_1, X_2

② 미니멀 컷셋 (X_1, X_2)

③ 발생확률 (T) = X_1, X_2 = $0.1 \times 0.1 = 0.01$

04 기계의 원동기 · 회전축 · 기어 · 풀리 · 플라이휠 · 벨트 및 체인 등 근로자에게 위험을 미칠 우려가 있는 부위에 설치해야 하는 안전장치의 종류를 3가지 쓰시오.

해답

① 덮개
② 울
③ 슬리브
④ 건널다리

05 목재가공용 둥근톱 기계의 방호장치를 2가지 쓰시오.

해답

① 분할날 등 반발예방장치
② 톱날접촉예방장치

TIP 목재가공용 둥근톱의 방호장치
① 날접촉예방장치
② 반발예방장치

06 특수화학설비에 사용하는 안전장치의 종류를 3가지 쓰시오.

해답

① 계측장치의 설치(온도계, 유량계, 압력계)
② 자동경보장치의 설치
③ 긴급차단장치의 설치

07 달비계의 최대적재하중을 정하고자 한다. 다음에 해당하는 안전계수를 쓰시오.

(1) 달기 와이어로프 및 달기 강선의 안전계수 : (①) 이상
(2) 달기 체인 및 달기 훅의 안전계수 : (②) 이상
(3) 달기 강대와 달비계의 하부 및 상부 지점의 안전계수는 강재의 경우 (③) 이상, 목재의 경우 (④) 이상

해답

① 10
② 5
③ 2.5
④ 5

08 부탄(C_4H_{10})의 폭발하한계는 1.6(vol%)이고, 폭발상한계는 9.0(vol%)이다. 부탄의 위험도 및 완전연소 조성농도를 계산하시오.(단, 소수 둘째 자리에서 반올림할 것)

해답

(1) 위험도 $= \dfrac{UFL - LFL}{LFL} = \dfrac{9.0-1.6}{1.6}$

$= 4.625 = 4.6$

(2) 완전연소조성농도

$$C_{st} = \frac{100}{1+4.773\left(n+\dfrac{m-f-2\lambda}{4}\right)}$$

$$= \frac{100}{1+4.773\left(4+\dfrac{10}{4}\right)}$$

$$= 3.123 = 3.1(\text{vol}\%)$$

(여기서, $C_4H_{10} \rightarrow n=4, m=10, f=0, \lambda=0$)

TIP 완전연소 조성농도

$$C_{st} = \frac{100}{1+4.773\left(n+\dfrac{m-f-2\lambda}{4}\right)}$$

여기서, n : 탄소, m : 수소
f : 할로겐 원소의 원자 수
λ : 산소의 원자 수

09 먼지, 분진, 소음 작업장에서 작업하는 근로자가 착용해야 할 보호구의 종류를 3가지 쓰시오.

해답

① 방진마스크
② 보안경
③ 귀마개 및 귀덮개

10 크레인 등에 대한 위험방지를 위하여 취해야 할 안전조치를 4가지 쓰시오.

해답

① 과부하방지장치
② 권과방지장치
③ 비상정지장치
④ 제동장치

11 크레인 작업 시 와이어로프에 980kg의 중량을 걸어 25㎨의 가속도로 감아 올릴 경우 와이어로프에 걸리는 총하중을 계산하시오.

해답

① 동하중(W_2) $= \dfrac{W_1}{\text{중력가속도(㎨)}} \times$ 가속도(㎨)

$= \dfrac{980}{9.8} \times 25 = 2{,}500(\text{kg})$

② 총하중(W) = 정하중(W_1) + 동하중(W_2)

$= 980 + 2{,}500 = 3{,}480(\text{kg})$

12 안전 · 보건표지의 종류를 4가지 쓰시오.

해답

① 금지표지
② 경고표지
③ 지시표지
④ 안내표지
⑤ 관계자 외 출입금지

13 100V 단상 2선식 회로의 전류를 물에 젖은 손으로 조작하여 감전으로 인한 심실세동을 일으켰다. 이때 인체에 흐른 전류와 심실세동을 일으킨 시간을 구하시오.(단, 인체의 저항은 5,000Ω이며, 길버트의 이론에 의해 계산할 것)

해답

① 전류$(I) = \dfrac{V}{R} = \dfrac{100}{5,000 \times \dfrac{1}{25}} = 0.5(\text{A})$

$= 500(\text{mA})$

② 통전시간

㉠ $I = \dfrac{165}{\sqrt{T}}(\text{mA})$

㉡ $500(\text{mA}) = \dfrac{165}{\sqrt{T}}$

㉢ $T = \dfrac{165^2}{500^2} = 0.1089 = 0.11(\text{초})$

> **TIP** 인체의 전기저항
> ① 피부가 젖어 있는 경우 1/10로 감소
> ② 땀이 난 경우 1/12~1/20로 감소
> ③ 물에 젖은 경우 1/25로 감소

14 보호안경 착용에 관하여 안전관리자가 안전조회를 실시하고자 한다. 아래의 교육내용을 도입, 전개, 결말의 순서로 정리하여 번호를 쓰시오.

> ① 연삭기 작업은 비록 짧은 시간(20~30)이라 할지라도 반드시 보안경을 착용한다. 칩은 어디로부터도 눈에 들어올 수 있다.
> ② 아무리 귀찮아도 잊지 말고 연삭작업 시에는 반드시 보안경을 착용하자.
> ③ 오늘은 보호안경 착용에 관한 안전교육을 실시한다.

해답

(1) 도입 : ③
(2) 전개 : ①
(3) 결말 : ②

15 산업 안전심리의 5대 요소를 쓰시오.

해답

① 기질
② 동기
③ 습관
④ 감정
⑤ 습성

2007년 4월 22일 산업안전기사 실기 필답형

01 근로자 수가 500명, 1일 9시간 작업, 연간 300일 근로하는 동안 8건의 재해가 발생하였으며, 총 휴업일수가 300일이었다. 종합재해지수(FSI)를 구하시오.

해답

① $\text{도수율} = \dfrac{\text{재해발생건수}}{\text{연간총근로시간수}} \times 1{,}000{,}000$

$= \dfrac{8}{500 \times 9 \times 300} \times 1{,}000{,}000$

$= 5.9259$

$= 5.93$

② $\text{강도율} = \dfrac{\text{근로손실일수}}{\text{연간총근로시간수}} \times 1{,}000$

$= \dfrac{300 \times \left(\dfrac{300}{365}\right)}{500 \times 9 \times 300} \times 1{,}000$

$= 0.1826$

$= 0.18$

③ $\text{종합재해지수} = \sqrt{\text{도수율} \times \text{강도율}}$

$= \sqrt{5.93 \times 0.18} = 1.03$

02 트랜지스터 고장률은 0.00002, 저항 고장률은 0.0001, 트랜지스터 5개와 저항 10개가 모두 직렬로 연결된 회로가 있을 때 다음에 답하시오.

> (1) 이 회로를 1500시간 가동 시 신뢰도는?
> (2) 이 회로의 평균수명은?

해답

(1) 신뢰도 $R(t) = e^{-\lambda t} = e^{-(0.00002 \times 5 + 0.0001 \times 10) \times 1500}$

$= 0.192 = 0.19$

(2) 평균수명$(MTBF)$

$= \dfrac{1}{\lambda} = \dfrac{1}{(0.00002 \times 5) + (0.0001 \times 10)}$

$= 909.09(\text{시간})$

03 보일링 현상 방지대책을 3가지 쓰시오.

해답

① 차수성이 높은 흙막이벽 설치
② 흙막이 근입깊이를 깊게
③ 약액주입 등의 굴착면 고결
④ 주변의 지하수위 저하(웰포인트 공법 등)
⑤ 압성토 공법

04 다음 고체의 연소형태를 쓰시오.

> ① 목탄 ③ 파라핀
> ② 종이 ④ 피크린산

해답

① 표면연소 ③ 증발연소
② 분해연소 ④ 자기연소

05 안전모의 성능시험 항목을 5가지 쓰시오.

해답

① 내관통성 ④ 내수성
② 충격흡수성 ⑤ 난연성
③ 내전압성 ⑥ 턱끈풀림

06 안면부 여과식 방진마스크의 분진 초기농도가 30mg/L, 여과 후 농도가 0.2mg/L일 때 다음에 답하시오.

> (1) 포집효율(여과효율)
> (2) 등급과 기준(이유)

해답

(1) 포집효율

$$포집효율(\%) = \frac{C_1 - C_2}{C_1} \times 100$$
$$= \frac{30 - 0.2}{30} \times 100$$
$$= 99.333$$
$$= 99.33(\%)$$

(2) 등급과 기준

① 등급 : 특급

② 기준 : 99.0 이상

TIP 여과재 분진 등 포집효율

형태 및 등급		염화나트륨(NaCl) 및 파라핀 오일(Paraffin oil) 시험(%)
분리식	특급	99.95 이상
	1급	94.0 이상
	2급	80.0 이상
안면부 여과식	특급	99.0 이상
	1급	94.0 이상
	2급	80.0 이상

07 신체 내에서 1L의 산소를 소비하면 5kcal의 에너지가 소모되며, 작업 시 산소소비량 측정 결과 분당 1.5L를 소비한다면 작업시간 60분 동안 포함되어야 하는 휴식시간은?(단, 평균에너지 상한 5kcal, 휴식시간 에너지 소비량 1.5kcal)

해답

① 작업 시 평균 에너지 소비량=5kcal/L×1.5L/min
=7.5kcal/min

② $R = \frac{60(E-5)}{E-1.5} = \frac{60(7.5-5)}{7.5-1.5} = 25(분)$

08 방폭기기의 등급에 따른 표면온도의 범위를 쓰시오.

(1) T_1 : 300 초과 450 이하

(2) T_2 : (①)

(3) T_3 : (②)

(4) T_4 : (③)

(5) T_5 : (④)

(6) T_6 : 85 이하

해답

① 200 초과 300 이하

② 135 초과 200 이하

③ 100 초과 135 이하

④ 85 초과 100 이하

09 전압이 300V이고 인체저항이 1,000Ω일 때 물에 젖은 손으로 회로의 전류를 조작하여 감전으로 인한 심실세동을 일으켰다. 인체에 흐른 전류와 심실세동을 일으킨 시간을 구하시오.

해답

① 전류$(I) = \frac{V}{R} = \frac{300}{1{,}000 \times \frac{1}{25}}$

$= 7.5(\mathrm{A}) = 7{,}500(\mathrm{mA})$

② 통전시간

㉠ $I = \frac{165}{\sqrt{T}}(\mathrm{mA})$

㉡ $7{,}500(\mathrm{mA}) = \frac{165}{\sqrt{T}}$

㉢ $T = \frac{165^2}{7{,}500^2} = 0.000484(\mathrm{s}) = 0.48(\mathrm{ms})$

TIP 인체의 전기저항

① 피부가 젖어 있는 경우 1/10로 감소

② 땀이 난 경우 1/12~1/20로 감소

③ 물에 젖은 경우 1/25로 감소

10 중대재해 발생 시 지방고용노동관서의 장에게 보고해야 할 사항 2가지(그 밖의 중요한 사항 제외)와 보고시점을 쓰시오.

해답

(1) 보고사항

① 발생 개요 및 피해 상황

② 조치 및 전망

(2) 보고시점

지체 없이 보고

11 MSDS(물질안전보건자료) 내용에 포함되어야 할 항목 중에서 알맞은 내용을 쓰시오.

(1) 화학제품과 회사에 관한 정보
(2) (①)
(3) 구성성분의 명칭 및 함유량
(4) 응급조치요령
(5) 폭발 · 화재 시 대처방법
(6) (②)
(7) 취급 및 저장방법
(8) 노출방지 및 개인보호구
(9) 물리화학적 특성
(10) (③)
(11) (④)
(12) 환경에 미치는 영향
(13) 폐기 시 주의사항
(14) (⑤)
(15) (⑥)
(16) 기타 참고사항

해답

① 유해성 · 위험성
② 누출사고 시 대처방법
③ 안정성 및 반응성
④ 독성에 관한 정보
⑤ 운송에 필요한 정보
⑥ 법적 규제 현황

12 자체 검사 후 기록 보존해야 할 사항 4가지를 쓰시오.

해답

본 문제는 법 개정으로 삭제되었습니다.

13 롤러 맞물림 전방에 개구간격 12mm인 가드를 설치할 경우 가드 개구부의 간격(mm)을 구하시오.(ILO 기준으로 계산하시오.)

해답

$Y = 6 + 0.15X = 6 + (0.15 \times 12) = 7.8(\mathrm{mm})$

TIP $Y = 6 + 0.15X(X < 160\mathrm{mm})$
(단, $X \geq 160\mathrm{mm}$일 때, $Y = 30\mathrm{mm}$)
X : 가드와 위험점 간의 거리(안전거리)(mm)
Y : 가드 개구부 간격(안전간극)(mm)

2007년 4월 22일 산업안전산업기사 실기 필답형

01 산업안전보건법상 산업안전보건위원회를 설치·운영해야 할 사업의 종류 중 상시근로자 50명 이상의 사업의 종류 2가지를 쓰시오.

해답

① 토사석 광업
② 목재 및 나무제품 제조업(가구 제외)
③ 화학물질 및 화학제품 제조업[의약품 제외(세제, 화장품 및 광택제 제조업과 화학섬유 제조업은 제외)]
④ 비금속 광물제품 제조업
⑤ 1차 금속 제조업
⑥ 금속가공제품 제조업(기계 및 가구 제외)
⑦ 자동차 및 트레일러 제조업
⑧ 기타 기계 및 장비 제조업(사무용 기계 및 장비 제조업은 제외)
⑨ 기타 운송장비 제조업(전투용 차량 제조업은 제외)

02 소음원으로부터 5m 떨어진 곳에서의 음압수준이 125dB이라면 25m 떨어진 곳에서의 음압은 얼마인가?

해답

$$dB_2 = dB_1 - 20\log\left(\frac{d_2}{d_1}\right) = 125 - 20\log\left(\frac{25}{5}\right)$$
$$= 111.02(dB)$$

03 화학설비 및 그 부속설비의 자체 검사 내용을 4가지 쓰시오.

해답

본 문제는 2009년 법 개정으로 삭제되고 안전검사로 관련법이 제정되었습니다.

04 A, B, C 각 부품의 고장확률이 각각 0.15이고, 직렬 결합이다. 시스템의 고장을 정상사상으로 하는 FT도를 작성하고, 고장 발생확률을 구하시오.

해답

(1) FT도

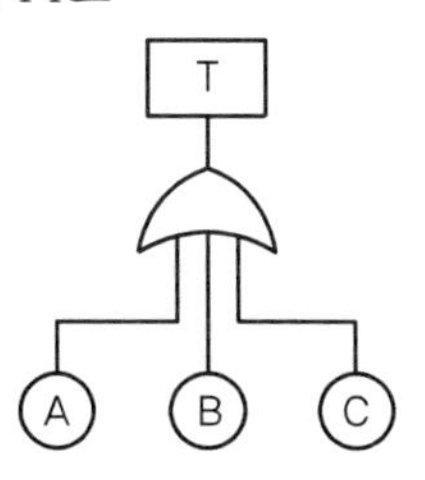

(2) 발생확률 $= 1-(1-0.15)(1-0.15)(1-0.15)$
$= 0.385 = 0.39$

05 다음과 같은 안전표지의 색채에 따른 색도기준 및 용도에서 ( ) 안에 알맞은 내용을 쓰시오.

색채	색도기준	용도
빨간색	(①)	금지
		경고
(②)	5Y 8.5/12	(③)
파란색	2.5PB 4/10	(④)
녹색	2.5G 4/10	안내
(⑤)	N9.5	
검은색	N0.5	

해답

① 7.5R 4/14
② 노란색
③ 경고
④ 지시
⑤ 흰색

06 산업안전보건법에서 근로자 안전·보건교육의 종류를 4가지 쓰시오.

해답

① 정기교육
② 채용 시의 교육
③ 작업내용 변경 시의 교육
④ 특별교육
⑤ 건설업 기초안전·보건교육

07 분진폭발에 영향을 주는 인자 4가지를 쓰시오.

해답

① 분진의 화학적 성질과 조성
② 입도와 입도분포
③ 입자의 형상과 표면의 상태
④ 수분
⑤ 분진의 농도
⑥ 분진의 온도
⑦ 분진의 부유성
⑧ 산소의 농도

08 전압을 구분하는 다음의 기준에서 알맞은 내용을 쓰시오.

전원의 종류	저압	고압	특별 고압
직류 [DC]	(①)	(②)	(③)
교류 [AC]	(④)	(⑤)	7,000V 초과

해답

① 1,500V 이하
② 1,500V 초과, 7,000V 이하
③ 7,000V 초과
④ 1,000V 이하
⑤ 1,000V 초과, 7,000V 이하

09 2m에서의 조도가 120lux일 때 3m에서의 조도는 얼마인가?

해답

① $\text{조도} = \dfrac{\text{광도}}{(\text{거리})^2}$

② $\text{광도} = \text{조도} \times (\text{거리})^2$

③ $\text{2m 거리의 광도} = 120 \times 22$
$= 480(\text{cd})$ 이므로

④ $\text{3m 거리의 조도} = \dfrac{480}{3^2}$
$= 53.333$
$= 53.33(\text{lux})$

10 컷셋(cut set)과 패스셋(path set)을 간단히 설명하시오.

해답

① cut set : 정상사상을 발생시키는 기본사상의 집합으로 그 안에 포함되는 모든 기본사상이 발생할 때 정상사상을 발생시킬 수 있는 기본사상의 집합
② path set : 그 안에 포함되는 모든 기본사상이 일어나지 않을 때 처음으로 정상사상이 일어나지 않는 기본사상의 집합, 즉 시스템이 고장나지 않도록 하는 사상의 조합이다.

11 산업안전보건법령상 콘크리트 타설작업 시 준수사항을 3가지만 쓰시오.

해답

① 당일의 작업을 시작하기 전에 해당 작업에 관한 거푸집 및 동바리의 변형 · 변위 및 지반의 침하 유무 등을 점검하고 이상이 있으면 보수할 것
② 작업 중에는 감시자를 배치하는 등의 방법으로 거푸집 및 동바리의 변형 · 변위 및 침하 유무 등을 확인해야 하며, 이상이 있으면 작업을 중지하고 근로자를 대피시킬 것
③ 콘크리트 타설작업 시 거푸집 붕괴의 위험이 발생할 우려가 있으면 충분한 보강조치를 할 것
④ 설계도서상의 콘크리트 양생기간을 준수하여 거푸집 및 동바리를 해체할 것
⑤ 콘크리트를 타설하는 경우에는 편심이 발생하지 않도록 골고루 분산하여 타설할 것

12 폭풍 등에 대한 다음의 안전조치기준에서 알맞은 풍속의 기준을 쓰시오.

(1) 폭풍에 의한 옥외에 설치되어 있는 주행 크레인에 대하여 이탈방지장치를 작동시키는 등 이탈방지를 위한 조치 : 순간풍속 (①)m/s 초과
(2) 폭풍에 의한 건설작업용 리프트에 대하여 받침수의 수를 증가시키는 등 그 붕괴 등을 방지하기 위한 조치 : 순간풍속 (②)m/s 초과
(3) 폭풍에 의한 옥외에 설치되어 있는 승강기에 대하여 받침수의 수를 증가시키는 등 승강기가 무너지는 것을 방지하기 위한 조치 : 순간풍속 (③)m/s 초과

해답

① 30
② 35
③ 35

13 Fail safe를 기능적인 측면에서 3단계로 분류하여 간략히 설명하시오.

해답

① Fail－passive : 부품이 고장 나면 기계가 정지하는 방향으로 이동하는 것(일반적인 산업기계)
② Fail－active : 부품이 고장 나면 경보를 울리며 잠시 동안 계속 운전이 가능한 것
③ Fail－operational : 부품이 고장 나도 추후에 보수가 될 때까지 안전한 기능을 유지하는 것

2007년 7월 8일 산업안전기사 실기 필답형

01 다음 그림에서 공통적인 위험점의 종류를 쓰고 간단히 설명하시오.

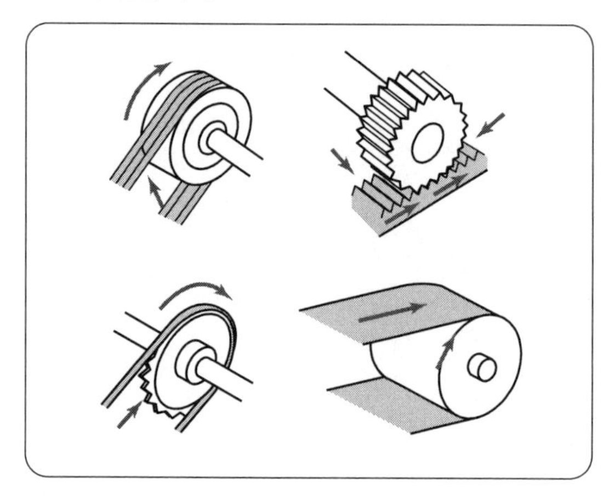

해답

① 위험점 : 접선 물림점
② 설명 : 회전하는 부분의 접선방향으로 물려들어갈 위험이 있는 위험점

02 아세틸렌 용접장치의 저압용 수봉식 안전기 그림에서 다음에 알맞은 내용을 쓰시오.

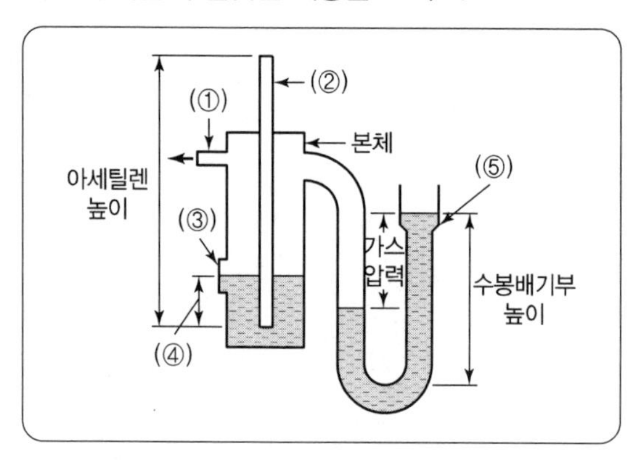

해답

① 아세틸렌 출구
② 아세틸렌 도입관
③ 검수창
④ 유효수주
⑤ 수봉배기관

03 연천인율이 36인 어느 사업장에서 총 근로시간이 120,000시간이고, 근로손실일수가 219일일 때 다음을 구하시오.

(1) 도수율을 구하시오.
(2) 강도율을 계산하시오.
(3) 이 사업장에서 어느 작업자가 평생 근무한다면 몇 건의 재해를 당하겠는가?
(4) 이 사업장에서 어느 작업자가 평생 근무한다면 며칠의 근로손실을 당하겠는가?

해답

(1) 도수율 $= \dfrac{\text{연천인율}}{2.4} = \dfrac{36}{2.4} = 15$

(2) 강도율 $= \dfrac{\text{근로손실일수}}{\text{연간총근로시간수}} \times 1,000$

$= \dfrac{219}{120,000} \times 1,000 = 1.825 = 1.83$

(3) 환산도수율 $=$ 도수율 $\times \dfrac{\text{총근로시간수}}{1,000,000}$

$= 15 \times \dfrac{120,000}{1,000,000} = 1.8 = 2$(건)

(4) 환산강도율 $=$ 강도율 $\times \dfrac{\text{총근로시간수}}{1,000}$

$= 1.83 \times \dfrac{120,000}{1,000} = 219.6$

$= 220$(일)

04 안전보건표지 중 출입금지 표지판을 그리시오. (단, 색깔은 글로 표시하시오.)

해답

- 바탕 : 흰색
- 기본 모형 : 빨간색
- 관련 부호 및 그림 : 검정색

05 건물의 해체작업 시 해체계획에 포함되어야 하는 사항을 4가지 쓰시오.

해답

① 해체의 방법 및 해체 순서도면
② 가설설비 · 방호설비 · 환기설비 및 살수 · 방화설비 등의 방법
③ 사업장 내 연락방법
④ 해체물의 처분계획
⑤ 해체작업용 기계 · 기구 등의 작업계획서
⑥ 해체작업용 화약류 등의 사용계획서
⑦ 그 밖에 안전 · 보건에 관련된 사항

06 가스 폭발 위험 장소 3가지를 분류하고 간단히 설명하시오.

해답

① 0종 장소 : 인화성 액체의 증기 또는 가연성 가스에 의한 폭발위험이 지속적으로 또는 장기간 존재하는 장소
② 1종 장소 : 정상작동상태에서 폭발위험분위기가 존재하기 쉬운 장소
③ 2종 장소 : 정상작동상태에서 폭발위험분위기가 존재할 우려가 없으나, 존재할 경우 그 빈도가 아주 적고 단기간만 존재할 수 있는 장소

07 아담스의 사고 연쇄성 이론 중 다음 빈칸을 채우시오.

(①)-(②)-(③)-사고-상해

해답

① 관리구조, ② 작전적 에러, ③ 전술적 에러

08 정전작업을 하기 위한 작업 전 조치 사항을 5가지 쓰시오.

해답

① 전기기기 등에 공급되는 모든 전원을 관련 도면, 배선도 등으로 확인할 것
② 전원을 차단한 후 각 단로기 등을 개방하고 확인할 것
③ 차단장치나 단로기 등에 잠금장치 및 꼬리표를 부착할 것
④ 개로된 전로에서 유도전압 또는 전기에너지가 축적되어 근로자에게 전기위험을 끼칠 수 있는 전기기기 등은 접촉하기 전에 잔류전하를 완전히 방전시킬 것
⑤ 검전기를 이용하여 작업 대상 기기가 충전되었는지를 확인할 것
⑥ 전기기기 등이 다른 노출 충전부와의 접촉, 유도 또는 예비동력원의 역송전 등으로 전압이 발생할 우려가 있는 경우에는 충분한 용량을 가진 단락 접지기구를 이용하여 접지할 것

09 어떤 기계를 1시간 가동하였을 때 고장발생 확률이 0.004일 경우 다음 물음에 답하시오.

(1) 평균고장간격
(2) 10시간 가동하였을 때 기계의 신뢰도
(3) 10시간 가동하였을 때 고장발생 확률

해답

(1) 평균고장간격 : 평균고장간격(MTBF) $= \frac{1}{\lambda}$

$= \frac{1}{0.004} = 250$(시간)

(2) 10시간 가동하였을 때 기계의 신뢰도 :

신뢰도 $R(t) = e^{-\lambda t} = e^{-(0.004 \times 10)} = 0.9608 = 0.96$

(3) 10시간 가동하였을 때 고장발생 확률 :

불신뢰도 $F(t) = 1 - R(t) = 1 - 0.9608$

$= 0.0392 = 0.04$

10 다음 FT도에서 컷셋(cut set)을 모두 구하시오.

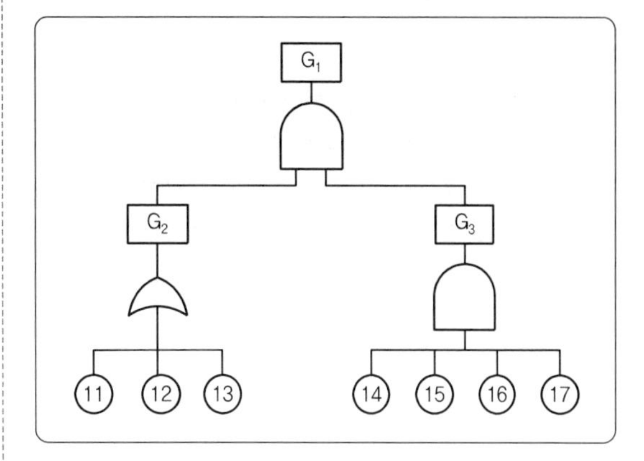

해답

		11, G_3		11, 14, 15, 16, 17
G_1 →	G_2, G_3 →	12, G_3	→	12, 14, 15, 16, 17
		13, G_3		13, 14, 15, 16, 17

그러므로 컷셋은 (11, 14, 15, 16, 17), (12, 14, 15, 16, 17), (13, 14, 15, 16, 17)

11 다음과 같은 방폭구조의 표시에서 밑줄 친 부분을 설명하시오.

> Ex d IIA T_4 IP54

해답

① d : 방폭구조의 종류(내압방폭구조)
② ⅡA : 그룹을 나타낸 기호
③ T_4 : 온도 등급, 최고 표면온도(135℃)

TIP 그룹 Ⅱ 전기기기의 최고 표면온도

온도 등급	최고 표면온도(℃)
T_1	450 이하
T_2	300 이하
T_3	200 이하
T_4	135 이하
T_5	100 이하
T_6	85 이하

12 목재가공용 둥근톱에서 분할날이 갖추어야 할 사항 3가지를 쓰시오.

해답

① 분할날의 두께는 둥근톱 두께의 1.1배 이상이어야 한다.
② 견고히 고정할 수 있으며 분할날과 톱날 원주면과의 거리는 12mm 이내로 조정, 유지할 수 있어야 한다.
③ 표준 테이블면 상의 톱 뒷날의 2/3 이상을 덮도록 하여야 한다.
④ 분할날 조임볼트는 2개 이상이어야 하며 볼트는 이완방지조치가 되어 있어야 한다.

13 유해물질의 취급 등으로 근로자에게 유해한 작업에 있어서 그 원인을 제거하기 위하여 조치해야 할 사항을 3가지 쓰시오.

해답

① 대치
② 격리
③ 환기

2007년 7월 8일 산업안전산업기사 실기 필답형

01 연소의 형태에서 고체의 연소형태를 4가지 쓰시오.

해답

① 표면연소, ② 분해연소, ③ 증발연소, ④ 자기연소

02 금속의 용접 등에 사용되는 가스용기를 저장해서는 안 되는 장소를 3가지 쓰시오.

해답

① 통풍이나 환기가 불충분한 장소
② 화기를 사용하는 장소 및 그 부근
③ 위험물 또는 인화성 액체를 취급하는 장소 및 그 부근

03 잠함 등의 내부에서 굴착작업을 하는 경우 설치해야 할 설비의 종류를 3가지 쓰시오.

해답

① 승강설비, ② 통신설비, ③ 송기설비

04 LD_{50}에 대해 설명하시오.

해답

한 무리의 실험동물 50%를 사망시키는 독성물질의 양으로 반수치사량이라고도 하며, 독성 물질의 경우는 동물체중 1kg에 대한 독물량(mg)으로 타나낸다.

05 MTBF, MTTF, MTTR의 용어에 대한 명칭과 공식을 쓰시오.

해답

① MTBF(평균고장간격) $= \dfrac{1}{\lambda(\text{고장률})}$

② MTTF(평균고장시간) $= \dfrac{T(\text{총 동작시간})}{r(\text{그 기간 중의 총 고장 수})}$

③ MTTR(평균수리시간) $= \dfrac{1}{\mu(\text{평균수리율})}$

06 다음 보기의 용어를 설명하시오.

① TLV–TWA
② TLV–STEL
③ TLV–C

해답

① TLV－TWA : 1일 8시간, 주 40시간 동안의 평균노출농도로서 거의 모든 근로자가 평상작업에서 반복하여 노출되더라도 건강장해를 일으키지 않는 공기 중 유해물질의 농도
② TLV－STEL : 1일 8시간 동안 근로자가 1회 15분간의 시간가중 평균노출기준(허용농도)
③ TLV－C : 1일 8시간 동안 근로자가 1일 작업시간 동안 잠시라도 노출되어서는 아니 되는 기준

07 다음 그림과 같은 안전보건 표지의 바탕 색채와 기본모형, 관련 부호 및 그림의 색채를 쓰시오.

해답

① 바탕 색채 : 노란색
② 기본모형, 관련 부호 및 그림 : 검은색

08 어느 사업장의 도수율이 4이고, 연간 재해건수 5건, 350일의 근로손실일수가 발생하였을 경우 이 사업장의 강도율을 구하시오.

해답

① 연간총근로시간수

$= \dfrac{\text{재해발생건수}}{\text{도수율}} \times 1{,}000{,}000$

$= \dfrac{5}{4} \times 1{,}000{,}000 = 1{,}250{,}000(\text{시간})$

② 강도율 $= \frac{\text{근로손실일수}}{\text{연간총근로시간수}} \times 1{,}000$

$= \frac{350}{1{,}250{,}000} \times 1{,}000 = 0.28$

09 다음 그림을 보고 산업재해발생 형태를 쓰시오.

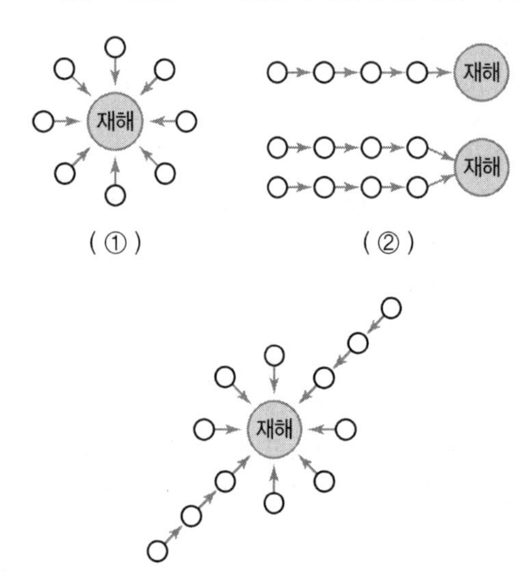

해답

① 단순자극형
② 연쇄형
③ 복합형

10 동력 프레스기의 양수 기동식 안전장치의 클러치 맞물림 개소수가 4, 매분행정수가 300일 경우 안전거리를 계산하시오.

해답

① $T_m = \left(\frac{1}{\text{클러치 맞물림 개소수}} + \frac{1}{2}\right) \times \left(\frac{60{,}000}{\text{매분 행정수}}\right)$

$= \left(\frac{1}{4} + \frac{1}{2}\right) \times \frac{60{,}000}{300} = 150(\text{ms})$

② $D_m = 1.6 \times T_m = 1.6 \times 150 = 240(\text{mm})$

TIP 양수기동식 안전거리

$$D_{\text{m}} = 1.6\,T_{\text{m}}$$

여기서,
D_{m} : 안전거리(mm)
T_{m} : 양손으로 누름단추를 누르기 시작할 때부터 슬라이드가 하사점에 도달하기까지 소요시간(ms)

$T_{\text{m}} = \left(\frac{1}{\text{클러치 맞물림 개소수}} + \frac{1}{2}\right) \times \frac{60{,}000}{\text{매분 행정수}}(\text{ms})$

11 사업장에서 작업자가 지켜야 할 무재해운동 실천기법 중 5C운동을 쓰시오.

해답

① 복장단정(Correctness)
② 정리정돈(Clearance)
③ 청소청결(Cleaning)
④ 점검확인(Checking)
⑤ 전심전력(Concentration)

12 암석이 떨어질 우려가 있는 위험장소에서 견고한 낙하물 보호구조를 갖춰야 하는 차량계 건설기계의 종류를 5가지만 쓰시오.

해답

① 불도저
② 트랙터
③ 굴착기
④ 로더
⑤ 스크레이퍼
⑥ 덤프트럭
⑦ 모터그레이더
⑧ 롤러
⑨ 천공기
⑩ 항타기 및 항발기

13 비파괴 검사의 종류를 4가지 쓰시오.

해답

① 육안검사
② 누설검사
③ 침투검사
④ 초음파검사
⑤ 자기탐상검사
⑥ 음향검사
⑦ 방사선투과검사
⑧ 와류탐상검사

2007년 10월 7일 산업안전기사 실기 필답형

01 롤러기 방호장치(급정지장치)의 종류 3가지와 조작부의 설치위치를 쓰시오.

해답

① 손으로 조작하는 것 : 밑면으로부터 1.8m 이내
② 복부로 조작하는 것 : 밑면으로부터 0.8m 이상 1.1m 이내
③ 무릎으로 조작하는 것 : 밑면으로부터 0.4m 이상 0.6m 이내

02 지상높이 31m 이상의 건축공사에서 유해·위험방지계획서를 작성하여 제출하고자 할 때 첨부하여야 하는 작업공종별 유해·위험방지계획의 해당 작업공종을 5가지 쓰시오.

해답

① 가설공사
② 구조물공사
③ 마감공사
④ 기계설비공사
⑤ 해체공사

03 화약류 및 위험물저장고에 피뢰침 설치 시 보호각, 접지저항, 피뢰도선의 단면적, 시설물로부터의 이격거리를 쓰시오.

해답

본 문제는 법 개정으로 삭제되었습니다.

04 다음의 고압가스용기에 해당하는 색을 쓰시오.

① 산소
② 아세틸렌
③ 액화암모니아
④ 질소

해답

① 산소 : 녹색
② 아세틸렌 : 황색
③ 액화암모니아 : 백색
④ 질소 : 회색

TIP 가연성 가스 및 독성가스의 용기

가스의 종류	도색의 구분
액화석유가스	밝은 회색
수소	주황색
아세틸렌	황색
액화탄산가스	청색
소방용 용기	소방법에 따른 도색
액화암모니아	백색
액화염소	갈색
산소	녹색
질소	회색
그 밖의 가스	회색

05 중량물 취급 시 작업계획서 내용을 3가지 쓰시오.

해답

① 추락위험을 예방할 수 있는 안전대책
② 낙하위험을 예방할 수 있는 안전대책
③ 전도위험을 예방할 수 있는 안전대책
④ 협착위험을 예방할 수 있는 안전대책
⑤ 붕괴위험을 예방할 수 있는 안전대책

06 산업안전보건법상 안전 인증 대상 보호구를 5가지 쓰시오.

해답

① 추락 및 감전 위험방지용 안전모
② 안전화
③ 안전장갑
④ 방진마스크
⑤ 방독마스크
⑥ 송기마스크
⑦ 전동식 호흡보호구
⑧ 보호복
⑨ 안전대
⑩ 차광 및 비산물 위험방지용 보안경

⑪ 용접용 보안면
⑫ 방음용 귀마개 또는 귀덮개

07 기체의 조성비가 아세틸렌 70%, 클로로벤젠 30%일 때 아세틸렌의 위험도와 혼합기체의 폭발하한계를 구하시오.(단, 아세틸렌 폭발범위 2.5－81, 클로로벤젠 폭발범위 1.3－7.1)

해답

① 아세틸렌의 위험도

$$= \frac{UFL - LFL}{LFL} = \frac{81 - 2.5}{2.5} = 31.40$$

② 폭발하한계

$$= \frac{100}{\frac{V_1}{L_1} + \frac{V_2}{L_2}} = \frac{100}{\frac{70}{2.5} + \frac{30}{1.3}} = 1.975 = 1.96(\%)$$

08 다음 보기의 물질에 해당하는 연소의 종류를 쓰시오.

① 수소	③ TNT
② 알코올	④ 알루미늄가루

해답

① 수소 : 확산연소
② 알코올 : 증발연소
③ TNT : 자기연소
④ 알루미늄가루 : 표면연소

09 다음의 Fault Tree에서 Cut Set을 구하시오.

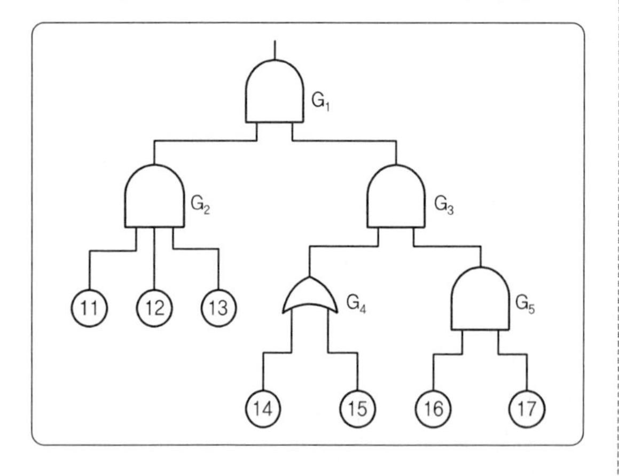

해답

G_1 → G_2G_3 → ⑪⑫⑬G_3 → ⑪⑫⑬G_4G_5 →

⑪⑫⑬⑭G_5 → ⑪⑫⑬⑭⑯⑰
⑪⑫⑬⑮G_5 → ⑪⑫⑬⑮⑯⑰

그러므로 컷셋은 (⑪⑫⑬⑭⑯⑰), (⑪⑫⑬⑮⑯⑰)

10 안전에 관한 중대성의 차이를 비교하기 위하여 과거의 안전성적과 현재의 안전성적을 비교 평가하는 방식으로 다음과 같은 Safe－T－Score를 사용한다. ( ) 안에 알맞은 내용을 쓰고 Safe－T－Score가 1.5일 때 판정기준을 쓰시오.

$$\text{Safe-T-Score} = \frac{(①)-(②)}{\sqrt{\frac{(③)}{\text{근로총시간수(현재)}} \times 1{,}000{,}000}}$$

해답

① 현재의 빈도율
② 과거의 빈도율
③ 과거의 빈도율
④ 1.5 : 과거에 비해 심각한 차이가 없다.

TIP 판정

단위가 없고 계산 결과 ＋이면 나쁜 기록, －이면 과거에 비해 좋은 기록이다.

- ＋2.00 이상 : 과거보다 심각하게 나빠졌다.
- ＋2.00에서 －2.00 사이 : 과거에 비해 심각한 차이가 없다.
- －2.00 이하 : 과거보다 좋아졌다.

11 H기업은 지난 해에 산재보험료는 18,300,000원을 납부하였고, 산재보상금은 12,650,000원을 받았다. H기업의 총 재해 48건 중 휴업상해(A) 건수는 10건, 통원상해(B) 건수는 8건, 구급처치(C) 건수는 10건, 부상해사고(D) 건수는 20건 발생하였다면 Heinrich 방식과 Simonds 방식에 의한 재해손실비용을 각각 계산하시오.(단, A : 950,000원, B : 528,000원, C : 325,000원, D : 193,200원)

해답

(1) Heinrich 방식(1 : 4 원칙)

① 총재해 코스트(재해손실비용) = 직접비 + 간접비
= 직접비×5

② 총재해 코스트 = 12,650,000×5 = 63,250,000(원)

(2) Simonds 방식

① 총재해 코스트
= 산재보험료 + (A×휴업상해건수) + (B×통원상해건수) + (C×응급조치건수) + (D×무상해 사고건수)

② 총재해 코스트
= 18,300,000 + (950,000×10) + (528,000×8) + (325,000×10) + (193,200×20)
= 39,138,000(원)

12 Fail safe를 기능적인 측면에서 3단계로 분류하여 간략히 설명하시오.

해답

① Fail−passive : 부품이 고장 나면 기계가 정지하는 방향으로 이동하는 것(일반적인 산업기계)

② Fail−active : 부품이 고장 나면 경보를 울리며 잠시 동안 계속 운전이 가능한 것

③ Fail−operational : 부품이 고장 나도 추후에 보수가 될 때까지 안전한 기능을 유지하는 것

13 직접접촉에 의한 감전방지대책을 4가지 쓰시오.

해답

① 충전부가 노출되지 않도록 폐쇄형 외함이 있는 구조로 할 것

② 충전부에 충분한 절연효과가 있는 방호망이나 절연덮개를 설치할 것

③ 충전부는 내구성이 있는 절연물로 완전히 덮어 감쌀 것

④ 발전소 · 변전소 및 개폐소 등 구획되어 있는 장소로서 관계 근로자가 아닌 사람의 출입이 금지되는 장소에 충전부를 설치하고, 위험표시 등의 방법으로 방호를 강화할 것

⑤ 전주 위 및 철탑 위 등 격리되어 있는 장소로서 관계 근로자가 아닌 사람이 접근할 우려가 없는 장소에 충전부를 설치할 것

2007년 10월 7일 산업안전산업기사 실기 필답형

01 통전경로의 위험도에서 위험한 순서대로 번호를 쓰시오.

① 왼손 → 가슴	③ 왼손 → 등
② 오른손 → 가슴	④ 양손 → 양발

해답

① → ② → ④ → ③

TIP 통전경로별 위험도

통전경로	심장 전류 계수	통전경로	심장 전류 계수
왼손 – 가슴	1.5	왼손 – 등	0.7
오른손 – 가슴	1.3	한 손 또는 양손 – 앉아 있는 자리	0.7
왼손 – 한 발 또는 양발	1.0	왼손 – 오른손	0.4
양손 – 양발	1.0	오른손 – 등	0.3
오른손 – 한 발 또는 양발	0.8		

※ 숫자가 클수록 위험도가 높다.

02 통제표시비 설계 시 고려해야 할 사항을 5가지 쓰시오.

해답

① 계측의 크기
② 공차
③ 목측거리
④ 조작시간
⑤ 방향성

03 교류 아크 용접기에 설치하는 자동전격방지기 설치 시 요령 및 유의사항 3가지를 쓰시오.

해답

① 직각으로 부착할 것(단, 직각이 어려울 때는 직각에 대해 20도를 넘지 않을 것)
② 용접기의 이동, 진동, 충격으로 이완되지 않도록 이완 방지조치를 취할 것
③ 작동상태를 알기 위한 표시 등은 보기 쉬운 곳에 설치할 것
④ 작동상태를 시험하기 위한 테스트 스위치는 조작하기 쉬운 곳에 설치할 것
⑤ 용접기의 전원 측에 접속하는 선과 출력 측에 접속하는 선을 혼동하지 말 것
⑥ 외함이 금속제인 경우는 이것에 적당한 접지단자를 설치할 것

04 다음의 재해상황을 보고 재해발생형태를 쓰시오.

(1) 사람이 인력(중력)에 의하여 건축물, 구조물, 가설물, 수목, 사다리 등의 높은 장소에서 떨어진 재해 : (①)
(2) 사람이 거의 평면 또는 경사면, 층계 등에서 구르거나 넘어져서 발생한 재해 : (②)

해답

① 떨어짐
② 넘어짐

05 시스템 안전에서 기계의 고장률을 나타내는 그래프를 그리고 명칭과 각 기간 중 고장률 감소대책을 1가지씩 쓰시오.

해답

(1) 고장률을 나타내는 그래프

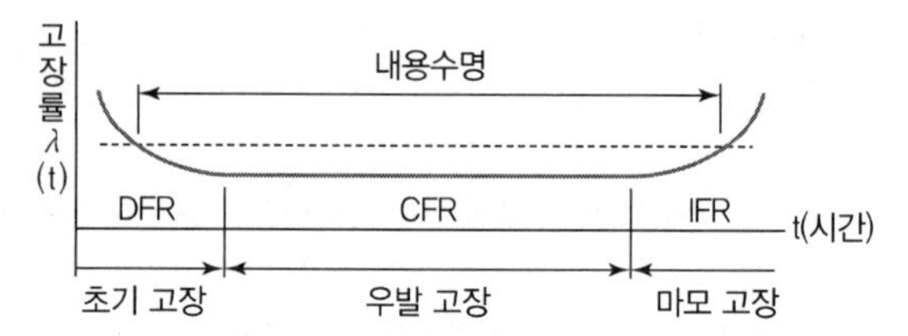

(2) 명칭과 고장률 감소대책

① 초기 고장
ⓐ 점검작업이나 시운전 등으로 감소시킬 수 있다.
ⓑ 보전예방(MP) 실시

② 우발 고장
ⓐ 극한 상황을 고려한 설계, 안전계수를 고려한 설계 등으로 감소시킬 수 있다.
ⓑ 사후보전(BM) 실시

③ 마모 고장
ⓐ 안전진단 및 적당한 보수에 의해 감소시킬 수 있다.
ⓑ 예방보전(PM) 실시

06 휘발유 등 유류탱크 저장소에 설치해야 할 안전보건 표시에 관한 다음 사항을 설명하시오.

① 표지종류	③ 바탕색
② 형태(모양)	④ 기본모형색

해답

① 표지종류 : 경고표지(인화성 물질 경고)
② 형태(모양) : 마름모
③ 바탕색 : 무색
④ 기본모형색 : 빨간색

07 다음 기계 · 기구에 해당하는 방호장치명을 쓰시오.

① 목재가공용 둥근톱
② 목재가공용 띠톱기계
③ 롤러기

해답

① 날접촉예방장치, 반발예방장치
② 날접촉예방장치, 덮개
③ 급정지장치

08 지반의 이상현상 중 보일링과 히빙현상이 일어나기 쉬운 지반조건을 각각 1개씩 쓰시오.

① 보일링현상이 잘 일어나는 지반
② 히빙현상이 잘 일어나는 지반

해답

① 보일링현상이 잘 일어나는 지반 : 사질토 지반
② 히빙현상이 잘 일어나는 지반 : 연약성 점토지반

09 안전관리자의 직무를 5가지 쓰시오.(그 밖에 안전에 관한 사항으로서 고용노동부장관이 정하는 사항 제외)

해답

① 산업안전보건위원회 또는 안전 및 보건에 관한 노사협의체에서 심의 · 의결한 업무와 해당 사업장의 안전보건관리규정 및 취업규칙에서 정한 업무
② 위험성 평가에 관한 보좌 및 지도 · 조언
③ 안전인증대상 기계 등과 자율안전확인대상 기계 등 구입 시 적격품의 선정에 관한 보좌 및 지도 · 조언
④ 해당 사업장 안전교육계획의 수립 및 안전교육 실시에 관한 보좌 및 지도 · 조언
⑤ 사업장 순회점검, 지도 및 조치 건의
⑥ 산업재해 발생의 원인 조사 · 분석 및 재발 방지를 위한 기술적 보좌 및 지도 · 조언
⑦ 산업재해에 관한 통계의 유지 · 관리 · 분석을 위한 보좌 및 지도 · 조언
⑧ 법 또는 법에 따른 명령으로 정한 안전에 관한 사항의 이행에 관한 보좌 및 지도 · 조언
⑨ 업무수행 내용의 기록 · 유지

10 절토사면의 붕괴 방지를 위한 예방 점검을 실시하는 경우 점검사항 3가지를 쓰시오.

해답

① 전 지표면의 답사
② 경사면의 지층 변화부 상황 확인
③ 부석의 상황 변화의 확인
④ 용수의 발생 유 · 무 또는 용수량의 변화 확인
⑤ 결빙과 해빙에 대한 상황의 확인
⑥ 각종 경사면 보호공의 변위, 탈락 유 · 무

11 다음은 화학설비의 안전성에 대한 정량적 평가이다. 위험등급에 따른 점수를 계산하고 해당하는 항목을 쓰시오.

① 위험등급 Ⅰ : ( )
② 위험등급 Ⅱ : ( )
③ 위험등급 Ⅲ : ( )

항목 분류	A급(10점)	B급(5점)	C급(2점)	D급(0점)
취급물질	○		○	
화학설비의 용량	○	○	○	
온도		○	○	○
압력	○	○		
조작			○	○

해답

① 위험등급 Ⅰ : 합산점수가 16점 이상 – 화학설비의 용량(17점)
② 위험등급 Ⅱ : 합산점수가 11~15점 – 압력(15점), 취급물질(12점)
③ 위험등급 Ⅲ : 합산점수가 0~10점 – 온도(7점), 조작(2점)

12 공정안전보고서 제출대상 사업장을 3가지 쓰시오.

해답

① 원유 정제처리업
② 기타 석유정제물 재처리업
③ 석유화학계 기초화학물질 제조업 또는 합성수지 및 기타 플라스틱물질 제조업
④ 질소 화합물, 질소 · 인산 및 칼리질 화학비료 제조업 중 질소질 비료 제조
⑤ 복합비료 및 기타 화학비료 제조업 중 복합비료 제조(단순혼합 또는 배합에 의한 경우는 제외)
⑥ 화학 살균 · 살충제 및 농업용 약제 제조업(농약 원제 제조만 해당)
⑦ 화약 및 불꽃제품 제조업

13 산소 결핍이 우려되는 밀폐공간에서 작업할 경우 착용해야 할 보호구를 2가지 쓰시오.

해답

① 공기 호흡기
② 송기마스크

2008년 4월 20일 산업안전기사 실기 필답형

01 내전압용 안전장갑의 등급에 따른 명판색을 쓰시오.

등급	00	0	1	2	3	4
색상	(①)	빨강색	(②)	노랑색	(③)	등색

해답

① 갈색, ② 흰색, ③ 녹색

02 산업안전 보건법상 1년에 1회 이상 자체 검사를 실시하여야 하는 대상기계 기구를 4가지 쓰시오.

해답

본 문제는 2009년 법 개정으로 삭제되고 안전검사로 관련법이 제정되었습니다.

03 정전기 대전 형태를 4가지 쓰시오.

해답

① 마찰대전
② 박리대전
③ 유동대전
④ 분출대전
⑤ 충돌대전
⑥ 유도대전
⑦ 비말대전
⑧ 파괴대전
⑨ 교반대전

04 다음 보기 중 통전경로별 인체의 위험도가 큰 것부터 순서대로 나열하시오.

① 왼손－오른손
② 양손－양발
③ 왼손－등
④ 왼손－가슴

해답

④ → ② → ③ → ①

TIP 통전경로별 위험도

통전경로	심장 전류 계수	통전경로	심장 전류 계수
왼손－가슴	1.5	왼손－등	0.7
오른손－가슴	1.3	한 손 또는 양손－앉아 있는 자리	0.7
왼손－한 발 또는 양발	1.0	왼손－오른손	0.4
양손－양발	1.0	오른손－등	0.3
오른손－한 발 또는 양발	0.8		

※ 숫자가 클수록 위험도가 높다.

05 고장률이 1시간당 0.01로 일정한 기계가 있다. 이 기계가 처음 100시간 동안에 고장이 발생할 확률을 구하시오.

해답

① 신뢰도 $R(t) = e^{-\lambda t} = e^{-(0.01 \times 100)} = 0.37$
② 불신뢰도 $F(t) = 1 - R(t) = 1 - 0.37 = 0.63$

06 작업 시 추락에 의해 근로자에게 위험을 미칠 우려가 있는 경우 비계를 조립하는 등의 방법으로 작업발판을 설치해야 하는 높이의 기준을 쓰시오.

해답

지면으로부터 2m 이상

07 화학설비 및 그 부속설비의 자체 검사 항목을 5가지 쓰시오.

해답

본 문제는 2009년 법 개정으로 삭제되고 안전검사로 관련법이 제정되었습니다.

08 방폭구조의 표시에서 d IIA T_4를 설명하시오.

해답

① d : 방폭구조의 종류(내압방폭구조)
② ⅡA : 그룹을 나타낸 기호
③ T_4 : 온도 등급, 최고 표면온도(135℃)

TIP 그룹 II 전기기기의 최고 표면온도

온도 등급	최고 표면온도(℃)
T_1	450 이하
T_2	300 이하
T_3	200 이하
T_4	135 이하
T_5	100 이하
T_6	85 이하

09 화물의 낙하로 인하여 지게차의 운전자에게 위험을 미칠 우려가 있는 작업장에서 사용되는 지게차의 헤드가드가 갖추어야 할 사항 2가지를 쓰시오.

해답

① 강도는 지게차의 최대하중의 2배 값(4톤을 넘는 값에 대해서는 4톤으로 한다)의 등분포정하중에 견딜 수 있을 것
② 상부틀의 각 개구의 폭 또는 길이가 16센티미터 미만일 것
③ 운전자가 앉아서 조작하거나 서서 조작하는 지게차의 헤드가드는 한국산업표준에서 정하는 높이 기준 이상일 것(좌식 : 0.903m 이상, 입식 : 1.88m 이상)

10 1,000명이 근무하는 A사업장에서 전년도에 3건의 산업재해가 발생하였다. 이에 따라 이 사업장의 안전관리 부서 주관으로 6개월 동안 다음과 같은 안전활동을 전개하였다. 1일 8시간, 월 26일 근무하였다면 안전활동률을 구하시오.

(1) 불안전행동의 발견 및 조치건수 : 21건
(2) 안전제안건수 : 8건
(3) 안전홍보건수 : 12건
(4) 안전회의건수 : 8건

해답

$$안전활동률 = \frac{안전활동건수}{근로시간수 \times 평균근로자수} \times 10^6$$
$$= \frac{21+8+12+8}{1{,}000 \times 8 \times 26 \times 6} \times 10^6 = 39.262$$
$$= 39.26$$

11 산업안전보건법상 산업재해를 예방하기 위하여 필요하다고 인정하는 경우 산업재해 발생건수, 재해율 또는 그 순위 등을 공표할 수 있는 대상사업장을 쓰시오.

해답

① 산업재해로 인한 사망자가 연간 2명 이상 발생한 사업장
② 사망만인율(연간 상시근로자 1만 명당 발생하는 사망재해자 수의 비율)이 규모별 같은 업종의 평균 사망만인율 이상인 사업장
③ 중대산업사고가 발생한 사업장
④ 산업재해 발생 사실을 은폐한 사업장
⑤ 산업재해의 발생에 관한 보고를 최근 3년 이내 2회 이상 하지 않은 사업장

12 X_1,X_2,X_3,X_4가 다음과 같을 경우 X_2의 고장 시 이벤트 트리와 작동 여부를 판단하시오.

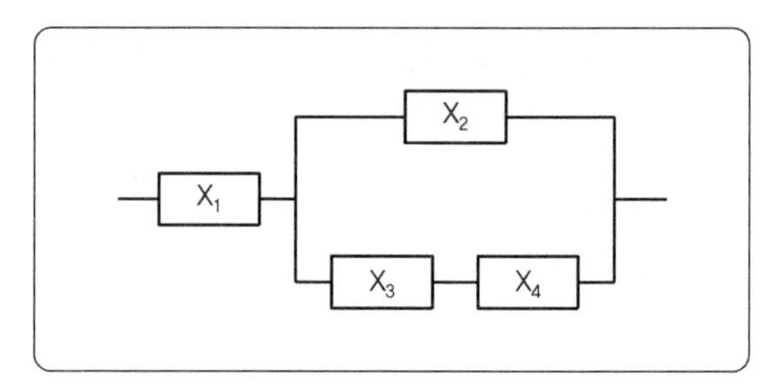

해답

X_2	X_1	X_3	X_4	시스템
고장	작동	작동	작동	작동
			고장	고장
		고장		고장
				고장

그러므로 X_1, X_3, X_4 가 정상적으로 작동할 경우 시스템은 작동한다.

13 누적손상장애(근골격계 질환)의 원인을 4가지 쓰시오.

해답

① 반복적인 동작
② 부적절한 작업자세
③ 무리한 힘의 사용
④ 날카로운 면과의 신체접촉
⑤ 진동 및 온도

PART 03

2008년 4월 20일 산업안전산업기사 실기 필답형

01 다음의 위험장소에 해당하는 전기설비의 방폭구조를 쓰시오.(그 밖에 인증한 방폭구조 제외)

> (1) 0종 장소
> (2) 1종 장소

해답

(1) 0종 장소
  본질안전방폭구조(ia)

(2) 1종 장소
  ① 내압방폭구조(d)
  ② 압력방폭구조(p)
  ③ 충전방폭구조(q)
  ④ 유입방폭구조(o)
  ⑤ 안전증방폭구조(e)
  ⑥ 본질안전방폭구조(ia, ib)
  ⑦ 몰드방폭구조(m)

02 최초의 완만한 연소에서 폭굉까지 발달하는 데 유도되는 거리인 폭굉 유도거리가 짧아지는 요건을 3가지 쓰시오.

해답

① 정상연소속도가 큰 혼합가스일수록 짧아진다.
② 관 속에 방해물이 있거나 관경이 가늘수록 짧다.
③ 압력이 높을수록 짧다.
④ 점화원의 에너지가 강할수록 짧다.

03 차량계 하역운반기계 운전자가 운전위치 이탈 시 준수해야 할 사항 2가지를 쓰시오.

해답

① 포크, 버킷, 디퍼 등의 장치를 가장 낮은 위치 또는 지면에 내려 둘 것
② 원동기를 정지시키고 브레이크를 확실히 거는 등 갑작스러운 주행이나 이탈을 방지하기 위한 조치를 할 것
③ 운전석을 이탈하는 경우에는 시동키를 운전대에서 분리시킬 것. 다만, 운전석에 잠금장치를 하는 등 운전자가 아닌 사람이 운전하지 못하도록 조치한 경우에는 그러하지 아니하다.

04 심실세동전류의 정의와 구하는 공식을 쓰시오.

해답

① 정의 : 인체에 흐르는 전류가 더욱 증가하면 심장부를 흐르게 되어 정상적인 박동을 하지 못하고 불규칙적인 세동으로 혈액순환이 순조롭지 못하게 되는 현상을 말하며, 그대로 방치하면 수 분 내로 사망하게 된다.
② 공식 : $I=\dfrac{165}{\sqrt{T}}(\text{mA})$

05 양중기에 사용하여서는 아니 되는 와이어로프의 기준을 5가지 쓰시오.

해답

① 이음매가 있는 것
② 와이어로프의 한 꼬임에서 끊어진 소선의 수가 10% 이상인 것
③ 지름의 감소가 공칭지름의 7%를 초과하는 것
④ 꼬인 것
⑤ 심하게 변형되거나 부식된 것
⑥ 열과 전기충격에 의해 손상된 것

06 고장률이 0.0004일 경우 1,000시간 사용 시 신뢰도를 구하시오.

해답

신뢰도 $R(t)=e^{-\lambda t}=e^{-(0.0004\times 1000)}=0.67$

07 공기 중 사염화탄소의 농도가 0.3%인 장소에서 정화통의 흡수능력이 사염화탄소 0.5%에 대하여 50분이라면 정화통의 유효시간을 구하시오.

해답

$$유효사용시간 = \frac{표준유효시간 \times 시험가스농도}{공기\ 중\ 유해가스농도}$$

$$= \frac{50 \times 0.5}{0.3} = 83.33(분)$$

08 산업안전보건법상 월 1회 이상 자체 검사를 실시해야 하는 대상 기계기구를 쓰시오.

해답

본 문제는 2009년 법 개정으로 삭제되고 안전검사로 관련 법이 제정되었습니다.

09 산업안전보건법상 자율검사프로그램에 따른 안전검사 검사원의 자격요건을 4가지 쓰시오.

해답

① 「국가기술자격법」에 따른 기계 · 전기 · 전자 · 화공 또는 산업안전 분야에서 기사 이상의 자격을 취득한 후 해당 분야의 실무경력이 3년 이상인 사람
② 「국가기술자격법」에 따른 기계 · 전기 · 전자 · 화공 또는 산업안전 분야에서 산업기사 이상의 자격을 취득한 후 해당 분야의 실무경력이 5년 이상인 사람
③ 「국가기술자격법」에 따른 기계 · 전기 · 전자 · 화공 또는 산업안전 분야에서 기능사 이상의 자격을 취득한 후 해당 분야의 실무경력이 7년 이상인 사람
④ 「고등교육법」에 따른 학교 중 수업연한이 4년인 학교(같은 법 및 다른 법령에 따라 이와 같은 수준 이상의 학력이 인정되는 학교를 포함)에서 기계 · 전기 · 전자 · 화공 또는 산업안전 분야의 관련 학과를 졸업한 후 해당 분야의 실무경력이 3년 이상인 사람
⑤ 「고등교육법」에 따른 학교 중 제④호에 따른 학교 외의 학교(같은 법 및 다른 법령에 따라 이와 같은 수준 이상의 학력이 인정되는 학교를 포함)에서 기계 · 전기 · 전자 · 화공 또는 산업안전 분야의 관련 학과를 졸업한 후 해당 분야의 실무경력이 5년 이상인 사람
⑥ 「초 · 중등교육법」에 따른 고등학교 · 고등기술학교에서 기계 · 전기 또는 전자 · 화공 관련 학과를 졸업한 후 해당 분야의 실무경력이 7년 이상인 사람
⑦ 자율검사프로그램에 따라 안전에 관한 성능검사 교육을 이수한 후 해당 분야의 실무경력이 1년 이상인 사람

10 정전기 발생의 영향요인을 5가지 쓰시오.

해답

① 물체의 특성
② 물체의 표면상태
③ 물체의 이력
④ 접촉면적 및 압력
⑤ 분리속도
⑥ 완화시간

11 소음작업이란 산업안전보건법상 1일 8시간 작업을 기준으로 몇 dB 이상의 소음을 말하는가?

해답

85데시벨 이상

12 폭발방지를 위한 불활성화 방법 중 퍼지의 종류를 3가지 쓰시오.

해답

① 진공 퍼지
② 압력 퍼지
③ 스위프 퍼지
④ 사이폰 퍼지

13 산업안전보건법에서 정하는 양중기의 종류를 4가지 쓰시오.

해답

① 크레인(호이스트 포함)
② 이동식 크레인
③ 리프트(이삿짐 운반용 리프트의 경우에는 적재하중이 0.1톤 이상인 것)
④ 곤돌라
⑤ 승강기

2008년 7월 6일 산업안전기사 실기 필답형

01 근로자 수 1,440명이며, 주당 40시간, 연간 50주 근무하는 A사업장에서 발생한 재해건수는 40건, 근로손실일수 1,200일, 사망재해 1건이 발생하였다면 강도율은 얼마인가?(단, 조기출근 및 잔업시간의 합계는 100,000시간, 조퇴 5,000시간, 결근율 6%이다.)

해답

① $출근율 = 1 - \frac{6}{100} = 0.94$

② $강도율 = \frac{근로손실일수}{연간총근로시간수} \times 1,000$

$= \frac{7,500 + 1,200}{(1,440 \times 40 \times 50 \times 0.94) + (100,000 - 5,000)} \times 1,000$

$= 3.104 = 3.10$

TIP 근로손실일수의 산정 기준
① 사망 및 영구 전노동불능(신체장해등급 1~3급) : 7,500일
② 영구 일부노동불능(근로손실일수)

신체장해등급	근로손실일수	신체장해등급	근로손실일수
4	5,500	10	600
5	4,000	11	400
6	3,000	12	200
7	2,200	13	100
8	1,500	14	50
9	1,000		

02 다음 FT도에서 미니멀 컷셋을 구하시오.

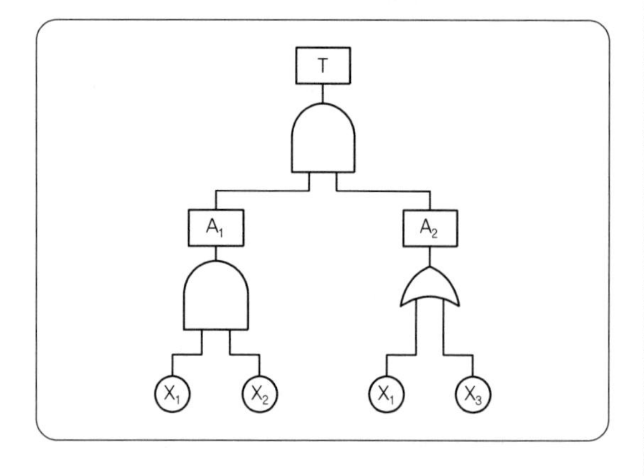

해답

$T \rightarrow A_1, A_2 \rightarrow X_1, X_2, A_2 \rightarrow \begin{matrix} X_1, X_2, X_1 \\ X_1, X_2, X_3 \end{matrix}$

$\rightarrow \begin{matrix} X_1, X_2 \\ X_1, X_2, X_3 \end{matrix}$

그러므로 미니멀 컷셋은 (X_1, X_2)

03 다음 보기에서 물 반응성 물질 및 인화성 고체를 고르시오.

① 니트로글리세린	⑤ 질산나트륨
② 리튬	⑥ 셀룰로이드류
③ 황	⑦ 마그네슘 분말
④ 염소산칼륨	⑧ 질산에스테르

해답

② 리튬
③ 황
⑥ 셀룰로이드류
⑦ 마그네슘 분말

TIP
• 니트로글리세린, 질산에스테르 : 폭발성 물질 및 유기과산화물
• 염소산칼륨, 질산나트륨 : 산화성 액체 및 산화성 고체

04 화학설비 및 그 부속설비의 자체 검사주기 및 검사내용을 4가지 쓰시오.

해답

본 문제는 2009년 법 개정으로 삭제되고 안전검사로 관련 법이 제정되었습니다.

05 안전인증 방독마스크에 안전인증의 표시에 따른 표시 외에 추가로 표시해야 할 사항을 4가지 쓰시오.

해답

① 파과곡선도
② 사용시간 기록카드
③ 정화통의 외부 측면의 표시색
④ 사용상의 주의사항

06 인간공학에서 사용하는 인체계측자료의 응용원칙 3가지를 쓰시오.

해답

① 조절 가능한 설계
② 극단치를 이용한 설계
③ 평균치를 이용한 설계

07 연삭숫돌에 관한 다음의 내용에서 빈칸에 알맞은 단어(숫자)를 넣으시오.

산업안전보건법상 사업주는 회전 중인 연삭숫돌(직경 5센티미터 이상)이 근로자에게 위협을 미칠 우려가 있는 때에는 해당 부위에 ( )를 설치하여야 하며, 작업을 시작하기 전에는 ( )분 이상, 연삭숫돌을 교체한 후에는 ( )분 이상 시험운전을 하고 해당 기계에 이상이 있는지를 확인하여야 한다.

해답

① 덮개
② 1
③ 3

08 휴먼에러에 관한 다음 내용을 설명하시오.

① Omission error
② Commission error

해답

① Omission error : 필요한 직무 및 절차를 수행하지 않아(생략) 발생하는 에러
② Commission error : 필요한 직무 또는 절차의 불확실한 수행으로 인한 에러

TIP ① Sequential error : 필요한 직무 또는 절차의 순서착오로 인한 에러
② Time error : 필요한 직무 또는 절차의 수행지연으로 인한 에러
③ Extraneous error : 불필요한 직무 또는 절차를 수행함으로써 기인한 에러

09 철골작업을 중지시켜야 하는 조건을 3가지 쓰시오.

해답

① 풍속이 초당 10미터 이상인 경우
② 강우량이 시간당 1밀리미터 이상인 경우
③ 강설량이 시간당 1센티미터 이상인 경우

10 롤러기의 방호장치 및 설치방법에 관한 사항 중 ( ) 안에 알맞은 내용을 쓰시오.

방호장치	(①)
손으로 조작하는 것	밑면으로부터 (②)m 이내
복부로 조작하는 것	밑면으로부터 (③)m 이상 (④)m 이내
무릎으로 조작하는 것	밑면으로부터 (⑤)m 이상 (⑥)m 이내

해답

① 급정지장치
② 1.8
③ 0.8
④ 1.1
⑤ 0.4
⑥ 0.6

11 다음과 같은 자료의 내용을 기준으로 2006년도와 2007년도의 Safe-T-Score를 구하고 안전도에 대한 심각성 여부를 판정하시오.

구분	2006년	2007년
인원	80	100
재해건수	100	125
총근로시간수	1,000,000	1,100,000

해답

① 2006년 빈도율 $= \dfrac{\text{재해발생건수}}{\text{연간총근로시간수}}$

$= \dfrac{100}{1{,}000{,}000} \times 10^6 = 100$

② 2007년 빈도율 $= \dfrac{\text{재해발생건수}}{\text{연간총근로시간수}}$

$= \dfrac{125}{1{,}100{,}000} \times 10^6 = 113.64$

③ Safe－T－Score

$$= \frac{\text{현재의 빈도율} - \text{과거의 빈도율}}{\sqrt{\dfrac{\text{과거의 빈도율}}{\text{근로총시간수(현재)}} \times 1{,}000{,}000}}$$

$$= \frac{113.64 - 100}{\sqrt{\dfrac{100}{1{,}100{,}000} \times 10^6}} = 1.43$$

④ Safe－T－Score가 1.43일 경우 : 과거에 비해 심각한 차이가 없다.

> **TIP** 판정
> 단위가 없고 계산 결과 ＋이면 나쁜 기록, －이면 과거에 비해 좋은 기록이다.
> - ＋2.00 이상 : 과거보다 심각하게 나빠졌다.
> - ＋2.00에서 －2.00 사이 : 과거에 비해 심각한 차이가 없다.
> - －2.00 이하 : 과거보다 좋아졌다.

12 산업재해 예방을 위하여 경보의 통일적 운영과 수급인인 사업주 및 근로자에 대한 경보 운영사항의 주지가 필요한 경우를 3가지 쓰시오.

해답

① 작업 장소에서 발파작업을 하는 경우
② 작업 장소에서 화재가 발생하는 경우
③ 작업 장소에서 토석 붕괴 사고가 발생하는 경우

13 Fail Safe와 Fool proof를 간단히 설명하시오.

해답

① 페일 세이프(Fail Safe) : 기계나 그 부품에 파손 · 고장이나 기능불량이 발생하여도 항상 안전하게 작동할 수 있는 기능을 가진 구조

② 풀 프루프(Fool Proof) : 작업자가 기계를 잘못 취급하여 불안전 행동이나 실수를 하여도 기계설비의 안전 기능이 작용되어 재해를 방지할 수 있는 기능을 가진 구조

14 폭발의 정의에서 UVCE와 BLEVE에 대하여 간단히 설명하시오.

해답

① UVCE(개방계 증기운 폭발) : 가연성 가스 또는 기화하기 쉬운 가연성 액체 등이 저장된 고압가스 용기(저장탱크)의 파괴로 인하여 대기 중으로 유출된 가연성 증기가 구름을 형성(증기운)한 상태에서 점화원이 증기운에 접촉하여 폭발하는 현상

② BLEVE(비등액 팽창증기 폭발)
비등점이 낮은 인화성 액체 저장탱크가 화재로 인한 화염에 장시간 노출되어 탱크 내 액체가 급격히 증발하여 비등하고 증기가 팽창하면서 탱크 내 압력이 설계압력을 초과하여 폭발을 일으키는 현상

2008년 7월 6일 산업안전산업기사 실기 필답형

01 산업안전보건법령상 사업주가 근로자에 대하여 실시하여야 하는 근로자 안전보건교육시간에 관한 다음 내용에 알맞은 교육시간을 쓰시오.

교육과정	교육대상		교육시간
정기교육	1) 사무직 종사 근로자		(①)
	2) 그 밖의 근로자	가) 판매업무에 직접 종사하는 근로자	(②)
		나) 판매업무에 직접 종사하는 근로자 외의 근로자	매반기 12시간 이상
채용 시 교육	1) 일용근로자 및 근로계약기간이 1주일 이하인 기간제근로자		(③)
	2) 근로계약기간이 1주일 초과 1개월 이하인 기간제근로자		4시간 이상
	3) 그 밖의 근로자		8시간 이상
작업내용 변경 시 교육	1) 일용근로자 및 근로계약기간이 1주일 이하인 기간제근로자		(④)
	2) 그 밖의 근로자		2시간 이상
건설업 기초안전 · 보건교육	건설 일용근로자		(⑤)

해답

① 매반기 6시간 이상
② 매반기 6시간 이상
③ 1시간 이상
④ 1시간 이상
⑤ 4시간 이상

02 800명의 근로자가 1년간 작업하는 동안 사망재해 2건, 기타 재해로 인한 근로손실일수가 1,200일이었다. 강도율을 구하시오.(단, 주당 40시간씩 연간 50주 근로함)

해답

$$강도율 = \frac{근로손실일수}{연간총근로시간수} \times 1,000$$

$$= \frac{(7,500 \times 2) + 1,200}{800 \times 40 \times 50} \times 1,000$$

$$= 10.125 = 10.13$$

03 다음 안전보건 표지의 명칭을 쓰시오.

해답

① 사용금지
② 산화성 물질 경고
③ 낙하물 경고
④ 방진마스크 착용

04 휴먼에러의 분류 중 Swain의 분류에 관한 종류와 내용을 쓰시오.

해답

① 생략에러(omission error) : 필요한 직무 또는 절차를 수행하지 않아 발생하는 에러
② 작위에러(commission error) : 필요한 직무 또는 절차의 불확실한 수행으로 인한 에러
③ 순서에러(sequential error) : 필요한 직무 또는 절차의 순서 착오로 인한 에러
④ 시간에러(time error) : 필요한 직무 또는 절차의 수행 지연으로 인한 에러
⑤ 과잉행동에러(extraneous error) : 불필요한 직무 또는 절차를 수행함으로써 기인한 에러

05 다음의 유해 · 위험한 기계기구에 설치할 방호장치를 쓰시오.

> ① 아세틸렌 용접장치
> ② 교류아크 용접기
> ③ 압력용기
> ④ 연삭기
> ⑤ 동력식 수동대패

해답

① 아세틸렌 용접장치 : 안전기
② 교류아크 용접기 : 자동전격방지기
③ 압력용기 : 압력방출장치
④ 연삭기 : 덮개
⑤ 동력식 수동대패 : 칼날접촉방지장치(날접촉예방장치)

06 Fail safe를 기능적인 측면에서 3단계로 분류하여 간략히 설명하시오.

해답

① Fail－passive : 부품이 고장 나면 기계가 정지하는 방향으로 이동하는 것(일반적인 산업기계)
② Fail－active : 부품이 고장 나면 경보를 울리며 잠시 동안 계속 운전이 가능한 것
③ Fail－operational : 부품이 고장 나도 추후에 보수가 될 때까지 안전한 기능을 유지하는 것

07 사다리식 통로 등을 설치하는 경우 준수사항 4가지를 쓰시오.

해답

① 견고한 구조로 할 것
② 심한 손상 · 부식 등이 없는 재료를 사용할 것
③ 발판의 간격은 일정하게 할 것
④ 발판과 벽과의 사이는 15센티미터 이상의 간격을 유지할 것
⑤ 폭은 30센티미터 이상으로 할 것
⑥ 사다리가 넘어지거나 미끄러지는 것을 방지하기 위한 조치를 할 것
⑦ 사다리의 상단은 걸쳐놓은 지점으로부터 60센티미터 이상 올라가도록 할 것
⑧ 사다리식 통로의 길이가 10미터 이상인 경우에는 5미터 이내마다 계단참을 설치할 것
⑨ 사다리식 통로의 기울기는 75도 이하로 할 것
⑩ 접이식 사다리 기둥은 사용 시 접혀지거나 펼쳐지지 않도록 철물 등을 사용하여 견고하게 조치할 것

08 프레스기의 방호장치 중 1행정 1정지식 프레스에 사용하는 방호장치를 쓰시오.

해답

양수조작식 방호장치

09 사염화탄소 농도 0.2% 작업장에서, 사용하는 흡수관의 제품(흡수)능력이 사염화탄소 0.5%이며 사용시간이 100분일 때 방독마스크의 파과(유효)시간을 계산하시오.

해답

$$유효사용시간 = \frac{표준유효시간 \times 시험가스농도}{공기\ 중\ 유해가스농도} = \frac{100 \times 0.5}{0.2} = 250(분)$$

10 분진폭발에 영향을 주는 인자 4가지를 쓰시오.

해답

① 분진의 화학적 성질과 조성
② 입도와 입도분포
③ 입자의 형상과 표면의 상태
④ 수분
⑤ 분진의 농도
⑥ 분진의 온도
⑦ 분진의 부유성
⑧ 산소의 농도

11 MTTR과 MTTF를 간단히 설명하시오.

해답

① MTTF(평균고장시간) : 수리하지 않는 시스템, 제품, 기기, 부품 등이 고장 날 때까지 동작시간의 평균치

② MTTR(평균수리시간) : 고장난 후 시스템이나 제품이 제 기능을 발휘하지 않은 시간부터 회복할 때까지의 평균시간

> TIP MTBF(평균고장간격)
> 수리하여 사용이 가능한 시스템에서 고장과 고장 사이의 정상적인 상태로 동작하는 평균시간

12 안전모의 성능시험 항목을 5가지 쓰시오.

해답

① 내관통성

② 충격흡수성

③ 내전압성

④ 내수성

⑤ 난연성

⑥ 턱끈 풀림

13 타워크레인의 설치 · 조립 · 해체작업 시 작업계획서 작성에 포함되어야 할 사항을 4가지 쓰시오.

해답

① 타워크레인의 종류 및 형식

② 설치 · 조립 및 해체순서

③ 작업도구 · 장비 · 가설설비 및 방호설비

④ 작업인원의 구성 및 작업근로자의 역할 범위

⑤ 타워크레인의 지지에 따른 지지 방법

2008년 9월 28일 산업안전기사 실기 필답형

01 다음은 보일러에 설치하는 압력방출장치에 대한 안전기준이다. ( ) 안에 적당한 수치나 내용을 써 넣으시오.

(1) 사업주는 보일러의 안전한 가동을 위하여 보일러 규격에 적합한 압력방출장치를 1개 또는 2개 이상 설치하고, 최고 사용 압력 이하에서 작동되도록 하여야 한다. 다만, 압력방출장치가 2개 이상 설치된 경우에는 최고 사용압력 이하에서 1개가 작동되고, 다른 압력 방출 장치는 최고사용압력의 (①)배 이하에서 작동되도록 부착하여야 한다.
(2) 압력방출장치는 (②)년에 1회 이상 산업통상자원부장관의 지정을 받은 국가교정업무 전담기관에서 교정을 받은 압력계를 이용하여 설정압력에서 압력방출장치가 적정하게 작동하는지를 검사한 후 (③)으로 봉인하여 사용하여야 한다.
(3) 다만, 공정안전보고서 제출 대상으로서 고용노동부장관이 실시하는 공정안전보고서 이행상태 평가 결과 우수한 사업장은 압력방출장치에 대하여 (④)년마다 1회 이상 설정압력에서 압력방출장치가 적정하게 작동하는지를 검사할 수 있다.

해답

① 1.05
② 매
③ 납
④ 4

02 발화점과 인화점에 대하여 간단히 설명하시오.

해답

① 발화점 : 착화원(점화원)이 없는 상태에서 가연성 물질을 공기 또는 산소 중에서 가열하였을 때 발화되는 최저온도
② 인화점 : 가연성 물질에 점화원을 주었을 때 연소가 시작되는 최저온도

03 재해예방의 기본 4원칙을 쓰시오.

해답

① 예방가능의 원칙
② 손실우연의 원칙
③ 원인계기의 원칙
④ 대책선정의 원칙

04 산업안전보건법상 안전보건관리 책임자의 업무를 심의 또는 의결하기 위하여 설치, 운영하여야 할 기구에 대한 다음 물음에 답하시오.

(1) 해당하는 기구의 명칭을 쓰시오.
(2) 기구의 구성에 있어 근로자위원과 사용자위원에 해당하는 위원의 기준을 각각 2가지씩 쓰시오.

해답

(1) 산업안전보건위원회
(2) 위원의 기준
① 근로자위원
㉠ 근로자대표
㉡ 근로자대표가 지명하는 1명 이상의 명예산업안전감독관
㉢ 근로자대표가 지명하는 9명 이내의 해당 사업장의 근로자
② 사용자위원
㉠ 해당 사업의 대표자
㉡ 안전관리자 1명
㉢ 보건관리자 1명
㉣ 산업보건의
㉤ 해당 사업의 대표자가 지명하는 9명 이내의 해당 사업장 부서의 장

05 다음은 방독마스크의 등급 및 사용장소에 관한 내용이다. 물음에 답하시오.

> (1) 고농도 : 가스 또는 증기의 농도가 (①)(암모니아에 있어서는 100분의 3) 이하의 대기 중에서 사용하는 것
> (2) 중농도 : 가스 또는 증기의 농도가 (②)(암모니아에 있어서는 100분의 1.5) 이하의 대기 중에서 사용하는 것
> (3) 저농도 및 최저농도 : 가스 또는 증기의 농도가 (③) 이하의 대기 중에서 사용하는 것으로서 긴급용이 아닌 것
> (4) 방독마스크는 산소농도가 (④) 이상인 장소에서 사용하여야 하고, 고농도와 중농도에서 사용하는 방독마스크는 전면형(격리식, 직결식)을 사용해야 한다.

해답

① 100분의 2
② 100분의 1
③ 100분의 0.1
④ 18%

06 산업안전보건법상 이동식 크레인을 사용하여 작업을 할 때의 작업 시작 전 점검사항을 3가지 쓰시오.

해답

① 권과방지장치나 그 밖의 경보장치의 기능
② 브레이크 · 클러치 및 조정장치의 기능
③ 와이어로프가 통하고 있는 곳 및 작업장소의 지반상태

07 목재가공용 둥근톱기계를 사용하는 목재가공 공장에서 근로자의 안전을 유지하기 위하여 설치하여야 하는 방호장치를 2가지만 쓰시오.(단, 가로 절단용 둥근톱기계 및 자동이송장치를 부착한 둥근톱 기계는 제외한다.)

해답

① 분할날 등 반발예방장치
② 톱날접촉예방장치

> **TIP** 목재가공용 둥근톱의 방호장치
> ① 날접촉예방장치
> ② 반발예방장치

08 콘크리트 구조물로 옹벽을 축조할 경우 필요한 안정조건을 3가지만 쓰시오.

해답

① 전도에 대한 안정
② 활동에 대한 안정
③ 지반지지력에 대한 안정

09 고압 및 특별고압의 전로에 시설하는 피뢰기에 보호접지공사를 하고자 할 때 다음 보기의 물음에 답하시오.

> ① 접지공사의 종류
> ② 접지저항값
> ③ 접지선의 굵기

해답

① 접지공사의 종류 : 제1종 접지공사
② 접지저항값 : 10Ω 이하
③ 접지선의 굵기 : 공칭단면적 $6mm^2$ 이상의 연동선

> **TIP** 법 개정으로 접지대상에 따라 일괄 적용한 종별접지(1종, 2종, 3종, 특별3종)가 폐지되었습니다.

10 연간근로자 수가 600명인 A사업장의 강도율이 4.68, 종합재해지수가 2.55일 때 이 사업장의 연천인율을 구하시오.(단, 연간근로시간수는 ILO 기준에 따른다.)

해답

① 종합재해지수 $= \sqrt{\text{도수율} \times \text{강도율}}$

② 도수율 $= \dfrac{(\text{종합재해지수})^2}{\text{강도율}}$

$= \dfrac{2.55^2}{4.68}$

$= 1.389$

$= 1.39$

③ 연천인율 $= \text{도수율} \times 2.4$

$= 1.39 \times 2.4$

$= 3.336$

$= 3.34$

11 산업안전보건법상 위험물질의 종류를 물질의 성질에 따라 7가지로 구분하여 쓰시오.

해답

① 폭발성 물질 및 유기과산화물
② 물반응성 물질 및 인화성 고체
③ 산화성 액체 및 산화성 고체
④ 인화성 액체
⑤ 인화성 가스
⑥ 부식성 물질
⑦ 급성 독성 물질

12 A사에서 생산하는 제품의 평균수명은 1,000시간이다. 이 제품을 500시간 사용하였을 때의 신뢰도를 구하시오.(단, 이 제품의 고장까지의 시간분포는 지수분포를 따른다.)

해답

① 평균고장률$(\lambda) = \dfrac{1}{\text{MTBF}}$

$$= \frac{1}{1{,}000}$$

$$= 0.001$$

② 신뢰도$R(t) = e^{-\lambda t}$

$$= e^{-(0.001 \times 500)}$$

$$= 0.606$$

$$= 0.61$$

13 가스폭발 위험장소에 설치하여 사용할 수 있는 방폭구조의 종류 4가지와 그 표시기호를 [예시]와 같이 다음 표에 써 넣으시오.

방폭구조의 종류	표시기호
[예시] 압력방폭구조	p
①	
②	
③	
④	

해답

① 내압 방폭구조 : d
② 안전증 방폭구조 : e
③ 비점화 방폭구조 : n
④ 특수 방폭구조 : s
⑤ 몰드 방폭구조 : m
⑥ 유입 방폭구조 : o
⑦ 본질안전 방폭구조 : i(ia, ib)
⑧ 충전 방폭구조 : q

2008년 9월 28일 산업안전산업기사 실기 필답형

01 산업현장에서 사용되는 출입금지 표지판의 배경반사율이 80%이고 관련 그림의 반사율이 20%일 경우 표지판의 대비를 구하시오.

해답

대비(%)

$$= \frac{\text{배경의 광도}(L_b) - \text{표적의 광도}(L_t)}{\text{배경의 광도}(L_b)} \times 100$$

$$= \frac{80-20}{80} \times 100 = 75(\%)$$

02 착화에너지가 0.25mJ인 가스가 있는 사업장의 전기설비의 정전용량이 12pF일 때 방전 시 착화 가능한 최소 대전 전위를 구하시오.

해답

① $W = \frac{1}{2}CV^2$ 의 식에서 $V = \sqrt{\frac{2W}{C}}$ 이므로

② $V = \sqrt{\frac{2W}{C}} = \sqrt{\frac{2 \times 0.25 \times 10^{-3}}{12 \times 10^{-12}}}$

$= 6,454.972 = 6,454.97(\mathrm{V})$

TIP $\mathrm{pF} = 10^{-12}\mathrm{F}$, $\mathrm{mJ} = 10^{-3}\mathrm{J}$

03 와이어로프의 구성 표시방법에서 해당되는 명칭을 쓰시오.

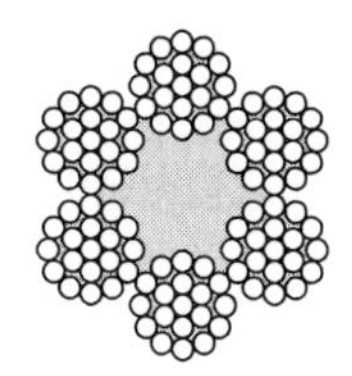

6×Fi(29)

① 6 :

② Fi :

③ 29 :

해답

① 스트랜드수
② 필러형
③ 소선수

TIP

호칭	구성기호
실형 19개선 6꼬임	6×S(19)
필러형 29개선 6꼬임	6×Fi(29)
워링톤형 19개선 8꼬임	8×W(19)
워링톤 실형 31개선 6꼬임	6×WS(31)

04 기계의 원동기 · 회전축 · 기어 · 풀리 · 플라이휠 · 벨트 및 체인 등 근로자에게 위험을 미칠 우려가 있는 부위에 설치해야 하는 안전장치의 종류를 3가지 쓰시오.

해답

① 덮개
② 울
③ 슬리브
④ 건널다리

05 근로자 수 450명 A사업장에서 연간 4건의 재해로 인하여 73일의 휴업 일수가 발생하였다. A사업장의 강도율과 도수율을 구하시오.(단, 근로시간은 1일 8시간, 월 25일)

해답

① 강도율 $= \frac{\text{근로손실일수}}{\text{연간총근로시간수}} \times 1,000$

$$= \frac{73 \times \frac{(25 \times 12)}{365}}{450 \times 8 \times 25 \times 12} \times 1,000$$

$= 0.055 = 0.06$

② 도수율 $= \frac{\text{재해발생건수}}{\text{연간총근로시간수}} \times 1,000,000$

$$= \frac{4}{450 \times 8 \times 25 \times 12} \times 1,000,000$$

$= 3.703 = 3.70$

06 할로겐 소화기 1211의 주요원소를 4가지 쓰시오.

해답

① C(탄소)
② F(불소)
③ Cl(염소)
④ Br(브롬)

TIP 할론소화약제의 명명법
① 일취화 일염화 메탄 소화기(CH_2ClBr) : 할론 1011
② 이취화 사불화 에탄 소화기($C_2F_4Br_2$) : 할론 2402
③ 일취화 삼불화 메탄 소화기(CF_3Br) : 할론 1301
④ 일취화 일염화 이불화메탄 소화기(CF_2ClBr) : 할론 1211
⑤ 사염화탄소 소화기(CCl_4) : 할론 1040

07 지반의 이상현상 중 보일링 현상이 일어나기 쉬운 지반의 조건을 쓰시오.

해답

지하수위가 높은 사질토 지반

08 재해발생에 관련된 이론 중 하인리히의 도미노 이론과 버드의 도미노이론, 아담스의 관리시스템에 관한 단계를 쓰시오.

해답

(1) 하인리히의 도미노 이론
① 제1단계 : 사회적 환경 및 유전적 요인
② 제2단계 : 개인적 결함
③ 제3단계 : 불안전한 행동 및 불안전한 상태
④ 제4단계 : 사고
⑤ 제5단계 : 재해

(2) 버드의 최신 도미노이론
① 제1단계 : 제어의 부족(관리)
② 제2단계 : 기본원인(기원)
③ 제3단계 : 직접 원인(징후)
④ 제4단계 : 사고(접촉)
⑤ 제5단계 : 상해(손실)

(3) 아담스 관리구조
① 제1단계 : 관리구조
② 제2단계 : 작전적 에러
③ 제3단계 : 전술적 에러
④ 제4단계 : 사고
⑤ 제5단계 : 상해, 손해

09 산업안전보건법령상 항타기 또는 항발기를 조립하거나 해체하는 경우 점검해야 할 사항을 4가지만 쓰시오.

해답

① 본체 연결부의 풀림 또는 손상의 유무
② 권상용 와이어로프 · 드럼 및 도르래의 부착상태의 이상 유무
③ 권상장치의 브레이크 및 쐐기장치 기능의 이상 유무
④ 권상기의 설치상태의 이상 유무
⑤ 리더(Leader)의 버팀 방법 및 고정상태의 이상 유무
⑥ 본체 · 부속장치 및 부속품의 강도가 적합한지 여부
⑦ 본체 · 부속장치 및 부속품에 심한 손상 · 마모 · 변형 또는 부식이 있는지 여부

10 소음원으로부터 4m 떨어진 곳에서의 음압수준이 100dB이라면 동일한 기계에서 30m 떨어진 곳에서의 음압수준은 얼마인가?

해답

$$dB_2 = dB_1 - 20\log\left(\frac{d_2}{d_1}\right) = 120 - 20\log\left(\frac{30}{4}\right)$$
$$= 82.50(dB)$$

11 공정안전보고서 작성 시 내용에 포함하여야 할 사항을 4가지 쓰시오.

해답

① 공정안전자료
② 공정위험성 평가서
③ 안전운전계획
④ 비상조치계획

12 공업용으로 사용되는 고압가스 용기의 색깔을 쓰시오.

① 수소	③ 질소
② 산소	④ 아세틸렌

해답

① 수소 : 주황색
② 산소 : 녹색
③ 질소 : 회색
④ 아세틸렌 : 황색

TIP 고압가스 용기의 도색

가스의 종류	도색의 구분
액화석유가스	밝은 회색
수소	주황색
아세틸렌	황색
액화탄산가스	청색
소방용 용기	소방법에 따른 도색
액화암모니아	백색
액화염소	갈색
산소	녹색
질소	회색
그 밖의 가스	회색

13 화재의 분류에 따른 소화기의 표시색을 쓰시오.

해답

① 일반화재(A급화재) : 백색
② 유류화재(B급화재) : 황색
③ 전기화재(C급화재) : 청색
④ 금속화재(D급화재) : 무색

2009년 4월 19일 산업안전기사 실기 필답형

01 다음의 설명에 맞는 방폭구조의 명칭을 쓰시오.

(1) 유체 상부 또는 용기 외부에 존재할 수 있는 폭발성 분위기가 발화될 수 없도록 전기설비 또는 전기설비의 부품을 보호액에 함침시키는 방폭구조 : (①)
(2) 전기기기가 정상작동과 규정된 특정한 비정상상태에서 주위의 폭발성 가스 분위기를 점화시키지 못하도록 만든 방폭구조 : (②)
(3) 전기기기의 스파크 또는 열로 인해 폭발성 위험분위기에 점화되지 않도록 콤파운드를 충전해서 보호한 방폭구조 : (③)
(4) 폭발성 가스 분위기를 점화시킬 수 있는 부품을 고정하여 설치하고, 그 주위를 충전재로 완전히 둘러쌈으로써 외부의 폭발성 가스 분위기를 점화시키지 않도록 하는 방폭구조(④)

해답

① 유입방폭구조(o)
② 비점화 방폭구조(n)
③ 몰드방폭구조(m)
④ 충전방폭구조(q)

02 산업안전보건법상 자율안전확인대상 기계 또는 설비 3가지를 쓰시오.

해답

① 연삭기 또는 연마기(휴대형은 제외)
② 산업용 로봇
③ 혼합기
④ 파쇄기 또는 분쇄기
⑤ 식품가공용 기계(파쇄 · 절단 · 혼합 · 제면기만 해당)
⑥ 컨베이어
⑦ 자동차 정비용 리프트
⑧ 공작기계(선반, 드릴기, 평삭 · 형삭기, 밀링만 해당)
⑨ 고정형 목재가공용 기계(둥근톱, 대패, 루타기, 띠톱, 모떼기 기계만 해당)
⑩ 인쇄기

03 목재가공용 둥근톱기계에 부착하여야 하는 방호장치 2가지를 쓰시오.

해답

① 분할날 등 반발예방장치
② 톱날접촉예방장치

TIP 목재가공용 둥근톱의 방호장치
① 날접촉예방장치
② 반발예방장치

04 건물의 해체작업 시 해체계획에 포함되어야 하는 사항을 4가지 쓰시오.

해답

① 해체의 방법 및 해체 순서도면
② 가설설비 · 방호설비 · 환기설비 및 살수 · 방화설비 등의 방법
③ 사업장 내 연락방법
④ 해체물의 처분계획
⑤ 해체작업용 기계 · 기구 등의 작업계획서
⑥ 해체작업용 화약류 등의 사용계획서
⑦ 그 밖에 안전 · 보건에 관련된 사항

05 다음의 그림을 보고 전체의 신뢰도를 0.85로 설계하고자 할 때 부품 R_X의 신뢰도를 구하시오.

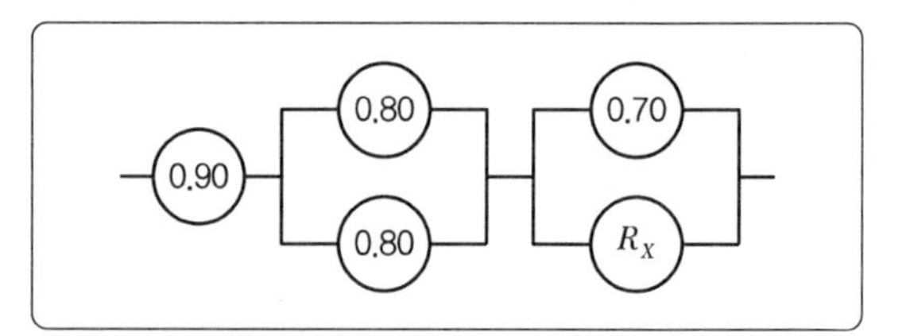

해답

① $0.85 = 0.9 \times [1-(1-0.8)(1-0.8)] \times [1-(1-0.7)(1-R_X)]$
② $0.85 = 0.9 \times (1-0.04) \times [1-(0.3)(1-R_X)]$

③ $\frac{0.85}{0.9\times 0.96}=1-0.3+0.3R_X$

④ $0.3R_X=\frac{0.85}{0.864}-0.7$

⑤ $R_X=0.945=0.95$

06 안면부 여과식 방진마스크의 성능기준에서 각 등급별 여과제 분진 등 포집효율을 쓰시오.

종류	등급	시험 %	종류	등급	시험 %
안면부 여과식	특급	①	분리식	특급	④
	1급	②		1급	⑤
	2급	③		2급	⑥

해답

① 99.0% 이상
② 94.0% 이상
③ 80.0% 이상
④ 99.95% 이상
⑤ 94.0% 이상
⑥ 80.0% 이상

07 휴먼에러에 관한 다음 내용을 설명하시오.

① Omission error
② Commission error
③ Sequential error

해답

① Omission error : 필요한 직무 및 절차를 수행하지 않아(생략) 발생하는 에러
② Commission error : 필요한 직무 또는 절차의 불확실한 수행으로 인한 에러
③ Sequential error : 필요한 작업 또는 절차의 순서 착오로 인한 에러

TIP ① Time error : 필요한 직무 또는 절차의 수행지연으로 인한 에러
② Extraneous error : 불필요한 직무 또는 절차를 수행함으로써 기인한 에러

08 차량계 건설기계를 사용하여 작업을 하는 때에는 작업계획을 작성하고 그 작업계획에 따라 작업을 실시하도록 해야 하는데 이 작업계획에 포함되어야 하는 사항을 3가지 쓰시오.

해답

① 사용하는 차량계 건설기계의 종류 및 성능
② 차량계 건설기계의 운행경로
③ 차량계 건설기계에 의한 작업방법

09 어느 철강 회사에서 연간 10명의 사상자가 발생하여, 신체장해등급 14급인 근로자 1명과 456일의 휴업일수가 발생하였고, 도수율은 6.5였다고 한다. 이 회사의 연천인율을 구하시오.

해답

연천인율 = 도수율×2.4 = 6.5×2.4 = 15.6

10 본질적 안전화에 대한 다음의 용어를 설명하시오.

① Fail Safe
② Fool proof

해답

① 페일 세이프(Fail Safe) : 기계나 그 부품에 파손 · 고장이나 기능불량이 발생하여도 항상 안전하게 작동할 수 있는 기능을 가진 구조
② 풀 프루프(Fool Proof) : 작업자가 기계를 잘못 취급하여 불안전 행동이나 실수를 하여도 기계설비의 안전 기능이 작용되어 재해를 방지할 수 있는 기능을 가진 구조

11 기체의 연소형태 2가지와 고체의 연소형태 4가지를 쓰시오.

해답

(1) 기체의 연소형태 : ① 확산연소, ② 예혼합연소
(2) 고체의 연소형태 : ① 표면연소, ② 분해연소, ③ 증발연소, ④ 자기연소

12 산업안전보건위원회의 설치 대상 사업장 중 상시근로자 50명 이상의 사업장의 종류 2가지와 위원회의 구성에 있어 사용자 및 근로자위원의 자격을 각각 1가지만 쓰시오.(단, 산업안전보건위원회의 구성에 있어 사업자대표와 근로자대표는 제외한다.)

해답

(1) 상시근로자 50명 이상의 사업장

① 토사석 광업
② 목재 및 나무제품 제조업(가구 제외)
③ 화학물질 및 화학제품 제조업[의약품 제외(세제, 화장품 및 광택제 제조업과 화학섬유 제조업은 제외)]
④ 비금속 광물제품 제조업
⑤ 1차 금속 제조업
⑥ 금속가공제품 제조업(기계 및 가구 제외)
⑦ 자동차 및 트레일러 제조업
⑧ 기타 기계 및 장비 제조업(사무용 기계 및 장비 제조업은 제외)
⑨ 기타 운송장비 제조업(전투용 차량 제조업은 제외)

(2) 사용자 및 근로자위원의 자격

① 사용자위원
㉠ 안전관리자 1명
㉡ 보건관리자 1명
㉢ 산업보건의
㉣ 해당 사업의 대표자가 지명하는 9명 이내의 해당 사업장 부서의 장

② 근로자위원
㉠ 근로자대표가 지명하는 1명 이상의 명예산업안전감독관
㉡ 근로자대표가 지명하는 9명 이내의 해당 사업장의 근로자

13 산업안전보건법상 산업안전보건 관련 교육과정별 교육에 있어 다음 교육대상에 대한 신규교육시간을 쓰시오.

① 안전보건관리책임자
② 안전관리자
③ 보건관리자

해답

① 안전보건관리책임자 : 6시간 이상
② 안전관리자 : 34시간 이상
③ 보건관리자 : 34시간 이상

2009년 4월 19일 산업안전산업기사 실기 필답형

01 다음 용어의 설명 중 ( )에 알맞은 수치를 쓰시오.

> (1) 인화성 액체 : 표준압력(101.3 kPa)하에서 인화점이 (①)℃ 이하이거나 고온 · 고압의 공정운전조건으로 인하여 화재 · 폭발위험이 있는 상태에서 취급되는 가연성 물질을 말한다.
> (2) 인화성 가스 : 인화한계 농도의 최저한도가 (②)퍼센트 이하 또는 최고한도와 최저한도의 차가 (③) 퍼센트 이상인 것으로서 표준압력(101.3 kPa) 하의 (④)℃에서 가스 상태인 물질을 말한다.

해답

① 60　② 13　③ 12　④ 20

02 공정안전보고서에 포함되어야 할 사항을 4가지 쓰시오.

해답

① 공정안전자료
② 공정위험성 평가서
③ 안전운전계획
④ 비상조치계획

03 분진폭발의 과정에 해당하는 다음 보기의 내용을 보고 폭발의 순서를 쓰시오.

> ① 입자표면 열분해 및 기체 발생
> ② 주위의 공기와 혼합
> ③ 입자표면 온도상승
> ④ 폭발열에 의하여 주위 입자 온도상승 및 열분해
> ⑤ 점화원에 의한 폭발

해답

③ → ① → ② → ⑤ → ④

04 다음의 접지종류에 따른 알맞은 접지저항 값을 쓰시오.

> ① 제1종 접지
> ② 제3종 접지
> ③ 특별 제3종 접지

해답

① 10Ω 이하　② 100Ω 이하　③ 10Ω 이하

05 기계설비에 의해 형성되는 위험점의 종류를 5가지 쓰시오.

해답

① 협착점
② 끼임점
③ 절단점
④ 물림점
⑤ 접선 물림점
⑥ 회전 말림점

06 근로자 수가 500명인 어느 회사에서 연간 10건의 재해가 발생하여 6명의 사상자가 발생하였다. 도수율(빈도율)과 연천인율을 구하시오.(단, 하루 9시간, 연간 250일 근로함)

해답

(1) 도수율 $= \dfrac{\text{재해발생건수}}{\text{연간총근로시간수}} \times 1,000,000$

$= \dfrac{10}{500 \times 9 \times 250} \times 1,000,000$

$= 8.888 = 8.89$

(2) 연천인율 $= \dfrac{\text{연간재해자 수}}{\text{연평균근로자 수}} \times 1,000$

$= \dfrac{6}{500} \times 1,000 = 12$

07 가설통로의 안전기준에 관한 다음의 설명 중 ( ) 안에 알맞은 사항을 쓰시오.

(1) 경사는 (①)도 이하로 할 것
(2) 경사가 (②)도를 초과하는 때에는 미끄러지지 아니하는 구조로 할 것
(3) 추락의 위험이 있는 장소에는 (③)을 설치할 것
(4) 수직갱에 가설된 통로의 길이가 (④)m 이상인 때에는 (⑤)m 이내마다 계단참을 설치할 것
(5) 건설공사에 사용하는 높이 (⑥)m 이상인 비계다리에는 (⑦)m 이내마다 계단참을 설치할 것

해답

① 30
② 15
③ 안전난간
④ 15
⑤ 10
⑥ 8
⑦ 7

08 다음에 해당하는 방독마스크의 정화통 외부 측면 표시색을 쓰시오.

① 유기화합물용
② 할로겐용
③ 아황산용
④ 암모니아용

해답

① 갈색
② 회색
③ 노랑색
④ 녹색

09 다음의 보기 중에서 재해발생형태와 상해의 종류를 구분하여 적으시오.

① 골절
② 부종
③ 떨어짐
④ 이상온도접촉
⑤ 맞음
⑥ 끼임
⑦ 화재, 폭발
⑧ 중독 및 질식

해답

(1) 재해의 발생 형태 : ③ ④ ⑤ ⑥ ⑦
(2) 상해 : ① ② ⑧

TIP 재해 발생 형태별 분류

변경 전	변경 후
추락	떨어짐(높이가 있는 곳에서 사람이 떨어짐)
전도	• 넘어짐(사람이 미끄러지거나 넘어짐) • 깔림 · 뒤집힘(물체의 쓰러짐이나 뒤집힘)
충돌	부딪힘(물체에 부딪힘) · 접촉
낙하 · 비래	맞음(날아오거나 떨어진 물체에 맞음)
붕괴 · 도괴	무너짐(건축물이나 쌓여진 물체가 무너짐)
협착	끼임(기계설비에 끼이거나 감김)

10 산업안전보건법령상 근로자 안전보건교육 중 근로자 정기교육의 내용을 4가지 쓰시오.(단, 산업안전보건법령 및 산업재해보상보험 제도에 관한 사항은 제외)

해답

① 산업안전 및 사고 예방에 관한 사항
② 산업보건 및 직업병 예방에 관한 사항
③ 위험성 평가에 관한 사항
④ 건강증진 및 질병 예방에 관한 사항
⑤ 유해 · 위험 작업환경 관리에 관한 사항
⑥ 직무스트레스 예방 및 관리에 관한 사항
⑦ 직장 내 괴롭힘, 고객의 폭언 등으로 인한 건강장해 예방 및 관리에 관한 사항

11 안전 경고등을 작동시킬 때 스위치가 on-off로 작동된다면 정보량은 몇 bit인가?

해답

$$\text{정보량}(H) = \log_2 n = \log_2 2 = \frac{\log 2}{\log 2} = 1(\text{bit})$$

12 히빙이 발생하기 쉬운 지반형태와 발생원인을 2가지 쓰시오.

해답

(1) 지반형태

연약성 점토지반

(2) 발생원인

① 흙막이 근입장 깊이 부족
② 흙막이 흙의 중량 차이
③ 지표 재하중

13 인체의 열교환에 영향을 미치는 요소를 4가지 쓰시오.

해답

① 기온
② 습도
③ 공기의 유동
④ 복사온도

2009년 7월 5일 산업안전기사 실기 필답형

01 산업안전보건법상 관리감독자 정기교육의 내용을 4가지 쓰시오.(단, 산업안전보건법령 및 산업재해보상보험 제도에 관한 사항, 그 밖에 관리감독자의 직무에 관한 사항은 제외)

해답

① 산업안전 및 사고 예방에 관한 사항
② 산업보건 및 직업병 예방에 관한 사항
③ 위험성 평가에 관한 사항
④ 유해 · 위험 작업환경 관리에 관한 사항
⑤ 직무스트레스 예방 및 관리에 관한 사항
⑥ 직장 내 괴롭힘, 고객의 폭언 등으로 인한 건강장해 예방 및 관리에 관한 사항
⑦ 작업공정의 유해 · 위험과 재해 예방대책에 관한 사항
⑧ 사업장 내 안전보건관리체제 및 안전 · 보건조치 현황에 관한 사항
⑨ 표준안전 작업방법 결정 및 지도 · 감독 요령에 관한 사항
⑩ 현장근로자와의 의사소통능력 및 강의능력 등 안전보건교육 능력 배양에 관한 사항
⑪ 비상시 또는 재해 발생 시 긴급조치에 관한 사항

02 인체계측 자료를 장비나 설비의 설계에 응용하는 경우 활용되는 3가지 원칙을 쓰시오.

해답

① 조절 가능한 설계
② 극단치를 이용한 설계
③ 평균치를 이용한 설계

03 다음 보기의 물질이 공기 중에서 연소할 때 이루어지는 주된 연소의 종류를 쓰시오.

① 수소	③ TNT
② 알코올	④ 알루미늄가루

해답

① 수소 : 확산연소
② 알코올 : 증발연소
③ TNT : 자기연소
④ 알루미늄가루 : 표면연소

04 동일한 장소에서 행하여지는 사업의 일부를 도급에 의하여 행하는 사업으로서 동일한 장소에서 작업을 할 때에 생기는 산업재해를 예방하기 위하여 경보의 통일적 운영과 수급인인 사업주 및 근로자에 대한 경보운영 사항을 주지시켜야 하는 경우를 3가지만 쓰시오.

해답

① 작업 장소에서 발파작업을 하는 경우
② 작업 장소에서 화재가 발생하는 경우
③ 작업 장소에서 토석 붕괴 사고가 발생하는 경우

05 산업안전보건법상 안전 · 보건 표지 중 "응급구호 표지"를 그리시오.(단, 색상표시는 글자로 나타내도록 하고 크기에 대한 기준은 표시하지 않는다.)

해답

• 바탕 : 녹색
• 관련 부호 및 그림 : 흰색

06 산업안전보건법상 보호구의 안전인증 제품에 표시하여야 하는 사항을 4가지만 쓰시오.

해답

① 형식 또는 모델명
② 규격 또는 등급 등
③ 제조자명
④ 제조번호 및 제조연월
⑤ 안전인증 번호

07 깊이 10.5m 이상의 굴착의 경우 흙막이 구조의 안전을 예측하기 위해 설치하여야 하는 계측기기를 3가지만 쓰시오.

해답

① 수위계
② 경사계
③ 하중 및 침하계
④ 응력계

TIP 터널공사 계측관리
① 내공 변위 측정
② 천단침하 측정
③ 지중, 지표침하 측정
④ 록볼트 축력 측정
⑤ 숏크리트 응력 측정

08 화재에 대한 다음 소화방법에 대하여 설명하시오.

① 제거소화법
② 질식소화법

해답

① 제거소화법 : 가연성 물질을 연소구역에서 제거하여 줌으로써 소화하는 방법
② 질식소화법 : 공기 중에 존재하고 있는 산소의 농도 21%를 15% 이하로 낮추어 소화하는 방법

09 다음 보기의 통전경로에서 위험도가 가장 높은 경로와 가장 낮은 경로를 번호로 쓰시오.

① 왼손 → 가슴
② 오른손 → 가슴
③ 왼손 → 왼발
④ 오른손 → 양발
⑤ 왼손 → 오른손

해답

- 위험도가 가장 높은 경로 : ①
- 위험도가 가장 낮은 경로 : ⑤

TIP 통전경로별 위험도

통전경로	심장 전류 계수	통전경로	심장 전류 계수
왼손 – 가슴	1.5	왼손 – 등	0.7
오른손 – 가슴	1.3	한 손 또는 양손 – 앉아 있는 자리	0.7
왼손 – 한 발 또는 양발	1.0	왼손 – 오른손	0.4
양손 – 양발	1.0	오른손 – 등	0.3
오른손 – 한 발 또는 양발	0.8		

※ 숫자가 클수록 위험도가 높다.

10 산업안전보건법상 노사협의체의 설치대상 사업 1가지와 노사협의체의 운영에 있어 정기회의의 개최 주기를 쓰시오.

해답

① 설치대상 사업 : 공사금액이 120억 원(토목공사업은 150억 원) 이상인 건설공사
② 정기회의 : 2개월마다 노사협의체의 위원장이 소집

11 부도체에 대한 대전 방지대책을 3가지만 쓰시오.

해답

① 제전기 사용
② 유체, 분체 등에는 대전방지제 첨가
③ 대전방지 처리된 대전방지용품 사용
④ 유속의 저하 및 정차시간 확보
⑤ 도전성 재료 사용

12 체계나 설비를 설계함에 있어 부품들을 배치하는 경우 고려해야 하는 부품배치의 원칙 4가지를 쓰시오.

해답

① 중요성의 원칙
② 사용빈도의 원칙
③ 기능별 배치의 원칙
④ 사용 순서의 원칙

13 A사업장의 근무 및 재해발생현황이 다음의 보기와 같을 때 이 사업장의 종합재해지수(FSI)를 구하시오.

- 평균근로자수 : 800명
- 연간재해자수 : 50명
- 연간재해발생건수 : 45건
- 총근로손실일수 : 8,900일
- 근로시간 : 1일 8시간, 연간 280일 근무

해답

① $\text{도수율} = \dfrac{\text{재해발생건수}}{\text{연간총근로시간수}} \times 1{,}000{,}000$

$= \dfrac{45}{800 \times 8 \times 280} \times 1{,}000{,}000$

$= 25.111 = 25.11$

② $\text{강도율} = \dfrac{\text{근로손실일수}}{\text{연간총근로시간수}} \times 1{,}000$

$= \dfrac{8{,}900}{800 \times 8 \times 280} \times 1{,}000$

$= 4.966 = 4.97$

③ $\text{종합재해지수} = \sqrt{\text{도수율} \times \text{강도율}}$

$= \sqrt{25.11 \times 4.97} = 11.171$

$= 11.17$

14 광전자식 방호장치가 설치된 마찰클러치식 기계프레스에서 급정지시간이 200ms로 측정되었을 경우 안전거리(mm)를 구하시오.

해답

$\text{안전거리(mm)} = 1{,}600 \times (T_c + T_s)$

$= 1{,}600 \times \text{급정지시간(초)}$

$= 1{,}600 \times \left(200 \times \dfrac{1}{1{,}000}\right) = 320\text{(mm)}$

TIP $\text{ms} = \dfrac{1}{1{,}000}\text{초}$

2009년 7월 5일 산업안전산업기사 실기 필답형

01 근로자가 1시간 동안 1분당 6kcal의 에너지를 소모하는 작업을 수행하는 경우 작업시간과 휴식시간을 각각 구하시오.(단, 작업에 대한 권장 평균에너지 소비량은 분당 5kcal이다.)

해답

(1) 휴식시간 : $R = \dfrac{60(E-5)}{E-1.5} = \dfrac{60(6-5)}{6-1.5} = 13.333$
$= 13.33(\text{분})$

(2) 작업시간 : 60－13.33＝46.67(분)

02 산업안전보건법상 롤러기에 설치하여야 하는 방호장치의 명칭과 그 종류 3가지를 쓰시오.

해답

(1) 방호장치의 명칭
급정지장치

(2) 종류
① 손으로 조작하는 것
② 복부로 조작하는 것
③ 무릎으로 조작하는 것

03 보호구에 관한 규정에서 정의한 다음 설명에 해당하는 용어를 쓰시오.

① 유기화합물용 보호복에 있어 화학물질이 보호복의 재료의 외부 표면에 접촉된 후 내부로 확산하여 내부 표면으로부터 탈착되는 현상
② 방독마스크에 있어 대응하는 가스에 대하여 정화통 내부의 흡착제가 포화상태가 되어 흡착능력을 상실한 상태

해답

① 투과
② 파과

04 다음 내용에 가장 적합한 위험분석기법을 보기에서 골라 한가지씩만 쓰시오.

(1) 모든 요소의 고장을 형태별로 분석하여 그 영향을 검토하는 기법
(2) 모든 시스템 안전프로그램의 최초단계 분석기법
(3) 인간과오를 정량적으로 평가하기 위한 기법
(4) 초기사상의 고장영향에 의해 사고나 재해를 발전해 나가는 과정을 분석하는 기법
(5) 결함수법이라하며 재해발생을 연역적, 정량적으로 해석, 예측할 수 있는 기법

① FMEA	⑥ PHA
② FHA	⑦ FTA
③ THERP	⑧ CA
④ ETA	⑨ OHA
⑤ MORT	⑩ HAZOP

해답

(1) ① (3) ③ (5) ⑦
(2) ⑥ (4) ④

05 다음 표의 빈칸에 각 접지공사의 종류별 최소 접지저항값과 최소 접지선의 굵기를 써넣으시오.(단, 접지선의 굵기는 연동선의 직경을 기준으로 한다.)

접지공사 종류	최소 접지저항값	최소 접지선의 굵기
제1종 접지공사	(①)	(④)
제3종 접지공사	(②)	(⑤)
특별 3종 접지공사	(③)	(⑥)

해답

① 10Ω 이하 ④ 공칭단면적 $6mm^2$ 이상의 연동선
② 100Ω 이하 ⑤ 공칭단면적 $2.5mm^2$ 이상의 연동선
③ 10Ω 이하 ⑥ 공칭단면적 $2.5mm^2$ 이상의 연동선

TIP 법 개정으로 접지대상에 따라 일괄 적용한 종별접지(1종, 2종, 3종, 특별3종)가 폐지되었습니다.

06 산업안전보건법상 프레스를 사용하여 작업을 할 때의 작업 시작 전 점검사항을 3가지를 쓰시오.

해답

① 클러치 및 브레이크의 기능
② 크랭크축 · 플라이휠 · 슬라이드 · 연결봉 및 연결 나사의 풀림 여부
③ 1행정 1정지기구 · 급정지장치 및 비상정지장치의 기능
④ 슬라이드 또는 칼날에 의한 위험방지 기구의 기능
⑤ 프레스의 금형 및 고정볼트 상태
⑥ 방호장치의 기능
⑦ 전단기의 칼날 및 테이블의 상태

07 물질안전보건자료의 작성항목 16가지 중 5가지만 쓰시오.(단, 그 밖의 참고사항은 제외한다.)

해답

① 화학제품과 회사에 관한 정보
② 유해성 · 위험성
③ 구성성분의 명칭 및 함유량
④ 응급조치요령
⑤ 폭발 · 화재 시 대처방법
⑥ 누출사고 시 대처방법
⑦ 취급 및 저장방법
⑧ 노출방지 및 개인보호구
⑨ 물리화학적 특성
⑩ 안정성 및 반응성
⑪ 독성에 관한 정보
⑫ 환경에 미치는 영향
⑬ 폐기 시 주의사항
⑭ 운송에 필요한 정보
⑮ 법적 규제 현황

08 교육대상은 주로 제일선의 감독자에 두고 있는 TWI의 교육내용 4가지를 쓰시오.

해답

① 작업방법훈련(JMT)
② 작업지도훈련(JIT)
③ 인간관계훈련(JRT)
④ 작업안전훈련(JST)

09 산업안전보건법상 근로자 안전보건교육 중 "채용 시 및 작업내용 변경 시 교육"의 교육내용을 4가지 쓰시오.(단, 산업안전보건법령 및 산업재해보상보험 제도에 관한 사항은 제외)

해답

① 산업안전 및 사고 예방에 관한 사항
② 산업보건 및 직업병 예방에 관한 사항
③ 위험성 평가에 관한 사항
④ 직무스트레스 예방 및 관리에 관한 사항
⑤ 직장 내 괴롭힘, 고객의 폭언 등으로 인한 건강장해 예방 및 관리에 관한 사항
⑥ 기계 · 기구의 위험성과 작업의 순서 및 동선에 관한 사항
⑦ 작업 개시 전 점검에 관한 사항
⑧ 정리정돈 및 청소에 관한 사항
⑨ 사고 발생 시 긴급조치에 관한 사항
⑩ 물질안전보건자료에 관한 사항

10 무재해운동의 3원칙을 쓰시오.

해답

① 무의 원칙
② 참가의 원칙
③ 선취의 원칙

11 휴먼에러를 심리적인 측면에서 분류하여 4가지를 쓰고 설명하시오.

해답

① 생략에러(omission error) : 필요한 직무 또는 절차를 수행하지 않아 발생하는 에러
② 작위에러(commission error) : 필요한 직무 또는 절차의 불확실한 수행으로 인한 에러
③ 순서에러(sequential error) : 필요한 직무 또는 절차의 순서 착오로 인한 에러
④ 시간에러(time error) : 필요한 직무 또는 절차의 수행 지연으로 인한 에러
⑤ 과잉행동에러(extraneous error) : 불필요한 직무 또는 절차를 수행함으로써 기인한 에러

12 기계설비에 의해 형성되는 위험점의 종류를 4가지만 쓰시오.

해답

① 협착점
② 끼임점
③ 절단점
④ 물림점
⑤ 접선 물림점
⑥ 회전 말림점

13 보일링과 히빙현상이 주로 발생하는 지반의 형태를 각각 한 가지씩만 쓰시오.

해답

① 보일링 : 사질토 지반
② 히빙 : 연약성 점토지반

2009년 9월 13일 산업안전기사 실기 필답형

01 내전압용 절연장갑 성능기준에 있어 각 등급에 대한 최대 사용전압을 쓰시오.

등급	최대 사용전압		등급별 색상
	교류(V, 실효값)	직류(V)	
00	500	(①)	갈색
0	(②)	1,500	빨강색
1	7,500	11,250	흰색
2	17,000	25,500	노랑색
3	26,500	39,750	녹색
4	(③)	(④)	등색

해답

① 750
② 1,000
③ 36,000
④ 54,000

02 산업안전보건법상 보일러의 설치 및 취급 작업 시 특별안전보건교육을 실시할 때 교육내용을 3가지 쓰시오.(그 밖에 안전보건 관리에 필요한 사항은 제외한다.)

해답

① 기계 및 기기 점화장치 계측기의 점검에 관한 사항
② 열관리 및 방호장치에 관한 사항
③ 작업순서 및 방법에 관한 사항

03 위험예지훈련에서 활용하는 기법 중 브레인스토밍 4원칙을 쓰시오.

해답

① 비판금지 : 「좋다」, 「나쁘다」라고 비판은 하지 않는다.
② 대량발언 : 내용의 질적 수준보다 양적으로 무엇이든 많이 발언한다.
③ 자유분방 : 자유로운 분위기에서 마음대로 편안한 마음으로 발언한다.
④ 수정발언 : 타인의 아이디어를 수정하거나 보충 발언해도 좋다.

04 연평균 근로자가 1,000명인 사업장의 도수율이 11.37이고 강도율 6.3일 때 보기의 물음에 답하시오.(단, 연간 근로일수 275일, 1일 근로시간은 8시간이다.)

(1) 종합재해 지수를 구하시오.
(2) 재해발생 건수를 구하시오.
(3) 연간근로손실일수를 구하시오.
(4) 재해자 수가 30일 경우 연천인율을 구하시오.

해답

(1) 종합재해지수 $= \sqrt{\text{도수율} \times \text{강도율}}$

$= \sqrt{11.37 \times 6.3} = 8.46$

(2) 재해발생 건수 $= \dfrac{\text{도수율} \times \text{연간총근로시간수}}{1{,}000{,}000}$

$= \dfrac{11.37 \times (1{,}000 \times 8 \times 275)}{1{,}000{,}000}$

$= 25.01$(건)

(3) 연간근로손실일수

$= \dfrac{\text{강도율} \times \text{연간총근로시간수}}{1{,}000}$

$= \dfrac{6.3 \times (1{,}000 \times 8 \times 275)}{1{,}000}$

$= 13{,}860$(일)

(4) 연천인율 $= \dfrac{\text{연간재해자수}}{\text{연평균근로자수}} \times 1{,}000$

$= \dfrac{30}{1{,}000} \times 1{,}000 = 30$

05 산업안전보건법상의 안전 · 보건표지 중 안내표지 종류를 3가지 쓰시오.(비상구, 좌측비상구, 우측비상구 제외)

해답

① 녹십자표지
② 응급구호표지

③ 들것
④ 세안장치
⑤ 비상용 기구

06 실현 가능성이 동일한 대안이 4개 있을 때 총 정보량(bit)을 구하시오.

해답

정보량$(H) = \log_2 n = \log_2 4 = \dfrac{\log 4}{\log 2} = 2\,(\text{bit})$

07 B공장에서 사용하는 프레스는 양수조작식 방호장치를 장착하고 있다. 이 프레스의 양단에 있는 동작용 누름 버튼의 스위치의 최소거리(mm)를 쓰시오.

해답

300mm 이상

08 산업안전보건법에 따른 안전 · 보건에 관한 노사협의체의 구성에 있어 근로자위원과 사용자위원의 자격을 각각 2가지씩 쓰시오.

해답

(1) 근로자위원
① 도급 또는 하도급 사업을 포함한 전체 사업의 근로자대표
② 근로자대표가 지명하는 명예감독관 1명. 다만, 명예감독관이 위촉되어 있지 아니한 경우에는 근로자대표가 지명하는 해당 사업장 근로자 1명
③ 공사금액이 20억원 이상인 도급 또는 하도급 사업의 근로자대표

(2) 사용자위원
① 해당 사업의 대표자
② 안전관리자 1명
③ 보건관리자 1명(보건관리자 선임대상 건설업으로 한정)
④ 공사금액이 20억원 이상인 도급 또는 하도급 사업의 사업주

09 건설업 중 건설공사 유해 · 위험방지계획서의 제출기한과 첨부되어야 하는 서류를 2가지 쓰시오.

해답

(1) 제출기한 : 해당 공사의 착공 전날까지
(2) 첨부서류 : ① 공사 개요 및 안전보건관리계획
② 작업 공사 종류별 유해 · 위험방지계획

10 공정안전보건서의 내용 중 '공정위험성 평가서'에서 적용될 위험성 평가기법에 있어 '저장탱크 설비, 유틸리티 설비 및 제조공정 중 고체건조 분쇄설비' 등 간단한 단위공정에 대한 위험성 평가기법을 4가지 쓰시오.

해답

① 체크리스트기법
② 작업자실수분석기법
③ 사고예상질문분석기법
④ 위험과 운전분석기법
⑤ 상대 위험순위결정기법
⑥ 공정위험분석기법
⑦ 공정안전성분석기법

TIP 제조공정 중 반응, 분리(증류, 추출 등), 이송시스템 및 전기 · 계장시스템 등 간단한 단위공정
① 위험과 운전분석기법
② 공정위험분석기법
③ 이상위험도분석기법
④ 원인결과분석기법
⑤ 결함수분석기법
⑥ 사건수분석기법
⑦ 공정안전성분석기법
⑧ 방호계층분석기법

11 B급 화재에 적응성이 있는 소형 수동식 소화기의 종류를 4가지 쓰시오.

해답

① 이산화탄소 소화기
② 할로겐화합물 소화기
③ 분말 소화기
④ 포말 소화기

12 파블로프의 조건반사설에 의거한 학습이론을 4가지 쓰시오.

해답

① 강도의 원리
② 일관성의 원리
③ 시간의 원리
④ 계속성의 원리

13 정격부하전류가 50A 미만, 대지전압이 150V를 초과하는 이동형 전기기계 · 기구에 대하여 감전방지용 누전차단기를 설치할 경우 정격감도전류와 작동시간의 기준을 쓰시오.

해답

① 정격감도전류 : 30mA 이하
② 작동시간 : 0.03초 이내

14 다음 그림의 시스템에 관하여 답하시오.

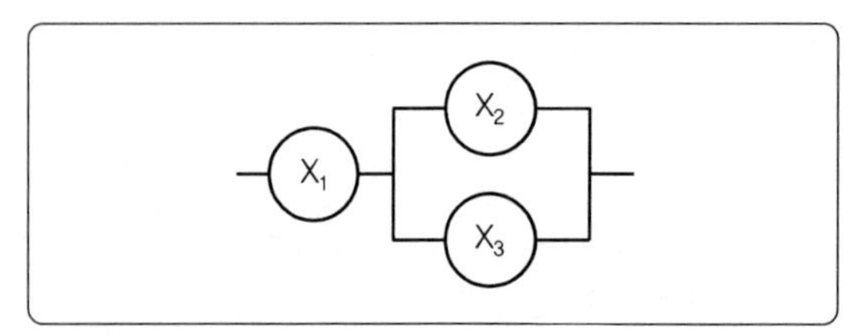

(1) 시스템 고장을 정상사상으로 하는 FT도를 그리시오.
(2) 최소 컷셋을 구하시오.

해답

(1) FT도 작성

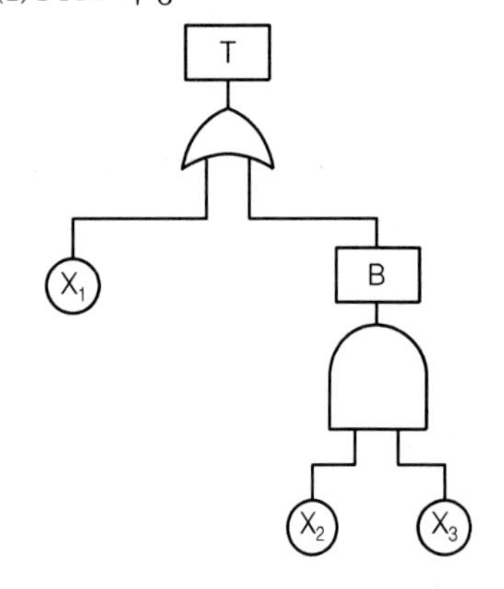

(2) 최소 컷셋

$$A \rightarrow \begin{matrix} X_1 \\ B \end{matrix} \rightarrow \begin{matrix} X_1 \\ X_2, X_3 \end{matrix}$$

그러므로 최소 컷셋은 (X_1), (X_2, X_3)

2009년 9월 13일 산업안전산업기사 실기 필답형

01 공정안전보고서에 포함되어야 할 내용을 4가지 쓰시오.

해답

① 공정안전자료
② 공정위험성 평가서
③ 안전운전계획
④ 비상조치계획

02 다음 FT기호의 명칭을 쓰시오.

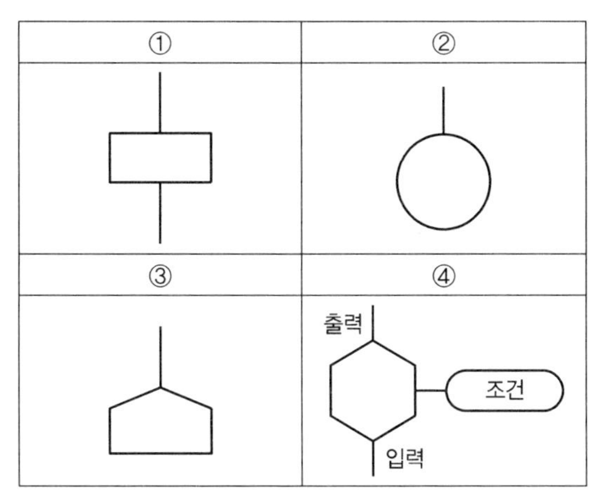

해답

① 결함사상
② 기본사상
③ 통상사상
④ 억제게이트

03 습구온도 20℃, 건구온도 30℃일 때의 옥스퍼드(Oxford) 지수를 구하시오.

해답

$$WD = 0.85W(\text{습구온도}) + 0.15D(\text{건구온도})$$
$$= 0.85 \times 20 + 0.15 \times 30 = 21.5$$

04 산업안전보건법에서 근로자 안전 · 보건교육의 종류를 4가지 쓰시오.

해답

① 정기교육
② 채용 시의 교육
③ 작업내용 변경 시의 교육
④ 특별교육
⑤ 건설업 기초안전 · 보건교육

05 재해누발자 유형 3가지를 쓰시오.

해답

① 상황성 누발자
② 습관성 누발자
③ 미숙성 누발자
④ 소질성 누발자

06 크레인에 관한 다음 사항에 해당하는 풍속기준을 쓰시오.

> ① 타워크레인의 설치 · 수리 · 점검 또는 해체작업을 중지
> ② 타워크레인의 운전작업 중지
> ③ 옥외에 설치되어 있는 주행 크레인에 대하여 이탈방지장치를 작동시키는 등 이탈 방지를 위한 조치

해답

① 순간풍속이 초당 10미터를 초과하는 경우
② 순간풍속이 초당 15미터를 초과하는 경우
③ 순간풍속이 초당 30미터를 초과하는 경우

07 다음 연삭기의 방호장치에 해당하는 각도를 쓰시오.

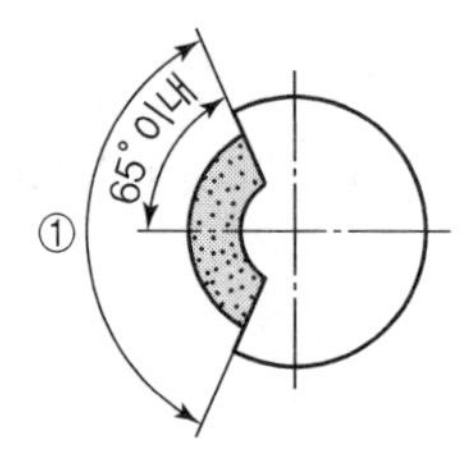

① 일반연삭작업 등에 사용하는 것을 목적으로 하는 탁상용 연삭기의 덮개 각도

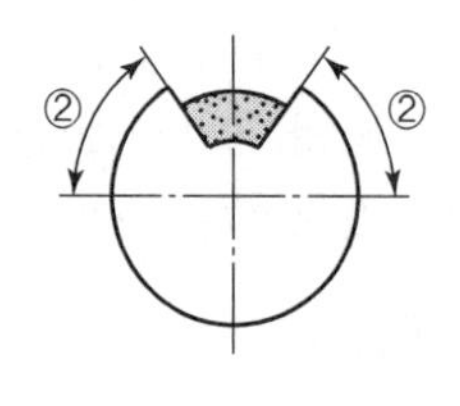

② 연삭숫돌의 상부를 사용하는 것을 목적으로 하는 탁상용 연삭기 덮개 각도

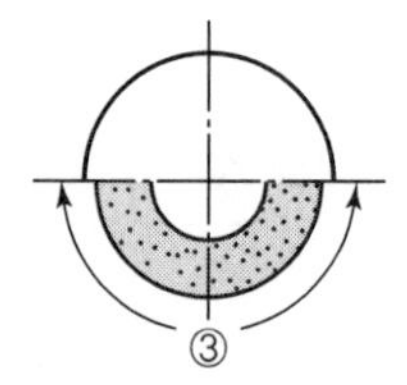

③ 휴대용 연삭기, 스윙연삭기, 스라브연삭기, 기타 이와 비슷한 연삭기의 덮개 각도

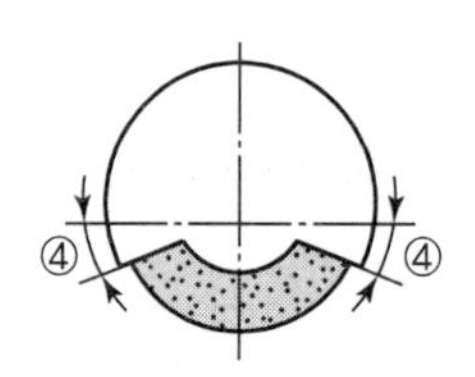

④ 평면연삭기, 절단연삭기, 기타 이와 비슷한 연삭기의 덮개 각도

해답

① 125° 이내
② 60° 이상
③ 180° 이내
④ 15° 이상

08 Fail safe를 기능적인 측면에서 3단계로 분류하여 쓰시오.

해답

① Fail－passive : 부품이 고장 나면 기계가 정지하는 방향으로 이동하는 것(일반적인 산업기계)
② Fail－active : 부품이 고장 나면 경보를 울리며 잠시 동안 계속 운전이 가능한 것
③ Fail－operational : 부품이 고장 나도 추후에 보수가 될 때까지 안전한 기능을 유지하는 것

09 작업자가 벽돌을 운반하기 위해 벽돌을 들고 비계 위를 걷다가 벽돌을 떨어뜨려 발가락의 뼈가 부러졌다. 다음 물음에 답하시오.

① 재해형태
② 가해물
③ 기인물

해답

① 재해형태 : 낙하
② 가해물 : 벽돌
③ 기인물 : 벽돌

10 다음 보기의 기계 · 기구 중에서 유해 · 위험 방지를 위한 방호조치를 하지 아니하고는 양도 · 대여 · 설치 · 사용하거나, 양도 · 대여를 목적으로 진열해서는 아니 되는 기계 · 기구를 5가지 고르시오.

① 예초기
② 사출성형기
③ 금속절단기
④ 지게차
⑤ 밀링머신
⑥ 보일러
⑦ 공기압축기
⑧ 컨베이어
⑨ 원심기
⑩ 건조설비

해답

① 예초기
③ 금속절단기
④ 지게차
⑦ 공기압축기
⑨ 원심기

11 산업안전보건법령상 동바리 유형에 따른 동바리 조립 시의 안전조치에 관한 사항이다. (   ) 안에 알맞은 내용을 쓰시오.

(1) 동바리로 사용하는 파이프 서포트의 경우 높이가 3.5미터를 초과하는 경우에는 높이 (①)미터 이내마다 수평연결재를 2개 방향으로 만들고 수평연결재의 변위를 방지할 것
(2) 동바리로 사용하는 강관틀의 경우 최상단 및 (②)단 이내마다 동바리의 측면과 틀면의 방향 및 교차가새의 방향에서 5개 이내마다 수평연결재를 설치하고 수평연결재의 변위를 방지할 것
(3) 동바리로 사용하는 조립강주의 경우 조립강주의 높이가 (③)미터를 초과하는 경우에는 높이 4미터 이내마다 수평연결재를 2개 방향으로 설치하고 수평연결재의 변위를 방지할 것

해답

① 2
② 5
③ 4

12 방진마스크의 등급 및 사용장소에 관한 사항이다. 다음 물음에 알맞은 내용을 쓰시오.

① 석면 취급장소의 등급 ( )
② 금속흄 등과 같이 열적으로 생기는 분진 등 발생 장소의 등급 ( )
③ 베릴륨 등과 같이 독성이 강한 물질들을 함유한 분진 등 발생 장소의 등급 ( )
④ 산소농도 ( ) 미만인 장소에서는 방진마스크 착용을 금지한다.
⑤ 안면부 내부의 이산화탄소 농도가 부피분율 ( ) 이하이어야 한다.

해답

① 특급
② 1급
③ 특급
④ 18%
⑤ 1%

13 다음 보기에 방폭구조의 기호를 쓰시오.

① 내압 방폭구조
② 유입 방폭구조
③ 본질안전 방폭구조
④ 비점화 방폭구조
⑤ 몰드 방폭구조

해답

① 내압 방폭구조 : d
② 유입 방폭구조 : o
③ 본질안전 방폭구조 : i(ia, ib)
④ 비점화 방폭구조 : n
⑤ 몰드 방폭구조 : m

TIP 방폭구조의 종류에 따른 기호

내압 방폭구조	d	본질안전 방폭구조	i(ia, ib)
압력 방폭구조	p	비점화 방폭구조	n
유입 방폭구조	o	몰드 방폭구조	m
안전증 방폭구조	e	충전 방폭구조	q
특수 방폭구조	s		

2010년 4월 18일 산업안전기사 실기 필답형

01 산업안전보건법상 안전 인증 대상 보호구를 5가지 쓰시오.

해답

① 추락 및 감전 위험방지용 안전모
② 안전화
③ 안전장갑
④ 방진마스크
⑤ 방독마스크
⑥ 송기마스크
⑦ 전동식 호흡보호구
⑧ 보호복
⑨ 안전대
⑩ 차광 및 비산물 위험방지용 보안경
⑪ 용접용 보안면
⑫ 방음용 귀마개 또는 귀덮개

02 다음 보기의 위험물질 중에서 폭발성 물질 및 유기과산화물과 물 반응성 물질 및 인화성 고체 물질을 각각 2가지 고르시오.

① 니트로화합물	⑤ 산화프로필렌
② 리튬	⑥ 아세틸렌
③ 황	⑦ 하이드라진 유도체
④ 질산 및 그 염류	⑧ 수소

해답

(1) 폭발성 물질 및 유기과산화물 : ①, ⑦
(2) 물 반응성 물질 및 인화성 고체 : ②, ③

TIP
• 질산 및 그 염류 : 산화성 액체 및 산화성 고체
• 산화프로필렌 : 인화성 액체
• 아세틸렌, 수소 : 인화성 가스

03 지반의 굴착작업에 있어서 지반의 붕괴 등에 의해 근로자에게 위험을 미칠 우려가 있을 경우 실시하는 지반조사사항을 3가지 쓰시오.

해답

① 형상 · 지질 및 지층의 상태
② 균열 · 함수 · 용수 및 동결의 유무 또는 상태
③ 매설물 등의 유무 또는 상태
④ 지반의 지하수위 상태

04 다음의 보기에 해당하는 방폭구조의 기호를 쓰시오.

① 내압 방폭구조	④ 몰드 방폭구조
② 충전 방폭구조	⑤ 비점화 방폭구조
③ 본질안전 방폭구조	

해답

① 내압 방폭구조 : d
② 충전 방폭구조 : q
③ 본질안전 방폭구조 : i(ia, ib)
④ 몰드 방폭구조 : m
⑤ 비점화 방폭구조 : n

TIP 방폭구조의 종류에 따른 기호

내압 방폭구조	d	본질안전 방폭구조	i(ia, ib)
압력 방폭구조	p	비점화 방폭구조	n
유입 방폭구조	o	몰드 방폭구조	m
안전증 방폭구조	e	충전 방폭구조	q
특수 방폭구조	s		

05 컨베이어 작업 시 작업 시작 전에 점검해야 할 사항 3가지를 쓰시오.

해답

① 원동기 및 풀리 기능의 이상 유무
② 이탈 등의 방지장치 기능의 이상 유무
③ 비상정지장치 기능의 이상 유무
④ 원동기 · 회전축 · 기어 및 풀리 등의 덮개 또는 울 등의 이상 유무

06 다음에 해당하는 기계의 방호장치를 각각 1가지 쓰시오.

> ① 롤러기
> ② 복합동작을 할 수 있는 산업용 로봇

해답

① 급정지장치
② 안전매트

07 하역작업을 할 때 화물운반용 또는 고정용으로 사용할 수 없는 섬유로프를 쓰시오.

해답

① 꼬임이 끊어진 것
② 심하게 손상되거나 부식된 것

08 다음 FT도에서 컷셋(cut set)을 모두 구하시오.

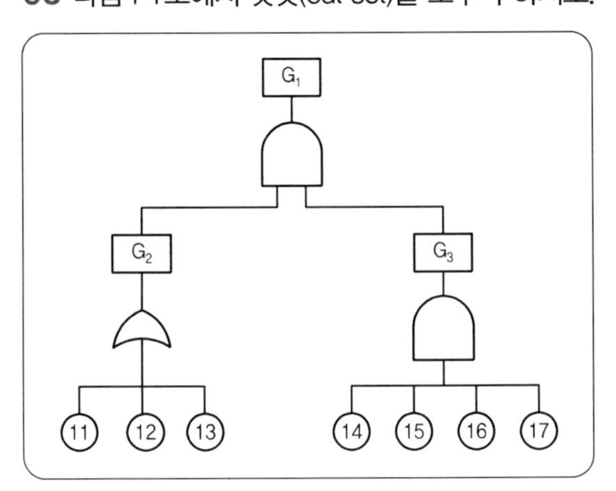

해답

$$G_1 \rightarrow G_2, G_3 \rightarrow \begin{matrix} 11, G_3 \\ 12, G_3 \\ 13, G_3 \end{matrix} \rightarrow \begin{matrix} 11, 14, 15, 16, 17 \\ 12, 14, 15, 16, 17 \\ 13, 14, 15, 16, 17 \end{matrix}$$

그러므로 컷셋은 (11, 14, 15, 16, 17), (12, 14, 15, 16, 17), (13, 14, 15, 16, 17)

09 근로자 1,500명 중 사망자 2명과 영구전노동불능상해 2명, 기타 재해로 인한 부상자 72명의 근로손실일수는 1,200일이었다. 강도율을 구하시오.(1일 작업시간 8시간, 연근로일수 280일)

해답

$$\text{강도율} = \frac{\text{근로손실일수}}{\text{연간총근로시간수}} \times 1,000$$

$$= \frac{(7,500 \times 2) + (7,500 \times 2) + 1,200}{1,500 \times 8 \times 280} \times 1,000$$

$$= 9.285 = 9.29$$

> **TIP** 근로손실일수의 산정 기준
> ① 사망 및 영구 전노동불능(신체장해등급 1~3급) : 7,500일
> ② 영구 일부노동불능(근로손실일수)

신체장해등급	근로손실일수	신체장해등급	근로손실일수
4	5,500	10	600
5	4,000	11	400
6	3,000	12	200
7	2,200	13	100
8	1,500	14	50
9	1,000		

10 부품배치의 4원칙을 쓰시오.

해답

① 중요성의 원칙
② 사용빈도의 원칙
③ 기능별 배치의 원칙
④ 사용순서의 원칙

11 산업안전보건법상 관리감독자 정기교육의 내용을 4가지 쓰시오.(단, 산업안전보건법령 및 산업재해보상보험 제도에 관한 사항, 그 밖에 관리감독자의 직무에 관한 사항은 제외)

해답

① 산업안전 및 사고 예방에 관한 사항
② 산업보건 및 직업병 예방에 관한 사항
③ 위험성 평가에 관한 사항
④ 유해 · 위험 작업환경 관리에 관한 사항
⑤ 직무스트레스 예방 및 관리에 관한 사항
⑥ 직장 내 괴롭힘, 고객의 폭언 등으로 인한 건강장해 예방 및 관리에 관한 사항
⑦ 작업공정의 유해 · 위험과 재해 예방대책에 관한 사항
⑧ 사업장 내 안전보건관리체제 및 안전 · 보건조치 현황에 관한 사항
⑨ 표준안전 작업방법 결정 및 지도 · 감독 요령에 관한 사항
⑩ 현장근로자와의 의사소통능력 및 강의능력 등 안전보건교육 능력 배양에 관한 사항
⑪ 비상시 또는 재해 발생 시 긴급조치에 관한 사항

12 재해예방대책 4원칙 중 2가지를 쓰고 설명하시오.

해답

① 예방 가능의 원칙 : 천재지변을 제외한 모든 재해는 원칙적으로 예방이 가능하다.
② 손실 우연의 원칙 : 사고로 생기는 상해의 종류 및 정도는 우연적이다.
③ 원인 계기의 원칙 : 사고와 손실의 관계는 우연적이지만 사고와 원인관계는 필연적이다.
④ 대책 선정의 원칙 : 원인을 정확히 규명해서 대책을 선정하고 실시되어야 한다.

13 경고표지를 4가지 쓰시오.(단, 위험장소 경고는 제외한다.)

해답

① 인화성물질경고
② 산화성물질경고
③ 폭발성물질경고
④ 급성독성물질경고
⑤ 부식성물질경고
⑥ 방사성물질경고
⑦ 고압전기경고
⑧ 매달린물체경고
⑨ 낙하물경고
⑩ 고온경고
⑪ 저온경고
⑫ 몸균형상실경고
⑬ 레이저광선경고
⑭ 발암성 · 변이원성 · 생식독성 · 전신독성 · 호흡기 · 호흡기과민성물질경고

14 공정안전보고서에 포함되어야 할 사항을 4가지 쓰시오.

해답

① 공정안전자료
② 공정위험성 평가서
③ 안전운전계획
④ 비상조치계획

2010년 4월 18일 산업안전산업기사 실기 필답형

01 숫돌의 회전수(rpm)가 2,000인 연삭기에 지름 30(cm)의 숫돌을 사용할 경우 숫돌의 원주속도는 얼마 이하로 해야 하는가?

해답

$$\text{원주속도}(V)=\frac{\pi DN}{1{,}000}(\text{m/min})=\frac{\pi\times 300\times 2{,}000}{1{,}000}$$
$$=1{,}884.955=1{,}884.96(\text{m/min})$$

02 하인리히의 재해구성 비율 1 : 29 : 300에 대해 설명하시오.

해답

안전사고 330건 중 중상이 1건, 경상이 29건, 무상해 사고가 300건 발생한다는 법칙

03 차량계 하역운반기계 운전자가 운전위치 이탈 시 준수해야 할 사항 2가지를 쓰시오.

해답

① 포크, 버킷, 디퍼 등의 장치를 가장 낮은 위치 또는 지면에 내려 둘 것
② 원동기를 정지시키고 브레이크를 확실히 거는 등 갑작스러운 주행이나 이탈을 방지하기 위한 조치를 할 것
③ 운전석을 이탈하는 경우에는 시동키를 운전대에서 분리시킬 것. 다만, 운전석에 잠금장치를 하는 등 운전자가 아닌 사람이 운전하지 못하도록 조치한 경우에는 그러하지 아니하다.

04 목재가공용 둥근톱에 설치해야 하는 방호장치 종류 2가지를 쓰시오.

해답

① 날접촉예방장치
② 반발예방장치

TIP 목재가공용 둥근톱기계의 방호장치
① 분할날 등 반발예방장치
② 톱날접촉예방장치

05 시몬즈(Simonds) 방식의 재해손실비 산정에 있어 비보험코스트에 해당하는 항목을 4가지 쓰시오.

해답

① 휴업상해
② 통원상해
③ 응급조치
④ 무상해사고

06 산업안전보건법상 보호구의 안전인증 제품에 안전인증의 표시 외에 표시하여야 하는 사항을 4가지만 쓰시오.

해답

① 형식 또는 모델명
② 규격 또는 등급 등
③ 제조자명
④ 제조번호 및 제조연월
⑤ 안전인증 번호

07 구내운반차를 사용하여 작업을 하는 때의 작업 시작 전 점검사항을 4가지 쓰시오.

해답

① 제동장치 및 조종장치 기능의 이상 유무
② 하역장치 및 유압장치 기능의 이상 유무
③ 바퀴의 이상 유무
④ 전조등 · 후미등 · 방향지시기 및 경음기 기능의 이상 유무
⑤ 충전장치를 포함한 홀더 등의 결합상태의 이상 유무

08 연소의 형태에서 고체의 연소형태를 4가지 쓰시오.

해답

① 표면연소, ② 분해연소, ③ 증발연소, ④ 자기연소

09 산업안전보건법령상 콘크리트 타설작업 시 준수사항을 3가지만 쓰시오.

해답

① 당일의 작업을 시작하기 전에 해당 작업에 관한 거푸집 및 동바리의 변형 · 변위 및 지반의 침하 유무 등을 점검하고 이상이 있으면 보수할 것
② 작업 중에는 감시자를 배치하는 등의 방법으로 거푸집 및 동바리의 변형 · 변위 및 침하 유무 등을 확인해야 하며, 이상이 있으면 작업을 중지하고 근로자를 대피시킬 것
③ 콘크리트 타설작업 시 거푸집 붕괴의 위험이 발생할 우려가 있으면 충분한 보강조치를 할 것
④ 설계도서상의 콘크리트 양생기간을 준수하여 거푸집 및 동바리를 해체할 것
⑤ 콘크리트를 타설하는 경우에는 편심이 발생하지 않도록 골고루 분산하여 타설할 것

10 매슬로, 허즈버그, 알더퍼의 이론을 상호비교한 아래 표의 빈칸에 알맞은 내용을 쓰시오.

매슬로의 욕구이론	허즈버그의 2요인 이론	알더퍼의 ERG이론
자아실현의 욕구	(②)	성장욕구
인정받으려는 욕구		
사회적 욕구	(③)	(④)
(①)		생존욕구
생리적 욕구		

해답

① 안전의 욕구, ② 동기요인, ③ 위생요인, ④ 관계욕구

11 다음 FT도에서 시스템의 신뢰도는 약 얼마인가?(단, 발생확률은 ①, ④는 0.05 ②, ③은 0.1)

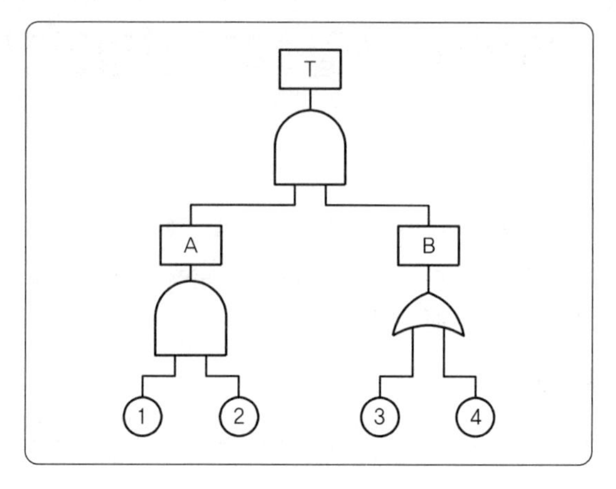

해답

① $A = 0.05 \times 0.1 = 0.005$
② $B = 1-(1-0.1)(1-0.05) = 0.145$
③ $T = A \times C = 0.005 \times 0.145 = 0.000725$
④ 신뢰도 $= 1 -$ 발생확률 $= 1 - 0.000725 = 0.999275$
$= 1.00$

TIP 본 문제는 고장확률을 구하는 문제가 아니라 신뢰도를 구하는 문제이다. FTA는 사고의 원인이 되는 장치의 이상이나 고장의 다양한 조합 및 작업자 실수 원인을 연역적으로 분석하는 방법이라는 개념을 알고 있어야 한다.

12 인체의 접촉상태에 따른 허용접촉전압을 종별로 구분하여 쓰시오.

종별	접촉상태	허용접촉전압
제1종	• 인체의 대부분이 수중에 있는 경우	(①)
제2종	• 인체가 현저하게 젖어 있는 경우 • 금속성의 전기기계장치나 구조물에 인체의 일부가 상시 접촉되어 있는 경우	(②)
제3종	• 제1종, 제2종 이외의 경우로 통상의 인체상태에 있어서 접촉전압이 가해지면 위험성이 높은 경우	(③)
제4종	• 제1종, 제2종 이외의 경우로 통상의 인체상태에 있어서 접촉전압이 가해지더라도 위험성이 낮은 경우 • 접촉전압이 가해질 우려가 없는 경우	(④)

해답

① 2.5V 이하, ② 25V 이하, ③ 50V 이하, ④ 제한 없음

2010년 7월 4일 산업안전기사 실기 필답형

01 산업안전보건법상 다음 그림에 해당하는 안전보건표지의 명칭을 쓰시오.

①	②	③	④

해답

① 화기금지, ② 폭발성물질경고,
③ 부식성물질경고, ④ 고압전기경고

02 아래 보기 중 산업안전관리비로 사용 가능한 항목을 4가지 골라 번호를 쓰시오.

① 면장갑 및 코팅장갑의 구입비
② 안전보건 교육장 내 냉난방 설치 및 유지비
③ 안전보건 관리자용 안전 순찰차량의 유류비
④ 교통통제를 위한 교통정리자의 인건비
⑤ 작업발판 및 가설계단의 시설비
⑥ 위생 및 긴급 피난용 시설비
⑦ 안전보건교육장의 대지 구입비
⑧ 지정 교육기관에서 자격, 면허취득 또는 기술습득을 위한 교육비

해답

②, ③, ⑥, ⑧

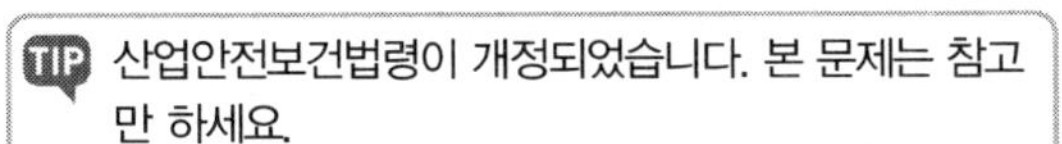

TIP 산업안전보건법령이 개정되었습니다. 본 문제는 참고만 하세요.

03 접지공사 종류에서 접지저항값 및 접지선의 굵기에 관한 다음 내용에서 ( )에 알맞은 수치를 쓰시오.

종 별	접지저항	접지선의 굵기
제1종	(①)Ω 이하	공칭단면적 (④)mm^2 이상의 연동선
제3종	(②)Ω 이하	공칭단면적 (⑤)mm^2 이상의 연동선
특별 제3종	(③)Ω 이하	공칭단면적 2.5mm^2 이상의 연동선

해답

① 10　　④ 6
② 100　　⑤ 2.5
③ 10

TIP 법 개정으로 접지대상에 따라 일괄 적용한 종별접지(1종, 2종, 3종, 특별3종)가 폐지되었습니다.

04 부탄(C_4H_{10})이 완전연소하기 위한 화학양론식을 쓰고, 완전연소에 필요한 최소산소농도를 추정하시오.(단, 부탄의 폭발하한계는 1.6vol%이다.)

해답

① 화학양론식
$C_4H_{10}+6.5O_2 \rightarrow 4CO_2+5H_2O$
② 최소산소농도 = 연소하한계×산소의 화학양론적 계수
= 1.6×6.5 = 10.4(vol%)

05 산업안전보건법상 사업장에 안전보건관리규정을 작성하고자 할 때 포함되어야 할 사항을 4가지 쓰시오.(단, 그 밖에 안전 및 보건에 관한 사항은 제외)

해답

① 안전 및 보건에 관한 관리조직과 그 직무에 관한 사항
② 안전보건교육에 관한 사항
③ 작업장의 안전 및 보건 관리에 관한 사항
④ 사고 조사 및 대책 수립에 관한 사항

06 다음은 산업재해 발생 시의 조치내용을 순서대로 표시하였다. 아래의 빈칸에 알맞은 내용을 쓰시오.

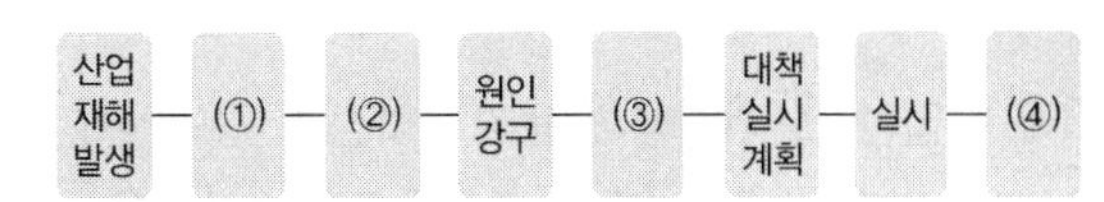

해답

① 긴급처리　　③ 대책수립
② 재해조사　　④ 평가

07 근로자의 추락 등에 의한 위험을 방지하기 위하여 설치하는 안전난간의 주요 구성 요소 4가지를 쓰시오.

해답

① 상부 난간대
② 중간 난간대
③ 발끝막이판
④ 난간기둥

08 산업안전보건법상 다음 보기의 기계 · 기구에 설치하여야 할 방호장치를 쓰시오.

① 아세틸렌 용접장치	③ 압력용기
② 교류아크용접기	④ 연삭기

해답

① 안전기
② 자동전격방지기
③ 압력방출장치
④ 덮개

09 인간의 주의에 대한 다음 보기의 특성에 대하여 설명하시오.

① 선택성
② 변동성
③ 방향성

해답

① 선택성 : 주의는 동시에 두 개의 방향에 집중하지 못한다.
② 변동성 : 고도의 주의는 장시간 지속할 수 없다.
③ 방향성 : 한 지점에 주의를 집중하면 다른 곳의 주의는 약해진다.

10 산업안전보건법상 원동기 · 회전축 등의 위험 방지를 위한 기계적인 안전조치를 3가지 쓰시오.

해답

① 덮개
② 울
③ 슬리브
④ 건널다리

11 중량물 취급 시 작업계획서 내용을 3가지 쓰시오.

해답

① 추락위험을 예방할 수 있는 안전대책
② 낙하위험을 예방할 수 있는 안전대책
③ 전도위험을 예방할 수 있는 안전대책
④ 협착위험을 예방할 수 있는 안전대책
⑤ 붕괴위험을 예방할 수 있는 안전대책

12 산업안전보건법상 작업장의 조도기준에 관한 다음 사항에서 ( )에 알맞은 내용을 쓰시오.

작업의 종류	작업면 조도
초정밀작업	(①)Lux 이상
정밀작업	(②)Lux 이상
보통작업	(③)Lux 이상
그 밖의 작업	(④)Lux 이상

해답

① 750
② 300
③ 150
④ 75

13 방독마스크에 관한 용어를 설명한 것이다. 각각의 설명에 해당하는 용어를 쓰시오.

① 대응하는 가스에 대하여 정화통 내부의 흡착제가 포화상태가 되어 흡착력을 상실한 상태
② 방독마스크(복합형 포함)의 성능에 방진마스크의 성능이 포함된 방독마스크

해답

① 파과
② 겸용 방독마스크

14 A회사의 제품은 10,000시간 동안 10개의 제품에 고장이 발생된다고 한다. 이 제품의 수명이 지수분포를 따른다고 할 경우 ① 고장률과 ② 900시간 동안 적어도 1개의 제품이 고장 날 확률을 구하시오.

해답

① 고장률

$$\text{평균고장률}(\lambda) = \frac{r(\text{그 기간 중의 총 고장수})}{T(\text{총 동작시간})}$$

$$= \frac{10}{10,000} = 0.001(\text{건/시간})$$

② 900시간 동안 적어도 1개의 제품이 고장 날 확률

불신뢰도 $F(t) = 1 - R(t) = 1 - e^{-\lambda t}$

$$= 1 - e^{-(0.001 \times 900)} = 0.5934 = 0.59$$

PART 03

2010년 7월 4일 산업안전산업기사 실기 필답형

01 관리감독자의 유해위험 방지업무에 있어서 프레스 등을 사용하는 작업에 대한 업무 내용을 4가지 쓰시오.

해답

① 프레스 등 및 그 방호장치를 점검하는 일
② 프레스 등 및 그 방호장치에 이상이 발견 되면 즉시 필요한 조치를 하는 일
③ 프레스 등 및 그 방호장치에 전환스위치를 설치했을 때 그 전환스위치의 열쇠를 관리하는 일
④ 금형의 부착 · 해체 또는 조정작업을 직접 지휘하는 일

02 상시근로자 500명이 작업하는 어느 사업장에서 연간 재해가 5건 발생하여 8명의 재해자가 발생하였다. 근로시간은 1일 9시간, 연간 250일이며, 휴업일수가 235일이었다. 연천인율과 강도율을 구하시오.

해답

① $\text{연천인율} = \dfrac{\text{연간재해자수}}{\text{연평균근로자수}} \times 1,000$

$= \dfrac{8}{500} \times 1,000 = 16$

② $\text{강도율} = \dfrac{\text{근로손실일수}}{\text{연간총근로시간수}} \times 1,000$

$= \dfrac{235 \times \dfrac{250}{365}}{500 \times 9 \times 250} \times 1,000$

$= 0.143 = 0.14$

03 안전모(자율안전확인)의 시험성능기준 항목을 4가지 쓰시오.

해답

① 내관통성
② 충격흡수성
③ 난연성
④ 턱끈풀림

04 산업안전보건법상 건설업 중 유해 · 위험방지 계획서 제출대상 사업장을 4가지 쓰시오.

해답

① 다음 각 목의 어느 하나에 해당하는 건축물 또는 시설 등의 건설 · 개조 또는 해체공사
  ㉠ 지상높이가 31미터 이상인 건축물 또는 인공구조물
  ㉡ 연면적 3만 제곱미터 이상인 건축물
  ㉢ 연면적 5천 제곱미터 이상인 시설로서 다음의 어느 하나에 해당하는 시설
    ⓐ 문화 및 집회시설(전시장 및 동물원 · 식물원은 제외)
    ⓑ 판매시설, 운수시설(고속철도의 역사 및 집배송시설은 제외)
    ⓒ 종교시설
    ⓓ 의료시설 중 종합병원
    ⓔ 숙박시설 중 관광숙박시설
    ⓕ 지하도상가
    ⓖ 냉동 · 냉장 창고시설
② 연면적 5천 제곱미터 이상인 냉동 · 냉장 창고시설의 설비공사 및 단열공사
③ 최대 지간길이(다리의 기둥과 기둥의 중심 사이의 거리)가 50미터 이상인 다리의 건설 등 공사
④ 터널의 건설 등 공사
⑤ 다목적댐, 발전용댐, 저수용량 2천만 톤 이상의 용수 전용 댐 및 지방상수도 전용 댐의 건설 등 공사
⑥ 깊이 10미터 이상인 굴착공사

05 허즈버그의 두 요인이론에서 위생요인과 동기요인에 해당되는 내용을 각각 3가지 쓰시오.

해답

(1) 위생요인

① 보수	④ 임금
② 작업조건	⑤ 지위
③ 관리감독	⑥ 회사 정책과 관리

(2) 동기요인

① 성취감 ④ 인정
② 책임감 ⑤ 도전감
③ 성장과 발전 ⑥ 일 그 자체

06 광속발산도가 60(fL)이고, 반사율이 80(%)일 경우 소요조명(fc)을 구하시오.

해답

$$\text{소요조명(fc)} = \frac{\text{광속발산도(fL)}}{\text{반사율(\%)}} \times 100$$

$$= \frac{60}{80} \times 100 = 75(\text{fc})$$

07 지반 굴착 작업 시 준수해야 할 경사면의 기울기에 관한 다음의 내용을 보고 ( ) 안에 해당하는 기울기를 쓰시오.

지반의 종류	굴착면의 기울기
모래	(①)
연암 및 풍화암	(②)
경암	(③)
그 밖의 흙	1 : 1.2

해답

① 1 : 1.8 ③ 1 : 0.5
② 1 : 1.0

08 산업안전표지 중 다음의 금지표시에 해당하는 명칭을 쓰시오.

①	②
③	④

해답

① 보행금지 ② 탑승금지
③ 사용금지 ④ 물체이동금지

09 정전기 발생의 영향요인을 5가지 쓰시오.

해답

① 물체의 특성
② 물체의 표면상태
③ 물체의 이력
④ 접촉면적 및 압력
⑤ 분리속도
⑥ 완화시간

10 산업안전보건법상 도급사업에 있어서 안전보건총괄책임자를 선임하여야 할 사업을 4가지 쓰시오.

해답

① 관계수급인에게 고용된 근로자를 포함한 상시근로자가 100명 이상인 사업
② 관계수급인에게 고용된 근로자를 포함한 상시근로자 50명 이상인 선박 및 보트 건조업
③ 관계수급인에게 고용된 근로자를 포함한 상시근로자 50명 이상인 1차 금속 제조업 및 토사석 광업
④ 관계수급인의 공사금액을 포함한 해당 공사의 총공사금액이 20억 원 이상인 건설업

11 폭발방지를 위한 불활성화방법 중 퍼지의 종류를 3가지 쓰시오.

해답

① 진공 퍼지
② 압력 퍼지
③ 스위프 퍼지
④ 사이폰 퍼지

12 화학설비의 안전성 평가 5단계를 순서대로 쓰시오.

해답

① 제1단계 : 관계자료의 정비 검토
② 제2단계 : 정성적 평가
③ 제3단계 : 정량적 평가
④ 제4단계 : 안전대책
⑤ 제5단계 : 재해정보, FTA에 의한 재평가

TIP 안전성 평가의 단계

안전성 평가는 6단계에 의해 실시되며, 경우에 따라 5단계와 6단계가 동시에 이루어지는 경우도 있다.
① 제1단계 : 관계자료의 정비 검토
② 제2단계 : 정성적 평가
③ 제3단계 : 정량적 평가
④ 제4단계 : 안전대책
⑤ 제5단계 : 재해정보에 의한 재평가
⑥ 제6단계 : FTA에 의한 재평가

13 안전기 성능시험의 종류를 3가지 쓰시오.

해답

① 내압시험
② 기밀시험
③ 역류방지시험
④ 역화방지시험
⑤ 가스압력손실시험
⑥ 방출장치 동작시험

2010년 9월 12일 산업안전기사 실기 필답형

01 산업안전보건법령상 산업안전보건 관련 교육과정과 교육시간에 관한 다음 각 물음에 답하시오.

① 근로자 안전보건교육에 있어 사무직 종사근로자의 정기교육시간을 쓰시오.
② 근로자 안전보건교육에 있어 일용근로자 및 근로계약기간이 1주일 이하인 기간제근로자의 채용 시의 교육시간을 쓰시오.
③ 근로자 안전보건교육에 있어 일용근로자 및 근로계약기간이 1주일 이하인 기간제 근로자의 작업내용변경 시의 교육시간을 쓰시오.
④ 안전보건관리책임자의 신규교육시간이 6시간일 때 보수교육시간을 쓰시오.
⑤ 안전관리자의 보수교육시간을 쓰시오.

해답

① 매반기 6시간 이상
② 1시간 이상
③ 1시간 이상
④ 6시간 이상
⑤ 24시간 이상

02 다음의 빈칸에 산업안전보건법상 안전보건 표지의 색체에 대한 색도기준을 써 넣으시오.

색채	빨간색	노란색	파란색	녹색	흰색	검은색
색도기준	①	②	③	2.5G 4/10	N9.5	④

해답

① 7.5R 4/14
② 5Y 8.5/12
③ 2.5PB 4/10
④ N0.5

03 안전인증대상 보호구 중 차광보안경의 사용 구분에 따른 종류 4가지를 쓰시오.

해답

① 자외선용
② 적외선용
③ 복합용
④ 용접용

04 산업안전보건법에 따른 산업안전보건위원회의 심의 의결사항을 4가지 쓰시오.

해답

① 사업장의 산업재해 예방계획의 수립에 관한 사항
② 안전보건관리규정의 작성 및 변경에 관한 사항
③ 안전보건교육에 관한 사항
④ 작업환경측정 등 작업환경의 점검 및 개선에 관한 사항
⑤ 근로자의 건강진단 등 건강관리에 관한 사항
⑥ 산업재해에 관한 통계의 기록 및 유지에 관한 사항
⑦ 산업재해의 원인 조사 및 재발 방지대책 수립에 관한 사항 중 중대재해에 관한 사항
⑧ 유해하거나 위험한 기계 · 기구 · 설비를 도입한 경우 안전 및 보건 관련 조치에 관한 사항

05 안전인증대상 기계 또는 설비 방호장치와 보호구에 해당하는 것을 보기에서 5가지 고르시오.

① 안전대
② 연삭기 덮개
③ 아세틸렌 용접장치용 안전기
④ 산업용 로봇 안전매트
⑤ 압력용기
⑥ 양중기용 과부하방지장치
⑦ 교류아크용접기용 자동전격방지기
⑧ 곤돌라
⑨ 동력식 수동대패용 칼날 접촉방지장치
⑩ 보호복

해답

① 안전대
⑤ 압력용기
⑥ 양중기용 과부하방지장치
⑧ 곤돌라
⑩ 보호복

06 프레스의 방호장치에 관한 설명 중 ( ) 안에 알맞은 내용이나 수치를 써 넣으시오.

(1) 광전자식 방호장치의 일반구조에 있어 정상동작표시램프는 (①)색, 위험표시램프는 (②)색으로 하여 쉽게 근로자가 볼 수 있는 곳에 설치하여야 한다.
(2) 양수조작식 방호장치의 일반구조에 있어 누름버튼의 상호 간 내측거리는 (③)mm 이상이어야 한다.
(3) 손쳐내기식 방호장치의 일반구조에 있어 슬라이드 하행정거리의 (④)위치 내에 손을 완전히 밀어내야 한다.
(4) 수인식 방호장치의 일반구조에 있어 수인끈의 재료는 합성섬유로 직경이 (⑤)mm 이상이어야 한다.

해답

① 녹
② 붉은
③ 300
④ 3/4
⑤ 4

07 A사업장의 도수율이 12였고 지난 한 해 동안 12건의 재해로 인하여 15명의 재해자가 발생하였으며 총 휴업일수는 146일이었다. 사업장의 강도율을 구하시오.(근로자는 1일 10시간씩 연간 250일 근무)

해답

① 연간총근로시간수 $= \dfrac{\text{재해발생건수}}{\text{도수율}} \times 1{,}000{,}000$

$= \dfrac{12}{12} \times 1{,}000{,}000$

$= 1{,}000{,}000(\text{시간})$

② 강도율 $= \dfrac{\text{근로손실일수}}{\text{연간총근로시간수}} \times 1{,}000$

$= \dfrac{146 \times \dfrac{250}{365}}{1{,}000{,}000} \times 1{,}000 = 0.1$

08 굴착공사에서 발생할 수 있는 보일링현상 방지대책을 3가지만 쓰시오.(단, 원상매립, 또는 작업의 중지를 제외함)

해답

① 차수성이 높은 흙막이벽 설치
② 흙막이 근입깊이를 깊게
③ 약액주입 등의 굴착면 고결
④ 주변의 지하수위 저하(웰포인트 공법 등)
⑤ 압성토 공법

09 산업안전보건법에 따라 이상 화학반응, 밸브의 막힘 등 이상상태로 인한 압력 상승으로 당해 설비의 최고 사용압력을 구조적으로 초과할 우려가 있는 화학설비 및 그 부속설비에 안전밸브 또는 파열판을 설치하여야 한다. 이때 반드시 파열판을 설치해야 하는 이유 2가지를 쓰시오.

해답

① 반응 폭주 등 급격한 압력 상승 우려가 있는 경우
② 급성 독성물질의 누출로 인하여 주위의 작업환경을 오염시킬 우려가 있는 경우
③ 운전 중 안전밸브에 이상 물질이 누적되어 안전밸브가 작동되지 아니할 우려가 있는 경우

10 고장률이 시간당 0.01로 일정한 기계가 있다. 이 기계가 처음 100시간 동안 고장이 발생할 확률을 구하시오.

해답

① 신뢰도 $R(t) = e^{-\lambda t} = e^{-(0.01 \times 100)} = 0.37$
② 불신뢰도 $F(t) = 1 - R(t) = 1 - 0.37 = 0.63$

11 FT의 각 단계별 내용이 다음과 같을 때 올바른 순서대로 번호를 나열하시오.

① 정상사상의 원인이 되는 기초사상을 분석한다.
② 정상사상과의 관계는 논리게이트를 이용하여 도해한다.
③ 분석현상이 된 시스템을 정의한다.
④ 이전 단계에서 결정된 사상이 좀 더 전개가 가능한지 점검한다.
⑤ 정성, 정량적으로 해석 평가한다.
⑥ FT를 간소화한다.

해답

③ → ① → ② → ④ → ⑥ → ⑤

12 산업안전보건법에 따라 비계 작업 시 비, 눈, 그 밖의 기상상태의 불안전으로 날씨가 몹시 나빠서 작업을 중지시킨 후 그 비계에서 작업을 할 때 당해 작업 시작 전에 점검해야 할 사항을 4가지 쓰시오.

해답

① 발판 재료의 손상 여부 및 부착 또는 걸림 상태
② 해당 비계의 연결부 또는 접속부의 풀림 상태
③ 연결 재료 및 연결 철물의 손상 또는 부식 상태
④ 손잡이의 탈락 여부
⑤ 기둥의 침하, 변형, 변위 또는 흔들림 상태
⑥ 로프의 부착 상태 및 매단 장치의 흔들림 상태

13 산업안전보건법에 따라 구내운반차를 사용하여 작업을 하고자 할 때 작업 시작 전 점검사항을 3가지만 쓰시오.

해답

① 제동장치 및 조종장치 기능의 이상 유무
② 하역장치 및 유압장치 기능의 이상 유무
③ 바퀴의 이상 유무
④ 전조등 · 후미등 · 방향지시기 및 경음기 기능의 이상 유무
⑤ 충전장치를 포함한 홀더 등의 결합상태의 이상 유무

14 산업안전보건법에 따라 정전작업 시 관계근로자의 감전을 방지하기 위해 사업주가 직접 교육하여야 하는 정전작업 요령에 포함되어야 할 사항 4가지를 쓰시오.

해답

본 문제는 2011년 법 개정으로 삭제된 내용입니다.

2010년 9월 12일 산업안전산업기사 실기 필답형

01 다음 기호에 해당되는 방폭구조의 명칭을 쓰시오.

① q
② e
③ m
④ n
⑤ ia, ib

해답

① 충전 방폭구조
② 안전증 방폭구조
③ 몰드 방폭구조
④ 비점화 방폭구조
⑤ 본질안전 방폭구조

TIP 방폭구조의 종류에 따른 기호

내압 방폭구조	d	본질안전 방폭구조	i(ia, ib)
압력 방폭구조	p	비점화 방폭구조	n
유입 방폭구조	o	몰드 방폭구조	m
안전증 방폭구조	e	충전 방폭구조	q
특수 방폭구조	s		

02 동작경제의 3원칙을 쓰시오.

해답

① 신체사용에 관한 원칙
② 작업장 배치에 관한 원칙
③ 공구 및 설비 디자인에 관한 원칙

03 무재해운동의 위험예지 훈련에서 실시하는 문제해결 4단계 진행법을 순서대로 쓰시오.

해답

① 제1단계 : 현상파악
② 제2단계 : 본질추구
③ 제3단계 : 대책수립
④ 제4단계 : 목표설정

04 유해 · 위험한 기계 기구의 방호조치 중 롤러기의 방호장치를 쓰시오.

해답

급정지장치

TIP 급정지장치 조작부의 종류 및 위치

급정지장치 조작부의 종류	설치위치	비고
손으로 조작하는 것	밑면으로부터 1.8m 이내	위치는 급정지장치 조작부의 중심점을 기준으로 함
복부로 조작하는 것	밑면으로부터 0.8m 이상 1.1m 이내	
무릎으로 조작하는 것	밑면으로부터 0.4m 이상 0.6m 이내	

05 타워크레인 설치 · 조립 · 해체 시 작업계획서에 포함되어야 할 사항을 4가지 쓰시오.

해답

① 타워크레인의 종류 및 형식
② 설치 · 조립 및 해체순서
③ 작업도구 · 장비 · 가설설비 및 방호설비
④ 작업인원의 구성 및 작업근로자의 역할 범위
⑤ 타워크레인의 지지에 따른 지지 방법

06 60Phon일 때 Sone은 얼마인가?

해답

$\text{Sone 치} = 2^{(\text{Phon 치} - 40)/10} = 2^{(60-40)/10} = 4(\text{Sone})$

07 Fail Safe를 기능적인 면에서의 분류 중 2가지를 쓰고 간단히 설명하시오.

해답

① Fail－passive : 부품이 고장 나면 기계가 정지하는 방향으로 이동하는 것(일반적인 산업기계)
② Fail－active : 부품이 고장 나면 경보를 울리며 잠시 동안 계속 운전이 가능한 것
③ Fail－operational : 부품이 고장 나도 추후에 보수가 될 때까지 안전한 기능을 유지하는 것

08 히빙(Heaving)현상에 대하여 간단히 설명하시오.

해답

연질점토 지반에서 굴착에 의한 흙막이 내 · 외면의 흙의 중량 차이로 인해 굴착 저면이 부풀어 올라오는 현상

> **TIP** ① 보일링(Boiling)현상 : 사질토 지반에서 굴착저면과 흙막이 배면과의 수위 차이로 인해 굴착 저면의 흙과 물이 함께 위로 솟구쳐 오르는 현상
> ② 파이핑(Piping)현상 : 보일링 현상으로 인하여 지반 내에서 물의 통로가 생기면서 흙이 세굴되는 현상

09 산업안전보건위원회의 구성 중 근로자위원과 사용자위원을 쓰시오.

해답

(1) 근로자위원
① 근로자대표
② 근로자대표가 지명하는 1명 이상의 명예산업안전감독관
③ 근로자대표가 지명하는 9명 이내의 해당 사업장의 근로자

(2) 사용자위원
① 해당 사업의 대표자
② 안전관리자 1명
③ 보건관리자 1명
④ 산업보건의
⑤ 해당 사업의 대표자가 지명하는 9명 이내의 해당 사업장 부서의 장

10 공기압축기의 작업 시작 전 점검해야 할 사항을 4가지 쓰시오.

해답

① 공기저장 압력용기의 외관 상태
② 드레인밸브의 조작 및 배수
③ 압력방출장치의 기능
④ 언로드밸브의 기능
⑤ 윤활유의 상태
⑥ 회전부의 덮개 또는 울
⑦ 그 밖의 연결 부위의 이상 유무

11 방독마스크 및 방진마스크에 관한 다음 사항에 답하시오.

> ① 방진마스크는 산소농도 몇 % 이상에서 사용 가능한가?
> ② 방진마스크는 안면부 내부의 이산화탄소(CO_2) 농도가 부피분율 얼마 이하여야 하는가?
> ③ 방독마스크는 산소농도 몇 % 이상에서 사용 가능한가?
> ④ 방독마스크는 안면부 내부의 이산화탄소(CO_2) 농도가 부피분율 얼마 이하여야 하는가?
> ⑤ 고농도와 중농도에서 사용 가능한 방독마스크는?

해답

① 18
② 1%
③ 18
④ 1%
⑤ 전면형(격리식, 직결식)

12 다음 용어의 설명 중 ( )에 알맞은 내용을 쓰시오.

> (1) 인화성 액체 : 표준압력(101.3KPa)하에서 인화점이 (①)℃ 이하이거나 고온 · 고압의 공정운전조건으로 인하여 화재 · 폭발위험이 있는 상태에서 취급되는 가연성 물질을 말한다.
> (2) 인화성 가스 : 인화한계 농도의 최저한도가 (②) 퍼센트 이하 또는 최고한도와 최저한도의 차가 (③)퍼센트 이상인 것으로서 표준압력(101.3KPa) 하의 (④)℃에서 가스 상태인 물질을 말한다.

해답

① 60
② 13
③ 12
④ 20

13 공업용으로 사용되는 다음 고압가스에 해당하는 용기의 색상을 쓰시오.

> ① 산소
> ② 질소
> ③ 아세틸렌
> ④ 수소
> ⑤ 헬륨

해답

① 녹색
② 회색
③ 황색
④ 주황색
⑤ 회색

TIP 고압가스 용기의 도색

가스의 종류	도색의 구분
액화석유가스	밝은 회색
수소	주황색
아세틸렌	황색
액화탄산가스	청색
소방용 용기	소방법에 따른 도색
액화암모니아	백색
액화염소	갈색
산소	녹색
질소	회색
그 밖의 가스	회색

2011년 5월 1일 산업안전기사 실기 필답형

01 산업안전보건법상 안전보건표지 중 경고표지의 종류를 4가지 쓰시오.

해답

① 인화성물질경고
② 산화성물질경고
③ 폭발성물질경고
④ 급성독성물질경고
⑤ 부식성물질경고
⑥ 방사성물질경고
⑦ 고압전기경고
⑧ 매달린물체경고
⑨ 낙하물경고
⑩ 고온경고
⑪ 저온경고
⑫ 몸균형상실경고
⑬ 레이저광선경고
⑭ 발암성 · 변이원성 · 생식독성 · 전신독성 · 호흡기 · 호흡기과민성물질경고
⑮ 위험장소경고

02 다음의 보기에서 산화성 액체 및 산화성 고체와 폭발성 물질 및 유기과산화물을 각각 2가지씩 고르시오.

① 니트로글리세린	⑤ 질산나트륨
② 리튬	⑥ 셀룰로이드류
③ 황	⑦ 마그네슘분말
④ 염소산칼륨	⑧ 질산에스테르류

해답

(1) 산화성 액체 및 산화성 고체 : ④, ⑤
(2) 폭발성 물질 및 유기과산화물 : ①, ⑧

TIP 리튬, 황, 셀룰로이드류, 마그네슘 분말 : 물 반응성 물질 및 인화성 고체

03 사다리식 통로 등을 설치하는 경우 준수사항 4가지를 쓰시오.

해답

① 견고한 구조로 할 것
② 심한 손상 · 부식 등이 없는 재료를 사용할 것
③ 발판의 간격은 일정하게 할 것
④ 발판과 벽과의 사이는 15센티미터 이상의 간격을 유지할 것
⑤ 폭은 30센티미터 이상으로 할 것
⑥ 사다리가 넘어지거나 미끄러지는 것을 방지하기 위한 조치를 할 것
⑦ 사다리의 상단은 걸쳐놓은 지점으로부터 60센티미터 이상 올라가도록 할 것
⑧ 사다리식 통로의 길이가 10미터 이상인 경우에는 5미터 이내마다 계단참을 설치할 것
⑨ 사다리식 통로의 기울기는 75도 이하로 할 것
⑩ 접이식 사다리 기둥은 사용 시 접히거나 펼쳐지지 않도록 철물 등을 사용하여 견고하게 조치할 것

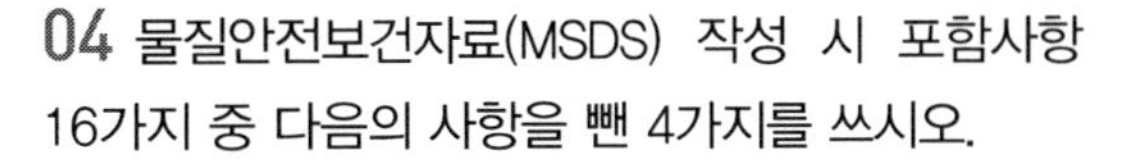

04 물질안전보건자료(MSDS) 작성 시 포함사항 16가지 중 다음의 사항을 뺀 4가지를 쓰시오.

① 화학제품과 회사에 관한 정보
② 구성성분의 명칭 및 함유량
③ 취급 및 저장방법
④ 물리화학적 특성
⑤ 폐기 시 주의사항
⑥ 법적 규제 현황
⑦ 그 밖의 참고사항

해답

① 유해성 · 위험성
② 응급조치요령
③ 폭발 · 화재 시 대처방법
④ 누출사고 시 대처방법
⑤ 노출방지 및 개인보호구
⑥ 안정성 및 반응성
⑦ 독성에 관한 정보
⑧ 환경에 미치는 영향
⑨ 운송에 필요한 정보

05 산업재해조사표의 주요 항목에 해당하지 않는 것을 다음 보기에서 3가지를 고르시오.

① 재해자의 국적	⑥ 급여수준
② 재발방지 계획	⑦ 응급조치 내역
③ 재해발생 일시	⑧ 작업지역 · 공정
④ 고용형태	⑨ 재해자 복직예정
⑤ 휴업예상일수	

해답

① 급여수준
② 응급조치내역
③ 재해자 복귀예정일

06 기계설비의 설치에 있어 시스템 안전의 5단계를 순서에 맞게 보기에서 골라 적으시오.

① 조업단계	④ 설계단계
② 구상단계	⑤ 제작단계
③ 사양결정 단계	

해답

② 구상단계 → ③ 사양결정 단계 → ④ 설계단계 → ⑤ 제작단계 → ① 조업단계

07 하인리히 도미노 이론 5단계, 아담스의 이론 5단계를 적으시오.

해답

(1) 하인리히 도미노 이론
① 제1단계 : 사회적 환경 및 유전적 요인
② 제2단계 : 개인적 결함
③ 제3단계 : 불안전한 행동 및 불안전한 상태
④ 제4단계 : 사고
⑤ 제5단계 : 재해

(2) 아담스의 이론
① 제1단계 : 관리구조
② 제2단계 : 작전적 에러
③ 제3단계 : 전술적 에러
④ 제4단계 : 사고
⑤ 제5단계 : 상해, 손해

08 다음의 보기의 설명에 해당하는 양중기 방호장치를 쓰시오.

① 양중기에 있어서 정격하중 이상의 하중이 부하되었을 경우 자동적으로 동작을 정지시켜주는 장치는?
② 양중기의 훅 등에 물건을 매달아 올릴 때 일정 높이 이상으로 감아올리는 것을 방지하는 장치는?

해답

① 과부하방지장치
② 권과방지장치

09 안전보건관리 책임자 등에 대한 교육시간은?

① 안전보건관리 책임자 신규 교육시간( )
② 안전보건관리 책임자 보수 교육시간( )
③ 안전관리자 신규 교육시간( )
④ 건설재해예방전문지도기관의 종사자의 보수 교육시간 ( )

해답

① 6시간 이상
② 6시간 이상
③ 34시간 이상
④ 24시간 이상

10 트랜지스터 5개와 10개 저항이 직렬로 연결되어 있다. 트랜지스터 평균 고장률 = 0.00002, 저항 평균 고장률 = 0.0001일 때 다음에 답하시오.

(1) 이 회로를 1,500시간 가동 시 신뢰도는?
(2) 이 회로의 평균수명은?

해답

(1) 신뢰도 $R(t) = e^{-\lambda t} = e^{-(0.00002 \times 5 + 0.0001 \times 10) \times 1{,}500}$
$= 0.192 = 0.19$

(2) 평균수명$(MTBF) = \dfrac{1}{\lambda}$

$$= \frac{1}{(0.00002 \times 5) + (0.0001 \times 10)}$$
$= 909.09$(시간)

11 안전보건총괄책임자 지정대상사업 2가지를 쓰시오.(단, 관계수급인에게 고용된 근로자를 포함한 상시근로자 50명 이상인 사업)

해답

① 선박 및 보트 건조업
② 1차 금속 제조업 및 토사석 광업

12 페일 세이프와 풀 프루프에 대해 정의하시오.

해답

① 페일 세이프(Fail Safe) : 기계나 그 부품에 파손 · 고장이나 기능불량이 발생하여도 항상 안전하게 작동할 수 있는 기능을 가진 구조
② 풀 프루프(Fool Proof) : 작업자가 기계를 잘못 취급하여 불안전 행동이나 실수를 하여도 기계설비의 안전 기능이 작용되어 재해를 방지할 수 있는 기능을 가진 구조

13 보일러의 안전한 가동을 위하여 보일러 규격에 적합한 압력방출장치를 1개 또는 2개 이상 설치하고 (①) 이하에서 작동되도록 한다. 다만 압력방출장치가 2개 이상 설치된 경우 (①) 이하에서 1개가 작동되고 다른 압력방출장치는 (①)의 (②) 이하에서 작동되도록 부착한다. (　) 안에 알맞은 것을 답하시오.

해답

① 최고사용압력
② 1.05배

14 정전작업 요령에 포함되어야 할 사항 4가지를 쓰시오.

해답

본 문제는 2011년 법 개정으로 삭제된 내용입니다.

2011년 5월 1일 산업안전산업기사 실기 필답형

01 근로자 400명이 1일 8시간, 연간 300일 작업(잔업은 1인당 연 50시간)하는 어떤 작업장에 연간 20건의 재해가 발생하여 근로손실일수 150일과 휴업일수 73일이 발생하였다. 강도율, 도수율을 구하시오.

해답

① 강도율 $= \dfrac{\text{근로손실일수}}{\text{연간총근로시간수}} \times 1{,}000$

$= \dfrac{150 + \left(73 \times \dfrac{300}{365}\right)}{(400 \times 8 \times 300) + (400 \times 50)} \times 1{,}000$

$= 0.214 = 0.21$

② 도수율

$= \dfrac{\text{재해발생건수}}{\text{연간총근로시간수}} \times 1{,}000{,}000$

$= \dfrac{20}{(400 \times 8 \times 300) + (400 \times 50)} \times 1{,}000{,}000$

$= 20.408 = 20.41$

02 10톤의 화물을 두 줄걸이 로프로 상부각도 60°로 들어올릴 때 한쪽 와이어로프에 걸리는 하중을 계산하시오.

해답

하중 $= \dfrac{\text{화물의 무게}(W_1)}{2} \div \cos\dfrac{\theta}{2}$

$= \dfrac{10}{2} \div \cos\dfrac{60}{2} = 5.773 = 5.77(\text{톤})$

03 안전 · 보건 진단을 받아 개선계획을 수립해야 하는 대상사업장을 2곳 쓰시오.

해답

① 산업재해율이 같은 업종의 규모별 평균 산업재해율보다 높은 사업장 중 중대재해 발생 사업장
② 산업재해율이 같은 업종 평균 산업재해율의 2배 이상인 사업장
③ 직업병에 걸린 사람이 연간 2명 이상 발생한 사업장
④ 작업환경 불량, 화재 · 폭발 또는 누출사고 등으로 사회적 물의를 일으킨 사업장
⑤ 제①호부터 제④호까지의 규정에 준하는 사업장으로서 고용노동부장관이 정하는 사업장

04 시스템안전에서 기계의 고장률을 나타내는 그래프를 그리고 명칭과 각 기간 중 고장률 감소 대책을 1가지씩 쓰시오.

해답

(1) 고장률을 나타내는 그래프

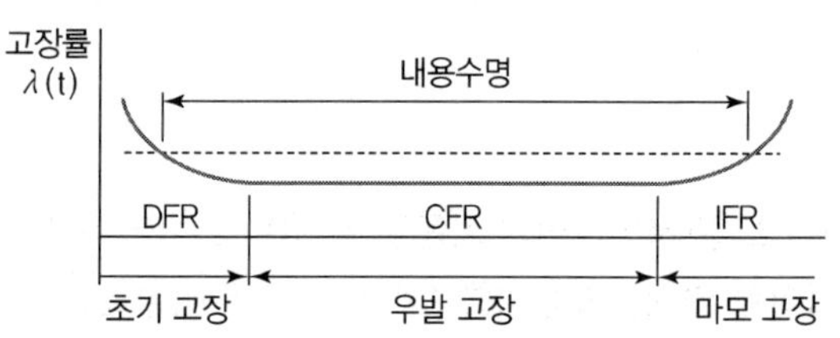

(2) 명칭과 고장률 감소 대책

① 초기 고장
ⓐ 점검작업이나 시운전 등으로 감소시킬 수 있다.
ⓑ 보전예방(MP) 실시

② 우발 고장
ⓐ 극한 상황을 고려한 설계, 안전계수를 고려한 설계 등으로 감소시킬 수 있다.
ⓑ 사후보전(BM) 실시

③ 마모 고장
ⓐ 안전진단 및 적당한 보수에 의해 감소시킬 수 있다.
ⓑ 예방보전(PM) 실시

05 다음 각 보기의 내용에 가장 적합한 위험분석기법을 쓰시오.

> ① 인간과오를 정량적으로 평가하기 위한 기법
> ② 모든 요소의 고장을 형태별로 분석하여 그 영향을 검토하는 기법
> ③ 초기사상의 고장영향에 의해 사고나 재해를 발전해 나가는 과정을 분석하는 기법

해답

① THERP
② FMEA
③ ETA

06 산업안전보건법에서 근로자 안전 · 보건교육의 종류를 4가지 쓰시오.

해답

① 정기교육
② 채용 시의 교육
③ 작업내용 변경 시의 교육
④ 특별교육
⑤ 건설업 기초안전 · 보건교육

07 할로겐 소화기 1211의 주요 원소 4가지를 쓰시오.

해답

① C(탄소)
② F(불소)
③ Cl(염소)
④ Br(브롬)

> **TIP** 할론소화약제의 명명법
> ① 일취화 일염화 메탄 소화기(CH_2ClBr) : 할론 1011
> ② 이취화 사불화 에탄 소화기($C_2F_4Br_2$) : 할론 2402
> ③ 일취화 삼불화 메탄 소화기(CF_3Br) : 할론 1301
> ④ 일취화 일염화 이불화메탄 소화기(CF_2ClBr) : 할론 1211
> ⑤ 사염화탄소 소화기(CCl_4) : 할론 1040

08 전압을 구분하는 다음의 기준에서 알맞은 내용을 쓰시오.

전원의 종류	저압	고압	특별고압
직류[DC]	(①)	(②)	(③)
교류[AC]	(④)	(⑤)	7,000V 초과

해답

① 750V 이하
② 750V 초과 7,000V 이하
③ 7,000V 초과
④ 600V 이하
⑤ 600V 초과 7,000V 이하

09 추락 및 감전 위험방지용 안전모의 종류 및 사용 구분에 관하여 간략히 쓰시오.

해답

종류 (기호)	사용 구분
AB	물체의 낙하 또는 비래 및 추락에 의한 위험을 방지 또는 경감시키기 위한 것
AE	물체의 낙하 또는 비래에 의한 위험을 방지 또는 경감하고, 머리부위 감전에 의한 위험을 방지하기 위한 것
ABE	물체의 낙하 또는 비래 및 추락에 의한 위험을 방지 또는 경감하고, 머리부위 감전에 의한 위험을 방지하기 위한 것

10 잠함 · 우물통 · 수직갱 기타 이와 유사한 건설물 또는 설비의 내부에서 굴착작업을 하는 경우 준수해야 할 사항을 2가지 쓰시오.

해답

① 산소 결핍 우려가 있는 경우에는 산소의 농도를 측정하는 사람을 지명하여 측정하도록 할 것
② 근로자가 안전하게 오르내리기 위한 설비를 설치할 것
③ 굴착 깊이가 20미터를 초과하는 경우에는 해당 작업장소와 외부와의 연락을 위한 통신설비 등을 설치할 것

11 건설현장에서 주로 발생하는 절토면 토사붕괴의 원인 중 외적 원인을 4가지 쓰시오.

해답

① 사면, 법면의 경사 및 기울기의 증가
② 절토 및 성토 높이의 증가
③ 공사에 의한 진동 및 반복 하중의 증가
④ 지표수 및 지하수의 침투에 의한 토사 중량의 증가
⑤ 지진, 차량, 구조물의 하중작용
⑥ 토사 및 암석의 혼합층 두께

12 로봇의 작동범위 내에서 그 로봇에 관하여 교시 등(로봇의 동원력을 차단하고 행하는 것을 제외한다.)의 작업을 하는 경우 작업 시작 전 점검사항을 3가지 쓰시오.

해답

① 외부 전선의 피복 또는 외장의 손상 유무
② 매니퓰레이터(manipulator) 작동의 이상 유무
③ 제동장치 및 비상정지장치의 기능

13 산업안전보건법상 다음 기계 · 기구에 설치하여야 할 방호장치를 쓰시오.

① 가스집합용접장치	④ 산업용 로봇
② 압력용기	⑤ 교류아크용접기
③ 동력식 수동대패	

해답

① 안전기
② 압력방출장치
③ 칼날접촉방지장치(날접촉예방장치)
④ 안전매트
⑤ 자동전격방지기

2011년 7월 24일 산업안전기사 실기 필답형

01 산업안전보건위원회 구성위원 중 근로자위원의 자격 3가지를 쓰시오.

해답

① 근로자대표
② 근로자대표가 지명하는 1명 이상의 명예산업안전감독관
③ 근로자대표가 지명하는 9명 이내의 해당 사업장의 근로자

TIP 사용자 위원
① 해당 사업의 대표자
② 안전관리자 1명
③ 보건관리자 1명
④ 산업보건의(해당 사업장에 선임되어 있는 경우)
⑤ 해당 사업의 대표자가 지명하는 9명 이내의 해당 사업장 부서의 장

02 FTA에 의한 재해사례연구순서 4단계를 쓰시오.

해답

① 제1단계 : 톱사상(정상사상)의 선정
② 제2단계 : 각 사상의 재해원인 규명
③ 제3단계 : FT도의 작성
④ 제4단계 : 개선 계획의 작성

03 공정안전보고서 제출대상이 되는 유해위험 설비로 보지 않는 설비 2가지를 쓰시오.

해답

① 원자력 설비
② 군사시설
③ 사업주가 해당 사업장 내에서 직접 사용하기 위한 난방용 연료의 저장설비 및 사용설비
④ 도매 · 소매시설
⑤ 차량 등의 운송설비
⑥ 「액화석유가스의 안전관리 및 사업법」에 따른 액화석유가스의 충전 · 저장시설
⑦ 「도시가스사업법」에 따른 가스공급시설
⑧ 그 밖에 고용노동부장관이 누출 · 화재 · 폭발 등으로 인한 피해의 정도가 크지 않다고 인정하여 고시하는 설비

04 롤러기 급정지 장치 원주속도와 안전거리를 쓰시오.

(1) (①)m/min 이상 – 앞면 롤러 원주의 (②) 이내
(2) (③)m/min 미만 – 앞면 롤러 원주의 (④) 이내

해답

① 30, ② $\frac{1}{2.5}$, ③ 30, ④ $\frac{1}{3}$

05 무재해운동 추진 중 사고나 재해가 발생하여도 무재해로 인정되는 경우 4가지를 쓰시오.

해답

① 업무수행 중의 사고 중 천재지변 또는 돌발적인 사고로 인한 구조행위 또는 긴급피난 중 발생한 사고
② 출 · 퇴근 도중에 발생한 재해
③ 운동경기 등 각종 행사 중 발생한 재해
④ 천재지변 또는 돌발적인 사고 우려가 많은 장소에서 사회통념상 인정되는 업무수행 중 발생한 사고
⑤ 제3자의 행위에 의한 업무상 재해
⑥ 업무상 질병에 대한 구체적인 인정기준 중 뇌혈관질병 또는 심장질병에 의한 재해
⑦ 업무시간 외에 발생한 재해, 다만 사업주가 제공한 사업장 내의 시설물에서 발생한 재해 또는 작업개시 전의 작업준비 및 작업종료 후의 정리정돈과정에서 발생한 재해는 제외한다.
⑧ 도로에서 발생한 사업장 밖의 교통사고, 소속 사업장을 벗어난 출장 및 외부기관으로 위탁교육 중 발생한 사고, 회식 중의 사고, 전염병 등 사업주의 법 위반으로 인한 것이 아니라고 인정되는 재해

06 곤돌라의 방호장치 4가지를 쓰시오.

해답

① 과부하방지장치　　③ 제동장치
② 권과방지장치　　④ 비상정지장치

07 할로겐소화약제의 할로겐원소 4가지를 쓰시오.

해답

① F(불소)
② Cl(염소)
③ Br(브롬)
④ I(요오드)

08 다음에 제시된 와이어로프의 꼬임형식을 쓰시오.

해답

① 보통 Z 꼬임
② 보통 S 꼬임
③ 랭 Z 꼬임
④ 랭 S 꼬임

① 보통 꼬임 : 로프의 꼬임과 스트랜드의 꼬임 방향이 서로 반대 방향으로 꼬는 방법
② 랭 꼬임 : 로프의 꼬임과 스트랜드의 꼬임 방향이 서로 동일한 방향으로 꼬는 방법

09 위험장소경고표지를 그리고 색을 표현하시오.

해답

바탕 : 노란색
기본 모형, 관련 부호 및 그림 : 검은색

10 자율검사 프로그램의 인정을 취소하거나 인정받은 자율검사 프로그램의 내용에 따라 검사를 하도록 하는 등 시정을 명할 수 있는 경우를 2가지 쓰시오.

해답

① 거짓이나 그 밖의 부정한 방법으로 자율검사 프로그램을 인정받은 경우
② 자율검사 프로그램을 인정받고도 검사를 하지 아니한 경우
③ 인정받은 자율검사 프로그램의 내용에 따라 검사를 하지 아니한 경우
④ 고용노동부령으로 정하는 자격을 가진 사람 또는 자율안전검사기관이 검사를 하지 아니한 경우

11 다음 설명에 알맞은 방폭구조의 표시를 쓰시오.

(1) 방폭구조 : 외부가스가 용기 내로 침입하여 폭발하더라도 용기는 그 압력에 견디고 외부의 폭발성 가스에 착화될 우려가 없도록 만들어진 구조
(2) 그룹 : IIB
(3) 최고 표면온도 : 90도

해답

Ex d ⅡB T5

TIP ① Ex : 방폭기기 인증 표시
② d : 내압방폭구조
③ 그룹 Ⅱ 전기기기의 최고 표면온도

온도 등급	최고 표면온도(℃)
T_1	450 이하
T_2	300 이하
T_3	200 이하
T_4	135 이하
T_5	100 이하
T_6	85 이하

12 종합재해지수를 구하시오.

① 근로자 수 : 400명
② 8시간/280일
③ 연간재해발생건수 : 80건
④ 근로손실일수 : 800일
⑤ 재해자 수 : 100명

해답

① 도수율 $= \frac{\text{재해발생건수}}{\text{연간총근로시간수}} \times 1{,}000{,}000 = 89.285$

$= \frac{80}{400 \times 8 \times 280} \times 1{,}000{,}000$

$= 89.29$

② 강도율 $= \frac{\text{근로손실일수}}{\text{연간총근로시간수}} \times 1{,}000 = 0.892$

$= \frac{800}{400 \times 8 \times 280} \times 1{,}000$

$= 0.89$

③ 종합재해지수

$= \sqrt{\text{도수율} \times \text{강도율}} = \sqrt{89.29 \times 0.89}$

$= 8.914 = 8.91$

13 타워 크레인의 작업중지에 관한 내용이다. 빈칸을 채우시오.

- 운전 중 작업중지 풍속 (①)m/s
- 설치 · 수리 · 점검 작업 중지 풍속 (②)m/s

해답

① 15
② 10

2011년 7월 24일 산업안전산업기사 실기 필답형

01 정보전달에 있어 청각적 장치보다 시각적 장치를 사용하는 것이 더 좋은 때 3가지를 쓰시오.

해답

① 전언이 복잡하다.
② 전언이 길다.
③ 전언이 후에 재참조된다.
④ 전언이 공간적인 위치를 다룬다.
⑤ 전언이 즉각적인 행동을 요구하지 않는다.
⑥ 수신장소가 너무 시끄러울 때
⑦ 직무상 수신자가 한곳에 머물 때
⑧ 수신자의 청각 계통이 과부하상태일 때

02 주의의 특성 3가지를 쓰고, 각각을 설명하시오.

해답

① 선택성 : 주의는 동시에 두 개의 방향에 집중하지 못한다.
② 변동성 : 고도의 주의는 장시간 지속할 수 없다.
③ 방향성 : 한 지점에 주의를 집중하면 다른 곳의 주의는 약해진다.

03 안전보건표지의 종류에서 경고표지를 4가지만 쓰시오.(단, 위험장소 경고는 제외한다.)

해답

① 인화성물질경고
② 산화성물질경고
③ 폭발성물질경고
④ 급성독성물질경고
⑤ 부식성물질경고
⑥ 방사성물질경고
⑦ 고압전기경고
⑧ 매달린물체경고
⑨ 낙하물경고
⑩ 고온경고
⑪ 저온경고
⑫ 몸균형상실경고
⑬ 레이저광선경고
⑭ 발암성 · 변이원성 · 생식독성 · 전신독성 · 호흡기 · 호흡기과민성물질경고

04 교류아크용접기에 관한 자동전격방지장치 성능 기준에 대한 다음 물음에 답하시오.

① 사용전압이 220V인 경우 출력 측의 무부하전압(실효값)은 몇 V 이하여야 하는가?
② 용접봉 홀더에 용접기 출력 측의 무부하전압이 발생한 후 주접점이 개방될 때까지의 시간은 몇 초 이내여야 하는가?

해답

① 25V 이하
② 1.0 이내

05 안전인증대상 기계 또는 설비 방호장치와 보호구에 해당하는 것을 보기에서 5가지 고르시오.

① 안전대
② 연삭기덮개
③ 아세틸렌 용접장치용 안전기
④ 산업용 로봇 안전매트
⑤ 압력용기
⑥ 양중기용 과부하방지장치
⑦ 교류 아크용접기용 자동전격방지기
⑧ 곤돌라
⑨ 동력식 수동 대패용 칼날접촉 방지장치
⑩ 보호복

해답

① 안전대
⑤ 압력용기
⑥ 양중기용 과부하방지장치
⑧ 곤돌라
⑩ 보호복

06 공정안전보고서 변경요소관리에 관한 지침에 반드시 관리절차가 마련되어야 하는 변경의 종류 2가지를 쓰시오.

해답

① 정상변경
② 비상변경
③ 임시변경

> **TIP** ① 변경 : 기존 설비와 다르게 교체하거나 증설 또는 감축하는 것을 말한다.
> ② 변경의 종류
> ㉠ 정상변경 : 계획에 의한 변경으로 정상변경절차에 따라 실시되는 것
> ㉡ 비상변경 : 긴급을 요할 경우에 실시하는 변경으로, 정상변경 절차를 따르지 않고 실시하는 것
> ㉢ 임시변경 : 변경이 완료되면 원상복구가 가능한 단기간 내 일시적으로 이루어지는 변경

07 아세틸렌 용접장치의 역화원인 4가지를 쓰시오.

해답

① 압력 조정기의 고장
② 과열되었을 때
③ 산소 공급이 과다할 때
④ 토치의 성능이 좋지 않을 때
⑤ 토치 팁에 이물질이 묻었을 때

08 재해분석방법으로 개별분석방법과 통계에 의한 분석방법이 있다. 통계적인 분석방법 2가지만 쓰고, 각각의 방법에 대해 설명하시오.

해답

① 파레토도 : 사고의 유형, 기인물 등 분류항목을 큰 값에서 작은 값의 순서로 도표화하며, 문제나 목표의 이해에 편리하다.
② 특성 요인도 : 특성과 요인관계를 어골상으로 도표화하여 분석하는 기법(원인과 결과를 연계하여 상호 관계를 파악하기 위한 분석방법)
③ 클로즈(close) 분석 : 두 개 이상의 문제관계를 분석하는 데 사용하는 것으로, 데이터를 집계하고 표로 표시하여 요인별 결과내역을 교차한 클로즈 그림을 작성하여 분석하는 기법
④ 관리도 : 재해발생 건수 등의 추이에 대해 한계선을 설정하여 목표 관리를 수행하는 데 사용되는 방법으로 관리선은 관리상한선, 중심선, 관리하한선으로 구성된다.

09 달기체인 사용금지기준에 관한 다음 내용의 빈칸을 채우시오.

> (1) 달기체인의 길이가 달기체인이 제조된 때의 길이의 (①)퍼센트를 초과한 것
> (2) 링의 단면지름이 달기체인이 제조된 때의 해당 링의 지름의 (②)퍼센트를 초과하여 감소한 것

해답

① 5
② 10

10 각 부품고장확률이 0.12인 A, B, C 3개의 부품이 병렬결합모델로 만들어진 시스템이 있다. 시스템 작동 안 됨을 정상사상(Top event)으로 하고, A고장, B고장, C고장을 기본사상으로 한 FT도를 작성하고, 정상사상 발생할 확률을 구하시오.(단, 소수 다섯째 자리에서 반올림하고, 소수 넷째 자리까지 표기할 것)

해답

(1) FT도

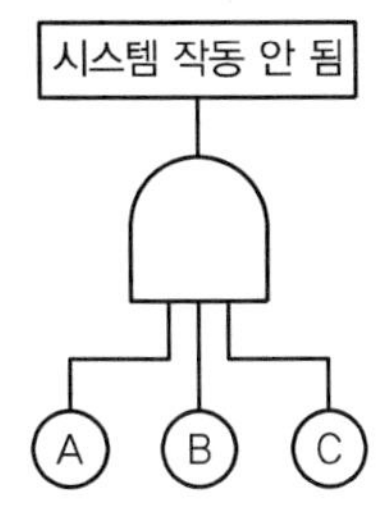

(2) 발생확률
발생확률 $=0.12\times0.12\times0.12=0.001728=0.0017$

11 자율안전확인대상 연삭기 덮개에 자율안전확인표시 외에 추가로 표시해야 할 사항 2가지를 쓰시오.

해답

① 숫돌사용 주속도
② 숫돌회전방향

12 강관비계에 사용하는 부속철물 종류 3가지를 쓰시오.

해답

① 연결철물
② 밑받침철물
③ 이음철물

13 분진폭발위험성을 증가시키는 조건 4가지를 쓰시오.

해답

① 분진의 화학적 성질과 조성
② 입도와 입도분포
③ 입자의 형상과 표면의 상태
④ 수분
⑤ 분진의 농도
⑥ 분진의 온도
⑦ 분진의 부유성
⑧ 산소의 농도

2011년 10월 16일 산업안전기사 실기 필답형

01 산업안전보건법상 노사협의체의 설치대상 사업 1가지와 노사협의체의 운영에 있어 정기회의의 개최 주기를 쓰시오.

해답

① 설치대상 사업 : 공사금액이 120억 원(토목공사업은 150억 원) 이상인 건설공사
② 정기회의 : 2개월마다 노사협의체의 위원장이 소집

02 다음의 그림에서 지게차의 중량(G)이 1,000kg 이고, 앞바퀴에서 화물의 중심까지의 거리(a)가 1.2m, 앞바퀴로부터 차의 중심까지의 거리(b)가 1.5m일 경우 지게차의 안정을 유지하기 위한 최대 화물중량(W)은 얼마 미만으로 해야 하는가?

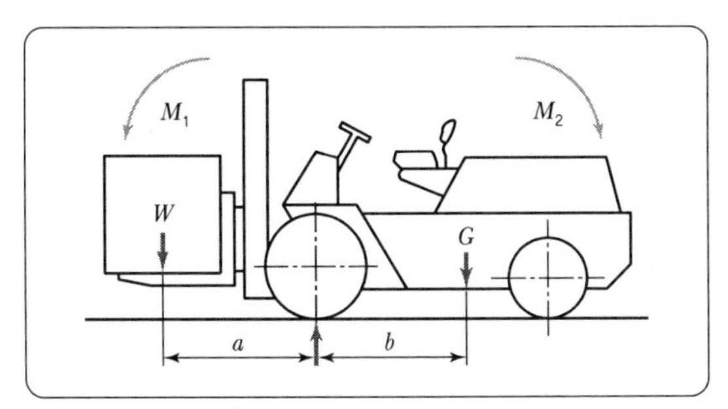

해답

① $M_1 = Wa = W \times 1.2 = 1.2W$
② $M_2 = Gb = 1{,}000 \times 1.5 = 1{,}500(kg)$
③ $M_1 < M_2$
④ $1.2W < 1{,}500$
⑤ $W < 1{,}250(kg)$
⑥ $\therefore W = 1{,}250(kg)$ 미만

TIP 지게차의 안정조건

$$Wa < Gb$$

여기서, W : 화물중심에서의 화물의 중량(kgf)
G : 지게차 중심에서의 지게차의 중량(kgf)
a : 앞바퀴에서 화물 중심까지의 최단거리(cm)
b : 앞바퀴에서 지게차 중심까지의 최단거리(cm)
M_1 = Wa(화물의 모멘트)
M_2 = Gb(지게차의 모멘트)

03 정전기에 의한 화재 또는 폭발 등의 위험이 발생할 우려가 있는 경우 해당 설비에 필요한 조치사항을 4가지 쓰시오.

해답

① 접지
② 대전방지제 사용
③ 가습
④ 제전기 사용
⑤ 도전성 재료 사용

04 안전인증 심사의 종류 4가지를 쓰시오.

해답

① 예비심사
② 서면심사
③ 기술능력 및 생산체계심사
④ 제품심사

05 파블로브의 조건반사설에 의거한 학습이론을 4가지 쓰시오.

해답

① 강도의 원리
② 일관성의 원리
③ 시간의 원리
④ 계속성의 원리

06 위험물에 해당하는 급성독성물질의 다음에 해당하는 기준치를 쓰시오.

① LD_{50}(경구, 쥐)
② LD_{50}(경피, 토끼 또는 쥐)
③ 가스 LC_{50}(쥐, 4시간 흡입)
④ 증기 LC_{50}(쥐, 4시간 흡입)

해답

① 300mg/kg 이하
② 1,000mg/kg 이하
③ 2,500ppm 이하
④ 10mg/l 이하

07 다음과 같은 재해 발생 시 분류되는 재해의 발생형태를 쓰시오.

① 폭발과 화재, 두 현상이 복합적으로 발생된 경우
② 사고 당시 바닥면과 신체가 떨어진 상태로 더 낮은 위치로 떨어진 경우
③ 사고 당시 바닥면과 신체가 접해 있는 상태에서 더 낮은 위치로 떨어진 경우
④ 재해자가 전도로 인하여 기계의 동력전달부위 등에 협착되어 신체부위가 절단된 경우

해답

① 폭발, ② 떨어짐, ③ 넘어짐, ④ 끼임

TIP 1. 재해 발생 형태 분류 시 유의사항
두 가지 이상의 발생 형태가 연쇄적으로 발생된 재해의 경우는 상해결과 또는 피해를 크게 유발한 형태로 분류
① 「폭발」과 「화재」의 분류
폭발과 화재, 두 현상이 복합적으로 발생된 경우에는 발생 형태를 「폭발」로 분류
② 「떨어짐」과 「넘어짐」의 분류
사고 당시 바닥면과 신체가 떨어진 상태로 더 낮은 위치로 떨어진 경우에는 「떨어짐」으로, 바닥면과 신체가 접해있는 상태에서 더 낮은 위치로 떨어진 경우에는 「넘어짐」으로 분류
③ 재해자가 「넘어짐」으로 인하여 기계의 동력전달부위 등에 끼이는 사고가 발생하여 신체부위가 「절단」된 경우에는 「끼임」으로 분류

2. 재해 발생 형태별 분류

변경 전	변경 후
추락	떨어짐(높이가 있는 곳에서 사람이 떨어짐)
전도	• 넘어짐(사람이 미끄러지거나 넘어짐) • 깔림 · 뒤집힘(물체의 쓰러짐이나 뒤집힘)
충돌	부딪힘(물체에 부딪힘) · 접촉
낙하 · 비래	맞음(날아오거나 떨어진 물체에 맞음)
붕괴 · 도괴	무너짐(건축물이나 쌓여진 물체가 무너짐)
협착	끼임(기계설비에 끼이거나 감김)

08 시스템 안전을 실행하기 위한 시스템 안전프로그램(SSPP)에 포함되어야 할 사항을 4가지 쓰시오.

해답

① 계획의 개요
② 안전조직
③ 계약조건
④ 관련 부문과의 조정
⑤ 안전기준
⑥ 안전해석
⑦ 안전성 평가
⑧ 안전자료의 수집과 갱신
⑨ 경과와 결과의 보고

09 클러치 맞물림 개소수 5개, spm 200인 프레스의 양수 기동식 방호 장치의 안전거리를 구하시오.

해답

① $T_m = \left(\frac{1}{\text{클러치 맞물림 개소수}} + \frac{1}{2}\right) \times \left(\frac{60,000}{\text{매분 행정수}}\right)$
$= \left(\frac{1}{5} + \frac{1}{2}\right) \times \frac{60,000}{200} = 210(\text{ms})$

② $D_m = 1.6 \times T_m = 1.6 \times 210 = 336(\text{mm})$

TIP 양수기동식 안전거리

$$D_m = 1.6\, T_m$$

여기서,

D_m : 안전거리(mm)

T_m : 양손으로 누름단추를 누르기 시작할 때부터 슬라이드가 하사점에 도달하기까지 소요시간(ms)

$$T_m = \left(\frac{1}{\text{클러치 맞물림 개소수}} + \frac{1}{2} \right) \times \frac{60{,}000}{\text{매분 행정수}} (\text{ms})$$

10 미 국방성의 위험성 평가에서 분류한 재해의 위험수준(MIL-STD-882B)을 4가지 범주로 설명하시오.

해답

범주 I	파국적 (catastrophic)	사망 및 중상 또는 시스템의 완전한 손실
범주 II	위기적 (critical)	상해 또는 주요 시스템의 손상을 일으키고, 인원 및 시스템의 생존을 위해 즉시 시정조치 필요
범주 III	한계적 (mariginal)	상해 또는 주요 시스템의 손상 없이 배제나 제어 가능
범주 IV	무시 가능 (negligible)	상해 또는 시스템의 손상에는 이르지 않음

11 산업안전보건법상 안전보건표지의 종류에서 "관계자 외 출입금지" 표지의 종류 3가지를 쓰시오.

해답

① 허가대상물질 작업장
② 석면취급/해체작업장
③ 금지대상물질의 취급 실험실 등

12 굴착면의 높이가 2미터 이상 되는 지반의 굴착작업을 하는 경우 작업계획서 포함사항 4가지를 쓰시오.

해답

① 굴착방법 및 순서, 토사 반출 방법
② 필요한 인원 및 장비 사용계획
③ 매설물 등에 대한 이설 · 보호대책
④ 사업장 내 연락방법 및 신호방법
⑤ 흙막이 지보공 설치방법 및 계측계획
⑥ 작업지휘자의 배치계획

TIP 굴착작업 시 사전 조사사항

① 형상 · 지질 및 지층의 상태
② 균열 · 함수 · 용수 및 동결의 유무 또는 상태
③ 매설물 등의 유무 또는 상태
④ 지반의 지하수위 상태

13 안전난간대 구조에 관한 다음의 사항에서 ( ) 안에 해당하는 내용을 넣으시오.

(1) 상부난간대 : 바닥면 · 발판 또는 경사로의 표면으로부터 (①)m 이상
(2) 발끝막이판 : 바닥면 등으로부터 (②)cm 이상
(3) 난간대 : 지름 (③)cm 이상 금속제 파이프
(4) 하중 : (④)kg 이상 하중에 견딜 수 있는 튼튼한 구조

해답

① 0.9
② 10
③ 2.7
④ 100

14 다음 보기의 설명은 산업안전보건법상 신규화학물질의 제조 및 수입 등에 관한 설명이다. ( ) 안에 해당하는 내용을 넣으시오.

신규화학물질을 제조하거나 수입하려는 자는 제조하거나 수입하려는 날 (①)일(연간 제조하거나 수입하려는 양이 100킬로그램 이상 1톤 미만인 경우에는 14일) 전까지 신규화학물질 유해성 · 위험성 조사보고서에 따른 서류를 첨부하여 (②)에게 제출하여야 한다.

해답

① 30
② 고용노동부장관

2011년 10월 16일 산업안전산업기사 실기 필답형

01 고체의 연소형태를 4가지 쓰시오.

해답

① 표면연소
② 분해연소
③ 증발연소
④ 자기연소

02 스웨인의 부작위실수와 작위실수 중 작위실수 사항을 3가지 쓰시오.

해답

① 선택착오
② 순서착오
③ 시간착오
④ 정성적 착오

03 숫돌속도가 2,000m/min일 때 회전수 rpm은 얼마인지 쓰시오.(단, 숫돌치수는 150×25×15.88이라고 한다.)

해답

① 회전속도$(V) = \dfrac{\pi DN}{1,000}$(m/min)

② $N = \dfrac{V \times 1000}{\pi \times D} = \dfrac{2,000 \times 1,000}{\pi \times 150}$

$= 4,244.131$

$= 4,244.13$(rpm)

150	×	25	×	15.88
바깥지름(직경)		두께		구멍지름

04 아담스의 관리구조와 하인리히의 연쇄성 이론에 대하여 표기하시오.

해답

(1) 아담스 관리구조
① 제1단계 : 관리구조
② 제2단계 : 작전적 에러
③ 제3단계 : 전술적 에러
④ 제4단계 : 사고
⑤ 제5단계 : 상해, 손해

(2) 하인리히의 연쇄성 이론
① 제1단계 : 사회적 환경 및 유전적 요인
② 제2단계 : 개인적 결함
③ 제3단계 : 불안전한 행동 및 불안전한 상태
④ 제4단계 : 사고
⑤ 제5단계 : 재해

05 고장을 시기별로 분류(3가지)하고 고장률 계산 공식을 쓰시오.

해답

(1) 분류
① 초기고장
② 우발고장
③ 마모고장

(2) 고장률

$$고장률(\lambda) = \frac{r(\text{그 기간 중의 총 고장 수})}{T(\text{총 동작시간})}$$

06 충전전로의 이격거리를 쓰시오.

(1) 충전전로 0.25kV일 때 (①)
(2) 충전전로 0.7kV일 때 (②)
(3) 충전전로 22kV일 때 (③)
(4) 충전전로 154kV일 때 (④)

해답

① 접촉금지
② 30cm
③ 90cm
④ 170cm

TIP 접근한계거리

충전전로의 선간전압 (단위 : 킬로볼트)	충전전로에 대한 접근한계거리 (단위 : 센티미터)
0.3 이하	접촉금지
0.3 초과 0.75 이하	30
0.75 초과 2 이하	45
2 초과 15 이하	60
15 초과 37 이하	90
37 초과 88 이하	110
88 초과 121 이하	130
121 초과 145 이하	150
145 초과 169 이하	170
169 초과 242 이하	230
242 초과 362 이하	380
362 초과 550 이하	550
550 초과 800 이하	790

07 토질의 동상현상에 영향을 주는 주된 인자 4가지를 쓰시오.

해답

① 흙의 투수성
② 지하수위
③ 모관 상승고의 크기
④ 동결온도의 지속시간

TIP 동상현상(Frost Heave)
온도가 하강함에 따라 흙 속의 간극수(공극수)가 얼면 물의 체적이 약 9% 팽창하기 때문에 지표면이 부풀어 오르게 되는 현상

08 방독마스크 정화통 외부 측면 표시색에 관한 다음의 사항에서 ( ) 안에 해당하는 내용을 넣으시오.

종류	시험가스	정화통 외부 측면의 표시색
유기화합물용	시클로헥산(C_6H_{12})	(①)
	디메틸에테르(CH_3OCH_3)	
	이소부탄(C_4H_{10})	
할로겐용	(②)	회색
황화수소용	황화수소가스(H_2S)	
시안화수소용	시안화수소가스(HCN)	
아황산용	(③)	노랑색
암모니아용	암모니아가스(NH_3)	(④)

해답

① 갈색
② 염소가스 또는 증기(Cl_2)
③ 아황산가스(SO_2)
④ 녹색

09 산업안전보건법상 건강진단의 종류 5가지를 쓰시오.

해답

① 일반건강진단
② 특수건강진단
③ 배치 전 건강진단
④ 수시건강진단
⑤ 임시건강진단

10 산업안전보건법상 자율안전확인대상 기계 또는 설비 3가지를 쓰시오.

해답

① 연삭기 또는 연마기(휴대형은 제외)
② 산업용 로봇
③ 혼합기
④ 파쇄기 또는 분쇄기
⑤ 식품가공용 기계(파쇄 · 절단 · 혼합 · 제면기만 해당)
⑥ 컨베이어
⑦ 자동차 정비용 리프트
⑧ 공작기계(선반, 드릴기, 평삭 · 형삭기, 밀링만 해당)
⑨ 고정형 목재가공용 기계(둥근톱, 대패, 루타기, 띠톱, 모떼기 기계만 해당)
⑩ 인쇄기

11 아세탈린 가스의 용기에 표시해야 할 다음의 사항을 설명하시오.

① TP25
② FP15

해답

① TP25 : 내압시험압력 25[MPa]
② FP15 : 최고충전압력 15[MPa]

12 산업안전보건법령상 콘크리트 타설작업을 하기 위하여 콘크리트 플레이싱 붐(Placing Boom), 콘크리트 분배기, 콘크리트 펌프카 등 콘크리트 타설장비을 사용하는 경우 사업주의 준수사항을 3가지만 쓰시오.

해답

① 작업을 시작하기 전에 콘크리트 타설장비를 점검하고 이상을 발견하였으면 즉시 보수할 것
② 건축물의 난간 등에서 작업하는 근로자가 호스의 요동・선회로 인하여 추락하는 위험을 방지하기 위하여 안전난간 설치 등 필요한 조치를 할 것
③ 콘크리트 타설장비의 붐을 조정하는 경우에는 주변의 전선 등에 의한 위험을 예방하기 위한 적절한 조치를 할 것
④ 작업 중에 지반의 침하나 아웃트리거 등 콘크리트 타설장비 지지구조물의 손상 등에 의하여 콘크리트 타설장비가 넘어질 우려가 있는 경우에는 이를 방지하기 위한 적절한 조치를 할 것

13 다음의 표를 참고하여 열압박지수(HSI), 작업지속시간(WT), 휴식시간(RT)을 구하시오.(단, 체온상승 허용치는 1℃를 250Btu로 환산한다.)

열부하원	작업환경	휴식장소
대사	1,500	320
복사	1,000	−200
대류	500	−500
$E_{\max}$	1,500	1,200

해답

① E_{req} =M(대사)+R(복사)+C(대류)
=1,500+1,000+500=3,000(Btu/hr)

② $E_{req}{}'$ =M(대사)+R(복사)+C(대류)
=320+(−200)+(−500)=−380(Btu/hr)

③ $HSI=\dfrac{E_{req}}{E_{\max}}\times 100\%=\dfrac{3,000}{1,500}\times 100=200(\%)$

④ $WT=\dfrac{250}{E_{req}-E_{\max}}=\dfrac{250}{3,000-1,500}$
$=0.1666=0.17$(시간)

⑤ $RT=\dfrac{250}{E'_{\max}-E'_{req}}=\dfrac{250}{1,200-(-380)}$
$=0.158=0.16$(시간)

2012년 4월 22일 산업안전기사 실기 필답형

01 산업안전보건법에 따라 산업재해조사표를 작성하고자 할 때 다음 [보기]에서 산업재해조사표의 주요 작성항목이 아닌 것 3가지를 골라 쓰시오.

① 발생일시	⑥ 가해물
② 목격자 인적사항	⑦ 기인물
③ 발생형태	⑧ 재발방지계획
④ 상해종류	⑨ 재해발생 후 첫 출근일자
⑤ 고용형태	

해답

② 목격자 인적사항
⑥ 가해물
⑨ 재해발생 후 첫 출근일자

02 폭풍, 폭우 및 폭설 등의 악천후로 인하여 작업을 중지시킨 후 또는 비계를 조립해체하거나 또는 변경한 후 작업재개 시 작업 시작 전 점검항목을 구체적으로 4가지 쓰시오.

해답

① 발판 재료의 손상 여부 및 부착 또는 걸림 상태
② 해당 비계의 연결부 또는 접속부의 풀림 상태
③ 연결 재료 및 연결 철물의 손상 또는 부식 상태
④ 손잡이의 탈락 여부
⑤ 기둥의 침하, 변형, 변위 또는 흔들림 상태
⑥ 로프의 부착 상태 및 매단 장치의 흔들림 상태

03 철골공사 작업을 중지해야 하는 조건을 3가지 쓰시오.

해답

① 풍속이 초당 10미터 이상인 경우
② 강우량이 시간당 1밀리미터 이상인 경우
③ 강설량이 시간당 1센티미터 이상인 경우

04 사람이 작업할 때 느끼는 체감온도 또는 실효온도에 영향을 주는 요인을 3가지 쓰시오.

해답

① 온도
② 습도
③ 공기의 유동(대류)

05 산업용 로봇의 작동범위 내에서 해당 로봇에 대하여 교시 등의 작업을 할 경우에는 해당 로봇의 예기치 못한 작동 또는 오조작에 의한 위험을 방지하기 위하여 관련 지침을 정하여 그 지침에 따라 작업을 하도록 하여야 하는데, 이해 관련 지침에 포함되어야 할 사항을 4가지 쓰시오.(단, 기타 로봇의 예기치 못한 작동 또는 오동작에 의한 위험 방지를 하기 위하여 필요한 조치 제외)

해답

① 로봇의 조작방법 및 순서
② 작업 중의 매니퓰레이터의 속도
③ 2명 이상의 근로자에게 작업을 시킬 경우의 신호방법
④ 이상을 발견한 경우의 조치
⑤ 이상을 발견하여 로봇의 운전을 정지시킨 후 이를 재가동시킬 경우의 조치

06 산업안전보건법상 물질안전보건자료의 작성 · 제출 제외 대상 화학물질 5가지를 쓰시오.(단, 일반소비자의 생활용으로 제공되는 것과 고용노동부장관이 독성 · 폭발성 등으로 인한 위해의 정도가 적다고 인정하여 고시하는 화학물질은 제외)

해답

① 「건강기능식품에 관한 법률」에 따른 건강기능식품
② 「농약관리법」에 따른 농약
③ 「마약류 관리에 관한 법률」에 따른 마약 및 향정신성 의약품

④ 「비료관리법」에 따른 비료
⑤ 「사료관리법」에 따른 사료
⑥ 「생활주변방사선 안전관리법」에 따른 원료물질
⑦ 「식품위생법」에 따른 식품 및 식품첨가물
⑧ 「약사법」에 따른 의약품 및 의약외품
⑨ 「원자력안전법」에 따른 방사성물질
⑩ 「위생용품 관리법」에 따른 위생용품
⑪ 「의료기기법」에 따른 의료기기
⑫ 「첨단재생의료 및 첨단바이오의약품 안전 및 지원에 관한 법률」에 따른 첨단바이오의약품
⑬ 「총포 · 도검 · 화약류 등의 안전관리에 관한 법률」에 따른 화약류
⑭ 「폐기물관리법」에 따른 폐기물
⑮ 「화장품법」에 따른 화장품

07 정전기로 인한 화재 폭발 방지대책을 4가지 쓰시오.

해답

① 접지
② 대전방지제 사용
③ 가습
④ 제전기 사용
⑤ 도전성 재료 사용

08 평균근로자 수가 540명인 A사업장에서 연간 12건의 재해 발생과 15명의 재해자 발생으로 인하여 근로손실일수가 총 6,500일 발생하였다. 다음을 구하시오.(단, 근무시간은 1일 9시간, 근무일수는 연간 280일이다.)

① 도수율(빈도율)	③ 연천인율
② 강도율	④ 종합재해지수

해답

① 도수율= $\dfrac{\text{재해발생건수}}{\text{연간총근로시간수}} \times 1{,}000{,}000$

$= \dfrac{12}{540 \times 9 \times 280} \times 1{,}000{,}000$

$= 8.818 = 8.82$

② 강도율 = = $\dfrac{\text{근로손실일수}}{\text{연간총근로시간수}} \times 1{,}000$

$= \dfrac{6{,}500}{540 \times 9 \times 280} \times 1{,}000$

$= 4.776 = 4.78$

③ 연천인율= $\dfrac{\text{연간재해자수}}{\text{연평균근로자수}} \times 1{,}000$

$= \dfrac{15}{540} \times 1{,}000$

$= 27.777 = 27.78$

④ 종합재해지수= $\sqrt{\text{도수율} \times \text{강도율}}$

$= \sqrt{8.82 \times 4.78} = 6.493 = 6.49$

09 압력용기의 표시사항을 3가지 쓰시오.

해답

① 최고사용압력
② 제조연월일
③ 제조회사명

10 차광보안경의 종류 4가지를 쓰시오.

해답

① 자외선용, ② 적외선용, ③ 복합용, ④ 용접용

11 공정안전보고서의 내용 중 '공정위험성 평가서'에서 적용하는 위험성 평가기법에 있어 '저장탱크, 유틸리티 설비 및 제조공정 중 고체건조, 분쇄설비' 등 간단한 단위공정에 대한 위험성 평가기법 4가지를 쓰시오.

해답

① 체크리스트기법
② 작업자실수분석기법
③ 사고예상질문분석기법
④ 위험과 운전분석기법
⑤ 상대 위험순위결정기법
⑥ 공정위험분석기법
⑦ 공정안전성분석기법

TIP 제조공정 중 반응, 분리(증류, 추출 등), 이송시스템 및 전기 · 계장시스템 등의 단위공정

① 위험과 운전분석기법
② 공정위험분석기법
③ 이상위험도분석기법
④ 원인결과분석기법
⑤ 결함수분석기법
⑥ 사건수분석기법
⑦ 공정안전성분석기법
⑧ 방호계층분석기법

12 아래 가스 용기의 색채를 쓰시오.

① 산소
② 아세틸렌
③ 암모니아
④ 질소

해답

① 녹색, ② 황색, ③ 백색, ④ 회색

TIP 가연성 가스 및 독성가스의 용기

가스의 종류	도색의 구분
액화석유가스	밝은 회색
수소	주황색
아세틸렌	황색
액화탄산가스	청색
소방용 용기	소방법에 따른 도색
액화암모니아	백색
액화염소	갈색
산소	녹색
질소	회색
그 밖의 가스	회색

13 다음의 교육시간을 쓰시오.

교육대상	교육시간	
	신규교육	보수교육
안전관리자, 안전관리전문기관의 종사자	34시간 이상	(①)시간 이상
보건관리자, 보건관리전문기관의 종사자	(②)시간 이상	24시간 이상
안전보건관리책임자	6시간 이상	(③)시간 이상
건설재해예방전문지도기관의 종사자	34시간 이상	(④)시간 이상

해답

① 24
② 34
③ 6
④ 24

14 다음 보기는 Rook에 보고한 오류 중 일부이다. 각각 omission error와 commission error로 분류하시오.

① 납 접합을 빠트렸다.
② 전선의 연결이 바뀌었다.
③ 부품을 빠트렸다.
④ 부품이 거꾸로 배열했다.
⑤ 틀린 부품을 사용하였다.

해답

① omission error
② commission error
③ omission error
④ commission error
⑤ commission error

TIP 심리적인 분류(Swain)

생략에러 (omission error) 부작위 실수	필요한 직무 및 절차를 수행하지 않아(생략) 발생하는 에러 예 가스밸브를 잠그는 것을 잊어 사고가 났다.
작위에러 (commission error)	필요한 직무 또는 절차의 불확실한 수행으로 인한 에러 예 전선이 바뀌었다, 틀린 부품을 사용하였다, 부품이 거꾸로 조립되었다. 등
순서에러 (sequential error)	필요한 직무 또는 절차의 순서 착오로 인한 에러 예 자동차 출발 시 핸드브레이크를 해제하지 않고 출발하여 발생한 에러
시간에러 (time error)	필요한 직무 또는 절차의 수행지연으로 인한 에러 예 프레스 작업 중에 금형 내에 손이 오랫동안 남아 있어 발생한 재해
과잉행동에러 (extraneous error)	불필요한 직무 또는 절차를 수행함으로써 기인한 에러 예 자동차 운전 중 습관적으로 손을 창문으로 내밀어 발생한 재해

PART 03

2012년 4월 22일 산업안전산업기사 실기 필답형

01 안전관리자의 직무를 5가지 쓰시오.

해답

① 산업안전보건위원회 또는 안전 및 보건에 관한 노사협의체에서 심의 · 의결한 업무와 해당 사업장의 안전보건관리규정 및 취업규칙에서 정한 업무
② 위험성 평가에 관한 보좌 및 지도 · 조언
③ 안전인증대상 기계 등과 자율안전확인대상 기계 등 구입 시 적격품의 선정에 관한 보좌 및 지도 · 조언
④ 해당 사업장 안전교육계획의 수립 및 안전교육 실시에 관한 보좌 및 지도 · 조언
⑤ 사업장 순회점검, 지도 및 조치 건의
⑥ 산업재해 발생의 원인 조사 · 분석 및 재발 방지를 위한 기술적 보좌 및 지도 · 조언
⑦ 산업재해에 관한 통계의 유지 · 관리 · 분석을 위한 보좌 및 지도 · 조언
⑧ 법 또는 법에 따른 명령으로 정한 안전에 관한 사항의 이행에 관한 보좌 및 지도 · 조언
⑨ 업무수행 내용의 기록 · 유지

02 강렬한 소음작업을 나타내고 있다. ( ) 안에 맞는 내용을 쓰시오.

① 90dB 이상의 소음이 1일 (①)시간 이상 발생되는 작업
② 100dB 이상의 소음이 1일 (②)시간 이상 발생되는 작업
③ 105dB 이상의 소음이 1일 (③)시간 이상 발생되는 작업
④ 110dB 이상의 소음이 1일 (④)분 이상 발생되는 작업

해답

① 8
② 2
③ 1
④ 30
(산업안전보건기준에 관한 규칙 제512조)

03 연평균근로자 600명이 작업하는 어느 사업장에서 15건의 재해가 발생하였다. 근로시간은 48시간×50주이며, 잔업시간은 연간 1인당 100시간, 평생근로년수는 40년일 때 다음을 구하시오.

(1) 도수율을 구하시오.
(2) 이 사업장에서 어느 작업자가 평생 근로한다면 몇 건의 재해를 당하겠는가?

해답

(1) 도수율

$$= \frac{\text{재해발생건수}}{\text{연간총근로시간수}} \times 1{,}000{,}000$$

$$= \frac{15}{(600 \times 48 \times 50) + (600 \times 100)} \times 1{,}000{,}000$$

$$= 10$$

(2) 환산도수율

$$= \text{도수율} \times \frac{1}{10}(\text{건})$$

$$= 10 \times \frac{1}{10} = 1(\text{건})$$

04 안전인증 방독마스크에 안전인증의 표시에 다른 표시 외에 추가로 표시해야 할 사항을 4가지 쓰시오.

해답

① 파과곡선도
② 사용시간 기록카드
③ 정화통의 외부 측면의 표시색
④ 사용상의 주의사항

05 전기화재에 해당하는 급수와 적응소화기를 2가지 쓰시오.

해답

① 급수 : C급 화재
② 적응소화기
　㉠ 이산화탄소 소화기
　㉡ 할로겐화합물 소화기
　㉢ 분말소화기

06 심실세동전류의 정의와 구하는 공식을 쓰시오.

해답

① 정의 : 인체에 흐르는 전류가 더욱 증가하면 심장부를 흐르게 되어 정상적인 박동을 하지 못하고 불규칙적인 세동으로 혈액순환이 순조롭지 못하게 되는 현상을 말하며, 그대로 방치하면 수분 내로 사망하게 된다.

② 공식 : $I=\dfrac{165}{\sqrt{T}}$(mA)

07 재해사례 연구순서 중에서 전제조건을 제외한 4단계를 쓰시오.

해답

① 제1단계 : 사실의 확인
② 제2단계 : 문제점의 발견
③ 제3단계 : 근본적 문제점의 결정
④ 제4단계 : 대책의 수립

08 무재해운동의 3원칙을 쓰고 설명하시오.

해답

① 무의 원칙 : 사업장 내의 모든 잠재위험요인을 적극적으로 사전에 발견하고 파악·해결함으로써 산업재해의 근원적인 요소를 없앤다는 것을 의미
② 참가의 원칙 : 작업에 따르는 잠재위험요인을 발견하고 파악·해결하기 위해 전원이 일치 협력하여 각자의 위치에서 적극적으로 문제해결을 하겠다는 것을 의미
③ 선취의 원칙 : 안전한 사업장을 조성하기 위한 궁극의 목표로서 사업장 내에서 행동하기 전에 잠재위험요인을 발견하고 파악·해결하여 재해를 예방하는 것을 의미

09 누적외상성 질환 등 근골격계 질환의 주요 원인을 3가지 쓰시오.

해답

① 반복적인 동작
② 부적절한 작업자세
③ 무리한 힘의 사용
④ 날카로운 면과의 신체접촉
⑤ 진동 및 온도

10 자율안전확인 대상 기계 등 중 방호장치에 해당되는 내용을 4가지 쓰시오.

해답

① 아세틸렌 용접장치용 또는 가스집합 용접장치용 안전기
② 교류 아크용접기용 자동전격방지기
③ 롤러기 급정지장치
④ 연삭기 덮개
⑤ 목재 가공용 둥근톱 반발 예방장치와 날 접촉 예방장치
⑥ 동력식 수동대패용 칼날 접촉 방지장치
⑦ 추락·낙하 및 붕괴 등의 위험 방지 및 보호에 필요한 가설기자재(안전인증대상 가설기자재는 제외)로서 고용노동부장관이 정하여 고시하는 것

11 다음은 계단과 계단참에 관한 안전기준이다. ( )에 맞는 내용을 쓰시오.

사업주는 계단 및 계단참을 설치할 때에는 매 제곱미터당 (①)kg 이상의 하중에 견딜 수 있는 강도를 가진 구조로 설치하여야 하며, 안전율은 (②) 이상으로 하여야 한다. 높이가 3m를 초과하는 계단에는 높이(③)m 이내마다 너비 (④)m 이상의 계단참을 설치하여야 한다.

해답

① 500
② 4
③ 3
④ 1.2

12 다음은 비계의 벽이음 간격이다. ( ) 안에 알맞은 숫자를 쓰시오.

구분		조립간격(m)	
		수직방향	수평방향
통나무 비계		(①)	(②)
강관비계	단관비계	(③)	(④)
	틀비계	(⑤)	(⑥)

해답

① 5.5
② 7.5
③ 5
④ 5
⑤ 6
⑥ 8

13 프레스의 손쳐내기식 방호장치의 설치방법에 관한 사항이다. ( )에 맞는 내용을 쓰시오.

슬라이드 하행정거리의 (①) 위치에서 손을 완전히 밀어내어야 하며, 방호판의 폭은 (②)의 (③)이어야 하고, 행정길이가 (④)mm 이상의 프레스기계에는 방호판 폭을 300mm로 해야 한다.

해답

① 3/4
② 금형폭
③ 1/2 이상
④ 300

2012년 7월 8일 산업안전기사 실기 필답형

01 [보기]를 참고하여 다음 이론에 해당하는 번호를 고르시오.

(1) 하인리히
(2) 버드
(3) 아담스

① 사회적 환경 및 유전적 요소(유전과 환경)
② 기본적 원인
③ 불안전한 행동 및 불안전한 상태(직접원인)
④ 작전
⑤ 사고
⑥ 재해
⑦ 관리(통제)의 부족
⑧ 개인적 결함
⑨ 관리적 결함
⑩ 전술적 에러

해답

(1) 하인리히 : ①, ③, ⑤, ⑥, ⑧
(2) 버드 : ②, ③, ⑤, ⑥, ⑦
(3) 아담스 : ④, ⑤, ⑥, ⑨, ⑩

02 안전인증대상 보호구 중 안전화에 있어 성능 구분에 따른 안전화의 종류 5가지를 쓰시오.

해답

① 가죽제 안전화
② 고무제 안전화
③ 정전기 안전화
④ 발등 안전화
⑤ 절연화
⑥ 절연장화
⑦ 화학물질용 안전화

03 1,000[rpm]으로 회전하는 롤러의 앞면 롤러의 지름이 50[cm]인 경우 앞면 롤러의 표면속도와 관련 규정에 따른 급정지거리[cm]를 구하시오.

해답

① V(표면속도)

$$= \frac{\pi DN}{1,000} = \frac{\pi \times 500 \times 1,000}{1,000}$$
$$= 1,570.80(\text{m/min})$$

② 급정지거리 기준 : 표면속도가 30[m/min] 이상 시 원주의 $\frac{1}{2.5}$ 이내

③ 급정지거리

$$= \pi D \times \frac{1}{2.5} = \pi \times 50 \times \frac{1}{2.5} = 62.83(\text{cm})$$

TIP ① 급정지장치의 성능조건

앞면 롤러의 표면속도 (m/min)	급정지거리
30 미만	앞면 롤러 원주의 1/3
30 이상	앞면 롤러 원주의 1/2.5

② 원둘레 길이 $= \pi D = 2\pi r$
여기서, D : 지름 r : 반지름

04 C.F. DALZIEL의 관계식을 이용하여 심실세동을 일으킬 수 있는 에너지[J]를 구하시오.(단, 통전시간은 1초, 인체의 전기저항은 500Ω이다.)

해답

$$W = I^2RT = \left(\frac{165}{\sqrt{T}} \times 10^{-3}\right)^2 \times R \times T$$
$$= \left(\frac{165}{\sqrt{1}} \times 10^{-3}\right)^2 \times 500 \times 1 = 13.61(\text{J})$$

05 아세틸렌 용접장치 검사 시 안전기의 설치 위치를 확인하려고 한다. 안전기가 설치되어야 할 위치는?

해답

① 취관
② 분기관
③ 발생기와 가스용기 사이

> **TIP** 안전기의 설치
> ① 아세틸렌 용접장치의 취관마다 안전기를 설치하여야 한다. 다만, 주관 및 취관에 가장 가까운 분기관마다 안전기를 부착한 경우에는 그러하지 아니한다.
> ② 가스용기가 발생기와 분리되어 있는 아세틸렌 용접장치에 대하여 발생기와 가스용기 사이에 안전기를 설치하여야 한다.

06 산업안전보건법상 유해 · 위험기계 등이 안전기준에 적합한지를 확인하기 위하여 안전인증기관이 심사하는 심사의 종류 4가지를 쓰시오.

해답

① 예비심사
② 서면심사
③ 기술능력 및 생산체계심사
④ 제품심사

07 다음의 양립성에 대하여 사례를 들어 설명하시오.

① 공간 양립성
② 운동 양립성

해답

① 공간 양립성 : 가스버너에서 오른쪽 조리대는 오른쪽 조절장치로, 왼쪽 조리대는 왼쪽 조절장치로 조정하도록 배치한다.
② 운동 양립성 : 자동차를 운전하는 과정에서 우측으로 회전하기 위하여 핸들을 우측으로 돌린다.

> **TIP** ① 개념 양립성 : 냉온수기에서 빨간색은 온수, 파란색은 냉수를 뜻함
> ② 양식 양립성 : 기계가 특정 음성에 대해 정해진 반응을 하는 경우에 해당

08 산업안전보건법상 방사선 업무에 관계되는 작업(의료 및 실험용은 제외)에 종사하는 근로자에게 실시하여야 하는 특별 안전 · 보건교육 내용 4가지를 쓰시오.

해답

① 방사선의 유해 · 위험 및 인체에 미치는 영향
② 방사선의 측정기기 기능의 점검에 관한 사항
③ 방호거리 · 방호벽 및 방사선물질의 취급 요령에 관한 사항
④ 응급처치 및 보호구 착용에 관한 사항

09 지상높이가 31m 이상 되는 건축물을 건설하는 공사현장에서 건설공사 유해 · 위험방지계획서를 작성하여 제출하고자 할 때 첨부하여야 하는 작업공종별 유해위험방지계획의 해당 작업공종을 4가지 쓰시오.

해답

① 가설공사
② 구조물공사
③ 마감공사
④ 기계설비공사
⑤ 해체공사

10 산업안전보건법상 안전보건총괄책임자의 직무를 4가지 쓰시오.

해답

① 위험성 평가의 실시에 관한 사항
② 작업의 중지
③ 도급 시 산업재해 예방조치
④ 산업안전보건관리비의 관계수급인 간의 사용에 관한 협의 · 조정 및 그 집행의 감독
⑤ 안전인증대상기계 등과 자율안전확인대상기계 등의 사용 여부 확인

11 공사용 가설도로를 설치하는 경우 준수사항 3가지를 쓰시오.

해답

① 도로는 장비와 차량이 안전하게 운행할 수 있도록 견고하게 설치할 것
② 도로와 작업장이 접하여 있을 경우에는 방책 등을 설치할 것
③ 도로는 배수를 위하여 경사지게 설치하거나 배수시설을 설치할 것
④ 차량의 속도제한 표지를 부착할 것

12 HAZOP 기법에 사용되는 가이드 워드에 관한 의미를 쓰시오.

> ① AS WELL AS
> ② PART OF
> ③ OTHER THAN
> ④ REVERSE

해답

① AS WELL AS : 성질상 증가
② PART OF : 성질상의 감소
③ OTHER THAN : 완전한 대체의 필요
④ REVERSE : 설계의도의 논리적인 역

TIP 지침단어(가이드 워드)의 의미

GUIDE WORD	의미
NO 혹은 NOT	설계의도의 완전한 부정
MORE 혹은 LESS	양의 증가 혹은 감소 (정량적 증가 혹은 감소)
AS WELL AS	성질상의 증가 (정성적 증가)
PART OF	성질상의 감소 (정성적 감소)
REVERSE	설계의도의 논리적인 역 (설계의도와 반대현상)
OTHER THAN	완전한 대체의 필요

13 사업주는 잠함 또는 우물통의 내부에서 근로자가 굴착작업을 하는 경우에 잠함 또는 우물통의 급격한 침하에 의한 위험을 방지하기 위하여 준수하여야 할 사항을 쓰시오.

해답

① 침하관계도에 따라 굴착방법 및 재하량 등을 정할 것
② 바닥으로부터 천장 또는 보까지의 높이는 1.8미터 이상으로 할 것

14 공정안전보고서 내용 중 안전작업허가 지침에 포함되어야 하는 위험작업의 종류 5가지를 쓰시오.

해답

① 화기작업
② 일반위험작업
③ 밀폐공간 출입작업
④ 정전작업
⑤ 굴착작업
⑥ 방사선 사용작업

2012년 7월 8일 산업안전산업기사 실기 필답형

01 [보기]의 교류아크용접기 자동전격방지기 표시사항을 상세히 기술하시오.

SP－3A－H

해답

① SP : 외장형
② 3 : 300A
③ A : 용접기에 내장되어 있는 콘덴서의 유무에 관계없이 사용할 수 있는 것
④ H : 고저항시동형

TIP (1) 외장형 : 외장형은 용접기 외함에 부착하여 사용하는 전격방지기로 그 기호는 SP로 표시
(2) 내장형 : 내장형은 용접기함 안에 설치하여 사용하는 전격방지기로 그 기호는 SPB로 표시
(3) 기호 SP 또는 SPB 뒤의 숫자는 출력 측의 정격전류의 100단위의 수치로 표시
예 2.5는 250A, 3은 300A를 표시
(4) 숫자 다음의 표시
① A : 용접기에 내장되어 있는 콘덴서의 유무에 관계없이 사용할 수 있는 것
② B : 콘덴서를 내장하지 않은 용접기에 사용하는 것
③ C : 콘덴서 내장형 용접기에 사용하는 것
④ E : 엔진구동 용접기에 사용하는 것
(5) L형과 H형
① 저저항시동형 : L형
② 고저항시동형 : H형

02 승강기의 설치 · 조립 · 수리 · 점검 또는 해체 작업을 하는 경우 안전조치 사항 3가지를 쓰시오.

해답

① 작업을 지휘하는 사람을 선임하여 그 사람의 지휘하에 작업을 실시할 것
② 작업을 할 구역에 관계 근로자가 아닌 사람의 출입을 금지하고 그 취지를 보기 쉬운 장소에 표시할 것
③ 비, 눈, 그 밖에 기상상태의 불안정으로 날씨가 몹시 나쁜 경우에는 그 작업을 중지시킬 것

03 산업안전보건법상 작업장의 조도기준에 관한 다음 사항에서 ( )에 알맞은 내용을 쓰시오.

작업의 종류	작업면 조도
초정밀작업	(①)Lux 이상
정밀작업	(②)Lux 이상
보통작업	(③)Lux 이상
그 밖의 작업	(④)Lux 이상

해답

① 750
② 300
③ 150
④ 75

04 60rpm으로 회전하는 롤러의 앞면 롤러의 지름이 120mm인 경우 앞면 롤러의 표면속도와 관련 규정에 따른 급정지거리[mm]를 구하시오.

해답

① $V(\text{표면속도}) = \frac{\pi DN}{1{,}000} = \frac{\pi \times 120 \times 60}{1{,}000} = 22.619$
$= 22.62(\text{m/min})$
② 급정지거리 기준 : 표면속도가 30(m/min) 미만 시 원주의 $\frac{1}{3}$ 이내
③ 급정지거리 $= \pi D \times \frac{1}{3} = \pi \times 120 \times \frac{1}{3}$
$= 125.663 = 125.66(\text{mm})$

TIP ① 급정지장치의 성능조건

앞면 롤러의 표면속도 (m/min)	급정지거리
30 미만	앞면 롤러 원주의 1/3
30 이상	앞면 롤러 원주의 1/2.5

② 원둘레 길이 = $\pi D = 2\pi r$
여기서, D : 지름 r : 반지름

05 수인식 방호장치의 수인끈, 수인끈의 안내통, 손목밴드의 구비조건 3가지를 쓰시오.

해답

① 수인끈은 작업자와 작업공정에 따라 그 길이를 조정할 수 있어야 한다.
② 수인끈의 안내통은 끈의 마모와 손상을 방지할 수 있는 조치를 해야 한다.
③ 손목밴드는 착용감이 좋으며 쉽게 착용할 수 있는 구조이어야 한다.

06 암석이 떨어질 우려가 있는 위험장소에서 견고한 낙하물 보호구조를 갖춰야 하는 차량계 건설기계의 종류를 5가지만 쓰시오.

해답

① 불도저
② 트랙터
③ 굴착기
④ 로더
⑤ 스크레이퍼
⑥ 덤프트럭
⑦ 모터그레이더
⑧ 롤러
⑨ 천공기
⑩ 항타기 및 항발기

07 경고표지를 4가지 쓰시오.(단, 위험장소 경고는 제외한다.)

해답

① 인화성물질경고
② 산화성물질경고
③ 폭발성물질경고
④ 급성독성물질경고
⑤ 부식성물질경고
⑥ 방사성물질경고
⑦ 고압전기경고
⑧ 매달린물체경고
⑨ 낙하물경고
⑩ 고온경고
⑪ 저온경고
⑫ 몸균형상실경고
⑬ 레이저광선경고
⑭ 발암성 · 변이원성 · 생식독성 · 전신독성 · 호흡기 · 호흡기과민성물질경고

08 보기에 제시된 재해빈발자의 유발요인을 3가지씩 쓰시오.

> ① 상황성 유발자
> ② 소질성 유발자

해답

① 상황성 유발자
  ㉠ 작업이 어렵기 때문에
  ㉡ 기계설비에 결함이 있기 때문에
  ㉢ 심신에 근심이 있기 때문에
  ㉣ 환경상 주의력의 집중이 혼란되기 때문에

② 소질성 유발자
  ㉠ 주의력 산만
  ㉡ 저지능
  ㉢ 흥분성
  ㉣ 비협조성
  ㉤ 소심한 성격
  ㉥ 도덕성의 결여
  ㉦ 감각운동 부적합

09 화학설비 안전거리를 쓰시오.

> ① 사무실 · 연구실 · 실험실 · 정비실 또는 식당으로부터 단위공정시설 및 설비, 위험물질의 저장탱크, 위험물질 하역설비, 보일러 또는 가열로의 사이
> ② 위험물질 저장탱크로부터 단위공정 시설 및 설비, 보일러 또는 가열로의 사이

해답

① 사무실 등의 바깥 면으로부터 20미터 이상
② 저장탱크 바깥 면으로부터 20미터 이상

TIP 위험물 저장 취급 화학설비 안전거리

구분	안전거리
1. 단위공정시설 및 설비로부터 다른 단위공정시설 및 설비의 사이	설비의 바깥 면으로부터 10미터 이상
2. 플레어 스택으로부터 단위공정시설 및 설비, 위험물질 저장탱크 또는 위험물질 하역설비의 사이	플레어 스택으로부터 반경 20미터 이상. 다만, 단위공정시설 등이 불연재로 시공된 지붕 아래에 설치된 경우에는 그러하지 아니하다.
3. 위험물질 저장탱크로부터 단위공정시설 및 설비, 보일러 또는 가열로의 사이	저장탱크의 바깥 면으로부터 20미터 이상. 다만, 저장탱크의 방호벽, 원격조종화설비 또는 살수설비를 설치한 경우에는 그러하지 아니하다.

4. 사무실 · 연구실 · 실험실 · 정비실 또는 식당으로부터 단위공정시설 및 설비, 위험물질 저장탱크, 위험물질 하역설비, 보일러 또는 가열로의 사이	사무실 등의 바깥 면으로부터 20미터 이상. 다만, 난방용 보일러인 경우 또는 사무실 등의 벽을 방호구조로 설치한 경우에는 그러하지 아니하다.

10 산업안전보건법상 유해 · 위험기계 등이 안전기준에 적합한지를 확인하기 위하여 안전인증기관이 심사하는 심사의 종류 3가지와 심사기간을 쓰시오.

해답

① 예비심사 : 7일
② 서면심사 : 15일(외국에서 제조한 경우 30일)
③ 기술능력 및 생산체계심사 : 30일(외국에서 제조한 경우 45일)
④ 제품심사
  ㉠ 개별 제품심사 : 15일
  ㉡ 형식별 제품심사 : 30일

11 기계의 고장률 곡선을 그리고 감소 대책을 쓰시오.

해답

(1) 고장률 곡선

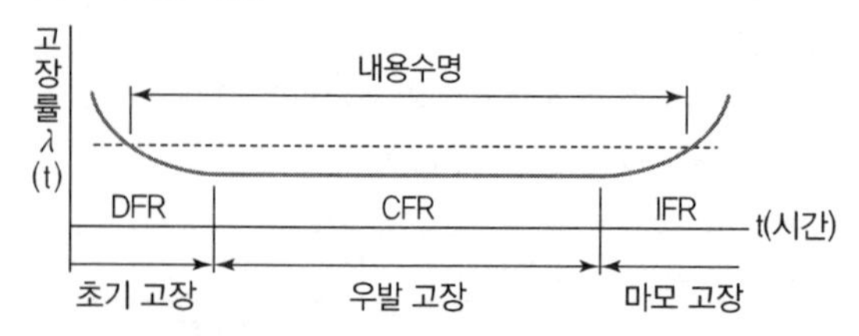

(2) 감소 대책
① 초기 고장
  ⓐ 점검작업이나 시운전 등으로 감소시킬 수 있다.
  ⓑ 보전예방(MP) 실시
② 우발 고장
  ⓐ 극한 상황을 고려한 설계, 안전계수를 고려한 설계 등으로 감소시킬 수 있다.
  ⓑ 사후보전(BM) 실시
③ 마모 고장
  ⓐ 안전진단 및 적당한 보수에 의해 감소시킬 수 있다.
  ⓑ 예방보전(PM) 실시

12 위험방지기술에서 리스크 처리방법 4가지를 쓰시오.

해답

① 위험의 회피
② 위험의 감소
③ 위험의 전가
④ 위험의 보유

13 건설현장에서 주로 발생하는 절토면 토사붕괴의 원인 중 외적 원인을 3가지 쓰시오.

해답

① 사면, 법면의 경사 및 기울기의 증가
② 절토 및 성토 높이의 증가
③ 공사에 의한 진동 및 반복 하중의 증가
④ 지표수 및 지하수의 침투에 의한 토사 중량의 증가
⑤ 지진, 차량, 구조물의 하중작용
⑥ 토사 및 암석의 혼합층 두께

2012년 10월 14일 산업안전기사 실기 필답형

01 다음 FT도에서 정상사상 T의 고장 발생확률을 구하시오.(단, 발생확률은 각각 0, 1이다.)

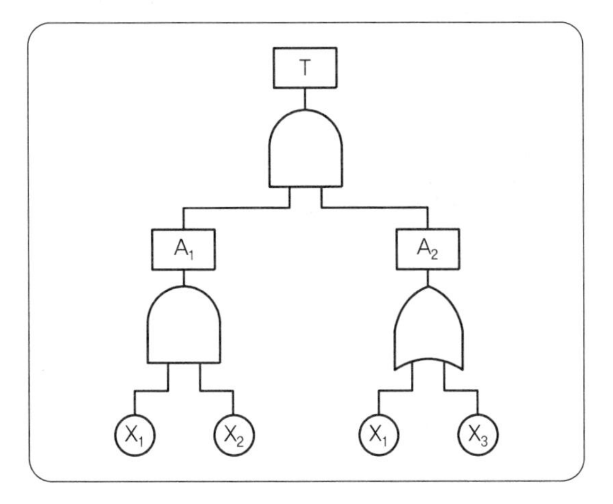

해답

① 미니멀 컷셋 T → A_1, A_2 → X_1, X_2, A_2
→ $\begin{matrix} X_1, X_2, X_1 \\ X_1, X_2, X_3 \end{matrix}$ → $\begin{matrix} X_1, X_2 \\ X_1, X_2, X_3 \end{matrix}$ → X_1, X_2

② 미니멀 컷셋 (X_1, X_2)

③ 발생확률 (T) = $X_1, X_2 = 0.1 \times 0.1 = 0.01$

02 비, 눈 그 밖의 기상 상태의 악화로 작업을 중지시킨 후 그 비계에서 작업할 경우 작업 시작 전 점검사항을 4가지 쓰시오.

해답

① 발판 재료의 손상 여부 및 부착 또는 걸림 상태
② 해당 비계의 연결부 또는 접속부의 풀림 상태
③ 연결 재료 및 연결 철물의 손상 또는 부식 상태
④ 손잡이의 탈락 여부
⑤ 기둥의 침하, 변형, 변위 또는 흔들림 상태
⑥ 로프의 부착 상태 및 매단 장치의 흔들림 상태

03 산업안전보건법상 산업재해를 예방하기 위하여 필요하다고 인정되는 경우 산업재해 발생건수, 재해율 또는 그 순위 등을 공표할 수 있는 대상사업장을 2가지 쓰시오.

해답

① 산업재해로 인한 사망자가 연간 2명 이상 발생한 사업장
② 사망만인율(연간 상시근로자 1만 명당 발생하는 사망재해자 수의 비율)이 규모별 같은 업종의 평균 사망만인율 이상인 사업장
③ 중대산업사고가 발생한 사업장
④ 산업재해 발생 사실을 은폐한 사업장
⑤ 산업재해의 발생에 관한 보고를 최근 3년 이내 2회 이상 하지 않은 사업장

04 다음 그림을 보고 기계 설비에 의해 형성되는 위험점의 명칭을 쓰시오.

①

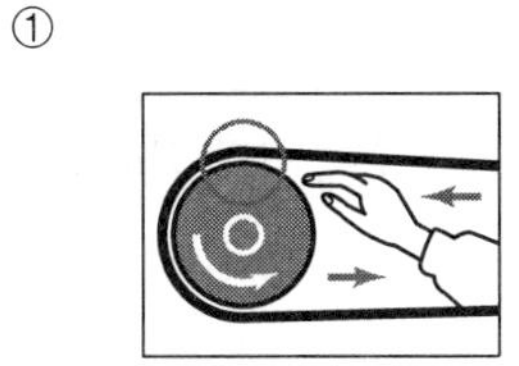
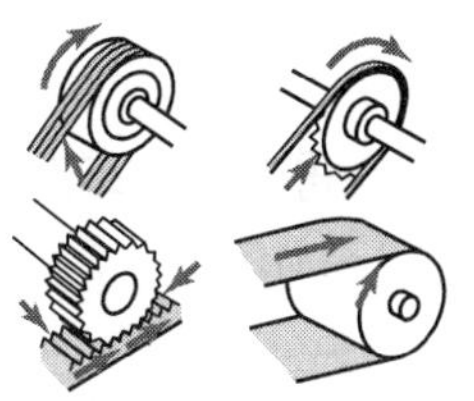

②

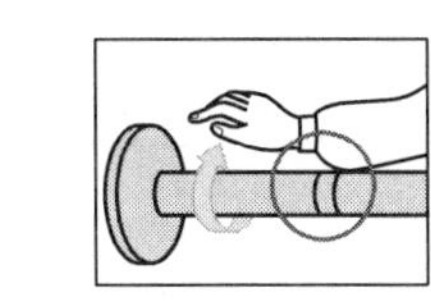
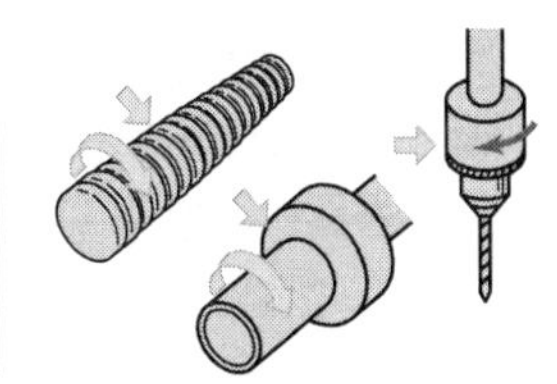

③

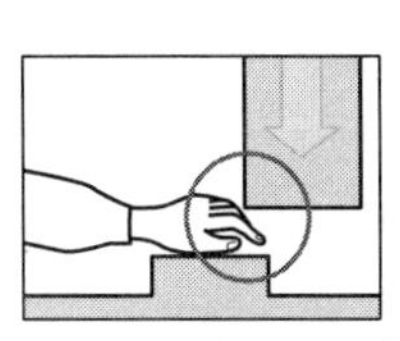
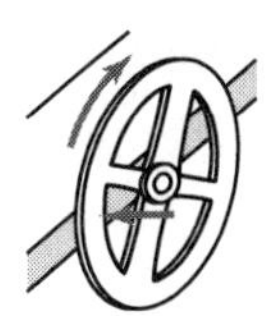

④

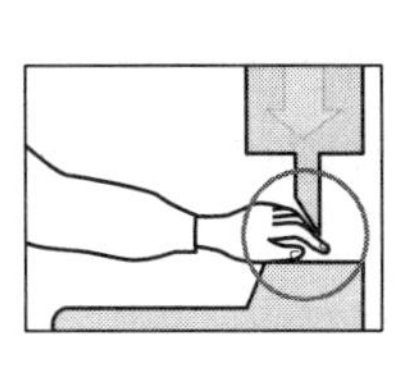
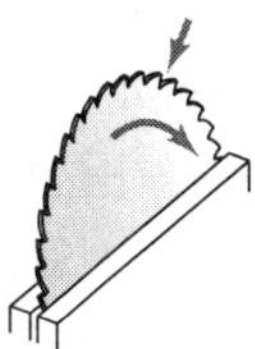

해답

① 접선 물림점　② 회전 말림점
③ 끼임점　④ 절단점

05 산업안전보건법상 양중기 안전에 관한 다음 사항에서 ( )에 알맞은 내용을 쓰시오.

> ① 양중기에 대한 권과방지장치는 훅 · 버킷 등 달기구의 윗면이 드럼, 상부 도르래, 트롤리프레임 등 권상장치의 아랫면과 접촉할 우려가 있는 경우에 그 간격이 ( ) 이상이 되도록 조정하여야 한다.
> ② 사업주는 순간풍속이 초당 ( )를 초과하는 바람이 불어올 우려가 있는 경우 옥외에 설치되어 있는 주행 크레인에 대하여 이탈방지장치를 작동시키는 등 이탈 방지를 위한 조치를 하여야 한다.
> ③ 사업주는 갠트리 크레인 등과 같이 작업장 바닥에 고정된 레일을 따라 주행하는 크레인의 새들(saddle) 돌출부와 주변 구조물 사이의 안전공간이 ( ) 이상 되도록 바닥에 표시를 하는 등 안전공간을 확보하여야 한다.

해답

① 0.25미터, ② 30미터, ③ 40센티미터

06 다음과 같은 조건에서의 안전관리자 최소 인원수를 쓰시오.

> ① 펄프 제조업 상시근로자 600명
> ② 고무 제조업 상시근로자 300명
> ③ 운수 · 통신업 상시근로자 500명
> ④ 공사금액 50억 원 이상 120억 원 미만 건설업

해답

① 2명　② 1명
③ 1명　④ 1명

07 밀폐된 장소(탱크 내 또는 환기가 극히 불량한 좁은 장소를 말한다.)에서 하는 용접작업 또는 습한 장소에서 하는 전기용접 작업 시 특별안전보건교육의 내용을 4가지 쓰시오.(단, 그 밖에 안전 · 보건 관리에 필요한 사항은 제외함)

해답

① 작업순서, 안전작업방법 및 수칙에 관한 사항
② 환기설비에 관한 사항
③ 전격 방지 및 보호구 착용에 관한 사항
④ 질식 시 응급조치에 관한 사항
⑤ 작업환경 점검에 관한 사항

08 안전보건표지의 종류에서 응급구호 표지를 그리고 관련 색상을 쓰시오.(단, 색상 표시는 글자로 나타내도록 하고, 크기에 대한 기준은 표시하지 않아도 된다.)

해답

• 바탕 : 녹색
• 관련 부호 및 그림 : 흰색

09 다음의 [보기] 중에서 인간과오 불안전 분석 가능 도구를 4가지 쓰시오.

> ① FTA　④ THERP　⑦ PHA
> ② ETA　⑤ CA　⑧ MORT
> ③ HAZOP　⑥ FMEA

해답

①, ②, ④, ⑥

> **TIP** ① 결함수 분석(FTA) : 사고의 원인이 되는 장치의 이상이나 고장의 다양한 조합 및 작업자 실수 원인을 연역적으로 분석하는 방법을 말한다.
> ② 사건수 분석(ETA) : 초기사건으로 알려진 특정한 장치의 이상 또는 운전자의 실수에 의해 발생되는 잠재적인 사고결과를 정량적으로 평가 · 분석하는 방법을 말한다.
> ③ 위험 및 운전성 검토(HAZOP) : 위험요소를 예측하고 새로운 공정에 대한(지식부족으로 인한) 가동 문제를 예측하는 데 사용되어진다.
> ④ 인간과오율 예측기법(THERP) : 사고원인 가운데 인간의 과오나 기인된 원인분석, 확률을 계산함으로써 제품의 결함을 감소시키고, 인간공학적 대책을 수립하는 데 사용되는 분석기법
> ⑤ 치명도 해석(CA) : 고장등급이 높은 고장모드가 시스템이나 기기의 고장에 어느 정도로 기여하는가를 정량적으로 계산하고, 고장모드가 시스템이나 기기에 미치는 영향을 정량적으로 평가하는 해석기법

⑥ 고장형태와 영향분석(FMEA) : 시스템이나 서브시스템 위험분석을 위하여 일반적으로 사용되는 전형적인 정성적, 귀납적 분석기법으로 시스템에 영향을 미치는 모든 요소의 고장을 형태별로 분석하여 그 영향을 검토하는 분석기법
⑦ 예비 위험 분석(PHA) : 공정 또는 설비 등에 관한 상세한 정보를 얻을 수 없는 상황에서 위험물질과 공정 요소에 초점을 맞추어 초기위험을 확인하는 방법을 말한다.
⑧ 경영위험도 분석(MORT) : 관리, 설계, 생산, 보전 등에 대한 넓은 범위에 걸쳐 안전성을 확보하려고 시도된 것

10 A사업장에 근로자 수가(3월 말 300명, 6월 말 320명, 9월 말 270명, 12월 말 260명)이고, 연간 15건의 재해 발생으로 인한 휴업일수가 288일 발생하였다. 도수율과 강도율을 구하시오.(단, 근무시간은 1일 8시간, 근무일수는 연간 280일이다.)

해답

① 평균근로자수(분기별) $= \dfrac{300+320+270+260}{4}$

$= 287.5 = 288$명

② 도수율 $= \dfrac{\text{재해발생건수}}{\text{연간총근로시간수}} \times 1{,}000{,}000$

$= \dfrac{15}{288 \times 8 \times 280} \times 1{,}000{,}000$

$= 23.251 = 23.25$

③ 강도율 $= \dfrac{\text{근로손실일수}}{\text{연간총근로시간수}} \times 1{,}000$

$= \dfrac{288 \times \dfrac{280}{365}}{288 \times 8 \times 280} \times 1{,}000$

$= 0.342 = 0.34$

11 니트로화합물을 취급하는 작업장과 그 작업장이 있는 건축물에 출입구 외에 안전한 장소로 대피할 수 있는 비상구의 기준을 쓰시오.

(1) 출입구로부터 (①) 떨어져 있을 것
(2) 출입구까지의 수평거리가 (②)가 되도록 할 것
(3) 너비는 (③)으로 할 것
(4) 높이는 (④)으로 할 것

해답

① 3미터 이상
② 50미터 이하
③ 0.75미터 이상
④ 1.5미터 이상

12 다음과 같은 방폭구조의 기호를 설명하시오.

d IIA T_4

해답

① d : 방폭구조의 종류(내압방폭구조)
② ⅡA : 그룹을 나타낸 기호
③ T_4 : 온도 등급, 최고 표면온도(135℃)

TIP 그룹 Ⅱ 전기기기의 최고 표면온도

온도 등급	최고 표면온도(℃)
T_1	450 이하
T_2	300 이하
T_3	200 이하
T_4	135 이하
T_5	100 이하
T_6	85 이하

13 다음의 빈칸을 채우시오.

사업주는 화학설비 또는 그 배관의 밸브나 콕에는 (①), (②), (③), (④) 등에 따라 내구성이 있는 재료를 사용하여야 한다.

해답

① 개폐의 빈도
② 위험물질 등의 종류
③ 온도
④ 농도

14 보일러 운전 중 플라이밍의 발생 원인 3가지를 쓰시오.

해답

① 보일러 관수의 농축
② 주 증기 밸브의 급개
③ 보일러 부하의 급변화 운전
④ 보일러수 또는 관수의 수위를 높게 운전

2012년 10월 14일 산업안전산업기사 실기 필답형

01 다음 [보기]의 방폭구조 기호를 쓰시오.

> ① 용기 분진방폭구조
> ② 본질안전 분진방폭구조
> ③ 몰드 분진방폭구조
> ④ 압력 분진방폭구조

해답

① tD
② iD
③ mD
④ pD

02 다음 안전표지판의 명칭을 쓰시오.

①	②	③	④

해답

① 낙하물경고
② 폭발성물질경고
③ 보안면착용
④ 세안장치

03 산소소비량을 측정하기 위하여 5분간 배기하여 성분을 분석한 결과 O_2=16(%), CO_2= 4(%)이고, 총 배기량은 90(l)일 경우 분당 산소소비량과 에너지를 구하시오.(단, 산소 1(l)의 에너지가는 5(kcal)이다.)

해답

① 분당 배기량$(V_2) = \dfrac{90}{5} = 18(l/분)$

② 분당 흡기량$(V_1) = \dfrac{(100 - O_2\% - CO_2\%)}{79} \times V_2$

$= \dfrac{(100-16-4)}{79} \times 18$

$= 18.227 = 18.23(l/분)$

③ 분당 산소소비량$=(21\% \times V_1) - (O_2\% \times V_2)$

$=(0.21 \times 18.23) - (0.16 \times 18)$

$=0.948 = 0.95(l/분)$

④ 분당 에너지 소비량=분당 산소소비량×5kcal

$=0.95 \times 5 = 4.75$(kcal/분)

04 안전보건 개선계획에 포함되어야 할 사항 4가지를 쓰시오.

해답

① 시설
② 안전 · 보건관리체제
③ 안전 · 보건교육
④ 산업재해 예방 및 작업환경의 개선을 위하여 필요한 사항

05 안전인증 파열판에 안전인증 외에 추가로 표시하여야 할 사항 4가지를 쓰시오.

해답

① 호칭지름
② 용도(요구성능)
③ 설정파열압력(MPa) 및 설정온도(℃)
④ 분출용량(kg/h) 또는 공칭분출계수
⑤ 파열판의 재질
⑥ 유체의 흐름방향 지시

06 시몬즈(Simonds) 방식의 재해손실비 산정에 있어 비보험코스트에 해당하는 항목을 4가지 쓰시오.

해답

① 휴업상해
② 통원상해
③ 응급조치
④ 무상해사고

07 다음 내용에 가장 적합한 위험분석기법을 보기에서 골라 한 가지씩만 쓰시오.

(1) 모든 요소의 고장을 형태별로 분석하여 그 영향을 검토하는 기법
(2) 모든 시스템 안전프로그램의 최초단계 분석기법
(3) 인간과오를 정량적으로 평가하기 위한 기법
(4) 초기사상의 고장영향에 의해 사고나 재해를 발전해 나가는 과정을 분석하는 기법
(5) 결함수법이라 하며 재해발생을 연역적, 정량적으로 해석, 예측할 수 있는 기법

① FMEA	⑤ MORT	⑨ OHA
② FHA	⑥ PHA	⑩ HAZOP
③ THERP	⑦ FTA	
④ ETA	⑧ CA	

해답

(1) ①　(2) ⑥　(3) ③　(4) ④　(5) ⑦

08 굴착작업 시 지반의 붕괴 또는 토석의 낙하로 인하여 근로자에게 위험을 미칠 우려가 있을 경우 취해야 할 안전조치사항을 3가지 쓰시오.

해답

① 흙막이 지보공의 설치
② 방호망의 설치
③ 근로자의 출입금지
④ 비가 올 경우를 대비하여 측구를 설치하거나 굴착사면에 비닐을 덮는 등의 조치

09 다음을 보고 시스템고장(전등 켜지지 않음)을 정상사상으로 하는 FT도를 그리시오.

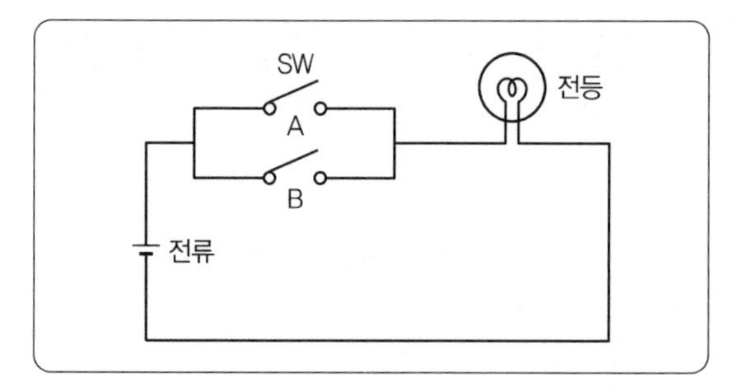

해답

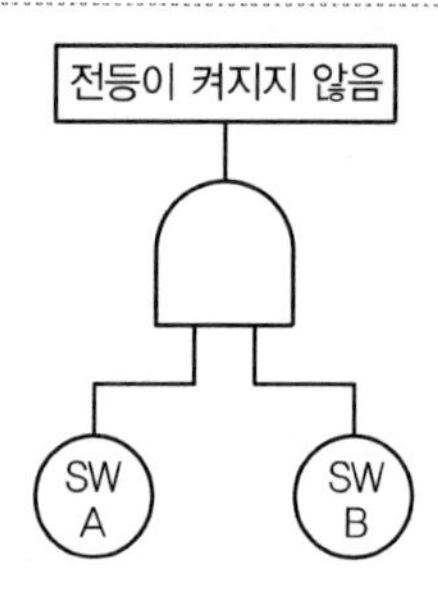

10 공정흐름도에 표시되어야 할 사항 3가지를 쓰시오.

해답

① 제조공정 개요와 공정흐름
② 공정제어의 원리
③ 제조설비의 종류 및 기본사양

TIP 공정흐름도(PFD ; Process Flow Diagram)

(1) 정의 : 공정계통과 장치설계기준을 나타내주는 도면이며 주요 장치, 장치 간의 공정연관성, 운전조건, 운전변수, 물질 · 에너지 수지, 제어 설비 및 연동장치 등의 기술적 정보를 파악할 수 있는 도면을 말한다.
(2) 공정흐름도에 표시되어야 할 사항 : 공정흐름도에는 공정설계 개념을 파악하는 데 필요한 기본적인 제조공정 개요와 공정흐름, 공정제어의 원리, 제조설비의 종류 및 기본사양 등이 표현되어야 하며 다음의 사항을 포함한다.
① 공정 처리순서 및 흐름의 방향
② 주요 동력기계, 장치 및 설비류의 배열
③ 기본 제어논리
④ 기본설계를 바탕으로 한 온도, 압력, 물질수지 및 열수지 등
⑤ 압력용기, 저장탱크 등 주요 용기류의 간단한 사양
⑥ 열교환기, 가열로 등의 간단한 사양
⑦ 펌프, 압축기 등 주요 동력기계의 간단한 사양
⑧ 회분식 공정인 경우에는 작업순서 및 작업시간

11 최초의 완만한 연소에서 폭굉까지 발달하는 데 유도되는 거리인 폭굉 유도거리가 짧아지는 요건을 3가지 쓰시오.

해답

① 정상연소속도가 큰 혼합가스일수록 짧아진다.
② 관 속에 방해물이 있거나 관경이 가늘수록 짧다.
③ 압력이 높을수록 짧다.
④ 점화원의 에너지가 강할수록 짧다.

12 작업발판 일체형 거푸집의 종류 4가지를 쓰시오.

해답

① 갱 폼
② 슬립 폼
③ 클라이밍 폼
④ 터널 라이닝 폼

13 유해 · 위험 방지를 위한 방호조치를 하지 아니하고는 양도 · 대여 · 설치 · 사용하거나, 양도 · 대여를 목적으로 진열해서는 아니 되는 기계 · 기구를 5가지 쓰시오.

해답

① 예초기
② 원심기
③ 공기압축기
④ 금속절단기
⑤ 지게차
⑥ 포장기계

2013년 4월 21일 산업안전기사 실기 필답형

01 충전전로의 선간전압이 다음과 같을 때 충전전로에 대한 접근한계거리를 쓰시오.

① 380V　　③ 6.6kV
② 1.5kV　　④ 22.9kV

해답

① 30cm　　③ 60cm
② 45cm　　④ 90cm

TIP 접근한계거리

충전전로의 선간전압 (단위 : 킬로볼트)	충전전로에 대한 접근한계거리 (단위 : 센티미터)
0.3 이하	접촉금지
0.3 초과 0.75 이하	30
0.75 초과 2 이하	45
2 초과 15 이하	60
15 초과 37 이하	90
37 초과 88 이하	110
88 초과 121 이하	130
121 초과 145 이하	150
145 초과 169 이하	170
169 초과 242 이하	230
242 초과 362 이하	380
362 초과 550 이하	550
550 초과 800 이하	790

02 재해 코스트 계산방식 중 시몬즈법을 사용할 경우 비보험 코스트에 해당하는 항목을 4가지 쓰시오.

해답

① 휴업상해　　③ 응급조치
② 통원상해　　④ 무상해사고

03 거푸집을 작업발판과 일체로 제작하여 사용하는 작업발판 일체형 거푸집의 종류 4가지를 쓰시오.

해답

① 갱 폼　　③ 클라이밍 폼
② 슬립 폼　　④ 터널 라이닝 폼

04 산업안전보건법에 따른 산업안전보건위원회의 심의 의결사항을 4가지 쓰시오.

해답

① 사업장의 산업재해 예방계획의 수립에 관한 사항
② 안전보건관리규정의 작성 및 변경에 관한 사항
③ 안전보건교육에 관한 사항
④ 작업환경측정 등 작업환경의 점검 및 개선에 관한 사항
⑤ 근로자의 건강진단 등 건강관리에 관한 사항
⑥ 산업재해에 관한 통계의 기록 및 유지에 관한 사항
⑦ 산업재해의 원인 조사 및 재발 방지대책 수립에 관한 사항 중 중대재해에 관한 사항
⑧ 유해하거나 위험한 기계 · 기구 · 설비를 도입한 경우 안전 및 보건 관련 조치에 관한 사항

05 프레스와 전단기에 관한 다음의 설명에 맞는 방호장치를 각각 쓰시오.

① 방호장치의 감지기능은 규정한 검출영역 전체에 걸쳐 유효하여야 하며, 슬라이드 하강 중 정전 또는 방호장치의 이상 시에 정지할 수 있는 구조이어야 한다.
② 1행정 1정지 기구에 사용할 수 있어야 하며, 슬라이드 하강 중 정전 또는 방호장치의 이상 시에 정지할 수 있는 구조이어야 한다.
③ 부착볼트 등의 고정금속부분은 예리한 돌출현상이 없어야 하며, 슬라이드 하행정거리의 3/4 위치에서 손을 완전히 밀어내어야 한다.
④ 손목밴드(wrist band)의 재료는 유연한 내유성 피혁 또는 이와 동등한 재료를 사용하고, 착용감이 좋으며 쉽게 착용할 수 있는 구조이고, 수인끈은 작업자와 작업공정에 따라 그 길이를 조정할 수 있어야 한다.

해답

① 광전자식(감응식) 방호장치
② 양수조작식 방호장치
③ 손쳐내기식 방호장치
④ 수인식 방호장치

06 HAZOP 기법에 사용되는 가이드 워드에 관한 의미이다. 해당되는 가이드 워드를 영문으로 쓰시오.

① 완전대체
② 성질상 증가
③ 설계의도의 완전한 부정
④ 설계의도의 정반대

해답

① OTHER THAN
② AS WELL AS
③ NO 혹은 NOT
④ REVERSE

TIP 지침단어(가이드 워드)의 의미

GUIDE WORD	의미
NO 혹은 NOT	설계의도의 완전한 부정
MORE 혹은 LESS	양의 증가 혹은 감소 (정량적 증가 혹은 감소)
AS WELL AS	성질상의 증가 (정성적 증가)
PART OF	성질상의 감소 (정성적 감소)
REVERSE	설계의도의 논리적인 역 (설계의도와 반대현상)
OTHER THAN	완전한 대체의 필요

07 다음 연삭기의 방호장치에 해당하는 각도를 쓰시오.(단, 이상, 이하, 이내를 정확히 구분할 것)

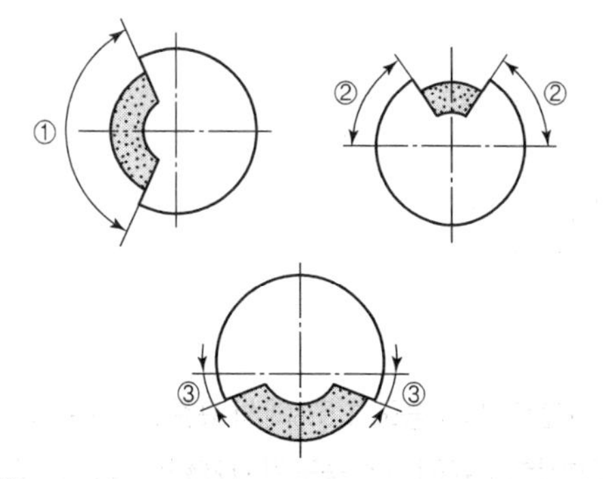

해답

① 125° 이내
② 60° 이상
③ 15° 이상

08 아래의 보기에서 산업안전관리비로 사용 가능한 항목을 4가지 고르시오.

① 근로자 보호 목적으로 보기 어려운 작업복, 방한복, 면장갑, 코팅장갑 등의 구입비
② 각종 안전보건교육에 소요되는 비용(현장 내 교육장 설치비용 포함)
③ 전담 안전 · 보건관리자용 안전순찰차량의 유류비 · 수리비 등의 비용
④ 공사현장 진 · 출입로 등에서 차량의 원활한 흐름 또는 교통 통제를 위한 교통정리 신호수의 인건비
⑤ 외부인 출입금지, 공사장 경계표시를 위한 가설울타리 설치비용
⑥ 각종 감시 시설 방호장치, 안전 · 보건시설 및 그 설치비용
⑦ 안전보건교육장 대지구입비용
⑧ 안전보건관계자의 교육비, 자료 수집비 및 안전보건행사에 소요되는 비용
⑨ 기성제품에 부착된 일체형 안전장치 구입비용

해답

②, ③, ⑥, ⑧

TIP 산업안전보건법령이 개정되었습니다. 본 문제는 참고만 하세요.

09 추락 등에 의한 위험을 방지하기 위하여 설치하는 안전난간의 주요 구성 요소를 4가지 쓰시오.

해답

① 상부 난간대
② 중간 난간대
③ 발끝막이판
④ 난간기둥

10 시험가스의 농도 1.5%에서 표준유효시간이 80분인 정화통을 유해가스농도가 0.8%인 작업장에서 사용할 경우 유효사용 가능 시간을 계산하시오.

해답

$$유효사용시간 = \frac{표준유효시간 \times 시험가스농도}{공기\ 중\ 유해가스농도}$$

$$= \frac{80 \times 1.5}{0.8} = 150(분)$$

11 다음 보기 중에서 노출기준(ppm)이 가장 낮은 것과 높은 것을 찾아 쓰시오.

① 암모니아	⑤ 염화수소
② 불소	⑥ 이황화탄소
③ 과산화수소	⑦ 이산화 황
④ 사염화탄소	

해답

(1) 가장 낮은 것 : ② 불소
(2) 가장 높은 것 : ① 암모니아

> **TIP** ① 암모니아 : 25ppm
> ② 불소 : 0.1ppm
> ③ 과산화수소 : 1ppm
> ④ 사염화탄소 : 5ppm
> ⑤ 염화수소 : 1ppm
> ⑥ 이황화탄소 : 10ppm
> ⑦ 이산화 황 : 2ppm

12 산업안전보건법상 산업안전보건 관련 교육시간에 관한 다음 내용에 알맞은 답을 쓰시오.

> ① 안전관리자의 신규교육시간을 쓰시오.
> ② 안전보건관리책임자의 보수교육시간을 쓰시오.
> ③ 사무직 종사근로자의 정기교육시간을 쓰시오.
> ④ 일용근로자 및 근로계약기간이 1주일 이하인 기간제근로자를 제외한 작업내용 변경 시의 교육시간을 쓰시오.
> ⑤ 건설일용근로자의 건설업 기초안전 · 보건교육시간을 쓰시오.

해답

① 34시간 이상
② 6시간 이상
③ 매반기 6시간 이상
④ 2시간 이상
⑤ 4시간 이상

13 다음의 위험물질과 혼재 가능한 물질을 보기의 유별 위험물의 종류에서 모두 찾아 쓰시오.

> ① 산화성 고체
> ② 가연성 고체
> ③ 자연발화성 물질 및 금수성 물질
> ④ 인화성 액체
> ⑤ 자기반응성 물질
> ⑥ 산화성 액체

해답

(1) 산화성 고체 : ⑥
(2) 가연성 고체 : ④, ⑤
(3) 자기반응성 물질 : ②, ④
(4) 자연발화성 및 금수성 물질 : ④
(5) 인화성 액체 : ②, ③, ⑤

TIP 유별을 달리하는 위험물의 혼재기준

위험물의 구분	제1류 (산화성 고체)	제2류 (가연성 고체)	제3류 (자연 발화성 및 금수성 물질)	제4류 (인화성 액체)	제5류 (자기 반응성 물질)	제6류 (산화성 액체)
제1류		×	×	×	×	○
제2류	×		×	○	○	×
제3류	×	×		○	×	×
제4류	×	○	○		○	×
제5류	×	○	×	○		×
제6류	○	×	×	×	×	

비고
1. × 표시는 혼재할 수 없음을 표시한다.
2. ○ 표시는 혼재할 수 있음을 표시한다.
3. 이 표는 지정수량의 $\frac{1}{10}$ 이하의 위험물에 대하여는 적용하지 아니한다.

14 다음과 같이 4m 거리에서 Landolt ring(란돌트 고리)을 1.2mm까지 구분할 수 있는 사람의 시력은 얼마인가?

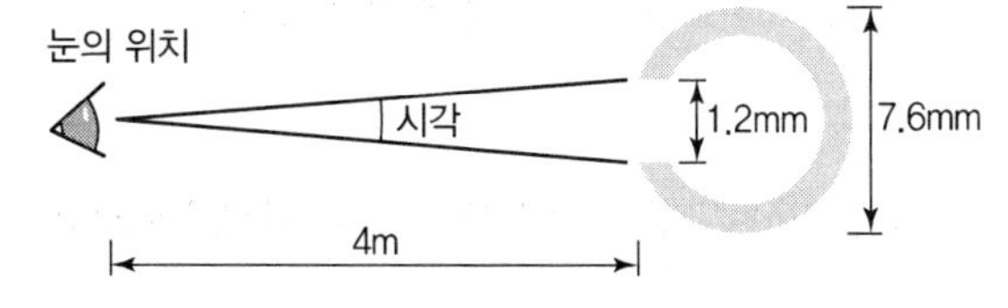

해답

① $\text{시각} = \frac{57.3 \times 60 \times L}{D}(\text{분})$

$= \frac{57.3 \times 60 \times 1.2}{4,000} = 1.0314(\text{분})$

여기서, L : 시선과 직각으로 측정한 물체의 크기(글자일 경우 획폭 등)

D : 물체와 눈 사이의 거리

② $\text{시력} = \frac{1}{\text{시각}} = \frac{1}{1.0314} = 0.969 = 0.97$

2013년 4월 21일 산업안전산업기사 실기 필답형

01 재해발생에 관련된 이론 중 하인리히의 도미노 이론과 버드의 최신 도미노이론 5단계를 쓰시오.

해답

(1) 하인리히의 도미노이론

① 제1단계 : 사회적 환경 및 유전적 요인
② 제2단계 : 개인적 결함
③ 제3단계 : 불안전한 행동 및 불안전한 상태
④ 제4단계 : 사고
⑤ 제5단계 : 재해

(2) 버드의 최신 도미노이론

① 제1단계 : 제어의 부족(관리)
② 제2단계 : 기본원인(기원)
③ 제3단계 : 직접원인(징후)
④ 제4단계 : 사고(접촉)
⑤ 제5단계 : 상해(손실)

02 안전관리자의 직무를 5가지 쓰시오.

해답

① 산업안전보건위원회 또는 안전 및 보건에 관한 노사협의체에서 심의 · 의결한 업무와 해당 사업장의 안전보건관리규정 및 취업규칙에서 정한 업무
② 위험성 평가에 관한 보좌 및 지도 · 조언
③ 안전인증대상 기계 등과 자율안전확인대상 기계 등 구입 시 적격품의 선정에 관한 보좌 및 지도 · 조언
④ 해당 사업장 안전교육계획의 수립 및 안전교육 실시에 관한 보좌 및 지도 · 조언
⑤ 사업장 순회점검, 지도 및 조치 건의
⑥ 산업재해 발생의 원인 조사 · 분석 및 재발 방지를 위한 기술적 보좌 및 지도 · 조언
⑦ 산업재해에 관한 통계의 유지 · 관리 · 분석을 위한 보좌 및 지도 · 조언
⑧ 법 또는 법에 따른 명령으로 정한 안전에 관한 사항의 이행에 관한 보좌 및 지도 · 조언
⑨ 업무수행 내용의 기록 · 유지

03 휴먼에러(Human Error)의 분류방법 중 심리적 분류(A.D. Swain)의 종류를 4가지 쓰시오.

해답

① 생략에러(omission error)
② 작위에러(commission error)
③ 순서에러(sequential error)
④ 시간에러(time error)
⑤ 과잉행동에러(extraneous error)

04 기계설비에 의해 형성되는 위험점의 종류를 5가지 쓰시오.

해답

① 협착점
② 끼임점
③ 절단점
④ 물림점
⑤ 접선 물림점
⑥ 회전 말림점

05 산업안전보건법상 승강기의 종류 4가지를 쓰시오.

해답

① 승객용 엘리베이터
② 승객화물용 엘리베이터
③ 화물용 엘리베이터
④ 소형화물용 엘리베이터
⑤ 에스컬레이터

06 정전기 발생현상에 관한 대전의 종류를 4가지 쓰시오.

해답

① 마찰대전
② 박리대전
③ 유동대전
④ 분출대전
⑤ 충돌대전
⑥ 유도대전
⑦ 비말대전
⑧ 파괴대전
⑨ 교반대전

07 가스집합장치에 관한 사항이다. ( ) 안에 알맞은 숫자를 쓰시오.

(1) 사업주는 가스집합장치에 대해서는 화기를 사용하는 설비로부터 (①)미터 이상 떨어진 장소에 설치하여야 한다.
(2) 주관 및 분기관에는 안전기를 설치할 것. 이 경우 하나의 취관에 (②)개 이상의 안전기를 설치하여야 한다.
(3) 사업주는 용해아세틸렌의 가스집합용접장치의 배관 및 부속기구는 구리나 구리 함유량이 (③)퍼센트 이상인 합금을 사용해서는 아니 된다.

해답

① 5　② 2
③ 70

08 폭풍 등에 대한 다음의 안전조치기준에서 알맞은 풍속의 기준을 쓰시오.

(1) 폭풍에 의한 옥외에 설치되어 있는 주행 크레인에 대하여 이탈방지장치를 작동시키는 등 이탈방지를 위한 조치 : 순간풍속 (①)m/s 초과
(2) 폭풍에 의한 건설작업용 리프트에 대하여 받침수의 수를 증가시키는 등 그 붕괴 등을 방지하기 위한 조치 : 순간풍속 (②)m/s 초과
(3) 폭풍에 의한 옥외에 설치되어 있는 승강기에 대하여 받침수의 수를 증가시키는 등 승강기가 무너지는 것을 방지하기 위한 조치 : 순간풍속 (③)m/s 초과

해답

① 30
② 35
③ 35

09 다음 물음에 해당하는 답을 보기에서 모두 골라 기호로 쓰시오.

(1) 전기설비에 사용하는 소화기
(2) 인화성 액체에 사용하는 소화기
(3) 자기반응성 물질에 사용하는 소화기

① 포 소화기　④ 봉상강화액소화기
② 이산화탄소소화기　⑤ 할로겐화합물소화기
③ 봉상수소화기　⑥ 분말소화기

해답

(1) 전기설비에 사용하는 소화기 : ②, ⑤, ⑥
(2) 인화성 액체에 사용하는 소화기 : ①, ②, ⑤, ⑥
(3) 자기반응성 물질에 사용하는 소화기 : ①, ③, ④

10 산업안전보건법상의 안전 · 보건표지 중 안내표지 종류를 3가지 쓰시오.

해답

① 녹십자표지　⑤ 비상용 기구
② 응급구호표지　⑥ 비상구
③ 들것　⑦ 좌측 비상구
④ 세안장치　⑧ 우측 비상구

11 근로자가 1시간 동안 1분당 6kcal의 에너지를 소모하는 작업을 수행하는 경우 작업시간과 휴식시간을 각각 구하시오.(단, 작업에 대한 권장 평균에너지 소비량은 분당 5kcal이다.)

해답

(1) 휴식시간 : $R = \dfrac{60(E-5)}{E-1.5} = \dfrac{60(6-5)}{6-1.5}$
$= 13.333 = 13.33$(분)

(2) 작업시간 : $60 - 13.33 = 46.67$(분)

12 조종장치를 촉각적으로 정확하게 식별하기 위한 암호화방법 3가지를 쓰시오.

해답

① 형상을 이용한 암호화
② 표면 촉감을 이용한 암호화
③ 크기를 이용한 암호화

13 산업안전보건법상 다음의 특수건강진단 대상 유해인자에 해당하는 배치 후 첫 번째 특수건강진단 시기를 쓰시오.

① 벤젠
② 소음 및 충격소음
③ 석면, 면 분진

해답

① 2개월 이내
② 12개월 이내
③ 12개월 이내

2013년 7월 13일 산업안전기사 실기 필답형

01 다음 표의 빈칸에 각 접지공사의 종류별 접지저항값과 접지선의 굵기를 쓰시오.

접지공사 종류	접지저항값	접지선의 굵기
제1종	(①)Ω 이하	공칭단면적 (②)mm^2 이상의 연동선
제2종	$\frac{150}{1\text{지락 전류}}$ Ω 이하	공칭단면적 (③)mm^2 이상의 연동선
제3종	100Ω 이하	공칭단면적 (④)mm^2 이상의 연동선
특별 제3종	(⑤)Ω 이하	공칭단면적 2.5mm^2 이상의 연동선

해답

① 10
② 6
③ 16
④ 2.5
⑤ 10

> **TIP** 법 개정으로 접지대상에 따라 일괄 적용한 종별접지(1종, 2종, 3종, 특별3종)가 폐지되었습니다.

02 다음은 계단과 계단참에 관한 안전기준이다. ( )에 맞는 내용을 쓰시오.

> (1) 사업주는 계단 및 계단참을 설치할 때에는 매제곱미터당 (①)kg 이상의 하중에 견딜 수 있는 강도를 가진 구조로 설치하여야 하며, 안전율은 (②) 이상으로 하여야 한다.
> (2) 높이가 3m를 초과하는 계단에는 높이(③)m 이내마다 너비 (④)m 이상의 계단참을 설치하여야 한다.
> (3) 높이 (⑤)미터 이상인 계단의 개방된 측면에는 안전난간을 설치하여야 한다.

해답

① 500
② 4
③ 3
④ 1.2
⑤ 1

03 잠함 또는 우물통의 내부에서 굴착작업 시 급격한 침하로 인한 위험을 방지하기 위하여 준수해야 할 사항을 2가지 쓰시오.

해답

① 침하관계도에 따라 굴착방법 및 재하량 등을 정할 것
② 바닥으로부터 천장 또는 보까지의 높이는 1.8미터 이상으로 할 것

04 비, 눈 그 밖의 기상상태의 불안정으로 인하여 날씨가 몹시 나빠서 작업을 중지시킨 후 또는 비계를 조립 · 해체하거나 또는 변경한 후 그 비계에서 작업을 할 때 해당 작업 시작 전에 점검해야 할 사항을 4가지 쓰시오.

해답

① 발판 재료의 손상 여부 및 부착 또는 걸림 상태
② 해당 비계의 연결부 또는 접속부의 풀림 상태
③ 연결 재료 및 연결 철물의 손상 또는 부식 상태
④ 손잡이의 탈락 여부
⑤ 기둥의 침하, 변형, 변위 또는 흔들림 상태
⑥ 로프의 부착 상태 및 매단 장치의 흔들림 상태

05 A회사의 제품은 10,000시간 동안 10개의 제품에 고장이 발생된다고 한다. 이 제품의 수명이 지수분포를 따른다고 할 경우 ① 고장률과 ② 900시간 동안 적어도 1개의 제품이 고장 날 확률을 구하시오.

해답

① 고장률

$$\text{평균고장률}(\lambda) = \frac{r(\text{그 기간 중의 총 고장 수})}{T(\text{총 동작시간})} = \frac{10}{10{,}000} = 0.001(\text{건/시간})$$

② 900시간 동안 적어도 1개의 제품이 고장 날 확률

$$\text{불신뢰도 } F(t) = 1 - R(t) = 1 - e^{-\lambda t} = 1 - e^{-(0.001 \times 900)} = 0.5934 = 0.59$$

06 다음 보기의 착용부위에 따른 방열복의 종류를 쓰시오.

① 상체	④ 손
② 하체	⑤ 머리
③ 몸체(상 · 하체)	

해답

① 방열상의
② 방열하의
③ 방열일체복
④ 방열장갑
⑤ 방열두건

07 할로겐화합물 소화기에 부촉매제로 사용되는 할로겐원소의 종류를 4가지 쓰시오.

해답

① F(불소)
② Cl(염소)
③ Br(브롬)
④ I(요오드)

08 화물의 낙하로 인하여 지게차의 운전자에게 위험을 미칠 우려가 있는 작업장에서 사용되는 지게차의 헤드가드가 갖추어야 할 사항들이다. 빈칸에 알맞은 내용을 쓰시오.

(1) 강도는 지게차의 최대하중의 (①)배 값(4톤을 넘는 값에 대해서는 4톤으로 한다)의 등분포정하중에 견딜 수 있을 것
(2) 상부틀의 각 개구의 폭 또는 길이가 (②)센티미터 미만일 것

해답

① 2
② 16

TIP ① 강도는 지게차의 최대하중의 2배 값(4톤을 넘는 값에 대해서는 4톤으로 한다)의 등분포정하중에 견딜 수 있을 것
② 상부틀의 각 개구의 폭 또는 길이가 16센티미터 미만일 것
③ 운전자가 앉아서 조작하거나 서서 조작하는 지게차의 헤드가드는 한국산업표준에서 정하는 높이 기준 이상일 것(좌식 : 0.903m 이상, 입식 : 1.88m 이상)
※ 본 문제는 법 개정으로 일부 내용이 수정되었습니다. TIP은 법 개정으로 수정된 내용이니 TIP을 학습하세요.

09 미 국방성의 위험성 평가에서 분류한 재해의 위험수준(MIL－STD－882B) 4가지를 쓰시오.

해답

① 범주 1 : 파국적
② 범주 2 : 위기적
③ 범주 3 : 한계적
④ 범주 4 : 무시 가능

10 연천인율, 평균강도율, 환산도수율, 안전활동률을 구하는 공식을 각각 쓰시오.

해답

① $\text{연천인율} = \dfrac{\text{연간재해자수}}{\text{연평균근로자수}} \times 1{,}000$

② $\text{평균강도율} = \dfrac{\text{강도율}}{\text{도수율}} \times 1{,}000$

③ $\text{환산도수율} = \text{도수율} \times \dfrac{\text{총근로시간수}}{1{,}000{,}000}$

④ 안전활동률

$= \dfrac{\text{안전 활동 건수}}{\text{근로 시간수} \times \text{평균 근로자수}} \times 1{,}000{,}000$

11 다음은 보일러의 이상현상에 관한 설명이다. 해당되는 현상을 쓰시오.

① 보일러수 속의 용해 고형물이나 현탁 고형물이 증기에 섞여 보일러 밖으로 튀어 나가는 현상
② 유지분이나 부유물 등에 의하여 보일러수의 비등과 함께 수면부에 거품을 발생시키는 현상

해답

① 캐리오버
② 포밍

12 굴착공사에서 발생할 수 있는 보일링현상 방지 대책을 3가지만 쓰시오.(단, 원상매립, 또는 작업의 중지를 제외함)

해답

① 차수성이 높은 흙막이벽 설치
② 흙막이 근입깊이를 깊게
③ 약액주입 등의 굴착면 고결
④ 주변의 지하수위 저하(웰포인트 공법 등)
⑤ 압성토 공법

13 데이비스의 동기부여 이론에 관한 내용이다. 빈칸에 알맞은 내용을 쓰시오.

(1) 능력 = (①) × (②)
(2) 동기유발 = (③) × (④)

해답

① 지식
② 기능
③ 상황
④ 태도

PART 03

2013년 7월 14일 산업안전산업기사 실기 필답형

01 운전자가 운전위치를 이탈하게 해서는 안 되는 기계를 3가지 쓰시오.

해답

① 양중기
② 항타기 또는 항발기(권상장치에 하중을 건 상태)
③ 양화장치(화물을 적재한 상태)

02 기계설비의 방호장치의 분류에서 격리식 방호장치에 해당하는 종류를 3가지 쓰시오.

해답

① 완전차단형 방호장치
② 덮개형 방호장치
③ 안전방책

03 다음은 적응의 기제에 관한 설명이다. 각 번호는 해당되는 적응 기제를 쓰시오.

> ① 자신이 무의식적으로 저지른 일관성 있는 행동에 대해 그럴듯한 이유를 붙여 설명하는 일종의 자기 변명으로 자신의 행동을 정당화하여 자신이 받을 수 있는 상처를 완화시킴
> ② 받아들일 수 없는 충동이나 욕망 또는 실패 등을 타인의 탓으로 돌리는 행위
> ③ 욕구가 좌절되었을 때 욕구충족을 위해 보다 가치 있는 방향으로 전환하는 것
> ④ 자신의 결함으로 욕구충족에 방해를 받을 때 그 결함을 다른 것으로 대치하여 욕구를 충족하고 자신의 열등감에서 벗어나려는 행위

해답

① 합리화
② 투사
③ 승화
④ 보상

04 터널굴착작업 시 시공계획에 포함되어야 할 사항을 3가지 쓰시오.

해답

① 굴착의 방법
② 터널지보공 및 복공의 시공방법과 용수의 처리방법
③ 환기 또는 조명시설을 설치할 때에는 그 방법

05 반경 20cm의 조정구를 20° 움직였을 때 표시장치를 2cm 이동하였다면, 통제표시비(C/D) 값이 적당한지 판단하시오.

해답

① 통제표시비(C/D비) :

$$\text{C/D비} = \frac{(a/360)\times 2\pi L}{\text{표시장치의 이동거리}} = \frac{\left(\frac{20}{360}\right)\times 2\pi\times 20}{2} = 3.49$$

② 적합판정 : 1.18~2.42 범위 밖에 있으므로 부적합

06 산업안전보건법상 산업안전보건위원회를 설치·운영해야 할 사업의 종류 중 상시근로자 50명 이상인 사업의 종류 2가지를 쓰시오.

해답

① 토사석 광업
② 목재 및 나무제품 제조업(가구 제외)
③ 화학물질 및 화학제품 제조업[의약품 제외(세제, 화장품 및 광택제 제조업과 화학섬유 제조업은 제외)]
④ 비금속 광물제품 제조업
⑤ 1차 금속 제조업
⑥ 금속가공제품 제조업(기계 및 가구 제외)
⑦ 자동차 및 트레일러 제조업
⑧ 기타 기계 및 장비 제조업(사무용 기계 및 장비 제조업은 제외)
⑨ 기타 운송장비 제조업(전투용 차량 제조업은 제외)

07 다음 각 보기의 고압가스용기에 해당하는 색을 쓰시오.

① 산소	④ 질소
② 아세틸렌	⑤ 수소
③ 헬륨	

해답

① 녹색	④ 회색
② 황색	⑤ 주황색
③ 회색	

TIP 고압가스 용기의 도색

가스의 종류	도색의 구분
액화석유가스	밝은 회색
수소	주황색
아세틸렌	황색
액화탄산가스	청색
소방용 용기	소방법에 따른 도색
액화암모니아	백색
액화염소	갈색
산소	녹색
질소	회색
그 밖의 가스	회색

08 동력식 수동대패기의 방호장치와 그 방호장치와 송급테이블의 간격을 쓰시오.

해답

① 방호장치 : 칼날접촉방지장치(날접촉예방장치)
② 간격 : 8mm 이하

09 크레인에 걸리는 하중에서 정격하중과 권상하중의 정의를 쓰시오.

해답

① 정격하중 : 크레인의 권상하중에서 훅, 크래브 또는 버킷 등 달기기구의 중량에 상당하는 하중을 뺀 하중을 말한다.
② 권상하중 : 들어 올릴 수 있는 최대의 하중을 말한다.

10 인간실수확률에 대한 추정기법을 3가지 쓰시오.

해답

① 위급사건기법(CIT)
② 직무위급도분석
③ THERP
④ 조작자 행동나무(OAT)
⑤ 인간실수자료은행
⑥ 간헐적 사건의 결함나무분석(FTA)

11 다음 보기의 내용에서 재해와 상해를 구분하시오.

① 골절	⑤ 부종
② 떨어짐	⑥ 이상온도접촉
③ 화재폭발	⑦ 끼임
④ 맞음	⑧ 중독 및 질식

해답

(1) 재해 : ②, ③, ④, ⑥, ⑦
(2) 상해 : ①, ⑤, ⑧

TIP 재해 발생 형태별 분류

변경 전	변경 후
추락	떨어짐(높이가 있는 곳에서 사람이 떨어짐)
전도	• 넘어짐(사람이 미끄러지거나 넘어짐) • 깔림 · 뒤집힘(물체의 쓰러짐이나 뒤집힘)
충돌	부딪힘(물체에 부딪힘) · 접촉
낙하 · 비래	맞음(날아오거나 떨어진 물체에 맞음)
붕괴 · 도괴	무너짐(건축물이나 쌓여진 물체가 무너짐)
협착	끼임(기계설비에 끼이거나 감김)

12 다음은 정전기 대전에 관한 설명이다. 각 번호에 해당되는 대전의 종류를 쓰시오.

> ① 두 물질이 접촉과 분리과정이 반복되면서 마찰을 일으킬 때 전하분리가 생기면서 정전기가 발생
> ② 분체류, 액체류, 기체류가 단면적이 작은 개구부를 통해 분출할 때 분출물질과 개구부의 마찰로 인하여 정전기가 발생
> ③ 분체류에 의한 입자끼리 또는 입자와 고정된 고체의 충돌, 접촉, 분리 등에 의해 정전기가 발생
> ④ 액체류를 파이프 등으로 수송할 때 액체류가 파이프 등과 접촉하여 두 물질의 경계에 전기 2중층이 형성되어 정전기가 발생
> ⑤ 상호 밀착해 있던 물체가 떨어지면서 전하 분리가 생겨 정전기가 발생

해답

① 마찰대전
② 분출대전
③ 충돌대전
④ 유동대전
⑤ 박리대전

13 산업안전보건법상 안전 · 보건 표지에서 '관계자 외 출입금지표지'의 종류 3가지를 쓰시오.

해답

① 허가대상물질작업장
② 석면취급/해체작업장
③ 금지대상물질의 취급 실험실 등

2013년 10월 6일 산업안전기사 실기 필답형

01 다음 FT도에서 컷셋(cut set)을 모두 구하시오.

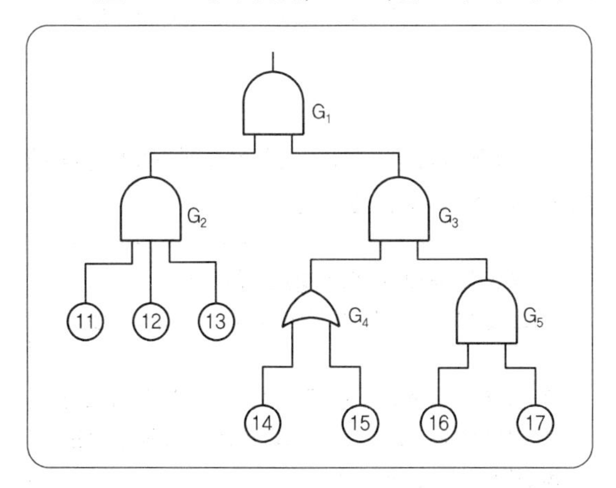

해답

G_1 → G_2G_3 → ⑪⑫⑬G_3 → ⑪⑫⑬G_4G_5 →

⑪⑫⑬⑭G_5 → ⑪⑫⑬⑭⑯⑰

⑪⑫⑬⑮G_5 → ⑪⑫⑬⑮⑯⑰

그러므로 컷셋은 (⑪⑫⑬⑭⑯⑰), (⑪⑫⑬⑮⑯⑰)

02 악천후 및 기상상태의 악화로 작업을 중지하거나 또는 비계의 조립 · 해체 또는 변경 후 그 비계에서 작업을 할 경우 작업 시작 전 점검해야 할 3가지를 쓰시오.

해답

① 발판 재료의 손상 여부 및 부착 또는 걸림 상태
② 해당 비계의 연결부 또는 접속부의 풀림 상태
③ 연결 재료 및 연결 철물의 손상 또는 부식 상태
④ 손잡이의 탈락 여부
⑤ 기둥의 침하, 변형, 변위 또는 흔들림 상태
⑥ 로프의 부착 상태 및 매단 장치의 흔들림 상태

03 공정안전보고서의 내용 중 '공정위험성 평가서'에서 적용하는 위험성 평가기법에 있어 '제조공정 중 반응, 분리(증류, 추출 등), 이송시스템 및 전기 · 계장시스템' 등 간단한 단위공정에 대한 위험성 평가 기법 4가지를 쓰시오.

해답

① 위험과 운전분석기법
② 공정위험분석기법
③ 이상위험도분석기법
④ 원인결과분석기법
⑤ 결함수분석기법
⑥ 사건수분석기법
⑦ 공정안전성분석기법
⑧ 방호계층분석기법

> **TIP** 저장탱크설비, 유틸리티설비 및 제조공정 중 고체 건조 · 분쇄설비 등 간단한 단위공정
> ① 체크리스트기법
> ② 작업자실수분석기법
> ③ 사고예상질문분석기법
> ④ 위험과 운전분석기법
> ⑤ 상대 위험순위결정기법
> ⑥ 공정위험분석기법
> ⑦ 공정안전성분석기법

04 연삭숫돌에 관한 다음 내용에서 빈칸을 채우시오.

> 사업주는 연삭숫돌을 사용하는 작업의 경우 작업을 시작하기 전에는 (①) 이상, 연삭숫돌을 교체한 후에는 (②) 이상 시험운전을 하고 해당 기계에 이상이 있는지를 확인하여야 한다.

해답

① 1분
② 3분

05 근로자가 반복하여 계속적으로 중량물을 취급하는 작업을 할 때 작업 시작 전 점검사항을 2가지 쓰시오.(단, 그 밖에 하역운반기계 등의 적절한 사용 방법은 제외한다.)

해답

① 중량물 취급의 올바른 자세 및 복장
② 위험물이 날아 흩어짐에 따른 보호구의 착용
③ 카바이드 · 생석회(산화칼슘) 등과 같이 온도상승이나 습기에 의하여 위험성이 존재하는 중량물의 취급 방법

06 다음 보기의 안전밸브 형식표시사항을 상세히 기술하시오.

SF II1−B

해답

① S : 요구성능(증기의 분출압력을 요구)
② F : 유량제한기구(전량식)
③ Ⅱ : 호칭입구 크기구분(25mm 초과 50mm 이하)
④ 1 : 호칭압력 구분(1MPa 이하)
⑤ B : 평형형

07 사업주는 인체에 해로운 분진, 흄(fume), 미스트(mist), 증기 또는 가스 상태의 물질을 배출하기 위하여 설치하는 국소배기장치의 후드 설치 시 기준을 4가지 쓰시오.

해답

① 유해물질이 발생하는 곳마다 설치할 것
② 유해인자의 발생형태와 비중, 작업방법 등을 고려하여 해당 분진 등의 발산원을 제어할 수 있는 구조로 설치할 것
③ 후드 형식은 가능하면 포위식 또는 부스식 후드를 설치할 것
④ 외부식 또는 리시버식 후드는 해당 분진 등의 발산원에 가장 가까운 위치에 설치할 것

TIP 덕트의 설치기준
① 가능하면 길이는 짧게 하고 굴곡부의 수는 적게 할 것
② 접속부의 안쪽은 돌출된 부분이 없도록 할 것
③ 청소구를 설치하는 등 청소하기 쉬운 구조로 할 것
④ 덕트 내부에 오염물질이 쌓이지 않도록 이송속도를 유지할 것
⑤ 연결 부위 등은 외부 공기가 들어오지 않도록 할 것

08 경고표지의 용도 및 사용 장소에 관한 다음 내용에 알맞은 종류를 쓰시오.

(1) 폭발성 물질이 있는 장소 : (①)
(2) 돌 및 블록 등의 물체가 떨어질 우려가 있는 장소 : (②)
(3) 넘어질 위험이 있는 경사진 통로 입구 : (③)
(4) 휘발유 등 화기의 취급을 극히 주의해야 하는 물질이 있는 장소 : (④)

해답

① 폭발성 물질 경고
② 낙하물체 경고
③ 몸균형 상실 경고
④ 인화성 물질 경고

09 안전성평가의 단계를 순서대로 나열하시오.

① 정성적 평가
② 재해정보에 의한 재평가
③ FTA에 의한 재평가
④ 안전대책
⑤ 관계자료의 정비
⑥ 정량적 평가

해답

⑤ → ① → ⑥ → ④ → ② → ③

10 안전인증의 전부 또는 일부를 면제할 수 있는 경우를 3가지 쓰시오.

해답

① 연구 · 개발을 목적으로 제조 · 수입하거나 수출을 목적으로 제조하는 경우
② 고용노동부장관이 정하여 고시하는 외국의 안전인증 기관에서 인증을 받은 경우
③ 다른 법령에 따라 안전성에 관한 검사나 인증을 받은 경우로서 고용노동부령으로 정하는 경우

11 A사업장의 근무 및 재해발생현황이 다음과 같을 때, 이 사업장의 종합재해지수를 구하시오.

- 평균근로자수 : 300명
- 월평균 재해건수 : 2건
- 휴업일수 : 219일
- 근로시간 : 1일 8시간, 연간 280일 근무

해답

① $\text{도수율} = \dfrac{\text{재해발생건수}}{\text{연간총근로시간수}} \times 1,000,000$

$= \dfrac{\text{월 2건} \times \text{12개월}}{300 \times 8 \times 280} \times 1,000,000$

$= 35.714 = 35.71$

② $\text{강도율} = \dfrac{\text{근로손실일수}}{\text{연간총근로시간수}} \times 1,000$

$= \dfrac{219 \times \dfrac{280}{365}}{300 \times 8 \times 280} \times 1,000 = 0.25$

③ $\text{종합재해지수} = \sqrt{\text{도수율} \times \text{강도율}}$

$= \sqrt{35.71 \times 0.25} = 2.987 = 2.99$

12 건설업 중 고용노동부령으로 정하는 공사착공 시 유해 · 위험방지계획서를 작성하여 제출하는 경우 제출기한과 첨부서류 2가지를 쓰시오.

해답

(1) 제출기한 : 해당 공사의 착공 전날까지
(2) 첨부서류 : ① 공사 개요 및 안전보건관리계획
② 작업 공사 종류별 유해 · 위험방지계획

13 물질안전보건자료대상물질을 취급하는 근로자의 안전 및 보건을 위하여 작업장에서 취급하는 물질안전보건자료대상물질의 물질안전보건자료에서 해당되는 내용을 근로자에게 교육을 해야 한다. 해당되는 교육내용을 4가지 쓰시오.

해답

① 대상화학물질의 명칭(또는 제품명)
② 물리적 위험성 및 건강 유해성
③ 취급상의 주의사항
④ 적절한 보호구
⑤ 응급조치 요령 및 사고 시 대처방법
⑥ 물질안전보건자료 및 경고표지를 이해하는 방법

14 소형 전기기기와 방폭부품의 경우 표시 크기를 줄일 수 있다. 해당되는 표시사항을 4가지 쓰시오.

해답

① 제조자의 이름 또는 등록상표
② 형식
③ 기호 Ex 및 방폭구조의 기호
④ 인증서 발급기관의 이름 또는 마크, 합격번호
⑤ X 또는 U 기호(다만, 기호 X와 U를 함께 사용하지 않음)

2013년 10월 6일 산업안전산업기사 실기 필답형

01 프로판 80vol%, 부탄 15vol%, 메탄 5vol%의 조성을 가진 혼합가스의 폭발하한계값(vol%)을 계산하시오.(단, 프로판, 부탄, 메탄의 폭발하한값은 각각 5vol%, 3vol%, 2.1vol%이다.)

해답

$$\text{폭발하한계} = \frac{100}{\frac{V_1}{L_1}+\frac{V_2}{L_2}} = \frac{100}{\frac{80}{5}+\frac{15}{3}+\frac{5}{2.1}}$$

$$= 4.276 = 4.28(\text{vol\%})$$

02 차광보안경에 관한 용어의 정의에서 괄호에 알맞은 내용을 쓰시오.

> (①) : 착용자의 시야를 확보하는 보안경의 일부로서 렌즈 및 플레이트 등을 말한다.
> (②) : 필터와 플레이트의 유해광선을 차단할 수 있는 능력을 말한다.
> (③) : 필터 입사에 대한 투과 광속의 비를 말하며, 분광투과율을 측정한다.

해답

① 접안경
② 차광도 번호
③ 시감투과율

03 다음은 연삭기 덮개에 관한 사항이다. 괄호에 알맞은 답을 쓰시오.

> • 탁상용 연삭기의 덮개에는 (①) 및 조정편을 구비하여야 한다.
> • (①)는 연삭숫돌과의 간격을 (②)mm 이하로 조정할 수 있는 구조이어야 한다.
> • 연삭기 덮개에는 자율안전확인의 표시에 따른 표시 외의 추가로 숫돌사용주속도, (③)을 표시해야 한다.

해답

① 워크레스트
② 3
③ 숫돌회전방향

04 다음 불대수를 계산하시오.

> ① A+1
> ② A+0
> ③ A(A+B)
> ④ A+AB

해답

① A+1=1
② A+0=A
③ A(A+B)=(A・A)+(A・B)=A+(A・B)
=A(1+B)=A
④ A+AB=A(1+B)=A

05 다음 [보기]의 사업에 대한 안전관리자의 최소 인원을 쓰시오.

> ① 펄프 제조업－상시근로자 300명
> ② 식료품 제조업－상시근로자 400명
> ③ 통신업－상시근로자 1,500명
> ④ 건설업－공사금액 120억 원 이상 800억 원 미만
> ⑤ 건설업－공사금액 800억 원 이상 1,500억 원 미만

해답

① 1명
② 1명
③ 2명
④ 1명
⑤ 2명

06 공정안전보고서 제출대상 사업장을 4가지 쓰시오.

해답

① 원유 정제처리업
② 기타 석유정제물 재처리업
③ 석유화학계 기초화학물질 제조업 또는 합성수지 및 기타 플라스틱물질 제조업
④ 질소 화합물, 질소·인산 및 칼리질 화학비료 제조업 중 질소질 비료 제조
⑤ 복합비료 및 기타 화학비료 제조업 중 복합비료 제조(단순혼합 또는 배합에 의한 경우는 제외)
⑥ 화학 살균·살충제 및 농업용 약제 제조업(농약 원제 제조만 해당)
⑦ 화약 및 불꽃제품 제조업

07 근로자 수가 500명인 어느 회사에서 연간 10건의 재해가 발생하여 6명의 사상자가 발생하였다. 도수율(빈도율)과 연천인율을 구하시오.(단, 하루 9시간, 연간 250일 근로함)

해답

(1) $\text{도수율} = \dfrac{\text{재해발생건수}}{\text{연간총근로시간수}} \times 1{,}000{,}000$

$= \dfrac{10}{500 \times 9 \times 250} \times 1{,}000{,}000$

$= 8.888 = 8.89$

(2) $\text{연천인율} = \dfrac{\text{연간재해자수}}{\text{연평균근로자수}} \times 1{,}000$

$= \dfrac{6}{500} \times 1{,}000 = 12$

08 교량작업을 하는 경우 작업계획서 내용을 4가지 쓰시오.(단, 그 밖에 안전·보건에 관련된 사항 제외)

해답

① 작업방법 및 순서
② 부재의 낙하·전도 또는 붕괴를 방지하기 위한 방법
③ 작업에 종사하는 근로자의 추락 위험을 방지하기 위한 안전조치 방법
④ 공사에 사용되는 가설 철구조물 등의 설치·사용·해체 시 안전성 검토방법
⑤ 사용하는 기계 등의 종류 및 성능, 작업방법
⑥ 작업지휘자 배치계획

09 자율안전확인 대상 기계 등 중 방호장치에 해당되는 내용을 4가지 쓰시오.

해답

① 아세틸렌 용접장치용 또는 가스집합 용접장치용 안전기
② 교류 아크용접기용 자동전격방지기
③ 롤러기 급정지장치
④ 연삭기 덮개
⑤ 목재 가공용 둥근톱 반발 예방장치와 날 접촉 예방장치
⑥ 동력식 수동대패용 칼날 접촉 방지장치
⑦ 추락·낙하 및 붕괴 등의 위험 방지 및 보호에 필요한 가설기자재(안전인증대상 가설기자재는 제외)로서 고용노동부장관이 정하여 고시하는 것

10 로봇을 운전하는 경우 당해 로봇에 접촉함으로써 근로자에게 위험이 발생할 우려가 있는 때에 사업주가 취해야 할 안전조치사항을 2가지 쓰시오.

해답

① 높이 1.8미터 이상의 울타리 설치
② 컨베이어 시스템의 설치 등으로 울타리를 설치할 수 없는 일부 구간 : 안전매트 또는 광전자식 방호장치 등 감응형 방호장치 설치

11 동기부여의 이론 중 허즈버그와 알더퍼의 이론을 상호비교한 아래 표의 빈칸에 알맞은 내용을 쓰시오.

욕구단계	허즈버그의 2요인 이론	알더퍼의 ERG이론
1단계	①	③
2단계		
3단계		④
4단계	②	⑤
5단계		

해답

① 위생요인
② 동기요인
③ 생존욕구
④ 관계욕구
⑤ 성장욕구

12 충전전로의 선간전압에 대한 접근한계거리를 쓰시오.

(1) 충전전로 0.25kV일 때 (①)
(2) 충전전로 1.5kV일 때 (②)
(3) 충전전로 22kV일 때 (③)
(4) 충전전로 220kV일 때 (④)

해답

① 접촉금지
② 45cm
③ 90cm
④ 230cm

TIP 접근한계거리

충전전로의 선간전압 (단위 : 킬로볼트)	충전전로에 대한 접근한계거리 (단위 : 센티미터)
0.3 이하	접촉금지
0.3 초과 0.75 이하	30
0.75 초과 2 이하	45
2 초과 15 이하	60
15 초과 37 이하	90
37 초과 88 이하	110
88 초과 121 이하	130
121 초과 145 이하	150
145 초과 169 이하	170
169 초과 242 이하	230
242 초과 362 이하	380
362 초과 550 이하	550
550 초과 800 이하	790

13 구축물 또는 이와 유사한 시설물에 대하여 안전진단 등 안전성 평가를 하여 근로자에게 미칠 위험성을 미리 제거하여야 하는 경우를 3가지 쓰시오. (단, 그 밖의 잠재위험이 예상될 경우 제외)

해답

① 구축물 또는 이와 유사한 시설물의 인근에서 굴착 · 항타작업 등으로 침하 · 균열 등이 발생하여 붕괴의 위험이 예상될 경우
② 구축물 또는 이와 유사한 시설물에 지진, 동해, 부동침하 등으로 균열 · 비틀림 등이 발생하였을 경우
③ 구조물, 건축물, 그 밖의 시설물이 그 자체의 무게 · 적설 · 풍압 또는 그 밖에 부가되는 하중 등으로 붕괴 등의 위험이 있을 경우
④ 화재 등으로 구축물 또는 이와 유사한 시설물의 내력이 심하게 저하되었을 경우
⑤ 오랜 기간 사용하지 아니하던 구축물 또는 이와 유사한 시설물을 재사용하게 되어 안전성을 검토하여야 하는 경우

2014년 4월 20일 산업안전기사 실기 필답형

01 산업안전보건법상 안전 · 보건 표지 중 "응급구호 표지"를 그리시오.(단, 색상표시는 글자로 나타내도록 하고 크기에 대한 기준은 표시하지 않는다.)

해답

- 바탕 : 녹색
- 관련 부호 및 그림 : 흰색

02 사업주가 근로자로 하여금 환경미화 업무 등에 상시적으로 종사하도록 하는 경우 근로자가 접근하기 쉬운 장소에 설치해야 하는 세척시설 4가지를 쓰시오.

해답

① 세면시설
② 목욕시설
③ 탈의시설
④ 세탁시설

03 파브로브의 조건 반사설에서 학습 이론의 원리 4가지를 쓰시오.

해답

① 강도의 원리
② 일관성의 원리
③ 시간의 원리
④ 계속성의 원리

04 무재해운동 추진 중 사고나 재해가 발생하여도 무재해로 인정되는 경우 4가지를 쓰시오.

해답

① 업무수행 중의 사고 중 천재지변 또는 돌발적인 사고로 인한 구조행위 또는 긴급피난 중 발생한 사고
② 출 · 퇴근 도중에 발생한 재해
③ 운동경기 등 각종 행사 중 발생한 재해
④ 천재지변 또는 돌발적인 사고 우려가 많은 장소에서 사회통념상 인정되는 업무수행 중 발생한 사고
⑤ 제3자의 행위에 의한 업무상 재해
⑥ 업무상 질병에 대한 구체적인 인정기준 중 뇌혈관질병 또는 심장질병에 의한 재해
⑦ 업무시간 외에 발생한 재해, 다만 사업주가 제공한 사업장 내의 시설물에서 발생한 재해 또는 작업개시 전의 작업준비 및 작업종료 후의 정리정돈과정에서 발생한 재해는 제외한다.
⑧ 도로에서 발생한 사업장 밖의 교통사고, 소속 사업장을 벗어난 출장 및 외부기관으로 위탁교육 중 발생한 사고, 회식 중의 사고, 전염병 등 사업주의 법 위반으로 인한 것이 아니라고 인정되는 재해

05 산업안전보건법상 유해 · 위험기계 등이 안전기준에 적합한지를 확인하기 위하여 안전인증기관이 심사하는 심사의 종류 4가지를 쓰시오.

해답

① 예비심사
② 서면심사
③ 기술능력 및 생산체계심사
④ 제품심사

06 굴착공사에서 발생할 수 있는 보일링현상 방지대책 3가지만 쓰시오.(단, 원상매립, 또는 작업의 중지를 제외함)

해답

① 차수성이 높은 흙막이벽 설치
② 흙막이 근입깊이를 깊게
③ 약액주입 등의 굴착면 고결
④ 주변의 지하수위 저하(웰포인트 공법 등)
⑤ 압성토 공법

07 페일 세이프와 풀 프루프에 대해 간단히 설명하시오.

해답

① 페일 세이프(Fail Safe) : 기계나 그 부품에 파손 · 고장이나 기능불량이 발생하여도 항상 안전하게 작동할 수 있는 기능을 가진 구조

② 풀 프루프(Fool Proof) : 작업자가 기계를 잘못 취급하여 불안전 행동이나 실수를 하여도 기계설비의 안전 기능이 작용되어 재해를 방지할 수 있는 기능을 가진 구조

08 타워크레인의 설치 · 조립 · 해체작업 시 작업계획서 작성에 포함되어야 할 사항을 4가지 쓰시오.

해답

① 타워크레인의 종류 및 형식

② 설치 · 조립 및 해체순서

③ 작업도구 · 장비 · 가설설비 및 방호설비

④ 작업인원의 구성 및 작업근로자의 역할 범위

⑤ 타워크레인의 지지에 따른 지지 방법

09 산업안전보건법상의 사업주의 의무와 근로자의 의무를 2가지씩 쓰시오.

해답

(1) 사업주의 의무

① 산업안전보건법에 따른 명령으로 정하는 산업재해 예방을 위한 기준 이행

② 근로자의 신체적 피로와 정신적 스트레스 등을 줄일 수 있는 쾌적한 작업환경의 조성 및 근로조건 개선 이행

③ 해당 사업장의 안전 및 보건에 관한 정보를 근로자에게 제공 이행

(2) 근로자의 의무

① 근로자는 산업안전보건법에 따른 명령으로 정하는 산업재해 예방을 위한 기준을 지켜야 한다.

② 사업주 또는 근로감독관, 공단 등 관계인이 실시하는 산업재해 예방에 관한 조치에 따라야 한다.

10 100V 단상 2선식 회로의 전류를 물에 젖은 손으로 조작하여 감전으로 인한 심실세동을 일으켰다. 이때 인체에 흐른 심실세동전류[mA]와 심실세동을 일으킨 시간을 구하시오.(단, 인체의 저항은 5,000Ω으로 하고, 소수 넷째 자리에서 반올림하여 셋째 자리까지 표기할 것)

해답

① 전류$(I) = \dfrac{V}{R} = \dfrac{100}{5{,}000 \times \dfrac{1}{25}} = 0.5(\mathrm{A})$

$= 500(\mathrm{mA})$

② 통전시간

㉠ $I = \dfrac{165}{\sqrt{T}}(\mathrm{mA})$

㉡ $500(\mathrm{mA}) = \dfrac{165}{\sqrt{T}}$

㉢ $T = \dfrac{165^2}{500^2} = 0.1089 = 0.109$(초)

> **TIP** 인체의 전기저항
> ① 피부가 젖어 있는 경우 1/10로 감소
> ② 땀이 난 경우 1/12~1/20로 감소
> ③ 물에 젖은 경우 1/25로 감소

11 공정안전보고서 이행상태의 평가에 관한 내용이다. ( )에 알맞은 내용을 넣으시오.

(1) 고용노동부장관은 공정안전보고서의 확인 후 1년이 경과한 날부터 (①)년 이내에 공정안전보고서 이행상태의 평가를 하여야 한다.

(2) 고용노동부장관은 이행상태평가 후 (②)년마다 이행상태평가를 하여야 한다. 다만, 다음의 어느 하나에 해당하는 경우에는 (③)마다 실시할 수 있다.

㉠ 이행상태평가 후 사업주가 이행상태평가를 요청하는 경우

㉡ 사업장에 출입하여 검사 및 안전 · 보건점검 등을 실시한 결과 변경요소 관리계획 미준수로 공정안전보고서 이행상태가 불량한 것으로 인정되는 경우 등 고용노동부장관이 정하여 고시하는 경우

해답

① 2
② 4
③ 1년 또는 2년

12 휴먼에러에서 독립행동에 관한 분류와 원인의 레벨적 분류를 2가지씩 쓰시오.

해답

(1) 독립행동에 관한 분류
① 생략에러(omission error)
② 작위에러(commission error)
③ 순서에러(sequential error)
④ 시간에러(time error)
⑤ 과잉행동에러(extraneous error)

(2) 원인의 레벨적 분류
① 1차 에러(Primary error)
② 2차에러(Secondary error)
③ 지시에러(Command error)

13 직 · 병렬구조로 구성된 시스템이 아닌 복잡한 구조로 구성된 시스템의 신뢰도나 고장확률을 평가하는 기법 3가지를 쓰시오.

해답

① 사상 공간법
② 경로 추적법
③ 분해법

> **TIP** ① 사상 공간법(Event Space Method) : 시스템의 구성요소들에 대해 모든 경우의 상태를 나열하여 시스템의 신뢰도와 불신뢰도로 나누어 계산하는 방법
> ② 경로 추적법(Path Tracing Method) : 시스템이 작동하는 경로를 찾아 그 합집합의 확률로서 신뢰도를 계산하는 방법
> ③ 분해법(Pivotal Decomposition Method) : 복잡한 시스템의 신뢰도 구조를 좀 더 간단한 구조로 분해하여 조건부 확률을 사용해서 시스템의 신뢰도를 계산하는 방법

14 광전자식 방호장치 프레스에 관한 설명 중 ( ) 안에 알맞은 내용이나 수치를 써넣으시오.

> (1) 프레스 또는 전단기에서 일반적으로 많이 활용하고 있는 형태로서 투광부, 수광부, 컨트롤 부분으로 구성된 것으로서 신체의 일부가 광선을 차단하면 기계를 급정지시키는 방호장치로 (①)분류에 해당한다.
> (2) 정상동작표시램프는 (②)색, 위험표시램프는 (③) 색으로 하며, 쉽게 근로자가 볼 수 있는 곳에 설치해야 한다.
> (3) 방호장치는 릴레이, 리미트 스위치 등의 전기부품의 고장, 전원전압의 변동 및 정전에 의해 슬라이드가불시에 동작하지 않아야 하며, 사용전원전압의 ±(④) %의 변동에 대하여 정상으로 작동되어야 한다.

해답

① A－1
② 녹
③ 붉은
④ 100분의 20

2014년 4월 20일 산업안전산업기사 실기 필답형

01 사업주는 위험물을 기준량 이상으로 제조하거나 취급하는 경우에는 내부의 이상 상태를 조기에 파악하기 위하여 필요한 온도계 · 유량계 · 압력계 등의 계측장치를 설치하여야 한다. 해당되는 화학설비를 4가지 쓰시오.

해답

① 발열반응이 일어나는 반응장치
② 증류 · 정류 · 증발 · 추출 등 분리를 하는 장치
③ 가열시켜 주는 물질의 온도가 가열되는 위험물질의 분해온도 또는 발화점보다 높은 상태에서 운전되는 설비
④ 반응폭주 등 이상 화학반응에 의하여 위험물질이 발생할 우려가 있는 설비
⑤ 온도가 섭씨 350도 이상이거나 게이지 압력이 980킬로파스칼 이상인 상태에서 운전되는 설비
⑥ 가열로 또는 가열기

02 휴먼에러(human error)의 분류방법 중 심리적 분류(A.D. Swain)의 종류를 4가지 쓰시오.

해답

① 생략에러(omission error)
② 작위에러(commission error)
③ 순서에러(sequential error)
④ 시간에러(time error)
⑤ 과잉행동에러(extraneous error)

03 안전관리자가 수행하여야 할 업무를 5가지 쓰시오.

해답

① 산업안전보건위원회 또는 안전 및 보건에 관한 노사협의체에서 심의 · 의결한 업무와 해당 사업장의 안전보건관리규정 및 취업규칙에서 정한 업무
② 위험성 평가에 관한 보좌 및 지도 · 조언
③ 안전인증대상 기계 등과 자율안전확인대상 기계 등 구입 시 적격품의 선정에 관한 보좌 및 지도 · 조언
④ 해당 사업장 안전교육계획의 수립 및 안전교육 실시에 관한 보좌 및 지도 · 조언
⑤ 사업장 순회점검, 지도 및 조치 건의
⑥ 산업재해 발생의 원인 조사 · 분석 및 재발 방지를 위한 기술적 보좌 및 지도 · 조언
⑦ 산업재해에 관한 통계의 유지 · 관리 · 분석을 위한 보좌 및 지도 · 조언
⑧ 법 또는 법에 따른 명령으로 정한 안전에 관한 사항의 이행에 관한 보좌 및 지도 · 조언
⑨ 업무수행 내용의 기록 · 유지

04 다음 연삭기의 방호장치에 해당하는 각도를 쓰시오.

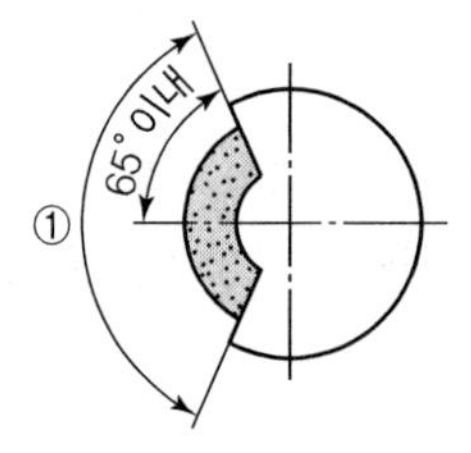

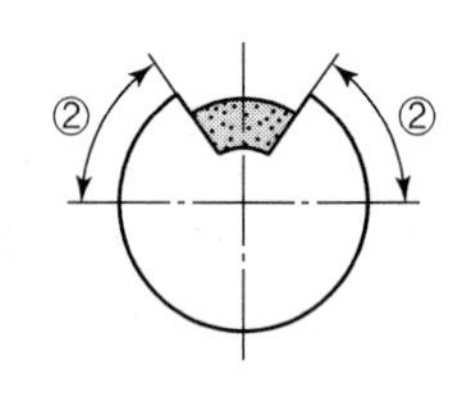

① 일반연삭작업 등에 사용하는 것을 목적으로 하는 탁상용 연삭기의 덮개 각도

② 연삭숫돌의 상부를 사용하는 것을 목적으로 하는 탁상용 연삭기 덮개 각도

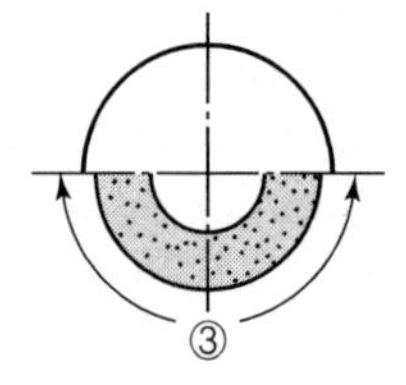

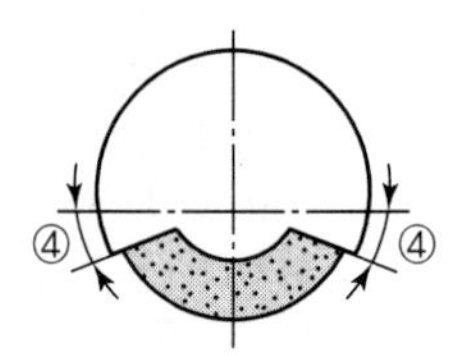

③ 휴대용 연삭기, 스윙연삭기, 스라브연삭기, 기타 이와 비슷한 연삭기의 덮개 각도

④ 평면연삭기, 절단연삭기, 기타 이와 비슷한 연삭기의 덮개 각도

해답

① 125° 이내
② 60° 이상
③ 180° 이내
④ 15° 이상

05 재해사례 연구순서를 5단계로 쓰시오.

해답

① 전제조건 : 재해상황의 파악
② 제1단계 : 사실의 확인
③ 제2단계 : 문제점의 발견
④ 제3단계 : 근본적 문제점의 결정
⑤ 제4단계 : 대책의 수립

06 인간－기계 기능 체계의 기본 기능 4가지를 쓰시오.

해답

① 감지기능
② 정보보관기능
③ 정보처리 및 의사결정기능
④ 행동기능

07 압력용기 안전검사 주기에 관한 내용이다. 내용에 맞는 주기를 쓰시오.

(1) 사업장에 설치가 끝난 날부터 (①)년 이내에 최초 안전검사를 실시한다.
(2) 최초안전검사 이후 매 (②)년마다 안전검사를 실시한다.
(3) 공정안전보고서를 제출하여 확인을 받은 압력용기는 (③)년마다 안전검사를 실시한다.

해답

① 3
② 2
③ 4

08 다음 내용에 맞는 안전계수를 쓰시오.

근로자가 탑승하는 운반구를 지지하는 달기와이어로프 또는 달기체인의 경우	(①) 이상
하물의 하중을 직접 지지하는 경우 달기와이어로프 또는 달기체인의 경우	(②) 이상
훅, 샤클, 클램프, 리프팅 빔의 경우	(③) 이상
그 밖의 경우	(④) 이상

해답

① 10
② 5
③ 3
④ 4

09 방진마스크의 시험성능 기준에 있는 여과재분진 등 포집효율에 관한 다음 내용 중 ( )에 알맞은 내용을 쓰시오.

형태 및 등급		염화나트륨(NaCl) 및 파라핀오일(Paraffin oil)시험(%)
분리식	특급	(①)% 이상
	1급	94.0% 이상
	2급	(②)% 이상
안면부 여과식	특급	(③)% 이상
	1급	94.0% 이상
	2급	(④)% 이상

해답

① 99.95
② 80.0
③ 99.0
④ 80.0

10 히빙이 발생하기 쉬운 지반형태와 발생원인을 2가지 쓰시오.

해답

(1) 지반형태 : 연약성 점토지반
(2) 발생원인
 ① 흙막이 근입장 깊이 부족
 ② 흙막이 흙의 중량차이
 ③ 지표 재하중

PART 01
PART 02

11 광전자식 방호장치가 설치된 마찰클러치식 기계프레스에서 급정지시간이 200ms로 측정되었을 경우 안전거리(mm)를 구하시오.

해답

$$\begin{aligned}\text{안전거리(mm)} &= 1{,}600\times(T_c+T_s)\\ &= 1{,}600\times \text{급정지시간(초)}\\ &= 1{,}600\times\left(200\times\frac{1}{1{,}000}\right)\\ &= 320\text{(mm)}\end{aligned}$$

> **TIP** $\text{ms} = \frac{1}{1{,}000}$초

12 교류 아크 용접기에 설치하는 자동전격방지기 설치 시 요령 및 유의사항 3가지를 쓰시오.

해답

① 직각으로 부착할 것(단, 직각이 어려울 때는 직각에 대해 20도를 넘지 않을 것)
② 용접기의 이동, 진동, 충격으로 이완되지 않도록 이완 방지 조치를 취할 것
③ 작동상태를 알기 위한 표시 등은 보기 쉬운 곳에 설치할 것
④ 작동상태를 시험하기 위한 테스트 스위치는 조작하기 쉬운 곳에 설치할 것
⑤ 용접기의 전원 측에 접속하는 선과 출력 측에 접속하는 선을 혼동하지 말 것
⑥ 외함이 금속제인 경우는 이것에 적당한 접지단자를 설치할 것

13 구안법(project method)의 장점 4가지를 쓰시오.

해답

① 작업에 대하여 창의력이 생긴다.
② 동기부여가 충분하다.
③ 실제문제를 연구하므로 현실적인 학습이 된다.
④ 작업에 대한 책임감이나 인내력을 기를 수가 있다.
⑤ 중소기업에서도 용이하게 행해진다.
⑥ 스스로 계획하고 실시하므로 주체적으로 책임을 가지고 학습을 할 수 있다.

2014년 7월 6일 산업안전기사 실기 필답형

01 재해예방대책 4원칙을 쓰고 설명하시오.

해답

① 예방 가능의 원칙 : 천재지변을 제외한 모든 재해는 원칙적으로 예방이 가능하다.
② 손실 우연의 원칙 : 사고로 생기는 상해의 종류 및 정도는 우연적이다.
③ 원인 계기의 원칙 : 사고와 손실의 관계는 우연적이지만 사고와 원인관계는 필연적이다.
④ 대책 선정의 원칙 : 원인을 정확히 규명해서 대책을 선정하고 실시되어야 한다.

02 산업안전보건법상 도급사업에 있어 안전보건총괄책임자를 선임하여야할 사업을 4가지 쓰시오.

해답

① 관계수급인에게 고용된 근로자를 포함한 상시근로자가 100명 이상인 사업
② 관계수급인에게 고용된 근로자를 포함한 상시근로자 50명 이상인 선박 및 보트 건조업
③ 관계수급인에게 고용된 근로자를 포함한 상시근로자 50명 이상인 1차 금속 제조업 및 토사석 광업
④ 관계수급인의 공사금액을 포함한 해당 공사의 총공사금액이 20억 원 이상인 건설업

03 다음 물음에 적응성이 있는 소화기의 답을 보기에서 모두 골라 번호와 함께 쓰시오.

(1) 전기설비에 사용하는 소화기
(2) 인화성 액체에 사용하는 소화기
(3) 자기반응성 물질에 사용하는 소화기

① 포 소화기
② 이산화탄소소화기
③ 봉상수소화기
④ 물통 또는 수조
⑤ 할로겐화합물소화기
⑥ 건조사

해답

(1) 전기설비에 사용하는 소화기 : ②, ⑤
(2) 인화성 액체에 사용하는 소화기 : ①, ②, ⑤, ⑥
(3) 자기반응성 물질에 사용하는 소화기 : ①, ③, ④, ⑥

04 위험물질을 제조·취급하는 작업장과 그 작업장이 있는 건축물에 출입구 외에 안전한 장소로 대피할 수 있는 비상구 1개 이상을 설치해야 하는 구조 조건을 2가지 쓰시오.

해답

① 출입구와 같은 방향에 있지 아니하고, 출입구로부터 3미터 이상 떨어져 있을 것
② 작업장의 각 부분으로부터 하나의 비상구 또는 출입구까지의 수평거리가 50미터 이하가 되도록 할 것
③ 비상구의 너비는 0.75미터 이상으로 하고, 높이는 1.5미터 이상으로 할 것
④ 비상구의 문은 피난 방향으로 열리도록 하고, 실내에서 항상 열 수 있는 구조로 할 것

05 안전관리비의 계상 및 사용에 관한 내용이다. 다음 각 물음에 답을 쓰시오.

(1) 발주자가 재료를 제공하거나 일부 물품이 완제품의 형태로 제작·납품되는 경우에는 해당 재료비 또는 완제품 가액을 대상액에 포함하여 산출한 안전보건관리비와 해당 재료비 또는 완제품 가액을 대상액에서 제외하고 산출한 안전보건관리비의 (①)배에 해당하는 값을 비교하여 그중 작은 값 이상의 금액으로 계상한다.
(2) 대상액이 명확하지 않은 경우 : 도급계약 또는 자체사업계획상 책정된 총공사금액의 (②)에 해당하는 금액을 대상액으로 하고 계상한다.
(3) 도급인은 안전보건관리비 사용내역에 대하여 공사 시작 후 (③)개월마다 1회 이상 발주자 또는 감리자의 확인을 받아야 한다.

해답

① 1.2
② 10분의 7
③ 6

06 작업자가 도끼로 나무를 자르는 데 소요되는 에너지는 분당 8kcal, 작업에 대한 평균에너지 5kcal/min, 휴식에너지 1.5kcal/min, 작업시간 60분일 때 휴식시간을 구하시오.

해답

$$R=\frac{60(8-5)}{8-1.5}=27.69(\text{분})$$

07 누전차단기에 관련된 내용이다. ( )에 알맞은 답을 쓰시오.

> (1) 누전차단기는 지락검출장치, (①), 개폐기구 등으로 구성
> (2) 중감도형 누전차단기는 정격감도전류가 (②)mA ~ 1,000mA 이하
> (3) 시연형 누전차단기는 동작시간이 0.1초 초과 (③) 이내

해답

① 트립장치
② 50
③ 2초

08 에어컨 스위치의 수명은 지수분포를 따르며, 평균 수명은 1,000시간이다. 다음을 계산하시오.

> ① 새로 구입한 스위치가 향후 500시간 동안 고장 없이 작동할 확률을 구하시오.
> ② 이미 1,000시간을 사용한 스위치가 향후 500시간 이상 견딜 확률을 구하시오.

해답

① $R(t)=e^{-\frac{t}{MTBF}}=e^{-\frac{500}{1,000}}=0.61$
② $R(t)=e^{-\frac{t}{MTBF}}=e^{-\frac{500}{1,000}}=0.61$

09 양립성의 종류를 2가지 쓰고 사례를 들어 설명하시오.

해답

① 운동양립성 : 자동차를 운전하는 과정에서 우측으로 회전하기 위하여 핸들을 우측으로 돌린다.
② 공간양립성 : 가스버너에서 오른쪽 조리대는 오른쪽 조절장치로, 왼쪽 조리대는 왼쪽 조절장치로 조정하도록 배치한다.
③ 개념양립성 : 냉온수기에서 빨간색은 온수, 파란색은 냉수를 뜻한다.
④ 양식양립성 : 기계가 특정 음성에 대해 정해진 반응을 하는 경우에 해당한다.

10 보일러의 폭발사고를 예방하고 정상적인 기능이 유지되도록 하기 위해 설치해야 하는 방호장치를 3가지 쓰시오.

해답

① 압력방출장치
② 압력제한스위치
③ 고저수위조절장치
④ 화염검출기

11 안전보건표지 중에서 출입금지 표지를 그리고 표지판의 색과 문자의 색을 적으시오.

해답

• 바탕 : 흰색
• 기본 모형 : 빨간색
• 관련 부호 및 그림 : 검정색

12 컨베이어 작업 시 작업 시작 전에 점검해야 할 사항 3가지를 쓰시오.

해답

① 원동기 및 풀리 기능의 이상 유무
② 이탈 등의 방지장치 기능의 이상 유무
③ 비상정지장치 기능의 이상 유무
④ 원동기 · 회전축 · 기어 및 풀리 등의 덮개 또는 울 등의 이상 유무

13 물질안전보건자료대상물질을 양도하거나 제공한 자는 변경된 물질안전보건자료를 제공받은 경우 이를 물질안전보건자료대상물질을 양도받거나 제공받는 자에게 제공하여야 한다. 기재내용을 변경할 필요가 있는 사항 중 양도받거나 제공받는 자에게 제공해야 할 내용을 3가지 쓰시오.

해답

① 제품명(구성성분의 명칭 및 함유량의 변경이 없는 경우로 한정)
② 물질안전보건자료대상물질을 구성하는 화학물질 중 유해인자의 분류기준에 해당하는 화학물질의 명칭 및 함유량(제품명의 변경 없이 구성성분의 명칭 및 함유량만 변경된 경우로 한정)
③ 건강 및 환경에 대한 유해성, 물리적 위험성

14 자율안전 확인을 필한 제품에 대한 부분적 변경의 허용범위를 3가지 쓰시오.

해답

① 자율안전기준에서 정한 기준에 미달되지 않는 것
② 주요 구조부의 변경이 아닌 것
③ 방호장치가 동일 종류로서 동등급 이상인 것
④ 스위치, 계전기, 계기류 등의 부품이 동등급 이상인 것

TIP 법 개정으로 삭제되었습니다. 참고만 하세요.

2014년 7월 6일 산업안전산업기사 실기 필답형

01 상시근로자 50명이 작업하는 어느 사업장에서 연간 재해건수 8건, 재해자 수 10명이 발생하였으며, 휴업일수가 219일이었다. 도수율과 강도율을 구하시오.(단, 근로시간은 1일 9시간, 연간 280일)

해답

① 도수율 $= \dfrac{\text{재해발생건수}}{\text{연간총근로시간수}} \times 1{,}000{,}000$

$= \dfrac{8}{50 \times 9 \times 280} \times 1{,}000{,}000$

$= 63.492 = 63.49$

② 강도율 $= \dfrac{\text{근로손실일수}}{\text{연간총근로시간수}} \times 1{,}000$

$= \dfrac{219 \times \dfrac{280}{365}}{50 \times 9 \times 280} \times 1{,}000$

$= 1.333 = 1.33$

02 다음의 안전 · 보건표지의 명칭을 쓰시오.

①	②	③
④	⑤	⑥

해답

① 사용금지
② 인화성 물질 경고
③ 방사성 물질 경고
④ 낙하물 경고
⑤ 들것
⑥ 산화성 물질 경고

03 미 국방성의 위험성 평가에서 분류한 재해의 위험수준(MIL－STD－882B)을 4가지 범주로 설명하시오.

해답

범주 I	파국적 (catastrophic)	사망 및 중상 또는 시스템의 완전한 손실
범주 II	위기적 (critical)	상해 또는 주요 시스템의 손상을 일으키고, 인원 및 시스템의 생존을 위해 즉시 시정조치 필요
범주 III	한계적 (mariginal)	상해 또는 주요 시스템의 손상 없이 배제나 제어 가능
범주 IV	무시가능 (negligible)	상해 또는 시스템의 손상에는 이르지 않음

04 다음은 단상변압기에 관련된 그림이다. 대지전압 100V를 50V로 감소시켜 감전재해를 방지하기 위하여 접지공사를 시행하고자 한다. 필요한 접지위치를 그림에 표시하고 몇 종 접지에 해당되는지 접지공사의 종류를 쓰시오.

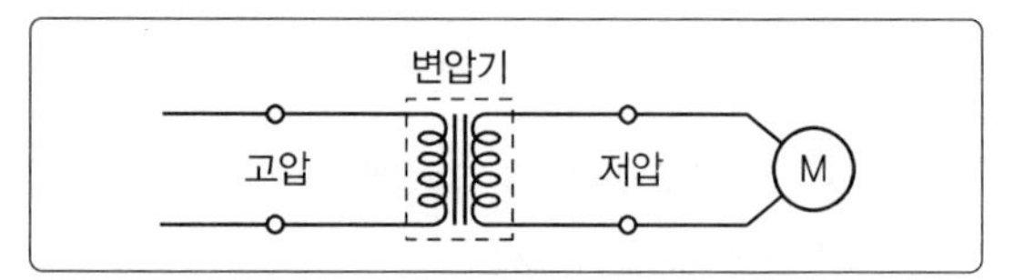

해답

① 저압 측 전선 : 제2종 접지공사
② 모터의 금속제 외함 : 제3종 접지공사

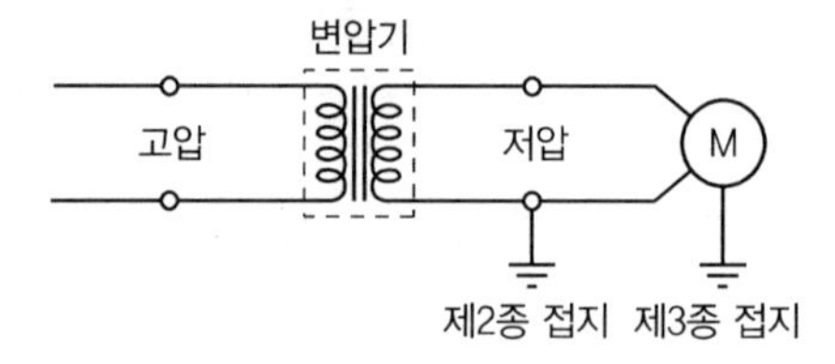

TIP 법 개정으로 접지대상에 따라 일괄 적용한 종별접지(1종, 2종, 3종, 특별3종)가 폐지되었습니다.

05 밀폐공간에서의 작업에 대한 특별안전보건교육을 실시할 때 정규직 근로자의 특별교육시간과 교육내용을 4가지 쓰시오.(단, 그 밖에 안전보건관리에 필요한 사항은 제외)

해답

(1) **교육시간** : 16시간 이상

(2) **교육내용**

① 산소농도 측정 및 작업환경에 관한 사항
② 사고 시의 응급처치 및 비상 시 구출에 관한 사항
③ 보호구 착용 및 보호 장비 사용에 관한 사항
④ 작업내용 · 안전작업방법 및 절차에 관한 사항
⑤ 장비 · 설비 및 시설 등의 안전점검에 관한 사항

> **TIP** 특별안전 · 보건교육 대상 작업의 어느 하나에 해당하는 작업에 종사하는 일용근로자 : 2시간 이상

06 직렬로 접속되어 있는 A, B, C의 발생확률이 각각 0.15일 경우, 고장사상을 정상사상으로 하는 FT도를 그리고 발생확률을 구하시오.

해답

(1) FT도

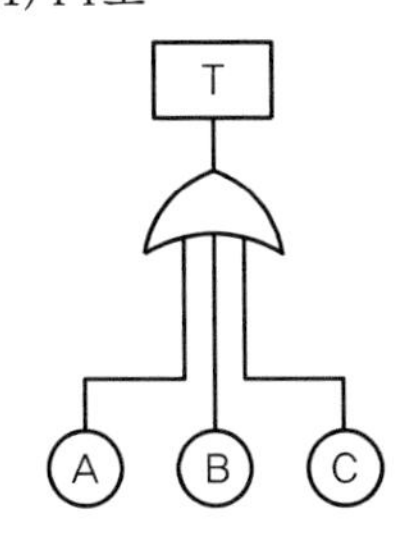

(2) 발생확률 $= 1-(1-0.15)(1-0.15)(1-0.15)$
$= 0.385 = 0.39$

07 자율안전확인 안전기에 자율안전확인의 표시에 따른 표시 외에 추가로 표시해야 할 사항을 2가지 쓰시오.

해답

① 가스의 흐름 방향
② 가스의 종류

08 비, 눈, 그 밖의 기상상태의 악화로 작업을 중지시킨 후 또는 비계를 조립, 해체하거나 변경한 후에 그 비계에서 작업을 하는 경우 해당 작업을 시작하기 전에 점검해야 할 사항을 4가지 쓰시오.

해답

① 발판 재료의 손상 여부 및 부착 또는 걸림 상태
② 해당 비계의 연결부 또는 접속부의 풀림 상태
③ 연결 재료 및 연결 철물의 손상 또는 부식 상태
④ 손잡이의 탈락 여부
⑤ 기둥의 침하, 변형, 변위 또는 흔들림 상태
⑥ 로프의 부착 상태 및 매단 장치의 흔들림 상태

09 산업안전보건법에 따른 산업안전보건위원회의 심의 의결사항을 4가지 쓰시오.

해답

① 사업장의 산업재해 예방계획의 수립에 관한 사항
② 안전보건관리규정의 작성 및 변경에 관한 사항
③ 안전보건교육에 관한 사항
④ 작업환경측정 등 작업환경의 점검 및 개선에 관한 사항
⑤ 근로자의 건강진단 등 건강관리에 관한 사항
⑥ 산업재해에 관한 통계의 기록 및 유지에 관한 사항
⑦ 산업재해의 원인 조사 및 재발 방지대책 수립에 관한 사항 중 중대재해에 관한 사항
⑧ 유해하거나 위험한 기계 · 기구 · 설비를 도입한 경우 안전 및 보건 관련 조치에 관한 사항

10 안전인증 대상 기계 또는 설비를 5가지 쓰시오.(단, 프레스, 크레인은 제외)

해답

① 전단기 및 절곡기
② 리프트
③ 압력용기
④ 롤러기
⑤ 사출성형기
⑥ 고소 작업대
⑦ 곤돌라

11 위험물에 해당하는 급성독성물질의 다음에 해당하는 기준치를 쓰시오.

(1) LD_{50}은 쥐에 대한 경구투입실험에 의하여 실험동물의 50%를 사망케 한다. : (①)
(2) LD_{50}은 쥐 또는 토끼에 대한 경피흡수실험에서 의하여 실험동물의 50%를 사망케 한다. : (②)
(3) LC_{50}은 가스로 쥐에 대한 4시간 동안 흡입실험에 의하여 실험동물의 50%를 사망케 한다. : (③)
(4) LC_{50}은 증기로 쥐에 대한 4시간 동안 흡입실험에 의하여 실험동물의 50%를 사망케 한다. : (④)

해답

① 300mg/kg 이하
② 1,000mg/kg 이하
③ 2,500ppm 이하
④ 10mg/ℓ 이하

12 프레스의 손쳐내기식 방호장치의 설치방법에 관한 사항이다. (　)에 맞는 내용을 쓰시오.

(1) 슬라이드 하행정거리의 (①) 위치에서 손을 완전히 밀어내어야 한다.
(2) 방호판의 폭은 금형폭의 (②) 이상이어야 하고, 행정길이가 300mm 이상의 프레스 기계에는 방호판 폭을 (③)mm로 해야 한다.

해답

① 3/4
② 1/2
③ 300

13 양중기에 사용하는 달기체인의 사용금지 기준을 2가지 쓰시오.

해답

① 달기체인의 길이가 달기체인이 제조된 때의 길이의 5퍼센트를 초과한 것
② 링의 단면지름이 달기 체인이 제조된 때의 해당 링의 지름의 10퍼센트를 초과하여 감소한 것
③ 균열이 있거나 심하게 변형된 것

2014년 10월 5일 산업안전기사 실기 필답형

01 산업안전보건법상 위험물의 종류에 있어 다음 각 물질에 해당하는 것을 [보기]에서 2가지씩 골라 번호를 쓰시오.

(1) 폭발성 물질 및 유기과산화물
(2) 물 반응성 물질 및 인화성 고체

① 황	⑤ 과망간산
② 염소산	⑥ 니트로소화합물
③ 하이드라진 유도체	⑦ 수소
④ 아세톤	⑧ 리튬

해답

(1) 폭발성 물질 및 유기과산화물 : ③, ⑥
(2) 물 반응성 물질 및 인화성 고체 : ①, ⑧

TIP ② 염소산 : 산화성 액체 및 산화성 고체
④ 아세톤 : 인화성 액체
⑤ 과망간산 : 산화성 액체 및 산화성 고체
⑦ 수소 : 인화성 가스

02 용접작업을 하는 작업자가 전압이 300V인 충전부분에 물에 젖은 손으로 접촉하여 감전으로 인한 심실세동을 일으켰다. 이때 인체에 흐른 심실세동전류[mA]와 통전시간[ms]을 구하시오.(단, 인체의 저항은 1,000Ω으로 한다.)

해답

① 전류$(I) = \dfrac{V}{R} = \dfrac{300}{1{,}000 \times \dfrac{1}{25}}$

$= 7.5(\mathrm{A}) = 7{,}500(\mathrm{mA})$

② 통전시간

㉠ $I = \dfrac{165}{\sqrt{T}}(\mathrm{mA})$

㉡ $7{,}500(\mathrm{mA}) = \dfrac{165}{\sqrt{T}}$

㉢ $T = \dfrac{165^2}{7{,}500^2} = 0.000484(\mathrm{s}) = 0.48(\mathrm{ms})$

TIP 인체의 전기저항
① 피부가 젖어 있는 경우 1/10로 감소
② 땀이 난 경우 1/12~1/20로 감소
③ 물에 젖은 경우 1/25로 감소

03 콘크리트 구조물로 옹벽을 축조할 경우 필요한 안정조건을 3가지만 쓰시오.

해답

① 전도에 대한 안정
② 활동에 대한 안정
③ 지반지지력에 대한 안정

04 무재해운동 추진 중 사고나 재해가 발생하여도 무재해로 인정되는 경우 4가지를 쓰시오.

해답

① 업무수행 중의 사고 중 천재지변 또는 돌발적인 사고로 인한 구조행위 또는 긴급피난 중 발생한 사고
② 출·퇴근 도중에 발생한 재해
③ 운동경기 등 각종 행사 중 발생한 재해
④ 천재지변 또는 돌발적인 사고 우려가 많은 장소에서 사회통념상 인정되는 업무수행 중 발생한 사고
⑤ 제3자의 행위에 의한 업무상 재해
⑥ 업무상 질병에 대한 구체적인 인정기준 중 뇌혈관질병 또는 심장질병에 의한 재해
⑦ 업무시간 외에 발생한 재해. 다만 사업주가 제공한 사업장 내의 시설물에서 발생한 재해 또는 작업개시 전의 작업준비 및 작업종료 후의 정리정돈과정에서 발생한 재해는 제외한다.
⑧ 도로에서 발생한 사업장 밖의 교통사고, 소속 사업장을 벗어난 출장 및 외부기관으로 위탁교육 중 발생한 사고, 회식 중의 사고, 전염병 등 사업주의 법 위반으로 인한 것이 아니라고 인정되는 재해

05 기계설비의 근원적인 안전화 확보를 위한 고려사항(안전조건)을 4가지 쓰시오.

해답

① 외관상의 안전화
② 기능적 안전화
③ 작업점의 안전화
④ 작업의 안전화
⑤ 구조상의 안전화
⑥ 보전작업의 안전화

06 아세틸렌 또는 가스집합 용접장치에 설치하는 역화방지기(안전기)의 성능시험 종류를 4가지 쓰시오.

해답

① 내압시험
② 기밀시험
③ 역류방지시험
④ 역화방지시험
⑤ 가스압력손실시험
⑥ 방출장치 동작시험

07 산업안전보건법상의 안전 · 보건표지 중 안내표지종류를 4가지 쓰시오.

해답

① 녹십자표지
② 응급구호표지
③ 들것
④ 세안장치
⑤ 비상용 기구
⑥ 비상구
⑦ 좌측 비상구
⑧ 우측 비상구

08 산업안전보건법상 공정안전보고서에 포함되어야 할 내용을 4가지 쓰시오.

해답

① 공정안전자료
② 공정위험성 평가서
③ 안전운전계획
④ 비상조치계획

09 다음과 같은 시스템에서 X_2의 고장을 초기사상으로 하여 이벤트 트리를 그리고 각 가지마다 시스템의 작동 여부를 "작동" 또는 "고장"으로 표시하시오.

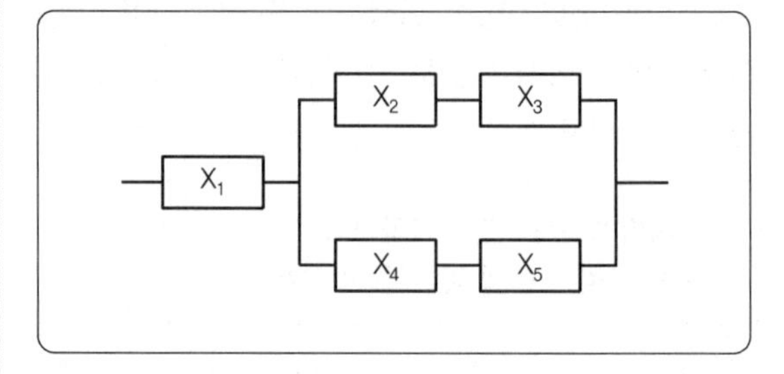

해답

X_3는 X_2가 고장이므로 제외

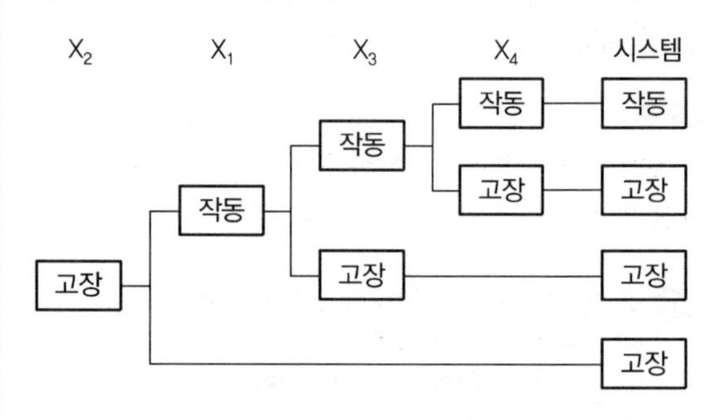

TIP 그러므로 X_1, X_4, X_5가 정상적으로 작동할 경우 시스템은 작동한다.

10 다음의 재해 통계지수에 대하여 설명하시오.

① 연천인율
② 강도율

해답

① 연천인율
㉠ 근로자 1,000명당 1년간에 발생하는 재해발생자 수의 비율
㉡ 연천인율 $= \frac{\text{연간재해자수}}{\text{연평균근로자수}} \times 1{,}000$

② 강도율
㉠ 근로자 1,000명당 1년간에 발생하는 재해발생자 수의 비율

㉡ 강도율 $= \dfrac{\text{근로손실일수}}{\text{연간총근로시간수}} \times 1,000$

11 인간-기계 기능 체계의 기본 기능 4가지를 쓰시오.

해답

① 감지기능
② 정보보관기능
③ 정보처리 및 의사결정기능
④ 행동기능

12 산업안전보건법에서 굴착면의 높이가 2m 이상이 되는 지반의 굴착작업을 할 경우 근로자의 위험을 방지하기 위하여 해당 작업, 작업장의 지형·지반 및 지층 상태 등에 대한 사전조사를 하고 조사결과를 고려하여 작성해야 하는 작업계획서에 포함되어야 할 사항을 4가지 쓰시오.(단, 그 밖에 안전·보건에 관련된 사항은 제외한다.)

해답

① 굴착방법 및 순서, 토사 반출 방법
② 필요한 인원 및 장비 사용계획
③ 매설물 등에 대한 이설·보호대책
④ 사업장 내 연락방법 및 신호방법
⑤ 흙막이 지보공 설치방법 및 계측계획
⑥ 작업지휘자의 배치계획

> **TIP** 굴착작업 시 사전 조사사항
> ① 형상·지질 및 지층의 상태
> ② 균열·함수·용수 및 동결의 유무 또는 상태
> ③ 매설물 등의 유무 또는 상태
> ④ 지반의 지하수위 상태

13 다음 [보기]의 내용 중에서 안전인증 대상 기계 또는 설비, 방호장치 또는 보호구에 해당하는 것을 4가지 골라 번호를 쓰시오.

① 안전대
② 연삭기 덮개
③ 파쇄기
④ 산업용 로봇 안전매트
⑤ 압력용기
⑥ 양중기용 과부하방지장치
⑦ 교류아크용접기용 자동전격방지기
⑧ 이동식 사다리
⑨ 동력식 수동대패용 칼날 접촉방지장치
⑩ 용접용 보안면

해답

①, ⑤, ⑥, ⑩

14 다음은 안전관리의 주요 대상인 4M과 안전 대책인 3E와의 관계도를 나타낸 것이다. 그림의 빈칸에 알맞은 내용을 써 넣으시오.

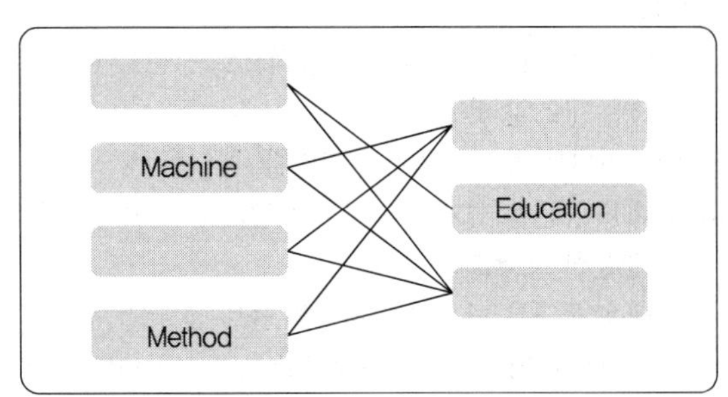

해답

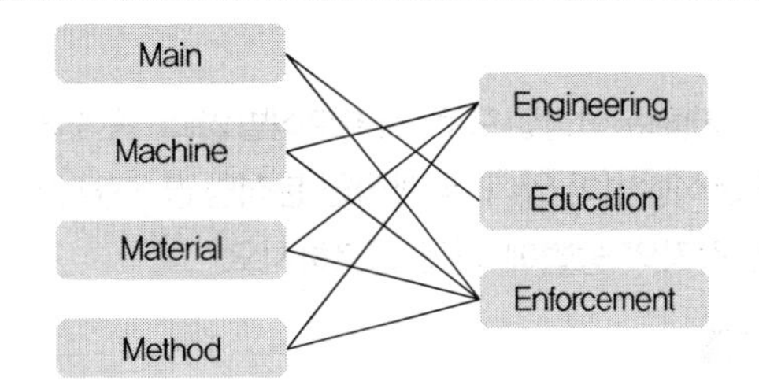

2014년 10월 5일 산업안전산업기사 실기 필답형

01 이황화탄소의 폭발상한계가 44.0[vol%]이고, 폭발하한계가 1.2[vol%]라면, 이황화탄소의 위험도를 계산하시오.

해답

$$위험도 = \frac{UFL - LFL}{LFL} = \frac{44.0 - 1.2}{1.2} = 35.666$$

$$= 35.67$$

02 휴대용 목재가공용 둥근톱기계의 방호장치와 설치방법에서 덮개에 대한 구조조건을 3가지 쓰시오.

해답

① 절단작업이 완료되었을 때 자동적으로 원위치에 되돌아오는 구조일 것
② 이동범위를 임의의 위치로 고정할 수 없을 것
③ 휴대용 둥근톱 덮개의 지지부는 덮개를 지지하기 위한 충분한 강도를 가질 것
④ 휴대용 둥근톱 덮개의 지지부의 볼트 및 이동덮개가 자동적으로 되돌아오는 기계의 스프링 고정볼트는 이완방지장치가 설치되어 있는 것일 것

03 재해분석방법으로 개별분석방법과 통계에 의한 분석방법이 있다. 통계적인 분석방법 2가지만 쓰고, 각각의 방법에 대해 설명하시오.

해답

① 파레토도 : 사고의 유형, 기인물 등 분류항목을 큰 값에서 작은 값의 순서로 도표화하며, 문제나 목표의 이해에 편리하다.
② 특성 요인도 : 특성과 요인관계를 어골상으로 도표화하여 분석하는 기법(원인과 결과를 연계하여 상호 관계를 파악하기 위한 분석방법)
③ 클로즈(close) 분석 : 두 개 이상의 문제관계를 분석하는 데 사용하는 것으로, 데이터를 집계하고 표로 표시하여 요인별 결과내역을 교차한 클로즈 그림을 작성하여 분석하는 기법
④ 관리도 : 재해발생 건수 등의 추이에 대해 한계선을 설정하여 목표 관리를 수행하는 데 사용되는 방법으로 관리선은 관리상한선, 중심선, 관리하한선으로 구성된다.

04 차량계 하역운반기계 운전자가 운전위치 이탈 시 준수해야 할 사항 2가지를 쓰시오.

해답

① 포크, 버킷, 디퍼 등의 장치를 가장 낮은 위치 또는 지면에 내려 둘 것
② 원동기를 정지시키고 브레이크를 확실히 거는 등 갑작스러운 주행이나 이탈을 방지하기 위한 조치를 할 것
③ 운전석을 이탈하는 경우에는 시동키를 운전대에서 분리시킬 것. 다만, 운전석에 잠금장치를 하는 등 운전자가 아닌 사람이 운전하지 못하도록 조치한 경우에는 그러하지 아니하다.

05 산업안전보건법상 유해 · 위험 방지를 위한 방호조치를 해야만 하는 다음 보기의 기계 · 기구에 설치해야 할 방호장치를 쓰시오.

① 예초기
② 원심기
③ 공기압축기
④ 금속절단기
⑤ 지게차

해답

① 예초기 : 날접촉 예방장치
② 원심기 : 회전체 접촉 예방장치
③ 공기압축기 : 압력방출장치
④ 금속절단기 : 날접촉 예방장치
⑤ 지게차 : 헤드가드, 백레스트, 전조등, 후미등, 안전벨트

TIP 포장기계(진공포장기, 랩핑기로 한정) : 구동부 방호 연동장치

06 양중기에 사용하는 와이어로프의 사용금지 기준을 3가지 쓰시오.(단, 꼬인 것, 부식된 것, 변형된 것은 제외한다.)

해답

① 이음매가 있는 것
② 와이어로프의 한 꼬임에서 끊어진 소선의 수가 10% 이상인 것
③ 지름의 감소가 공칭지름의 7%를 초과하는 것
④ 열과 전기충격에 의해 손상된 것

07 암실에서 정지된 작은 광점이나 밤하늘의 별들을 응시하면 움직이는 것처럼 보이는 현상을 운동의 착각현상 중 '자동운동'이라 한다. 자동운동이 생기기 쉬운 조건을 3가지 쓰시오.

해답

① 광점이 작을 것
② 시야의 다른 부분이 어두울 것
③ 광의 강도가 작을 것
④ 대상이 단순할 것

08 Fool proof의 대표적인 기구인 가드에 해당하는 고정가드와 인터록 가드에 대하여 간단히 설명하시오.

해답

(1) 고정가드 : 개구부로부터 가공물과 공구 등을 넣어도 손은 위험영역에 머무르지 않는다.
(2) 인터록 가드 : 기계식 작동 중에 개폐되는 경우 기계가 정지한다.

09 다음 보기에 해당하는 재해 발생 형태별 분류를 쓰시오.

> ① 재해자가 구조물 상부에서 「넘어짐」으로 인하여 사람이 떨어져 두개골 골절이 발생한 경우
> ② 재해자가 「넘어짐」 또는 「떨어짐」으로 물에 빠져 익사한 경우

해답

① 떨어짐
② 유해 · 위험물질 노출 · 접촉

10 산업현장에서 사용되는 출입금지 표지판의 배경반사율이 80%이고 관련 그림의 반사율이 20%일 경우 표지판의 대비를 구하시오.

해답

$$대비(\%) = \frac{배경의\ 광도(L_b) - 표적의\ 광도(L_t)}{배경의\ 광도(L_b)} \times 100$$

$$= \frac{80-20}{80} \times 100 = 75(\%)$$

11 [보기]에 제시된 교류아크용접기의 자동전격방지기 표시사항을 상세히 기술하시오.

> SP－3A－H

해답

① SP : 외장형
② 3 : 300A
③ A : 용접기에 내장되어 있는 콘덴서의 유무에 관계없이 사용할 수 있는 것
④ H : 고저항시동형

> **TIP**
> (1) 외장형 : 외장형은 용접기 외함에 부착하여 사용하는 전격방지기로 그 기호는 SP로 표시
> (2) 내장형 : 내장형은 용접기함 안에 설치하여 사용하는 전격방지기로 그 기호는 SPB로 표시
> (3) 기호 SP 또는 SPB 뒤의 숫자는 출력 측의 정격전류의 100단위의 수치로 표시
> 예 2.5는 250A, 3은 300A를 표시
>
> (4) 숫자 다음의 표시
> ① A : 용접기에 내장되어 있는 콘덴서의 유무에 관계없이 사용할 수 있는 것
> ② B : 콘덴서를 내장하지 않은 용접기에 사용하는 것
> ③ C : 콘덴서 내장형 용접기에 사용하는 것
> ④ E : 엔진구동 용접기에 사용하는 것
>
> (5) L형과 H형
> ① 저저항시동형 : L형
> ② 고저항시동형 : H형

12 보호구에 관한 규정에서 정의한 다음 설명에 해당하는 용어를 쓰시오.

> ① 유기화합물용 보호복에 있어 화학물질이 보호복의 재료의 외부 표면에 접촉된 후 내부로 확산하여 내부 표면으로부터 탈착되는 현상
> ② 방독마스크에 있어 대응하는 가스에 대하여 정화통 내부의 흡착제가 포화상태가 되어 흡착능력을 상실한 상태

해답

① 투과　　　② 파과

13 다음의 표를 참고하여 열압박지수(HSI), 작업지속시간(WT), 휴식시간(RT)을 구하시오.(단, 체온상승 허용치는 1℃를 250Btu로 환산한다.)

열부하원	작업환경	휴식장소
대사	1,500	320
복사	1,000	−200
대류	500	−500
E_{max}	1,500	1,200

해답

① E_{req} = M(대사) + R(복사) + C(대류)
　= 1,500 + 1,000 + 500 = 3,000(Btu/hr)

② $E_{req}{'}$ = M(대사) + R(복사) + C(대류)
　= 320 + (−200) + (−500) = −380(Btu/hr)

③ $HSI = \dfrac{E_{req}}{E_{max}} \times 100\% = \dfrac{3,000}{1,500} \times 100 = 200(\%)$

④ $WT = \dfrac{250}{E_{req} - E_{max}} = \dfrac{250}{3,000 - 1,500}$
　$= 0.1666 = 0.17(시간)$

⑤ $RT = \dfrac{250}{E'_{max} - E'_{req}} = \dfrac{250}{1,200 - (-380)}$
　$= 0.158 = 0.16(시간)$

2015년 4월 19일 산업안전기사 실기 필답형

01 다음 보기의 내용에 해당하는 방폭구조의 표시를 쓰시오.

- 방폭구조 : 외부가스가 용기 내로 침입하여 폭발하더라도 용기는 그 압력에 견디고 외부의 폭발성 가스에 착화될 우려가 없도록 만들어진 구조
- 그룹 : 잠재적 폭발성 위험분위기를 갖는 장소에 설치하는 전기기기(광산용 전기기기는 제외)
- 최대안전틈새 : 0.8mm
- 최고표면온도 : 180℃

해답

Ex d IIB T_3

02 유해물질의 취급 등으로 근로자에게 유해한 작업환경을 개선하고 원인을 제거하기 위한 조치사항을 3가지 쓰시오.

해답

① 대치
② 격리
③ 환기

03 보일러에서 발생할 수 있는 캐리오버의 원인을 4가지 쓰시오.

해답

① 보일러의 구조상 공기실이 적고 증기 수면이 좁을 때
② 기수분리장치가 불완전한 경우
③ 주 증기를 멈추는 밸브를 급히 열었을 경우
④ 보일러 수면이 너무 높을 때
⑤ 보일러 부하가 과대한 경우

04 산업안전보건법상 물질안전보건자료의 작성 · 제출 제외 대상 화학물질 5가지를 쓰시오.(단, 일반소비자의 생활용으로 제공되는 것과 고용노동부장관이 독성 · 폭발성 등으로 인한 위해의 정도가 적다고 인정하여 고시하는 화학물질은 제외)

해답

① 「건강기능식품에 관한 법률」에 따른 건강기능식품
② 「농약관리법」에 따른 농약
③ 「마약류 관리에 관한 법률」에 따른 마약 및 향정신성의약품
④ 「비료관리법」에 따른 비료
⑤ 「사료관리법」에 따른 사료
⑥ 「생활주변방사선 안전관리법」에 따른 원료물질
⑦ 「식품위생법」에 따른 식품 및 식품첨가물
⑧ 「약사법」에 따른 의약품 및 의약외품
⑨ 「원자력안전법」에 따른 방사성물질
⑩ 「위생용품 관리법」에 따른 위생용품
⑪ 「의료기기법」에 따른 의료기기
⑫ 「첨단재생의료 및 첨단바이오의약품 안전 및 지원에 관한 법률」에 따른 첨단바이오의약품
⑬ 「총포 · 도검 · 화약류 등의 안전관리에 관한 법률」에 따른 화약류
⑭ 「폐기물관리법」에 따른 폐기물
⑮ 「화장품법」에 따른 화장품

05 로봇작업에 대한 특별안전보건 교육의 내용을 4가지 쓰시오.

해답

① 로봇의 기본원리 · 구조 및 작업방법에 관한 사항
② 이상 발생 시 응급조치에 관한 사항
③ 안전시설 및 안전기준에 관한 사항
④ 조작방법 및 작업순서에 관한 사항

06 다음 괄호 안에 들어갈 알맞은 내용을 쓰시오.

(1) 화물취급 등에 있어서 바닥으로부터의 높이가 2미터 이상 되는 하적단과 인접 하적단 사이의 간격을 하적단의 밑부분을 기준하여 (①)센터미터 이상으로 하여야 한다.
(2) 부두 또는 안벽의 선을 따라 통로를 설치하는 경우에는 폭을 (②)미터 이상으로 할 것
(3) 육상에서의 통로 및 작업장소로서 다리 또는 선거 갑문을 넘는 보도 등의 위험한 부분에는 (③) 또는 울타리 등을 설치할 것

해답

① 10
② 0.9
③ 안전난간

07 하인리히의 재해예방 대책 5단계를 순서대로 쓰시오.

해답

(1) 제1단계 : 안전관리조직
(2) 제2단계 : 사실의 발견
(3) 제3단계 : 분석평가
(4) 제4단계 : 시정책의 선정
(5) 제5단계 : 시정책의 적용

08 산업재해 조사표의 주요 항목에 해당하지 않는 것을 4가지 보기에서 고르시오.

① 재해자의 국적
② 보호자의 성명
③ 재해발생 일시
④ 고용형태
⑤ 휴업예상일수
⑥ 급여수준
⑦ 응급조치 내역
⑧ 재해자의 직업
⑨ 재해자 복귀일시
⑩ 재발방지계획

해답

② 보호자의 성명
⑥ 급여수준
⑦ 응급조치 내역
⑨ 재해자 복귀일시

09 어떤 기계를 1시간 가동하였을 때 고장발생 확률이 0.004일 경우 다음 물음에 답하시오.

① 평균고장간격
② 10시간 가동하였을 때 기계의 신뢰도

해답

① 평균고장간격($MTBF$)

$$= \frac{1}{\lambda} = \frac{1}{0.004} = 250(\text{시간})$$

② 신뢰도 $R(t) = e^{-\lambda t} = e^{-(0.004 \times 10)} = 0.9608 = 0.96$

10 크레인을 사용하여 작업할 때 작업 시작 전 점검해야 할 사항을 3가지 쓰시오.

해답

① 권과방지장치 · 브레이크 · 클러치 및 운전장치의 기능
② 주행로의 상측 및 트롤리가 횡행하는 레일의 상태
③ 와이어로프가 통하고 있는 곳의 상태

11 산업안전보건법상 안전 · 보건 표지 중 "응급구호 표지"를 그리시오.(단, 색상표시는 글자로 나타내도록 하고 크기에 대한 기준은 표시하지 않는다.)

해답

• 바탕 : 녹색
• 관련 부호 및 그림 : 흰색

12 달비계의 최대적재하중을 정하고자 한다. 다음에 해당하는 안전계수를 쓰시오.

(1) 달기와이어로프 및 달기강선의 안전계수 : (①) 이상
(2) 달기체인 및 달기훅의 안전계수 : (②) 이상
(3) 달기강대와 달비계의 하부 및 상부지점의 안전계수는 강재의 경우 (③) 이상, 목재의 경우 (④) 이상

해답

① 10　　③ 2.5
② 5　　④ 5

13 시스템 안전을 실행하기 위한 시스템 안전프로그램(SSPP)에 포함되어야 할 사항을 4가지 쓰시오.

해답

① 계획의 개요
② 안전조직
③ 계약조건
④ 관련 부문과의 조정
⑤ 안전기준
⑥ 안전해석
⑦ 안전성 평가
⑧ 안전자료의 수집과 갱신
⑨ 경과와 결과의 보고

14 다음은 목재가공용 둥근톱에서 분할 날이 갖추어야 할 사항들이다. 괄호에 알맞은 내용을 쓰시오.

(1) 분할 날의 두께는 둥근톱 두께의 (①)배 이상이어야 한다.
(2) 견고히 고정할 수 있으며 분할 날과 톱날 원주면과의 거리는 (②)mm 이내로 조정, 유지할 수 있어야 한다.
(3) 표준 테이블면 상의 톱 뒷날의 (③) 이상을 덮도록 하여야 한다.

해답

① 1.1
② 12
③ 2/3

2015년 4월 19일 산업안전산업기사 실기 필답형

01 A사업장의 도수율이 4이고 지난 한해 동안 5건의 재해로 인하여 15명의 재해자가 발생하였고 350일의 근로손실일수가 발생하였을 경우 강도율을 구하시오.

해답

① 연간총근로시간수

$$= \frac{\text{재해발생건수}}{\text{도수율}} \times 1{,}000{,}000$$

$$= \frac{5}{4} \times 1{,}000{,}000$$

$$= 1{,}250{,}000(\text{시간})$$

② 강도율 $= \frac{\text{근로손실일수}}{\text{연간총근로시간수}} \times 1{,}000$

$$= \frac{350}{1{,}250{,}000} \times 1{,}000$$

$$= 0.28$$

02 지반 굴착작업 시 준수해야 할 경사면의 기울기에 관한 다음의 내용을 보고 ( )에 해당하는 기울기를 쓰시오.

지반의 종류	굴착면의 기울기
(①)	1 : 1.8
연암 및 풍화암	(②)
경암	(③)
그 밖의 흙	1 : 1.2

해답

① 모래 ② 1 : 1.0 ③ 1 : 0.5

03 Fool proof의 대표적인 기구를 5가지 쓰시오.

해답

① 가드
② 록 기구
③ 오버런 기구
④ 트립 기구
⑤ 밀어내기 기구
⑥ 기동방지 기구

04 공정안전보고서 내용에 포함하여야 할 사항을 4가지 쓰시오.

해답

① 공정안전자료
② 공정위험성 평가서
③ 안전운전계획
④ 비상조치계획

05 인간의 주의에 대한 특성에 대하여 설명하시오.

해답

① 선택성 : 주의는 동시에 두 개의 방향에 집중하지 못한다.
② 변동성 : 고도의 주의는 장시간 지속할 수 없다.
③ 방향성 : 한 지점에 주의를 집중하면 다른 곳의 주의는 약해진다.

06 산업안전보건법상 위험물의 종류에 관한 사항이다. 괄호에 알맞은 내용을 쓰시오.

(1) 인화성 액체 : 노르말헥산, 아세톤, 메틸에틸케톤, 메틸알코올, 에틸알코올, 이황화탄소, 그 밖에 인화점이 섭씨 (①)도 미만이고 초기 끓는점이 섭씨 35도를 초과하는 물질
(2) 인화성 액체 : 크실렌, 아세트산아밀, 등유, 경유, 테레핀유, 이소아밀알코올, 아세트산, 하이드라진, 그 밖에 인화점이 섭씨 23도 이상 섭씨 (②)도 이하인 물질
(3) 부식성 산류 : 농도가 (③)퍼센트 이상인 염산, 황산, 질산, 그 밖에 이와 같은 정도 이상의 부식성을 가지는 물질
(4) 부식성 산류 : 농도가 (④)퍼센트 이상인 인산, 아세트산, 불산, 그 밖에 이와 같은 정도 이상의 부식성을 가지는 물질

해답

① 23　③ 20
② 60　④ 60

07 MTBF, MTTF, MTTR의 용어에 대해 설명하시오.

해답

① MTBF(평균고장간격) : 수리하여 사용이 가능한 시스템에서 고장과 고장 사이의 정상적인 상태로 동작하는 평균시간
② MTTF(평균고장시간) : 수리하지 않는 시스템, 제품, 기기, 부품 등이 고장 날 때까지 동작시간의 평균치
③ MTTR(평균수리시간) : 고장 난 후 시스템이나 제품이 제 기능을 발휘하지 않은 시간부터 회복할 때까지의 평균시간

08 근로자가 착용하는 보호구 중 가죽제안전화의 성능시험 종류를 4가지 쓰시오.

해답

① 은면결렬시험　⑥ 내압박성시험
② 인열강도시험　⑦ 내충격성시험
③ 내부식성시험　⑧ 박리저항시험
④ 인장강도시험 및 신장률　⑨ 내답발성시험
⑤ 내유성시험

09 접지공사의 종류에 따른 접지저항값과 접지선의 굵기를 쓰시오.(단, 접지선의 굵기는 연동선의 직경을 기준으로 한다.)

접지공사 종류	접지저항값	접지선의 굵기
제1종	(①)Ω 이하	공칭단면적 (④)mm^2 이상의 연동선
제2종	$\frac{150}{1지락전류}$Ω 이하	공칭단면적 (⑤)mm^2 이상의 연동선
제3종	(②)Ω 이하	공칭단면적 (⑥)mm^2 이상의 연동선
특별 제3종	(③)Ω 이하	

해답

① 10　④ 6
② 100　⑤ 16
③ 10　⑥ 2.5

TIP 법 개정으로 접지대상에 따라 일괄 적용한 종별접지(1종, 2종, 3종, 특별3종)가 폐지되었습니다.

10 암석이 떨어질 우려가 있는 위험장소에서 견고한 낙하물 보호구조를 갖춰야 하는 차량계 건설기계의 종류를 5가지만 쓰시오.

해답

① 불도저　⑥ 덤프트럭
② 트랙터　⑦ 모터그레이더
③ 굴착기　⑧ 롤러
④ 로더　⑨ 천공기
⑤ 스크레이퍼　⑩ 항타기 및 항발기

11 산업안전보건법상 신규 · 보수 교육 대상자 4명을 쓰시오.

해답

① 안전보건관리책임자
② 안전관리자, 안전관리전문기관의 종사자
③ 보건관리자, 보건관리전문기관의 종사자
④ 건설재해예방전문지도기관의 종사자
⑤ 석면조사기관의 종사자
⑥ 안전보건관리담당자
⑦ 안전검사기관, 자율안전검사기관의 종사자

12 다음 보기의 설명에 해당하는 내용을 쓰시오.

① 단조로운 업무가 장시간 지속될 때 작업자의 감각기능 및 판단기능이 둔화 또는 마비되는 현상을 말한다.
② 작업대사량과 기초대사량의 비를 나타내는 것으로 여기서 작업대사량은 작업 시 소비된 에너지와 안정 시 소비된 에너지와의 차를 말한다.
③ 인간 · 기계시스템의 신뢰도에서 기계의 결함을 찾아내어 고장률을 안정시키는 기간을 말한다.
④ 인간 또는 기계의 과오나 동작상의 실수가 있어도 사고를 발생시키지 않도록 2중, 3중으로 통제를 가하는 것을 말한다.

해답

① 감각차단현상
② R.M.R(에너지 대사율)
③ 디버깅 기간
④ 페일 세이프(Fail safe)

13 프레스의 손쳐내기식 방호장치의 설치방법에 관한 사항이다. (　)에 맞는 내용을 쓰시오.

(1) 슬라이드 하행정거리의 (①)위치에서 손을 완전히 밀어내어야 한다.
(2) 방호판의 폭은 (②)의 (③)이어야 하고, 행정길이가 (④)mm 이상의 프레스기계에는 방호판 폭을 300mm로 해야 한다.

해답

① 3/4
② 금형폭
③ 1/2 이상
④ 300

2015년 7월 12일 산업안전기사 실기 필답형

01 산업안전보건법에 의한 산업재해조사표를 작성하고자 한다. 재해발생 개요를 작성하시오.

① 발생일시
② 발생장소
③ 재해 관련 작업유형
④ 재해발생 당시 상황

2014년 6월 30일 월요일 14시 30분 사출성형기를 사용하여 제품을 생산하는 사출성형부 플라스틱 용기 생산 1팀 사출공정에서 재해자 A와 동료 근로자 B가 작업 중 재해자 A가 사출성형기 2호기에서 플라스틱 용기를 꺼낸 후 금형을 점검하던 중 재해자가 점검 중임을 모르던 동료 근로자 B가 사출성형기 조작 스위치를 가동하여 금형 사이에 재해자가 끼어 사망하였다.
재해 당시 사출성형기의 인터록(연동)장치는 설치되어 있었으나 고장으로 인해 작동되지 않았으며, 점검을 하면서 '점검 중'이라는 안전표지판이나 조작장치에 대한 잠금장치는 설치되지 않은 상태에서 근로자 B가 조작 스위치를 잘못 조작하여 재해가 발생하였다.

해답

① 발생일시 : 2014년 6월 30일 월요일 14시 30분
② 발생장소 : 사출성형부 플라스틱 용기 생산 1팀 사출공정에서
③ 재해 관련 작업유형 : 재해자 A가 사출성형기 2호기에서 플라스틱 용기를 꺼낸 후 금형을 점검하던 중
④ 재해발생 당시 상황 : 재해자가 점검 중임을 모르던 동료 근로자 B가 사출성형기 조작 스위치를 가동하여 금형 사이에 재해자가 끼어 사망하였음

02 산업안전보건법상의 사업주의 의무와 근로자의 의무를 2가지씩 쓰시오.

해답

(1) 사업주의 의무
① 산업안전보건법에 따른 명령으로 정하는 산업재해 예방을 위한 기준 이행
② 근로자의 신체적 피로와 정신적 스트레스 등을 줄일 수 있는 쾌적한 작업환경의 조성 및 근로조건 개선 이행
③ 해당 사업장의 안전 및 보건에 관한 정보를 근로자에게 제공 이행

(2) 근로자의 의무
① 근로자는 산업안전보건법에 따른 명령으로 정하는 산업재해 예방을 위한 기준을 지켜야 한다.
② 사업주 또는 근로감독관, 공단 등 관계인이 실시하는 산업재해 예방에 관한 조치에 따라야 한다.

03 Fail safe를 기능적인 측면에서 3단계로 분류하여 간략히 설명하시오.

해답

① Fail－passive : 부품이 고장 나면 기계가 정지하는 방향으로 이동하는 것(일반적인 산업기계)
② Fail－active : 부품이 고장 나면 경보를 울리며 잠시 동안 계속 운전이 가능한 것
③ Fail－operational : 부품이 고장 나도 추후에 보수가 될 때까지 안전한 기능을 유지하는 것

04 와이어로프 꼬임형식을 쓰시오.

①
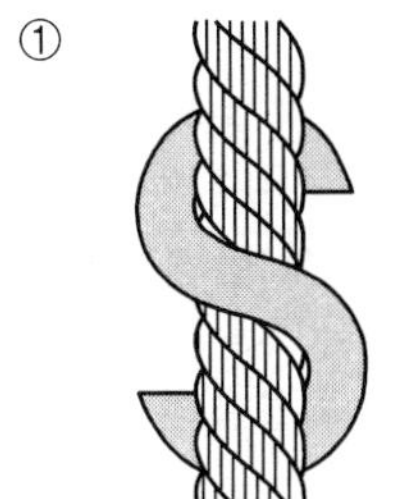

②
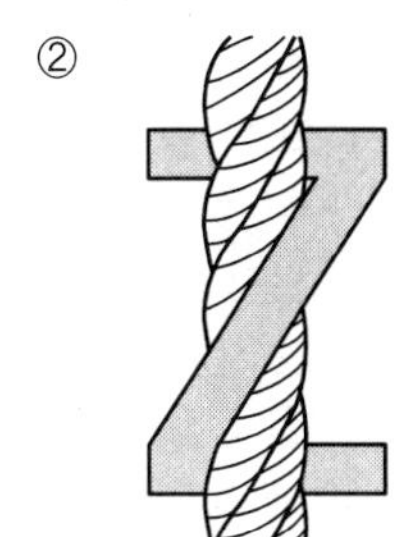

해답

① 보통 S 꼬임
② 랭 Z 꼬임

> TIP ① 보통 꼬임 : 로프의 꼬임과 스트랜드의 꼬임이 서로 반대 방향으로 꼬는 방법
> ② 랭 꼬임 : 로프의 꼬임과 스트랜드의 꼬임이 서로 동일한 방향으로 꼬는 방법

05 산업안전보건법에서 정하고 있는 산업안전보건위원회의 회의록 작성사항을 3가지 쓰시오.

해답

① 개최 일시 및 장소
② 출석위원
③ 심의 내용 및 의결 · 결정 사항
④ 그 밖의 토의사항

06 연소의 3요소와 그에 따른 소화방법을 쓰시오.

해답

① 가연성 물질 : 제거소화
② 산소공급원 : 질식소화
③ 점화원 : 냉각소화

07 다음 보기의 설명은 산업안전보건법상 신규화학물질의 제조 및 수입 등에 관한 내용이다. ( ) 안에 해당하는 내용을 넣으시오.

> 신규화학물질을 제조하거나 수입하려는 자는 제조하거나 수입하려는 날 (①)일 전까지 해당 신규화학물질의 안전 · 보건에 관한 자료, 독성시험 성적서, 제조 또는 사용 · 취급방법을 기록한 서류 및 제조 또는 사용 공정도, 그 밖의 관련 서류를 첨부하여 (②)에게 제출하여야 한다.

해답

① 30
② 고용노동부장관

08 고장률이 시간당 0.01로 일정한 기계가 있다. 이 기계가 처음 100시간 동안 고장이 발생할 확률을 구하시오.

해답

① 신뢰도 $R(t) = e^{-\lambda t} = e^{-(0.01 \times 100)} = 0.37$
② 불신뢰도 $F(t) = 1 - R(t) = 1 - 0.37 = 0.63$

09 인간-기계 기능 체계의 기본 기능 4가지를 쓰시오.

해답

① 감지기능
② 정보보관기능
③ 정보처리 및 의사결정기능
④ 행동기능

10 산업안전보건법상 근로자 안전보건교육에 있어 500명의 사업장에 "채용 시 및 작업내용 변경 시 교육"의 교육내용을 4가지 쓰시오.(단, 산업안전보건법령 및 산업재해보상보험 제도에 관한 사항은 제외)

해답

① 산업안전 및 사고 예방에 관한 사항
② 산업보건 및 직업병 예방에 관한 사항
③ 위험성 평가에 관한 사항
④ 직무스트레스 예방 및 관리에 관한 사항
⑤ 직장 내 괴롭힘, 고객의 폭언 등으로 인한 건강장해 예방 및 관리에 관한 사항
⑥ 기계 · 기구의 위험성과 작업의 순서 및 동선에 관한 사항
⑦ 작업 개시 전 점검에 관한 사항
⑧ 정리정돈 및 청소에 관한 사항
⑨ 사고 발생 시 긴급조치에 관한 사항
⑩ 물질안전보건자료에 관한 사항

11 감전방지용 누전차단기의 정격감도전류와 동작시간을 쓰시오.

해답

① 정격감도전류 : 30mA 이하
② 동작시간 : 0.03초 이내

12 다음의 안전보건표지에서 경고표지와 지시표지를 고르시오.

①	②	③	④

⑤	⑥	⑦	⑧

⑨	⑩		

해답

(1) 경고표지 : ①, ③, ⑤, ⑥, ⑨, ⑩
(2) 지시표지 : ②, ④, ⑦, ⑧

① 낙하물 경고
② 안전장갑 착용
③ 고압전기 경고
④ 귀마개 착용
⑤ 부식성 물질 경고
⑥ 몸균형 상실 경고
⑦ 방독마스크 착용
⑧ 안전화 착용
⑨ 고온 경고
⑩ 인화성 물질 경고

13 산업안전보건법령상 콘크리트 타설작업 시 준수사항을 3가지만 쓰시오.

해답

① 당일의 작업을 시작하기 전에 해당 작업에 관한 거푸집 및 동바리의 변형 · 변위 및 지반의 침하 유무 등을 점검하고 이상이 있으면 보수할 것
② 작업 중에는 감시자를 배치하는 등의 방법으로 거푸집 및 동바리의 변형 · 변위 및 침하 유무 등을 확인해야 하며, 이상이 있으면 작업을 중지하고 근로자를 대피시킬 것
③ 콘크리트 타설작업 시 거푸집 붕괴의 위험이 발생할 우려가 있으면 충분한 보강조치를 할 것
④ 설계도서상의 콘크리트 양생기간을 준수하여 거푸집 및 동바리를 해체할 것
⑤ 콘크리트를 타설하는 경우에는 편심이 발생하지 않도록 골고루 분산하여 타설할 것

14 도급사업에 있어서의 합동 안전보건 점검을 할 때 점검반을 구성하여야 할 사람을 3가지 쓰시오.

해답

① 도급인(같은 사업 내에 지역을 달리하는 사업장이 있는 경우에는 그 사업장의 안전보건관리책임자)
② 관계수급인(같은 사업 내에 지역을 달리하는 사업장이 있는 경우에는 그 사업장의 안전보건관리책임자)
③ 도급인 및 관계수급인의 근로자 각 1명(관계수급인의 근로자의 경우에는 해당 공정만 해당)

2015년 7월 12일 산업안전산업기사 실기 필답형

01 산업안전보건법에서 정하고 있는 승강기의 종류를 4가지 쓰시오.

해답

① 승객용 엘리베이터
② 승객화물용 엘리베이터
③ 화물용 엘리베이터
④ 소형화물용 엘리베이터
⑤ 에스컬레이터

02 안전관리자의 업무를 4가지 쓰시오.

해답

① 산업안전보건위원회 또는 안전 및 보건에 관한 노사협의체에서 심의 · 의결한 업무와 해당 사업장의 안전보건관리규정 및 취업규칙에서 정한 업무
② 위험성 평가에 관한 보좌 및 지도 · 조언
③ 안전인증대상 기계 등과 자율안전확인대상 기계 등 구입 시 적격품의 선정에 관한 보좌 및 지도 · 조언
④ 해당 사업장 안전교육계획의 수립 및 안전교육 실시에 관한 보좌 및 지도 · 조언
⑤ 사업장 순회점검, 지도 및 조치 건의
⑥ 산업재해 발생의 원인 조사 · 분석 및 재발 방지를 위한 기술적 보좌 및 지도 · 조언
⑦ 산업재해에 관한 통계의 유지 · 관리 · 분석을 위한 보좌 및 지도 · 조언
⑧ 법 또는 법에 따른 명령으로 정한 안전에 관한 사항의 이행에 관한 보좌 및 지도 · 조언
⑨ 업무수행 내용의 기록 · 유지

03 건구온도 30도, 습구온도 20도일 경우 옥스퍼드(oxford) 지수를 구하시오.

해답

$WD = 0.85\,W(\text{습구온도}) + 0.15\,D(\text{건구온도})$
$= 0.85 \times 20 + 0.15 \times 30 = 21.5$

04 허즈버그의 두 요인이론에서 위생요인과 동기요인에 해당하는 내용을 각각 3가지 쓰시오.

해답

(1) 위생요인
① 보수
② 작업조건
③ 관리감독
④ 임금
⑤ 지위
⑥ 회사 정책과 관리

(2) 동기요인
① 성취감
② 책임감
③ 성장과 발전
④ 인정
⑤ 도전감
⑥ 일 그 자체

05 산업안전보건법상 지게차의 작업 시 작전 점검사항 4가지를 쓰시오.

해답

① 제동장치 및 조종장치 기능의 이상 유무
② 하역장치 및 유압장치 기능의 이상 유무
③ 바퀴의 이상 유무
④ 전조등 · 후미등 · 방향지시기 및 경보장치 기능의 이상 유무

06 아세틸렌 용접장치를 사용하여 금속의 용접, 용단 또는 가열작업을 하는 경우의 준수사항이다. ( )에 알맞은 내용을 넣으시오.

> 발생기에서 (①)m 이내 또는 발생기실에서 (②)m 이내의 장소에서는 흡연, 화기의 사용 또는 불꽃이 발생할 위험한 행위를 금지시킬 것

해답

① 5
② 3

TIP 아세틸렌 용접장치의 관리

① 발생기(이동식 아세틸렌 용접장치의 발생기는 제외)의 종류, 형식, 제작업체명, 매 시 평균 가스발생량 및 1회 카바이드 공급량을 발생기실 내의 보기 쉬운 장소에 게시할 것
② 발생기실에는 관계 근로자가 아닌 사람이 출입하는 것을 금지할 것
③ 발생기에서 5미터 이내 또는 발생기실에서 3미터 이내의 장소에서는 흡연, 화기의 사용 또는 불꽃이 발생할 위험한 행위를 금지시킬 것
④ 도관에는 산소용과 아세틸렌용의 혼동을 방지하기 위한 조치를 할 것
⑤ 아세틸렌 용접장치의 설치장소에는 적당한 소화설비를 갖출 것
⑥ 이동식 아세틸렌 용접장치의 발생기는 고온의 장소, 통풍이나 환기가 불충분한 장소 또는 진동이 많은 장소 등에 설치하지 않도록 할 것

07 산업안전보건법상 사업장에 안전보건관리규정을 작성하고자 할 때 포함되어야 할 사항을 4가지 쓰시오. (단, 그 밖에 안전 및 보건에 관한 사항은 제외)

해답

① 안전 및 보건에 관한 관리조직과 그 직무에 관한 사항
② 안전보건교육에 관한 사항
③ 작업장의 안전 및 보건 관리에 관한 사항
④ 사고 조사 및 대책 수립에 관한 사항

08 산업안전보건법상 안전인증 대상 방호장치의 종류를 4가지 쓰시오.

해답

① 프레스 및 전단기 방호장치
② 양중기용 과부하방지장치
③ 보일러 압력방출용 안전밸브
④ 압력용기 압력방출용 안전밸브
⑤ 압력용기 압력방출용 파열판
⑥ 절연용 방호구 및 활선작업용 기구
⑦ 방폭구조 전기기계 · 기구 및 부품
⑧ 추락 · 낙하 및 붕괴 등의 위험 방지 및 보호에 필요한 가설기자재로서 고용노동부장관이 정하여 고시하는 것
⑨ 충돌 · 협착 등의 위험 방지에 필요한 산업용 로봇 방호장치로서 고용노동부장관이 정하여 고시하는 것

09 휘발유 저장탱크에 표시해야 할 안전보건표지에 관한 다음 사항에 답하시오.

① 표지 종류
② 바탕색
③ 그림색
④ 기본 모형색
⑤ 모양

해답

① 표지 종류 : 경고표지(인화성 물질 경고)
② 바탕색 : 무색
③ 검은색
④ 기본 모형색 : 빨간색
⑤ 모양 : 마름모

10 전압을 구분하는 다음의 기준에서 ( )에 알맞은 내용을 쓰시오.

전원의 종류	저압	고압	특고압
직류[DC]	(①)	(②)	(③)
교류[AC]	(④)	(⑤)	7,000V 초과

해답

① 750V 이하
② 750V 초과, 7,000V 이하
③ 7,000V 초과
④ 600V 이하
⑤ 600V 초과 7,000V 이하

11 NATM공법에 의한 터널공사 시 계측방법의 종류를 4가지 쓰시오.

해답

① 내공 변위 측정
② 천단침하측정
③ 지중, 지표침하측정
④ 록볼트 축력측정
⑤ 숏크리트 응력 측정

TIP 굴착공사 계측관리

① 수위계
② 경사계
③ 하중 및 침하계
④ 응력계

12 가스폭발 위험장소 또는 분진폭발 위험장소에 설치되는 건축물 등에 대해서는 산업안전보건법에서 정하고 있는 해당하는 부분을 내화구조로 하여야 하며, 그 성능이 항상 유지될 수 있도록 점검 · 보수 등 적절한 조치를 하여야 한다. 여기에 해당하는 부분을 2가지 쓰시오.

해답

① 건축물의 기둥 및 보 : 지상 1층(지상 1층의 높이가 6미터를 초과하는 경우에는 6미터)까지
② 위험물 저장 · 취급용기의 지지대(높이가 30센티미터 이하인 것은 제외) : 지상으로부터 지지대의 끝부분까지
③ 배관 · 전선관 등의 지지대 : 지상으로부터 1단(1단의 높이가 6미터를 초과하는 경우에는 6미터)까지

13 다음은 사업장 위험성 평가에 관한 용어의 정의이다. 해당하는 용어를 쓰시오.

(1) 유해 · 위험요인이 부상 또는 질병으로 이어질 수 있는 가능성(빈도)과 중대성(강도)을 조합한 것을 의미한다.
(2) 유해 · 위험요인별로 부상 또는 질병으로 이어질 수 있는 가능성과 중대성의 크기를 각각 추정하여 위험성의 크기를 산출하는 것을 말한다.
(3) 유해 · 위험요인별로 추정한 위험성의 크기가 허용 가능한 범위인지 여부를 판단하는 것을 말한다.

해답

① 위험성
② 위험성 추정
③ 위험성 결정

2015년 10월 4일 산업안전기사 실기 필답형

01 다음 연삭기의 덮개 각도를 쓰시오.(단, 이상, 이하, 이내를 정확히 구분할 것)

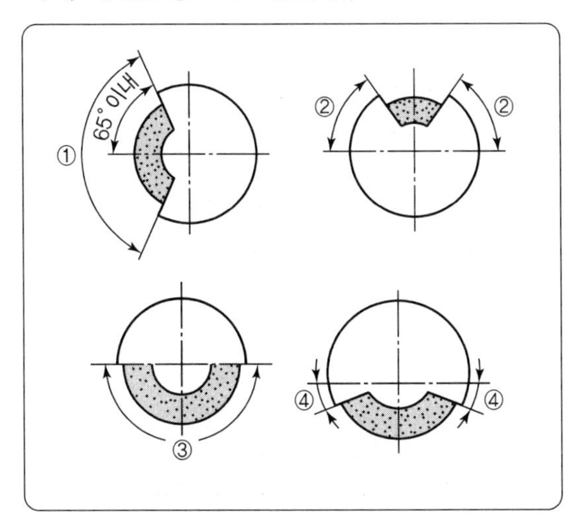

해답

① 125° 이내
② 60° 이상
③ 180° 이내
④ 15° 이상

02 공업용으로 사용되는 다음 보기의 고압가스 용기의 색상을 쓰시오.

① 산소 ④ 수소
② 질소 ⑤ 암모니아
③ 아세틸렌

해답

① 녹색
② 회색
③ 황색
④ 주황색
⑤ 백색

TIP 고압가스 용기의 도색

가스의 종류	도색의 구분
액화석유가스	밝은 회색
수소	주황색
아세틸렌	황색
액화탄산가스	청색
소방용 용기	소방법에 따른 도색
액화암모니아	백색
액화염소	갈색
산소	녹색
질소	회색
그 밖의 가스	회색

03 무재해운동의 위험예지 훈련에서 실시하는 문제해결 4라운드 진행법을 순서대로 쓰시오.

해답

① 제1단계 : 현상파악
② 제2단계 : 본질추구
③ 제3단계 : 대책수립
④ 제4단계 : 목표설정

04 다음 표의 빈칸에 각 접지공사의 종류별 접지저항값과 접지선의 굵기를 쓰시오.

접지공사 종류	접지저항값	접지선의 굵기
제1종	(①)Ω 이하	(②)
제2종	$\frac{150}{1\text{지락 전류}}$ Ω 이하	(③)
제3종	100Ω 이하	(④)
특별 제3종	(⑤)Ω 이하	(⑥)

해답

① 10
② 공칭단면적 $6mm^2$ 이상의 연동선
③ 공칭단면적 $16mm^2$ 이상의 연동선
④ 공칭단면적 $2.5mm^2$ 이상의 연동선

⑤ 10
⑥ 공칭단면적 $2.5mm^2$ 이상의 연동선

> **TIP** 법 개정으로 접지대상에 따라 일괄 적용한 종별접지(1종, 2종, 3종, 특별3종)가 폐지되었습니다.

05 고장률이 1시간당 0.01로 일정한 기계가 있다. 이 기계가 처음 100시간 동안에 고장이 발생할 확률을 구하시오.

해답

① 신뢰도 $R(t)=e^{-\lambda t}=e^{-(0.01\times 100)}=0.37$
② 불신뢰도 $F(t)=1-R(t)=1-0.37=0.63$

06 사업주는 잠함 또는 우물통의 내부에서 근로자가 굴착작업을 하는 경우에 잠함 또는 우물통의 급격한 침하에 의한 위험을 방지하기 위하여 준수하여야 할 사항을 쓰시오.

해답

① 침하관계도에 따라 굴착방법 및 재하량 등을 정할 것
② 바닥으로부터 천장 또는 보까지의 높이는 1.8미터 이상으로 할 것

07 시스템위험분석에 해당하는 PHA(예비사고분석)에서 목표달성을 위한 특징 4가지를 쓰시오.

해답

① 시스템에 관한 모든 주요한 사고를 식별하고 개략적인 말로 표시할 것
② 사고를 초래하는 요인을 식별할 것
③ 사고가 생긴다고 가정하고 시스템에 생기는 결과를 식별하여 평가할 것
④ 식별된 사고를 4가지 범주로 분류할 것(파국적, 중대, 한계적, 무시 가능)

08 타워크레인에 사용하는 와이어로프의 사용금지 기준을 4가지 쓰시오.(단, 부식된 것, 손상된 것 제외)

해답

① 이음매가 있는 것
② 와이어로프의 한 꼬임에서 끊어진 소선의 수가 10% 이상인 것
③ 지름의 감소가 공칭지름의 7%를 초과하는 것
④ 꼬인 것

09 다음 그림을 보고 기계 설비에 의해 형성되는 위험점의 명칭을 쓰시오.

①

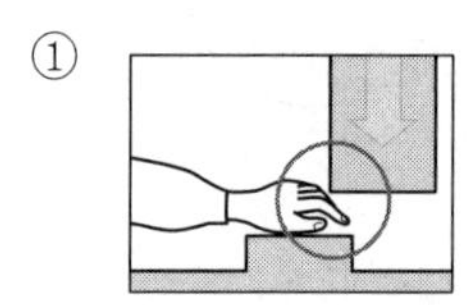

②

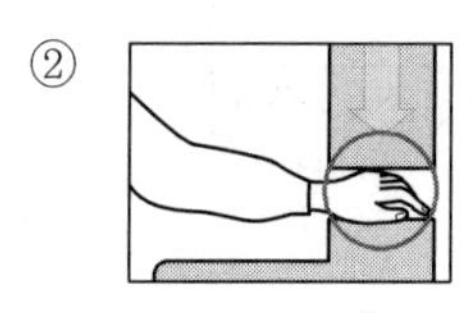
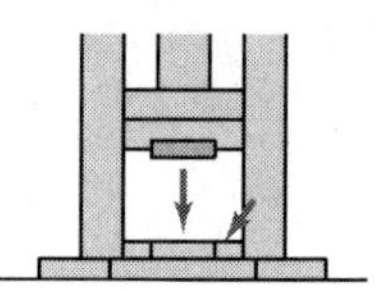

③

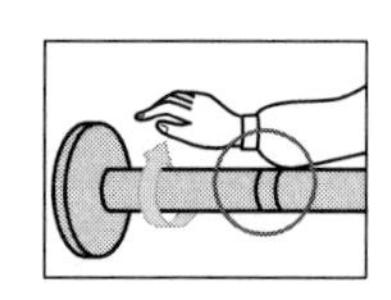
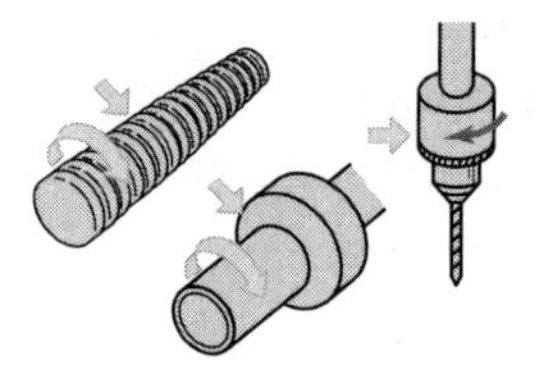

④

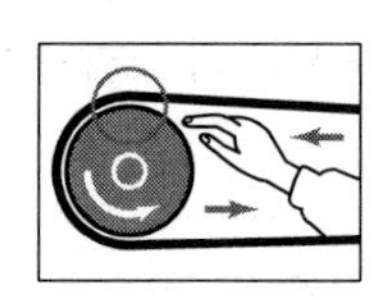

해답

① 끼임점
② 협착점
③ 회전 말림점
④ 접선 물림점

10 산업안전보건법상 관리감독자의 업무내용을 4가지 쓰시오.

해답

① 사업장 내 관리감독자가 지휘 · 감독하는 작업과 관련된 기계 · 기구 또는 설비의 안전 · 보건 점검 및 이상

유무의 확인
② 관리감독자에게 소속된 근로자의 작업복 · 보호구 및 방호장치의 점검과 그 착용 · 사용에 관한 교육 · 지도
③ 해당 작업에서 발생한 산업재해에 관한 보고 및 이에 대한 응급조치
④ 해당 작업의 작업장 정리 · 정돈 및 통로확보에 대한 확인 · 감독
⑤ 사업장의 다음 각 목의 어느 하나에 해당하는 사람의 지도 · 조언에 대한 협조
  ㉠ 안전관리자 또는 안전관리자의 업무를 안전관리전문기관에 위탁한 사업장의 경우에는 그 안전관리전문기관의 해당 사업장 담당자
  ㉡ 보건관리자 또는 보건관리자의 업무를 보건관리전문기관에 위탁한 사업장의 경우에는 그 보건관리전문기관의 해당 사업장 담당자
  ㉢ 안전보건관리담당자 또는 안전보건관리담당자의 업무를 안전관리전문기관 또는 보건관리전문기관에 위탁한 사업장의 경우에는 그 안전관리전문기관 또는 보건관리전문기관의 해당 사업장 담당자
  ㉣ 산업보건의
⑥ 위험성 평가에 관한 다음 각 목의 업무
  ㉠ 유해 · 위험요인의 파악에 대한 참여
  ㉡ 개선조치의 시행에 대한 참여

11 산업안전보건법에 따라 산업재해조사표를 작성하고자 할 때 다음 [보기]에서 산업재해조사표의 주요 작성항목이 아닌 것 3가지를 골라 쓰시오.

① 발생일시
② 목격자 인적사항
③ 발생형태
④ 상해종류
⑤ 고용형태
⑥ 가해물
⑦ 기인물
⑧ 재발방지계획
⑨ 재해발생 후 첫 출근일자

해답

② 목격자 인적사항
⑥ 가해물
⑨ 재해발생 후 첫 출근일자

12 내전압용 절연장갑의 성능기준에 있어 각 등급에 대한 최대 사용전압을 쓰시오.

등급	최대 사용전압		등급별 색상
	교류(V, 실효값)	직류(V)	
00	500	(①)	갈색
0	(②)	1,500	빨강색
1	7,500	11,250	흰색
2	17,000	25,500	노랑색
3	26,500	39,750	녹색
4	(③)	(④)	등색

해답

① 750 ② 1,000
③ 36,000 ④ 54,000

13 자율검사 프로그램의 인정을 취소하거나 인정받은 자율검사 프로그램의 내용에 따라 검사를 하도록 하는 등 시정을 명할 수 있는 경우를 2가지 쓰시오.

해답

① 거짓이나 그 밖의 부정한 방법으로 자율검사 프로그램을 인정받은 경우
② 자율검사 프로그램을 인정받고도 검사를 하지 아니한 경우
③ 인정받은 자율검사 프로그램의 내용에 따라 검사를 하지 아니한 경우
④ 고용노동부령으로 정하는 자격을 가진 사람 또는 자율안전검사기관이 검사를 하지 아니한 경우

14 위험성 평가를 실시할 경우 따라야 하는 절차의 순서를 번호로 쓰시오.

① 근로자의 작업과 관계되는 유해·위험요인의 파악
② 추정한 위험성이 허용 가능한 위험성인지 여부의 결정
③ 파악된 유해·위험요인별 위험성의 추정
④ 평가대상의 선정 등 사전준비
⑤ 위험성 평가 실시내용 및 결과에 관한 기록
⑥ 위험성 감소대책의 수립 및 실행

해답

④ → ① → ③ → ② → ⑥ → ⑤

2015년 10월 4일 산업안전산업기사 실기 필답형

01 산업안전보건법상 건강진단의 종류 5가지를 쓰시오.

해답

① 일반건강진단
② 특수건강진단
③ 배치 전 건강진단
④ 수시건강진단
⑤ 임시건강진단

02 분진폭발의 과정에 해당하는 다음 보기의 내용을 보고 폭발의 순서를 쓰시오.

① 입자표면 열분해 및 기체 발생
② 주위의 공기와 혼합
③ 입자표면 온도 상승
④ 폭발열에 의하여 주위 입자 온도 상승 및 열분해
⑤ 점화원에 의한 폭발

해답

③ → ① → ② → ⑤ → ④

03 달비계의 최대적재하중을 정하고자 한다. 다음에 해당하는 안전계수를 쓰시오.

(1) 달기와이어로프 및 달기강선의 안전계수 : (①) 이상
(2) 달기체인 및 달기훅의 안전계수 : (②) 이상
(3) 달기강대와 달비계의 하부 및 상부지점의 안전계수는 강재의 경우 (③) 이상, 목재의 경우 (④) 이상

해답

① 10
② 5
③ 2.5
④ 5

04 산업안전보건법에서 정하는 중대재해의 종류를 3가지 쓰시오.

해답

① 사망자가 1명 이상 발생한 재해
② 3개월 이상의 요양이 필요한 부상자가 동시에 2명 이상 발생한 재해
③ 부상자 또는 직업성 질병자가 동시에 10명 이상 발생한 재해

05 스웨인(A.D. Swain)은 인간의 실수를 작위 실수와 부작위 실수로 구분하고 있다. 이 중 작위 실수에 포함되는 종류를 2가지 쓰시오.

해답

① 선택착오
② 순서착오
③ 시간착오
④ 정성적 착오

06 근로자가 1시간 동안 1분당 6.5kcal의 에너지를 소모하는 작업을 수행하는 경우 휴식시간을 구하시오.(단, 작업에 대한 권장 평균에너지 소비량은 분당 5kcal이다.)

해답

$$R = \frac{60(E-5)}{E-1.5} = \frac{60(6.5-5)}{6.5-1.5} = 18(\text{분})$$

07 다음은 정전기 대전에 관한 설명이다. 해당되는 대전의 종류를 쓰시오.

① 분체류, 액체류, 기체류가 단면적이 작은 개구부를 통해 분출할 때 분출물질과 개구부의 마찰로 인하여 정전기가 발생
② 액체를 파이프 등으로 수송할 때 액체류가 파이프 등과 접촉하여 두 물질의 경계에 전기 2중층이 형성되어 정전기가 발생
③ 상호 밀착해 있던 물체가 떨어지면서 전하 분리가 생겨 정전기가 발생

해답

① 분출대전
② 유동대전
③ 박리대전

08 프레스와 전단기에 관한 다음의 설명에 맞는 방호장치를 쓰시오.

> ① 1행정 1정지 기구에 사용할 수 있어야 하며, 양손으로 동시에 조작하지 않으면 동작하지 않고 한 손이라도 조작장치에서 떨어지면 정지되는 구조이어야 한다.
> ② 슬라이드와 작업자의 손을 끈으로 연결하여 슬라이드가 하강할 때 작업자의 손을 당겨 위험영역에서 떨어질 수 있도록 한 것으로 수인끈은 작업자와 작업공정에 따라 그 길이를 조정할 수 있어야 한다.
> ③ 부착볼트 등의 고정금속부분은 예리한 돌출현상이 없어야 하며, 슬라이드 하행정거리의 3/4 위치에서 손을 완전히 밀어내어야 한다.

해답

① 양수조작식 방호장치
② 수인식 방호장치
③ 손쳐내기식 방호장치

09 산업안전표지 중 다음의 금지표지에 해당하는 명칭을 쓰시오.

①	②	③	④

해답

① 보행금지
② 탑승금지
③ 사용금지
④ 물체이동금지

10 토사붕괴의 발생을 예방하기 위하여 점검사항을 점검해야 할 시기를 4가지 쓰시오.

해답

① 작업 전
② 작업 중
③ 작업 후
④ 비 온 후
⑤ 인접 작업구역에서 발파한 경우

11 유해 · 위험 방지를 위한 방호조치를 하지 아니하고는 양도 · 대여 · 설치 · 사용하거나 양도 · 대여를 목적으로 진열해서는 아니 되는 기계 · 기구를 5가지 쓰시오.

해답

① 예초기
② 원심기
③ 공기압축기
④ 금속절단기
⑤ 지게차
⑥ 포장기계

12 산업안전보건법령상 사업주가 근로자에 대하여 실시하여야 하는 근로자 안전보건교육시간에 관한 다음 내용에 알맞은 교육시간을 쓰시오.

교육과정	교육대상		교육시간
정기교육	1) 사무직 종사 근로자		(①)
	2) 그 밖의 근로자	가) 판매업무에 직접 종사하는 근로자	(②)
		나) 판매업무에 직접 종사하는 근로자 외의 근로자	매반기 12시간 이상
채용 시 교육	1) 일용근로자 및 근로계약기간이 1주일 이하인 기간제근로자		(③)
	2) 근로계약기간이 1주일 초과 1개월 이하인 기간제근로자		4시간 이상
	3) 그 밖의 근로자		8시간 이상
작업내용 변경 시 교육	1) 일용근로자 및 근로계약기간이 1주일 이하인 기간제근로자		(④)
	2) 그 밖의 근로자		2시간 이상
건설업 기초안전 · 보건교육	건설 일용근로자		(⑤)

해답

① 매반기 6시간 이상
② 매반기 6시간 이상
③ 1시간 이상
④ 1시간 이상
⑤ 4시간 이상

2016년 4월 17일 산업안전기사 실기 필답형

01 화물의 낙하로 인하여 지게차의 운전자에게 위험을 미칠 우려가 있는 작업장에서 사용되는 지게차의 헤드가드가 갖추어야 할 사항 2가지를 쓰시오.

해답

① 강도는 지게차의 최대하중의 2배 값(4톤을 넘는 값에 대해서는 4톤으로 한다)의 등분포정하중에 견딜 수 있을 것
② 상부틀의 각 개구의 폭 또는 길이가 16센티미터 미만일 것
③ 운전자가 앉아서 조작하거나 서서 조작하는 지게차의 헤드가드는 한국산업표준에서 정하는 높이 기준 이상일 것(좌식 : 0.903m 이상, 입식 : 1.88m 이상)

02 폭발등급을 구분하여 안전간격과 등급별 가스의 종류를 쓰시오.

해답

폭발등급	안전간격	대상가스의 종류
1등급	0.6mm 초과	일산화탄소, 에탄, 프로판, 암모니아, 아세톤, 에틸에테르, 가솔린, 벤젠, 메탄 등
2등급	0.4mm 초과~0.6mm 이하	석탄가스, 에틸렌, 이소프렌, 산화에틸렌 등
3등급	0.4mm 이하	아세틸렌, 이황화탄소, 수소, 수성가스 등

03 다음 FT도에서 미니멀 컷셋(minimal cut set)을 구하시오.

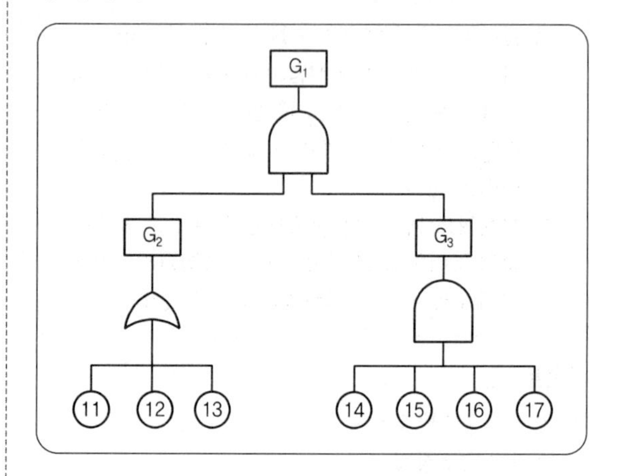

해답

$$G_1 \rightarrow G_2, G_3 \rightarrow \begin{matrix} 11, G_3 \\ 12, G_3 \\ 13, G_3 \end{matrix} \rightarrow \begin{matrix} 11, 14, 15, 16, 17 \\ 12, 14, 15, 16, 17 \\ 13, 14, 15, 16, 17 \end{matrix}$$

그러므로 미니멀 컷셋은 (11, 14, 15, 16, 17), (12, 14, 15, 16, 17), (13, 14, 15, 16, 17)

04 근로자가 반복하여 계속적으로 중량물을 취급하는 작업을 할 때 작업 시작 전 점검사항을 2가지 쓰시오.(단, 그 밖에 하역운반기계 등의 적절한 사용방법은 제외한다.)

해답

① 중량물 취급의 올바른 자세 및 복장
② 위험물이 날아 흩어짐에 따른 보호구의 착용
③ 카바이드 · 생석회(산화칼슘) 등과 같이 온도상승이나 습기에 의하여 위험성이 존재하는 중량물의 취급방법

05 아세틸렌 용접장치 도관의 검사항목을 3가지 쓰시오.

해답

① 밸브의 작동상태
② 누출의 유무
③ 역화방지기 접속부 및 밸브코크의 작동상태의 이상 유무

06 화재의 분류와 분류에 따른 표시색을 쓰시오.

유형	화재의 분류	표시색
A급	일반화재	(④)
B급	(①)	(⑤)
C급	(②)	청색
D급	(③)	없음

해답

① 유류화재
② 전기화재
③ 금속화재
④ 백색
⑤ 황색

07 광전자식(감응식) 방호장치가 설치된 프레스에서 광선이 차단된 후 200ms 후에 슬라이드가 정지하였을 경우 방호장치의 안전거리(mm)를 구하시오.

해답

$$\begin{aligned}\text{안전거리(mm)} &= 1{,}600\times(T_c+T_s)\\ &= 1{,}600\times \text{급정지시간(초)}\\ &= 1{,}600\times\left(200\times\frac{1}{1{,}000}\right)\\ &= 320(\text{mm})\end{aligned}$$

> **TIP** $\text{ms}=\dfrac{1}{1{,}000}$초

08 도수율이 18.73인 사업장에서 어느 근로자가 평생 작업한다면 약 몇 건의 재해가 발생하겠는가? (단, 근로 시간은 1일 8시간, 월 25일, 12개월 근무하며, 평생 근로연수는 35년, 연간 잔업시간은 240시간으로 한다.)

해답

환산도수율

$$= \text{도수율}\times\frac{\text{총근로시간수}}{1{,}000{,}000}$$

$$= 18.73\times\frac{(8\times25\times12\times35)+(240\times35)}{1{,}000{,}000}$$

$$= 1.73$$

그러므로 1.73(건) 또는 약 2(건)

09 안전인증대상 보호구 중 차광보안경의 사용 구분에 따른 종류 4가지를 쓰시오.

해답

① 자외선용
② 적외선용
③ 복합용
④ 용접용

10 산업안전보건법에서 정하고 있는 사업주가 근로자에게 시행해야 할 근로자 안전 · 보건교육의 종류를 4가지 쓰시오.

해답

① 정기교육
② 채용 시의 교육
③ 작업내용 변경 시의 교육
④ 특별교육
⑤ 건설업 기초안전 · 보건교육

11 산업안전보건법에서 정하고 있는 양중기의 종류 4가지를 쓰시오.

해답

① 크레인(호이스트 포함)
② 이동식 크레인
③ 리프트(이삿짐 운반용 리프트의 경우에는 적재하중이 0.1톤 이상인 것)
④ 곤돌라
⑤ 승강기

12 양중기에 사용하는 와이어로프 사용금지 기준을 4가지 쓰시오.(단, 부식된 것, 손상된 것은 제외한다.)

해답

① 이음매가 있는 것
② 와이어로프의 한 꼬임에서 끊어진 소선의 수가 10% 이상인 것
③ 지름의 감소가 공칭지름의 7%를 초과하는 것
④ 꼬인 것

13 중대재해가 발생한 사실을 알게 될 경우 지체없이 관할 지방고용노동관서의 장에게 전화 · 팩스, 또는 그 밖에 적절한 방법으로 보고하여야 할 사항을 2가지 쓰시오.(단, 그 밖의 중요한 사항은 제외)

해답

① 발생 개요 및 피해 상황
② 조치 및 전망

14 스웨인(A.D. Swain)은 인간의 실수를 작위적 실수(commission error)와 부작위적 실수(omission error)로 구분하였다. 작위적 실수와 부작위적 실수에 대해 간단히 설명하시오.

해답

① 작위적 실수(commission error) : 필요한 직무 또는 절차의 불확실한 수행으로 인한 에러
② 부작위적 실수(omission error) : 필요한 직무 또는 절차를 수행하지 않아 발생하는 에러

2016년 4월 17일 산업안전산업기사 실기 필답형

01 재해 발생에 관련된 이론 중 하인리히의 재해 연쇄성 이론과 버드의 연쇄성 이론, 아담스의 연쇄성 이론을 각각 구분하여 쓰시오.

해답

	하인리히 이론	버드 이론	아담스 이론
제1단계	사회적 환경 및 유전적 요인	제어의 부족(관리)	관리구조
제2단계	개인적 결함	기본원인(기원)	작전적 에러
제3단계	불안전한 행동 및 불안전한 상태	직접원인(징후)	전술적 에러
제4단계	사고	사고(접촉)	사고
제5단계	재해	상해(손실)	상해, 손해

02 산업안전보건법에서 사업주가 해야 할 다음의 사항에서 괄호에 알맞은 내용을 쓰시오.

> 사업주는 (①) · (②) · (③) 및 (④) 등에 부속되는 키 · 핀 등의 기계요소는 묻힘형으로 하거나 해당 부위에 덮개를 설치하여야 한다.

해답

① 회전축
② 기어
③ 풀리
④ 플라이휠

03 추락 및 감전 위험방지용 안전모의 종류 및 사용 구분에 관하여 간단히 설명하시오.

해답

종류(기호)	사용 구분
AB	물체의 낙하 또는 비래 및 추락에 의한 위험을 방지 또는 경감시키기 위한 것
AE	물체의 낙하 또는 비래에 의한 위험을 방지 또는 경감하고, 머리부위 감전에 의한 위험을 방지하기 위한 것
ABE	물체의 낙하 또는 비래 및 추락에 의한 위험을 방지 또는 경감하고, 머리부위 감전에 의한 위험을 방지하기 위한 것

04 조종장치를 촉각적으로 정확하게 식별하기 위한 암호화 방법 3가지를 쓰시오.

해답

① 형상을 이용한 암호화
② 표면 촉감을 이용한 암호화
③ 크기를 이용한 암호화

05 산업안전보건법에서 정하고 있는 가설통로 설치 시 준수해야 할 사항을 2가지 쓰시오.(단, 견고한 구조, 안전난간에 관한 규정은 제외)

해답

① 경사는 30도 이하로 할 것
② 경사가 15도를 초과하는 경우에는 미끄러지지 아니하는 구조로 할 것
③ 수직갱에 가설된 통로의 길이가 15미터 이상인 경우에는 10미터 이내마다 계단참을 설치할 것
④ 건설공사에 사용하는 높이 8미터 이상인 비계다리에는 7미터 이내마다 계단참을 설치할 것

06 로봇을 운전하는 경우 당해 로봇에 접촉함으로써 근로자에게 위험이 발생할 우려가 있는 때에 사업주가 취해야 할 안전조치 사항을 2가지 쓰시오.

해답

① 높이 1.8미터 이상의 울타리 설치
② 컨베이어 시스템의 설치 등으로 울타리를 설치할 수 없는 일부 구간 : 안전매트 또는 광전자식 방호장치 등 감응형 방호장치 설치

07 스웨인(A.D. Swain)의 휴먼에러를 심리적인 측면에서 분류한 종류 4가지를 쓰시오.

해답

① 생략에러(omission error)

PART 01 PART 02 PART 03 PART 04

② 작위에러(commission error)
③ 순서에러(sequential error)
④ 시간에러(time error)
⑤ 과잉행동에러(extraneous error)

08 산업안전보건법상 위험물의 종류에 관한 사항이다. 괄호에 알맞은 내용을 쓰시오.

(1) 인화성 액체 : 노르말헥산, 아세톤, 메틸에틸케톤, 메틸알코올, 에틸알코올, 이황화탄소, 그 밖에 인화점이 섭씨 (①)도 미만이고 초기 끓는점이 섭씨 35도를 초과하는 물질
(2) 부식성 산류 : 농도가 (②)퍼센트 이상인 염산, 황산, 질산, 그 밖에 이와 같은 정도 이상의 부식성을 가지는 물질
(3) 부식성 염기류 : 농도가 (③)퍼센트 이상인 수산화나트륨, 수산화칼륨, 그 밖에 이와 같은 정도 이상의 부식성을 가지는 염기류

해답

① 23
② 20
③ 40

09 잠함 또는 우물통의 내부에서 굴착작업 시 급격한 침하로 인한 위험을 방지하기 위하여 준수해야 할 사항을 2가지 쓰시오.

해답

① 침하관계도에 따라 굴착방법 및 재하량 등을 정할 것
② 바닥으로부터 천장 또는 보까지의 높이는 1.8미터 이상으로 할 것

10 인간공학에서 인간기준의 유형 4가지를 쓰시오.

해답

① 인간성능 척도
② 생리학적 지표
③ 주관적 반응
④ 사고빈도

11 산업안전보건법상 도급사업에 있어서 안전보건총괄책임자를 선임하여야 할 사업을 2가지 쓰시오.(단, 선박 및 보트 건조업, 1차 금속제조업 및 토사석 광업의 경우는 제외)

해답

① 관계수급인에게 고용된 근로자를 포함한 상시근로자가 100명 이상인 사업
② 관계수급인의 공사금액을 포함한 해당 공사의 총공사금액이 20억 원 이상인 건설업

12 자동전격방지기에 관한 다음의 설명 중 (　)에 맞는 내용을 쓰시오.

(①) : 용접봉을 모재로부터 분리시킨 후 주접점이 개로되어 용접기 2차 측 (②)을 25V 이하로 감압시킬 때까지의 시간

해답

① 지동시간
② 무부하전압

13 수소 28[vol%], 메탄 45[vol%], 에탄 27[vol%]의 조성을 가진 혼합가스의 폭발상한계값[vol%]과 메탄의 위험도를 계산하시오.

물질명	폭발하한계	폭발상한계
수소	4.0[vol%]	75[vol%]
메탄	5.0[vol%]	15[vol%]
에탄	3.0[vol%]	12.4[vol%]

해답

① 폭발상한계 $= \dfrac{100}{\dfrac{V_1}{L_1}+\dfrac{V_2}{L_2}} = \dfrac{100}{\dfrac{28}{75}+\dfrac{45}{15}+\dfrac{27}{12.4}}$

$= 18.015 = 18.02(\text{vol\%})$

② 메탄의 위험도 $= \dfrac{UFL - LFL}{LFL} = \dfrac{15-5.0}{5.0} = 2$

2016년 6월 26일 산업안전기사 실기 필답형

01 물질안전보건자료(MSDS) 작성 시 포함사항 16가지 중 다음 사항을 뺀 4가지를 쓰시오.

① 화학제품과 회사에 관한 정보
② 구성성분의 명칭 및 함유량
③ 취급 및 저장 방법
④ 물리화학적 특성
⑤ 폐기 시 주의사항
⑥ 그 밖의 참고사항

해답

① 유해성 · 위험성
② 응급조치요령
③ 폭발 · 화재 시 대처방법
④ 누출사고 시 대처방법
⑤ 노출방지 및 개인보호구
⑥ 안정성 및 반응성
⑦ 독성에 관한 정보
⑧ 환경에 미치는 영향
⑨ 운송에 필요한 정보
⑩ 법적 규제 현황

02 공정안전보고서에 포함되어야 할 사항을 4가지 쓰시오.

해답

① 공정안전자료
② 공정위험성 평가서
③ 안전운전계획
④ 비상조치계획

03 산업안전보건법에 따라 비계 작업 시 비, 눈 그 밖의 기상상태의 불안전으로 날씨가 몹시 나빠서 작업을 중지시킨 후 그 비계에서 작업을 할 때 당해 작업 시작 전에 점검해야 할 사항을 4가지 쓰시오.

해답

① 발판 재료의 손상 여부 및 부착 또는 걸림 상태
② 해당 비계의 연결부 또는 접속부의 풀림 상태
③ 연결 재료 및 연결 철물의 손상 또는 부식 상태
④ 손잡이의 탈락 여부
⑤ 기둥의 침하, 변형, 변위 또는 흔들림 상태
⑥ 로프의 부착 상태 및 매단 장치의 흔들림 상태

04 어느 소음 작업장에서 8시간 동안 소음을 측정한 결과 85dB(A) 2시간, 90dB(A) 4시간, 95dB(A) 2시간 동안 노출되었다면, 소음노출수준(%)을 구하고, 소음노출기준 초과 여부를 쓰시오.

해답

① 소음노출수준 $=\left(\frac{2}{16}+\frac{4}{8}+\frac{2}{4}\right)\times 100=112.5(\%)$

② 소음노출기준 초과 여부 : 100[%]를 초과했으므로 소음노출기준 초과

TIP OSHA의 소음노출 허용 수준

음압수준 (dB－A)	허용시간	음압수준 (dB－A)	허용시간
80	32	110	0.5
85	16	115	0.25
90	8	120	0.0125
95	4	125	0.063
100	2	130	0.031
105	1		

05 공기압축기를 가공하는 때의 작업 시작 전 점검해야 할 사항을 4가지 쓰시오.

해답

① 공기저장 압력용기의 외관 상태
② 드레인밸브의 조작 및 배수
③ 압력방출장치의 기능
④ 언로드밸브의 기능
⑤ 윤활유의 상태

⑥ 회전부의 덮개 또는 울
⑦ 그 밖의 연결 부위의 이상 유무

06 다음의 동기부여에 관한 이론 중 매슬로, 허즈버그, 알더퍼의 이론을 상호비교한 아래의 표에서 빈 칸에 알맞은 내용을 쓰시오.

매슬로의 욕구이론	허즈버그의 2요인 이론	알더퍼의 ERG이론
생리적 욕구	(③)	생존욕구
(①)		
(②)		(⑤)
인정받으려는 욕구	(④)	(⑥)
자아실현의 욕구		

해답

① 안전의 욕구
② 사회적 욕구
③ 위생요인
④ 동기요인
⑤ 관계욕구
⑥ 성장욕구

07 다음에 해당하는 근로 불능 상해의 종류에 관하여 간략히 설명하시오.

① 영구 전 노동불능 상해
② 영구 일부 노동불능 상해
③ 일시 전 노동불능 상해
④ 일시 일부 노동불능 상해

해답

① 영구 전 노동불능 상해 : 부상결과 근로기능을 완전히 잃은 경우로 신체장해등급 제1급~제3급에 해당되며 노동손실일수는 7,500일이다.
② 영구 일부 노동불능 상해 : 부상결과 신체의 일부가 근로기능을 상실한 경우로 신체장해등급 제4급~제14급에 해당된다.
③ 일시 전 노동불능 상해 : 의사의 진단에 따라 일정기간 근로를 할 수 없는 경우로 신체장해가 남지 않는 일반적인 휴업재해를 말한다.
④ 일시 일부 노동불능 상해 : 의사의 진단에 따라 부상 다음날 혹은 그 이후에 정규근로에 종사할 수 없는 휴업재해 이외의 경우를 말한다.

08 유해 · 위험 방지를 위한 방호조치를 하지 아니하고는 양도 · 대여 · 설치 · 사용하거나 양도 · 대여를 목적으로 진열해서는 아니 되는 기계 · 기구를 5가지 쓰시오.

해답

① 예초기
② 원심기
③ 공기압축기
④ 금속절단기
⑤ 지게차
⑥ 포장기계

09 FT의 각 단계별 내용이 다음과 같을 때 올바른 순서대로 번호를 나열하시오.

① 정상사상의 원인이 되는 기초사상을 분석한다.
② 정상사상과의 관계는 논리게이트를 이용하여 도해한다.
③ 분석현상이 된 시스템을 정의한다.
④ 이전 단계에서 결정된 사상이 좀 더 전개가 가능한지 점검한다.
⑤ 정성, 정량적으로 해석 평가한다.
⑥ FT를 간소화한다.

해답

③ → ① → ② → ④ → ⑥ → ⑤

10 다음과 같은 안전표지의 색채에 따른 색도기준, 용도 및 사용례에서 ( ) 안에 알맞은 내용을 쓰시오.

색채	색도기준	용도	사용례
(①)	7.5R 4/14	금지	정지신호, 소화설비 및 그 장소, 유해행위의 금지
		(③)	화학물질 취급장소에서의 유해 · 위험 경고
파란색	2.5PB 4/10	(④)	특정 행위의 지시 및 사실의 고지
흰색	N9.5		(⑤)
검은색	(②)		문자 및 빨간색 또는 노란색에 대한 보조색

해답

① 빨간색
② N0.5
③ 경고
④ 지시
⑤ 파란색 또는 녹색에 대한 보조색

11 폭발의 정의에서 UVCE와 BLEVE에 대하여 간단히 설명하시오.

해답

① UVCE(개방계 증기운 폭발) : 가연성 가스 또는 기화하기 쉬운 가연성 액체 등이 저장된 고압가스 용기(저장탱크)의 파괴로 인하여 대기 중으로 유출된 가연성 증기가 구름을 형성(증기운)한 상태에서 점화원이 증기운에 접촉하여 폭발하는 현상
② BLEVE(비등액 팽창증기 폭발) : 비등점이 낮은 인화성액체 저장탱크가 화재로 인한 화염에 장시간 노출되어 탱크 내 액체가 급격히 증발하여 비등하고 증기가 팽창하면서 탱크 내 압력이 설계압력을 초과하여 폭발을 일으키는 현상

12 다음은 산업재해 발생 시의 조치내용을 순서대로 표시하였다. 아래의 빈칸에 알맞은 내용을 쓰시오.

산업재해발생 — (①) — (②) — 원인강구 — (③) — 대책실시계획 — 실시 — (④)

해답

① 긴급처리
② 재해조사
③ 대책수립
④ 평가

13 다음 설명에 해당하는 방폭구조의 표시를 쓰시오.

(1) 방폭구조 : 외부가스가 용기 내로 침입하여 폭발하더라도 용기는 그 압력에 견디고 외부의 폭발성가스에 착화될 우려가 없도록 만들어진 구조
(2) 그룹 : IIB
(3) 최고 표면온도 : 90도

해답

Ex d ⅡB T5

TIP ① Ex : 방폭기기 인증 표시
② d : 내압방폭구조
③ 그룹 Ⅱ 전기기기의 최고 표면온도

온도 등급	최고 표면온도(℃)
T_1	450 이하
T_2	300 이하
T_3	200 이하
T_4	135 이하
T_5	100 이하
T_6	85 이하

14 차량계 하역 운반기계 운전자가 운전위치 이탈 시 준수해야 할 사항 2가지를 쓰시오.

해답

① 포크, 버킷, 디퍼 등의 장치를 가장 낮은 위치 또는 지면에 내려 둘 것
② 원동기를 정지시키고 브레이크를 확실히 거는 등 갑작스러운 주행이나 이탈을 방지하기 위한 조치를 할 것
③ 운전석을 이탈하는 경우에는 시동키를 운전대에서 분리시킬 것. 다만, 운전석에 잠금장치를 하는 등 운전자가 아닌 사람이 운전하지 못하도록 조치한 경우에는 그러하지 아니하다.

2016년 6월 26일 산업안전산업기사 실기 필답형

01 작업발판 일체형 거푸집의 종류를 4가지 쓰시오.

해답

① 갱 폼
② 슬립 폼
③ 클라이밍 폼
④ 터널 라이닝 폼

02 밀폐공간에서 작업 시에는 밀폐공간보건작업 프로그램을 수립하여 시행하여야 한다. 밀폐공간보건작업 프로그램에 포함되어야 할 사항을 4가지 쓰시오.

해답

① 사업장 내 밀폐공간의 위치 파악 및 관리방안
② 밀폐공간 내 질식 · 중독 등을 일으킬 수 있는 유해 · 위험 요인의 파악 및 관리방안
③ 밀폐공간 작업 시 사전 확인이 필요한 사항에 대한 확인 절차
④ 안전보건교육 및 훈련
⑤ 그 밖에 밀폐공간 작업 근로자의 건강장해 예방에 관한 사항

03 공칭지름이 10mm인 와이어로프의 지름을 측정해 보니 9.2mm였다. 이 와이어로프를 양중기에 사용 가능한지 판단하시오.

해답

① 지름의 감소가 공칭지름의 7%를 초과하는 것은 사용할 수 없다.
② 측정값 = 10mm − (10×0.07) = 9.3mm
③ 사용 가능 범위 : 10~9.3mm로 9.2mm 와이어로프는 사용 불가능

TIP 양중기 와이어로프 사용금지 조건
① 이음매가 있는 것
② 와이어로프의 한 꼬임에서 끊어진 소선의 수가 10% 이상인 것
③ 지름의 감소가 공칭지름의 7%를 초과하는 것
④ 꼬인 것
⑤ 심하게 변형되거나 부식된 것
⑥ 열과 전기충격에 의해 손상된 것

04 구축물 또는 이와 유사한 시설물에 대하여 안전진단 등 안전성 평가를 하여 근로자에게 미칠 위험성을 미리 제거하여야 하는 경우를 3가지 쓰시오. (단, 그 밖의 잠재 위험이 예상될 경우 제외)

해답

① 구축물 또는 이와 유사한 시설물의 인근에서 굴착 · 항타작업 등으로 침하 · 균열 등이 발생하여 붕괴의 위험이 예상될 경우
② 구축물 또는 이와 유사한 시설물에 지진, 동해, 부동침하 등으로 균열 · 비틀림 등이 발생하였을 경우
③ 구조물, 건축물, 그 밖의 시설물이 그 자체의 무게 · 적설 · 풍압 또는 그 밖에 부가되는 하중 등으로 붕괴 등의 위험이 있을 경우
④ 화재 등으로 구축물 또는 이와 유사한 시설물의 내력이 심하게 저하되었을 경우
⑤ 오랜 기간 사용하지 아니하던 구축물 또는 이와 유사한 시설물을 재사용하게 되어 안전성을 검토하여야 하는 경우

05 근로자가 1시간 동안 1분당 6kcal의 에너지를 소모하는 작업을 수행하는 경우 휴식시간 및 작업시간을 각각 구하시오.(단, 작업에 대한 권장 평균 에너지 소비량은 분당 5kcal이다.)

해답

(1) 휴식시간 : $R = \frac{60(E-5)}{E-1.5} = \frac{60(6-5)}{6-1.5}$
$= 13.333 = 13.33(\text{분})$

(2) 작업시간 : 60－13.33＝46.67(분)

06 산업안전보건법상 안전보건개선계획을 수립해야 하는 대상사업장을 2곳 쓰시오.

해답

① 산업재해율이 같은 업종의 규모별 평균 산업재해율보다 높은 사업장
② 사업주가 필요한 안전조치 또는 보건조치를 이행하지 아니하여 중대재해가 발생한 사업장
③ 직업성 질병자가 연간 2명 이상 발생한 사업장
④ 유해인자의 노출기준을 초과한 사업장

07 산업현장에서 활용할 수 있는 컬러 테라피에 관한 다음 내용을 보고 알맞은 색채를 쓰시오.

색채	심리
(①)	열정, 위험, 애정, 따뜻함
(②)	주의, 희망, 조심, 밝음
(③)	안전, 평화, 안정, 안식
(④)	진정, 차분, 차가움
(⑤)	우울, 불안, 초조

해답

① 빨간색　③ 녹색　⑤ 보라색
② 노란색　④ 파란색

08 산업안전보건법상 가설 통로 설치 시 준수해야 할 사항이다. 괄호에 알맞은 내용을 쓰시오.

(1) 경사는 (①)도 이하로 할 것
(2) 경사가 (②)도를 초과하는 때에는 미끄러지지 아니하는 구조로 할 것
(3) 추락의 위험이 있는 장소에는 (③)을 설치할 것
(4) 수직갱에 가설된 통로의 길이가 (④)m 이상인 때에는 (⑤)m 이내마다 계단참을 설치할 것
(5) 건설공사에 사용하는 높이 (⑥)m 이상인 비계다리에는 (⑦)m 이내마다 계단참을 설치할 것

해답

① 30　④ 15　⑦ 7
② 15　⑤ 10
③ 안전난간　⑥ 8

09 재해예방의 기본 4원칙을 쓰시오.

해답

① 예방가능의 원칙
② 손실우연의 원칙
③ 원인계기의 원칙
④ 대책선정의 원칙

10 산업안전보건법상 작업장의 조도기준에 관한 다음 사항에서 ( )에 알맞은 내용을 쓰시오.

작업의 종류	작업면 조도
초정밀작업	(①)Lux 이상
정밀작업	(②)Lux 이상
보통작업	(③)Lux 이상
그 밖의 작업	(④)Lux 이상

해답

① 750　③ 150
② 300　④ 75

11 다음에 해당하는 충전전로에 대한 접근한계 거리를 쓰시오.

(1) 충전전로 220V일 때 (①)
(2) 충전전로 1kV일 때 (②)
(3) 충전전로 22kV일 때 (③)
(4) 충전전로 154kV일 때 (④)

해답

① 접촉금지
② 45cm
③ 90cm
④ 170cm

TIP 접근한계거리

충전전로의 선간전압 (단위 : 킬로볼트)	충전전로에 대한 접근한계거리 (단위 : 센티미터)
0.3 이하	접촉금지
0.3 초과 0.75 이하	30
0.75 초과 2 이하	45
2 초과 15 이하	60
15 초과 37 이하	90
37 초과 88 이하	110
88 초과 121 이하	130
121 초과 145 이하	150
145 초과 169 이하	170
169 초과 242 이하	230
242 초과 362 이하	380
362 초과 550 이하	550
550 초과 800 이하	790

12 방진마스크의 등급 및 해당 사항에 알맞은 내용을 쓰시오.

(1) 석면 취급장소의 등급 (①)
(2) 금속흄 등과 같이 열적으로 생기는 분진 등 발생장소의 등급 (②)
(3) 베릴륨 등과 같이 독성이 강한 물질들을 함유한 분진 등 발생장소의 등급 (③)
(4) 산소농도 (④)% 미만인 장소에서는 방진마스크 착용을 금지한다.
(5) 안면부 내부의 이산화탄소 농도가 부피분율 (⑤)% 이하이어야 한다.

해답

① 특급
② 1급
③ 특급
④ 18
⑤ 1

13 공기 압축기의 불안정한 운전에 해당하는 서징(surging)현상의 방지대책을 4가지 쓰시오.

해답

① 풍량을 감소시킨다.
② 배관의 경사를 완만하게 한다.
③ 교축밸브를 기계에 가까이 설치한다.
④ 방출밸브에 의해 잔류 공기를 대기로 방출시킨다.
⑤ 회전수를 변경시킨다.

TIP 서징(맥동현상, Surging)
펌프나 원심 압축기 및 기타 유체기계에 펌프출구, 입구에 부착한 압력계 및 진공계의 바늘이 흔들리고 동시에 송출유량이 변화하는 현상, 즉 송출압력과 송출유량 사이에 주기적인 변동이 일어나는 현상을 말한다.

2016년 10월 9일 산업안전기사 실기 필답형

01 산업안전보건법상 작업장의 조도기준에 관한 다음 사항에서 괄호에 알맞은 내용을 쓰시오.

작업의 종류	작업면 조도
초정밀작업	(①)Lux 이상
정밀작업	(②)Lux 이상
보통작업	(③)Lux 이상
그 밖의 작업	(④)Lux 이상

해답

① 750
② 300
③ 150
④ 75

02 관리대상 유해물질을 취급하는 작업장에 게시해야 할 사항을 5가지 쓰시오.

해답

① 관리대상 유해물질의 명칭
② 인체에 미치는 영향
③ 취급상 주의사항
④ 착용하여야 할 보호구
⑤ 응급조치와 긴급 방재 요령

03 산업안전보건법상 관리감독자 정기교육의 내용을 4가지 쓰시오.(단, 산업안전보건법령 및 산업재해보상보험 제도에 관한 사항, 그 밖에 관리감독자의 직무에 관한 사항은 제외)

해답

① 산업안전 및 사고 예방에 관한 사항
② 산업보건 및 직업병 예방에 관한 사항
③ 위험성 평가에 관한 사항
④ 유해 · 위험 작업환경 관리에 관한 사항
⑤ 직무스트레스 예방 및 관리에 관한 사항
⑥ 직장 내 괴롭힘, 고객의 폭언 등으로 인한 건강장해 예방 및 관리에 관한 사항
⑦ 작업공정의 유해 · 위험과 재해 예방대책에 관한 사항
⑧ 사업장 내 안전보건관리체제 및 안전 · 보건조치 현황에 관한 사항
⑨ 표준안전 작업방법 결정 및 지도 · 감독 요령에 관한 사항
⑩ 현장근로자와의 의사소통능력 및 강의능력 등 안전보건교육 능력 배양에 관한 사항
⑪ 비상시 또는 재해 발생 시 긴급조치에 관한 사항

04 산업안전보건법상 이동식 크레인을 사용하여 작업을 할 때의 작업 시작 전 점검사항을 3가지 쓰시오.

해답

① 권과방지장치나 그 밖의 경보장치의 기능
② 브레이크 · 클러치 및 조정장치의 기능
③ 와이어로프가 통하고 있는 곳 및 작업장소의 지반상태

05 안전인증 대상 기계 또는 설비를 3가지 쓰시오.(단, 프레스, 크레인은 제외)

해답

① 전단기 및 절곡기
② 리프트
③ 압력용기
④ 롤러기
⑤ 사출성형기
⑥ 고소 작업대
⑦ 곤돌라

06 기체의 조성비가 아세틸렌 70%, 클로로벤젠 30%일 때 아세틸렌의 위험도와 혼합기체의 폭발하한계를 구하시오.(단, 아세틸렌 폭발범위 2.5~81, 클로로벤젠 폭발범위 1.3~7.1)

해답

① 아세틸렌의 위험도 $= \dfrac{UFL-LFL}{LFL}$

$= \dfrac{81-2.5}{2.5}$

$= 31.40$

② 폭발하한계 $= \dfrac{100}{\dfrac{V_1}{L_1}+\dfrac{V_2}{L_2}}$

$= \dfrac{100}{\dfrac{70}{2.5}+\dfrac{30}{1.3}}$

$= 1.975 = 1.96(\%)$

07 산업안전보건법에서 정하고 있는 계단에 관한 안전기준이다. 괄호에 맞는 내용을 쓰시오.

(1) 사업주는 계단 및 계단참을 설치하는 경우 매 제곱미터당 (①)킬로그램 이상의 하중에 견딜 수 있는 강도를 가진 구조로 설치하여야 하며, 안전율은 (②) 이상으로 하여야 한다.
(2) 사업주는 계단을 설치하는 경우 그 폭을 (③)미터 이상으로 하여야 한다.
(3) 사업주는 높이가 (④)미터를 초과하는 계단에 높이 3미터 이내마다 너비 1.2미터 이상의 계단참을 설치하여야 한다.
(4) 사업주는 높이 (⑤)미터 이상인 계단의 개방된 측면에 안전난간을 설치하여야 한다.

해답

① 500
② 4
③ 1
④ 3
⑤ 1

08 산업안전보건법 시행규칙에서 산업재해 조사표에 작성해야 할 상해의 종류를 4가지 쓰시오.

해답

① 골절
② 절단
③ 타박상
④ 찰과상
⑤ 중독 · 질식
⑥ 화상
⑦ 감전
⑧ 뇌진탕
⑨ 고혈압
⑩ 뇌졸중
⑪ 피부염
⑫ 진폐
⑬ 수근관증후군

09 산업안전보건기준에 관한 규칙에서 정하는 누전에 의한 감전의 위험을 방지하기 위하여 접지를 하여야 하는 노출된 비충전 금속체 중에서 코드와 플러그를 접속하여 사용하는 전기기계 · 기구를 3가지 쓰시오.

해답

① 사용전압이 대지전압 150볼트를 넘는 것
② 냉장고 · 세탁기 · 컴퓨터 및 주변기기 등과 같은 고정형 전기기계 · 기구
③ 고정형 · 이동형 또는 휴대형 전동기계 · 기구
④ 물 또는 도전성이 높은 곳에서 사용하는 전기기계 · 기구, 비접지형 콘센트
⑤ 휴대형 손전등

10 분진 등이 발생하는 장소 중에서 1급 방진마스크를 사용해야 하는 장소를 3곳 쓰시오.

해답

① 특급마스크 착용장소를 제외한 분진 등 발생장소
② 금속흄 등과 같이 열적으로 생기는 분진 등 발생장소
③ 기계적으로 생기는 분진 등 발생장소(규소 등과 같이 2급 방진마스크를 착용하여도 무방한 경우는 제외)

11 광전자식 방호장치 프레스에 관한 설명 중 ( ) 안에 알맞은 내용이나 수치를 써 넣으시오.

> (1) 프레스 또는 전단기에서 일반적으로 많이 활용하고 있는 형태로서 투광부, 수광부, 컨트롤 부분으로 구성된 것으로서 신체의 일부가 광선을 차단하면 기계를 급정지시키는 방호장치는 (①)분류에 해당된다.
> (2) 정상동작표시램프는 (②)색, 위험표시램프는 (③)색으로 하며, 쉽게 근로자가 볼 수 있는 곳에 설치해야 한다.
> (3) 방호장치는 릴레이, 리미트 스위치 등의 전기부품의 고장, 전원전압의 변동 및 정전에 의해 슬라이드가 불시에 동작하지 않아야 하며, 사용전원전압의 ±(④)의 변동에 대하여 정상으로 작동되어야 한다.

해답

① A－1
② 녹
③ 붉은
④ 100분의 20

12 산업안전보건법상 가설통로 설치 시 준수해야 할 사항이다. 괄호에 알맞은 내용을 쓰시오.

> (1) 경사는 (①)도 이하로 할 것
> (2) 경가가 (②)도를 초과하는 때에는 미끄러지지 아니하는 구조로 할 것
> (3) 추락의 위험이 있는 장소에는 (③)을 설치할 것
> (4) 수직갱에 가설된 통로의 길이가 15cm 이상인 때에는 (④)m 이내마다 계단참을 설치할 것
> (5) 건설공사에 사용하는 높이 8m 이상인 비계다리에는 (⑤)m 이내마다 계단참을 설치할 것

해답

① 30
② 15
③ 안전난간
④ 10
⑤ 7

13 980[kg]의 화물을 두 줄 걸이 로프로 상부각도 90°로 들어 올릴 때 한쪽 와이어로프에 걸리는 하중[kg]을 계산하시오.

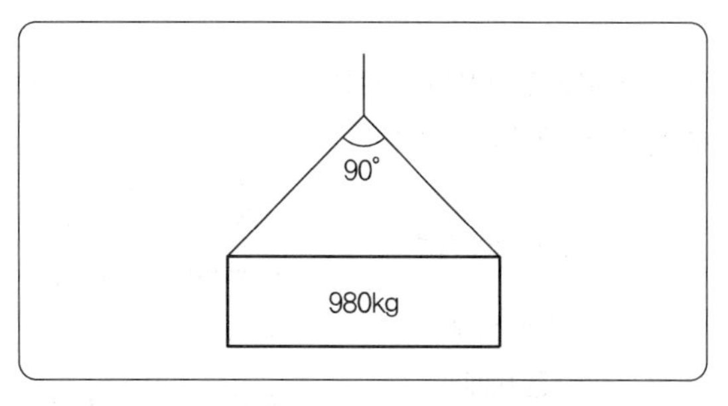

해답

$$하중 = \frac{화물의\ 무게(W_1)}{2} \div \cos\frac{\theta}{2}$$
$$= \frac{980}{2} \div \cos\frac{90}{2}$$
$$= 692.964 = 692.96(\mathrm{kg})$$

14 산업안전보건법상 안전보건표지의 종류에서 '관계자 외 출입금지' 표지의 종류 3가지를 쓰시오.

해답

① 허가대상물질 작업장
② 석면취급/해체작업장
③ 금지대상물질의 취급 실험실 등

2016년 10월 9일 산업안전산업기사 실기 필답형

01 비계의 조립간격에 관한 다음의 표에서 ( ) 안에 알맞은 내용을 쓰시오.

강관 비계의 종류	조립간격(단위 : m)	
	수직방향	수평방향
단관 비계	(①)	5
틀 비계 (높이가 5m 미만의 것 제외)	(②)	(③)
통나무 비계	5.5	(④)

해답

① 5 ② 6 ③ 8 ④ 7.5

02 다음은 적응의 기제에 관한 설명이다. 해당되는 적응 기제를 쓰시오.

적응의 기제	설명
(①)	자신이 무의식적으로 저지른 일관성 있는 행동에 대해 그럴듯한 이유를 붙여 설명하는 일종의 자기변명으로, 자신의 행동을 정당화하여 자신이 받을 수 있는 상처를 완화시킴
(②)	받아들일 수 없는 충동이나 욕망 또는 실패 등을 타인의 탓으로 돌리는 행위
(③)	욕구가 좌절되었을 때 욕구 충족을 위해 보다 가치 있는 방향으로 전환하는 것
(④)	자신의 결함으로 욕구 충족에 방해를 받을 때 그 결함을 다른 것으로 대치하여 욕구를 충족하고, 자신의 열등감에서 벗어나려는 행위

해답

① 합리화
② 투사
③ 승화
④ 보상

03 산업안전보건법상 건설업 유해위험방지계획서 제출대상 사업장이다. 괄호에 알맞은 내용을 쓰시오.

(1) 지상 높이가 (①)미터 이상인 건축물 또는 인공구조물
(2) 연면적 (②) 제곱미터 이상의 냉동 · 냉장창고 시설의 설비공사 및 단열공사
(3) 다목적 댐 · 발전용 댐 및 저수용량 (③) 톤 이상의 용수전용 댐 · 지방상수도 전용 댐 건설 등의 공사
(4) 깊이 (④)미터 이상인 굴착공사

해답

① 31
② 5천
③ 2천만
④ 10

04 산업안전보건법상 다음에 해당하는 안전보건표지의 명칭을 쓰시오.

①	②	③
④	⑤	

해답

① 화기금지
② 산화성 물질 경고
③ 고압전기 경고
④ 고온경고
⑤ 들것

05 산업안전보건법상 안전보건관리 책임자의 업무를 4가지 쓰시오.

해답

① 산업재해 예방계획의 수립에 관한 사항
② 안전보건관리규정의 작성 및 변경에 관한 사항

③ 근로자의 안전 · 보건교육에 관한 사항
④ 작업환경측정 등 작업환경의 점검 및 개선에 관한 사항
⑤ 근로자의 건강진단 등 건강관리에 관한 사항
⑥ 산업재해의 원인 조사 및 재발 방지대책 수립에 관한 사항
⑦ 산업재해에 관한 통계의 기록 및 유지에 관한 사항
⑧ 안전 · 보건과 관련된 안전장치 및 보호구 구입 시의 적격품 여부 확인에 관한 사항

06 자율안전확인 대상 기계 등 중 방호장치에 해당되는 내용을 4가지 쓰시오.

해답

① 아세틸렌 용접장치용 또는 가스집합 용접장치용 안전기
② 교류 아크용접기용 자동전격방지기
③ 롤러기 급정지장치
④ 연삭기 덮개
⑤ 목재 가공용 둥근톱 반발 예방장치와 날 접촉 예방장치
⑥ 동력식 수동대패용 칼날 접촉 방지장치
⑦ 추락 · 낙하 및 붕괴 등의 위험 방지 및 보호에 필요한 가설기자재(안전인증대상 가설기자재는 제외)로서 고용노동부장관이 정하여 고시하는 것

07 기계의 원동기 · 회전축 · 기어 · 풀리 · 플라이휠 · 벨트 및 체인 등 근로자에게 위험을 미칠 우려가 있는 부위에 설치해야 하는 방호장치를 쓰시오.

해답

① 덮개
② 울
③ 슬리브
④ 건널다리

08 근로자가 노출된 충전부 또는 그 부근에서 작업함으로써 감전될 우려가 있는 경우에는 작업에 들어가기 전에 해당 전로를 차단하여야 한다. 전로 차단절차에 해당하는 다음 내용의 빈칸을 채우시오.

(1) 차단장치나 단로기 등에 (①) 및 꼬리표를 부착할 것
(2) 개로된 전로에서 유도전압 또는 전기 에너지가 축적되어 근로자에게 전기 위험을 끼칠 수 있는 전기기기 등은 접촉하기 전에 (②)를 완전히 방전시킬 것
(3) 전기기기 등이 다른 노출 충전부와 접촉, 유도 또는 예비 동력원의 역송전 등으로 전압이 발생할 우려가 있는 경우에는 충분한 용량을 가진 단락 (③)를 이용하여 접지할 것

해답

① 잠금장치
② 잔류전하
③ 접지기구

09 작업자가 벽돌을 운반하기 위해 벽돌을 들고 비계 위를 걷다가 몸의 중심을 잃으면서 벽돌을 떨어뜨려 발가락의 뼈가 부러졌다. 다음 물음에 답하시오.

① 재해형태
② 가해물
③ 기인물

해답

① 재해형태 : 낙하
② 가해물 : 벽돌
③ 기인물 : 벽돌

10 다음 FT도에서 시스템의 신뢰도는 약 얼마인가?(단, 발생확률은 ①, ④는 0.05, ②, ③은 0.1)

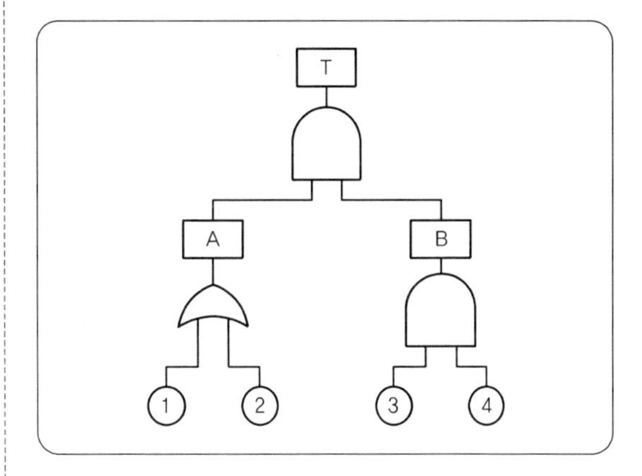

해답

① A=1−(1−0.05)(1−0.1)=0.145
② B=0.1×0.05=0.005
③ 발생확률(T)=A×B=0.145×0.005=0.000725
④ 신뢰도=1− 발생확률=1−0.000725=0.999275
=1.00

> **TIP** 본 문제는 고장확률이 아니라 신뢰도를 구하는 것이다. FTA는 사고의 원인이 되는 장치의 이상이나 고장의 다양한 조합 및 작업자 실수 원인을 연역적으로 분석하는 방법이라는 개념을 알고 있어야 한다.

11 안전보건 진단을 받아 안전보건개선계획을 수립해야 하는 대상 사업장 3곳을 쓰시오.

해답

① 산업재해율이 같은 업종 평균 산업재해율의 2배 이상인 사업장
② 사업주가 필요한 안전조치 또는 보건조치를 이행하지 아니하여 중대재해가 발생한 사업장
③ 직업성 질병자가 연간 2명 이상(상시근로자 1천 명 이상 사업장의 경우 3명 이상) 발생한 사업장

12 소음원으로부터 4m 떨어진 곳에서의 음압 수준이 100dB이라면 동일한 기계에서 30m 떨어진 곳에서의 음압 수준은 얼마인가?

해답

$$dB_2 = dB_1 - 20\log\left(\frac{d_2}{d_1}\right)$$
$$= 100 - 20\log\left(\frac{30}{4}\right) = 82.50[dB]$$

13 분진폭발위험성을 증가시키는 조건 4가지를 쓰시오.

해답

① 분진의 화학적 성질과 조성
② 입도와 입도분포
③ 입자의 형상과 표면의 상태
④ 수분
⑤ 분진의 농도
⑥ 분진의 온도
⑦ 분진의 부유성
⑧ 산소의 농도

2017년 4월 16일 산업안전기사 실기 필답형

01 다음 FT도에서 미니멀 컷셋(Minimal cut set)을 구하시오.

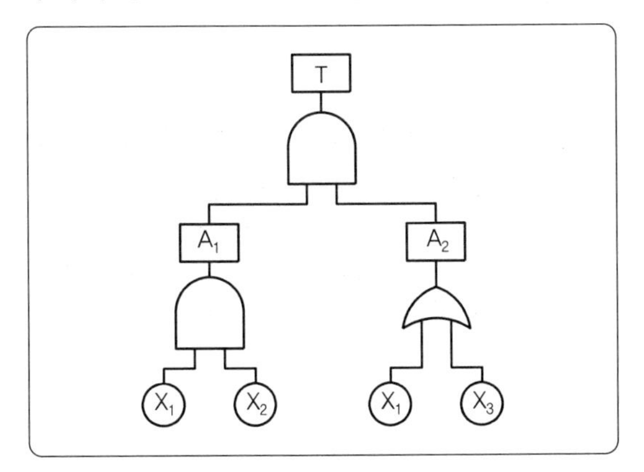

해답

$T \rightarrow A_1, A_2 \rightarrow X_1, X_2, A_2$

$\rightarrow \begin{matrix} X_1, X_2, X_1 \\ X_1, X_2, X_3 \end{matrix} \rightarrow \begin{matrix} X_1, X_2 \\ X_1, X_2, X_3 \end{matrix}$

그러므로 미니멀 컷셋은 (X_1, X_2)

02 A사업장의 근무 및 재해발생 현황이 다음의 보기와 같을 때, 이 사업장의 종합재해지수를 구하시오.

① 근로자 수 : 400명
② 8시간/280일
③ 연간재해발생건수 : 80건
④ 근로손실일수 : 800일
⑤ 재해자 수 : 100명

해답

① 도수율 $= \frac{\text{재해발생건수}}{\text{연간총근로시간수}} \times 1,000,000$

$= \frac{80}{400 \times 8 \times 280} \times 1,000,000$

$= 89.285 = 89.29$

② 강도율 $= \frac{\text{근로손실일수}}{\text{연간총근로시간수}} \times 1,000$

$= \frac{800}{400 \times 8 \times 280} \times 1,000$

$= 0.892 = 0.89$

③ 종합재해지수 $= \sqrt{\text{도수율} \times \text{강도율}}$

$= \sqrt{89.29 \times 0.89}$

$= 8.914 = 8.91$

03 산업안전보건법상 건설업 중 유해 · 위험방지 계획서 제출 대상 사업장을 4가지 쓰시오.

해답

① 다음 각 목의 어느 하나에 해당하는 건축물 또는 시설 등의 건설 · 개조 또는 해체공사
  ㉠ 지상높이가 31미터 이상인 건축물 또는 인공구조물
  ㉡ 연면적 3만 제곱미터 이상인 건축물
  ㉢ 연면적 5천 제곱미터 이상인 시설로서 다음의 어느 하나에 해당하는 시설
    ⓐ 문화 및 집회시설(전시장 및 동물원 · 식물원은 제외)
    ⓑ 판매시설, 운수시설(고속철도의 역사 및 집배송시설은 제외)
    ⓒ 종교시설
    ⓓ 의료시설 중 종합병원
    ⓔ 숙박시설 중 관광숙박시설
    ⓕ 지하도상가
    ⓖ 냉동 · 냉장 창고시설
② 연면적 5천 제곱미터 이상인 냉동 · 냉장 창고시설의 설비공사 및 단열공사
③ 최대 지간길이(다리의 기둥과 기둥의 중심 사이의 거리)가 50미터 이상인 다리의 건설 등 공사
④ 터널의 건설 등 공사
⑤ 다목적댐, 발전용댐, 저수용량 2천만 톤 이상의 용수 전용 댐 및 지방상수도 전용 댐의 건설 등 공사
⑥ 깊이 10미터 이상인 굴착공사

04 건물의 해체작업 시 해체계획에 포함되어야 하는 사항을 4가지 쓰시오.

해답

① 해체의 방법 및 해체 순서도면

② 가설설비 · 방호설비 · 환기설비 및 살수 · 방화설비 등의 방법
③ 사업장 내 연락방법
④ 해체물의 처분계획
⑤ 해체작업용 기계 · 기구 등의 작업계획서
⑥ 해체작업용 화약류 등의 사용계획서

05 클러치 맞물림 개소 수 5개, spm 200인 프레스의 양수기동식 방호장치의 안전거리를 구하시오.

해답

① $T_m = \left(\frac{1}{\text{클러치 맞물림 개소 수}} + \frac{1}{2}\right) \times \left(\frac{60,000}{\text{매분 행정 수}}\right)$

$= \left(\frac{1}{5} + \frac{1}{2}\right) \times \frac{60,000}{200} = 210[\text{ms}]$

② $D_m = 1.6 \times T_m = 1.6 \times 210 = 336[\text{mm}]$

> **TIP** 양수기동식 안전거리
>
> $$D_m = 1.6\,T_m$$
>
> D_m : 안전거리(mm)
> T_m : 양손으로 누름단추를 누르기 시작할 때부터 슬라이드가 하사점에 도달하기까지 소요시간(ms)
>
> $T_m = \left(\frac{1}{\text{클러치 맞물림 개소 수}} + \frac{1}{2}\right) \times \frac{60,000}{\text{매분 행정 수}}(\text{ms})$

06 누전에 의한 감전의 위험을 방지하기 위하여 접지를 하여야 하는 대상부분 중에서 전기를 사용하지 아니하는 설비 중 접지를 해야 하는 금속체를 3가지 쓰시오.

해답

① 전동식 양중기의 프레임과 궤도
② 전선이 붙어 있는 비전동식 양중기의 프레임
③ 고압 이상의 전기를 사용하는 전기 기계 · 기구 주변의 금속제 칸막이 · 망 및 이와 유사한 장치

07 안전인증의 전부 또는 일부를 면제할 수 있는 경우를 3가지 쓰시오.

해답

① 연구 · 개발을 목적으로 제조 · 수입하거나 수출을 목적으로 제조하는 경우
② 고용노동부장관이 정하여 고시하는 외국의 안전인증 기관에서 인증을 받은 경우
③ 다른 법령에 따라 안전성에 관한 검사나 인증을 받은 경우로서 고용노동부령으로 정하는 경우

08 안전모의 성능기준에서 내관통성 시험에 해당하는 다음의 보기에 해당하는 거리를 쓰시오.

> (1) AE종 및 ABE종의 관통거리 : (①)mm 이하
> (2) AB종의 관통거리 : (②)mm 이하

해답

① 9.5
② 11.1

09 양중기 달기 체인 사용금지 조건을 2가지 쓰시오.(단, 균열이 있거나 심하게 변형된 것은 제외)

해답

① 달기 체인의 길이가 달기 체인이 제조된 때의 길이의 5%를 초과한 것
② 링의 단면지름이 달기 체인이 제조된 때의 해당 링의 지름의 10%를 초과하여 감소한 것

10 산업안전보건법상 말비계를 조립하여 사용할 경우 준수해야 할 사항을 3가지 쓰시오.

해답

① 지주부재의 하단에는 미끄럼 방지장치를 하고, 근로자가 양측 끝부분에 올라서서 작업하지 않도록 할 것
② 지주부재와 수평면의 기울기를 75도 이하로 하고, 지주부재와 지주부재 사이를 고정시키는 보조부재를 설치할 것
③ 말비계의 높이가 2m를 초과하는 경우에는 작업발판의 폭을 40cm 이상으로 할 것

11 잠함, 우물통, 수직갱, 그 밖에 이와 유사한 건설물 또는 설비의 내부에서 굴착작업을 하는 경우 사업주가 준수해야 할 사항을 3가지 쓰시오.

해답

① 산소 결핍 우려가 있는 경우에는 산소의 농도를 측정하는 사람을 지명하여 측정하도록 할 것
② 근로자가 안전하게 오르내리기 위한 설비를 설치할 것
③ 굴착 깊이가 20m를 초과하는 경우에는 해당 작업장소와 외부와의 연락을 위한 통신설비 등을 설치할 것

12 위험물에 해당하는 급성 독성물질에 관한 다음 내용의 ( )에 알맞은 내용을 쓰시오.

(1) 쥐에 대한 경구투입실험에 의하여 실험동물의 50[%]를 사망시킬 수 있는 물질의 양, 즉 LD_{50}(경구, 쥐)이 [kg]당 (①)[mg]-(체중) 이하인 화학물질
(2) 쥐 또는 토끼에 대한 경피 흡수실험에 의하여 실험동물의 50[%]를 사망시킬 수 있는 물질의 양, 즉 LD_{50}(경피, 토끼 또는 쥐)이 [kg]당 (②)[mg]-(체중) 이하인 화학물질
(3) 쥐에 대한 4시간 동안의 흡입실험에 의하여 실험동물의 50[%]를 사망시킬 수 있는 물질의 농도, 즉 가스 LC_{50}(쥐, 4시간 흡입)이 (③)[ppm] 이하인 화학물질, 증기 LC_{50}(쥐, 4시간 흡입)이 (④)[mg/l] 이하인 화학물질

해답

① 300
② 1,000
③ 2,500
④ 10

13 U자 걸이를 사용할 수 있는 안전대의 구조를 4가지 쓰시오.

해답

① 지탱벨트, 각 링, 신축조절기가 있을 것
② U자 걸이 사용 시 D링, 각 링은 안전대 착용자의 몸통 양 측면에 해당하는 곳에 고정되도록 지탱벨트 또는 안전그네에 부착할 것
③ 신축조절기는 죔줄로부터 이탈하지 않도록 할 것
④ U자 걸이 사용상태에서 신체의 추락을 방지하기 위하여 보조죔줄을 사용할 것
⑤ 보조훅 부착 안전대는 신축조절기의 역방향으로 낙하저지 기능을 갖출 것. 다만 죔줄에 스토퍼가 부착될 경우에는 이에 해당하지 않는다.
⑥ 보조훅이 없는 U자 걸이 안전대는 1개 걸이로 사용할 수 없도록 훅이 열리는 너비가 죔줄의 직경보다 작고 8자형 링 및 이음형 고리를 갖추지 않을 것

14 타워크레인을 설치 · 해체하는 작업 시 근로자 특별안전 · 보건교육의 내용을 4가지 쓰시오.

해답

① 붕괴 · 추락 및 재해 방지에 관한 사항
② 설치 · 해체 순서 및 안전작업방법에 관한 사항
③ 부재의 구조 · 재질 및 특성에 관한 사항
④ 신호방법 및 요령에 관한 사항
⑤ 이상 발생 시 응급조치에 관한 사항

2017년 4월 16일 산업안전산업기사 실기 필답형

01 착화 에너지가 0.25[mJ]인 가스가 있는 사업장의 전기설비의 정전용량이 12[pF]일 때 방전 시 착화 가능한 최소 대전 전위를 구하시오.

해답

① $W=\frac{1}{2}CV^2$ 의 식에서 $V=\sqrt{\frac{2W}{C}}$ 이므로

② $V=\sqrt{\frac{2W}{C}}=\sqrt{\frac{2\times 0.25\times 10^{-3}}{12\times 10^{-12}}}$

$= 6,454.972 = 6,454.97[V]$

TIP pF = 10^{-12}F, mJ = 10^{-3}J

02 차광보안경에 관한 용어의 정의에서 괄호에 알맞은 내용을 쓰시오.

- (①) : 착용자의 시야를 확보하는 보안경의 일부로서 렌즈 및 플레이트 등을 말한다.
- (②) : 필터와 플레이트의 유해광선을 차단할 수 있는 능력을 말한다.
- (③) : 필터 입사에 대한 투과 광속의 비를 말하며, 분광투과율을 측정한다.

해답

① 접안경
② 차광도 번호
③ 시감투과율

03 와이어로프의 구성표시 방법에서 해당되는 명칭을 쓰시오.

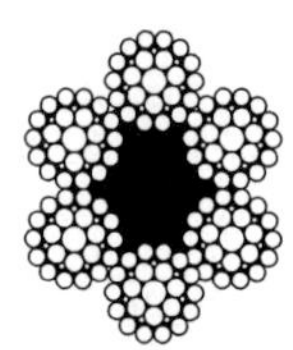

6×Fi(29)

① 6 :

② Fi :

③ 29 :

해답

① 스트랜드 수
② 필러형
③ 소선 수

TIP

호 칭	구성기호
실형 19개선 6꼬임	6×S(19)
필러형 29개선 6꼬임	6×Fi(29)
워링톤 형 19개선 8꼬임	8×W(19)
워링톤 실형 31개선 6꼬임	6×WS(31)

04 안전보건 진단을 받아 안전보건개선계획을 수립해야 하는 대상 사업장 3곳을 쓰시오.

해답

① 산업재해율이 같은 업종 평균 산업재해율의 2배 이상인 사업장
② 사업주가 필요한 안전조치 또는 보건조치를 이행하지 아니하여 중대재해가 발생한 사업장
③ 직업성 질병자가 연간 2명 이상(상시근로자 1천 명 이상 사업장의 경우 3명 이상) 발생한 사업장

05 유한사면의 붕괴유형을 3가지 쓰시오.

해답

① 사면 내 붕괴
② 사면 선단 붕괴
③ 사면 저부 붕괴

06 달비계의 달기 와이어로프의 안전계수와 달비계에 사용해서는 안 되는 와이어로프의 기준을 2가지 쓰시오.

해답

(1) 안전계수 : 10 이상
(2) 사용해서는 안 되는 와이어로프의 기준
① 이음매가 있는 것
② 와이어로프의 한 꼬임에서 끊어진 소선의 수가 10퍼센트 이상인 것
③ 지름의 감소가 공칭지름의 7퍼센트를 초과하는 것
④ 꼬인 것
⑤ 심하게 변형되거나 부식된 것
⑥ 열과 전기충격에 의해 손상된 것

07 물질안전보건자료대상물질을 취급하는 근로자의 안전 및 보건을 위하여 작업장에서 취급하는 물질안전보건자료대상물질의 물질안전보건자료에서 해당되는 내용을 근로자에게 교육을 해야 한다. 해당되는 교육내용을 4가지 쓰시오.

해답

① 대상화학물질의 명칭(또는 제품명)
② 물리적 위험성 및 건강 유해성
③ 취급상의 주의사항
④ 적절한 보호구
⑤ 응급조치 요령 및 사고 시 대처방법
⑥ 물질안전보건자료 및 경고표지를 이해하는 방법

08 위험물 저장 취급 화학설비의 안전거리를 쓰시오.

① 사무실 · 연구실 · 실험실 · 정비실 또는 식당으로부터 단위공정시설 및 설비, 위험물질의 저장탱크, 위험물질 하역설비, 보일러 또는 가열로의 사이
② 위험물질 저장탱크로부터 단위공정 시설 및 설비, 보일러 또는 가열로의 사이

해답

① 사무실 등의 바깥 면으로부터 20미터 이상
② 저장탱크 바깥 면으로부터 20미터 이상

TIP 위험물 저장 취급 화학설비 안전거리

구 분	안전거리
1. 단위공정시설 및 설비로부터 다른 단위공정시설 및 설비의 사이	설비의 바깥 면으로부터 10미터 이상
2. 플레어스택으로부터 단위공정시설 및 설비, 위험물질 저장탱크 또는 위험물질 하역설비의 사이	플레어스택으로부터 반경 20미터 이상. 다만, 단위공정시설 등이 불연재로 시공된 지붕 아래에 설치된 경우에는 그러하지 아니하다.
3. 위험물질 저장탱크로부터 단위공정시설 및 설비, 보일러 또는 가열로의 사이	저장탱크의 바깥 면으로부터 20미터 이상. 다만, 저장탱크의 방호벽, 원격조종 화설비 또는 살수설비를 설치한 경우에는 그러하지 아니하다.
4. 사무실 · 연구실 · 실험실 · 정비실 또는 식당으로부터 단위공정시설 및 설비, 위험물질 저장탱크, 위험물질 하역설비, 보일러 또는 가열로의 사이	사무실 등의 바깥 면으로부터 20미터 이상. 다만, 난방용 보일러인 경우 또는 사무실 등의 벽을 방호구조로 설치한 경우에는 그러하지 아니하다.

09 산업안전보건법상 다음의 특수건강진단 대상 유해인자에 해당하는 배치 후 첫 번째 특수 건강진단 시기를 쓰시오.

① 벤젠
② 소음 및 충격소음
③ 석면, 면 분진

해답

① 2개월 이내
② 12개월 이내
③ 12개월 이내

10 직렬로 접속되어 있는 A, B, C의 발생확률이 각각 0.15일 경우, 고장사상을 정상사상으로 하는 FT도를 그리고, 발생확률을 구하시오.

해답

(1) FT도

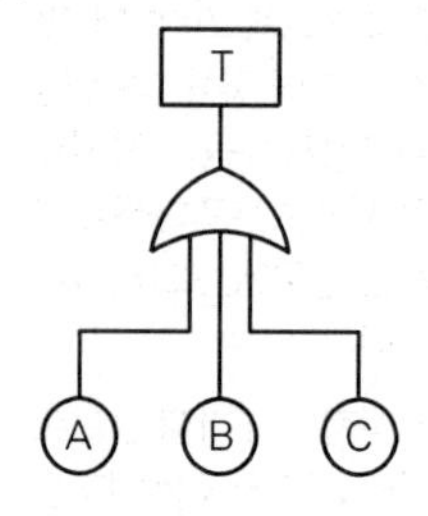

(2) 발생확률 $= 1-(1-0.15)(1-0.15)(1-0.15)$
$= 0.385 = 0.39$

11 1,000[kg]의 화물을 두 줄 걸이 로프로 상부각도 60°로 들어 올릴 때 한쪽 와이어로프에 걸리는 하중을 계산하시오.

해답

$$\text{하중} = \frac{\text{화물의 무게}(W_1)}{2} \div \cos\frac{\theta}{2}$$

$$= \frac{1,000}{2} \div \cos\frac{60}{2} = 577.35(\text{kg})$$

12 누적외상성 질환 등 근골격계 질환의 주요 원인을 4가지 쓰시오.

해답

① 반복적인 동작
② 부적절한 작업자세
③ 무리한 힘의 사용
④ 날카로운 면과의 신체접촉
⑤ 진동 및 온도

13 산업안전보건법령상 드럼통 등 구를 위험이 있는 중량물을 보관하거나 작업 중 구를 위험이 있는 중량물을 취급하는 경우 사업주의 준수사항을 2가지 쓰시오.

해답

① 구름멈춤대, 쐐기 등을 이용하여 중량물의 동요나 이동을 조절할 것
② 중량물이 구를 위험이 있는 방향 앞의 일정거리 이내로는 근로자의 출입을 제한할 것

2017년 6월 25일 산업안전기사 실기 필답형

01 아세틸렌 용접장치의 안전기 설치에 관한 사항이다. 괄호 안에 들어갈 내용을 쓰시오.

- 사업주는 아세틸렌 용접장치의 (①)마다 안전기를 설치하여야 한다. 다만, 주관 및 (①)에 가장 가까운 (②)마다 안전기를 부착한 경우에는 그러하지 아니하다.
- 사업주는 가스용기가 (③)와 분리되어 있는 아세틸렌 용접장치에 대하여 (③)와 가스용기 사이에 안전기를 설치하여야 한다.

해답

① 취관
② 분기관
③ 발생기

02 근로자 수 1,440명이며, 주당 40시간씩 연간 50주 근무하는 A사업장에서 발생한 재해건수는 40건, 근로손실일수 1,200일, 사망재해 1건이 발생하였다면 강도율은 얼마인가?(단, 조기출근 및 잔업시간의 합계는 100,000시간, 조퇴 5,000시간, 결근율 6%이다.)

해답

① 출근율 $= 1 - \dfrac{6}{100} = 0.94$

② 강도율

$$= \frac{\text{근로손실일수}}{\text{연간총근로시간수}} \times 1{,}000$$

$$= \frac{7{,}500 + 1{,}200}{(1{,}440 \times 40 \times 50 \times 0.94) + (100{,}000 - 5{,}000)} \times 1{,}000$$

$$= 3.104 = 3.10$$

TIP 근로손실일수의 산정 기준

① 사망 및 영구 전노동불능(신체장해등급 1~3급) : 7,500일

② 영구 일부노동불능(근로손실일수)

신체장해등급	근로손실일수	신체장해등급	근로손실일수
4	5,500	10	600
5	4,000	11	400
6	3,000	12	200
7	2,200	13	100
8	1,500	14	50
9	1,000		

03 경고표지에 관한 용도 및 사용 장소에 관한 다음의 내용에 알맞은 종류를 쓰시오.

(1) 폭발성 물질이 있는 장소 : (①)
(2) 돌 및 블록 등 떨어질 우려가 있는 물체가 있는 장소 : (②)
(3) 미끄러운 장소 등 넘어지기 쉬운 장소 : (③)
(4) 휘발유 등 화기의 취급을 극히 주의해야 하는 물질이 있는 장소 : (④)

해답

① 폭발성 물질 경고
② 낙하물체 경고
③ 몸균형 상실 경고
④ 인화성 물질 경고

04 지상높이가 31m 이상 되는 건축물을 건설하는 공사현장에서 건설공사 유해 · 위험방지계획서를 작성하여 제출하고자 할 때 첨부하여야 하는 작업공종별 유해 · 위험 방지계획의 해당 작업 공종을 4가지 쓰시오.

해답

① 가설공사 ③ 마감공사 ⑤ 해체공사
② 구조물공사 ④ 기계설비공사

05 통풍이나 환기가 충분하지 않고 가연물이 있는 건축물 내부나 설비 내부에서 화재위험작업을 하는 경우 화재예방에 필요한 준수사항을 4가지 쓰시오. (단, 작업준비 및 작업절차 수립은 제외)

해답

① 작업장 내 위험물의 사용 · 보관 현황 파악
② 화기작업에 따른 인근 인화성 액체에 대한 방호조치 및 소화기구 비치
③ 용접불티 비산방지덮개, 용접방화포 등 불꽃, 불티 등 비산방지조치
④ 인화성 액체의 증기가 남아 있지 않도록 환기 등의 조치
⑤ 작업근로자에 대한 화재예방 및 피난교육 등 비상조치

06 사업주는 해당 화학설비 또는 그 부속설비의 용도를 변경하는 경우(사용하는 원재료의 종류를 변경하는 경우를 포함) 해당 설비를 사용하기 전 점검해야 할 사항을 3가지 쓰시오.

해답

① 그 설비 내부에 폭발이나 화재의 우려가 있는 물질이 있는지 여부
② 안전밸브 · 긴급차단장치 및 그 밖의 방호장치 기능의 이상 유무
③ 냉각장치 · 가열장치 · 교반장치 · 압축장치 · 계측장치 및 제어장치 기능의 이상 유무

07 산업안전보건법상 물질안전보건자료의 작성 · 제출 제외 대상 화학물질 5가지를 쓰시오.(단, 일반소비자의 생활용으로 제공되는 것과 고용노동부장관이 독성 · 폭발성 등으로 인한 위해의 정도가 적다고 인정하여 고시하는 화학물질은 제외)

해답

① 「건강기능식품에 관한 법률」에 따른 건강기능식품
② 「농약관리법」에 따른 농약
③ 「마약류 관리에 관한 법률」에 따른 마약 및 향정신성의약품
④ 「비료관리법」에 따른 비료
⑤ 「사료관리법」에 따른 사료
⑥ 「생활주변방사선 안전관리법」에 따른 원료물질
⑦ 「식품위생법」에 따른 식품 및 식품첨가물
⑧ 「약사법」에 따른 의약품 및 의약외품
⑨ 「원자력안전법」에 따른 방사성물질
⑩ 「위생용품 관리법」에 따른 위생용품
⑪ 「의료기기법」에 따른 의료기기
⑫ 「첨단재생의료 및 첨단바이오의약품 안전 및 지원에 관한 법률」에 따른 첨단바이오의약품
⑬ 「총포 · 도검 · 화약류 등의 안전관리에 관한 법률」에 따른 화약류
⑭ 「폐기물관리법」에 따른 폐기물
⑮ 「화장품법」에 따른 화장품

08 지게차를 사용하여 작업을 할 경우 작업 시작 전 점검해야 할 사항을 4가지 쓰시오.

해답

① 제동장치 및 조종장치 기능의 이상 유무
② 하역장치 및 유압장치 기능의 이상 유무
③ 바퀴의 이상 유무
④ 전조등 · 후미등 · 방향지시기 및 경보장치 기능의 이상 유무

09 정전기로 인한 화재 폭발 등 방지에 관한 다음 사항에서 괄호 안에 들어갈 내용을 쓰시오.

> 사업주는 정전기에 의한 화재 또는 폭발 등의 위험이 발생할 우려가 있는 경우에는 해당 설비에 대하여 확실한 방법으로 (①)를 하거나 (②) 재료를 사용하거나 가습 및 점화원이 될 우려가 없는 (③)장치를 사용하는 등 정전기의 발생을 억제하거나 제거하기 위하여 필요한 조치를 하여야 한다.

해답

① 접지
② 도전성
③ 제전

10 다음 보기는 Rook에 보고한 오류 중 일부이다. 각각 omission error와 commission error로 분류하시오.

① 납 접합을 빠뜨렸다.
② 전선의 연결이 바뀌었다.
③ 부품을 빠뜨렸다.
④ 부품이 거꾸로 배열되었다.
⑤ 틀린 부품을 사용하였다.

해답

① omission error
② commission error
③ omission error
④ commission error
⑤ commission error

TIP 심리적인 분류(Swain)

구분	내용
생략에러 (omission error) 부작위 실수	필요한 직무 및 절차를 수행하지 않아(생략) 발생하는 에러 예 가스밸브를 잠그는 것을 잊어 사고가 났다.
작위에러 (commission error)	필요한 직무 또는 절차의 불확실한 수행으로 인한 에러 예 전선이 바뀌었다, 틀린 부품을 사용하였다, 부품이 거꾸로 조립되었다. 등
순서에러 (sequential error)	필요한 직무 또는 절차의 순서 착오로 인한 에러 예 자동차 출발 시 핸드브레이크를 해제하지 않고 출발하여 발생한 에러
시간에러 (time error)	필요한 직무 또는 절차의 수행지연으로 인한 에러 예 프레스 작업 중에 금형 내에 손이 오랫동안 남아 있어 발생한 재해
과잉행동에러 (extraneous error)	불필요한 직무 또는 절차를 수행함으로써 기인한 에러 예 자동차 운전 중 습관적으로 손을 창문으로 내밀어 발생한 재해

11 타워 크레인의 작업중지에 관한 내용이다. 풍속 기준을 쓰시오.

① 타워크레인의 설치 · 수리 · 점검 또는 해체작업을 중지
② 타워크레인의 운전 작업 중지

해답

① 순간풍속이 초당 10미터를 초과
② 순간풍속이 초당 15미터를 초과

12 낙하물 방지망 또는 방호선반 설치 시 준수사항이다. 빈칸에 알맞은 내용을 쓰시오.

(1) 높이 (①)미터 이내마다 설치하고, 내민 길이는 벽면으로부터 (②)미터 이상으로 할 것
(2) 수평면과의 각도는 (③)도 이상 (④)도 이하를 유지할 것

해답

① 10, ② 2, ③ 20, ④ 30

13 건설용 리프트 · 곤돌라를 이용한 작업 시 근로자에게 실시하는 특별안전 · 보건교육의 내용을 4가지 쓰시오.

해답

① 방호장치의 기능 및 사용에 관한 사항
② 기계, 기구, 달기체인 및 와이어 등의 점검에 관한 사항
③ 화물의 권상 · 권하 작업방법 및 안전작업 지도에 관한 사항
④ 기계 · 기구에 특성 및 동작원리에 관한 사항
⑤ 신호방법 및 공동작업에 관한 사항

14 산업안전보건법상 사업장에 안전보건관리규정을 작성하고자 할 때 포함되어야 할 사항을 4가지 쓰시오. (단, 그 밖에 안전 및 보건에 관한 사항은 제외)

해답

① 안전 및 보건에 관한 관리조직과 그 직무에 관한 사항
② 안전보건교육에 관한 사항
③ 작업장의 안전 및 보건 관리에 관한 사항
④ 사고 조사 및 대책 수립에 관한 사항

2017년 6월 25일 산업안전산업기사 실기 필답형

01 다음 안전표지판의 명칭을 쓰시오.

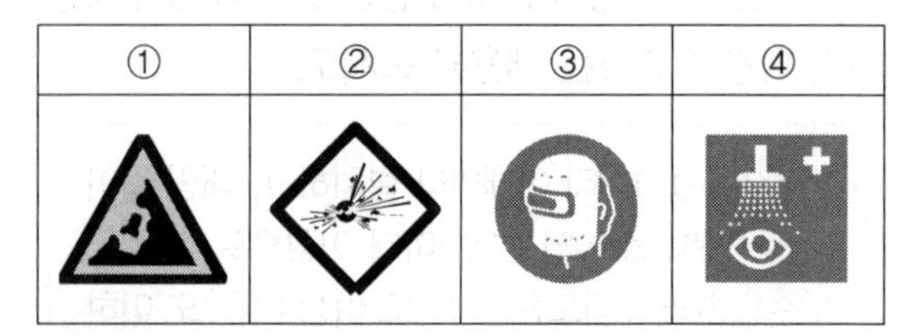

해답

① 낙하물 경고
② 폭발성 물질 경고
③ 보안면 착용
④ 세안장치

02 크레인을 사용하여 작업할 때 작업 시작 전 점검해야 할 사항을 3가지 쓰시오.

해답

① 권과방지장치 · 브레이크 · 클러치 및 운전장치의 기능
② 주행로의 상측 및 트롤리가 횡행하는 레일의 상태
③ 와이어로프가 통하고 있는 곳의 상태

03 근로자가 노출된 충전부 또는 그 부근에서 작업함으로써 감전될 우려가 있는 경우에는 작업에 들어가기 전에 해당 전로를 차단하여야 한다. 차단 절차에 해당하는 내용을 4가지 쓰시오.

해답

① 전기기기 등에 공급되는 모든 전원을 관련 도면, 배선도 등으로 확인할 것
② 전원을 차단한 후 각 단로기 등을 개방하고 확인할 것
③ 차단장치나 단로기 등에 잠금장치 및 꼬리표를 부착할 것
④ 개로된 전로에서 유도전압 또는 전기에너지가 축적되어 근로자에게 전기위험을 끼칠 수 있는 전기기기 등은 접촉하기 전에 잔류전하를 완전히 방전시킬 것
⑤ 검전기를 이용하여 작업 대상 기기가 충전되었는지를 확인할 것
⑥ 전기기기 등이 다른 노출 충전부와의 접촉, 유도 또는 예비동력원의 역송전 등으로 전압이 발생할 우려가 있는 경우에는 충분한 용량을 가진 단락 접지기구를 이용하여 접지할 것

04 안전성 평가의 기본원칙 6단계를 쓰시오.

해답

① 제1단계 : 관계자료의 정비 검토
② 제2단계 : 정성적 평가
③ 제3단계 : 정량적 평가
④ 제4단계 : 안전대책
⑤ 제5단계 : 재해정보에 의한 재평가
⑥ 제6단계 : FTA에 의한 재평가

05 아세틸렌 용접장치를 사용하여 금속의 용접 · 용단 또는 가열작업을 하는 경우 사업주가 준수해야 할 사항을 4가지 쓰시오.

해답

① 발생기의 종류, 형식, 제작업체명, 매 시 평균 가스발생량 및 1회 카바이드 공급량을 발생기실 내의 보기 쉬운 장소에 게시할 것
② 발생기실에는 관계 근로자가 아닌 사람이 출입하는 것을 금지할 것
③ 발생기에서 5미터 이내 또는 발생기실에서 3미터 이내의 장소에서는 흡연, 화기의 사용 또는 불꽃이 발생할 위험한 행위를 금지시킬 것
④ 도관에는 산소용과 아세틸렌용의 혼동을 방지하기 위한 조치를 할 것
⑤ 아세틸렌 용접장치의 설치장소에는 적당한 소화설비를 갖출 것
⑥ 이동식 아세틸렌용접장치의 발생기는 고온의 장소, 통풍이나 환기가 불충분한 장소 또는 진동이 많은 장소 등에 설치하지 않도록 할 것

06 근로자가 밀폐공간에서 안전한 상태에서 작업하도록 하기 위하여 작업을 시작하기 전에 사업주가 확인하여야 할 사항을 4가지 쓰시오.

해답

① 작업 일시, 기간, 장소 및 내용 등 작업 정보
② 관리감독자, 근로자, 감시인 등 작업자 정보
③ 산소 및 유해가스 농도의 측정결과 및 후속조치 사항
④ 작업 중 불활성 가스 또는 유해가스의 누출 · 유입 · 발생 가능성 검토 및 후속조치 사항
⑤ 작업 시 착용하여야 할 보호구의 종류
⑥ 비상연락체계

07 안전밸브 또는 파열판을 설치하여야 하는 화학설비 및 그 부속설비 중 파열판을 설치해야 하는 경우를 3가지 쓰시오.

해답

① 반응 폭주 등 급격한 압력 상승 우려가 있는 경우
② 급성 독성물질의 누출로 인하여 주위의 작업환경을 오염시킬 우려가 있는 경우
③ 운전 중 안전밸브에 이상 물질이 누적되어 안전밸브가 작동되지 아니할 우려가 있는 경우

08 산업안전보건법령상 동바리 유형에 따른 동바리 조립 시의 안전조치에 관한 사항이다. (　　) 안에 알맞은 내용을 쓰시오.

(1) 동바리로 사용하는 파이프 서포트의 경우 파이프 서포트를 (①)개 이상 이어서 사용하지 않도록 할 것
(2) 동바리로 사용하는 파이프 서포트의 경우 파이프 서포트를 이어서 사용하는 경우에는 (②)개 이상의 볼트 또는 전용철물을 사용하여 이을 것
(3) 동바리로 사용하는 파이프 서포트의 경우 높이가 (③)미터를 초과하는 경우에는 높이 2미터 이내마다 수평연결재를 2개 방향으로 만들고 수평연결재의 변위를 방지할 것

해답

① 3　　③ 3.5
② 4

09 기업 내 정형교육인 TWI의 교육 내용을 4가지 쓰시오.

해답

① 작업방법훈련(JMT)
② 작업지도훈련(JIT)
③ 인간관계훈련(JRT)
④ 작업안전훈련(JST)

10 산업안전보건법상 자율안전확인대상 기계 또는 설비 4가지를 쓰시오.

해답

① 연삭기 또는 연마기(휴대형은 제외)
② 산업용 로봇
③ 혼합기
④ 파쇄기 또는 분쇄기
⑤ 식품가공용 기계(파쇄 · 절단 · 혼합 · 제면기만 해당)
⑥ 컨베이어
⑦ 자동차정비용 리프트
⑧ 공작기계(선반, 드릴기, 평삭 · 형삭기, 밀링만 해당)
⑨ 고정형 목재가공용기계(둥근톱, 대패, 루타기, 띠톱, 모떼기 기계만 해당)
⑩ 인쇄기

11 산업현장에서 사용되는 출입금지 표지판의 배경 반사율이 80[%]이고, 관련 그림의 반사율이 20[%]일 경우 표지판의 대비를 구하시오.

해답

대비(%)

$$= \frac{\text{배경의 광도}(L_b) - \text{표적의 광도}(L_t)}{\text{배경의 광도}(L_b)} \times 100$$

$$= \frac{80-20}{80} \times 100$$

$$= 75(\%)$$

12 흙막이 지보공을 설치하였을 때에는 정기적으로 점검하고 이상을 발견하면 즉시 보수하여야 할 사항을 3가지 쓰시오.

해답

① 부재의 손상 · 변형 · 부식 · 변위 및 탈락의 유무와 상태
② 버팀대의 긴압의 정도
③ 부재의 접속부 · 부착부 및 교차부의 상태
④ 침하의 정도

13 물질안전보건자료대상물질을 취급하는 근로자의 안전 및 보건을 위하여 작업장에서 취급하는 물질안전보건자료대상물질의 물질안전보건자료에서 해당되는 내용을 근로자에게 교육을 해야 한다. 해당되는 교육내용을 4가지 쓰시오.

해답

① 대상화학물질의 명칭(또는 제품명)
② 물리적 위험성 및 건강 유해성
③ 취급상의 주의사항
④ 적절한 보호구
⑤ 응급조치 요령 및 사고 시 대처방법
⑥ 물질안전보건자료 및 경고표지를 이해하는 방법

2017년 10월 14일 산업안전기사 실기 필답형

01 안전관리자수를 정수 이상으로 증원 · 교체 임명할 수 있는 경우에 해당하는 내용을 3가지 쓰시오.

해답

① 해당 사업장의 연간재해율이 같은 업종의 평균재해율의 2배 이상인 경우
② 중대재해가 연간 2건 이상 발생한 경우
③ 관리자가 질병이나 그 밖의 사유로 3개월 이상 직무를 수행할 수 없게 된 경우
④ 화학적 인자로 인한 직업성 질병자가 연간 3명 이상 발생한 경우

02 신체 내에서 1[l]의 산소를 소비하면 5[kcal]의 에너지가 소모되며, 작업 시 산소 소비량 측정 결과 분당 1.5[l]를 소비한다면 작업시간 60분 동안 포함되어야 하는 휴식 시간은?(단, 평균 에너지 상한 5[kcal], 휴식 시간 에너지 소비량 1.5[kcal])

해답

① 작업 시 평균 에너지 소비량
$=5\text{kcal/L}\times1.5\text{L/min}$
$=7.5\text{kcal/min}$

② $R=\dfrac{60(E-5)}{E-1.5}$
$=\dfrac{60(7.5-5)}{7.5-1.5}$
$=25(\text{분})$

03 공정안전보고서에 포함되어야 할 내용을 4가지 쓰시오.

해답

① 공정안전자료
② 공정위험성 평가서
③ 안전운전계획
④ 비상조치계획

04 산업안전보건법상 크레인, 리프트 및 곤돌라의 안전검사 주기에 관련된 사항이다. 괄호에 알맞은 내용을 쓰시오.

> 크레인(이동식 크레인은 제외), 리프트(이삿짐 운반용 리프트는 제외) 및 곤돌라 : 사업장에 설치가 끝난 날부터 (①)년 이내에 최초 안전검사를 실시하되, 그 이후부터 (②)년마다(건설현장에서 사용하는 것은 최초로 설치한 날부터 (③)개월마다)

해답

① 3, ② 2, ③ 6

05 산업안전보건법상 구내 운반차를 사용하여 작업을 할 때의 작업 시작 전 점검사항을 4가지 쓰시오.

해답

① 제동장치 및 조종장치 기능의 이상 유무
② 하역장치 및 유압장치 기능의 이상 유무
③ 바퀴의 이상 유무
④ 전조등 · 후미등 · 방향지시기 및 경음기 기능의 이상 유무
⑤ 충전장치를 포함한 홀더 등의 결합상태의 이상 유무

06 가설통로 설치 시 준수해야 할 사항을 4가지 쓰시오.

해답

① 견고한 구조로 할 것
② 경사는 30도 이하로 할 것
③ 경사가 15도를 초과하는 경우에는 미끄러지지 아니하는 구조로 할 것
④ 추락할 위험이 있는 장소에는 안전난간을 설치할 것
⑤ 수직갱에 가설된 통로의 길이가 15미터 이상인 경우에는 10미터 이내마다 계단참을 설치할 것
⑥ 건설공사에 사용하는 높이 8미터 이상인 비계다리에는 7미터 이내마다 계단참을 설치할 것

07 방독마스크의 정화통 외부 측면의 표시 색을 구분하여 종류를 쓰시오.

종류	정화통 외부 측면의 표시 색
(①)	갈색
(②)	회색
(③)	
(④)	
(⑤)	노랑색

해답

① 유기화합물용 정화통
② 할로겐용 정화통
③ 황화수소용 정화통
④ 시안화수소용 정화통
⑤ 아황산용 정화통

08 안전난간대 구조에 관한 다음의 사항에서 괄호에 해당하는 알맞은 내용을 쓰시오.

(1) 상부 난간대 : 바닥면 · 발판 또는 경사로의 표면으로부터 (①)[cm] 이상
(2) 난간대 : 지름 (②)[cm] 이상의 금속제 파이프
(3) 하중 : (③)[kg] 이상 하중에 견딜 수 있는 튼튼한 구조

해답

① 90
② 2.7
③ 100

09 다음과 같은 재해 발생 시 분류되는 재해의 발생 형태를 쓰시오.

① 폭발과 화재, 두 현상이 복합적으로 발생된 경우
② 사고 당시 바닥면과 신체가 떨어진 상태로 더 낮은 위치로 떨어진 경우
③ 사고 당시 바닥면과 신체가 접해 있는 상태에서 더 낮은 위치로 떨어진 경우
④ 재해자가 전도로 인하여 기계의 동력전달부위 등에 협착되어 신체부위가 절단된 경우

해답

① 폭발, ② 떨어짐, ③ 넘어짐, ④ 끼임

TIP 1. 재해 발생 형태 분류 시 유의사항
두 가지 이상의 발생 형태가 연쇄적으로 발생된 재해의 경우는 상해결과 또는 피해를 크게 유발한 형태로 분류
① 「폭발」과 「화재」의 분류
폭발과 화재, 두 현상이 복합적으로 발생된 경우에는 발생 형태를 「폭발」로 분류
② 「떨어짐」과 「넘어짐」의 분류
사고 당시 바닥면과 신체가 떨어진 상태로 더 낮은 위치로 떨어진 경우에는 「떨어짐」으로, 바닥면과 신체가 접해있는 상태에서 더 낮은 위치로 떨어진 경우에는 「넘어짐」으로 분류
③ 재해자가 「넘어짐」으로 인하여 기계의 동력전달부위 등에 끼이는 사고가 발생하여 신체부위가 「절단」된 경우에는 「끼임」으로 분류

2. 재해 발생 형태별 분류

변경 전	변경 후
추락	떨어짐(높이가 있는 곳에서 사람이 떨어짐)
전도	• 넘어짐(사람이 미끄러지거나 넘어짐) • 깔림 · 뒤집힘(물체의 쓰러짐이나 뒤집힘)
충돌	부딪힘(물체에 부딪힘) · 접촉
낙하 · 비래	맞음(날아오거나 떨어진 물체에 맞음)
붕괴 · 도괴	무너짐(건축물이나 쌓여진 물체가 무너짐)
협착	끼임(기계설비에 끼이거나 감김)

10 충전전로의 선간전압이 다음과 같을 때 충전전로에 대한 접근한계거리를 쓰시오.

① 380[V] ③ 6.6[kV]
② 1.5[kV] ④ 22.9[kV]

해답

① 30cm ③ 60cm
② 45cm ④ 90cm

TIP

충전전로의 선간전압 (단위 : 킬로볼트)	충전전로에 대한 접근한계거리 (단위 : 센티미터)
0.3 이하	접촉금지
0.3 초과 0.75 이하	30
0.75 초과 2 이하	45
2 초과 15 이하	60
15 초과 37 이하	90
37 초과 88 이하	110
88 초과 121 이하	130

11 산업안전보건법에 따라 이상 화학반응, 밸브의 막힘 등 이상상태로 인한 압력 상승으로 당해 설비의 최고 사용압력을 구조적으로 초과할 우려가 있는 화학설비 및 그 부속설비에 안전밸브 또는 파열판을 설치하여야 한다. 이때 반드시 파열판을 설치해야 하는 이유 3가지를 쓰시오.

해답

① 반응 폭주 등 급격한 압력 상승 우려가 있는 경우
② 급성 독성물질의 누출로 인하여 주위의 작업환경을 오염시킬 우려가 있는 경우
③ 운전 중 안전밸브에 이상 물질이 누적되어 안전밸브가 작동되지 아니할 우려가 있는 경우

12 가스 폭발 위험장소 또는 분진폭발 위험장소에 설치되는 건축물 등에 대해서는 해당하는 부분을 내화구조로 하여야 하며, 그 성능이 항상 유지될 수 있도록 점검 · 보수 등 적절한 조치를 하여야 한다. 여기에 해당하는 부분을 2가지 쓰시오.

해답

① 건축물의 기둥 및 보 : 지상 1층(지상 1층의 높이가 6미터를 초과하는 경우에는 6미터)까지
② 위험물 저장 · 취급용기의 지지대(높이가 30센티미터 이하인 것은 제외) : 지상으로부터 지지대의 끝부분까지
③ 배관 · 전선관 등의 지지대 : 지상으로부터 1단(1단의 높이가 6미터를 초과하는 경우에는 6미터)까지

13 안전성 평가의 단계를 순서대로 나열하시오.

① 정성적 평가
② 재해정보에 의한 재평가
③ FTA에 의한 재평가
④ 안전대책
⑤ 관계자료의 정비
⑥ 정량적 평가

해답

⑤ → ① → ⑥ → ④ → ② → ③

14 롤러기 급정지 장치의 원주속도와 안전거리를 쓰시오.

- 30[m/min] 미만 – 앞면 롤러 원주의 (①)
- 30[m/min] 이상 – 앞면 롤러 원주의 (②)

해답

① $\frac{1}{3}$ 이내

② $\frac{1}{2.5}$ 이내

2017년 10월 14일 산업안전산업기사 실기 필답형

01 FTA에서 사용되는 논리기호 및 사상기호의 명칭을 쓰시오.

①	②	③	④
(원형 기호)	(마름모 기호)	(집 모양 기호)	출력 / 조건 / 입력 (육각형 기호)

해답

① 기본사상
② 생략사상
③ 통상사상
④ 억제게이트

02 산업안전보건법상 산업재해가 발생한 때에 사업주가 기록 · 보존하여야 하는 사항을 4가지 쓰시오.

해답

① 사업장의 개요 및 근로자의 인적사항
② 재해 발생의 일시 및 장소
③ 재해 발생의 원인 및 과정
④ 재해 재발방지 계획

03 산업안전보건법령상 사업주가 근로자에 대하여 실시하여야 하는 근로자 안전보건교육시간에 관한 다음 내용에 알맞은 교육시간을 쓰시오.

교육과정	교육대상		교육시간
정기교육	1) 사무직 종사 근로자		(①)
	2) 그 밖의 근로자	가) 판매업무에 직접 종사하는 근로자	(②)
		나) 판매업무에 직접 종사하는 근로자 외의 근로자	매반기 12시간 이상
채용 시 교육	1) 일용근로자 및 근로계약기간이 1주일 이하인 기간제근로자		(③)
	2) 근로계약기간이 1주일 초과 1개월 이하인 기간제근로자		4시간 이상
	3) 그 밖의 근로자		8시간 이상
작업내용 변경 시 교육	1) 일용근로자 및 근로계약기간이 1주일 이하인 기간제근로자		(④)
	2) 그 밖의 근로자		2시간 이상
건설업 기초안전 · 보건교육	건설 일용근로자		(⑤)

해답

① 매반기 6시간 이상
② 매반기 6시간 이상
③ 1시간 이상
④ 1시간 이상
⑤ 4시간 이상

04 공정안전보고서 내용에 포함되어야 할 사항을 4가지 쓰시오.

해답

① 공정안전자료
② 공정위험성 평가서
③ 안전운전계획
④ 비상조치계획

05 안전보건개선계획에 포함되어야 할 사항 4가지를 쓰시오.

해답

① 시설
② 안전보건관리체제
③ 안전보건교육
④ 산업재해 예방 및 작업환경의 개선을 위하여 필요한 사항

06 양중기에 사용하는 달기체인의 사용 금지 기준을 2가지 쓰시오.

해답

① 달기 체인의 길이가 달기 체인이 제조된 때의 길이의 5%를 초과한 것

② 링의 단면지름이 달기 체인이 제조된 때의 해당 링의 지름의 10%를 초과하여 감소한 것
③ 균열이 있거나 심하게 변형된 것

07 반사경 없이 모든 방향으로 빛을 발하는 점광원에서 2m 떨어진 곳의 조도가 120lux라면 3m 떨어진 곳의 조도는 얼마인가?

해답

① $\text{조도} = \dfrac{\text{광도}}{(\text{거리})^2}$

② $\text{광도} = \text{조도} \times (\text{거리})^2$

③ 2m 거리의 광도 $= 120 \times 2^2 = 480$[cd]이므로

④ 3m 거리의 조도 $= \dfrac{480}{3^2} = 53.333 = 53.33(\text{lux})$

08 폭발방지를 위한 불활성화 방법 중 퍼지의 종류를 3가지 쓰시오.

해답

① 진공 퍼지
② 압력 퍼지
③ 스위프 퍼지
④ 사이폰 퍼지

09 공기 압축기의 작업시작 전 점검해야 할 사항을 4가지 쓰시오.

해답

① 공기저장 압력용기의 외관 상태
② 드레인밸브의 조작 및 배수
③ 압력방출장치의 기능
④ 언로드밸브의 기능
⑤ 윤활유의 상태
⑥ 회전부의 덮개 또는 울
⑦ 그 밖의 연결 부위의 이상 유무

10 산업안전보건법상 경고 표지 중 바탕은 무색, 기본 모형은 빨간색(검은색도 가능)에 해당하는 표시 종류를 4가지 쓰시오.

해답

① 인화성 물질 경고
② 산화성 물질 경고
③ 폭발성 물질 경고
④ 급성독성 물질 경고
⑤ 부식성 물질 경고

11 산업안전보건법상 절연용 보호구, 절연용 방호구, 활선작업용 기구, 활선작업용 장치에 대하여 각각의 사용목적에 적합한 종별 · 재질 및 치수의 것을 사용하여야 하나 적용을 제외하는 기준이 있다. 대지전압이 어느 정도면 제외기준이 되는지 쓰시오.

해답

대지전압 30V 이하

12 폭풍 등에 대한 다음의 안전조치기준에서 알맞은 풍속의 기준을 쓰시오.

(1) 폭풍에 의한 옥외에 설치되어 있는 주행 크레인에 대하여 이탈방지장치를 작동시키는 등 이탈방지를 위한 조치 : 순간풍속 (①)m/s 초과
(2) 폭풍에 의한 건설작업용 리프트에 대하여 받침수의 수를 증가시키는 등 그 붕괴 등을 방지하기 위한 조치 : 순간풍속 (②)m/s 초과
(3) 폭풍에 의한 옥외에 설치되어 있는 승강기에 대하여 받침수의 수를 증가시키는 등 승강기가 무너지는 것을 방지하기 위한 조치 : 순간풍속 (③)m/s 초과

해답

① 30
② 35
③ 35

13 수인식 방호장치의 수인끈, 수인끈의 안내통, 손목밴드의 구비조건 3가지를 쓰시오.

해답

① 수인끈은 작업자와 작업공정에 따라 그 길이를 조정할 수 있어야 한다.
② 수인끈의 안내통은 끈의 마모와 손상을 방지할 수 있는 조치를 해야 한다.
③ 손목밴드는 착용감이 좋으며 쉽게 착용할 수 있는 구조이어야 한다.

2018년 4월 15일 산업안전기사 실기 필답형

01 공장의 연평균근로자수는 1,500명이며, 연간 재해건수는 60건 발생하여 이 중 사망 2건, 근로손실일수가 1,200일인 경우의 연천인율을 구하시오.

해답

① 도수율 $= \frac{\text{재해발생건수}}{\text{연간총근로시간수}} \times 1,000,000$

$= \frac{60}{1500 \times 8 \times 300} \times 1,000,000 = 16.67$

② 연천인율 = 도수율×2.4 = 16.67 × 2.4 = 40.01

02 휴먼에러 분류 중 각각의 종류를 2가지씩 쓰시오.

(1) 심리적 분류(독립행동에 관한 분류)
(2) 원인에 의한 분류

해답

(1) 심리적 분류(독립행동에 관한 분류)
① 생략에러(Omission error)
② 작위에러(Commission error)
③ 순서에러(Sequential error)
④ 시간에러(Time error)
⑤ 과잉행동에러(Extraneous error)

(2) 원인에 의한 분류
① 1차 에러(Primary error)
② 2차에러(Secondary error)
③ 지시에러(Command error)

03 공장의 설비 배치 3단계를 보기에서 찾아 순서대로 나열하시오.

① 건물배치
② 기계배치
③ 지역배치

해답

③ → ① → ②

TIP 배치(layout)의 3단계

1단계	지역배치	제품의 원료 확보에서 판매까지의 최적의 배치
2단계	건물배치	공장, 사무실, 창고, 부대시설의 위치
3단계	기계배치	직능 분야별 기계배치

04 철골작업을 중지시켜야 하는 조건을 3가지 쓰시오.

해답

① 풍속이 초당 10m 이상인 경우
② 강우량이 시간당 1mm 이상인 경우
③ 강설량이 시간당 1cm 이상인 경우

05 산업안전보건기준에 관한 규칙상 근로자가 작업이나 통행 등으로 인하여 전기기계 · 기구 또는 등 또는 전로 등의 충전부분에 접촉하거나 접근함으로써 감전위험이 있는 충전부분에 대하여 감전을 방지하기 위한 방법을 3가지 쓰시오.

해답

① 충전부가 노출되지 않도록 폐쇄형 외함이 있는 구조로 할 것
② 충전부에 충분한 절연효과가 있는 방호망이나 절연덮개를 설치할 것
③ 충전부는 내구성이 있는 절연물로 완전히 덮어 감쌀 것
④ 발전소 · 변전소 및 개폐소 등 구획되어 있는 장소로서 관계 근로자가 아닌 사람의 출입이 금지되는 장소에 충전부를 설치하고, 위험표시 등의 방법으로 방호를 강화할 것
⑤ 전주 위 및 철탑 위 등 격리되어 있는 장소로서 관계 근로자가 아닌 사람이 접근할 우려가 없는 장소에 충전부를 설치할 것

06 유해 · 위험 방지를 위한 방호조치를 하지 아니하고는 양도 · 대여 · 설치 · 사용하거나 양도 · 대여를 목적으로 진열해서는 아니 되는 기계 · 기구를 4가지 쓰시오.

해답

① 예초기
② 원심기
③ 공기압축기
④ 금속절단기
⑤ 지게차
⑥ 포장기계(진공포장기, 래핑기로 한정)

07 산업안전보건법상 연삭기 덮개의 시험방법 중 연삭기 작동시험 확인사항으로 다음 ( ) 안에 알맞은 내용을 쓰시오.

> (1) 연삭(①)과 덮개의 접촉 여부
> (2) 탁상용 연삭기는 덮개, (②) 및 (③) 부착상태의 적합성 여부

해답

① 숫돌
② 워크레스트
③ 조정편

08 산업안전보건기준에 관한 규칙상 원동기 · 회전축 · 기어 · 풀리 · 플라이휠 · 벨트 및 체인 등의 위험 방지를 위한 기계적인 안전조치를 3가지 쓰시오.

해답

① 덮개
② 울
③ 슬리브
④ 건널다리

09 산업안전보건법상 가설통로 설치 시 준수해야 할 사항이다. 괄호에 알맞은 내용을 쓰시오.

> (1) 경사가 (①)도를 초과하는 때에는 미끄러지지 아니하는 구조로 할 것
> (2) 수직갱에 가설된 통로의 길이가 15m 이상인 때에는 (②)m 이내마다 계단참을 설치할 것
> (3) 건설공사에 사용하는 높이 8m 이상인 비계다리에는 (③)m 이내마다 계단참을 설치할 것

해답

① 15　　② 10　　③ 7

10 공정안전보고서 제출대상이 되는 유해 · 위험설비로 보지 않는 설비 2가지를 쓰시오.

해답

① 원자력 설비
② 군사시설
③ 사업주가 해당 사업장 내에서 직접 사용하기 위한 난방용 연료의 저장설비 및 사용설비
④ 도매 · 소매시설
⑤ 차량 등의 운송설비
⑥ 「액화석유가스의 안전관리 및 사업법」에 따른 액화석유가스의 충전 · 저장시설
⑦ 「도시가스사업법」에 따른 가스공급시설
⑧ 그 밖에 고용노동부장관이 누출 · 화재 · 폭발 등으로 인한 피해의 정도가 크지 않다고 인정하여 고시하는 설비

11 보호구 안전인증 고시에 따른 방독마스크의 등급 및 사용장소에 관한 기준 중 다음 ( ) 안에 알맞은 내용을 쓰시오.

등급	사용장소
고농도	가스 또는 증기의 농도가 100분의 (①) 이하의 대기 중에서 사용하는 것
중농도	가스 또는 증기의 농도가 100분의 (②) 이하의 대기 중에서 사용하는 것
저농도 및 최저농도	가스 또는 증기의 농도가 100분의 0.1 이하의 대기 중에서 사용하는 것으로서 긴급용이 아닌 것

비고 : 방독마스크는 산소농도가 (③)% 이상인 장소에서 사용하여야 하고, 고농도와 중농도에서 사용하는 방독마스크는 전면형(격리식, 직결식)을 사용해야 한다.

해답

① 2 ② 1 ③ 18

12 비등액 팽창증기 폭발(BLEVE)에 영향을 주는 인자를 3가지 쓰시오.

해답

① 저장물질의 종류와 형태
② 저장물질의 물리적 상태
③ 저장물질의 인화성
④ 저장용기의 재질
⑤ 주위온도와 압력

13 산업안전보건법상 관리감독자 정기교육의 내용을 4가지 쓰시오.(단, 산업안전보건법령 및 산업재해보상보험 제도에 관한 사항, 그 밖에 관리감독자의 직무에 관한 사항은 제외)

해답

① 산업안전 및 사고 예방에 관한 사항
② 산업보건 및 직업병 예방에 관한 사항
③ 위험성 평가에 관한 사항
④ 유해 · 위험 작업환경 관리에 관한 사항
⑤ 직무스트레스 예방 및 관리에 관한 사항
⑥ 직장 내 괴롭힘, 고객의 폭언 등으로 인한 건강장해 예방 및 관리에 관한 사항
⑦ 작업공정의 유해 · 위험과 재해 예방대책에 관한 사항
⑧ 사업장 내 안전보건관리체제 및 안전 · 보건조치 현황에 관한 사항
⑨ 표준안전 작업방법 결정 및 지도 · 감독 요령에 관한 사항
⑩ 현장근로자와의 의사소통능력 및 강의능력 등 안전보건교육 능력 배양에 관한 사항
⑪ 비상시 또는 재해 발생 시 긴급조치에 관한 사항

14 산업안전보건기준에 관한 규칙상 비파괴검사의 실시기준 중 다음 ( ) 안에 알맞은 내용을 쓰시오.

> 고속회전체(회전축의 중량이 (①)톤을 초과하고 원주속도가 초당 (②)미터 이상인 것으로 한정)의 회전시험을 하는 경우 미리 회전축의 재질 및 형상 등에 상응하는 종류의 비파괴검사를 해서 결함 유무를 확인하여야 한다.

해답

① 1
② 120

2018년 4월 15일 산업안전산업기사 실기 필답형

01 산업안전보건법상 안전관리자의 직무를 5가지 쓰시오(단, 그 밖에 안전에 관한 사항으로서 고용노동부장관이 정하는 사항은 제외).

해답

① 산업안전보건위원회 또는 안전 및 보건에 관한 노사협의체에서 심의 · 의결한 업무와 해당 사업장의 안전보건관리규정 및 취업규칙에서 정한 업무
② 위험성 평가에 관한 보좌 및 지도 · 조언
③ 안전인증대상 기계 등과 자율안전확인대상 기계 등 구입 시 적격품의 선정에 관한 보좌 및 지도 · 조언
④ 해당 사업장 안전교육계획의 수립 및 안전교육 실시에 관한 보좌 및 지도 · 조언
⑤ 사업장 순회점검, 지도 및 조치 건의
⑥ 산업재해 발생의 원인 조사 · 분석 및 재발 방지를 위한 기술적 보좌 및 지도 · 조언
⑦ 산업재해에 관한 통계의 유지 · 관리 · 분석을 위한 보좌 및 지도 · 조언
⑧ 법 또는 법에 따른 명령으로 정한 안전에 관한 사항의 이행에 관한 보좌 및 지도 · 조언
⑨ 업무수행 내용의 기록 · 유지

02 인간이 기계를 조종하는 인간-기계체계에서 인간의 신뢰도가 0.8일 때 체계의 전체 신뢰도가 0.7 이상이 되려면 기계의 신뢰도는 얼마 이상이어야 하는가?

해답

① 체계의 신뢰도 = 인간의 신뢰도 × 기계의 신뢰도
② 기계의 신뢰도 $= \dfrac{0.7}{0.8} = 0.875 = 0.88$

03 휴먼에러(Human Error)의 분류방법 중 심리적 분류(Swain)의 종류를 4가지 쓰시오.

해답

① 생략에러(omission error)
② 작위에러(commission error)
③ 순서에러(sequential error)
④ 시간에러(time error)
⑤ 과잉행동에러(extraneous error)

04 산업안전보건법상 화학설비의 탱크 내 작업 시 특별안전 · 보건교육 내용 3가지를 쓰시오.(단, 그밖에 안전 · 보건관리에 필요한 사항은 제외)

해답

① 차단장치 · 정지장치 및 밸브 개폐장치의 점검에 관한 사항
② 탱크 내의 산소농도 측정 및 작업환경에 관한 사항
③ 안전보호구 및 이상 발생 시 응급조치에 관한 사항
④ 작업절차 · 방법 및 유해 · 위험에 관한 사항

05 사업주는 작업을 하는 근로자에 대해서는 구분에 따라 그 작업조건에 맞는 보호구를 작업하는 근로자 수 이상으로 지급하고 착용하도록 하여야 한다. 보기에 해당하는 보호구를 각각 쓰시오.

> (1) 높이 또는 깊이 2미터 이상의 추락할 위험이 있는 장소에서 하는 작업 : (①)
> (2) 물체의 낙하 · 충격, 물체에의 끼임, 감전 또는 정전기의 대전에 의한 위험이 있는 작업 : (②)
> (3) 고열에 의한 화상 등의 위험이 있는 작업 : (③)

해답

① 안전대
② 안전화
③ 방열복

06 산업안전보건법상 기계 · 기구에 설치한 방호조치에 대하여 근로자가 지켜야 할 준수사항을 3가지 쓰시오.

해답

① 방호조치를 해체하려는 경우 : 사업주의 허가를 받아 해체할 것
② 방호조치를 해체한 후 그 사유가 소멸된 경우 : 지체 없이 원상으로 회복시킬 것
③ 방호조치의 기능이 상실된 것을 발견한 경우 : 지체 없이 사업주에게 신고할 것

07 경고표지의 색채를 나타낸 것이다. 다음 ( ) 안에 알맞은 색채를 쓰시오.

> 바탕은 (①), 기본모형, 관련 부호 및 그림은 (②) 다만, 인화성물질경고, 산화성물질경고, 폭발성물질경고, 급성독성물질경고, 부식성물질경고 및 발암성 · 변이원성 · 생식독성 · 전신독성 · 호흡기과민성물질경고의 경우 바탕은 무색, 기본모형은 빨간색(검은색도 가능)

해답

① 노란색
② 검은색

08 다음은 롤러기의 방호장치 설치기준이다. ( ) 안에 알맞은 내용을 쓰시오.

급정지장치 조작부의 종류	설치위치	비고
손으로 조작하는 것	밑면으로부터 1.8m 이내	위치는 급정지장치 조작부의 중심점을 기준으로 함
복부로 조작하는 것	밑면으로부터 (①)m 이상 (②)m 이내	
무릎으로 조작하는 것	밑면으로부터 (③)m 이상 (④)m 이내	

해답

① 0.8
② 1.1
③ 0.4
④ 0.6

09 전기기계 · 기구에 설치한 누전차단기를 접속하는 경우의 준수사항이다. ( ) 안에 알맞은 내용을 쓰시오.

> ① 전기기계 · 기구에 설치되어 있는 누전차단기는 정격감도전류가 (①)mA 이하이고 작동시간은 (②)초 이내일 것.(다만, 정격전부하전류가 50A 이상인 전기기계 · 기구에 접속되는 누전차단기는 오작동을 방지하기 위하여 정격감도전류는 (③)mA 이하로, 작동시간은 (④)초 이내로 할 수 있다.)

해답

① 30 ② 0.03 ③ 200 ④ 0.1

10 물질안전보건자료대상물질을 양도하거나 제공하는 자는 이를 양도받거나 제공받는 자에게 물질안전보건자료를 제공하여야 한다. 이 경우 물질안전보건자료에 기재하여야 하는 사항을 4가지 쓰시오. (단, 물리 · 화학적 특성 등 고용노동부령으로 정하는 사항은 제외)

해답

① 제품명
② 물질안전보건자료대상물질을 구성하는 화학물질 중 유해인자의 분류기준에 해당하는 화학물질의 명칭 및 함유량
③ 안전 및 보건상의 취급주의사항
④ 건강 및 환경에 대한 유해성, 물리적 위험성

11 공기압축기를 가동할 때 작업 시작 전 점검해야 할 사항을 4가지 쓰시오.(단, 그 밖의 연결 부위의 이상 유무는 제외)

해답

① 공기저장 압력용기의 외관 상태
② 드레인밸브의 조작 및 배수
③ 압력방출장치의 기능
④ 언로드밸브의 기능
⑤ 윤활유의 상태
⑥ 회전부의 덮개 또는 울

12 산업안전보건법령상 동력을 사용하는 항타기 또는 항발기에 대하여 무너짐을 방지하기 위한 준수 사항이다. ( ) 안에 알맞은 내용을 쓰시오.

(1) 연약한 지반에 설치하는 경우에는 아웃트리거 · 받침 등 지지구조물의 침하를 방지하기 위하여 (①) 등을 사용할 것
(2) 아웃트리거 · 받침 등 지지구조물이 미끄러질 우려가 있는 경우에는 (②) 등을 사용하여 해당 지지구조물을 고정시킬 것
(3) 궤도 또는 차로 이동하는 항타기 또는 항발기에 대해서는 불시에 이동하는 것을 방지하기 위하여 (③) 등으로 고정시킬 것

해답

① 깔판 · 깔목
② 말뚝 또는 쐐기
③ 레일 클램프 및 쐐기

13 비, 눈, 그 밖의 기상상태의 악화로 작업을 중지시킨 후 또는 비계를 조립, 해체하거나 변경한 후에 그 비계에서 작업을 하는 경우 해당 작업을 시작하기 전에 점검해야 할 사항을 4가지 쓰시오.

해답

① 발판 재료의 손상 여부 및 부착 또는 걸림 상태
② 해당 비계의 연결부 또는 접속부의 풀림 상태
③ 연결 재료 및 연결 철물의 손상 또는 부식 상태
④ 손잡이의 탈락 여부
⑤ 기둥의 침하, 변형, 변위 또는 흔들림 상태
⑥ 로프의 부착 상태 및 매단 장치의 흔들림 상태

2018년 6월 30일 산업안전기사 실기 필답형

01 인체 계측자료의 응용원칙 3가지를 쓰시오

해답

① 조절 가능한 설계
② 극단치를 이용한 설계
③ 평균치를 이용한 설계

02 위험물질을 제조 · 취급하는 작업장과 그 작업장이 있는 건축물에 출입구 외에 안전한 장소로 대피할 수 있는 비상구 1개 이상을 설치해야 하는 구조 조건 중 다음 ( ) 안에 알맞은 내용을 쓰시오.

① 출입구와 같은 방향에 있지 아니하고, 출입구로부터 (①) 이상 떨어져 있을 것
② 작업장의 각 부분으로부터 하나의 비상구 또는 출입구까지의 수평거리가 (②) 이하가 되도록 할 것
③ 비상구의 너비는 (③) 이상으로 하고, 높이는 (④) 이상으로 할 것
④ 비상구의 문은 피난방향으로 열리도록 하고, 실내에서 항상 열 수 있는 구조로 할 것

해답

① 3m ② 50m
③ 0.75m ④ 1.5m

03 다음 보기의 위험점 정의에 알맞은 위험점 명칭을 쓰시오.

① 왕복운동을 하는 운동부와 움직임이 없는 고정부 사이에서 형성되는 위험점(고정점+운동점)
② 회전운동하는 부분과 고정부 사이에 위험이 형성되는 위험점(고정점+회전운동)
③ 회전하는 부분의 접선방향으로 물려 들어갈 위험이 있는 위험점

해답

① 협착점 ② 끼임점 ③ 접선물림점

04 화물의 낙하로 인하여 지게차의 운전자에게 위험을 미칠 우려가 있는 작업장에서 사용되는 지게차의 헤드가드가 갖추어야 할 사항 2가지를 쓰시오.

해답

① 강도는 지게차의 최대하중의 2배 값(4톤을 넘는 값에 대해서는 4톤으로 한다)의 등분포정하중에 견딜 수 있을 것
② 상부틀의 각 개구의 폭 또는 길이가 16센티미터 미만일 것
③ 운전자가 앉아서 조작하거나 서서 조작하는 지게차의 헤드가드는 한국산업표준에서 정하는 높이 기준 이상일 것(좌식 : 0.903m 이상, 입식 : 1.88m 이상)

05 크레인을 사용하여 작업을 하는 때 작업시작 전 점검사항 2가지를 쓰시오.

해답

① 권과방지장치 · 브레이크 · 클러치 및 운전장치의 기능
② 주행로의 상측 및 트롤리가 횡행하는 레일의 상태
③ 와이어로프가 통하고 있는 곳의 상태

06 산업안전보건법상 가스집합 용접장치에서 사업주가 가스장치실을 설치하는 경우 설치 구조조건 3가지를 쓰시오.

해답

① 가스가 누출된 경우에는 그 가스가 정체되지 않도록 할 것
② 지붕과 천장에는 가벼운 불연성 재료를 사용할 것
③ 벽에는 불연성 재료를 사용할 것

07 산업안전보건법에서 정하고 있는 사업주가 근로자에게 시행해야 할 근로자 안전 · 보건교육의 내용을 4가지 쓰시오.

해답

① 정기교육
② 채용 시의 교육
③ 작업내용 변경 시의 교육
④ 특별교육
⑤ 건설업 기초안전 · 보건교육

08 산업안전보건법상 중대재해에 대한 내용이다. 다음 빈칸에 알맞은 내용을 쓰시오.

- 사망자가 (①) 이상 발생한 재해
- 3개월 이상의 요양이 필요한 부상자가 동시에 (②) 이상 발생한 재해
- 부상자 또는 직업성 질병자가 동시에 (③) 이상 발생한 재해

해답

① 1명
② 2명
③ 10명

09 산업안전보건법상 다음 그림에 해당하는 안전보건표지의 명칭을 쓰시오.

①	②	③	④

해답

① 화기금지
② 폭발성 물질경고
③ 부식성 물질경고
④ 고압전기경고

10 광전자식 방호장치의 형식구분 중 다음 빈칸에 알맞은 내용을 쓰시오.

형식구분	광축의 범위
Ⓐ	(①) 광축 이하
Ⓑ	(②) 광축 미만
Ⓒ	(③) 광축 이상

해답

① 12
② 13～56
③ 56

11 전로의 사용전압에 따른 절연저항치 중 다음 빈칸에 알맞은 내용을 쓰시오.

전로의 사용전압 구분	절연저항
대지전압이 150V 이하인 경우	(①)MΩ 이상
대지전압이 150V 초과 300V 이하인 경우	(②)MΩ 이상
사용전압이 300V 초과 400V 미만인 경우	(③)MΩ 이상
400V 이상	(④)MΩ 이상

해답

① 0.1
② 0.2
③ 0.3
④ 0.4

TIP ① 본 문제는 법 개정으로 폐지되고 아래 내용으로 변경되었습니다. 참고하세요.
② 저압전로의 절연저항

전로의 사용전압(V)	DC 시험전압(V)	절연저항(MΩ)
SELV 및 PELV	250	0.5
FELV, 500V 이하	500	1.0
500V 초과	1,000	1.0

[주] 특별저압(Extra Low Voltage : 2차 전압이 AC 50V, DC 120V 이하)으로 SELV(비접지회로 구성) 및 PELV(접지회로 구성)는 1차와 2차가 전기적으로 절연된 회로, FELV는 1차와 2차가 전기적으로 절연되지 않은 회로

12 거리가 20m일 때 음압수준이 100dB이라면, 200m일 때 음압수준을 계산하시오.

해답

$$dB_2 = dB_1 - 20\log\left(\frac{d_2}{d_1}\right) = 100 - 20\log\left(\frac{200}{20}\right) = 80[dB]$$

13 아세틸렌 용접장치의 안전기 설치에 관한 사항이다. 괄호 안에 들어갈 내용을 쓰시오.

- 사업주는 아세틸렌 용접장치의 (①)마다 안전기를 설치하여야 한다. 다만, (②) 및 취관에 가장 가까운 분기관마다 안전기를 부착한 경우에는 그러하지 아니하다.
- 사업주는 가스용기가 발생기와 분리되어 있는 아세틸렌 용접장치에 대하여 (③)에 안전기를 설치하여야 한다.

해답

① 취관
② 주관
③ 발생기와 가스용기 사이

14 산업안전보건법령상 콘크리트 타설작업 시 준수사항을 3가지만 쓰시오.

해답

① 당일의 작업을 시작하기 전에 해당 작업에 관한 거푸집 및 동바리의 변형 · 변위 및 지반의 침하 유무 등을 점검하고 이상이 있으면 보수할 것
② 작업 중에는 감시자를 배치하는 등의 방법으로 거푸집 및 동바리의 변형 · 변위 및 침하 유무 등을 확인해야 하며, 이상이 있으면 작업을 중지하고 근로자를 대피시킬 것
③ 콘크리트 타설작업 시 거푸집 붕괴의 위험이 발생할 우려가 있으면 충분한 보강조치를 할 것
④ 설계도서상의 콘크리트 양생기간을 준수하여 거푸집 및 동바리를 해체할 것
⑤ 콘크리트를 타설하는 경우에는 편심이 발생하지 않도록 골고루 분산하여 타설할 것

PART 03

2018년 6월 30일 산업안전산업기사 실기 필답형

01 산업안전보건법상 안전 · 보건진단을 받아 안전보건개선계획을 수립 · 제출 하도록 명할 수 있는 사업장을 3가지 쓰시오

해답

① 산업재해율이 같은 업종의 규모별 평균 산업재해율보다 높은 사업장 중 중대재해 발생 사업장
② 산업재해율이 같은 업종 평균 산업재해율의 2배 이상인 사업장
③ 직업병에 걸린 사람이 연간 2명 이상(상시근로자 1천명 이상 사업장의 경우 3명 이상) 발생한 사업장
④ 작업환경 불량, 화재 · 폭발 또는 누출사고 등으로 사회적 물의를 일으킨 사업장

02 산업안전보건법상 작업장의 조도기준에 관한 다음 사항에서 (   )에 알맞은 내용을 쓰시오.

작업의 종류	작업면 조도
초정밀작업	(①)Lux 이상
정밀작업	(②)Lux 이상
보통작업	(③)Lux 이상
그 밖의 작업	75 Lux 이상

해답

① 750 ② 300 ③ 150

03 밀폐공간에서의 작업에 대한 특별안전 · 보건교육을 실시할 때 교육내용 4가지를 쓰시오.(단, 그 밖에 안전 · 보건관리에 필요한 사항은 제외함)

해답

① 산소농도 측정 및 작업환경에 관한 사항
② 사고 시의 응급처치 및 비상시 구출에 관한 사항
③ 보호구 착용 및 사용방법에 관한 사항
④ 밀폐공간작업의 안전작업방법에 관한 사항

04 강렬한 소음 작업을 나타내고 있다. ( ) 안에 맞는 내용을 쓰시오.

① 90dB 이상의 소음이 1일 (①)시간 이상 발생되는 작업
② 100dB 이상의 소음이 1일 (②)시간 이상 발생되는 작업
③ 110dB 이상의 소음이 1일 (③)시간 이상 발생되는 작업
④ 115dB 이상의 소음이 1일 (④)시간 이상 발생되는 작업

해답

① 8
② 2
③ 0.5
④ 0.25

05 전압을 구분하는 다음의 기준에서 ( ) 안에 알맞은 내용을 쓰시오.

전원의 종류	저압	고압	특고압
직류[DC]	(①)V 이하	(②)V 초과 (③)V 이하	(④)V 초과
교류[AC]	(⑤)V 이하	(⑥)V 초과 (⑦)V 이하	(⑧)V 초과

해답

① 750
② 750
③ 7,000
④ 7,000
⑤ 600
⑥ 600
⑦ 7,000
⑧ 7,000

06 다음의 보기에서 설명하는 금지표지판 명칭을 각각 쓰시오.

① 사람이 걸어 다녀서는 안 될 장소
② 엘리베이터 등에 타는 것이나 어떤 장소에 올라가는 것을 금지
③ 수리 또는 고장 등으로 만지거나 작동시키는 것을 금지해야 할 기계 · 기구 및 설비
④ 정리 정돈 상태의 물체나 움직여서는 안 될 물체를 보존하기 위하여 필요한 장소

해답

① 보행금지
② 탑승금지
③ 사용금지
④ 물체이동금지

07 다음의 보기는 자율안전기준에 따른 롤러기의 방호장치 설치기준이다. ( ) 안에 알맞은 내용을 쓰시오.

종류	설치위치	비고
손조작식	밑면에서 (①)m 이내	위치는 급정지장치 조작부의 중심점을 기준으로 함
(②)조작식	밑면에서 0.8m 이상 1.1m 이내	
무릎조작식	밑면에서 (③)m 이내	

해답

① 1.8
② 복부
③ 0.6

08 프레스기 및 전단기에 설치해야 할 방호장치의 종류를 3가지 쓰시오.

해답

① 광전자식
② 양수조작식
③ 가드식
④ 손쳐내기식
⑤ 수인식

09 구내운반차를 사용하여 작업을 하는 때의 작업 시작 전 점검사항을 4가지 쓰시오.

해답

① 제동장치 및 조종장치 기능의 이상 유무
② 하역장치 및 유압장치 기능의 이상 유무
③ 바퀴의 이상 유무
④ 전조등 · 후미등 · 방향지시기 및 경음기 기능의 이상 유무
⑤ 충전장치를 포함한 홀더 등의 결합상태의 이상 유무

10 다음은 사다리식 통로 등을 설치하는 경우의 준수사항이다. ( ) 안에 알맞은 내용을 쓰시오.

(1) 사다리의 상단은 걸쳐놓은 지점으로부터 (①)cm 이상 올라가도록 할 것
(2) 사다리식 통로의 길이가 10m 이상인 경우에는 (②)m 이내마다 (③)을 설치할 것

해답

① 60 ② 5 ③ 계단참

11 산업안전보건법상 위험물의 종류에 관한 사항이다. 괄호에 알맞은 내용을 쓰시오.

(1) 인화성 액체 : 노르말헥산, 아세톤, 메틸에틸케톤, 메틸알코올, 에틸알코올, 이황화탄소, 그 밖에 인화점이 섭씨 (①)도 미만이고 초기 끓는점이 섭씨 35도를 초과하는 물질
(2) 인화성 액체 : 크실렌, 아세트산아밀, 등유, 경유, 테레핀유, 이소아밀알코올, 아세트산, 하이드라진, 그 밖에 인화점이 섭씨 (②)도 이상 섭씨 60도 이하인 물질
(2) 부식성 산류 : 농도가 (③)퍼센트 이상인 염산, 황산, 질산, 그 밖에 이와 같은 정도 이상의 부식성을 가지는 물질
(3) 부식성 산류 : 농도가 (④)퍼센트 이상인 인산, 아세트산, 불산, 그 밖에 이와 같은 정도 이상의 부식성을 가지는 물질

해답

① 23
② 23
③ 20
④ 60

12 산업안전보건법령상 동력을 사용하는 항타기 또는 항발기에 대하여 무너짐을 방지하기 위한 준수 사항이다. (   ) 안에 알맞은 내용을 쓰시오.

(1) 연약한 지반에 설치하는 경우에는 아웃트리거·받침 등 지지구조물의 침하를 방지하기 위하여 (①) 등을 사용할 것
(2) 아웃트리거·받침 등 지지구조물이 미끄러질 우려가 있는 경우에는 (②) 등을 사용하여 해당 지지구조물을 고정시킬 것
(3) 궤도 또는 차로 이동하는 항타기 또는 항발기에 대해서는 불시에 이동하는 것을 방지하기 위하여 (③) 등으로 고정시킬 것

해답

① 깔판·깔목
② 말뚝 또는 쐐기
③ 레일 클램프 및 쐐기

13 산업안전보건법상 말비계를 조립하여 사용하는 경우 준수사항이다. 괄호에 알맞은 내용을 쓰시오.

(1) 지주부재와 수평면의 기울기를 (①)도 이하로 하고, 지주부재와 지주부재 사이를 고정시키는 (②)를 설치할 것
(2) 말비계의 높이가 2미터를 초과하는 경우에는 작업발판의 폭을 (③)cm 이상으로 할 것

해답

① 75
② 보조부재
③ 40

2018년 10월 7일 산업안전기사 실기 필답형

01 미 국방성의 위험성 평가에서 분류한 재해의 위험수준(MIL-STD-882B) 4가지를 쓰시오.

해답

① 범주1 : 파국적
② 범주2 : 위기적
③ 범주3 : 한계적
④ 범주4 : 무시가능

02 인간-기계 기능체계의 기본기능 4가지를 쓰시오.

해답

① 감지기능
② 정보보관기능
③ 정보처리 및 의사결정기능
④ 행동기능

03 산업안전보건법상 안전인증 대상 보호구를 6가지 쓰시오.

해답

① 추락 및 감전 위험방지용 안전모
② 안전화
③ 안전장갑
④ 방진마스크
⑤ 방독마스크
⑥ 송기마스크
⑦ 전동식 호흡보호구
⑧ 보호복
⑨ 안전대
⑩ 차광 및 비산물 위험방지용 보안경
⑪ 용접용 보안면
⑫ 방음용 귀마개 또는 귀덮개

04 인간관계 메커니즘에 관한 내용이다. 괄호 안에 알맞은 내용을 쓰시오.

- (①) : 자기 마음속의 억압된 것을 다른 사람의 것으로 생각하는 것
- (②) : 다른 사람으로부터의 판단이나 행동을 무비판적으로 논리적, 사실적 근거 없이 받아들이는 것
- (③) : 남의 행동이나 판단을 표본으로 하여 그것과 같거나 그것에 가까운 행동 또는 판단을 취하려는 것

해답

① 투사
② 동일화
③ 모방

05 산업안전보건법상 자율안전확인대상 기계 또는 설비 4가지를 쓰시오.

해답

① 연삭기 또는 연마기(휴대형은 제외)
② 산업용 로봇
③ 혼합기
④ 파쇄기 또는 분쇄기
⑤ 식품가공용 기계(파쇄 · 절단 · 혼합 · 제면기만 해당)
⑥ 컨베이어
⑦ 자동차정비용 리프트
⑧ 공작기계(선반, 드릴기, 평삭 · 형삭기, 밀링만 해당)
⑨ 고정형 목재가공용기계(둥근톱, 대패, 루타기, 띠톱, 모떼기 기계만 해당)
⑩ 인쇄기

06 분진 등을 배출하기 위하여 설치하는 국소배기장치의 덕트 설치기준을 3가지 쓰시오.

해답

① 가능하면 길이는 짧게 하고 굴곡부의 수는 적게 할 것
② 접속부의 안쪽은 돌출된 부분이 없도록 할 것
③ 청소구를 설치하는 등 청소하기 쉬운 구조로 할 것
④ 덕트 내부에 오염물질이 쌓이지 않도록 이송속도를 유지할 것
⑤ 연결 부위 등은 외부 공기가 들어오지 않도록 할 것

07 재해예방의 기본 4원칙을 쓰시오.

해답

① 예방가능의 원칙
② 손실우연의 원칙
③ 원인계기의 원칙
④ 대책선정의 원칙

08 정전기로 인한 화재폭발 방지대책을 4가지 쓰시오.

해답

① 접지
② 대전방지제 사용
③ 가습
④ 제전기 사용
⑤ 도전성 재료 사용

09 부탄(C_4H_{10})이 완전 연소하기 위한 화학양론식을 쓰고, 완전연소에 필요한 최소 산소농도를 추정하시오.(단, 부탄의 폭발하한계는 1.6vol%이다.)

해답

① 화학양론식

$C_4H_{10} + 6.5O_2 \rightarrow 4CO_2 + 5H_2O$

② 최소산소농도 = 연소하한계 × 산소의 화학양론적 계수

$= 1.6 \times 6.5 = 10.4[vol\%]$

10 산업안전보건법상 벌목작업 시 등의 위험방지를 위하여 사업주가 준수하여야 할 사항을 2가지만 쓰시오.(단, 유압식 벌목기를 사용하는 경우는 제외)

해답

① 벌목하려는 경우에는 미리 대피로 및 대피장소를 정해 둘 것
② 벌목하려는 나무의 가슴높이지름이 20센티미터 이상인 경우에는 수구의 상면 · 하면의 각도를 30도 이상으로 하며, 수구 깊이는 뿌리부분 지름의 4분의 1 이상 3분의 1 이하로 만들 것
③ 벌목작업 중에는 벌목하려는 나무로부터 해당 나무 높이의 2배에 해당하는 직선거리 안에서 다른 작업을 하지 않을 것
④ 나무가 다른 나무에 걸려 있는 경우에는 다음 각 목의 사항을 준수할 것
   ㉠ 걸려 있는 나무 밑에서 작업을 하지 않을 것
   ㉡ 받치고 있는 나무를 벌목하지 않을 것

11 산업안전보건법상 부두 · 안벽 등 하역작업을 하는 장소에서 사업주의 조치사항을 3가지 쓰시오.

해답

① 작업장 및 통로의 위험한 부분에는 안전하게 작업할 수 있는 조명을 유지할 것
② 부두 또는 안벽의 선을 따라 통로를 설치하는 경우에는 폭을 90cm 이상으로 할 것
③ 육상에서의 통로 및 작업장소로서 다리 또는 선거 갑문을 넘는 보도 등의 위험한 부분에는 안전난간 또는 울타리 등을 설치할 것

12 산업안전보건법상 달비계에 사용이 금지되는 와이어로프의 기준을 4가지 쓰시오.

해답

① 이음매가 있는 것
② 와이어로프의 한 꼬임에서 끊어진 소선의 수가 10퍼센트 이상인 것
③ 지름의 감소가 공칭지름의 7퍼센트를 초과하는 것
④ 꼬인 것
⑤ 심하게 변형되거나 부식된 것
⑥ 열과 전기충격에 의해 손상된 것

13 산업안전보건법상 이동식 비계를 조립하여 작업을 하는 경우 사업주의 준수사항을 4가지 쓰시오.

해답

① 이동식 비계의 바퀴에는 뜻밖의 갑작스러운 이동 또는 전도를 방지하기 위하여 브레이크 · 쐐기 등으로 바퀴를 고정시킨 다음 비계의 일부를 견고한 시설물에 고정하거나 아웃트리거를 설치하는 등 필요한 조치를 할 것
② 승강용사다리는 견고하게 설치할 것
③ 비계의 최상부에서 작업을 하는 경우에는 안전난간을 설치할 것
④ 작업발판은 항상 수평을 유지하고 작업발판 위에서 안전난간을 딛고 작업을 하거나 받침대 또는 사다리를 사용하여 작업하지 않도록 할 것
⑤ 작업발판의 최대 적재하중은 250kg을 초과하지 않도록 할 것

14 철골작업을 중지해야 하는 조건을 3가지 쓰시오.

해답

① 풍속이 초당 10m 이상인 경우
② 강우량이 시간당 1mm 이상인 경우
③ 강설량이 시간당 1cm 이상인 경우

2018년 10월 7일 산업안전산업기사 실기 필답형

01 상시근로자 800명이 작업하는 어느 사업장에서 연간 5건의 재해가 발생하였다. 도수율을 구하시오(단, 근로시간은 1일 8시간, 연간 300일 근무함)

해답

$$\text{도수율} = \frac{\text{재해발생건수}}{\text{연간총근로시간수}} \times 1{,}000{,}000$$

$$= \frac{5}{800 \times 8 \times 300} \times 1{,}000{,}000 = 2.60$$

02 목재가공용 둥근톱기계에 부착하여야 하는 방호장치 2가지를 쓰시오.

해답

① 분할날 등 반발예방장치

② 톱날접촉예방장치

> **TIP** 목재가공용 둥근톱의 방호장치
> ① 날접촉예방장치 ② 반발예방장치

03 산업안전보건법상 유해 · 위험기계 등이 안전기준에 적합한지를 확인하기 위하여 안전인증기관이 심사하는 심사의 종류 3가지와 심사기간을 쓰시오.

해답

① 예비심사 : 7일

② 서면심사 : 15일(외국에서 제조한 경우 30일)

③ 기술능력 및 생산체계심사 : 30일(외국에서 제조한 경우 45일)

④ 제품심사

㉠ 개별 제품심사 : 15일

㉡ 형식별 제품심사 : 30일

04 방호장치 자율안전기준에 관한 내용이다. 다음 괄호 안에 알맞은 내용을 각각 쓰시오.

- (①)란 대상으로 하는 용접기의 주회로(변압기의 경우는 1차회로 또는 2차회로)를 제어하는 장치를 가지고 있어, 용접봉의 조작에 따라 용접할 때에만 용접기의 주회로를 형성하고, 그 외에는 용접기의 출력 측의 무부하전압을 25볼트 이하로 저하시키도록 동작하는 장치를 말한다.
- (②)이란 용접봉을 피용접물에 접촉시켜서 전격방지기의 주접점이 폐로될(닫힐) 때까지의 시간을 말한다.
- (③)이란 용접봉 홀더에 용접기 출력 측의 무부하전압이 발생한 후 주접점이 개방될 때까지의 시간을 말한다.
- (④)란 정격전원전압(전원을 용접기의 출력 측에서 취하는 경우는 무부하전압의 하한값을 포함한다)에 있어서 전격방지기를 시동시킬 수 있는 출력회로의 시동감도로서 명판에 표시된 것을 말한다.

해답

① 교류아크용접기용 자동전격방지기

② 시동시간

③ 지동시간

④ 표준시동감도

05 터널 등의 건설작업을 하는 경우에 낙반 등에 의하여 근로자가 위험해질 우려가 있는 경우 위험을 방지하기 위하여 필요한 조치를 2가지 쓰시오.

해답

① 터널 지보공 및 록볼트의 설치

② 부석의 제거

06 근로자의 추락 등에 의한 위험을 방지하기 위하여 설치하는 안전난간의 주요구성 요소를 4가지 쓰시오.

해답

① 상부 난간대
② 중간 난간대
③ 발끝막이판
④ 난간기둥

07 공기압축기를 가동할 때 작업 시작 전 점검해야 할 사항을 4가지 쓰시오.(단, 그 밖의 연결 부위의 이상 유무는 제외)

해답

① 공기저장 압력용기의 외관 상태
② 드레인밸브의 조작 및 배수
③ 압력방출장치의 기능
④ 언로드밸브의 기능
⑤ 윤활유의 상태
⑥ 회전부의 덮개 또는 울

08 차량계 건설기계를 사용하여 작업을 하는 때에는 작업계획을 작성하고 그에 따라 작업을 실시하여야 한다. 작업계획에 포함되어야 할 사항을 3가지 쓰시오.

해답

① 사용하는 차량계 건설기계의 종류 및 성능
② 차량계 건설기계의 운행경로
③ 차량계 건설기계에 의한 작업방법

09 산업안전보건법상 작업장의 조도기준에 관한 다음 사항에서 (　)에 알맞은 내용을 쓰시오.

작업의 종류	작업면 조도
초정밀작업	(①)Lux 이상
정밀작업	(②)Lux 이상
보통작업	(③)Lux 이상
그 밖의 작업	75 Lux 이상

해답

① 750 ② 300 ③ 150

10 산업안전보건법상 금형조정작업의 위험방지에 관한 사항이다. 다음의 (　)에 알맞은 내용을 쓰시오.

> 사업주는 프레스 등의 금형을 부착 · 해체 또는 조정하는 작업을 할 때에 해당 작업에 종사하는 근로자의 신체가 위험한계 내에 있는 경우 슬라이드가 갑자기 작동함으로써 근로자에게 발생할 우려가 있는 위험을 방지하기 위하여 (　)을 사용하는 등 필요한 조치를 하여야 한다.

해답

안전블록

11 다음은 보일러에 설치하는 압력방출장치에 대한 안전기준이다. (　) 안에 알맞은 내용을 쓰시오.

> 사업주는 보일러의 안전한 가동을 위하여 보일러 규격에 적합한 압력 방출장치를 1개 또는 2개 이상 설치하고, 최고 사용 압력 이하에서 작동되도록 하여야 한다. 다만, 압력방출장치가 2개 이상 설치된 경우에는 최고 사용압력 이하에서 1개가 작동되고, 다른 압력방출장치는 최고 사용압력의 (　)배 이하에서 작동되도록 부착하여야 한다.

해답

1.05

12 안전 · 보건표지의 종류 중 금지표지의 ① 바탕색, ② 기본모형, ③ 관련 부호 및 그림의 색채를 쓰시오.

해답

① 흰색
② 빨간색
③ 검은색

13 산업안전보건법상 산업재해가 발생한 때에 사업주가 기록 · 보존하여야 하는 사항을 4가지 쓰시오.

해답

① 사업장의 개요 및 근로자의 인적사항
② 재해 발생의 일시 및 장소
③ 재해 발생의 원인 및 과정
④ 재해 재발방지 계획

2019년 4월 14일 산업안전기사 실기 필답형

01 산업안전보건법상 안전보건총괄책임자의 직무를 4가지 쓰시오.

해답

① 위험성 평가의 실시에 관한 사항
② 작업의 중지
③ 도급 시 산업재해 예방조치
④ 산업안전보건관리비의 관계수급인 간의 사용에 관한 협의 · 조정 및 그 집행의 감독
⑤ 안전인증대상기계 등과 자율안전확인대상기계 등의 사용 여부 확인

02 보일러의 폭발사고를 예방하고 정상적인 기능이 유지되도록 하기 위해 설치해야 하는 방호장치를 3가지 쓰시오.

해답

① 압력방출장치
② 압력제한스위치
③ 고저수위조절장치
④ 화염검출기

03 특급 방진마스크를 사용해야 하는 장소를 2곳 쓰시오.

해답

① 베릴륨 등과 같이 독성이 강한 물질들을 함유한 분진 등 발생장소
② 석면 취급장소

04 산업용 로봇의 작동범위 내에서 해당 로봇에 대하여 교시 등의 작업을 할 경우에는 해당 로봇의 예기치 못한 작동 또는 오조작에 의한 위험을 방지하기 위하여 관련 지침을 정하여 그 지침에 따라 작업을 하도록 하여야 하는데, 관련 지침에 포함되어야 할 사항을 4가지 쓰시오.(단, 그 밖에 로봇의 예기치 못한 작동 또는 오동작에 의한 위험 방지를 하기 위하여 필요한 조치 제외)

해답

① 로봇의 조작방법 및 순서
② 작업 중의 매니퓰레이터의 속도
③ 2명 이상의 근로자에게 작업을 시킬 경우의 신호방법
④ 이상을 발견한 경우의 조치
⑤ 이상을 발견하여 로봇의 운전을 정지시킨 후 이를 재가동시킬 경우의 조치

05 산업안전보건법상 위험물질의 종류를 물질의 성질에 따라 5가지 쓰시오.

해답

① 폭발성 물질 및 유기과산화물
② 물반응성 물질 및 인화성 고체
③ 산화성 액체 및 산화성 고체
④ 인화성 액체
⑤ 인화성 가스
⑥ 부식성 물질
⑦ 급성 독성 물질

06 사업주는 잠함 또는 우물통의 내부에서 근로자가 굴착작업을 하는 경우에 잠함 또는 우물통의 급격한 침하에 의한 위험을 방지하기 위하여 준수하여야 할 사항을 2가지 쓰시오.

해답

① 침하관계도에 따라 굴착방법 및 재하량 등을 정할 것
② 바닥으로부터 천장 또는 보까지의 높이는 1.8미터 이상으로 할 것

07 양립성의 종류를 3가지 쓰시오.

해답

① 운동양립성
② 공간양립성
③ 개념양립성
④ 양식양립성

08 보일링 현상 방지대책을 3가지 쓰시오.

해답

① 차수성이 높은 흙막이벽 설치
② 흙막이 근입깊이를 깊게
③ 약액 주입 등의 굴착면 고결
④ 주변의 지하수위 저하(웰포인트 공법 등)
⑤ 압성토 공법

09 A사업장의 도수율이 12였고 지난 한해 동안 12건의 재해로 인하여 15명의 재해자가 발생하였으며 총 휴업일수는 146일이었다. 사업장의 강도율을 구하시오.(단, 근로자는 1일 10시간씩 연간 250일 근무)

해답

① 연간 총근로시간 수

$$= \frac{\text{재해발생건수}}{\text{도수율}} \times 1{,}000{,}000$$

$$= \frac{12}{12} \times 1{,}000{,}000 = 1{,}000{,}000[\text{시간}]$$

② 강도율

$$= \frac{\text{근로손실일수}}{\text{연간 총근로시간 수}} \times 1{,}000$$

$$= \frac{146 \times \frac{250}{365}}{1{,}000{,}000} \times 1{,}000 = 0.1$$

10 정전기 발생 방지대책을 5가지 쓰시오.

해답

① 접지
② 대전방지제 사용
③ 가습
④ 제전기 사용
⑤ 도전성 재료 사용

11 화물의 하중을 직접 지지하는 달기와이어로프의 절단하중이 2,000kg일 때 허용하중을 구하시오.

해답

$$\text{허용하중} = \frac{\text{절단하중}}{\text{안전계수}} = \frac{2{,}000}{5} = 400\text{kg}$$

TIP 와이어로프 등 달기구의 안전계수

구분	안전계수
근로자가 탑승하는 운반구를 지지하는 달기와이어로프 또는 달기체인의 경우	10 이상
화물의 하중을 직접 지지하는 달기와이어로프 또는 달기체인의 경우	5 이상
훅, 샤클, 클램프, 리프팅 빔의 경우	3 이상
그 밖의 경우	4 이상

12 산업안전보건법에서 굴착면의 높이가 2m 이상이 되는 지반의 굴착작업을 할 경우 근로자의 위험을 방지하기 위하여 해당 작업, 작업장의 지형 · 지반 및 지층 상태 등에 대한 사전조사를 하고 조사결과를 고려하여 작성해야 하는 작업계획서에 포함되어야 할 사항을 4가지 쓰시오.(단, 그 밖에 안전 · 보건에 관련된 사항은 제외)

해답

① 굴착방법 및 순서, 토사 반출 방법
② 필요한 인원 및 장비 사용계획
③ 매설물 등에 대한 이설 · 보호대책
④ 사업장 내 연락방법 및 신호방법
⑤ 흙막이 지보공 설치방법 및 계측계획
⑥ 작업지휘자의 배치계획

13 기초대사량이 7,000[kcal/day]이고 작업 시 소비에너지가 20,000[kcal/day], 안정 시 소비에너지가 6,000[kcal/day]일 때 에너지 대사율(RMR)을 구하시오.

해답

$$\text{RMR} = \frac{\text{작업 시 소비에너지} - \text{안정 시 소비에너지}}{\text{기초대사량}}$$

$$= \frac{20{,}000 - 6{,}000}{7{,}000} = 2$$

14 2m에서의 조도가 150lux일 경우, 3m에서의 조도는 얼마인가?

해답

① $조도=\frac{광도}{(거리)^2}$

② $광도=조도\times(거리)^2$

③ 2m 거리의 광도$=150\times2^2=600$[cd]이므로

④ 3m 거리의 조도$=\frac{600}{3^2}=66.67$[lux]

2019년 4월 14일 산업안전산업기사 실기 필답형

01 크레인을 사용하여 작업할 때 작업시작 전 점검해야 할 사항을 3가지 쓰시오.

해답

① 권과방지장치 · 브레이크 · 클러치 및 운전장치의 기능
② 주행로의 상측 및 트롤리가 횡행하는 레일의 상태
③ 와이어로프가 통하고 있는 곳의 상태

02 산업안전보건법상 반응 폭주 등 급격한 압력 상승 우려가 있는 경우나 급성독성물질의 누출로 인하여 주위의 작업환경을 오염시킬 우려가 있는 경우에 설치하여야 하는 안전장치를 쓰시오.(단, 안전밸브는 제외)

해답

파열판

TIP 파열판의 설치조건
① 반응 폭주 등 급격한 압력 상승 우려가 있는 경우
② 급성독성물질의 누출로 인하여 주위의 작업환경을 오염시킬 우려가 있는 경우
③ 운전 중 안전밸브에 이상 물질이 누적되어 안전밸브가 작동되지 아니할 우려가 있는 경우

03 교류아크용접기의 감전의 위험 및 전력손실을 방지하기 위한 방호장치를 쓰시오.

해답

자동전격방지기

04 산업안전보건법상 유해 · 위험 방지를 위한 방호조치를 하지 아니하고는 양도, 대여, 설치 또는 사용에 제공하거나, 양도 · 대여를 목적으로 진열해서는 아니 되는 다음의 기계 · 기구에 설치해야 할 방호장치를 쓰시오.

① 예초기 ② 원심기 ③ 공기압축기 ④ 금속절단기

해답

① 예초기 : 날접촉 예방장치
② 원심기 : 회전체 접촉 예방장치
③ 공기압축기 : 압력방출장치
④ 금속절단기 : 날접촉 예방장치

05 재해예방의 기본 4원칙을 쓰시오.

해답

① 예방가능의 원칙
② 손실우연의 원칙
③ 원인계기의 원칙
④ 대책선정의 원칙

06 근로자 수가 500명인 어느 회사에서 연간 10건의 재해가 발생하여 6명의 사상자가 발생하였다. 도수율(빈도율)과 연천인율을 구하시오.(단, 하루 9시간, 연간 250일 근로함)

해답

(1) 도수율 $= \dfrac{\text{재해발생건수}}{\text{연간 총근로시간 수}} \times 1,000,000$

$= \dfrac{10}{500 \times 9 \times 250} \times 1,000,000$

$= 8.888 = 8.89$

(2) 연천인율 $= \dfrac{\text{연간 재해자 수}}{\text{연평균근로자 수}} \times 1,000$

$= \dfrac{6}{500} \times 1,000 = 12$

07 다음은 건설업에 선임해야 하는 안전관리자의 수에 관한 사항이다. 괄호 안에 알맞은 내용을 쓰시오.

(1) 공사금액 1,500억 원 이상 2,200억 원 미만 :
(①) 이상
(2) 공사금액 120억 원 이상 800억 원 미만 :
(②) 이상

해답

(1) 3명
(2) 1명

08 산업안전보건법상 근로자가 소음작업, 강렬한 소음작업 또는 충격소음작업에 종사하는 경우에 사업주가 근로자에게 알려야 할 사항을 3가지 쓰시오.(단, 그 밖에 소음으로 인한 건강장해 방지에 필요한 사항은 제외)

해답

① 해당 작업장소의 소음 수준
② 인체에 미치는 영향과 증상
③ 보호구의 선정과 착용방법

09 다음 FT도에서 정상사상 T의 고장발생확률을 구하시오.(단, 기본사상 X_1, X_2, X_3의 발생확률은 각각 0.2, 0.3, 0.1이다)

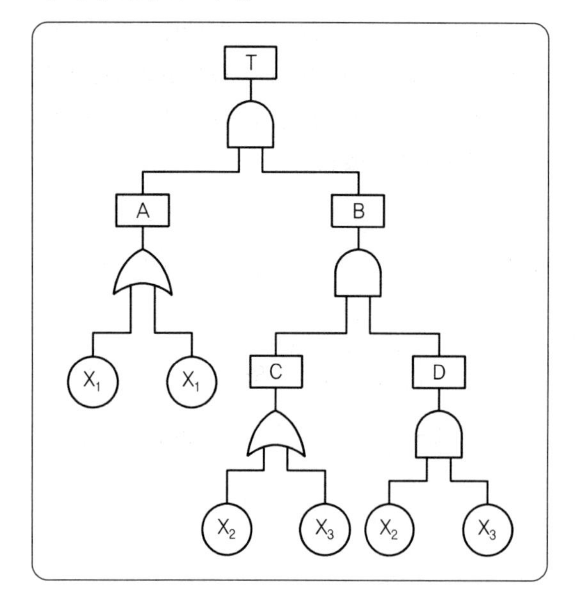

해답

① A=1−(1−0.2)(1−0.2)=0.36
② C=1−(1−0.3)(1−0.1)=0.37
③ D=0.3×0.1=0.03
④ B=C×D=0.37×0.03=0.0111
⑤ T=A×B=0.36×0.0111=0.003996

10 안전관리조직의 종류 3가지를 쓰시오.

해답

① 라인형(직계형 조직)
② 스태프형(참모형 조직)
③ 라인−스태프형(직계 참모형 조직)

11 산업안전보건법령상 사업주가 근로자에 대하여 실시하여야 하는 근로자 안전보건교육시간에 관한 다음 내용에 알맞은 교육시간을 쓰시오.

교육과정	교육대상		교육시간
정기교육	1) 사무직 종사 근로자		(①)
	2) 그 밖의 근로자	가) 판매업무에 직접 종사하는 근로자	(②)
		나) 판매업무에 직접 종사하는 근로자 외의 근로자	매반기 12시간 이상
채용 시 교육	1) 일용근로자 및 근로계약기간이 1주일 이하인 기간제근로자		(③)
	2) 근로계약기간이 1주일 초과 1개월 이하인 기간제근로자		4시간 이상
	3) 그 밖의 근로자		8시간 이상
작업내용 변경 시 교육	1) 일용근로자 및 근로계약기간이 1주일 이하인 기간제근로자		(④)
	2) 그 밖의 근로자		2시간 이상
건설업 기초안전·보건교육	건설 일용근로자		(⑤)

해답

① 매반기 6시간 이상
② 매반기 6시간 이상
③ 1시간 이상
④ 1시간 이상
⑤ 4시간 이상

12 관리대상 유해물질을 취급하는 작업장에 게시해야 할 사항을 4가지 쓰시오.

해답

① 관리대상 유해물질의 명칭
② 인체에 미치는 영향
③ 취급상 주의사항
④ 착용하여야 할 보호구
⑤ 응급조치와 긴급 방재 요령

13 전기화재에 해당하는 급수와 적응소화기를 3가지 쓰시오.

해답

① 급수 : C급 화재
② 적응소화기
㉠ 이산화탄소 소화기
㉡ 할로겐화합물 소화기
㉢ 분말소화기

PART 03

2019년 6월 29일 산업안전기사 실기 필답형

01 산업안전보건법상 이동식 크레인의 방호장치 3가지를 쓰시오.

해답

① 과부하방지장치
② 권과방지장치
③ 비상정지장치
④ 제동장치

02 산업안전보건법에서 정하는 중대재해의 종류를 3가지 쓰시오.

해답

① 사망자가 1명 이상 발생한 재해
② 3개월 이상의 요양이 필요한 부상자가 동시에 2명 이상 발생한 재해
③ 부상자 또는 직업성 질병자가 동시에 10명 이상 발생한 재해

03 근로자 수 300명인 어느 사업장에서 연간 재해건수 15건, 휴업일수 288일, 연 근로일수 280일, 근무시간은 1일 8시간일 때 다음을 구하시오.

> ① 도수율(빈도율)
> ② 강도율

해답

① 도수율 $= \dfrac{\text{재해발생건수}}{\text{연간 총근로시간 수}} \times 1{,}000{,}000$

$= \dfrac{15}{300 \times 8 \times 280} \times 1{,}000{,}000$

$= 22.321 = 22.32$

② 강도율 $= \dfrac{\text{근로손실일수}}{\text{연간 총근로시간 수}} \times 1{,}000$

$= \dfrac{288 \times \dfrac{280}{365}}{300 \times 8 \times 280} \times 1{,}000$

$= 0.328 = 0.33$

04 다음과 같은 조건에서의 안전관리자 최소 인원수를 쓰시오.

> ① 펄프 제조업 상시근로자 600명
> ② 고무 제조업 상시근로자 300명
> ③ 우편 및 통신업 상시근로자 500명
> ④ 공사금액 50억 원 이상 120억 원 미만 건설업

해답

① 2명 ② 1명 ③ 1명 ④ 1명

05 무재해 운동의 위험예지 훈련에서 실시하는 문제해결 4라운드 진행법을 순서대로 쓰시오.

해답

① 제1단계 : 현상파악
② 제2단계 : 본질추구
③ 제3단계 : 대책수립
④ 제4단계 : 목표설정

06 안전모의 성능시험 항목을 5가지 쓰시오.

해답

① 내관통성 ③ 내전압성 ⑤ 난연성
② 충격흡수성 ④ 내수성 ⑥ 턱끈풀림

07 인체 계측자료를 장비나 설비의 설계에 응용하는 경우 활용되는 3가지 원칙을 쓰시오.

해답

① 조절 가능한 설계
② 극단치를 이용한 설계
③ 평균치를 이용한 설계

08 공기압축기를 가동할 때의 작업시작 전 점검해야 할 사항을 4가지 쓰시오.(단, 그 밖의 연결 부위의 이상 유무는 제외)

해답

① 공기저장 압력용기의 외관 상태
② 드레인밸브의 조작 및 배수
③ 압력방출장치의 기능
④ 언로드밸브의 기능
⑤ 윤활유의 상태
⑥ 회전부의 덮개 또는 울

09 보일러의 폭발사고를 예방하고 정상적인 기능이 유지되도록 하기 위해 설치해야 하는 방호장치를 3가지 쓰시오.

해답

① 압력방출장치
② 압력제한스위치
③ 고저수위조절장치
④ 화염검출기

10 산업안전보건법상 전기 기계 · 기구를 설치하려는 경우 고려사항을 3가지 쓰시오.

해답

① 전기 기계 · 기구의 충분한 전기적 용량 및 기계적 강도
② 습기 · 분진 등 사용장소의 주위 환경
③ 전기적 · 기계적 방호수단의 적정성

11 산업안전보건법상 유해 · 위험기계 등이 안전기준에 적합한지를 확인하기 위하여 안전인증기관이 심사하는 심사의 종류를 3가지 쓰시오.

해답

① 예비심사
② 서면심사
③ 기술능력 및 생산체계심사
④ 제품심사

12 LD_{50}에 대해 간단히 정의하시오.

해답

실험동물의 50%를 사망시킬 수 있는 물질의 양

13 HAZOP 기법에 사용되는 가이드 워드에 관한 의미를 쓰시오.

① AS WELL AS
② PART OF
③ OTHER THAN
④ REVERSE

해답

① AS WELL AS : 성질상 증가
② PART OF : 성질상의 감소
③ OTHER THAN : 완전한 대체의 필요
④ REVERSE : 설계의도의 논리적인 역

TIP 지침단어(가이드 워드)의 의미

GUIDE WORD	의미	설명
NO 혹은 NOT	설계의도의 완전한 부정	설계 의도의 어떤 부분도 성취되지 않으며 아무것도 일어나지 않음
MORE 혹은 LESS	양의 증가 혹은 감소 (정량적 증가 혹은 감소)	'가열', '반응' 등과 같은 행위뿐만 아니라 Flow rate 그리고 온도 등과 같이 양과 성질을 함께 나타냄
AS WELL AS	성질상의 증가 (정성적 증가)	모든 설계 의도와 운전조건이 어떤 부가적인 행위와 함께 일어남
PART OF	성질상의 감소 (정성적 감소)	어떤 의도는 성취되나 어떤 의도는 성취되지 않음
REVERSE	설계의도의 논리적인 역 (설계의도와 반대현상)	이것은 주로 행위에 적용됨 예 : 역반응이나 역류 등 물질에도 적용 될 수 있음 예 : 해독제 대신 독물 사용
OTHER THAN	완전한 대체의 필요	설계의도의 어떤 부분도 성취되지 않고 전혀 다른 것이 일어남

14 산업안전보건법상 다음 (   )에 해당하는 양중기의 와이어로프 또는 달기체인의 안전계수를 쓰시오.

근로자가 탑승하는 운반구를 지지하는 달기와이어로프 또는 달기체인의 경우	10 이상
화물의 하중을 직접 지지하는 달기와이어로프 또는 달기체인의 경우	( ) 이상
훅, 샤클, 클램프, 리프팅 빔의 경우	3 이상
그 밖의 경우	4 이상

해답

5

2019년 6월 29일 산업안전산업기사 실기 필답형

01 승강기의 설치 · 조립 · 수리 · 점검 또는 해체 작업을 하는 경우 안전조치 사항 3가지를 쓰시오.

해답

① 작업을 지휘하는 사람을 선임하여 그 사람의 지휘하에 작업을 실시할 것
② 작업을 할 구역에 관계 근로자가 아닌 사람의 출입을 금지하고 그 취지를 보기 쉬운 장소에 표시할 것
③ 비, 눈, 그 밖에 기상상태의 불안정으로 날씨가 몹시 나쁜 경우에는 그 작업을 중지시킬 것

02 기계설비에 의해 형성되는 위험점의 종류를 5가지 쓰시오.

해답

① 협착점
② 끼임점
③ 절단점
④ 물림점
⑤ 접선 물림점
⑥ 회전 말림점

03 25℃ 1기압에서 공기 중 일산화탄소(CO)의 허용농도가 10ppm일 때 이를 mg/m^3의 단위로 환산하면 약 얼마인가?(단, C, O의 원자량은 각각 12, 16이다.)

해답

① 일산화탄소(CO)의 분자량=12+16=28[g]

② $mg/m^3 = ppm \times \frac{\text{분자량(g)}}{24.45}$

$$= 10 \times \frac{28}{24.45} = 11.45[mg/m^3]$$

TIP 용량농도(ppm)를 질량농도(mg/m^3)로 환산

$mg/m^3 = ppm \times \frac{\text{분자량(g)}}{24.45}$(25℃, 1기압)

여기서, 24.45 : 25℃, 1기압에서 물질 1mol의 부피

04 콘크리트 구조물로 옹벽을 축조할 경우 필요한 안정조건을 3가지 쓰시오.

해답

① 전도에 대한 안정
② 활동에 대한 안정
③ 지반지지력에 대한 안정

05 인간이 기계보다 우수한 기능을 5가지 쓰시오.

해답

① 복잡 다양한 자극형태 식별
② 예기치 못한 사건 감지
③ 많은 양의 정보를 장시간 보관
④ 귀납적 추리
⑤ 과부 상태에서는 중요한 일에만 전념
⑥ 다양한 문제해결

06 산업안전보건법상 보호구의 안전인증제품에 안전인증의 표시 외에 표시하여야 하는 사항을 5가지만 쓰시오.

해답

① 형식 또는 모델명
② 규격 또는 등급 등
③ 제조자명
④ 제조번호 및 제조연월
⑤ 안전인증 번호

07 산업안전보건법상 크레인의 방호장치 3가지를 쓰시오.

해답

① 과부하방지장치
② 권과방지장치
③ 비상정지장치
④ 제동장치

08 산업안전보건법상 안전 및 보건에 관한 노사협의체의 구성에 있어 근로자위원과 사용자위원의 자격을 각각 2가지씩 쓰시오.

해답

(1) 근로자위원

① 도급 또는 하도급 사업을 포함한 전체 사업의 근로자대표

② 근로자대표가 지명하는 명예산업안전감독관 1명. 다만, 명예산업안전감독관이 위촉되어 있지 않은 경우에는 근로자대표가 지명하는 해당 사업장 근로자 1명

③ 공사금액이 20억 원 이상인 공사의 관계수급인의 각 근로자대표

(2) 사용자위원

① 도급 또는 하도급 사업을 포함한 전체 사업의 대표자

② 안전관리자 1명

③ 보건관리자 1명(보건관리자 선임대상 건설업으로 한정)

④ 공사금액이 20억 원 이상인 공사의 관계수급인의 각 대표자

09 동작경제의 3원칙을 쓰시오.

해답

① 신체 사용에 관한 원칙

② 작업장 배치에 관한 원칙

③ 공구 및 설비 디자인에 관한 원칙

10 압력용기 안전검사 주기에 관한 내용이다. 내용에 맞는 주기를 쓰시오.

(1) 사업장에 설치가 끝난 날부터 (①)년 이내에 최초 안전검사를 실시한다.
(2) 최초 안전검사 이후부터 (②)년마다 안전검사를 실시한다.
(3) 공정안전보고서를 제출하여 확인을 받은 압력용기는 (③)년마다 안전검사를 실시한다.

해답

① 3

② 2

③ 4

11 목재가공용 둥근톱 반발예방장치의 종류인 분할날의 두께 공식을 쓰시오.

해답

$1.1t_1 \leq t_2 < b$

여기서, t_1 : 톱두께, t_2 : 분할날두께, b : 치진폭

12 다음 방폭구조의 기호를 쓰시오.

방폭구조의 종류	기호
내압 방폭구조	(①)
유입 방폭구조	(②)
본질안전 방폭구조	(③)
안전증 방폭구조	(④)
몰드 방폭구조	(⑤)

해답

① d

② o

③ i(ia, ib)

④ e

⑤ m

TIP 방폭구조의 종류에 따른 기호

내압 방폭구조	d	본질안전 방폭구조	i(ia, ib)
압력 방폭구조	p	비점화 방폭구조	n
유입 방폭구조	o	몰드 방폭구조	m
안전증 방폭구조	e	충전 방폭구조	q
특수 방폭구조	s		

13 근로자가 1시간 동안 1분당 7.5kcal의 에너지를 소모하는 작업을 수행하는 경우 휴식시간을 구하시오.(단, 작업에 대한 권장 평균에너지 소비량은 분당 4kcal이다.)

해답

$$\text{휴식시간}(R) = \frac{60(E-4)}{E-1.5} = \frac{60(7.5-4)}{7.5-1.5} = 35[\text{분}]$$

2019년 10월 12일 산업안전기사 실기 필답형

01 산업안전보건위원회 구성위원 중 근로자위원의 자격 3가지를 쓰시오.

해답

① 근로자대표
② 근로자대표가 지명하는 1명 이상의 명예산업안전감독관
③ 근로자대표가 지명하는 9명 이내의 해당 사업장의 근로자

TIP 사용자위원
① 해당 사업의 대표자
② 안전관리자 1명
③ 보건관리자 1명
④ 산업보건의(해당 사업장에 선임되어 있는 경우)
⑤ 해당 사업의 대표자가 지명하는 9명 이내의 해당 사업장 부서의 장

02 동력으로 작동하는 기계 · 기구로서 유해 · 위험 방지를 위한 방호조치를 하지 아니하고는 양도, 대여, 설치 또는 사용에 제공하거나, 양도 · 대여를 목적으로 진열해서는 아니 되는 기계 · 기구를 5가지 쓰시오.

해답

① 예초기
② 원심기
③ 공기압축기
④ 금속절단기
⑤ 지게차
⑥ 포장기계(진공포장기, 랩핑기로 한정)

TIP 유해하거나 위험한 기계 · 기구에 대한 방호조치

대상 기계 · 기구	방호조치
예초기	날접촉 예방장치
원심기	회전체 접촉 예방장치
공기압축기	압력방출장치
금속절단기	날접촉 예방장치
지게차	헤드가드, 백레스트, 전조등, 후미등, 안전벨트
포장기계(진공포장기, 랩핑기로 한정)	구동부 방호 연동장치

03 산업안전보건법상 달비계에 사용이 금지되는 와이어로프의 기준을 4가지 쓰시오.

해답

① 이음매가 있는 것
② 와이어로프의 한 꼬임에서 끊어진 소선의 수가 10퍼센트 이상인 것
③ 지름의 감소가 공칭지름의 7퍼센트를 초과하는 것
④ 꼬인 것
⑤ 심하게 변형되거나 부식된 것
⑥ 열과 전기충격에 의해 손상된 것

04 공정안전보고서 이행상태의 평가에 관한 내용이다. ( ) 안에 알맞은 내용을 넣으시오.

(1) 고용노동부장관은 공정안전보고서의 확인 후 1년이 경과한 날부터 (①)년 이내에 공정안전보고서 이행 상태의 평가를 하여야 한다.
(2) 고용노동부장관은 이행상태평가 후 4년마다 이행상태평가를 하여야 한다. 다만, 다음의 어느 하나에 해당하는 경우에는 (②)마다 실시할 수 있다.
㉠ 이행상태평가 후 사업주가 이행상태평가를 요청하는 경우
㉡ 사업장에 출입하여 검사 및 안전 · 보건점검 등을 실시한 결과 변경요소 관리계획 미준수로 공정안전보고서 이행상태가 불량한 것으로 인정되는 경우 등 고용노동부장관이 정하여 고시하는 경우

해답

① 2
② 1년 또는 2년

05 근로자가 착용하는 보호구 중 가죽제 안전화의 성능시험 종류를 4가지 쓰시오.

해답

① 은면결렬시험
② 인열강도시험
③ 내부식성시험
④ 인장강도시험 및 신장율
⑤ 내유성시험
⑥ 내압박성시험
⑦ 내충격성시험
⑧ 박리저항시험
⑨ 내답발성시험

06 인간-기계 시스템에서의 구성요소와 정보흐름을 나타낸 것이다. 빈칸에 알맞은 내용을 쓰시오.

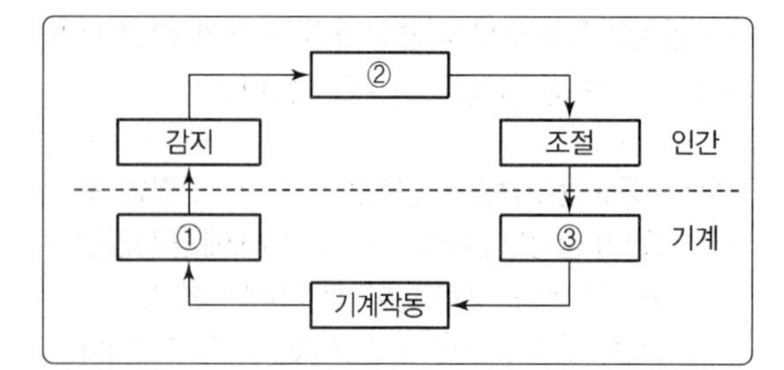

해답

① 표시장치
② 정보처리
③ 조종장치

07 산업안전보건법상 보호구의 안전인증제품에 안전인증 표시 외에 표시하여야 하는 사항을 4가지만 쓰시오.

해답

① 형식 또는 모델명
② 규격 또는 등급 등
③ 제조자명
④ 제조번호 및 제조연월
⑤ 안전인증 번호

08 산업재해 조사 시 유의해야 할 사항을 4가지 쓰시오.

해답

① 사실을 수집하고 재해 이유는 뒤로 미룬다.
② 목격자 등이 발언하는 사실 이외의 추측의 말은 참고로 한다.
③ 조사는 신속하게 행하고 2차 재해의 방지를 도모한다.
④ 사람, 설비, 환경의 측면에서 재해요인을 도출한다.
⑤ 객관성을 가지고 제3자의 입장에서 공정하게 조사하며, 조사는 2인 이상으로 한다.
⑥ 책임추궁보다 재발방지를 우선하는 기본태도를 갖는다.
⑦ 피해자에 대한 구급조치를 우선으로 한다.
⑧ 2차 재해의 예방과 위험성에 대응하여 보호구를 착용한다.
⑨ 발생 후 가급적 빨리 재해현장이 변형되지 않은 상태에서 실시한다.

09 인간기계 시스템을 분류할 때 인간에 의한 제어 정도에 따른 분류 3가지를 쓰시오.

해답

① 수동시스템
② 기계시스템
③ 자동시스템

TIP 자동화의 정도에 따른 분류

수동제어 시스템	컴퓨터의 도움 없이 또는 감지와 제어 루프에 컴퓨터의 변환과 도움을 받으면 수행되고, 제어에 관한 모든 의사결정을 인간에게 완전히 의존함
감시제어 시스템	제어에 있어 인간과 컴퓨터의 의사결정에 관한 역할 분담을 지향한다. 인간이 대부분의 의사결정을 하는 경우와 컴퓨터에 의해 제어의 의사결정이 이루어지고, 인간은 단지 보조역할을 하는 형태가 있을 수 있음
자동제어 시스템	제어시스템이 구성되면 인간은 시스템의 구동조건을 준비하고, 모든 의사결정이 컴퓨터에 의해 이루어짐

10 산업안전보건법상 안전보건총괄책임자의 직무를 4가지 쓰시오.

해답

① 위험성 평가의 실시에 관한 사항
② 작업의 중지
③ 도급 시 산업재해 예방조치
④ 산업안전보건관리비의 관계수급인 간의 사용에 관한 협의 · 조정 및 그 집행의 감독
⑤ 안전인증대상기계 등과 자율안전확인대상기계 등의 사용 여부 확인

11 다음 보기 중에서 안전인증 대상 기계 또는 설비, 방호장치 또는 보호구에 해당하는 것을 4가지 골라 번호를 쓰시오.

[보기]
① 안전대
② 연삭기 덮개
③ 파쇄기
④ 아세틸렌 용접장치용 안전기
⑤ 압력용기
⑥ 양중기용 과부하방지장치
⑦ 교류아크용접기용 자동전격방지기
⑧ 컨베이어
⑨ 동력식 수동대패용 칼날 접촉방지장치
⑩ 용접용 보안면

해답

①, ⑤, ⑥, ⑩

12 산업안전보건법령상 근로자 안전보건교육 중 근로자 정기교육의 내용을 4가지 쓰시오.(단, 산업안전보건법령 및 산업재해보상보험 제도에 관한 사항은 제외)

해답

① 산업안전 및 사고 예방에 관한 사항
② 산업보건 및 직업병 예방에 관한 사항
③ 위험성 평가에 관한 사항
④ 건강증진 및 질병 예방에 관한 사항
⑤ 유해 · 위험 작업환경 관리에 관한 사항
⑥ 직무스트레스 예방 및 관리에 관한 사항
⑦ 직장 내 괴롭힘, 고객의 폭언 등으로 인한 건강장해 예방 및 관리에 관한 사항

13 흙막이 지보공을 설치하였을 때에는 정기적으로 점검하고 이상을 발견하면 즉시 보수하여야 할 사항을 3가지 쓰시오.

해답

① 부재의 손상 · 변형 · 부식 · 변위 및 탈락의 유무와 상태
② 버팀대의 긴압의 정도
③ 부재의 접속부 · 부착부 및 교차부의 상태
④ 침하의 정도

14 동력식 수동대패기의 방호장치와 방호장치의 종류 2가지를 쓰시오.

해답

(1) 방호장치 : 칼날접촉방지장치
(2) 종류 : ① 가동식 덮개
　　　　② 고정식 덮개

2019년 10월 12일 산업안전산업기사 실기 필답형

01 평균근로자 100명이 작업하는 H사업장에서 한 해 동안 사망 1명, 14급장해 2명, 기타 휴업일수가 37일일 경우 강도율을 계산하시오.

해답

$$강도율 = \frac{근로손실일수}{연간\ 총근로시간\ 수} \times 1{,}000$$

$$= \frac{7{,}500 + (50 \times 2) + \left(37 \times \frac{300}{365}\right)}{100 \times 8 \times 300} \times 1{,}000$$

$$= 31.793 = 31.79$$

TIP 근로손실일수의 산정 기준

① 사망 및 영구 전노동불능(신체장해등급 1~3급) : 7,500일

② 영구 일부노동불능(근로손실일수)

신체장해등급	근로손실일수	신체장해등급	근로손실일수
4	5,500	10	600
5	4,000	11	400
6	3,000	12	200
7	2,200	13	100
8	1,500	14	50
9	1,000		

02 TLV－TWA에 관하여 간략히 설명하시오.

해답

1일 8시간 작업기준으로 유해 요인의 측정치에 발생시간을 곱하여 8시간으로 나눈 값으로 1일 8시간, 주 40시간 동안의 평균노출농도로서 거의 모든 근로자가 평상 작업에서 반복하여 노출되더라도 건강장해를 일으키지 않는 공기 중 유해물질의 농도

03 산업안전보건법상 안전보건표지에서 '관계자외 출입금지표지'의 종류 3가지를 쓰시오.

해답

① 허가대상물질작업장

② 석면취급/해체작업장

③ 금지대상물질의 취급 실험실 등

04 가설 구조물에 해당하는 비계의 구비조건 3가지를 쓰고 간략히 설명하시오.

해답

① 안전성 : 파괴, 도괴에 대한 충분한 강도를 가질 것

② 경제성 : 가설 및 철거가 신속하고 용이할 것

③ 작업성 : 통행과 작업에 방해가 없는 넓은 작업발판과 넓은 작업공간을 확보할 것

TIP 가설 구조물의 구비요건

안전성	① 파괴, 도괴에 대한 안전성 : 충분한 강도를 가질 것 ② 추락에 대한 안전성 : 방호조치가 된 구조를 가질 것 ③ 낙하물에 대한 안전성 : 틈이 없는 바닥판 구조 및 상부 방호조치 구비 ④ 동요에 대한 안전성 : 작업, 통행 시 동요하지 않는 강도를 가질 것 ※ 동요 : 작업 또는 통행 시에 구조물이 흔들리고 움직이는 현상
경제성	① 가설 및 철거비 : 가설 및 철거가 신속하고 용이 ② 가공비 : 현장 가공을 하지 않도록 할 것 ③ 상각비 : 사용 연수가 길 것
작업성	① 넓은 작업 바닥판 : 통행, 작업이 자유롭고 임시로 자재 적치 장소의 확보 ② 넓은 작업공간 : 통행, 작업을 방해하는 부재가 없는 구조 ③ 적정한 작업자세 : 무리가 없는 자세로 작업가능 위치

05 로봇의 작동범위 내에서 그 로봇에 관하여 교시 등의 작업을 하는 경우 작업 시작 전 점검사항을 3가지 쓰시오.

해답

① 외부 전선의 피복 또는 외장의 손상 유무

② 매니퓰레이터(manipulator) 작동의 이상 유무

③ 제동장치 및 비상정지장치의 기능

06 방폭구조의 종류를 5가지 쓰시오.

해답

① 내압 방폭구조(d)
② 압력 방폭구조(p)
③ 안전증 방폭구조(e)
④ 유입 방폭구조(o)
⑤ 본질안전 방폭구조(ia, ib)
⑥ 비점화 방폭구조(n)
⑦ 몰드 방폭구조(m)
⑧ 충전 방폭구조(q)
⑨ 특수 방폭구조(s)

TIP 방폭구조의 종류에 따른 기호

내압 방폭구조	d	본질안전 방폭구조	i(ia, ib)
압력 방폭구조	p	비점화 방폭구조	n
유입 방폭구조	o	몰드 방폭구조	m
안전증 방폭구조	e	충전 방폭구조	q
특수 방폭구조	s		

07 의식의 흐름이 옆으로 빗나가 발생하는 경우로서 작업 도중에 걱정, 고뇌, 욕구 불만 등에 의해 다른 것에 주의하는 부주의 현상을 쓰시오.

해답

의식의 우회

TIP 부주의 발생현상

의식의 단절(중단)	의식의 흐름에 단절이 생기고 공백상태가 나타나는 경우(특수한 질병의 경우)
의식의 우회	의식의 흐름이 옆으로 빗나가 발생한 경우(걱정, 고민, 욕구불만 등)
의식수준의 저하	뚜렷하지 않은 의식의 상태로 심신이 피로하거나 단조로운 작업 등의 경우
의식의 과잉	돌발사태 및 긴급이상사태에 직면하면 순간적으로 긴장되고 의식이 한 방향으로 쏠리는 주의의 일점집중현상의 경우
의식의 혼란	외적 조건에 문제가 있을 때 의식이 혼란되고 분산되어 작업에 잠재되어 있는 위험요인에 대응할 수 없는 경우

08 공정흐름도에 표시되어야 할 사항 3가지를 쓰시오.

해답

① 제조공정 개요와 공정흐름
② 공정제어의 원리
③ 제조설비의 종류 및 기본사양

TIP 공정흐름도(PFD ; Process Flow Diagram)

(1) 정의 : 공정계통과 장치설계기준을 나타내주는 도면이며 주요 장치, 장치 간의 공정연관성, 운전조건, 운전변수, 물질 · 에너지 수지, 제어 설비 및 연동장치 등의 기술적 정보를 파악할 수 있는 도면을 말한다.
(2) 공정흐름도에 표시되어야 할 사항 : 공정흐름도에는 공정설계 개념을 파악하는 데 필요한 기본적인 제조공정 개요와 공정흐름, 공정제어의 원리, 제조설비의 종류 및 기본사양 등이 표현되어야 하며 다음의 사항을 포함한다.
  ① 공정 처리순서 및 흐름의 방향
  ② 주요 동력기계, 장치 및 설비류의 배열
  ③ 기본 제어논리
  ④ 기본설계를 바탕으로 한 온도, 압력, 물질수지 및 열수지 등
  ⑤ 압력용기, 저장탱크 등 주요 용기류의 간단한 사양
  ⑥ 열교환기, 가열로 등의 간단한 사양
  ⑦ 펌프, 압축기 등 주요 동력기계의 간단한 사양
  ⑧ 회분식 공정인 경우에는 작업순서 및 작업시간

09 히빙이 발생하기 쉬운 지반형태와 발생원인을 2가지 쓰시오.

해답

(1) 지반형태 : 연약성 점토지반
(2) 발생원인
  ① 흙막이 근입장 깊이 부족
  ② 흙막이 흙의 중량 차이
  ③ 지표 재하중

10 비파괴 검사의 종류를 4가지 쓰시오.

해답

① 육안검사
② 누설검사
③ 침투검사
④ 초음파검사
⑤ 자기탐상검사
⑥ 음향검사
⑦ 방사선투과 검사
⑧ 와류탐상검사

11 정량적 표시장치의 지침을 설계할 경우 고려해야 할 사항을 4가지 쓰시오.

해답

① 선각이 약 20° 정도 되는 뾰족한 지침을 사용한다.
② 지침의 끝은 작은 눈금과 맞닿게 하되 겹치지는 않도록 한다.
③ 시차를 없애기 위해 지침을 눈금면에 밀착시킨다.
④ 원형 눈금의 경우 지침의 색은 선단에서 눈금의 중심까지 칠한다.

12 시스템 위험분석기법 중 THERP(인간과오율예측기법)에 대하여 간략히 설명하시오.

해답

인간과오를 정량적으로 평가하기 위한 기법

13 작업장에서 발생하는 산업재해에 대한 재해조사의 목적을 쓰시오.

해답

재해 원인과 결함을 규명하고 예방 자료를 수집하여 동종 재해 및 유사재해의 재발 방지 대책을 강구하는 데 목적이 있다.

2020년 5월 24일 산업안전기사 실기 필답형

01 산업안전보건법령상 롤러기 급정지장치의 정지거리에 관한 기준이다. ( ) 안에 알맞은 내용을 쓰시오.

앞면 롤러의 표면속도(m/min)	급정지거리
30 미만	앞면 롤러 원주의 (①)
30 이상	앞면 롤러 원주의 (②)

해답

① 1/3
② 1/2.5

02 산업안전보건법령상 비, 눈, 그 밖의 기상상태의 악화로 작업을 중지시킨 후 또는 비계를 조립 · 해체하거나 변경한 후 그 비계에서 작업을 하는 경우에 해당 작업을 시작하기 전에 점검하고, 이상을 발견하면 즉시 보수하여야 하는 사항을 3가지만 쓰시오.

해답

① 발판 재료의 손상 여부 및 부착 또는 걸림 상태
② 해당 비계의 연결부 또는 접속부의 풀림 상태
③ 연결 재료 및 연결 철물의 손상 또는 부식 상태
④ 손잡이의 탈락 여부
⑤ 기둥의 침하, 변형, 변위 또는 흔들림 상태
⑥ 로프의 부착 상태 및 매단 장치의 흔들림 상태

03 산업안전보건법령상 과압에 따른 폭발을 방지하기 위하여 폭발 방지 성능과 규격을 갖춘 안전밸브 또는 파열판을 설치하여야 하는 화학설비 및 그 부속설비의 종류를 3가지만 쓰시오.(단, 종류 및 세부사항을 모두 기재하여야 하며, 그 밖의 화학설비 및 그 부속설비로서 해당 설비의 최고사용압력을 초과할 우려가 있는 것은 제외)

해답

① 압력용기(안지름이 150밀리미터 이하인 압력용기는 제외하며, 압력용기 중 관형 열교환기의 경우에는 관의 파열로 인하여 상승한 압력이 압력용기의 최고사용압력을 초과할 우려가 있는 경우만 해당)
② 정변위 압축기
③ 정변위 펌프(토출측에 차단밸브가 설치된 것만 해당)
④ 배관(2개 이상의 밸브에 의하여 차단되어 대기온도에서 액체의 열팽창에 의하여 파열될 우려가 있는 것으로 한정)

04 산업안전보건법상 사업장의 안전 및 보건을 유지하기 위하여 사업주가 안전보건관리규정을 작성하고자 할 때 포함되어야 할 사항을 4가지 쓰시오. (단, 그 밖에 안전 및 보건에 관한 사항은 제외)

해답

① 안전 및 보건에 관한 관리조직과 그 직무에 관한 사항
② 안전보건교육에 관한 사항
③ 작업장의 안전 및 보건 관리에 관한 사항
④ 사고 조사 및 대책 수립에 관한 사항

05 산업안전보건법령에 따른 안전보건표지 중 출입금지 표지를 그리시오.(단, 색상의 표시는 글자로 나타내도록 하고 크기에 대한 기준은 표시하지 않아도 됨)

해답

• 바탕 : 흰색
• 기본모형 : 빨간색
• 관련 부호 및 그림 : 검정색

06 산업안전보건법령에 따른 중량물의 취급작업 시 작성해야 하는 작업계획서의 내용을 3가지만 쓰시오.

해답

① 추락위험을 예방할 수 있는 안전대책
② 낙하위험을 예방할 수 있는 안전대책
③ 전도위험을 예방할 수 있는 안전대책
④ 협착위험을 예방할 수 있는 안전대책
⑤ 붕괴위험을 예방할 수 있는 안전대책

07 A 회사의 제품은 10,000시간 동안 10개의 제품에 고장이 발생된다고 한다. 이 제품의 수명이 지수분포를 따른다고 할 경우의 (1) 고장률과 (2) 900시간 동안 적어도 1개의 제품이 고장 날 확률을 구하시오.

해답

(1) 고장률

$$\text{고장률}(\lambda) = \frac{r(\text{그 기간 중의총 고장 수})}{T(\text{총 동작시간})} = \frac{10}{10{,}000} = 0.001(\text{건/시간})$$

(2) 고장 날 확률

$$\text{불신뢰도 } F(t) = 1 - R(t) = 1 - e^{-\lambda t} = 1 - e^{-(0.001 \times 900)} = 0.5934 = 0.59$$

08 산업안전보건법령에 따른 코드와 플러그를 접속하여 사용하는 전기기계 · 기구 중 노출된 비충전 금속체로부터 누전에 의한 감전의 위험을 방지하기 위하여 접지를 실시하여야 하는 대상을 4가지만 쓰시오.

해답

① 사용전압이 대지전압 150볼트를 넘는 것
② 냉장고 · 세탁기 · 컴퓨터 및 주변기기 등과 같은 고정형 전기기계 · 기구
③ 고정형 · 이동형 또는 휴대형 전동기계 · 기구
④ 물 또는 도전성이 높은 곳에서 사용하는 전기기계 · 기구, 비접지형 콘센트
⑤ 휴대형 손전등

09 산업안전보건법령에 따른 근로자 안전보건교육에서 특별교육대상 작업별 교육 중 로봇작업에 대한 교육내용 4가지를 쓰시오.(단, 공통내용은 제외)

해답

① 로봇의 기본원리 · 구조 및 작업방법에 관한 사항
② 이상 발생 시 응급조치에 관한 사항
③ 안전시설 및 안전기준에 관한 사항
④ 조작방법 및 작업순서에 관한 사항

10 산업안전보건법령상 아세틸렌 용접장치 발생기실의 설치에 관한 기준이다. ( ) 안에 알맞은 내용을 쓰시오.

(1) 발생기실은 건물의 (①)에 위치하여야 하며, 화기를 사용하는 설비로부터 (②)미터를 초과하는 장소에 설치하여야 한다.
(2) 발생기실을 옥외에 설치한 경우에는 그 개구부를 다른 건축물로부터 (③)미터 이상 떨어지도록 하여야 한다.

해답

① 최상층
② 3
③ 1.5

11 다음을 참고하여 안전성 평가를 단계별로 순서에 맞게 번호로 나열하시오.

① 정성적 평가
② 안전대책
③ 정량적 평가
④ 재해정보에 의한 재평가
⑤ 관계자료의 정비, 검토
⑥ FTA에 의한 재평가

해답

⑤ → ① → ③ → ② → ④ → ⑥

12 사업장 A의 강도율이 3일 때, 다음의 (　) 안에 적절한 내용을 쓰시오.

> 사업장 A는 연간 (①)시간의 근로시간 중, 3일의 (②)이(가) 발생하였다.

해답

① 1,000

② 근로손실

> **TIP** 강도율
> ① 근로시간 1,000시간당 재해에 의해 잃어버린(상실되는) 근로손실일수
> ② 공식
> $$\text{강도율} = \frac{\text{근로손실일수}}{\text{연간총근로시간수}} \times 1{,}000$$

13 산업안전보건법령에 따른 늘어난 달기체인의 사용금지 조건을 3가지 쓰시오.

해답

① 달기체인의 길이가 달기체인이 제조된 때의 길이의 5퍼센트를 초과한 것

② 링의 단면지름이 달기체인이 제조된 때의 해당 링의 지름의 10퍼센트를 초과하여 감소한 것

③ 균열이 있거나 심하게 변형된 것

14 산업안전보건법령에 따른 유해위험방지계획서 제출 대상 사업장을 3가지만 쓰시오.(단, 해당 제품의 생산 공정과 직접적으로 관련된 건설물 · 기계 · 기구 및 설비 등 전부를 설치 · 이전하거나 그 주요 구조부분을 변경하려는 경우이며, 해당 사업장은 전기 계약 용량이 300킬로와트 이상인 경우임)

해답

① 금속가공제품 제조업(기계 및 가구 제외)

② 비금속광물제품 제조업

③ 기타 기계 및 장비 제조업

④ 자동차 및 트레일러 제조업

⑤ 식료품 제조업

⑥ 고무제품 및 플라스틱제품 제조업

⑦ 목재 및 나무제품 제조업

⑧ 기타 제품 제조업

⑨ 1차 금속 제조업

⑩ 가구 제조업

⑪ 화학물질 및 화학제품 제조업

⑫ 반도체 제조업

⑬ 전자부품 제조업

2020년 5월 24일 산업안전산업기사 실기 필답형

01 산업안전보건법령에 따른 안전보건진단을 받아 안전보건개선계획을 수립해야 할 사업장을 2가지만 쓰시오.

해답

① 산업재해율이 같은 업종 평균 산업재해율의 2배 이상인 사업장
② 사업주가 필요한 안전조치 또는 보건조치를 이행하지 아니하여 중대재해가 발생한 사업장
③ 직업성 질병자가 연간 2명 이상(상시근로자 1천 명 이상 사업장의 경우 3명 이상) 발생한 사업장
④ 그 밖에 작업환경 불량, 화재 · 폭발 또는 누출 사고 등으로 사업장 주변까지 피해가 확산된 사업장

02 위험예지훈련 4라운드의 진행방식을 순서대로 쓰시오.

해답

① 제1단계 : 현상파악
② 제2단계 : 본질추구
③ 제3단계 : 대책수립
④ 제4단계 : 목표설정

03 평균 근로자 540명이 작업하는 A 사업장에서 1일 8시간, 연간 300일 근무하는 동안 30건의 재해가 발생하였을 경우 도수율을 구하시오.

해답

$$\text{도수율} = \frac{\text{재해발생건수}}{\text{연간총근로시간수}} \times 1{,}000{,}000$$
$$= \frac{30}{540 \times 8 \times 300} \times 1{,}000{,}000$$
$$= 23.15$$

04 풀프루프(Fool-proof)에 관하여 간략히 설명하시오.

해답

작업자가 기계를 잘못 취급하여 불안전 행동이나 실수를 하여도 기계설비의 안전기능이 작용되어 재해를 방지할 수 있는 기능을 가진 구조

TIP 페일세이프(Fail Safe)
기계나 그 부품에 파손 · 고장이나 기능 불량이 발생하여도 항상 안전하게 작동할 수 있는 기능을 가진 구조

05 산업안전보건법령상 안전보건표지에 사용되는 색채의 색도기준 및 용도에 관한 기준이다. ( ) 안에 알맞은 내용을 쓰시오.

색채	색도기준	용도
빨간색	(①)	금지
		경고
(②)	5Y 8.5/12	경고
파란색	2.5PB 4/10	(③)
녹색	2.5G 4/10	(④)
(⑤)	N9.5	
검은색	N0.5	

해답

① 7.5R 4/14
② 노란색
③ 지시
④ 안내
⑤ 흰색

06 산업안전보건법령에 따른 근로자가 상시 작업하는 장소의 작업면 조도에 관한 기준이다. ( ) 안에 알맞은 내용을 쓰시오.

작업의 종류	작업면 조도
초정밀작업	(①) lux 이상
정밀작업	(②) lux 이상
보통작업	(③) lux 이상
그 밖의 작업	(④) lux 이상

해답

① 750
② 300
③ 150
④ 75

07 기계설비에 의해 형성되는 위험점의 종류를 3가지만 쓰시오.

해답

① 협착점
② 끼임점
③ 절단점
④ 물림점
⑤ 접선 물림점
⑥ 회전 말림점

08 피뢰기가 구비하여야 할 조건을 5가지 쓰시오.

해답

① 충격 방전 개시 전압과 제한 전압이 낮을 것
② 반복 동작이 가능할 것
③ 구조가 견고하며 특성이 변화하지 않을 것
④ 점검, 보수가 간단할 것
⑤ 뇌전류의 방전능력이 클 것
⑥ 속류의 차단이 확실하게 될 것

09 물질안전보건자료 작성 시 포함되어야 할 항목을 5가지만 쓰시오.(단 그 밖의 참고사항은 제외)

해답

① 화학제품과 회사에 관한 정보
② 유해성 · 위험성
③ 구성성분의 명칭 및 함유량
④ 응급조치요령
⑤ 폭발 · 화재 시 대처방법
⑥ 누출사고 시 대처방법
⑦ 취급 및 저장방법
⑧ 노출방지 및 개인보호구
⑨ 물리화학적 특성
⑩ 안정성 및 반응성
⑪ 독성에 관한 정보
⑫ 환경에 미치는 영향
⑬ 폐기 시 주의사항
⑭ 운송에 필요한 정보
⑮ 법적 규제 현황

10 산업안전보건법령에 따른 차량계 건설기계를 사용하는 작업을 하는 경우 작업계획서에 포함되어야 할 사항을 3가지 쓰시오.

해답

① 사용하는 차량계 건설기계의 종류 및 성능
② 차량계 건설기계의 운행경로
③ 차량계 건설기계에 의한 작업방법

11 산업안전보건법령상 공정안전보고서의 제출 대상 사업장을 4가지만 쓰시오.

해답

① 원유 정제 처리업
② 기타 석유정제물 재처리업
③ 석유화학계 기초화학물질 제조업 또는 합성수지 및 기타 플라스틱 물질 제조업
④ 질소 화합물, 질소 · 인산 및 칼리질 화학비료 제조업 중 질소질 비료 제조
⑤ 복합비료 및 기타 화학비료 제조업 중 복합비료 제조(단순 혼합 또는 배합에 의한 경우는 제외)
⑥ 화학 살균 · 살충제 및 농업용 약제 제조업(농약 원제 제조만 해당)
⑦ 화약 및 불꽃제품 제조업

12 산업안전보건법령에 따른 자율안전확인대상 기계의 방호장치 종류를 4가지만 쓰시오.

해답

① 아세틸렌 용접장치용 또는 가스집합 용접장치용 안전기
② 교류 아크용접기용 자동전격방지기
③ 롤러기 급정지장치
④ 연삭기 덮개
⑤ 목재 가공용 둥근톱 반발 예방장치와 날 접촉 예방장치
⑥ 동력식 수동대패용 칼날 접촉 방지장치

13 산업안전보건법령상 통로 중 계단에 관한 기준이다. (   ) 안에 알맞은 내용을 쓰시오.

(1) 사업주는 계단 및 계단참을 설치하는 경우 매제곱미터당 (①)킬로그램 이상의 하중에 견딜 수 있는 강도를 가진 구조로 설치하여야 하며, 안전율은 (②) 이상으로 하여야 한다.
(2) 사업주는 높이가 3미터를 초과하는 계단에 높이 3미터 이내마다 너비 (③)미터 이상의 계단참을 설치하여야 한다.

해답

① 500
② 4
③ 1.2

2020년 7월 26일 산업안전기사 실기 필답형

01 광전자식(감응식) 방호장치가 설치된 프레스에서 광선이 차단된 후 200ms 후에 슬라이드가 정지하였을 경우 방호장치의 안전거리(mm)를 구하시오.

해답

$$\text{안전거리(mm)} = 1{,}600\times(T_c + T_s)$$
$$= 1{,}600\times \text{급정지시간(초)}$$
$$= 1{,}600\times\left(200\times\frac{1}{1{,}000}\right)$$
$$= 320[\text{mm}]$$

> **TIP** $\text{ms} = \frac{1}{1{,}000}\text{초}$

02 A 사업장의 연평균 근로자수는 1,500명이며, 연간재해건수가 60건 발생하여 이 중 사망이 2건, 근로손실일수가 1,200일인 경우의 연천인율을 구하시오.

해답

① $\text{도수율} = \frac{\text{재해발생건수}}{\text{연간총근로시간수}}\times 1{,}000{,}000$

$= \frac{60}{1{,}500\times 8\times 300}\times 1{,}000{,}000$

$= 16.67$

② $\text{연천인율} = \text{도수율}\times 2.4 = 16.67\times 2.4 = 40.01$

03 산업안전보건법령상 연삭숫돌에 관한 안전기준이다. ( ) 안에 알맞은 내용을 쓰시오.

> 사업주는 회전 중인 연삭숫돌(직경 5센티미터 이상인 것으로 한정한다.)이 근로자에게 위험을 미칠 우려가 있는 경우에 그 부위에 덮개를 설치하여야 하며, 작업을 시작하기 전에는 ( )분 이상, 연삭숫돌을 교체한 후에는 ( )분 이상 시험운전을 하고 해당 기계에 이상이 있는지를 확인하여야 한다.

해답

① 1　② 3

04 양립성의 종류를 2가지 쓰고 예시를 들어 설명하시오.

해답

① 공간 양립성 : 가스버너에서 오른쪽 조리대는 오른쪽 조절장치로, 왼쪽 조리대는 왼쪽 조절장치로 조정하도록 배치한다.
② 운동 양립성 : 자동차를 운전하는 과정에서 우측으로 회전하기 위하여 핸들을 우측으로 돌린다.
③ 개념 양립성 : 냉온수기에서 빨간색은 온수, 파란색은 냉수가 나온다.
④ 양식 양립성 : 기계가 특정 음성에 대해 정해진 반응을 하는 경우에 해당

05 산업안전보건법령에 따른 안전보건관리책임자 등에 대한 교육 시간을 쓰시오.

> (1) 안전보건관리책임자 신규교육 시간 : (①)
> (2) 안전보건관리책임자 보수교육 시간 : (②)
> (3) 안전관리자 신규교육 시간 : (③)
> (4) 건설재해예방 전문지도기관 종사자의 보수교육 시간 : (④)

해답

① 6시간 이상
② 6시간 이상
③ 34시간 이상
④ 24시간 이상

06 산업안전보건법령상 자율검사프로그램의 인정을 취소하거나 인정받은 자율검사프로그램의 내용에 따라 검사를 하도록 하는 등 시정을 명할 수 있는 경우를 2가지만 쓰시오.

해답

① 거짓이나 그 밖의 부정한 방법으로 자율검사프로그램을 인정받은 경우
② 자율검사프로그램을 인정받고도 검사를 하지 아니한 경우
③ 인정받은 자율검사프로그램의 내용에 따라 검사를 하지 아니한 경우
④ 고용노동부령으로 정하는 자격을 가진 자 또는 지정검사기관이 검사를 하지 아니한 경우

07 다음 재해사례의 재해형태, 기인물, 가해물을 쓰시오.

> 근로자가 작업장 바닥에 기름이 있는 통로를 지나다가 기름에 미끄러 넘어져 선반에 부딪히는 사고가 발생하였다

해답

① 재해형태 : 넘어짐
② 기인물 : 기름
③ 가해물 : 선반

08 산업안전보건법령상 안전관리자 · 보건관리자 또는 안전보건관리담당자를 정수 이상으로 증원하게 하거나 교체하여 임명할 것을 명할 수 있는 경우를 3가지만 쓰시오.

해답

① 해당 사업장의 연간재해율이 같은 업종의 평균재해율의 2배 이상인 경우
② 중대재해가 연간 3건 이상 발생한 경우
③ 관리자가 질병이나 그 밖의 사유로 3개월 이상 직무를 수행할 수 없게 된 경우
④ 화학적 인자로 인한 직업성질병자가 연간 3명 이상 발생한 경우

09 접지공사의 종류에 따른 접지저항값 및 접지선의 굵기 기준이다. ( ) 안에 알맞은 내용을 쓰시오.

접지공사 종류	접지저항값	접지선의 굵기
제1종	(①)Ω 이하	공칭단면적 (④)mm^2 이상의 연동선
제2종	$\frac{150}{1\text{지락전류}}$ Ω 이하	공칭단면적 16mm^2 이상의 연동선
제3종	(②)Ω 이하	공칭단면적 (⑤)mm^2 이상의 연동선
특별 제3종	(③)Ω 이하	공칭단면적 2.5mm^2 이상의 연동선

해답

① 10
② 100
③ 10
④ 6
⑤ 2.5

TIP (1) 법 개정으로 접지대상에 따라 일괄 적용한 종별접지(1종, 2종, 3종, 특별3종)가 폐지되었습니다.
(2) 접지시스템

구분	내용
구분	① 계통접지(System Earthing) : 전력계통에서 돌발적으로 발생하는 이상현상에 대비하여 대지와 계통을 연결하는 것으로, 중성점을 대지에 접속하는 것을 말한다. ② 보호접지(Protective Earthing) : 고장 시 감전에 대한 보호를 목적으로 기기의 한 점 또는 여러 점을 접지하는 것을 말한다. ③ 피뢰시스템 접지 : 뇌격전류를 안전하게 대지로 보내기 위해 접지극을 대지에 접속하는 것을 말한다.
종류	① 단독접지 : (특)고압 계통의 접지극과 저압 접지 계통의 접지극을 독립적으로 시설하는 접지방식 ② 공통접지 : (특)고압 접지 계통과 저압 접지 계통을 등전위 형성을 위해 공통으로 접지하는 방식 ③ 통합접지 : 계통접지, 통신접지, 피뢰접지극의 접지극을 통합하여 접지하는 방식
구성요소	접지시스템은 접지극, 접지도체, 보호도체 및 기타 설비로 구성한다.
연결	접지극은 접지도체를 사용하여 주 접지단자에 연결하여야 한다.

10 산업안전보건법령상 차광 보안경의 주된 목적 3가지를 쓰시오.

해답

① 자외선으로부터 눈을 보호
② 적외선으로부터 눈을 보호
③ 가시광선으로부터 눈을 보호

11 산업안전보건법령에 따른 타워크레인의 작업중지에 관한 내용이다. ( ) 안에 알맞은 내용을 쓰시오.

(1) 타워크레인의 순간풍속이 (①)m/s를 초과하는 경우에는 타워크레인의 운전작업을 중지하여야 한다.
(2) 타워크레인의 순간풍속이 (②)m/s를 초과하는 경우에는 타워크레인의 설치 · 수리 · 점검 또는 해체 작업을 중지하여야 한다.

해답

① 15
② 10

12 다음 FT도에서 컷셋(cut set)을 모두 구하시오.

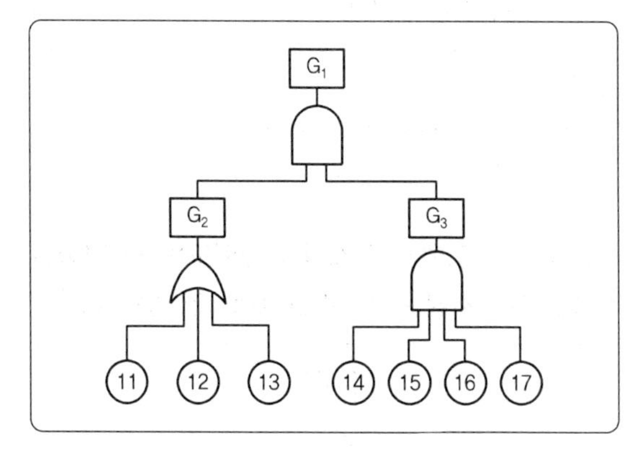

해답

			11, G_3		11, 14, 15, 16, 17
G_1 →	G_2, G_3	→	12, G_3	→	12, 14, 15, 16, 17
			13, G_3		13, 14, 15, 16, 17

그러므로 컷셋은 (11, 14, 15, 16, 17), (12, 14, 15, 16, 17), (13, 14, 15, 16, 17)

13 산업안전보건법령에 따른 낙하물 방지망 또는 방호선반을 설치하는 경우의 준수사항이다. ( ) 안에 알맞은 내용을 쓰시오.

(1) 높이 (①)미터 이내마다 설치하고, 내민 길이는 벽면으로부터 (②)미터 이상으로 할 것
(2) 수평면과의 각도는 (③)도 이상 (④)도 이하를 유지할 것

해답

① 10
② 2
③ 20
④ 30

14 가스 폭발 위험장소 또는 분진폭발 위험장소에 설치되는 건축물 등에 대해서는 해당하는 부분을 내화구조로 하여야 하며, 그 성능이 항상 유지될 수 있도록 점검 · 보수 등 적절한 조치를 하여야 한다. 여기에 해당하는 부분을 3가지 쓰시오.

해답

① 건축물의 기둥 및 보 : 지상 1층(지상 1층의 높이가 6미터를 초과하는 경우에는 6미터)까지
② 위험물 저장 · 취급용기의 지지대(높이가 30센티미터 이하인 것은 제외) : 지상으로부터 지지대의 끝부분까지
③ 배관 · 전선관 등의 지지대 : 지상으로부터 1단(1단의 높이가 6미터를 초과하는 경우에는 6미터)까지

2020년 7월 26일 산업안전산업기사 실기 필답형

01 산업안전보건법령에 따라 사업주가 근로자에게 실시해야 하는 안전보건교육의 종류 4가지만 쓰시오.

해답

① 정기교육
② 채용 시 교육
③ 작업내용 변경 시 교육
④ 특별교육
⑤ 건설업 기초안전보건교육

02 산업안전보건법령에 따른 안전보건표지의 종류이다. ( ) 안에 알맞은 명칭을 쓰시오.

(①)	(②)	(③)

해답

① 금연
② 산화성 물질 경고
③ 고온 경고

03 재해사례 연구순서를 5단계로 쓰시오.

해답

① 전제조건 : 재해상황의 파악
② 제1단계 : 사실의 확인
③ 제2단계 : 문제점의 발견
④ 제3단계 : 근본적 문제점의 결정
⑤ 제4단계 : 대책의 수립

04 수인식 방호장치의 수인끈, 수인끈의 안내통, 손목밴드의 구비조건을 쓰시오.

해답

① 수인끈은 작업자와 작업공정에 따라 그 길이를 조정할 수 있어야 한다.
② 수인끈의 안내통은 끈의 마모와 손상을 방지할 수 있는 조치를 해야 한다.
③ 손목밴드는 착용감이 좋으며 쉽게 착용할 수 있는 구조이어야 한다.

05 다음을 참고하여 안전성 평가를 단계별로 순서에 맞게 번호로 나열하시오.

① 정성적 평가
② 안전대책
③ 정량적 평가
④ 재해정보에 의한 재평가
⑤ 관계자료의 정비, 검토
⑥ FTA에 의한 재평가

해답

⑤ → ① → ③ → ② → ④ → ⑥

06 다음 FT도에서 시스템의 신뢰도는 약 얼마인가?(단, 발생확률은 ①, ④는 0.05 ②, ③은 0.1)

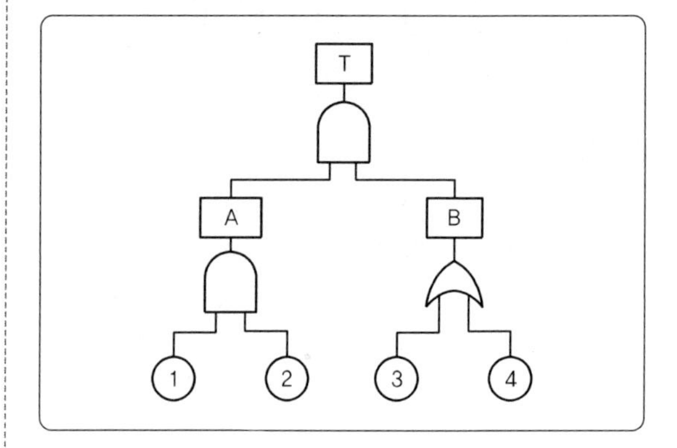

해답

① $A = 0.05 \times 0.1 = 0.005$

② $B = 1-(1-0.1)(1-0.05) = 0.145$

③ $T = A \times C = 0.005 \times 0.145 = 0.000725$

④ 신뢰도 $= 1-$ 발생확률 $= 1-0.000725 = 0.999275$

TIP 본 문제는 고장확률을 구하는 문제가 아니라 신뢰도를 구하는 문제이다. FTA는 사고의 원인이 되는 장치의 이상이나 고장의 다양한 조합 및 작업자 실수 원인을 연역적으로 분석하는 방법이라는 개념을 알고 있어야 한다.

07 산업안전보건법령상 안전보건개선계획에 관한 기준이다. ( ) 안에 알맞은 내용을 쓰시오.

(1) 안전보건개선계획서를 제출해야 하는 사업주는 안전보건개선계획서 수립 · 시행 명령을 받은 날부터 (①)일 이내에 관할 지방고용노동관서의 장에게 해당 계획서를 제출(전자문서로 제출하는 것을 포함한다)해야 한다.
(2) 지방고용노동관서의 장이 안전보건개선계획서를 접수한 경우에는 접수일부터 (②)일 이내에 심사하여 사업주에게 그 결과를 알려야 한다.

해답

① 60

② 15

08 산업안전보건법령에 따른 달기체인 사용금지에 관한 기준이다. ( ) 안에 알맞은 내용을 쓰시오.

(1) 달기체인의 길이가 달기체인이 제조된 때의 길이의 (①)퍼센트를 초과한 것
(2) 링의 단면지름이 달기체인이 제조된 때의 해당 링의 지름의 (②)퍼센트를 초과하여 감소한 것

해답

① 5

② 10

09 다음 재해사례의 재해형태, 기인물, 가해물을 쓰시오.

연삭기 작업 중 숫돌이 파괴되어 숫돌 파편이 작업자에게 날아와 사고가 발생하였다

해답

① 재해형태 : 맞음

② 기인물 : 연삭기

③ 가해물 : 숫돌 파편

10 산업안전보건법령에 따라 누전에 의한 감전위험을 방지하기 위하여 해당 전로의 정격에 적합하고 감도가 양호하며 확실하게 작동하는 감전방지용 누전차단기의 설치 기준이다. ( ) 안에 알맞은 내용을 쓰시오.

(1) 대지전압이 (①)볼트를 초과하는 이동형 또는 휴대형 전기기계 · 기구
(2) 물 등 도전성이 높은 액체가 있는 습윤장소에서 사용하는 저압[(②)볼트 이하 직류전압이나 (③)볼트 이하의 교류전압을 말한다]용 전기기계 · 기구

해답

① 150

② 1,500

③ 1,000

11 산업안전보건법령상 사업주는 밀폐공간에서 근로자에게 작업을 하도록 하는 경우 밀폐공간 작업 프로그램을 수립하여 시행하여야 한다. 밀폐공간 작업 프로그램 수립 시 포함하여야 할 내용을 3가지만 쓰시오.(단, 그 밖에 밀폐공간 작업 근로자의 건강장해 예방에 관한 사항 제외)

해답

① 사업장 내 밀폐공간의 위치 파악 및 관리 방안
② 밀폐공간 내 질식 · 중독 등을 일으킬 수 있는 유해 · 위험 요인의 파악 및 관리 방안
③ 밀폐공간 작업 시 사전 확인이 필요한 사항에 대한 확인 절차
④ 안전보건교육 및 훈련

12 4,200kN의 화물을 두 줄 걸이 와이어로프로 상부각도 60°로 들어올릴 때 한쪽 와이어로프에 걸리는 하중을 구하시오.

해답

$$하중 = \frac{화물의\ 무게(W_1)}{2} \div \cos\frac{\theta}{2}$$
$$= \frac{4,200}{2} \div \cos\frac{60}{2}$$
$$= 2,424.87(\mathrm{kN})$$

13 산업안전보건법령상 거푸집의 설치 · 해체, 철근 조립, 콘크리트 타설, 콘크리트 면처리 작업 등을 위하여 거푸집을 작업발판과 일체로 제작하여 사용하는 작업발판 일체형 거푸집의 종류를 4가지 쓰시오.(단, 그 밖에 거푸집과 작업발판이 일체로 제작된 거푸집 등은 제외)

해답

① 갱 폼
② 슬립 폼
③ 클라이밍 폼
④ 터널 라이닝 폼

2020년 10월 17일 산업안전기사 실기 필답형

01 산업안전보건법령에 따른 화학설비 또는 그 부속설비의 용도를 변경하는 경우(사용하는 원재료의 종류를 변경하는 경우를 포함) 해당 설비를 사용하기 전 점검사항을 3가지 쓰시오.

해답

① 그 설비 내부에 폭발이나 화재의 우려가 있는 물질이 있는지 여부
② 안전밸브 · 긴급차단장치 및 그 밖의 방호장치 기능의 이상 유무
③ 냉각장치 · 가열장치 · 교반장치 · 압축장치 · 계측장치 및 제어장치 기능의 이상 유무

02 다음 FT도에서 미니멀 컷셋(Minimal Cut Set)을 구하시오.

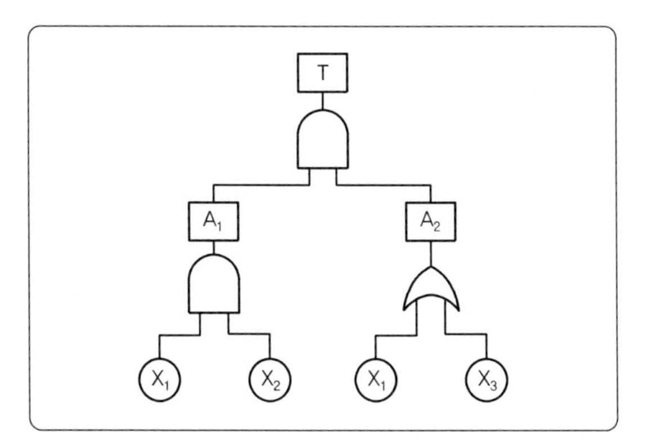

해답

$$T \rightarrow A_1, B_2 \rightarrow X_1, X_2, A_1 \rightarrow \begin{matrix} X_1, X_2, X_1 \\ X_1, X_2, X_3 \end{matrix} \rightarrow \begin{matrix} X_1, X_2 \\ X_1, X_2, X_3 \end{matrix}$$

그러므로 컷셋은 (X_1, X_2)

03 다음을 참고하여 사업장의 종합재해지수(FSI)를 구하시오.

> ① 근로자수 : 400명
> ② 연간근로시간 : 8시간/일, 연간 280일
> ③ 연간재해발생건수 : 80건
> ④ 근로손실일수 : 800일
> ⑤ 재해자수 : 100명

해답

① 도수율$= \dfrac{\text{재해발생건수}}{\text{연간총근로시간수}} \times 1{,}000{,}000$

$= \dfrac{80}{400 \times 8 \times 280} \times 1{,}000{,}000$

$= 89.285 = 89.29$

② 강도율$= \dfrac{\text{근로손실일수}}{\text{연간총근로시간수}} \times 1{,}000$

$= \dfrac{800}{400 \times 8 \times 280} \times 1{,}000$

$= 0.892 = 0.89$

③ 종합재해지수$= \sqrt{\text{도수율} \times \text{강도율}}$

$= \sqrt{89.29 \times 0.89}$

$= 8.914 = 8.91$

04 산업안전보건법령에 따른 유해 · 위험 방지를 위한 방호조치를 하지 아니하고는 양도, 대여, 설치 또는 사용에 제공하거나, 양도 · 대여를 목적으로 진열해서는 아니 되는 기계 · 기구를 2가지만 쓰시오.

해답

① 예초기
② 원심기
③ 공기압축기
④ 금속절단기
⑤ 지게차
⑥ 포장기계(진공포장기, 래핑기로 한정)

05 사무실에서 20m 떨어진 곳의 음압수준이 100dB일 때, 200m 떨어진 곳의 음압수준(dB)을 구하시오.

해답

$$dB_2 = dB_1 - 20\log\left(\frac{d_2}{d_1}\right)$$
$$= 100 - 20\log\left(\frac{200}{20}\right) = 80(dB)$$

06 산업안전보건법령에 따라 연삭숫돌을 사용하는 작업의 경우 해당 기계에 이상이 있는지를 확인하기 위한 다음 경우의 시험운전시간 쓰시오.

- 작업을 시작하기 전 : (①) 이상
- 연삭숫돌을 교체한 후 : (②) 이상

해답

① 1분
② 3분

07 지반굴착 작업에서 발생할 수 있는 보일링 현상을 방지하기 위한 대책을 3가지만 쓰시오.

해답

① 차수성이 높은 흙막이벽 설치
② 흙막이 근입깊이를 깊게
③ 약액주입 등의 굴착면 고결
④ 주변의 지하수위 저하(웰포인트 공법 등)
⑤ 압성토 공법

08 프레스 등을 사용하여 작업을 할 때 작업시작 전 점검사항을 2가지만 쓰시오.

해답

① 클러치 및 브레이크의 기능
② 크랭크축 · 플라이휠 · 슬라이드 · 연결봉 및 연결나사의 풀림 여부
③ 1행정 1정지 기구 · 급정지장치 및 비상정지장치의 기능
④ 슬라이드 또는 칼날에 의한 위험 방지 기구의 기능
⑤ 프레스의 금형 및 고정볼트 상태
⑥ 방호장치의 기능
⑦ 전단기의 칼날 및 테이블의 상태

09 산업안전보건법상 관리감독자 정기교육의 내용을 4가지 쓰시오.(단, 산업안전보건법령 및 산업재해보상보험 제도에 관한 사항, 그 밖에 관리감독자의 직무에 관한 사항은 제외)

해답

① 산업안전 및 사고 예방에 관한 사항
② 산업보건 및 직업병 예방에 관한 사항
③ 위험성 평가에 관한 사항
④ 유해 · 위험 작업환경 관리에 관한 사항
⑤ 직무스트레스 예방 및 관리에 관한 사항
⑥ 직장 내 괴롭힘, 고객의 폭언 등으로 인한 건강장해 예방 및 관리에 관한 사항
⑦ 작업공정의 유해 · 위험과 재해 예방대책에 관한 사항
⑧ 사업장 내 안전보건관리체제 및 안전 · 보건조치 현황에 관한 사항
⑨ 표준안전 작업방법 결정 및 지도 · 감독 요령에 관한 사항
⑩ 현장근로자와의 의사소통능력 및 강의능력 등 안전보건교육 능력 배양에 관한 사항
⑪ 비상시 또는 재해 발생 시 긴급조치에 관한 사항

10 산업안전보건법령상 누전에 의한 감전위험을 방지하기 위하여 해당 전로의 정격에 적합하고 감도가 양호하며 확실하게 작동하는 감전방지용 누전차단기를 설치하여야 한다. 누전차단기의 설치대상이 되는 전기기계 · 기구의 기준을 3가지만 쓰시오.

해답

① 대지전압이 150볼트를 초과하는 이동형 또는 휴대형 전기기계 · 기구
② 물 등 도전성이 높은 액체가 있는 습윤장소에서 사용하는 저압용 전기기계 · 기구
③ 철판 · 철골 위 등 도전성이 높은 장소에서 사용하는 이동형 또는 휴대형 전기기계 · 기구
④ 임시배선의 전로가 설치되는 장소에서 사용하는 이동형 또는 휴대형 전기기계 · 기구

11 내전압용 절연장갑의 성능기준에 있어 각 등급에 대한 최대사용전압이다. [표]의 ( ) 안에 최대사용전압을 쓰시오.

등급	최대사용전압	
	교류(V, 실효값)	직류(V)
00	500	(③)
0	(①)	1,500
1	7,500	11,250
2	17,000	25,500
3	26,500	39,750
4	(②)	(④)

해답

① 1,000
② 36,000
③ 750
④ 54,000

12 산업안전보건법령에 따른 아세틸렌 용접장치 안전기의 설치기준에 관한 사항이다. ( ) 안에 알맞은 내용을 쓰시오.

- 사업주는 아세틸렌 용접장치의 (①)마다 안전기를 설치하여야 한다. 다만, (②) 및 취관에 가장 가까운 분기관마다 안전기를 부착한 경우에는 그러하지 아니하다.
- 사업주는 가스용기가 발생기와 분리되어 있는 아세틸렌 용접장치에 대하여 (③)에 안전기를 설치하여야 한다.

해답

① 취관
② 주관
③ 발생기와 가스용기 사이

13 가공기계에 사용되는 대표적인 Fool proof의 기구 3가지를 쓰시오.

해답

① 가드
② 조작기구
③ 록 기구
④ 오버런 기구
⑤ 트립 기구
⑥ 밀어내기기구
⑦ 기동방지기구

14 산업안전보건법령에 따른 건물 등의 해체작업 시 작성해야 하는 작업계획서의 내용을 4가지만 쓰시오.(단, 그 밖에 안전 · 보건에 관련된 사항은 제외)

① 해체의 방법 및 해체순서 도면
② 가설설비 · 방호설비 · 환기설비 및 살수 · 방화설비 등의 방법
③ 사업장 내 연락방법
④ 해체물의 처분계획
⑤ 해체작업용 기계 · 기구 등의 작업계획서
⑥ 해체작업용 화약류 등의 사용계획서

PART 03

2020년 10월 18일 산업안전산업기사 실기 필답형

01 산업안전보건법령에 따라 산업재해 예방을 위하여 종합적인 개선조치를 할 필요가 있다고 인정되는 사업장의 사업주에게 그 사업장, 시설, 그 밖의 사항에 관한 안전 및 보건에 관한 개선계획을 수립하여 시행할 것을 명할 수 있는 사업장을 3가지만 쓰시오.

해답

① 산업재해율이 같은 업종의 규모별 평균 산업재해율보다 높은 사업장
② 사업주가 필요한 안전조치 또는 보건조치를 이행하지 아니하여 중대재해가 발생한 사업장
③ 직업성 질병자가 연간 2명 이상 발생한 사업장
④ 유해인자의 노출기준을 초과한 사업장

02 MTTR과 MTTF를 간단히 설명하시오.

해답

① MTTF(평균고장시간)
수리하지 않는 시스템, 제품, 기기, 부품 등이 고장 날 때까지 동작시간의 평균치
② MTTR(평균수리시간)
고장 난 후 시스템이나 제품이 제 기능을 발휘하지 않은 시간부터 회복할 때까지의 평균시간

TIP MTBF(평균고장간격)
수리하여 사용이 가능한 시스템에서 고장과 고장 사이의 정상적인 상태로 동작하는 평균시간

03 산업안전보건법령에 따라 사업주가 근로자에게 실시해야 하는 안전보건교육의 종류를 4가지만 쓰시오.

해답

① 정기교육
② 채용 시 교육
③ 작업내용 변경 시 교육
④ 특별교육
⑤ 건설업 기초안전보건교육

04 산업안전보건법령에 따른 안전보건표지의 종류이다. ( ) 안에 알맞은 명칭을 쓰시오.

(①)	(②)	(③)

해답

① 보안면 착용
② 낙하물 경고
③ 폭발성 물질 경고

05 다음 재해사례의 재해형태, 기인물, 가해물을 쓰시오.

> 근로자가 작업장 바닥에 기름이 있는 통로를 지나다가 기름에 미끄러 넘어져 밀링머신에 부딪히는 사고가 발생하였다.

해답

① 재해형태 : 부딪힘 · 접촉
② 기인물 : 기름
③ 가해물 : 밀링머신

06 산업안전보건법령상 다음의 유해하거나 위험한 기계 · 기구에 대한 방호장치를 쓰시오.

> ① 예초기
> ② 원심기
> ③ 공기압축기
> ④ 금속절단기
> ⑤ 지게차

해답

① 예초기 : 날 접촉 예방장치
② 원심기 : 회전체 접촉 예방장치
③ 공기압축기 : 압력방출장치
④ 금속절단기 : 날 접촉 예방장치
⑤ 지게차 : 헤드가드, 백레스트, 전조등, 후미등, 안전벨트

07 기계 고장률의 기본유형을 시기별로 3가지로 분류하고, 고장률 공식을 쓰시오.

해답

(1) 분류
   ① 초기고장
   ② 우발고장
   ③ 마모고장

(2) 고장률 공식

$$고장률 = \frac{고장건수}{총가동시간}$$

08 가공기계에 사용되는 대표적인 Fool proof 중 고정 가드와 인터록 가드에 대하여 간단히 설명하시오.

해답

① 고정 가드 : 개구부로부터 가공물과 공구 등을 넣어도 손은 위험영역에 머무르지 않음
② 인터록 가드 : 기계가 작동 중에 개폐되는 경우 기계가 정지함

09 60rpm으로 회전하는 롤러의 앞면 롤러의 지름이 120mm인 경우 앞면 롤러의 표면속도와 관련 규정에 따른 급정지거리(mm)를 구하시오.

해답

① $V(표면속도) = \frac{\pi DN}{1,000} = \frac{\pi \times 120 \times 60}{1,000} = 22.619$
$= 22.62(\mathrm{m/min})$

② 급정지거리 기준 : 표면속도 30(m/min) 미만 시 원주의 $\frac{1}{3}$ 이내

③ 급정지 거리 $= \pi D \times \frac{1}{3} = \pi \times 120 \times \frac{1}{3}$
$= 125.663 = 125.66(\mathrm{mm})$

TIP ① 급정지 장치의 성능조건

앞면 롤러의 표면속도(m/min)	급정지거리
30 미만	앞면 롤러 원주의 1/3
30 이상	앞면 롤러 원주의 1/2.5

② 원둘레 길이 $= \pi D = 2\pi r$
여기서, D : 지름, r : 반지름

10 변전설비에서 사용하는 MOF(전력수급용 계기용 변성기)의 역할 2가지를 쓰시오.

해답

① 고전압을 저전압으로 변압
② 대전류를 소전류로 변류

TIP 전력 수급용 계기용 변성기(MOF : Metering Out Fit)
계기용 변압기와 변류기를 조합한 것으로 전력 수급용 전력량을 측정하며, 또한 옥내 수전실 또는 밀폐된 공간에 설치하는 전력 수급계기용 변성기

① 계기용 변압기(PT : Potential Transformer)
고전압을 저전압으로 변성하여 계기나 계전기에 공급하기 위한 목적으로 사용
② 변류기(CT : Current Transformer)
회로의 대전류를 소전류로 변성하여 계기나 계전기에 공급하기 위한 목적으로 사용

11 이황화탄소의 폭발상한계가 44.0[vol%]이고, 폭발하한계가 1.2[vol%]라면, 이황화탄소의 위험도를 계산하시오.

해답

$$위험도 = \frac{UFL - LFL}{LFL} = \frac{44.0 - 1.2}{1.2} = 35.666 = 35.67$$

12 유한사면의 붕괴유형을 3가지 쓰시오.

해답

① 사면 내 붕괴
② 사면 선단 붕괴
③ 사면 저부 붕괴

13 산업안전보건법령상 슬레이트, 선라이트(Sunlight) 등 강도가 약한 재료로 덮은 지붕 위에서 작업을 할 때에 발이 빠지는 등 근로자가 위험해질 우려가 있는 경우 사업주가 조치하여야 할 사항을 2가지 쓰시오.

해답

① 폭 30cm 이상의 발판을 설치
② 추락방호망 설치

2020년 11월 29일 산업안전기사 실기 필답형

01 산업안전보건법령상 거푸집의 설치 · 해체, 철근 조립, 콘크리트 타설, 콘크리트 면처리 작업 등을 위하여 거푸집을 작업발판과 일체로 제작하여 사용하는 작업발판 일체형 거푸집의 종류를 4가지 쓰시오.(단, 그 밖에 거푸집과 작업발판이 일체로 제작된 거푸집 등은 제외)

해답

① 갱 폼
② 슬립 폼
③ 클라이밍 폼
④ 터널 라이닝 폼

02 산업안전보건법상 근로자 안전보건교육 중 "채용 시 및 작업내용 변경 시 교육"의 교육내용을 4가지 쓰시오.(단, 산업안전보건법령 및 산업재해보상보험 제도에 관한 사항은 제외)

해답

① 산업안전 및 사고 예방에 관한 사항
② 산업보건 및 직업병 예방에 관한 사항
③ 위험성 평가에 관한 사항
④ 직무스트레스 예방 및 관리에 관한 사항
⑤ 직장 내 괴롭힘, 고객의 폭언 등으로 인한 건강장해 예방 및 관리에 관한 사항
⑥ 기계 · 기구의 위험성과 작업의 순서 및 동선에 관한 사항
⑦ 작업 개시 전 점검에 관한 사항
⑧ 정리정돈 및 청소에 관한 사항
⑨ 사고 발생 시 긴급조치에 관한 사항
⑩ 물질안전보건자료에 관한 사항

03 산업안전보건법령에 따른 안전보건표지 중 응급구호 표지를 그리시오.(단, 색상의 표시는 글자로 나타내도록 하고 크기에 대한 기준은 표시하지 않아도 됨)

해답

• 바탕 : 녹색
• 관련 부호 및 그림 : 흰색

04 다음을 참고하여 사업장의 도수율을 구하시오.

(1) 근로자수 : 625명
(2) 연간재해발생건수 : 3건
(3) 휴업일수 : 219일
(4) 연간근로시간 : 8시간/일, 연간 300일

해답

$$도수율 = \frac{재해발생건수}{연간총근로시간수} \times 1{,}000{,}000$$
$$= \frac{3}{625 \times 8 \times 300} \times 1{,}000{,}000$$
$$= 2$$

05 연평균 근로자 100명이 작업하는 A 사업장에서 1일 8시간, 연간 300일 근무하는 동안 근로손실일수가 30일 발생하였을 경우 강도율을 구하시오.

해답

$$강도율 = \frac{근로손실일수}{연간총근로시간수} \times 1{,}000$$
$$= \frac{30}{100 \times 8 \times 300} \times 1{,}000$$
$$= 0.125$$
$$= 0.13$$

06 다음 FT도에서 컷셋(cut set)을 모두 구하시오.

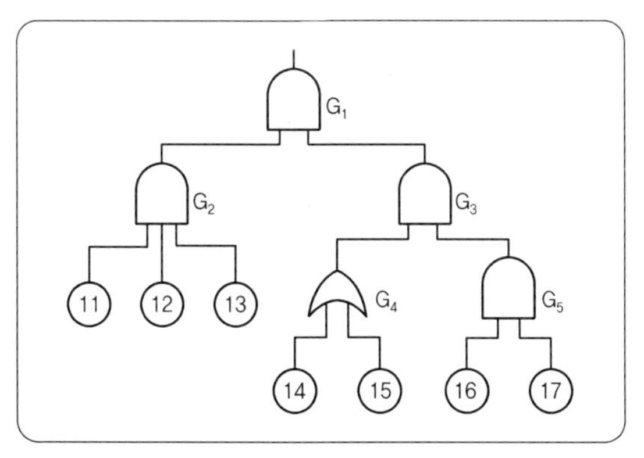

해답

G_1 → G_2G_3 → ⑪⑫⑬G_3 → ⑪⑫⑬G_4G_5 →

⑪⑫⑬⑭G_5	→	⑪⑫⑬⑭⑯⑰
⑪⑫⑬⑮G_5		⑪⑫⑬⑮⑯⑰

그러므로 컷셋은 (⑪⑫⑬⑭⑯⑰), (⑪⑫⑬⑮⑯⑰)

07 산업안전보건법령상 다음의 유해하거나 위험한 기계 · 기구에 대한 방호장치를 쓰시오.

① 원심기
② 공기압축기
③ 금속절단기

해답

① 원심기 : 회전체 접촉 예방장치
② 공기압축기 : 압력방출장치
③ 금속절단기 : 날 접촉 예방장치

08 산업안전보건법령상 아세틸렌 용접장치를 사용하여 금속의 용접 · 용단 또는 가열작업을 하는 경우의 준수사항이다. ( ) 안에 알맞은 내용을 쓰시오.

(1) (①), (②), (③), 매시 평균 가스발생량 및 1회 카바이드 공급량을 발생기실 내의 보기 쉬운 장소에 게시할 것
(2) 발생기실에는 관계 근로자가 아닌 사람이 출입하는 것을 금지할 것
(3) 발생기에서 (④)미터 이내 또는 발생기실에서 (⑤)미터 이내의 장소에서는 흡연, 화기의 사용 또는 불꽃이 발생할 위험한 행위를 금지시킬 것

해답

① 발생기의 종류
② 형식
③ 제작업체명
④ 5
⑤ 3

09 산업안전보건법령상 과압에 따른 폭발을 방지하기 위하여 폭발 방지 성능과 규격을 갖춘 안전밸브 또는 파열판을 설치하여야 하는 화학설비 및 그 부속설비 중 파열판을 설치하여야 하는 경우를 2가지만 쓰시오.

해답

① 반응 폭주 등 급격한 압력 상승 우려가 있는 경우
② 급성 독성물질의 누출로 인하여 주위의 작업환경을 오염시킬 우려가 있는 경우
③ 운전 중 안전밸브에 이상 물질이 누적되어 안전밸브가 작동되지 아니할 우려가 있는 경우

10 산업안전보건법령에 따라 관리대상유해물질을 취급하는 작업장의 보기 쉬운 장소에 게시하여야 하는 사항을 5가지 쓰시오.

해답

① 관리대상유해물질의 명칭
② 인체에 미치는 영향
③ 취급상 주의사항
④ 착용하여야 할 보호구
⑤ 응급조치와 긴급 방재 요령

11 다음 방폭구조의 기호를 쓰시오.

(1) 내압 방폭구조 : (①)
(2) 충전 방폭구조 : (②)

해답

① d
② q

TIP 방폭구조의 종류에 따른 기호

내압 방폭구조	d	본질안전 방폭구조	i(ia, ib)
압력 방폭구조	p	비점화 방폭구조	n
유입 방폭구조	o	몰드 방폭구조	m
안전증 방폭구조	e	충전 방폭구조	q
특수 방폭구조	s		

12 산업안전보건법령에 따른 타워크레인을 설치 · 조립 · 해체하는 작업 시 작성해야 하는 작업계획서의 내용을 4가지만 쓰시오.

해답

① 타워크레인의 종류 및 형식
② 설치 · 조립 및 해체순서
③ 작업도구 · 장비 · 가설설비 및 방호설비
④ 작업인원의 구성 및 작업근로자의 역할 범위
⑤ 타워크레인의 지지에 따른 지지 방법

13 정전기로 인한 화재 폭발 방지대책을 3가지 쓰시오.

해답

① 접지
② 대전방지제 사용
③ 가습
④ 제전기 사용
⑤ 도전성 재료 사용

14 다음의 [보기] 중에서 인간과오 불안전 분석 가능 도구를 4가지 쓰시오.

[보기]

① FTA	⑤ CA
② ETA	⑥ FMEA
③ HAZOP	⑦ PHA
④ THERP	⑧ MORT

해답

①, ②, ④, ⑥

PART 03

2020년 11월 29일 산업안전산업기사 실기 필답형

01 산업안전보건법령상 도급인은 관계수급인인 근로자가 도급인의 사업장에서 작업을 하는 경우에는 그 사업장의 안전보건관리책임자를 도급인의 근로자와 관계수급인 근로자의 산업재해를 예방하기 위한 업무를 총괄하여 관리하는 안전보건총괄책임자로 지정하여야 한다. 안전보건총괄책임자를 지정해야 하는 대상사업을 2가지 쓰시오.(단, 선박 및 보트 건조업, 1차 금속 제조업 및 토사석 광업의 경우 제외)

해답

① 관계수급인에게 고용된 근로자를 포함한 상시근로자 100명 이상인 사업
② 관계수급인의 공사금액을 포함한 해당 공사의 총공사금액이 20억 원 이상인 건설업

02 휴먼에러(Human Error)의 분류방법 중 심리적 분류(Swain)의 종류를 4가지 쓰시오.

해답

① 생략에러(omission error)
② 작위에러(commission error)
③ 순서에러(sequential error)
④ 시간에러(time error)
⑤ 과잉행동에러(extraneous error)

03 근로자 400명이 1일 8시간, 연간 300일 작업하는 어떤 작업장에 연간 20건의 재해가 발생하여 근로손실일수 150일과 휴업일수 73일이 발생하였다.(단, 잔업은 1인당 연간 50시간이다.) 강도율, 도수율을 구하시오.

해답

① 강도율 $= \dfrac{\text{근로손실일수}}{\text{연간총근로시간수}} \times 1,000$

$= \dfrac{150 + \left(73 \times \dfrac{300}{365}\right)}{(400 \times 8 \times 300) + (400 \times 50)} \times 1,000$

$= 0.214 = 0.21$

② 도수율 $= \dfrac{\text{재해발생건수}}{\text{연간총근로시간수}} \times 1,000,000$

$= \dfrac{20}{(400 \times 8 \times 300) + (400 \times 50)} \times 1,000,000$

$= 20.408 = 20.41$

04 안전화에 관한 기준이다. ( ) 안에 알맞은 내용을 쓰시오.

> 건축물의 해체작업 등 못이 박힌 판자 등을 밟을 우려가 있는 곳에서 사용하는 신발을 말한다. 이 안전화를 채용할 때는 ( )이 실시된 것을 확인하고 사용해야 한다.

해답

내답발시험

05 청각적 표시장치보다 시각적 표시장치를 사용하는 것이 더 좋은 경우를 3가지만 쓰시오.

해답

① 전언이 복잡할 때
② 전언이 길 때
③ 전언이 후에 재참조될 때
④ 전언이 공간적인 위치를 다룰 때
⑤ 전언이 즉각적인 행동을 요구하지 않을 때
⑥ 수신장소가 너무 시끄러울 때
⑦ 직무상 수신자가 한곳에 머물 때
⑧ 수신자의 청각 계통이 과부하 상태일 때

06 FTA에서 cut set과 path set에 관하여 간략히 설명하시오.

해답

① cut set : 정상사상을 발생시키는 기본사상의 집합으로 그 안에 포함되는 모든 기본사상이 발생할 때 정상사상을 발생시킬 수 있는 기본사상의 집합

② path set : 그 안에 포함되는 모든 기본사상이 일어나지 않을 때 처음으로 정상사상이 일어나지 않는 기본사상의 집합, 즉 시스템이 고장 나지 않도록 하는 사상의 조합이다.

07 산업안전보건법령에 따른 동력식 수동대패기의 방호장치와 그 방호장치와 송급테이블의 간격을 쓰시오.

해답

① 방호장치 : 칼날접촉방지장치
② 간격 : 8mm 이하

08 산업안전보건법령상 안전인증 파열판에 안전인증 외에 추가로 표시하여야 할 사항을 5가지만 쓰시오.

해답

① 호칭지름
② 용도(요구성능)
③ 설정파열압력(MPa) 및 설정온도(℃)
④ 분출용량(kg/h) 또는 공칭분출계수
⑤ 파열판의 재질
⑥ 유체의 흐름방향 지시

09 연소의 형태에서 고체의 연소형태를 4가지 쓰시오.

해답

① 표면연소
② 분해연소
③ 증발연소
④ 자기연소

10 산업안전보건법령에 따라 누전에 의한 감전위험을 방지하기 위하여 해당 전로의 정격에 적합하고 감도가 양호하며 확실하게 작동하는 감전방지용 누전차단기를 설치해야 하는 전기기계 · 기구를 3가지만 쓰시오.

해답

① 대지전압이 150V를 초과하는 이동형 또는 휴대형 전기기계 · 기구
② 물 등 도전성이 높은 액체가 있는 습윤장소에서 사용하는 저압용 전기기계 · 기구
③ 철판 · 철골 위 등 도전성이 높은 장소에서 사용하는 이동형 또는 휴대형 전기기계 · 기구
④ 임시배선의 전로가 설치되는 장소에서 사용하는 이동형 또는 휴대형 전기기계 · 기구

11 산업안전보건법령상 화물자동차의 짐걸이로 사용해서는 아니 되는 섬유로프의 기준을 2가지 쓰시오.

해답

① 꼬임이 끊어진 것
② 심하게 손상되거나 부식된 것

12 산업안전보건법령상 비, 눈, 그 밖의 기상상태의 악화로 작업을 중지시킨 후 또는 비계를 조립 · 해체하거나 변경한 후 그 비계에서 작업을 하는 경우에 해당 작업을 시작하기 전에 점검하고, 이상을 발견하면 즉시 보수하여야 하는 사항을 4가지만 쓰시오.

해답

① 발판 재료의 손상 여부 및 부착 또는 걸림 상태
② 해당 비계의 연결부 또는 접속부의 풀림 상태
③ 연결 재료 및 연결 철물의 손상 또는 부식 상태
④ 손잡이의 탈락 여부
⑤ 기둥의 침하, 변형, 변위 또는 흔들림 상태
⑥ 로프의 부착 상태 및 매단 장치의 흔들림 상태

13 지반의 이상현상 중 보일링 현상이 일어나기 쉬운 지반의 조건을 쓰시오.

해답

지하수위가 높은 사질토 지반

> TIP 히빙현상
> 연약성 점토 지반

2021년 4월 25일 산업안전기사 실기 필답형

01 용접작업을 하는 작업자가 전압이 300V인 충전부분에 물에 젖은 손으로 접촉하여 감전으로 인한 심실세동을 일으켰다. 이때 인체에 흐른 심실세동전류(mA)와 통전시간(ms)을 구하시오.(단, 인체의 저항은 1,000(Ω)으로 한다.)

해답

(1) 전류$(I)=\dfrac{V}{R}=\dfrac{300}{1{,}000\times\dfrac{1}{25}}=7.5(\mathrm{A})$

$=7{,}500(\mathrm{mA})$

(2) 통전시간

① $I=\dfrac{165}{\sqrt{T}}(\mathrm{mA})$

② $7{,}500(\mathrm{mA})=\dfrac{165}{\sqrt{T}}$

③ $T=\dfrac{165^2}{7{,}500^2}=0.000484(\mathrm{s})=0.48(\mathrm{ms})$

> **TIP** 인체의 전기저항
> ① 피부가 젖어 있는 경우 1/10로 감소
> ② 땀이 난 경우 1/12~1/20로 감소
> ③ 물에 젖은 경우 1/25로 감소

02 산업안전보건법상 근로자 안전보건교육 중 "채용 시 및 작업내용 변경 시 교육"의 교육내용을 4가지 쓰시오.(단, 산업안전보건법령 및 산업재해보상보험 제도에 관한 사항은 제외)

해답

① 산업안전 및 사고 예방에 관한 사항
② 산업보건 및 직업병 예방에 관한 사항
③ 위험성 평가에 관한 사항
④ 직무스트레스 예방 및 관리에 관한 사항
⑤ 직장 내 괴롭힘, 고객의 폭언 등으로 인한 건강장해 예방 및 관리에 관한 사항
⑥ 기계·기구의 위험성과 작업의 순서 및 동선에 관한 사항
⑦ 작업 개시 전 점검에 관한 사항
⑧ 정리정돈 및 청소에 관한 사항
⑨ 사고 발생 시 긴급조치에 관한 사항
⑩ 물질안전보건자료에 관한 사항

03 산업안전보건법령에 따른 롤러기 급정지장치의 설치방법에 관한 기준 중 (   ) 안에 알맞은 내용을 쓰시오.

종류	설치위치
손조작식	밑면에서 (①)m 이내
복부조작식	밑면에서 (②)m 이상 (③)m 이내
무릎조작식	밑면에서 (④)m 이내

해답

① 1.8
② 0.8
③ 1.1
④ 0.6

04 다음을 참고하여 사업장의 강도율을 구하시오.

- 연평균 300명 근무
- 연간근로시간 : 8시간/일, 연간 300일
- 요양재해 휴업일 300일
- 사망재해 2명, 4급 요양재해 1명, 10급 요양재해 1명
- 사망근로손실일수 : 7,500일
  4급 근로손실일수 : 5,500일
  10급 근로손실일수 : 600일

해답

$$\text{강도율}=\frac{\text{근로손실일수}}{\text{연간총근로시간수}}\times 1{,}000$$

$$=\frac{(7{,}500\times 2)+(5{,}500+600)+\left(300\times\dfrac{300}{365}\right)}{300\times 8\times 300}\times 1{,}000$$

$=29.648=29.65$

05 다음은 산업안전보건법령에 따른 가설통로 설치에 관한 준수사항이다. (　　) 안에 알맞은 내용을 쓰시오.

> • 경사가 (①)도를 초과하는 경우에는 미끄러지지 아니하는 구조로 할 것
> • 수직갱에 가설된 통로의 길이가 15미터 이상인 경우에는 (②)미터 이내마다 계단참을 설치할 것
> • 건설공사에 사용하는 높이 8미터 이상인 비계다리에는 (③)미터 이내마다 계단참을 설치할 것

해답

① 15　② 10　③ 7

06 보호구 안전인증 고시에 따른 방진마스크의 시험성능기준 항목을 5가지만 쓰시오.

해답

① 안면부 흡기저항
② 여과재 분진 등 포집효율
③ 안면부 배기저항
④ 안면부 누설율
⑤ 배기밸브 작동
⑥ 시야
⑦ 강도, 신장율 및 영구 변형율
⑧ 불연성
⑨ 음성전달판
⑩ 투시부의 내충격성
⑪ 여과재 질량
⑫ 여과재 호흡저항
⑬ 안면부 내부의 이산화탄소 농도

07 산업안전보건법령에 따른 인체에 해로운 분진, 흄(Fume), 미스트(Mist), 증기 또는 가스 상태의 물질을 배출하기 위하여 설치하는 국소배기장치의 후드 기준을 3가지만 쓰시오.

해답

① 유해물질이 발생하는 곳마다 설치할 것
② 유해인자의 발생형태와 비중, 작업방법 등을 고려하여 해당 분진 등의 발산원을 제어할 수 있는 구조로 설치할 것
③ 후드형식은 가능하면 포위식 또는 부스식 후드를 설치할 것
④ 외부식 또는 리시버식 후드는 해당 분진 등의 발산원에 가장 가까운 위치에 설치할 것

08 산업안전보건법령에 따른 공정안전보고서에 포함되어야 할 사항을 4가지 쓰시오.(단, 그 밖에 공정상의 안전과 관련하여 고용노동부장관이 필요하다고 인정하여 고시하는 사항 제외)

해답

① 공정안전자료
② 공정위험성 평가서
③ 안전운전계획
④ 비상조치계획

09 다음을 참고하여 FTA에 의한 재해사례의 연구를 단계별로 순서에 맞게 번호로 나열하시오.

> ① FT도의 작성
> ② 개선 계획의 작성
> ③ 톱사상(정상사상)의 선정
> ④ 각 사상의 재해원인 규명

해답

③ → ④ → ① → ②

10 산업안전보건법령에 따른 근로자가 상시 작업하는 장소의 작업면 조도기준에 관한 사항이다. (　　) 안에 알맞은 내용을 쓰시오.

초정밀작업	(①)Lux 이상
정밀작업	(②)Lux 이상
보통작업	(③)Lux 이상
그 밖의 작업	(④)Lux 이상

해답

① 750　③ 150
② 300　④ 75

11 산업안전보건법령에 따른 노사협의체의 설치 대상 사업과 노사협의체의 운영에 있어 정기회의의 개최 주기를 쓰시오.

해답

① 설치대상 사업 : 공사금액이 120억 원(토목공사업은 150억 원) 이상인 건설공사
② 정기회의 : 2개월마다

12 연삭작업 시 숫돌의 파괴원인을 4가지 쓰시오.

해답

① 숫돌의 회전속도가 너무 빠를 때
② 숫돌 자체에 균열이 있을 때
③ 숫돌에 과대한 충격을 가할 때
④ 숫돌의 측면을 사용하여 작업할 때
⑤ 숫돌의 불균형이나 베어링 마모에 의한 진동이 있을 때
⑥ 숫돌 반경방향의 온도변화가 심할 때
⑦ 작업에 부적당한 숫돌을 사용할 때
⑧ 숫돌의 치수가 부적당할 때
⑨ 플랜지가 현저히 작을 때

13 산업안전보건법령에 따른 공사용 가설도로를 설치하는 경우의 준수사항을 3가지만 쓰시오.

해답

① 도로는 장비와 차량이 안전하게 운행할 수 있도록 견고하게 설치할 것
② 도로와 작업장이 접하여 있을 경우에는 울타리 등을 설치할 것
③ 도로는 배수를 위하여 경사지게 설치하거나 배수시설을 설치할 것
④ 차량의 속도제한 표지를 부착할 것

14 재해발생에 관련된 이론 중 하인리히의 도미노 이론과 아담스의 사고연쇄 반응이론을 각각 구분하여 쓰시오.

	하인리히의 도미노 이론	아담스의 사고연쇄 반응이론
제1단계	(①)	(①)
제2단계	(②)	(②)
제3단계	(③)	(③)
제4단계	(④)	(④)
제5단계	(⑤)	(⑤)

해답

(1) 하인리히의 도미노 이론
① 사회적 환경 및 유전적 요인
② 개인적 결함
③ 불안전한 행동 및 불안전한 상태
④ 사고
⑤ 재해

(2) 아담스의 사고연쇄 반응이론
① 관리구조
② 작전적 에러
③ 전술적 에러
④ 사고
⑤ 상해, 손해

2021년 4월 24일 산업안전산업기사 실기 필답형

01 산업안전보건법령에 따른 사업주가 교류아크용접기를 사용하는 경우에 교류아크용접기에 자동전격방지기를 설치하여야 하는 장소 2가지를 쓰시오.(단, 자동으로 작동되는 것은 제외)

해답

① 선박의 이중 선체 내부, 밸러스트 탱크, 보일러 내부 등 도전체에 둘러싸인 장소
② 추락할 위험이 있는 높이 2미터 이상의 장소로 철골 등 도전성이 높은 물체에 근로자가 접촉할 우려가 있는 장소
③ 근로자가 물·땀 등으로 인하여 도전성이 높은 습윤 상태에서 작업하는 장소

02 산업안전보건법령에 따른 안전관리자의 업무를 3가지 쓰시오.(단, 그 밖에 안전에 관한 사항으로서 고용노동부장관이 정하는 사항 제외)

해답

① 산업안전보건위원회 또는 안전 및 보건에 관한 노사협의체에서 심의·의결한 업무와 해당 사업장의 안전보건관리규정 및 취업규칙에서 정한 업무
② 위험성 평가에 관한 보좌 및 지도·조언
③ 안전인증대상기계 등과 자율안전확인대상기계 등 구입 시 적격품의 선정에 관한 보좌 및 지도·조언
④ 해당 사업장 안전교육계획의 수립 및 안전교육 실시에 관한 보좌 및 지도·조언
⑤ 사업장 순회점검, 지도 및 조치 건의
⑥ 산업재해 발생의 원인 조사·분석 및 재발 방지를 위한 기술적 보좌 및 지도·조언
⑦ 산업재해에 관한 통계의 유지·관리·분석을 위한 보좌 및 지도·조언
⑧ 안전에 관한 사항의 이행에 관한 보좌 및 지도·조언
⑨ 업무 수행 내용의 기록·유지

03 산업안전보건법령에 따른 산업재해가 발생한 때 사업주가 기록·보존해야 할 사항을 4가지 쓰시오.(단, 산업재해조사표의 사본을 보존하거나, 요양신청서의 사본에 재해 재발방지 계획을 첨부하여 보존한 경우는 제외)

해답

① 사업장의 개요 및 근로자의 인적사항
② 재해 발생의 일시 및 장소
③ 재해 발생의 원인 및 과정
④ 재해 재발방지 계획

04 소음원으로부터 4m 떨어진 곳에서의 음압수준이 100dB이라면 동일한 기계에서 30m 떨어진 곳에서의 음압수준(dB)을 구하시오.

해답

$$dB_2 = dB_1 - 20\log\left(\frac{d_2}{d_1}\right) = 120 - 20\log\left(\frac{30}{4}\right)$$
$$= 82.50(dB)$$

05 산업안전보건법령에 따른 가스집합 용접장치에서 사업주가 가스장치실을 설치하는 경우 가스장치실 구조의 설치기준을 3가지 쓰시오.

해답

① 가스가 누출된 경우에는 그 가스가 정체되지 않도록 할 것
② 지붕과 천장에는 가벼운 불연성 재료를 사용할 것
③ 벽에는 불연성 재료를 사용할 것

06 자율안전확인대상 연삭기 덮개에 자율안전확인 표시 외에 추가로 표시해야 할 사항 2가지를 쓰시오.

해답

① 숫돌사용 주속도
② 숫돌회전방향

07 강제환기의 개념에 대하여 설명하시오.

해답

송풍기를 사용하여 강제적으로 환기하는 방식, 즉 기계적인 힘을 이용하는 것이다.

> **TIP** 자연환기
> 자연통풍, 즉 동력을 사용하지 않고 단지 자연의 힘, 온도차에 의한 부력이나 바람에 의한 풍력을 이용하는 것이다. 즉, 실내외의 온도차와 풍력차에 의한 자연적 공기 흐름에 의한 환기이다.

08 풀 프루프(Fool Proof)를 간단히 설명하고, 그 기능을 갖는 기구 3가지를 쓰시오.

해답

(1) 풀 프루프 : 작업자가 기계를 잘못 취급하여 불안전 행동이나 실수를 하여도 기계설비의 안전 기능이 작용되어 재해를 방지할 수 있는 기능을 가진 구조

(2) 기구

① 가드
② 조작기구
③ 록 기구
④ 오버런 기구
⑤ 트립 기구
⑥ 밀어내기 기구
⑦ 기동방지기구

> **TIP** 페일 세이프(Fail Safe)
> 기계나 그 부품에 파손 · 고장이나 기능불량이 발생하여도 항상 안전하게 작동할 수 있는 기능을 가진 구조

09 위험기계의 조종장치를 촉각적으로 암호화할 수 있는 차원 3가지를 쓰시오.

해답

① 형상을 이용한 암호화
② 표면 촉감을 이용한 암호화
③ 크기를 이용한 암호화

10 산업안전보건법령에 따른 가죽제 안전화 성능기준 항목 4가지를 쓰시오.

해답

① 은면결렬시험
② 인열강도시험
③ 내부식성시험
④ 인장강도시험 및 신장율
⑤ 내유성시험
⑥ 내압박성시험
⑦ 내충격성 시험
⑧ 박리저항시험
⑨ 내답발성시험

11 산업안전보건법령에 따른 근로자 안전보건교육에서 특별교육대상 작업별 교육 중 화학설비의 탱크 내 작업에 대한 교육내용을 3가지만 쓰시오.(단, 그 밖에 안전 · 보건관리에 필요한 사항, 공통내용은 제외)

해답

① 차단장치 · 정지장치 및 밸브 개폐장치의 점검에 관한 사항
② 탱크 내의 산소농도 측정 및 작업환경에 관한 사항
③ 안전보호구 및 이상 발생 시 응급조치에 관한 사항
④ 작업절차 · 방법 및 유해 · 위험에 관한 사항

12 산업안전보건법령에 따른 양중기의 와이어로프 등 달기구의 안전계수에 관한 기준이다. ( ) 안에 알맞은 내용을 쓰시오.

- 근로자가 탑승하는 운반구를 지지하는 달기와이어로프 또는 달기체인의 경우 : (①) 이상
- 화물의 하중을 직접 지지하는 달기와이어로프 또는 달기체인의 경우 : (②) 이상
- 훅, 샤클, 클램프, 리프팅 빔의 경우 : (③) 이상

해답

① 10　② 5　③ 3

13 산업안전보건법령에 따른 양중기 종류를 4가지만 쓰시오.

해답

① 크레인(호이스트를 포함)
② 이동식 크레인
③ 리프트(이삿짐운반용 리프트의 경우에는 적재하중이 0.1톤 이상인 것으로 한정)
④ 곤돌라
⑤ 승강기

2021년 7월 10일 산업안전기사 실기 필답형

01 양립성의 종류를 3가지 쓰고 예시를 들어 설명하시오.

해답

① 공간 양립성 : 가스버너에서 오른쪽 조리대는 오른쪽 조절장치로, 왼쪽 조리대는 왼쪽 조절장치로 조정하도록 배치한다.
② 운동 양립성 : 자동차를 운전하는 과정에서 우측으로 회전하기 위하여 핸들을 우측으로 돌린다.
③ 개념 양립성 : 냉온수기에서 빨간색은 온수, 파란색은 냉수가 나온다.
④ 양식 양립성 : 기계가 특정 음성에 대해 정해진 반응을 하는 경우에 해당된다.

02 산업안전보건법령에 따른 근로자의 위험을 방지하기 위하여 차량계 하역운반기계 등을 사용하는 작업 시 작성하고 그 계획에 따라 작업을 하도록 하여야 하는 작업계획서의 내용을 2가지 쓰시오.

해답

① 해당 작업에 따른 추락 · 낙하 · 전도 · 협착 및 붕괴 등의 위험 예방대책
② 차량계 하역운반기계 등의 운행경로 및 작업방법

03 산업안전보건법령에 따른 크레인을 사용하여 작업을 하는 때 작업 시작 전 점검사항 3가지를 쓰시오.

해답

① 권과방지장치 · 브레이크 · 클러치 및 운전장치의 기능
② 주행로의 상측 및 트롤리가 횡행하는 레일의 상태
③ 와이어로프가 통하고 있는 곳의 상태

04 하인리히의 재해구성비율 1 : 29 : 300의 의미에 대해서 설명하시오.

해답

안전사고 330건 중 중상 및 사망이 1건, 경상이 29건, 무상해 사고가 300건이 발생한다는 법칙

05 산업안전보건법령에 따른 비계(달비계, 달대비계 및 말비계는 제외)의 높이가 2미터 이상인 작업장소의 작업발판에 관한 기준이다. (　　) 안에 알맞은 내용을 쓰시오.

- 발판재료는 작업할 때의 하중을 견딜 수 있도록 견고한 것으로 할 것
- 작업발판의 폭은 (①)센티미터 이상으로 하고, 발판재료 간의 틈은 (②)센티미터 이하로 할 것. 다만, 외줄비계의 경우에는 고용노동부장관이 별도로 정하는 기준에 따른다.
- 추락의 위험이 있는 장소에는 (③)을 설치할 것. 다만, 작업의 성질상 안전난간을 설치하는 것이 곤란한 경우, 작업의 필요상 임시로 안전난간을 해체할 때에 추락방호망을 설치하거나 근로자로 하여금 안전대를 사용하도록 하는 등 추락위험 방지 조치를 한 경우에는 그러하지 아니하다.

해답

① 40
② 3
③ 안전난간

06 산업안전보건법령에 따른 연삭기 덮개의 시험방법 중 연삭기 작동시험 확인에 관한 사항이다. (　　) 안에 알맞은 내용을 쓰시오.

- 연삭(①)과 덮개의 접촉 여부
- 탁상용 연삭기는 덮개, (②) 및 (③) 부착상태의 적합성 여부

해답

① 숫돌
② 워크레스트
③ 조정편

07 산업안전보건법령에 따른 충전전로의 선간전압이 다음과 같을 때 충전전로에 대한 접근한계거리를 쓰시오.

충전전로의 선간전압	충전전로에 대한 접근한계거리
380V	(①)cm
1.5kV	(②)cm
6.6kV	(③)cm
22.9kV	(④)cm

해답

① 30cm
② 45cm
③ 60cm
④ 90cm

TIP 접근한계거리

충전전로의 선간전압 (단위 : 킬로볼트)	충전전로에 대한 접근한계거리 (단위 : 센티미터)
0.3 이하	접촉금지
0.3 초과 0.75 이하	30
0.75 초과 2 이하	45
2 초과 15 이하	60
15 초과 37 이하	90
37 초과 88 이하	110
88 초과 121 이하	130
121 초과 145 이하	150
145 초과 169 이하	170
169 초과 242 이하	230
242 초과 362 이하	380
362 초과 550 이하	550
550 초과 800 이하	790

08 산업안전보건법령에 따른 지게차 헤드가드에 관한 내용이다. ( ) 안에 알맞은 내용을 쓰시오.

- 강도는 지게차의 최대하중의 (①)배 값(4톤을 넘는 값에 대해서는 4톤으로 한다)의 등분포정하중에 견딜 수 있을 것
- 상부틀의 각 개구의 폭 또는 길이가 (②)센티미터 미만일 것

해답

① 2
② 16

09 산업안전보건법상 관리감독자 정기교육의 내용을 4가지 쓰시오.(단, 산업안전보건법령 및 산업재해보상보험 제도에 관한 사항, 그 밖에 관리감독자의 직무에 관한 사항은 제외)

해답

① 산업안전 및 사고 예방에 관한 사항
② 산업보건 및 직업병 예방에 관한 사항
③ 위험성 평가에 관한 사항
④ 유해 · 위험 작업환경 관리에 관한 사항
⑤ 직무스트레스 예방 및 관리에 관한 사항
⑥ 직장 내 괴롭힘, 고객의 폭언 등으로 인한 건강장해 예방 및 관리에 관한 사항
⑦ 작업공정의 유해 · 위험과 재해 예방대책에 관한 사항
⑧ 사업장 내 안전보건관리체제 및 안전 · 보건조치 현황에 관한 사항
⑨ 표준안전 작업방법 결정 및 지도 · 감독 요령에 관한 사항
⑩ 현장근로자와의 의사소통능력 및 강의능력 등 안전보건교육 능력 배양에 관한 사항
⑪ 비상시 또는 재해 발생 시 긴급조치에 관한 사항

10 산업안전보건법령에 따른 안전보건표지 중 위험장소경고 표지를 그리시오.(단, 색상의 표시는 글자로 나타내도록 하고 크기에 대한 기준은 표시하지 않아도 됨)

해답

① 바탕 : 노란색
② 기본모형, 관련 부호 및 그림 : 검은색

11 다음의 그림을 보고 전체의 신뢰도를 0.85로 설계하고자 할 때 부품 R_X의 신뢰도를 구하시오.

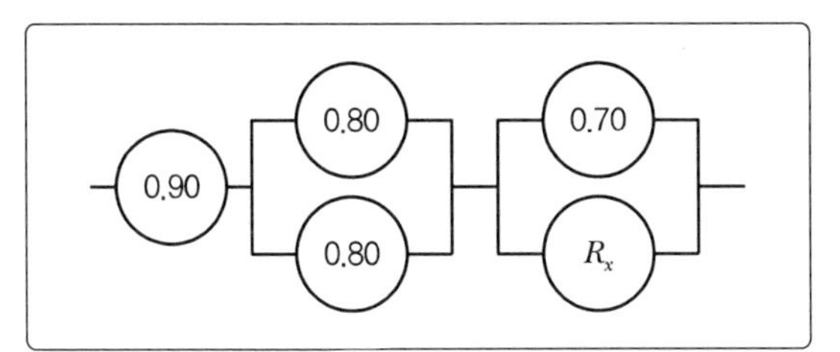

해답

① $0.85 = 0.9 \times [1-(1-0.8)(1-0.8)] \times [1-(1-0.7)(1-R_X)]$

② $0.85 = 0.9 \times (1-0.04) \times [1-(0.3)(1-R_X)]$

③ $\dfrac{0.85}{0.9 \times 0.96} = 1 - 0.3 + 0.3R_X$

④ $0.3R_X = \dfrac{0.85}{0.864} - 0.7$

⑤ $R_X = 0.945 = 0.95$

12 다음을 참고하여 건설업 산업안전보건관리비를 계산하시오.

- 건축공사
- 낙찰률 : 70%
- 재료비 : 25억
- 관급재료비 : 3억
- 직접노무비 : 10억
- 관리비(간접비 포함) : 10억
- 법적 요율 : 1.86%
- 기초액 : 5,349,000원

해답

① 산업안전보건관리비

=[재료비(관급재료비+사급재료비)+직접노무비]×요율+기초액

=(300,000,000+2,500,000,000+1,000,000,000)×0.0186+5,349,000

=76,029,000원

② 산업안전보건관리비

={[재료비(사급재료비)+직접노무비]×요율+기초액}×1.2

=[(2,500,000,000+1,000,000,000)×0.0186+5,349,000]×1.2

=84,538,800원

③ ①>②이므로 정답은 76,029,000원

13 다음을 참고하여 사업장의 연천인율을 구하시오.

- 연간재해자수 : 8명
- 연간근로자수 : 400명

해답

$$연천인율 = \frac{연간재해자수}{연평균근로자수} \times 1,000 = \frac{8}{400} \times 1,000 = 20$$

14 기체의 조성비가 아세틸렌 70%, 클로로벤젠 30%일 때 아세틸렌의 위험도와 혼합기체의 폭발하한계를 구하시오.(단, 아세틸렌 폭발범위 2.5~81, 클로로벤젠 폭발범위 1.3~7.1)

해답

① 아세틸렌의 위험도

$$위험도 = \frac{UFL - LFL}{LFL} = \frac{81-2.5}{2.5} = 31.40$$

② 폭발하한계

$$폭발하한계 = \frac{100}{\dfrac{V_1}{L_1} + \dfrac{V_2}{L_2}} = \frac{100}{\dfrac{70}{2.5} + \dfrac{30}{1.3}} = 1.975 = 1.96(\%)$$

2021년 7월 10일 산업안전산업기사 실기 필답형

01 산업안전보건법령에 따른 근로자 안전보건교육에서 특별교육대상 작업별 교육 중 밀폐공간에서의 작업에 대한 교육내용을 4가지만 쓰시오.(단, 그 밖에 안전 · 보건관리에 필요한 사항, 공통내용은 제외)

해답

① 산소농도 측정 및 작업환경에 관한 사항
② 사고 시의 응급처치 및 비상 시 구출에 관한 사항
③ 보호구 착용 및 보호 장비 사용에 관한 사항
④ 작업내용 · 안전작업방법 및 절차에 관한 사항
⑤ 장비 · 설비 및 시설 등의 안전점검에 관한 사항

02 산업안전보건법령에 따른 안전모의 시험성능기준에 관한 내용이다. (　　)에 알맞은 내용을 쓰시오.

항목	시험성능기준
내관통성	AE, ABE종 안전모는 관통거리가 (①)mm 이하이고, AB종 안전모는 관통거리가 (②)mm 이하이어야 한다.
충격흡수성	최고전달충격력이 (③)N을 초과해서는 안 되며, 모체와 착장체의 기능이 상실되지 않아야 한다.
내전압성	AE, ABE종 안전모는 교류 20kV에서 1분간 절연파괴 없이 견뎌야 하고, 이때 누설되는 충전전류는 (④)mA 이하이어야 한다.

해답

① 9.5　　③ 4,450
② 11.1　　④ 10

03 다음을 참고하여 사업장의 도수율을 구하시오.

- 근로자수 : 350명
- 사업장의 연천인율 : 3.5

해답

$$도수율 = \frac{연천인율}{2.4} = \frac{3.5}{2.4} = 1.458 = 1.46$$

04 고장률이 0.0004로 일정할 때 1,000시간 가동 시 신뢰도를 구하시오.

해답

신뢰도 $R(t) = e^{-\lambda t} = e^{-(0.0004 \times 1,000)} = 0.67$

05 다음 [보기]를 참고하여 다음 이론에 해당하는 [보기]의 번호를 쓰시오.(단, 보기는 중복사용 가능함)

(1) 하인리히의 도미노이론
(2) 버드의 최신 도미노이론

[보기]
① 사회적 환경 및 유전적 요인
② 기본원인
③ 직접원인
④ 작전적 에러
⑤ 사고
⑥ 상해
⑦ 통제의 부족
⑧ 개인적 결함
⑨ 관리적 결함
⑩ 전술적 에러

해답

(1) 하인리히의 도미노이론
①, ⑧, ③, ⑤, ⑥

(2) 버드의 최신 도미노이론
⑦, ②, ③, ⑤, ⑥

06 산업안전보건법령에 따라 누전차단기를 접속하는 경우의 준수사항에 관한 내용이다. (   )에 알맞은 내용을 쓰시오.

> 전기기계 · 기구에 설치되어 있는 누전차단기는 정격감도전류가 (①)밀리암페어 이하이고 작동시간은 (②)초 이내일 것. 다만, 정격전부하전류가 50암페어 이상인 전기기계 · 기구에 접속되는 누전차단기는 오작동을 방지하기 위하여 정격감도전류는 (③)밀리암페어 이하로, 작동시간은 (④)초 이내로 할 수 있다.

해답

① 30
② 0.03
③ 200
④ 0.1

07 산업안전보건법령에 따라 중대재해란 산업재해 중 사망 등 재해 정도가 심하거나 다수의 재해가 발생한 경우를 말한다. 중대재해 정의 3가지를 쓰시오.

해답

① 사망자가 1명 이상 발생한 재해
② 3개월 이상의 요양이 필요한 부상자가 동시에 2명 이상 발생한 재해
③ 부상자 또는 직업성 질병자가 동시에 10명 이상 발생한 재해

08 롤러기의 앞면 롤러 지름이 30cm, 회전수가 300rpm인 경우 앞면 롤러의 표면속도(m/min)를 구하시오.

해답

$$V(\text{표면속도}) = \frac{\pi DN}{1,000} = \frac{\pi \times 300 \times 300}{1,000}$$
$$= 282.74(\text{m/min})$$

> **TIP** 표면속도
>
> $$V = \pi DN(\text{mm/min}) = \frac{\pi DN}{1,000}(\text{m/min})$$
>
> 여기서, V : 표면속도(m/min)
> D : 롤러 원통의 직경(mm)
> N : 1분간에 롤러기가 회전되는 수(rpm)

09 산업안전보건법령상 과압에 따른 폭발을 방지하기 위하여 폭발 방지 성능과 규격을 갖춘 안전밸브 또는 파열판을 설치하여야 하는 화학설비 및 그 부속설비 중 파열판을 설치하여야 하는 경우를 3가지 쓰시오.

해답

① 반응 폭주 등 급격한 압력 상승 우려가 있는 경우
② 급성 독성물질의 누출로 인하여 주위의 작업환경을 오염시킬 우려가 있는 경우
③ 운전 중 안전밸브에 이상 물질이 누적되어 안전밸브가 작동되지 아니할 우려가 있는 경우

10 산업안전보건법령에 따라 흙막이 지보공을 설치하였을 때 사업주가 정기적으로 점검하고 이상을 발견하면 즉시 보수하여야 할 사항을 4가지 쓰시오.

해답

① 부재의 손상 · 변형 · 부식 · 변위 및 탈락의 유무와 상태
② 버팀대의 긴압의 정도
③ 부재의 접속부 · 부착부 및 교차부의 상태
④ 침하의 정도

11 다음 설명에 맞는 용어를 쓰시오.

> ① 위팔(상완)을 자연스럽게 수직으로 늘어뜨린 채, 아래팔(전완)만으로 편하게 뻗어 파악할 수 있는 구역
> ② 아래팔(전완)과 위팔(상완)을 곧게 펴서 파악할 수 있는 구역

해답

① 정상작업역
② 최대작업역

12 산업안전보건법령상 사다리식 통로 등을 설치하는 경우 준수사항을 4가지만 쓰시오.

해답

① 견고한 구조로 할 것
② 심한 손상 · 부식 등이 없는 재료를 사용할 것

③ 발판의 간격은 일정하게 할 것
④ 발판과 벽과의 사이는 15센티미터 이상의 간격을 유지할 것
⑤ 폭은 30센티미터 이상으로 할 것
⑥ 사다리가 넘어지거나 미끄러지는 것을 방지하기 위한 조치를 할 것
⑦ 사다리의 상단은 걸쳐놓은 지점으로부터 60센티미터 이상 올라가도록 할 것
⑧ 사다리식 통로의 길이가 10미터 이상인 경우에는 5미터 이내마다 계단참을 설치할 것
⑨ 사다리식 통로의 기울기는 75도 이하로 할 것. 다만, 고정식 사다리식 통로의 기울기는 90도 이하로 하고, 그 높이가 7미터 이상인 경우에는 바닥으로부터 높이가 2.5미터 되는 지점부터 등받이울을 설치할 것
⑩ 접이식 사다리 기둥은 사용 시 접혀지거나 펼쳐지지 않도록 철물 등을 사용하여 견고하게 조치할 것

13 **산업안전보건법령에 따른 유해 · 위험방지를 위한 방호조치를 하지 아니하고는 양도, 대여, 설치 또는 사용에 제공하거나, 양도 · 대여를 목적으로 진열해서는 아니 되는 기계 · 기구를 4가지만 쓰시오.**

해답

① 예초기
② 원심기
③ 공기압축기
④ 금속절단기
⑤ 지게차
⑥ 포장기계(진공포장기, 래핑기로 한정)

2021년 10월 16일 산업안전기사 실기 필답형

01 산업안전보건법령에 따른 건설공사를 착공하려는 사업주가 유해위험방지계획서를 작성할 때 건설안전 분야의 자격 등 고용노동부령으로 정하는 자격을 갖춘 자의 의견을 들어야 하는 건설공사를 4가지만 쓰시오.

해답

① 다음 각 목의 어느 하나에 해당하는 건축물 또는 시설 등의 건설 · 개조 또는 해체공사
   ㉠ 지상높이가 31미터 이상인 건축물 또는 인공구조물
   ㉡ 연면적 3만 제곱미터 이상인 건축물
   ㉢ 연면적 5천 제곱미터 이상인 시설로서 다음의 어느 하나에 해당하는 시설
      ⓐ 문화 및 집회시설(전시장 및 동물원 · 식물원은 제외)
      ⓑ 판매시설, 운수시설(고속철도의 역사 및 집배송시설은 제외)
      ⓒ 종교시설
      ⓓ 의료시설 중 종합병원
      ⓔ 숙박시설 중 관광숙박시설
      ⓕ 지하도상가
      ⓖ 냉동 · 냉장 창고시설
② 연면적 5천 제곱미터 이상인 냉동 · 냉장 창고시설의 설비공사 및 단열공사
③ 최대 지간길이가 50미터 이상인 다리의 건설 등 공사
④ 터널의 건설 등 공사
⑤ 다목적댐, 발전용댐, 저수용량 2천만 톤 이상의 용수 전용 댐 및 지방상수도 전용 댐의 건설 등 공사
⑥ 깊이 10미터 이상인 굴착공사

02 산업안전보건법령에 따른 산업용 로봇의 작동범위에서 해당 로봇에 대하여 교시(敎示) 등의 작업을 하는 경우 해당 로봇의 예기치 못한 작동 또는 오(誤)조작에 의한 위험을 방지하기 위하여 지침을 정하고 그 지침에 따라 작업을 시켜야 하는 사항을 5가지 쓰시오.(단, 로봇의 구동원을 차단하고 작업을 하는 경우이며, '그 밖에 로봇의 예기치 못한 작동 또는 오조작에 의한 위험을 방지하기 위하여 필요한 조치'는 제외)

해답

① 로봇의 조작방법 및 순서
② 작업 중의 매니퓰레이터의 속도
③ 2명 이상의 근로자에게 작업을 시킬 경우의 신호방법
④ 이상을 발견한 경우의 조치
⑤ 이상을 발견하여 로봇의 운전을 정지시킨 후 이를 재가동시킬 경우의 조치

03 산업안전보건법령에 따른 근로자의 추락 등의 위험을 방지하기 위하여 안전난간을 설치하는 경우의 구조에 관한 내용이다. (　)에 알맞은 내용을 쓰시오.

- 상부 난간대는 바닥면 · 발판 또는 경사로의 표면으로부터 (①)센티미터 이상의 지점에 설치할 것
- 난간대는 지름 (②)센티미터 이상의 금속제 파이프나 그 이상의 강도가 있는 재료일 것
- 안전난간은 구조적으로 가장 취약한 지점에서 가장 취약한 방향으로 작용하는 (③)킬로그램 이상의 하중에 견딜 수 있는 튼튼한 구조일 것

해답

① 90　② 2.7　③ 100

04 산업안전보건법령에 따른 용융고열물을 취급하는 설비를 내부에 설치한 건축물에 대하여 수증기 폭발을 방지하기 위한 사업주가 해야 하는 조치 2가지를 쓰시오.

해답

① 바닥은 물이 고이지 아니하는 구조로 할 것
② 지붕 · 벽 · 창 등은 빗물이 새어들지 아니하는 구조로 할 것

05 산업안전보건법령에 따른 지게차 헤드가드에 관한 내용이다. (　　) 안에 알맞은 내용을 쓰시오.

- 강도는 지게차의 최대하중의 (①)배 값(4톤을 넘는 값에 대해서는 4톤으로 한다)의 등분포정하중에 견딜 수 있을 것
- 상부틀의 각 개구의 폭 또는 길이가 (②)센티미터 미만일 것

해답

① 2
② 16

06 산업안전보건법령에 따른 사업주는 누전에 의한 감전의 위험을 방지하기 위하여 접지를 해야 한다. 코드와 플러그를 접속하여 사용하는 전기기계·기구 중 노출된 비충전 금속체로부터 누전에 의한 감전의 위험을 방지하기 위하여 접지를 실시하여야 하는 대상을 5가지만 쓰시오.

해답

① 사용전압이 대지전압 150볼트를 넘는 것
② 냉장고·세탁기·컴퓨터 및 주변기기 등과 같은 고정형 전기기계·기구
③ 고정형·이동형 또는 휴대형 전동기계·기구
④ 물 또는 도전성이 높은 곳에서 사용하는 전기기계·기구, 비접지형 콘센트
⑤ 휴대형 손전등

07 시스템 위험성의 분류에서 위험강도의 4가지 범주(MIL-STD-882B)를 쓰시오.

해답

① 파국적
② 위기적
③ 한계적
④ 무시 가능

08 산업안전보건법령에 따른 다음 사업장의 적합한 조도 기준을 쓰시오.

- 선반작업의 작업면 조도는 120럭스로 측정되었다.
- 선반작업은 정밀작업으로 분류한다.
- 선반작업의 작업면 조도를 산업안전보건법령에 따른 기준에 맞추려고 한다.

해답

300럭스 이상

TIP 작업면 조도 기준

작업의 종류	작업면 조도
초정밀작업	750럭스(lux) 이상
정밀작업	300럭스(lux) 이상
보통작업	150럭스(lux) 이상
그 밖의 작업	75럭스(lux) 이상

09 다음을 참고하여 사업장의 종합재해지수(F.S.I)를 구하시오.(단, 반올림하여 소수점 셋째 자리까지 쓰시오.)

- 근로자수 : 500명
- 연간근로시간 : 2400시간
- 연간재해발생건수 : 210건
- 근로손실일수 : 900일

해답

① $\text{도수율} = \dfrac{\text{재해발생건수}}{\text{연간총근로시간수}} \times 1{,}000{,}000$

$= \dfrac{210}{500 \times 2400} \times 1{,}000{,}000 = 175$

② $\text{강도율} = \dfrac{\text{근로손실일수}}{\text{연간총근로시간수}} \times 1{,}000$

$= \dfrac{900}{500 \times 2400} \times 1{,}000 = 0.75$

③ $\text{종합재해지수} = \sqrt{\text{도수율} \times \text{강도율}}$

$= \sqrt{175 \times 0.75}$

$= 11.456$

10 보호구 안전인증 고시에 따른 방진마스크 성능 기준의 여과재 분진 등 포집효율에 관한 사항이다. (　　)에 알맞은 내용을 쓰시오.

형태 및 등급		염화나트륨 및 파라핀 오일 시험(%)
분리식	특급	(①) 이상
	1급	(②) 이상
	2급	(③) 이상

해답

① 99.95
② 94.0
③ 80.0

TIP 여과재 분진 등 포집효율

형태 및 등급		염화나트륨 및 파라핀 오일 시험(%)
분리식	특급	99.95 이상
	1급	94.0 이상
	2급	80.0 이상
안면부 여과식	특급	99.0 이상
	1급	94.0 이상
	2급	80.0 이상

11 산업안전보건법령에 따른 산업안전보건위원회는 회의 개최 후 회의록을 작성하여 갖추어 두어야 한다. 회의록에 기록하여야 하는 사항 3가지를 쓰시오.(단, 그 밖의 토의사항은 제외)

해답

① 개최 일시 및 장소
② 출석위원
③ 심의 내용 및 의결 · 결정 사항

12 산업안전보건법령에 따른 가스집합 용접장치에서 사업주가 가스장치실을 설치하는 경우 가스장치실 구조의 설치기준을 3가지 쓰시오.

해답

① 가스가 누출된 경우에는 그 가스가 정체되지 않도록 할 것
② 지붕과 천장에는 가벼운 불연성 재료를 사용할 것
③ 벽에는 불연성 재료를 사용할 것

13 산업안전보건법령에 따른 사업주가 곤돌라형 달비계를 설치하는 경우 달기체인 사용 금지 기준을 3가지 쓰시오.

해답

① 달기 체인의 길이가 달기 체인이 제조된 때의 길이의 5퍼센트를 초과한 것
② 링의 단면지름이 달기 체인이 제조된 때의 해당 링의 지름의 10퍼센트를 초과하여 감소한 것
③ 균열이 있거나 심하게 변형된 것

14 주의란 행동하고자 하는 목적에 의식 수준이 집중하는 심리상태를 말한다. 주의의 특징 3가지를 쓰시오.

해답

① 선택성
② 변동성
③ 방향성

TIP 주의의 특징

구분	내용
선택성	① 주의는 동시에 두 개의 방향에 집중하지 못한다. ② 여러 종류의 자극을 지각하거나 수용할 때 특정한 것에 한하여 선택하는 기능
변동성	① 고도의 주의는 장시간 지속할 수 없다.(주의에는 리듬이 존재) ② 주의에는 리듬이 있어 언제나 일정수준을 유지할 수 없다.
방향성	① 한 지점에 주의를 집중하면 다른 곳의 주의는 약해진다. ② 주시점만 인지하는 기능

2021년 10월 16일 산업안전산업기사 실기 필답형

01 시스템안전에서 기계의 고장률을 나타내는 그래프를 그리고 3단계로 구분하여 명칭 또는 내용을 쓰시오.

해답

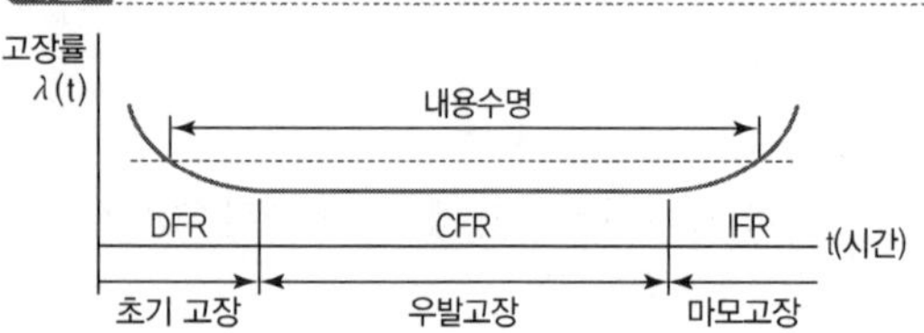

① 초기고장 : 고장률이 시간에 따라 감소
② 우발고장 : 고장률이 시간에 관계없이 거의 일정
③ 마모고장 : 고장률이 시간에 따라 증가

02 각 부품고장확률이 0.12인 A, B, C 3개의 부품이 병렬결합모델로 만들어진 시스템이 있다. 시스템 작동 안 됨을 정상사상(Top Event)으로 하고, A고장, B고장, C고장을 기본사상으로 한 FT도를 작성하고, 정상사상이 발생할 확률을 구하시오.(단, 소수 다섯째자리에서 반올림하고, 소수 넷째 자리까지 표기할 것)

해답

(1) FT도

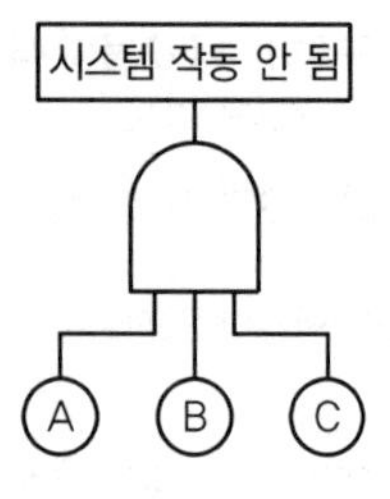

(2) 발생확률

발생확률 $=0.12\times0.12\times0.12=0.001728=0.0017$

03 다음을 참고하여 사업장의 근로손실일수를 구하시오.

- 강도율 : 0.8
- 근로자 1인당 연간총근로시간수 : 2,400시간
- 연평균근로자 수 : 250명
- 재해발생건수 : 5건

해답

$$\text{근로손실일수}=\frac{\text{강도율}\times\text{연간총근로시간수}}{1,000}$$

$$=\frac{0.8\times(250\times2,400)}{1,000}=480[\text{일}]$$

TIP 강도율 $=\dfrac{\text{근로손실일수}}{\text{연간총근로시간수}}\times1,000$

04 산업안전보건법령에 따른 다음 안전보건표지의 명칭을 쓰시오.

①	②	③	④

해답

① 사용금지
② 산화성 물질 경고
③ 낙하물경고
④ 방진마스크 착용

05 산업안전보건법령상 내부의 이상 상태를 조기에 파악하기 위하여 필요한 온도계 · 유량계 · 압력계 등의 계측장치를 설치하여야 하는 화학설비의 종류를 3가지만 쓰시오.

해답

① 발열반응이 일어나는 반응장치
② 증류 · 정류 · 증발 · 추출 등 분리를 하는 장치
③ 가열시켜 주는 물질의 온도가 가열되는 위험물질의 분해온도 또는 발화점보다 높은 상태에서 운전되는 설비
④ 반응폭주 등 이상 화학반응에 의하여 위험물질이 발생할 우려가 있는 설비
⑤ 온도가 섭씨 350도 이상이거나 게이지 압력이 980킬로파스칼 이상인 상태에서 운전되는 설비
⑥ 가열로 또는 가열기

06 산업안전보건법령에 따른 공정안전보고서에 포함되어야 할 사항을 4가지 쓰시오.(단, 그 밖에 공정상의 안전과 관련하여 고용노동부장관이 필요하다고 인정하여 고시하는 사항 제외)

해답

① 공정안전자료
② 공정위험성 평가서
③ 안전운전계획
④ 비상조치계획

07 주의란 행동하고자 하는 목적에 의식 수준이 집중하는 심리상태를 말한다. 주의의 특징 3가지와 의미를 쓰시오.

해답

① 선택성 : 주의는 동시에 두 개의 방향에 집중하지 못한다.
② 변동성 : 고도의 주의는 장시간 지속할 수 없다.
③ 방향성 : 한 지점에 주의를 집중하면 다른 곳의 주의는 약해진다.

08 산업안전보건법령상, 차량계 하역운반기계의 운전자가 운전위치를 이탈하는 경우 운전자가 준수하여야 할 사항을 2가지 쓰시오.(단, 운전석에 잠금장치를 하는 등 운전자가 아닌 사람이 운전하지 못하도록 조치한 경우는 제외)

해답

① 포크, 버킷, 디퍼 등의 장치를 가장 낮은 위치 또는 지면에 내려 둘 것
② 원동기를 정지시키고 브레이크를 확실히 거는 등 갑작스러운 주행이나 이탈을 방지하기 위한 조치를 할 것

09 산업안전보건법령에 따른 건물 등의 해체작업 시 작성해야 하는 작업계획서의 내용을 4가지만 쓰시오.(단, 그 밖에 안전 · 보건에 관련된 사항은 제외)

해답

① 해체의 방법 및 해체 순서도면
② 가설설비 · 방호설비 · 환기설비 및 살수 · 방화설비 등의 방법
③ 사업장 내 연락방법
④ 해체물의 처분계획
⑤ 해체작업용 기계 · 기구 등의 작업계획서
⑥ 해체작업용 화약류 등의 사용계획서

10 산업안전보건법령에 따른 로봇의 작동 범위에서 그 로봇에 관하여 교시 등의 작업을 할 때 작업 시작 전 점검사항을 3가지 쓰시오.

해답

① 외부 전선의 피복 또는 외장의 손상 유무
② 매니퓰레이터 작동의 이상 유무
③ 제동장치 및 비상정지장치의 기능

11 산업안전보건법령상 누전에 의한 감전위험을 방지하기 위하여 해당 전로의 정격에 적합하고 감도가 양호하며 확실하게 작동하는 감전방지용 누전차단기를 설치하여야 한다. 누전차단기의 설치대상이 되는 전기기계 · 기구의 기준을 3가지만 쓰시오.

해답

① 대지전압이 150볼트를 초과하는 이동형 또는 휴대형 전기기계 · 기구
② 물 등 도전성이 높은 액체가 있는 습윤장소에서 사용하는 저압용 전기기계 · 기구
③ 철판 · 철골 위 등 도전성이 높은 장소에서 사용하는 이동형 또는 휴대형 전기기계 · 기구
④ 임시배선의 전로가 설치되는 장소에서 사용하는 이동형 또는 휴대형 전기기계 · 기구

12 다음의 설명에 해당하는 재해의 원인분석방법 이름을 쓰시오.

① 특성과 요인관계를 어골상으로 도표화하여 분석하는 기법(원인과 결과를 연계하여 상호 관계를 파악하기 위한 분석방법)
② 사고의 유형, 기인물 등 분류항목을 큰 값에서 작은 값의 순서로 도표화하며, 문제나 목표의 이해에 편리하다.

해답

① 특성요인도
② 파레토도

TIP 통계에 의한 원인분석

① 파레토도 : 사고의 유형, 기인물 등 분류항목을 큰 값에서 작은 값의 순서로 도표화하며, 문제나 목표의 이해에 편리하다.
② 특성요인도 : 특성과 요인관계를 어골상으로 도표화하여 분석하는 기법(원인과 결과를 연계하여 상호 관계를 파악하기 위한 분석방법)
③ 클로즈(Close) 분석 : 두 개 이상의 문제관계를 분석하는 데 사용하는 것으로, 데이터를 집계하고 표로 표시하여 요인별 결과내역을 교차한 클로즈 그림을 작성하여 분석하는 기법
④ 관리도 : 재해 발생 건수 등의 추이에 대해 한계선을 설정하여 목표 관리를 수행하는 데 사용되는 방법으로 관리선은 관리상한선, 중심선, 관리하한선으로 구성된다.

13 산업안전보건법령상, 다음의 와이어로프를 달비계에 사용 가능한지 여부를 판단하시오.

- 공칭지름 : 10mm
- 현재 측정지름 : 9.2mm

해답

① 지름의 감소가 공칭지름의 7%를 초과하는 것은 사용할 수 없다.
② 측정값 = 10mm − (10 × 0.07) = 9.3mm
③ 사용가능 범위 : 10 ~ 9.3mm로 9.2mm 와이어로프는 사용 불가능

TIP 양중기 와이어로프 사용금지 조건

① 이음매가 있는 것
② 와이어로프의 한 꼬임에서 끊어진 소선의 수가 10% 이상인 것
③ 지름의 감소가 공칭지름의 7%를 초과하는 것
④ 꼬인 것
⑤ 심하게 변형되거나 부식된 것
⑥ 열과 전기충격에 의해 손상된 것

2022년 5월 7일 산업안전기사 실기 필답형

01 화물의 하중을 직접 지지하는 달기와이어로프의 절단하중이 2,000kg일 때 허용하중을 구하시오.

해답

$$허용하중 = \frac{절단하중}{안전계수} = \frac{2,000}{5} = 400\text{kg}$$

TIP 와이어로프 등 달기구의 안전계수

구분	안전계수
근로자가 탑승하는 운반구를 지지하는 달기와이어로프 또는 달기체인의 경우	10 이상
화물의 하중을 직접 지지하는 달기와이어로프 또는 달기체인의 경우	5 이상
훅, 샤클, 클램프, 리프팅 빔의 경우	3 이상
그 밖의 경우	4 이상

02 산업안전보건법령에 따른 안전인증대상 보호구를 3가지만 쓰시오.

해답

① 추락 및 감전 위험방지용 안전모
② 안전화
③ 안전장갑
④ 방진마스크
⑤ 방독마스크
⑥ 송기마스크
⑦ 전동식 호흡보호구
⑧ 보호복
⑨ 안전대
⑩ 차광 및 비산물 위험방지용 보안경
⑪ 용접용 보안면
⑫ 방음용 귀마개 또는 귀덮개

03 산업안전보건법령상 차량계 하역운반기계 등을 이송하기 위하여 자주(自走) 또는 견인에 의하여 화물자동차에 싣거나 내리는 작업을 할 때에 발판·성토 등을 사용하는 경우 해당 차량계 하역운반기계 등의 전도 또는 굴러 떨어짐에 의한 위험을 방지하기 위하여 사업주의 준수사항을 4가지 쓰시오.

해답

① 싣거나 내리는 작업은 평탄하고 견고한 장소에서 할 것
② 발판을 사용하는 경우에는 충분한 길이·폭 및 강도를 가진 것을 사용하고 적당한 경사를 유지하기 위하여 견고하게 설치할 것
③ 가설대 등을 사용하는 경우에는 충분한 폭 및 강도와 적당한 경사를 확보할 것
④ 지정운전자의 성명·연락처 등을 보기 쉬운 곳에 표시하고 지정운전자 외에는 운전하지 않도록 할 것

04 산업안전보건법령에 따른 타워크레인을 설치·조립·해체하는 작업 시 작성해야 하는 작업계획서의 내용을 3가지만 쓰시오.

해답

① 타워크레인의 종류 및 형식
② 설치·조립 및 해체순서
③ 작업도구·장비·가설설비 및 방호설비
④ 작업인원의 구성 및 작업근로자의 역할 범위
⑤ 타워크레인의 지지에 따른 지지 방법

05 산업안전보건법령에 따른 아세틸렌 용접장치 안전기의 설치기준에 관한 사항이다. ( ) 안에 알맞은 내용을 쓰시오.

- 사업주는 아세틸렌 용접장치의 (①)마다 안전기를 설치하여야 한다. 다만, 주관 및 취관에 가장 가까운 (②)마다 안전기를 부착한 경우에는 그러하지 아니하다.
- 사업주는 가스용기가 발생기와 분리되어 있는 아세틸렌 용접장치에 대하여 (③)와 가스용기 사이에 안전기를 설치하여야 한다.

해답

① 취관
② 분기관
③ 발생기

06 산업안전보건법령에 따른 건설공사발주자의 산업재해 예방 조치에 관한 내용이다. ( )에 알맞은 내용을 쓰시오.

- 총공사금액이 (①)억 원 이상인 건설공사의 건설공사발주자는 산업재해 예방을 위하여 건설공사의 계획, 설계 및 시공 단계에서 산업재해 예방조치를 하여야 한다.
- 건설공사 계획단계 : 해당 건설공사에서 중점적으로 관리하여야 할 유해 · 위험요인과 이의 감소방안을 포함한 (②)을 작성할 것
- 건설공사 설계단계 : (②)을 설계자에게 제공하고, 설계자로 하여금 유해 · 위험요인의 감소방안을 포함한 (③)을 작성하게 하고 이를 확인할 것
- 건설공사 시공단계 : 건설공사발주자로부터 건설공사를 최초로 도급받은 수급인에게 (③)을 제공하고, 그 수급인에게 이를 반영하여 안전한 작업을 위한 (④)을 작성하게 하고 그 이행 여부를 확인할 것

해답

① 50
② 기본안전보건대장
③ 설계안전보건대장
④ 공사안전보건대장

07 산업안전보건법령상 사다리식 통로 등을 설치하는 경우 사업주의 준수사항을 5가지만 쓰시오.

해답

① 견고한 구조로 할 것
② 심한 손상 · 부식 등이 없는 재료를 사용할 것
③ 발판의 간격은 일정하게 할 것
④ 발판과 벽과의 사이는 15센티미터 이상의 간격을 유지할 것
⑤ 폭은 30센티미터 이상으로 할 것
⑥ 사다리가 넘어지거나 미끄러지는 것을 방지하기 위한 조치를 할 것
⑦ 사다리의 상단은 걸쳐놓은 지점으로부터 60센티미터 이상 올라가도록 할 것
⑧ 사다리식 통로의 길이가 10미터 이상인 경우에는 5미터 이내마다 계단참을 설치할 것
⑨ 사다리식 통로의 기울기는 75도 이하로 할 것
⑩ 접이식 사다리 기둥은 사용 시 접혀지거나 펼쳐지지 않도록 철물 등을 사용하여 견고하게 조치할 것

08 산업안전보건법령에 따른 유해 · 위험방지를 위한 방호조치를 하지 아니하고는 양도 · 대여 · 설치 또는 사용에 제공하거나, 양도 · 대여를 목적으로 진열해서는 아니 되는 기계 · 기구를 5가지만 쓰시오.

해답

① 예초기
② 원심기
③ 공기압축기
④ 금속절단기
⑤ 지게차
⑥ 포장기계(진공포장기, 랩핑기로 한정)

09 스웨인(A. D. Swain)은 인간의 실수를 작위적 실수(commission error)와 부작위적 실수(omission error)로 구분하였다. 작위적 실수와 부작위적 실수에 대해 간단히 설명하시오.

해답

① 작위적 실수(commission error) : 필요한 직무 또는 절차의 불확실한 수행으로 인한 에러
② 부작위적 실수(omission error) : 필요한 직무 또는 절차를 수행하지 않아 발생하는 에러

10 산업안전보건법령상 근로자가 작업이나 통행 등으로 인하여 전기기계, 기구 또는 등 또는 전로 등의 충전부분에 접촉하거나 접근함으로써 감전 위험이 있는 충전부분에 대하여 감전을 방지하기 위한 방법을 5가지 쓰시오.

해답

① 충전부가 노출되지 않도록 폐쇄형 외함이 있는 구조로 할 것
② 충전부에 충분한 절연효과가 있는 방호망이나 절연덮개를 설치할 것
③ 충전부는 내구성이 있는 절연물로 완전히 덮어 감쌀 것
④ 발전소 · 변전소 및 개폐소 등 구획되어 있는 장소로서 관계 근로자가 아닌 사람의 출입이 금지되는 장소에 충전부를 설치하고, 위험표시 등의 방법으로 방호를 강화할 것
⑤ 전주 위 및 철탑 위 등 격리되어 있는 장소로서 관계 근로자가 아닌 사람이 접근할 우려가 없는 장소에 충전부를 설치할 것

11 다음 조건을 참고하여 사망만인율을 구하시오. (단, 근로자수는 산업재해보상보험법이 적용되는 근로자수를 말한다.)

- 연근로시간 : 2,400시간
- 재해건수 : 11건
- 임금근로자수 : 2,000명
- 재해자수 : 10명
- 사망자수 : 2명

해답

$$\text{사망만인율} = \frac{\text{사망자수}}{\text{산재보험적용근로자수}} \times 10{,}000 = \frac{2}{2{,}000} \times 10{,}000 = 10$$

12 2m에서의 조도가 150lux일 경우, 3m에서의 조도는 얼마인가?

해답

① $\text{조도} = \dfrac{\text{광도}}{(\text{거리})^2}$
② $\text{광도} = \text{조도} \times (\text{거리})^2$
③ 2m 거리의 광도 $= 150 \times 2^2 = 600$[cd]이므로
④ 3m 거리의 조도 $= \dfrac{600}{3^2} = 66.67$[lux]

13 인간관계 메커니즘에 관한 내용이다. (   ) 안에 알맞은 내용을 쓰시오.

- (①) : 자기 마음속의 억압된 것을 다른 사람의 것으로 생각하는 것
- (②) : 다른 사람의 행동양식이나 태도를 투입하거나 다른 사람 가운데서 자기와 비슷한 것을 발견하게 되는 것
- (③) : 남의 행동이나 판단을 표본으로 하여 그것과 같거나 그것에 가까운 행동 또는 판단을 취하려는 것

해답

① 투사
② 동일화
③ 모방

14 산업안전보건법령상 위험물을 저장 · 취급하는 화학설비 및 그 부속설비를 설치하는 경우에는 폭발이나 화재에 따른 피해를 줄일 수 있도록 설비 및 시설 간에 충분한 안전거리를 유지하여야 한다. ( ) 안에 알맞은 내용을 쓰시오.

- 단위공정시설 및 설비로부터 다른 단위공정시설 및 설비의 사이 : 설비의 바깥 면으로부터 (①) 이상
- 플레어스택으로부터 단위공정시설 및 설비, 위험물질 저장탱크 또는 위험물질 하역설비의 사이 : 플레어스택으로부터 반경 (②) 이상
- 위험물질 저장탱크로부터 단위공정시설 및 설비, 보일러 또는 가열로의 사이 : 저장탱크의 바깥 면으로부터 (③) 이상
- 사무실 · 연구실 · 실험실 · 정비실 또는 식당으로부터 단위공정시설 및 설비, 위험물질 저장탱크, 위험물질 하역설비, 보일러 또는 가열로의 사이 : 사무실 등의 바깥 면으로부터 (④) 이상

해답

① 10m
② 20m
③ 20m
④ 20m

2022년 5월 7일 산업안전산업기사 실기 필답형

01 산업안전보건법령상 사업주가 근로자에 대하여 실시하여야 하는 근로자 안전보건교육시간에 관한 다음 내용에 알맞은 교육시간을 쓰시오.

교육과정	교육대상		교육시간
정기교육	1) 사무직 종사 근로자		(①)
	2) 그 밖의 근로자	가) 판매업무에 직접 종사하는 근로자	(②)
		나) 판매업무에 직접 종사하는 근로자 외의 근로자	매반기 12시간 이상
채용 시 교육	1) 일용근로자 및 근로계약기간이 1주일 이하인 기간제근로자		(③)
	2) 근로계약기간이 1주일 초과 1개월 이하인 기간제근로자		4시간 이상
	3) 그 밖의 근로자		8시간 이상
작업내용 변경 시 교육	1) 일용근로자 및 근로계약기간이 1주일 이하인 기간제근로자		(④)
	2) 그 밖의 근로자		2시간 이상
건설업 기초안전 · 보건교육	건설 일용근로자		(⑤)

해답

① 매반기 6시간 이상
② 매반기 6시간 이상
③ 1시간 이상
④ 1시간 이상
⑤ 4시간 이상

02 다음 시스템의 신뢰도를 구하시오.(단, 숫자는 해당 부품의 신뢰도이다.)

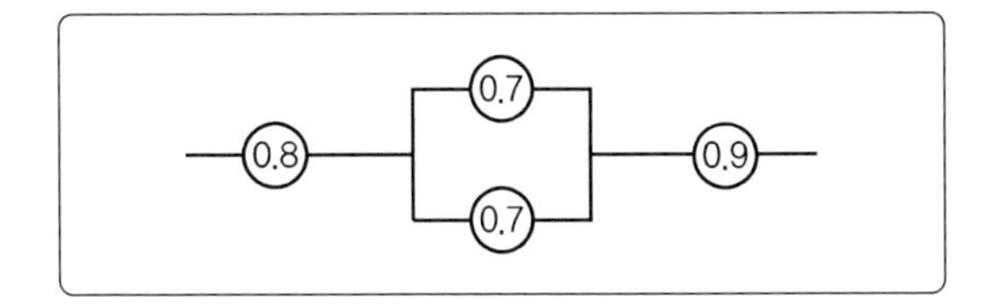

해답

$R_s = 0.8 \times [1-(1-0.7)(1-0.7)] \times 0.9 = 0.6552 = 0.66$

03 산업안전보건법령상 사업장에 승강기의 설치 · 조립 · 수리 · 점검 또는 해체 작업을 하는 경우 사업주의 조치사항을 3가지 쓰시오.

해답

① 작업을 지휘하는 사람을 선임하여 그 사람의 지휘하에 작업을 실시할 것
② 작업을 할 구역에 관계 근로자가 아닌 사람의 출입을 금지하고 그 취지를 보기 쉬운 장소에 표시할 것
③ 비, 눈, 그 밖에 기상상태의 불안정으로 날씨가 몹시 나쁜 경우에는 그 작업을 중지시킬 것

04 산업안전보건법령상 보일러의 방호장치에 관한 내용이다. ( ) 안에 알맞은 내용을 쓰시오.

- 사업주는 보일러의 안전한 가동을 위하여 보일러 규격에 맞는 (①)를 1개 또는 2개 이상 설치하고 최고사용압력 이하에서 작동되도록 하여야 한다.
- 사업주는 보일러의 과열을 방지하기 위하여 최고사용압력과 상용압력 사이에서 보일러의 버너 연소를 차단할 수 있도록 (②)를 부착하여 사용하여야 한다.

해답

① 압력방출장치
② 압력제한스위치

05 산업안전보건법령상 안전보건표지의 용도 및 설치 · 부착 장소 및 예시에 관한 내용이다. ( ) 안에 알맞은 안전보건표지의 명칭을 쓰시오.

용도 및 설치 · 부착 장소	설치 · 부착 장소 예시	명칭
사람이 걸어 다녀서는 안 될 장소	중장비 운전작업장	(①)
엘리베이터 등에 타는 것이나 어떤 장소에 올라가는 것을 금지	고장난 엘리베이터	(②)

용도 및 설치 · 부착 장소	설치 · 부착 장소 예시	명칭
수리 또는 고장 등으로 만지거나 작동시키는 것을 금지해야 할 기계 · 기구 및 설비	고장난 기계	(③)
정리 정돈 상태의 물체나 움직여서는 안 될 물체를 보존하기 위하여 필요한 장소	절전스위치 옆	(④)

해답

① 보행금지
② 탑승금지
③ 사용금지
④ 물체이동금지

TIP

보행금지	탑승금지
사용금지	**물체이동금지**

06 산업안전보건법령상 콘크리트 타설작업을 하기 위하여 콘크리트 플레이싱 붐(Placing Boom), 콘크리트 분배기, 콘크리트 펌프카 등 콘크리트 타설장비을 사용하는 경우 사업주의 준수사항을 3가지만 쓰시오.

해답

① 작업을 시작하기 전에 콘크리트 타설장비를 점검하고 이상을 발견하였으면 즉시 보수할 것
② 건축물의 난간 등에서 작업하는 근로자가 호스의 요동 · 선회로 인하여 추락하는 위험을 방지하기 위하여 안전난간 설치 등 필요한 조치를 할 것
③ 콘크리트 타설장비의 붐을 조정하는 경우에는 주변의 전선 등에 의한 위험을 예방하기 위한 적절한 조치를 할 것
④ 작업 중에 지반의 침하나 아웃트리거 등 콘크리트 타설장비 지지구조물의 손상 등에 의하여 콘크리트 타설장비가 넘어질 우려가 있는 경우에는 이를 방지하기 위한 적절한 조치를 할 것

07 산업안전보건법령상 과압에 따른 폭발을 방지하기 위하여 폭발 방지 성능과 규격을 갖춘 안전밸브 또는 파열판을 설치하여야 하는 화학설비 및 그 부속설비 중 파열판을 설치하여야 하는 경우를 3가지 쓰시오.

해답

① 반응 폭주 등 급격한 압력 상승 우려가 있는 경우
② 급성 독성물질의 누출로 인하여 주위의 작업환경을 오염시킬 우려가 있는 경우
③ 운전 중 안전밸브에 이상 물질이 누적되어 안전밸브가 작동되지 아니할 우려가 있는 경우

08 산업안전보건법령상 근로자가 충전전로를 취급하거나 그 인근에서 작업을 하는 경우 사업주의 조치사항에 관한 내용이다. ( ) 안에 알맞은 내용을 쓰시오.

- 충전전로를 취급하는 근로자에게 그 작업에 적합한 (①)를 착용시킬 것
- 충전전로에 근접한 장소에서 전기작업을 하는 경우에는 해당 전압에 적합한 (②)를 설치할 것. 다만, 저압인 경우에는 해당 전기작업자가 절연용 보호구를 착용하되, 충전전로에 접촉할 우려가 없는 경우에는 절연용 방호구를 설치하지 아니할 수 있다.
- 유자격자가 아닌 근로자가 충전전로 인근의 높은 곳에서 작업할 때에 근로자의 몸 또는 긴 도전성 물체가 방호되지 않은 충전전로에서 대지전압이 50킬로볼트 이하인 경우에는 (③)센티미터 이내로, 대지전압이 50킬로볼트를 넘는 경우에는 (④)킬로볼트당 (⑤)센티미터씩 더한 거리 이내로 각각 접근할 수 없도록 할 것

해답

① 절연용 보호구
② 절연용 방호구
③ 300
④ 10
⑤ 10

09 산업안전보건법령상 산업안전보건위원회의 심의 · 의결사항을 4가지만 쓰시오.(단, 그 밖에 해당 사업장 근로자의 안전 및 보건을 유지 · 증진시키기 위하여 필요한 사항은 제외)

해답

① 사업장의 산업재해 예방계획의 수립에 관한 사항
② 안전보건관리규정의 작성 및 변경에 관한 사항
③ 안전보건교육에 관한 사항
④ 작업환경측정 등 작업환경의 점검 및 개선에 관한 사항
⑤ 근로자의 건강진단 등 건강관리에 관한 사항
⑥ 산업재해에 관한 통계의 기록 및 유지에 관한 사항
⑦ 산업재해의 원인 조사 및 재발 방지대책 수립에 관한 사항 중 중대재해에 관한 사항
⑧ 유해하거나 위험한 기계 · 기구 · 설비를 도입한 경우 안전 및 보건 관련 조치에 관한 사항

10 산업안전보건법령에 따른 중대재해의 범위를 3가지 쓰시오.

해답

① 사망자가 1명 이상 발생한 재해
② 3개월 이상의 요양이 필요한 부상자가 동시에 2명 이상 발생한 재해
③ 부상자 또는 직업성 질병자가 동시에 10명 이상 발생한 재해

11 산업안전보건법령상 교량의 설치 · 해체 또는 변경 작업을 하는 경우 근로자의 위험을 방지하기 위하여 작성하여야 하는 작업계획서의 내용을 5가지만 쓰시오.(단, 그 밖에 안전 · 보건에 관련된 사항은 제외)

해답

① 작업 방법 및 순서
② 부재의 낙하 · 전도 또는 붕괴를 방지하기 위한 방법
③ 작업에 종사하는 근로자의 추락 위험을 방지하기 위한 안전조치 방법
④ 공사에 사용되는 가설 철구조물 등의 설치 · 사용 · 해체 시 안전성 검토 방법
⑤ 사용하는 기계 등의 종류 및 성능, 작업방법
⑥ 작업지휘자 배치계획

12 방호장치 자율안전기준 고시에 따른 둥근톱의 두께가 0.8mm일 경우, 분할날 두께는 몇 mm 이상으로 해야 하는지 구하시오.

해답

$0.8 \times 1.1 = 0.88$mm 이상

TIP 분할날의 설치구조

① 분할날의 두께는 둥근톱 두께의 1.1배 이상일 것

$$1.1t_1 \leq t_2 < b$$

여기서, t_1 : 톱 두께
t_2 : 분할날 두께
b : 치진폭

② 견고히 고정할 수 있으며 분할날과 톱날 원주면과의 거리는 12mm 이내로 조정, 유지할 수 있어야 하고 표준 테이블면(승강반에 있어서도 테이블을 최하로 내린 때의 면) 상의 톱 뒷날의 2/3 이상을 덮도록 할 것
③ 재료는 KS D 3751(탄소공구강재)에서 정한 STC 5(탄소공구강) 또는 이와 동등 이상의 재료를 사용할 것
④ 분할날 조임볼트는 2개 이상이어야 하며 볼트는 이완방지조치가 되어 있어야 한다.

13 산업안전보건법령상 근로자가 상시 작업하는 장소의 작업면 조도 기준에 관한 내용이다. ( ) 안에 알맞은 내용을 쓰시오.

초정밀작업	(①)Lux 이상
정밀작업	(②)Lux 이상
보통작업	(③)Lux 이상

해답

① 750
② 300
③ 150

2022년 7월 24일 산업안전기사 실기 필답형

01 산업안전보건법령상 유해하거나 위험한 설비가 있는 사업장의 사업주가 중대산업사고를 예방하기 위하여 고용노동부장관에게 제출하여 심사를 받아야 하는 공정안전보고서에 포함되어야 할 사항을 4가지 쓰시오.(단, 그 밖에 공정상의 안전과 관련하여 고용노동부장관이 필요하다고 인정하여 고시하는 사항 제외)

해답

① 공정안전자료
② 공정위험성 평가서
③ 안전운전계획
④ 비상조치계획

02 산업안전보건법령상 사업장의 안전 및 보건을 유지하기 위하여 사업주가 안전보건관리규정을 작성하고자 할 때 포함되어야 할 사항을 4가지 쓰시오. (단, 그 밖에 안전 및 보건에 관한 사항은 제외)

해답

① 안전 및 보건에 관한 관리조직과 그 직무에 관한 사항
② 안전보건교육에 관한 사항
③ 작업장의 안전 및 보건 관리에 관한 사항
④ 사고 조사 및 대책 수립에 관한 사항

03 산업안전보건법령상 사다리식 통로 등을 설치하는 경우 준수사항이다. ( ) 안에 알맞은 내용을 쓰시오.

- 사다리식 통로의 길이가 10미터 이상인 경우에는 (①)미터 이내마다 계단참을 설치할 것
- 고정식 사다리식 통로의 기울기는 (②)도 이하로 하고, 그 높이가 7미터 이상인 경우에는 바닥으로부터 높이가 (③)미터 되는 지점부터 등받이울을 설치할 것

해답

① 5
② 90
③ 2.5

04 산업안전보건법령상 전기기계 · 기구를 적절하게 설치하려는 경우 사업주의 고려사항을 3가지 쓰시오.

해답

① 전기 기계 · 기구의 충분한 전기적 용량 및 기계적 강도
② 습기 · 분진 등 사용장소의 주위 환경
③ 전기적 · 기계적 방호수단의 적정성

05 사상의 안전도를 사용한 시스템이 안전도를 나타내는 시스템 모델의 하나로서 귀납적이기는 하나, 정량적인 분석방법으로 재해의 확대요인의 분석 등에 적합한 분석기법을 쓰시오.

해답

ETA(사건수분석)

06 화재의 급수와 종류 및 종류별 표시색상에 관한 내용이다. ( ) 안에 알맞은 내용을 쓰시오.

급수	화재의 종류	표시색
A급	일반화재	(①)
B급	유류화재	(②)
C급	(③)	청색
D급	(④)	무색

해답

① 백색
② 황색
③ 전기화재
④ 금속화재

07 본질적 안전화에 대한 다음의 용어를 설명하시오.

① Fail Safe
② Fool Proof

해답

① 페일세이프(Fail Safe)
기계나 그 부품에 파손 · 고장이나 기능불량이 발생하여도 항상 안전하게 작동할 수 있는 기능을 가진 구조
② 풀 프루프(Fool Proof)
작업자가 기계를 잘못 취급하여 불안전 행동이나 실수를 하여도 기계설비의 안전 기능이 작용되어 재해를 방지할 수 있는 기능을 가진 구조

08 산업안전보건법령상 특수형태근로종사자에 대한 안전보건교육 중 최초 노무제공 시 교육내용을 5가지만 쓰시오.

해답

① 산업안전 및 사고 예방에 관한 사항
② 산업보건 및 직업병 예방에 관한 사항
③ 건강증진 및 질병 예방에 관한 사항
④ 유해 · 위험 작업환경 관리에 관한 사항
⑤ 산업안전보건법령 및 산업재해보상보험 제도에 관한 사항
⑥ 직무스트레스 예방 및 관리에 관한 사항
⑦ 직장 내 괴롭힘, 고객의 폭언 등으로 인한 건강장해 예방 및 관리에 관한 사항
⑧ 기계 · 기구의 위험성과 작업의 순서 및 동선에 관한 사항
⑨ 작업 개시 전 점검에 관한 사항
⑩ 정리정돈 및 청소에 관한 사항
⑪ 사고 발생 시 긴급조치에 관한 사항
⑫ 물질안전보건자료에 관한 사항
⑬ 교통안전 및 운전안전에 관한 사항
⑭ 보호구 착용에 관한 사항

09 사업주가 근로자에게 용접 · 용단 작업을 하도록 하는 경우에 화재 감시자를 지정하여 용접 · 용단 작업 장소에 배치하여야 하는 장소를 3가지 쓰시오.

해답

① 작업반경 11m 이내에 건물구조 자체나 내부에 가연성물질이 있는 장소
② 작업반경 11m 이내의 바닥 하부에 가연성물질이 11m 이상 떨어져 있지만 불꽃에 의해 쉽게 발화될 우려가 있는 장소
③ 가연성 물질이 금속으로 된 칸막이 · 벽 · 천장 또는 지붕의 반대쪽 면에 인접해 있어 열전도나 열복사에 의해 발화될 우려가 있는 장소

10 산업안전보건법령상 비, 눈, 그 밖의 기상상태의 악화로 작업을 중지시킨 후 또는 비계를 조립 · 해체하거나 변경한 후 그 비계에서 작업을 하는 경우에 해당 작업을 시작하기 전에 점검하고, 이상을 발견하면 즉시 보수하여야 하는 사항을 4가지만 쓰시오.

해답

① 발판 재료의 손상 여부 및 부착 또는 걸림 상태
② 해당 비계의 연결부 또는 접속부의 풀림 상태
③ 연결 재료 및 연결 철물의 손상 또는 부식 상태
④ 손잡이의 탈락 여부
⑤ 기둥의 침하, 변형, 변위 또는 흔들림 상태
⑥ 로프의 부착 상태 및 매단 장치의 흔들림 상태

11 산업안전보건법령에 따른 안전인증대상 기계 또는 설비에 해당하는 것을 보기에서 찾아 번호를 쓰시오.

① 프레스	② 산업용 로봇	③ 크레인
④ 파쇄기	⑤ 컨베이어	⑥ 압력용기

해답

①, ③, ⑥

12 산업안전보건법령상 부두 · 안벽 등 하역작업을 하는 장소에서의 사업주 조시사항을 3가지 쓰시오.

해답

① 작업장 및 통로의 위험한 부분에는 안전하게 작업할 수 있는 조명을 유지할 것
② 부두 또는 안벽의 선을 따라 통로를 설치하는 경우에는 폭을 90cm 이상으로 할 것
③ 육상에서의 통로 및 작업장소로서 다리 또는 선거 갑문을 넘는 보도 등의 위험한 부분에는 안전난간 또는 울타리 등을 설치할 것

13 A 기계는 고장률이 일정한 지수분포를 가지며 고장률이 시간당 0.004일 때 다음 물음에 답하시오.

① A 기계의 평균고장간격(MTBF)을 구하시오.
② A 기계를 10시간 가동했을 때 기계의 신뢰도를 구하시오.

해답

① 평균고장간격(MTBF) $= \frac{1}{\lambda} = \frac{1}{0.004} = 250$[시간]
② 신뢰도 $R(t) = e^{-\lambda t} = e^{-(0.004 \times 10)} = 0.9608 = 0.96$

14 산업안전보건법령에 따른 다음 안전보건표지 종류의 명칭을 쓰시오.

①	②	③	④

해답

① 화기금지
② 폭발성 물질 경고
③ 부식성 물질 경고
④ 고압전기 경고

2022년 7월 24일 산업안전산업기사 실기 필답형

01 산업안전보건법령상 보호구의 안전인증제품에 안전인증의 표시 외에 표시하여야 하는 사항을 5가지 쓰시오.

해답

① 형식 또는 모델명
② 규격 또는 등급 등
③ 제조자명
④ 제조번호 및 제조연월
⑤ 안전인증 번호

02 산업안전보건법령에 따른 안전인증대상 방호장치를 3가지만 쓰시오.

해답

① 프레스 및 전단기 방호장치
② 양중기용 과부하방지장치
③ 보일러 압력방출용 안전밸브
④ 압력용기 압력방출용 안전밸브
⑤ 압력용기 압력방출용 파열판
⑥ 절연용 방호구 및 활선작업용 기구
⑦ 방폭구조 전기기계 · 기구 및 부품
⑧ 추락 · 낙하 및 붕괴 등의 위험 방지 및 보호에 필요한 가설기자재로서 고용노동부장관이 정하여 고시하는 것
⑨ 충돌 · 협착 등의 위험 방지에 필요한 산업용 로봇 방호장치로서 고용노동부장관이 정하여 고시하는 것

03 다음을 보고 시스템고장(전등 켜지지 않음)을 정상사상으로 하는 FT도를 그리시오.(단, 기본사상을 각각 SW A OFF, SW B OFF로 한다.)

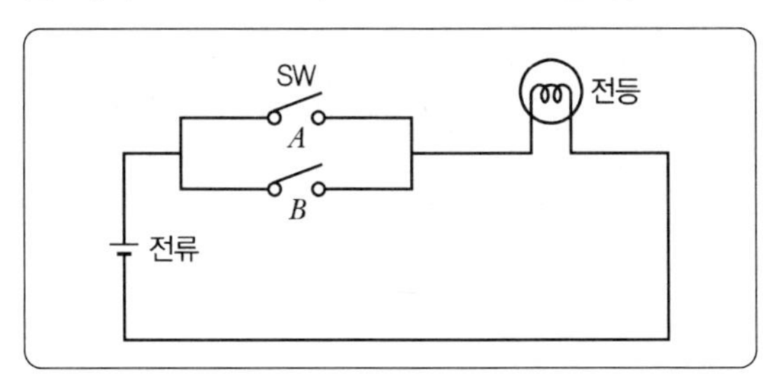

해답

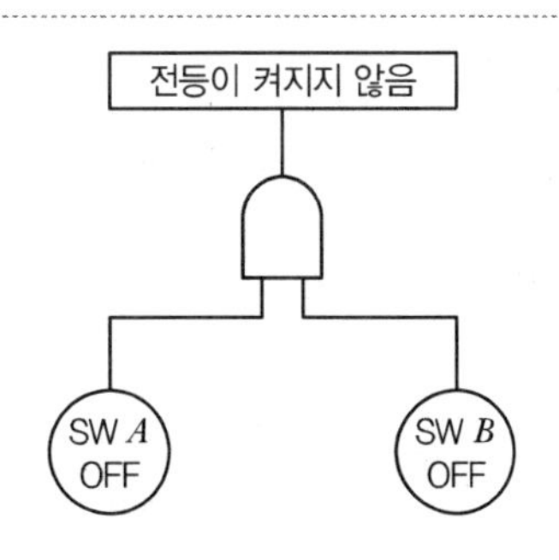

04 산업안전보건법령상 노사협의체의 구성에 있어 근로자위원과 사용자위원의 자격을 각각 2가지씩만 쓰시오.

해답

(1) 근로자위원
① 도급 또는 하도급 사업을 포함한 전체 사업의 근로자대표
② 근로자대표가 지명하는 명예산업안전감독관 1명. 다만, 명예산업안전감독관이 위촉되어 있지 않은 경우에는 근로자대표가 지명하는 해당 사업장 근로자 1명
③ 공사금액이 20억 원 이상인 공사의 관계수급인의 각 근로자대표

(2) 사용자위원
① 도급 또는 하도급 사업을 포함한 전체 사업의 대표자
② 안전관리자 1명
③ 보건관리자 1명(보건관리자 선임대상 건설업으로 한정)
④ 공사금액이 20억 원 이상인 공사의 관계수급인의 각 대표자

05 다음 조건을 참고하여 사업장의 강도율을 구하시오.

- 연평균 근로자수 : 100명
- 연간근로시간 : 8시간/일, 연간 300일
- 사망 : 1명
- 신체장해등급 제14급 : 2명
- 사망근로손실일수 : 7,500일, 제14급 근로손실일수 : 50일
- 기타 휴업일수 : 37일

해답

$$강도율 = \frac{근로손실일수}{연간총근로시간수} \times 1{,}000$$

$$= \frac{7{,}500 + (50 \times 2) + \left(37 \times \frac{300}{365}\right)}{100 \times 8 \times 300} \times 1{,}000$$

$$= 31.793 = 31.79$$

06 산업안전보건법령상 사업주는 근로자가 노출된 충전부 또는 그 부근에서 작업함으로써 감전될 우려가 있는 경우에는 작업에 들어가기 전에 해당 전로를 차단하여야 한다. 보기를 참고하여 해당 전로를 차단하는 절차를 순서에 맞게 번호로 나열하시오.

① 전원을 차단한 후 각 단로기 등을 개방하고 확인할 것
② 차단장치나 단로기 등에 잠금장치 및 꼬리표를 부착할 것
③ 검전기를 이용하여 작업 대상 기기가 충전되었는지를 확인할 것
④ 전기기기 등에 공급되는 모든 전원을 관련 도면, 배선도 등으로 확인할 것
⑤ 개로된 전로에서 유도전압 또는 전기에너지가 축적되어 근로자에게 전기위험을 끼칠 수 있는 전기기기 등은 접촉하기 전에 잔류전하를 완전히 방전시킬 것
⑥ 전기기기 등이 다른 노출 충전부와의 접촉, 유도 또는 예비동력원의 역송전 등으로 전압이 발생할 우려가 있는 경우에는 충분한 용량을 가진 단락 접지기구를 이용하여 접지할 것

해답

④ → ① → ② → ⑤ → ③ → ⑥

07 방호장치 자율안전기준 고시에 따른 롤러기의 방호장치인 급정지장치 조작부의 설치 위치에 따른 종류에 관한 내용이다. ( ) 안에 알맞은 내용을 쓰시오.

종류	설치위치	비고
손조작식	밑면에서 (①)	위치는 급정지장치의 조작부의 중심점을 기준
복부조작식	밑면에서 (②)	
무릎조작식	밑면에서 (③)	

해답

① 1.8m 이내
② 0.8m 이상 1.1m 이내
③ 0.6m 이내

08 산업안전보건법령상 곤돌라형 달비계를 설치하는 경우 사용해서는 안 되는 달기체인에 관한 내용이다. ( ) 안에 알맞은 내용을 쓰시오.

- 달기 체인의 길이가 달기 체인이 제조된 때의 길이의 (①)%를 초과한 것
- 링의 단면지름이 달기 체인이 제조된 때의 해당 링의 지름의 (②)%를 초과하여 감소한 것
- 균열이 있거나 심하게 변형된 것

해답

① 5
② 10

09 산업현장에서 사용되는 출입금지 표지판의 배경 반사율이 80[%]이고, 관련 그림의 반사율이 20[%]일 경우 표지판의 대비를 구하시오.

해답

대비(%)

$$= \frac{배경의\ 광도(L_b) - 표적의\ 광도(L_t)}{배경의\ 광도(L_b)} \times 100$$

$$= \frac{80 - 20}{80} \times 100 = 75[\%]$$

10 산업안전보건법령상 사업주가 근로자에 대하여 실시하여야 하는 근로자 안전보건교육시간에 관한 다음 내용에 알맞은 교육시간을 쓰시오.

교육과정	교육대상		교육시간
정기교육	1) 사무직 종사 근로자		(①)
	2) 그 밖의 근로자	가) 판매업무에 직접 종사하는 근로자	(②)
		나) 판매업무에 직접 종사하는 근로자 외의 근로자	매반기 12시간 이상
채용 시 교육	1) 일용근로자 및 근로계약기간이 1주일 이하인 기간제근로자		(③)
	2) 근로계약기간이 1주일 초과 1개월 이하인 기간제근로자		4시간 이상
	3) 그 밖의 근로자		8시간 이상
작업내용 변경 시 교육	1) 일용근로자 및 근로계약기간이 1주일 이하인 기간제근로자		(④)
	2) 그 밖의 근로자		2시간 이상
건설업 기초안전 · 보건교육	건설 일용근로자		(⑤)

해답

① 매반기 6시간 이상
② 매반기 6시간 이상
③ 1시간 이상
④ 1시간 이상
⑤ 4시간 이상

11 산업안전보건법령상 근로자가 상시 작업하는 장소의 작업면 조도 기준에 관한 내용이다. ( ) 안에 알맞은 내용을 쓰시오.

초정밀작업	(①)Lux 이상
정밀작업	(②)Lux 이상
보통작업	(③)Lux 이상
그 밖의 작업	(④)Lux 이상

해답

① 750
② 300
③ 150
④ 75

12 산업안전보건법령에 따른 중대재해의 범위를 3가지 쓰시오.

해답

① 사망자가 1명 이상 발생한 재해
② 3개월 이상의 요양이 필요한 부상자가 동시에 2명 이상 발생한 재해
③ 부상자 또는 직업성 질병자가 동시에 10명 이상 발생한 재해

13 산업안전보건법령상 공기압축기를 가동할 때 작업시작 전 점검사항을 4가지만 쓰시오.(단, 그 밖의 연결 부위의 이상 유무 제외)

해답

① 공기저장 압력용기의 외관 상태
② 드레인밸브의 조작 및 배수
③ 압력방출장치의 기능
④ 언로드밸브의 기능
⑤ 윤활유의 상태
⑥ 회전부의 덮개 또는 울

2022년 10월 16일 산업안전기사 실기 필답형

01 산업안전보건법령상 로봇의 작동 범위에서 그 로봇에 관하여 교시 등의 작업을 할 때 작업시작 전 점검사항을 3가지 쓰시오.(단, 로봇의 동력원을 차단하고 하는 것은 제외)

해답

① 외부 전선의 피복 또는 외장의 손상 유무
② 매니퓰레이터(manipulator) 작동의 이상 유무
③ 제동장치 및 비상정지장치의 기능

02 인간 – 기계시스템의 기본기능 4가지를 쓰시오.

해답

① 감지기능
② 정보보관기능
③ 정보처리 및 의사결정기능
④ 행동기능

03 산업안전보건법령에 따른 안전인증대상 보호구를 8가지만 쓰시오.

해답

① 추락 및 감전 위험방지용 안전모
② 안전화
③ 안전장갑
④ 방진마스크
⑤ 방독마스크
⑥ 송기마스크
⑦ 전동식 호흡보호구
⑧ 보호복
⑨ 안전대
⑩ 차광 및 비산물 위험방지용 보안경
⑪ 용접용 보안면
⑫ 방음용 귀마개 또는 귀덮개

04 산업안전보건법령상 안전보건관리담당자의 업무를 4가지만 쓰시오.

해답

① 안전보건교육 실시에 관한 보좌 및 지도 · 조언
② 위험성 평가에 관한 보좌 및 지도 · 조언
③ 작업환경측정 및 개선에 관한 보좌 및 지도 · 조언
④ 건강진단에 관한 보좌 및 지도 · 조언
⑤ 산업재해 발생의 원인 조사, 산업재해 통계의 기록 및 유지를 위한 보좌 및 지도 · 조언
⑥ 산업 안전 · 보건과 관련된 안전장치 및 보호구 구입 시 적격품 선정에 관한 보좌 및 지도 · 조언

05 기계설비의 방호의 원리를 3가지만 쓰시오.

해답

① 위험제거
② 차단
③ 덮개
④ 위험에 적응

06 산업안전보건법령상 말비계를 조립하여 사용하는 경우 사업주의 준수사항에 관한 내용이다. ( ) 안에 알맞은 내용을 쓰시오.

- 지주부재의 하단에는 (①)를 하고, 근로자가 양측 끝부분에 올라서서 작업하지 않도록 할 것
- 지주부재와 수평면의 기울기를 (②)도 이하로 하고, 지주부재와 지주부재 사이를 고정시키는 보조부재를 설치할 것
- 말비계의 높이가 (③)m를 초과하는 경우에는 작업발판의 폭을 (④)cm 이상으로 할 것

해답

① 미끄럼 방지장치 ② 75
③ 2 ④ 40

07 산업안전보건법령에 따른 화학설비의 안전기준에 관한 내용이다. (   ) 안에 알맞은 내용을 쓰시오.

> 사업주는 급성 독성물질이 지속적으로 외부에 유출될 수 있는 화학설비 및 그 부속설비에 파열판과 안전밸브를 (①)로 설치하고 그 사이에는 (②) 또는 (③)를 설치하여야 한다.

해답

① 직렬
② 압력지시계
③ 자동경보장치

08 산업안전보건법령상 사업주가 교류아크용접기를 사용하는 경우에 교류아크용접기에 자동전격방지기를 설치하여야 하는 장소 2가지만 쓰시오.(단, 자동으로 작동되는 것은 제외)

해답

① 선박의 이중 선체 내부, 밸러스트 탱크, 보일러 내부 등 도전체에 둘러싸인 장소
② 추락할 위험이 있는 높이 2미터 이상의 장소로 철골 등 도전성이 높은 물체에 근로자가 접촉할 우려가 있는 장소
③ 근로자가 물·땀 등으로 인하여 도전성이 높은 습윤 상태에서 작업하는 장소

09 산업안전보건법령상 사업장의 안전 및 보건을 유지하기 위하여 사업주가 안전보건관리규정을 작성하고자 할 때 포함되어야 할 사항을 4가지 쓰시오.(단, 그 밖에 안전 및 보건에 관한 사항은 제외)

해답

① 안전 및 보건에 관한 관리조직과 그 직무에 관한 사항
② 안전보건교육에 관한 사항
③ 작업장의 안전 및 보건 관리에 관한 사항
④ 사고 조사 및 대책 수립에 관한 사항

10 산업안전보건법령상 정전기로 인한 화재 폭발 등 방지에 관한 조치사항이다. (   ) 안에 알맞은 내용을 쓰시오.

> 사업주는 정전기에 의한 화재 또는 폭발 등의 위험이 발생할 우려가 있는 경우에는 해당 설비에 대하여 확실한 방법으로 (①)를 하거나, (②) 재료를 사용하거나 가습 및 점화원이 될 우려가 없는 (③)를 사용하는 등 정전기의 발생을 억제하거나 제거하기 위하여 필요한 조치를 하여야 한다.

해답

① 접지
② 도전성
③ 제전장치

11 산업안전보건법령상 추락방호망의 설치기준에 관한 내용이다. (   ) 안에 알맞은 내용을 쓰시오.

> • 추락방호망의 설치위치는 가능하면 작업면으로부터 가까운 지점에 설치하여야 하며, 작업면으로부터 망의 설치지점까지의 수직거리는 (①)m를 초과하지 아니할 것
> • 추락방호망은 수평으로 설치하고, 망의 처짐은 짧은 변 길이의 12% 이상이 되도록 할 것
> • 건축물 등의 바깥쪽으로 설치하는 경우 추락방호망의 내민 길이는 벽면으로부터 (②)m 이상 되도록 할 것. 다만, 그물코가 20mm 이하인 추락방호망을 사용한 경우에는 낙하물 방지망을 설치한 것으로 본다.

해답

① 10
② 3

12 산업안전보건법령상 근로자 안전보건교육 중 근로자 정기교육의 내용을 4가지 쓰시오.(단, 산업안전보건법령 및 산업재해보상보험 제도에 관한 사항은 제외)

해답

① 산업안전 및 사고 예방에 관한 사항
② 산업보건 및 직업병 예방에 관한 사항
③ 위험성 평가에 관한 사항
④ 건강증진 및 질병 예방에 관한 사항
⑤ 유해 · 위험 작업환경 관리에 관한 사항
⑥ 직무스트레스 예방 및 관리에 관한 사항
⑦ 직장 내 괴롭힘, 고객의 폭언 등으로 인한 건강장해 예방 및 관리에 관한 사항

13 사업장의 재해가 다음과 같을 경우 요양 근로손실일수를 구하시오.

- 사망 : 2명
- 1급 : 1명
- 2급 : 1명
- 3급 : 1명
- 9급 : 1명
- 10급 : 4명

해답

요양 근로손실일수 $=(7{,}500\times2)+7{,}500+7{,}500+7{,}500+1{,}000+(600\times4)$
$=40{,}900$일

TIP 근로손실일수 산정 기준

구분		근로손실일수
사망		7,500
신체장해등급	1~3	7,500
	4	5,500
	5	4,000
	6	3,000
	7	2,200
	8	1,500
	9	1,000
	10	600
	11	400
	12	200
	13	100
	14	50

14 다음 FT도에서 정상사상 T의 발생확률(%)을 구하시오.(단, % 단위는 소수 다섯째 자리까지 구하시오.)

[발생확률]
- 1, 3, 5, 7 : 20%
- 2, 4, 6 : 10%

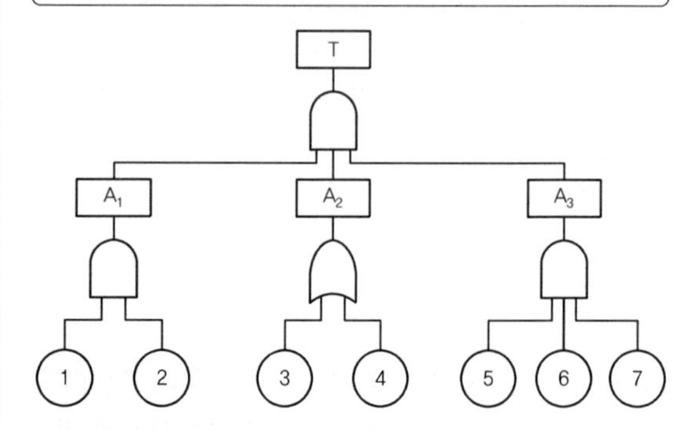

해답

① $T=A_1\times A_2\times A_3$
② $A_1=1\times2=0.2\times0.1=0.02$
③ $A_2=1-(1-3)(1-4)=1-(1-0.2)(1-0.1)=0.28$
④ $A_3=5\times6\times7=0.2\times0.1\times0.2=0.004$
⑤ $T=0.02\times0.28\times0.004=0.0000224=0.00224\%$

2022년 10월 16일 산업안전산업기사 실기 필답형

01 산업안전보건법령상 고용노동부장관이 산업재해 예방을 위해 종합적인 개선조치를 할 필요가 있다고 인정되는 사업장의 사업주에게 안전보건진단을 받아 안전보건개선계획을 수립하여 시행할 것을 명할 수 있는 대상 사업장을 2가지만 쓰시오.

해답

① 산업재해율이 같은 업종 평균 산업재해율의 2배 이상인 사업장
② 사업주가 필요한 안전조치 또는 보건조치를 이행하지 아니하여 중대재해가 발생한 사업장
③ 직업성 질병자가 연간 2명 이상(상시근로자 1천 명 이상 사업장의 경우 3명 이상) 발생한 사업장
④ 그 밖에 작업환경 불량, 화재 · 폭발 또는 누출 사고 등으로 사업장 주변까지 피해가 확산된 사업장

02 무재해 운동의 위험예지훈련 4라운드 진행법을 순서대로 쓰시오.

해답

① 제1단계 : 현상파악
② 제2단계 : 본질추구
③ 제3단계 : 대책수립
④ 제4단계 : 목표설정

03 하인리히의 재해구성 비율 법칙을 쓰고 그 예시를 들어 간단히 설명하시오.

해답

① 1 : 29 : 300의 법칙
② 안전사고 330건 중 중상이 1건, 경상이 29건, 무상해사고가 300건이 발생한다는 법칙

04 산업안전보건법령에 따른 안전관리자의 업무를 5가지만 쓰시오.(그 밖에 안전에 관한 사항으로서 고용노동부장관이 정하는 사항 제외)

해답

① 산업안전보건위원회 또는 안전 및 보건에 관한 노사협의체에서 심의 · 의결한 업무와 해당 사업장의 안전보건관리규정 및 취업규칙에서 정한 업무
② 위험성 평가에 관한 보좌 및 지도 · 조언
③ 안전인증대상 기계 등과 자율안전확인대상 기계 등 구입 시 적격품의 선정에 관한 보좌 및 지도 · 조언
④ 해당 사업장 안전교육계획의 수립 및 안전교육 실시에 관한 보좌 및 지도 · 조언
⑤ 사업장 순회점검, 지도 및 조치 건의
⑥ 산업재해 발생의 원인 조사 · 분석 및 재발 방지를 위한 기술적 보좌 및 지도 · 조언
⑦ 산업재해에 관한 통계의 유지 · 관리 · 분석을 위한 보좌 및 지도 · 조언
⑧ 법 또는 법에 따른 명령으로 정한 안전에 관한 사항의 이행에 관한 보좌 및 지도 · 조언
⑨ 업무수행 내용의 기록 · 유지

05 다음 조건을 참고하여 시스템의 신뢰도(%)를 각각 구하시오.

- 인간 신뢰도 : 0.8
- 기계 신뢰도 : 0.95

① 인간 기계 직렬구조
② 인간 기계 병렬구조

해답

① 인간 기계 직렬구조 : $0.8 \times 0.95 = 0.76 = 76\%$
② 인간 기계 병렬구조 : $1-(1-0.8)(1-0.95)$
$= 0.99 = 99\%$

06 방호장치 안전인증 고시상 프레스 양수조작식 방호장치의 일반구조에 관한 내용이다. (   ) 안에 알맞은 내용을 쓰시오.

- 정상동작표시등은 (①), 위험표시등은 (②)으로 하며, 쉽게 근로자가 볼 수 있는 곳에 설치해야 한다.
- 누름버튼을 양손으로 동시에 조작하지 않으면 작동시킬 수 없는 구조이어야 하며, 양쪽버튼의 작동시간 차이는 최대 (③)초 이내일 때 프레스가 동작되도록 해야 한다.
- 누름버튼의 상호 간 내측거리는 (④)mm 이상이어야 한다.

해답

① 녹색
② 붉은색
③ 0.5
④ 300

07 인간실수확률에 대한 추정기법을 4가지만 쓰시오.

해답

① 위급사건기법(CIT)
② 직무위급도분석
③ THERP
④ 조작자 행동나무(OAT)
⑤ 간헐적 사건의 결함나무분석(FTA)

08 최초의 완만한 연소에서 폭굉까지 발달하는 데 유도되는 거리인 폭굉 유도거리가 짧아지는 조건을 4가지 쓰시오.

해답

① 정상연소속도가 큰 혼합가스일수록 짧아진다.
② 관 속에 방해물이 있거나 관경이 가늘수록 짧다.
③ 압력이 높을수록 짧다.
④ 점화원의 에너지가 강할수록 짧다.

09 산업안전보건법령상 사업주가 교류아크용접기를 사용하는 경우에 교류아크용접기에 자동전격방지기를 설치하여야 하는 장소를 3가지 쓰시오.(단, 자동으로 작동되는 것은 제외)

해답

① 선박의 이중 선체 내부, 밸러스트 탱크, 보일러 내부 등 도전체에 둘러싸인 장소
② 추락할 위험이 있는 높이 2미터 이상의 장소로 철골 등 도전성이 높은 물체에 근로자가 접촉할 우려가 있는 장소
③ 근로자가 물 · 땀 등으로 인하여 도전성이 높은 습윤 상태에서 작업하는 장소

10 산업안전보건법령상 산업재해가 발생한 때 사업주가 기록 · 보존해야 하는 사항을 4가지 쓰시오. (다만, 산업재해조사표의 사본을 보존하거나 요양신청서의 사본에 재해 재발방지 계획을 첨부하여 보존한 경우는 제외)

해답

① 사업장의 개요 및 근로자의 인적사항
② 재해 발생의 일시 및 장소
③ 재해 발생의 원인 및 과정
④ 재해 재발방지 계획

11 보호구 안전인증 고시에 따른 보기에 해당하는 방진마스크의 명칭을 쓰시오.

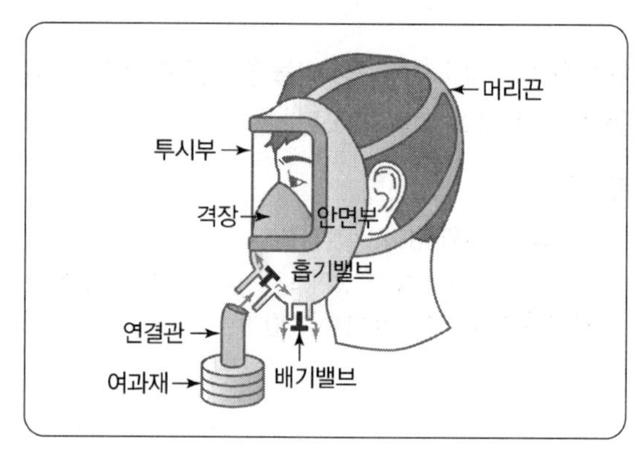

해답

격리식 전면형

TIP

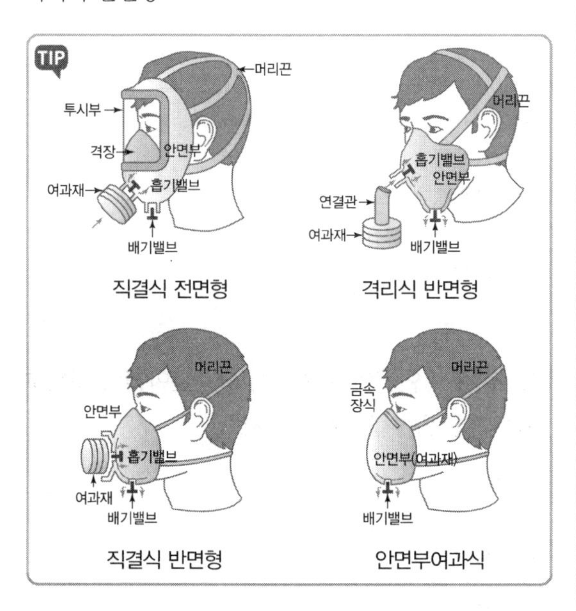

12 산업안전보건법령상 터널공사 등의 건설작업을 할 때에 인화성 가스가 존재하여 폭발이나 화재가 발생할 위험이 있는 경우에는 인화성 가스 농도의 이상 상승을 조기에 파악하기 위하여 그 장소에 자동경보장치를 설치하여야 한다. 자동경보장치에 대하여 당일 작업 시작 전 사업주의 점검사항을 3가지 쓰시오.

해답

① 계기의 이상 유무
② 검지부의 이상 유무
③ 경보장치의 작동상태

13 방호장치 자율안전 고시에 따른 교류아크용접기의 방호장치에 관한 내용이다. ( ) 안에 알맞은 내용을 쓰시오.

- (①)란 대상으로 하는 용접기의 주회로(변압기의 경우는 1차회로 또는 2차회로)를 제어하는 장치를 가지고 있어, 용접봉의 조작에 따라 용접할 때에만 용접기의 주회로를 형성하고, 그 외에는 용접기의 출력 측의 무부하전압을 25볼트 이하로 저하시키도록 동작하는 장치를 말한다.
- (②)이란 용접봉을 피용접물에 접촉시켜서 전격방지기의 주접점이 폐로될(닫힐) 때까지의 시간을 말한다.
- (③)이란 용접봉 홀더에 용접기 출력 측의 무부하전압이 발생한 후 주접점이 개방될 때까지의 시간을 말한다.
- (④)란 정격전원전압(전원을 용접기의 출력측에서 취하는 경우는 무부하전압의 하한값을 포함한다)에 있어서 전격방지기를 시동시킬 수 있는 출력회로의 시동감도로서 명판에 표시된 것을 말한다.

해답

① 교류아크용접기용 자동전격방지기
② 시동시간
③ 지동시간
④ 표준시동감도

PART 04

PART 03

2023년 4월 23일 산업안전기사 실기 필답형

01 산업안전보건법령에 따른 소음의 정의에 관한 내용이다. (　　) 안에 알맞은 내용을 쓰시오.

- "소음작업"이란 1일 8시간 작업을 기준으로 (①) dB 이상의 소음이 발생하는 작업을 말한다.
- "강렬한 소음작업"이란 다음 각 목의 어느 하나에 해당하는 작업을 말한다.
  가. 90데시벨 이상의 소음이 1일 (②)시간 이상 발생하는 작업
  나. 95데시벨 이상의 소음이 1일 4시간 이상 발생하는 작업
  다. 100데시벨 이상의 소음이 1일 (③)시간 이상 발생하는 작업

해답

① 85
② 8
③ 2

02 산업안전보건법령상 사업주는 사업장에 유해하거나 위험한 설비가 있는 경우 그 설비로부터의 위험물질 누출, 화재 및 폭발 등으로 인하여 사업장 내의 근로자에게 즉시 피해를 주거나 사업장 인근 지역에 피해를 줄 수 있는 사고로서 중대산업사고를 예방하기 위하여 대통령령으로 정하는 바에 따라 공정안전보고서를 작성하고 고용노동부장관에게 제출하여 심사를 받아야 한다. 다음은 공정안전보고서를 작성해야 하는 유해 · 위험물질의 규정량에 관한 내용이다. (　　) 안에 알맞은 내용을 쓰시오.

유해 · 위험물질 규정량(kg)
- 인화성 가스 : 제조 · 취급 : (①)
  저장 : 200,000
- 암모니아 : 제조 · 취급 · 저장 : (②)
- 염산(중량 20% 이상) : 제조 · 취급 · 저장 : (③)
- 황산(중량 20% 이상) : 제조 · 취급 · 저장 : (④)

해답

① 5,000
② 10,000
③ 20,000
④ 20,000

03 보호구 안전인증 고시상 차광보안경의 사용구분에 따른 종류를 4가지 쓰시오.

해답

① 자외선용
② 적외선용
③ 복합용
④ 용접용

TIP 보안경의 종류(자율안전확인)

종류	사용구분
유리보안경	비산물로부터 눈을 보호하기 위한 것으로 렌즈의 재질이 유리인 것
프라스틱 보안경	비산물로부터 눈을 보호하기 위한 것으로 렌즈의 재질이 프라스틱인 것
도수렌즈 보안경	비산물로부터 눈을 보호하기 위한 것으로 도수가 있는 것

차광보안경의 종류(안전인증)

종류	사용구분
자외선용	자외선이 발생하는 장소
적외선용	적외선이 발생하는 장소
복합용	자외선 및 적외선이 발생하는 장소
용접용	산소용접작업 등과 같이 자외선, 적외선 및 강렬한 가시광선이 발생하는 장소

04 산업안전보건법령상 과압에 따른 폭발을 방지하기 위하여 폭발 방지 성능과 규격을 갖춘 안전밸브 또는 파열판을 설치하여야 하는 화학설비 및 그 부속설비 중 파열판을 설치하여야 하는 경우 3가지를 쓰시오.

해답

① 반응 폭주 등 급격한 압력 상승 우려가 있는 경우
② 급성 독성물질의 누출로 인하여 주위의 작업환경을 오염시킬 우려가 있는 경우
③ 운전 중 안전밸브에 이상 물질이 누적되어 안전밸브가 작동되지 아니할 우려가 있는 경우

05 산업안전보건법령상 가연성 물질이 있는 장소에서 화재위험작업을 하는 경우 화재예방을 위해 사업주가 준수하여야 할 사항을 3가지만 쓰시오.

해답

① 작업 준비 및 작업 절차 수립
② 작업장 내 위험물의 사용 · 보관 현황 파악
③ 화기작업에 따른 인근 가연성 물질에 대한 방호조치 및 소화기구 비치
④ 용접불티 비산방지덮개, 용접방화포 등 불꽃, 불티 등 비산방지조치
⑤ 인화성 액체의 증기 및 인화성 가스가 남아 있지 않도록 환기 등의 조치
⑥ 작업근로자에 대한 화재예방 및 피난교육 등 비상조치

06 산업안전보건법령상 사업주는 유자격자가 충전전로 인근에서 작업하는 경우 절연된 경우나 절연장갑을 착용한 경우를 제외하고는 노출 충전부에 접근한계거리 이내로 접근하거나 절연 손잡이가 없는 도전체에 접근할 수 없도록 해야 한다. 충전전로의 선간전압(kV)에 따른 충전전로에 대한 접근한계거리(cm)를 쓰시오.

충전전로의 선간전압 (단위 : 킬로볼트)	충전전로에 대한 접근한계거리 (단위 : 센티미터)
0.38	(①)
1.5	(②)
6.6	(③)
22.9	(④)

해답

① 30
② 45
③ 60
④ 90

TIP 접근한계거리

충전전로의 선간전압 (단위 : 킬로볼트)	충전전로에 대한 접근한계거리 (단위 : 센티미터)
0.3 이하	접촉금지
0.3 초과 0.75 이하	30
0.75 초과 2 이하	45
2 초과 15 이하	60
15 초과 37 이하	90
37 초과 88 이하	110
88 초과 121 이하	130
121 초과 145 이하	150
145 초과 169 이하	170
169 초과 242 이하	230
242 초과 362 이하	380
362 초과 550 이하	550
550 초과 800 이하	790

07 산업안전보건법령상 비, 눈, 그 밖의 기상상태의 악화로 작업을 중지시킨 후 또는 비계를 조립·해체하거나 변경한 후 그 비계에서 작업을 하는 경우에 해당 작업을 시작하기 전에 점검하고, 이상을 발견하면 즉시 보수하여야 하는 사항을 4가지만 쓰시오.

해답

① 발판 재료의 손상 여부 및 부착 또는 걸림 상태
② 해당 비계의 연결부 또는 접속부의 풀림 상태
③ 연결 재료 및 연결 철물의 손상 또는 부식 상태
④ 손잡이의 탈락 여부
⑤ 기둥의 침하, 변형, 변위 또는 흔들림 상태
⑥ 로프의 부착 상태 및 매단 장치의 흔들림 상태

08 [조건]을 참고하여 사업장의 종합재해지수(FSI)를 구하시오.

- 근로자수 : 400명
- 근로시간 : 8시간/280일
- 연간 재해발생건수 : 80건
- 근로손실일수 : 800일
- 재해자수 : 100명

해답

① 도수율 $= \dfrac{\text{재해발생건수}}{\text{연간 총근로시간수}} \times 1{,}000{,}000$

$= \dfrac{80}{400 \times 8 \times 280} \times 1{,}000{,}000$

$= 89.285 = 89.29$

② 강도율 $= \dfrac{\text{근로손실일수}}{\text{연간 총근로시간수}} \times 1{,}000$

$= \dfrac{800}{400 \times 8 \times 280} \times 1{,}000$

$= 0.892 = 0.89$

③ 종합재해지수 $= \sqrt{\text{도수율} \times \text{강도율}}$

$= \sqrt{89.29 \times 0.89}$

$= 8.914 = 8.91$

09 산업안전보건법령상 가설통로를 설치하는 경우 사업주가 준수하여야 하는 사항을 3가지만 쓰시오.

해답

① 견고한 구조로 할 것
② 경사는 30도 이하로 할 것
③ 경사가 15도를 초과하는 경우에는 미끄러지지 아니하는 구조로 할 것
④ 추락할 위험이 있는 장소에는 안전난간을 설치할 것
⑤ 수직갱에 가설된 통로의 길이가 15미터 이상인 경우에는 10미터 이내마다 계단참을 설치할 것
⑥ 건설공사에 사용하는 높이 8미터 이상인 비계다리에는 7미터 이내마다 계단참을 설치할 것

10 산업안전보건법령에 따른 근로자가 상시 작업하는 장소의 작업면 조도기준에 관한 사항이다. (　　) 안에 알맞은 내용을 쓰시오.(단, 갱내 작업장과 감광재료를 취급하는 작업장은 제외한다.)

초정밀작업	(①)
정밀작업	(②)
보통작업	(③)
그 밖의 작업	(④)

해답

① 750Lux 이상　　② 300Lux 이상
③ 150Lux 이상　　④ 75Lux 이상

11 산업안전보건법령상 타워크레인을 설치(상승작업을 포함)·해체하는 작업 시 사업주가 근로자에게 실시하여야 하는 특별안전보건교육의 내용을 4가지만 쓰시오.(단, 채용 시 교육 및 작업내용 변경 시 교육 공통내용 제외. 그 밖에 안전·보건관리에 필요한 사항 제외)

해답

① 붕괴·추락 및 재해 방지에 관한 사항
② 설치·해체 순서 및 안전작업방법에 관한 사항
③ 부재의 구조·재질 및 특성에 관한 사항
④ 신호방법 및 요령에 관한 사항
⑤ 이상 발생 시 응급조치에 관한 사항

12 다음 보기를 참고하여 위험성 평가를 실시할 경우 따라야 하는 절차를 단계별 순서에 맞게 번호로 나열하시오.

> ① 위험성 감소대책 수립 및 실행
> ② 유해 · 위험요인 파악
> ③ 위험성 평가 실시내용 및 결과에 관한 기록 및 보존
> ④ 위험성 결정
> ⑤ 사전준비

해답

⑤ → ② → ④ → ① → ③

13 산업안전보건법령상 사업주가 다음 보기의 작업을 하는 근로자에 대해서 작업조건에 맞는 보호구를 작업하는 근로자 수 이상으로 지급하고 착용하도록 하여야 하는 내용에 관한 사항이다. (   ) 안에 알맞은 내용을 쓰시오.

> • 물체가 떨어지거나 날아올 위험 또는 근로자가 추락할 위험이 있는 작업 : (①)
> • 높이 또는 깊이 2미터 이상의 추락할 위험이 있는 장소에서 하는 작업 : (②)
> • 물체가 흩날릴 위험이 있는 작업 : (③)
> • 고열에 의한 화상 등의 위험이 있는 작업 : (④)

해답

① 안전모
② 안전대
③ 보안경
④ 방열복

14 산업안전보건법령상 유해하거나 위험한 작업 또는 장소에서 사용하거나 건강장해를 방지하기 위하여 사용하는 기계 · 기구 및 설비로서 기계 · 기구 및 설비를 설치 · 이전하거나 그 주요 구조부분을 변경하려는 경우 사업주가 유해위험방지계획서를 작성하여 고용노동부장관에게 제출하고 심사를 받아야 하는 대상 기계 · 기구 및 설비를 3가지만 쓰시오.

해답

① 금속이나 그 밖의 광물의 용해로
② 화학설비
③ 건조설비
④ 가스집합 용접장치
⑤ 근로자의 건강에 상당한 장해를 일으킬 우려가 있는 물질로서 고용노동부령으로 정하는 물질의 밀폐 · 환기 · 배기를 위한 설비

2023년 4월 23일 산업안전산업기사 실기 필답형

01 산업안전보건법령상 위험물을 저장 · 취급하는 화학설비 및 그 부속설비를 설치하는 경우 폭발이나 화재에 따른 피해를 줄일 수 있도록 설비 및 시설 간에 충분한 안전거리를 유지하여야 한다. 다음 (   ) 안에 알맞은 내용을 쓰시오.

구분	안전거리
1. 위험물질 저장탱크로부터 단위공정시설 및 설비, 보일러 또는 가열로의 사이	저장탱크의 바깥 면으로부터 (①)미터 이상. 다만, 저장탱크의 방호벽, 원격조종화설비 또는 살수설비를 설치한 경우에는 그러하지 아니하다.
2. 사무실 · 연구실 · 실험실 · 정비실 또는 식당으로부터 단위공정시설 및 설비, 위험물질 저장탱크, 위험물질 하역설비, 보일러 또는 가열로의 사이	사무실 등의 바깥 면으로부터 (②)미터 이상. 다만, 난방용 보일러인 경우 또는 사무실 등의 벽을 방호구조로 설치한 경우에는 그러하지 아니하다.

해답

① 20
② 20

02 초기사건으로 알려진 특정한 장치의 이상 또는 운전자의 실수에 의해 발생되는 잠재적인 사고결과를 정량적으로 평가 · 분석하는 위험성 평가기법을 쓰시오.

해답

ETA(사건수분석)

03 산업안전보건법령에 따라 사업주가 근로자에게 실시해야 하는 안전보건교육의 종류를 4가지만 쓰시오.

해답

① 정기교육
② 채용 시 교육
③ 작업내용 변경 시 교육
④ 특별교육
⑤ 건설업 기초안전보건교육

04 산업안전보건법령상 사업장의 안전 및 보건을 유지하기 위하여 다음의 사항을 포함하여 작성해야 하는 것이 무엇인지 쓰시오.

- 안전 및 보건에 관한 관리조직과 그 직무에 관한 사항
- 안전보건교육에 관한 사항
- 작업장의 안전 및 보건 관리에 관한 사항
- 사고 조사 및 대책 수립에 관한 사항

해답

안전보건관리규정

05 고장발생확률이 시간당 0.0004인 기계를 1,000시간 가동 시 신뢰도(%)를 구하시오.

해답

신뢰도 $R(t)=e^{-\lambda t}=e^{-(0.0004\times 1,000)}$

$=0.6703=67.03\%$

06 보호구 안전인증 고시상 안전모의 시험성능기준 항목을 5가지만 쓰시오.

해답

① 내관통성
② 충격흡수성
③ 내전압성
④ 내수성
⑤ 난연성
⑥ 턱끈풀림

07 산업안전보건법령상 고용노동부장관이 산업재해 예방을 위해 종합적인 개선조치를 할 필요가 있다고 인정되는 사업장의 사업주에게 안전보건진단을 받아 안전보건개선계획을 수립하여 시행할 것을 명할 수 있는 대상 사업장에 관한 내용이다. ( ) 안에 알맞은 내용을 쓰시오.

- 산업재해율이 같은 업종 평균 산업재해율의 (①)배 이상인 사업장
- 사업주가 필요한 안전조치 또는 보건조치를 이행하지 아니하여 중대재해가 발생한 사업장
- 직업성 질병자가 연간 (②)명 이상(상시근로자 1천 명 이상 사업장의 경우 (③)명 이상) 발생한 사업장
- 그 밖에 작업환경 불량, 화재 · 폭발 또는 누출 사고 등으로 사업장 주변까지 피해가 확산된 사업장으로서 고용노동부령으로 정하는 사업장

해답

① 2
② 2
③ 3

08 산업안전보건법령상 사업장을 실질적으로 총괄하여 관리하는 안전보건관리책임자의 업무내용을 4가지만 쓰시오.(단, 그 밖에 근로자의 유해 · 위험 방지조치에 관한 사항으로서 고용노동부령으로 정하는 사항 제외)

해답

① 사업장의 산업재해 예방계획의 수립에 관한 사항
② 안전보건관리규정의 작성 및 변경에 관한 사항
③ 근로자에 대한 안전보건교육에 관한 사항
④ 작업환경측정 등 작업환경의 점검 및 개선에 관한 사항
⑤ 근로자의 건강진단 등 건강관리에 관한 사항
⑥ 산업재해의 원인 조사 및 재발 방지대책 수립에 관한 사항
⑦ 산업재해에 관한 통계의 기록 및 유지에 관한 사항
⑧ 안전장치 및 보호구 구입 시 적격품 여부 확인에 관한 사항

09 산업안전보건법령상 비계(달비계, 달대비계 및 말비계는 제외)의 높이가 2미터 이상인 작업장소에 설치하는 작업발판의 기준에 관한 내용이다. ( ) 안에 알맞은 내용을 쓰시오.

- 발판재료는 작업할 때의 하중을 견딜 수 있도록 견고한 것으로 할 것
- 작업발판의 폭은 (①)센티미터 이상으로 하고, 발판재료 간의 틈은 (②)센티미터 이하로 할 것. 다만, 외줄비계의 경우에는 고용노동부장관이 별도로 정하는 기준에 따른다.
- 추락의 위험이 있는 장소에는 (③)을 설치할 것. 다만, 작업의 성질상 (③)을 설치하는 것이 곤란한 경우, 작업의 필요상 임시로 (③)을 해체할 때에 (④)을 설치하거나 근로자로 하여금 (⑤)를 사용하도록 하는 등 추락위험 방지 조치를 한 경우에는 그러하지 아니하다.

해답

① 40
② 3
③ 안전난간
④ 추락방호망
⑤ 안전대

10 60rpm으로 회전하는 롤러의 앞면 롤러의 지름이 120mm인 경우 앞면 롤러의 표면속도와 관련 규정에 따른 급정지거리(mm)를 구하시오.

해답

① $V(\text{표면속도}) = \frac{\pi DN}{1,000} = \frac{\pi \times 120 \times 60}{1,000}$
$= 22.619 = 22.62(\text{m/min})$

② 급정지거리 기준 : 표면속도가 30m/min 미만 시 원주의 $\frac{1}{3}$ 이내

③ 급정지거리 $= \pi D \times \frac{1}{3} = \pi \times 120 \times \frac{1}{3}$
$= 125.663 = 125.66(\text{mm})$

TIP 급정지장치의 성능조건

앞면 롤러의 표면속도(m/min)	급정지거리
30 미만	앞면 롤러 원주의 1/3
30 이상	앞면 롤러 원주의 1/2.5

원둘레 길이 $= \pi D = 2\pi r$
여기서, D : 지름, r : 반지름

11 산업안전보건법령상 사업주가 교류아크용접기를 사용하는 경우에 교류아크용접기에 자동전격방지기를 설치하여야 하는 장소를 3가지 쓰시오.(단, 자동으로 작동되는 것은 제외)

해답

① 선박의 이중 선체 내부, 밸러스트 탱크, 보일러 내부 등 도전체에 둘러싸인 장소
② 추락할 위험이 있는 높이 2미터 이상의 장소로 철골 등 도전성이 높은 물체에 근로자가 접촉할 우려가 있는 장소
③ 근로자가 물 · 땀 등으로 인하여 도전성이 높은 습윤 상태에서 작업하는 장소

12 산업안전보건법령상 근로자의 안전 및 보건에 위해를 미칠 수 있다고 인정되어 고용노동부장관이 실시하는 안전인증을 받아야 하는 안전인증대상기계 등에서 방호장치의 종류를 5가지만 쓰시오.

해답

① 프레스 및 전단기 방호장치
② 양중기용 과부하 방지장치
③ 보일러 압력방출용 안전밸브
④ 압력용기 압력방출용 안전밸브
⑤ 압력용기 압력방출용 파열판
⑥ 절연용 방호구 및 활선작업용 기구
⑦ 방폭구조 전기기계 · 기구 및 부품
⑧ 추락 · 낙하 및 붕괴 등의 위험 방지 및 보호에 필요한 가설기자재로서 고용노동부장관이 정하여 고시하는 것
⑨ 충돌 · 협착 등의 위험 방지에 필요한 산업용 로봇 방호장치로서 고용노동부장관이 정하여 고시하는 것

13 산업안전보건법령상 사업주가 사업장에 유해하거나 위험한 설비가 있는 경우 그 설비로부터 위험물질 누출, 화재 및 폭발 등으로 인하여 사업장 내의 근로자에게 즉시 피해를 주거나 사업장 인근 지역에 피해를 줄 수 있는 사고로서 중대산업사고를 예방하기 위하여 공정안전보고서를 작성하고 고용노동부장관에게 제출하여 심사를 받아야 하는 대상 사업장을 5가지만 쓰시오.

해답

① 원유 정제처리업
② 기타 석유정제물 재처리업
③ 화약 및 불꽃제품 제조업
④ 질소 화합물, 질소 · 인산 및 칼리질 화학비료 제조업 중 질소질 비료 제조
⑤ 복합비료 및 기타 화학비료 제조업 중 복합비료 제조(단순혼합 또는 배합에 의한 경우는 제외)
⑥ 화학 살균 · 살충제 및 농업용 약제 제조업(농약 원제 제조만 해당)
⑦ 석유화학계 기초화학물질 제조업 또는 합성수지 및 기타 플라스틱물질 제조업

2023년 7월 23일 산업안전기사 실기 필답형

01 산업안전보건법령상 안전보건표지의 종류별 용도, 설치 · 부착 장소에 관한 내용이다. ( ) 안에 알맞은 내용을 쓰시오.

- 가열 · 압축하거나 강산 · 알칼리 등을 첨가하면 강한 산화성을 띠는 물질이 있는 장소 : (①)
- 돌 및 블록 등 떨어질 우려가 있는 물체가 있는 장소 : (②)
- 미끄러운 장소 등 넘어지기 쉬운 장소 : (③)
- 휘발유 등 화기의 취급을 극히 주의해야 하는 물질이 있는 장소 : (④)

해답

① 산화성 물질 경고
② 낙하물체 경고
③ 몸균형 상실 경고
④ 인화성 물질 경고

02 산업안전보건법령상 터널 지보공을 조립하거나 변경하는 경우 조치사항 중 강아치 지보공의 조립 시 따라야 하는 사항을 4가지만 쓰시오.

해답

① 조립간격은 조립도에 따를 것
② 주재가 아치작용을 충분히 할 수 있도록 쐐기를 박는 등 필요한 조치를 할 것
③ 연결볼트 및 띠장 등을 사용하여 주재 상호 간을 튼튼하게 연결할 것
④ 터널 등의 출입구 부분에는 받침대를 설치할 것
⑤ 낙하물이 근로자에게 위험을 미칠 우려가 있는 경우에는 널판 등을 설치할 것

03 산업안전보건법령상 달비계의 최대 하중을 정하는 경우의 안전계수에 관한 내용이다. ( ) 안에 알맞은 내용을 쓰시오.

- 달기 와이어로프 및 달기 강선의 안전계수 : (①) 이상
- 달기 체인 및 달기 훅의 안전계수 : (②) 이상
- 달기 강대와 달비계의 하부 및 상부 지점의 안전계수 : 강재의 경우 (③) 이상, 목재의 경우 5 이상

해답

① 10
② 5
③ 2.5

04 산업안전보건법령상 잠함 또는 우물통의 내부에서 근로자가 굴착작업을 하는 경우에 잠함 또는 우물통의 급격한 침하에 의한 위험을 방지하기 위하여 사업주의 준수사항을 2가지 쓰시오.

해답

① 침하관계도에 따라 굴착방법 및 재하량 등을 정할 것
② 바닥으로부터 천장 또는 보까지의 높이는 1.8미터 이상으로 할 것

05 산업안전보건법령상 누전에 의한 감전위험을 방지하기 위하여 해당 전로의 정격에 적합하고 감도가 양호하며 확실하게 작동하는 감전방지용 누전차단기를 설치하여야 한다. 누전차단기의 설치대상이 되는 전기기계 · 기구의 기준을 3가지만 쓰시오.

해답

① 대지전압이 150볼트를 초과하는 이동형 또는 휴대형 전기기계 · 기구
② 물 등 도전성이 높은 액체가 있는 습윤장소에서 사용하는 저압용 전기기계 · 기구

③ 철판 · 철골 위 등 도전성이 높은 장소에서 사용하는 이동형 또는 휴대형 전기기계 · 기구
④ 임시배선의 전로가 설치되는 장소에서 사용하는 이동형 또는 휴대형 전기기계 · 기구

06 산업안전보건법령에 따른 안전보건관리규정의 작성에 관한 내용이다. 물음에 답하시오.

(1) 소프트웨어 개발 및 공급업은 상시 근로자수 (　)명 이상인 경우 안전보건관리규정을 작성하여야 한다.
(2) 안전보건관리규정에 포함되어야 할 사항을 3가지만 쓰시오.(단, 그 밖에 안전 및 보건에 관한 사항 제외)

해답

(1) 300

(2) ① 안전 및 보건에 관한 관리조직과 그 직무에 관한 사항
② 안전보건교육에 관한 사항
③ 작업장의 안전 및 보건 관리에 관한 사항
④ 사고 조사 및 대책 수립에 관한 사항

07 산업안전보건법령상 사업주가 제출하여야 하는 유해위험방지계획서에서 건설공사의 경우 유해위험방지계획서의 (1) 제출기한과 (2) 첨부서류 3가지를 쓰시오.

해답

(1) 해당 공사의 착공 전날까지

(2) 첨부서류
① 공사 개요서
② 안전보건관리계획
③ 작업 공사 종류별 유해위험방지계획

08 파단하중이 42.8kN인 와이어로프로 1,200kg의 화물을 두줄걸이로 상부 각도 108°의 각도로 들어 올릴 때 다음의 물음에 답하시오.

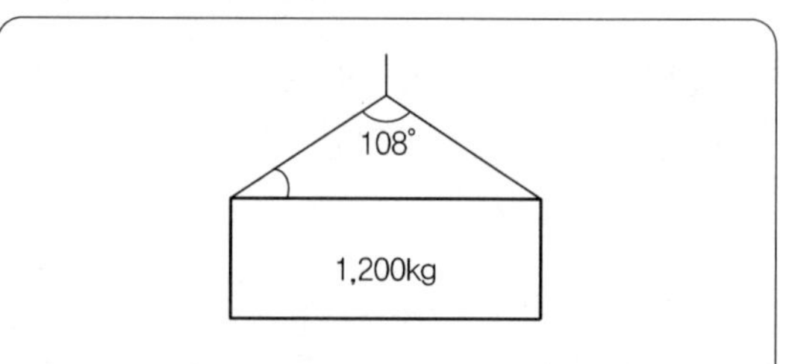

(1) 안전율을 구하시오.
(2) 산업안전보건법령상 위 들기작업에서 안전율의 만족/불만족 여부와 그 이유를 쓰시오.

해답

(1) 안전율
① 와이어로프에 걸리는 하중

$$하중 = \frac{화물의\ 무게(W_1)}{2} \div \cos\frac{\theta}{2}$$
$$= \frac{1,200 \times 9.8}{2} \div \cos\frac{108}{2}$$
$$= 1,003.65\text{N} = 10\text{kN}$$

② 안전율

$$안전율 = \frac{파단하중}{작용하중} = \frac{42.8}{10} = 4.28$$

(2) 만족/불만족 여부와 그 이유
① 만족/불만족 여부 : 불만족
② 이유 : 화물의 하중을 직접 지지하는 달기와이어로프의 경우 안전율은 5 이상이 되어야 한다.

09 방호장치 자율안전기준 고시에 따른 목재가공용 둥근톱의 분할날에 관한 내용이다. (　　) 안에 알맞은 내용을 쓰시오.

- 분할날의 두께는 둥근톱 두께의 1.1배 이상일 것
- 견고히 고정할 수 있으며 분할날과 톱날 원주면과의 거리는 (①)mm 이내로 조정, 유지할 수 있어야 하고 표준 테이블면상의 톱 뒷날의 2/3 이상을 덮도록 할 것
- 재료는 KS D 3751(탄소공구강재)에서 정한 STC 5(탄소공구강) 또는 이와 동등 이상의 재료를 사용할 것
- 분할날 조임볼트는 (②)개 이상일 것
- 분할날 조임볼트는 (③)조치가 되어 있을 것

해답

① 12
② 2
③ 이완방지

10 산업안전보건법령상 산업안전보건위원회의 구성 중 근로자 위원의 자격 기준 3가지를 쓰시오.

해답

① 근로자대표
② 근로자대표가 지명하는 1명 이상의 명예산업안전감독관(위촉되어 있는 사업장의 경우)
③ 근로자대표가 지명하는 9명 이내의 해당 사업장의 근로자

TIP 산업안전보건위원회의 구성

구분	산업안전보건위원회 구성 위원
근로자 위원	① 근로자대표 ② 근로자대표가 지명하는 1명 이상의 명예산업안전감독관(위촉되어 있는 사업장의 경우) ③ 근로자대표가 지명하는 9명 이내의 해당 사업장의 근로자(명예산업안전감독관이 근로자위원으로 지명되어 있는 경우에는 그 수를 제외한 수의 근로자를 말한다)
사용자 위원	상시근로자 50명 이상 100명 미만을 사용하는 사업장에서는 ⑤에 해당하는 사람을 제외하고 구성할 수 있다. ① 해당 사업의 대표자 ② 안전관리자 1명 ③ 보건관리자 1명 ④ 산업보건의(해당 사업장에 선임되어 있는 경우) ⑤ 해당 사업의 대표자가 지명하는 9명 이내의 해당 사업장 부서의 장

PART 01
PART 02
PART 03
PART 04

11 산업안전보건법령상 사업주는 유자격자가 충전전로 인근에서 작업하는 경우 절연된 경우나 절연장갑을 착용한 경우를 제외하고는 노출 충전부에 접근한계거리 이내로 접근하거나 절연 손잡이가 없는 도전체에 접근할 수 없도록 해야 한다. 충전전로의 선간전압(kV)에 따른 충전전로에 대한 접근한계거리(cm)를 쓰시오.

충전전로의 선간전압 (단위 : 킬로볼트)	충전전로에 대한 접근한계거리 (단위 : 센티미터)
2 초과 15 이하	(①)
37 초과 88 이하	(②)
145 초과 169 이하	(③)

해답

① 60
② 110
③ 170

TIP 접근한계거리

충전전로의 선간전압 (단위 : 킬로볼트)	충전전로에 대한 접근한계거리 (단위 : 센티미터)
0.3 이하	접촉금지
0.3 초과 0.75 이하	30
0.75 초과 2 이하	45
2 초과 15 이하	60
15 초과 37 이하	90
37 초과 88 이하	110
88 초과 121 이하	130
121 초과 145 이하	150
145 초과 169 이하	170
169 초과 242 이하	230
242 초과 362 이하	380
362 초과 550 이하	550
550 초과 800 이하	790

12 산업안전보건법령상 근로자 안전보건교육에서 특별교육대상 작업별 교육 중 로봇작업에 대한 교육 내용 4가지를 쓰시오.(단, 공통내용은 제외)

해답

① 로봇의 기본원리 · 구조 및 작업방법에 관한 사항
② 이상 발생 시 응급조치에 관한 사항
③ 안전시설 및 안전기준에 관한 사항
④ 조작방법 및 작업순서에 관한 사항

13 산업안전보건법령상 유해 · 위험방지를 위한 방호조치를 하지 아니하고는 양도, 대여, 설치 또는 사용에 제공하거나, 양도 · 대여를 목적으로 진열해서는 아니 되는 기계 · 기구를 4가지만 쓰시오.

해답

① 예초기
② 원심기
③ 공기압축기
④ 금속절단기
⑤ 지게차
⑥ 포장기계(진공포장기, 래핑기로 한정)

14 다음에 해당하는 방폭구조의 기호를 쓰시오.

- 안전증 방폭구조 : (①)
- 충전 방폭구조 : (②)
- 유입 방폭구조 : (③)
- 특수 방폭구조 : (④)

해답

① Ex e
② Ex q
③ Ex o
④ Ex s

TIP 방폭구조의 기호

내압 방폭구조	d	본질안전 방폭구조	i(ia, ib)
압력 방폭구조	p	비점화 방폭구조	n
유입 방폭구조	o	몰드 방폭구조	m
안전증 방폭구조	e	충전 방폭구조	q
특수 방폭구조	s		

2023년 7월 23일 산업안전산업기사 실기 필답형

01 산업안전보건법령상 사업주가 구내운반차를 사용하여 작업을 할 때 작업을 시작하기 전에 관리감독자로 하여금 점검하도록 하여야 하는 사항을 5가지 쓰시오.

해답

① 제동장치 및 조종장치 기능의 이상 유무
② 하역장치 및 유압장치 기능의 이상 유무
③ 바퀴의 이상 유무
④ 전조등 · 후미등 · 방향지시기 및 경음기 기능의 이상 유무
⑤ 충전장치를 포함한 홀더 등의 결합상태의 이상 유무

02 산업안전보건법령상 근로자 안전보건교육에서 특별교육대상 작업별 교육 중 가연물이 있는 장소에서 하는 화재위험작업에 대한 교육내용을 4가지만 쓰시오.(단, 그 밖에 안전 · 보건관리에 필요한 사항 제외)

해답

① 작업준비 및 작업절차에 관한 사항
② 작업장 내 위험물, 가연물의 사용 · 보관 · 설치 현황에 관한 사항
③ 화재위험작업에 따른 인근 인화성 액체에 대한 방호조치에 관한 사항
④ 화재위험작업으로 인한 불꽃, 불티 등의 흩날림 방지 조치에 관한 사항
⑤ 인화성 액체의 증기가 남아 있지 않도록 환기 등의 조치에 관한 사항
⑥ 화재감시자의 직무 및 피난교육 등 비상조치에 관한 사항

03 [조건]을 참고하여 사업장의 강도율을 구하시오.

- 사업장의 도수율 : 4
- 연간 재해발생건수 : 5건
- 재해자수 : 15명
- 총요양근로손실일수 : 350일

해답

① $\text{연간 총근로시간수} = \dfrac{\text{재해발생건수}}{\text{도수율}} \times 1{,}000{,}000$

$= \dfrac{5}{4} \times 1{,}000{,}000$

$= 1{,}250{,}000$(시간)

② $\text{강도율} = \dfrac{\text{근로손실일수}}{\text{연간 총근로시간수}} \times 1{,}000$

$= \dfrac{350}{1{,}250{,}000} \times 1{,}000 = 0.28$

04 산업안전보건법령상 다음 안전보건표지 종류의 명칭을 쓰시오.

①	②	③	④

해답

① 화기금지
② 산화성 물질 경고
③ 고압전기경고
④ 고온경고

05 산업안전보건법령상 안전인증대상기계 등이 아닌 유해 · 위험기계 등으로서 고용노동부장관에게 신고하여야 하는 자율안전확인대상기계 등에서 기계 또는 설비를 5가지만 쓰시오.

해답

① 연삭기 또는 연마기(휴대형은 제외)
② 산업용 로봇
③ 혼합기
④ 파쇄기 또는 분쇄기
⑤ 식품가공용 기계(파쇄 · 절단 · 혼합 · 제면기만 해당)
⑥ 컨베이어
⑦ 자동차정비용 리프트
⑧ 공작기계(선반, 드릴기, 평삭 · 형삭기, 밀링만 해당)
⑨ 고정형 목재가공용 기계(둥근톱, 대패, 루타기, 띠톱, 모떼기 기계만 해당)
⑩ 인쇄기

06 산업안전보건법령상 근로자가 노출된 충전부 또는 그 부근에서 작업함으로써 감전될 우려가 있는 경우 작업에 들어가기 전에 해당 전로를 차단하여야 하는 절차에 관한 내용이다. ( ) 안에 알맞은 내용을 쓰시오.

- 전기기기 등에 공급되는 모든 전원을 관련 도면, 배선도 등으로 확인할 것
- 전원을 차단한 후 각 단로기 등을 개방하고 확인할 것
- 차단장치나 단로기 등에 (①) 및 (②)를 부착할 것
- 개로된 전로에서 유도전압 또는 전기에너지가 축적되어 근로자에게 전기위험을 끼칠 수 있는 전기기기 등은 접촉하기 전에 (③)를 완전히 방전시킬 것
- (④)를 이용하여 작업 대상 기기가 충전되었는지를 확인할 것
- 전기기기 등이 다른 노출 충전부와의 접촉, 유도 또는 예비동력원의 역송전 등으로 전압이 발생할 우려가 있는 경우에는 충분한 용량을 가진 (⑤)를 이용하여 접지할 것

해답

① 잠금장치
② 꼬리표
③ 잔류전하
④ 검전기
⑤ 단락접지기구

07 휴먼에러의 분류에서 Swain의 독립행동에 관한 분류의 종류를 4가지만 쓰시오.

해답

① 생략에러　　② 작위에러
③ 순서에러　　④ 시간에러
⑤ 과잉행동에러

08 산업안전보건법령상 유해하거나 위험한 기계 · 기구 · 설비로서 안전검사대상기계 등을 사용하는 사업주가 안전에 관한 성능이 검사기준에 맞는지에 대하여 고용노동부장관이 실시하는 안전검사를 받아야 하는 안전검사의 주기에 관한 내용이다. ( ) 안에 알맞은 내용을 쓰시오.

- 크레인(이동식 크레인은 제외), 리프트(이삿짐운반용 리프트는 제외) 및 곤돌라 : 사업장에 설치가 끝난 날부터 (①)년 이내에 최초 안전검사를 실시하되, 그 이후부터 (②)년마다(건설현장에서 사용하는 것은 최초로 설치한 날부터 (③)개월마다)
- 프레스, 전단기, 압력용기, 국소배기장치, 원심기, 롤러기, 사출성형기, 컨베이어 및 산업용 로봇 : 사업장에 설치가 끝난 날부터 (④)년 이내에 최초 안전검사를 실시하되, 그 이후부터 2년마다(공정안전보고서를 제출하여 확인을 받은 압력용기는 (⑤)년마다)

해답

① 3　　② 2
③ 6　　④ 3
⑤ 4

09 산업안전보건법령상 사업주가 항타기 또는 항발기를 조립하거나 해체하는 경우 점검해야 할 사항을 4가지만 쓰시오.

해답

① 본체 연결부의 풀림 또는 손상의 유무
② 권상용 와이어로프 · 드럼 및 도르래의 부착상태의 이상 유무
③ 권상장치의 브레이크 및 쐐기장치 기능의 이상 유무
④ 권상기의 설치상태의 이상 유무

⑤ 리더의 버팀 방법 및 고정상태의 이상 유무
⑥ 본체 · 부속장치 및 부속품의 강도가 적합한지 여부
⑦ 본체 · 부속장치 및 부속품에 심한 손상 · 마모 · 변형 또는 부식이 있는지 여부

10 산업안전보건법령상 산업재해를 예방하기 위하여 종합적인 개선조치를 할 필요가 있다고 인정되는 사업장의 사업주에게 안전보건개선계획을 수립하여 시행할 것을 명할 수 있다. 다음은 이에 따른 안전보건개선계획서의 제출과 검토 등에 관한 내용이다. ( ) 안에 알맞은 내용을 쓰시오.

- 안전보건개선계획서를 제출해야 하는 사업주는 안전보건개선계획서 수립 · 시행 명령을 받은 날부터 (①)일 이내에 관할 지방고용노동관서의 장에게 해당 계획서를 제출(전자문서로 제출하는 것을 포함)해야 한다.
- 지방고용노동관서의 장이 안전보건개선계획서를 접수한 경우에는 접수일부터 (②)일 이내에 심사하여 사업주에게 그 결과를 알려야 한다.

해답

① 60　　② 15

11 다음에 해당하는 방폭구조의 기호를 쓰시오.

- 안전증 방폭구조 : (①)
- 내압 방폭구조 : (②)
- 유입 방폭구조 : (③)

해답

① Ex e　　② Ex d
③ Ex o

TIP 방폭구조의 기호

내압 방폭구조	d	본질안전 방폭구조	i(ia, ib)
압력 방폭구조	p	비점화 방폭구조	n
유입 방폭구조	o	몰드 방폭구조	m
안전증 방폭구조	e	충전 방폭구조	q
특수 방폭구조	s		

12 방호장치 안전인증 고시상 프레스의 수인식 방호장치의 일반구조 조건을 4가지만 쓰시오.

해답

① 손목밴드의 재료는 유연한 내유성 피혁 또는 이와 동등한 재료를 사용해야 한다.
② 손목밴드는 착용감이 좋으며 쉽게 착용할 수 있는 구조이어야 한다.
③ 수인끈의 재료는 합성섬유로 직경이 4mm 이상이어야 한다.
④ 수인끈은 작업자와 작업공정에 따라 그 길이를 조정할 수 있어야 한다.
⑤ 수인끈의 안내통은 끈의 마모와 손상을 방지할 수 있는 조치를 해야 한다.
⑥ 각종 레버는 경량이면서 충분한 강도를 가져야 한다.
⑦ 수인량의 시험은 수인량이 링크에 의해서 조정될 수 있도록 되어야 하며 금형으로부터 위험한계 밖으로 당길 수 있는 구조이어야 한다.

13 산업안전보건법령상 가설통로를 설치하는 경우 사업주의 준수사항에 관한 내용이다. ( ) 안에 알맞은 내용을 쓰시오.

- 경사는 (①)도 이하로 할 것. 다만, 계단을 설치하거나 높이 (②)미터 미만의 가설통로로서 튼튼한 손잡이를 설치한 경우에는 그러하지 아니하다.
- 경사가 (③)도를 초과하는 경우에는 미끄러지지 아니하는 구조로 할 것
- 추락할 위험이 있는 장소에는 (④)을 설치할 것

해답

① 30
② 2
③ 15
④ 안전난간

PART 03

2023년 10월 7일 산업안전기사 실기 필답형

01 HAZOP 기법에 사용되는 가이드 워드에 관한 내용이다. 해당하는 가이드 워드를 영문으로 쓰시오.

- 설계의도 외에 다른 변수가 부가되는 상태 : (①)
- 설계의도대로 완전히 이루어지지 않은 상태 : (②)
- 설계의도대로 설치되지 않거나 운전 유지되지 않는 상태 : (③)
- 변수가 양적으로 증가되는 상태 : (④)

해답

① AS WELL AS
② PART OF
③ OTHER THAN
④ MORE

02 산업안전보건법령상 양중기의 와이어로프 등 달기구의 안전계수의 기준에 관한 내용이다. ( ) 안에 알맞은 내용을 쓰시오.

- 근로자가 탑승하는 운반구를 지지하는 달기와이어로프 또는 달기체인의 경우 : (①) 이상
- 화물의 하중을 직접 지지하는 달기와이어로프 또는 달기체인의 경우 : (②) 이상
- 훅, 샤클, 클램프, 리프팅 빔의 경우 : (③) 이상

해답

① 10
② 5
③ 3

03 미니멀 컷셋(Minimal Cut Set)과 미니멀 패스셋(Minimal Path Set)의 정의를 쓰시오.

해답

① 미니멀 컷셋 : 정상사상을 일으키기 위하여 필요한 기본사상의 최소한의 집합
② 미니멀 패스셋 : 정상사상이 일어나지 않는 기본사상의 최소한의 집합

04 산업재해통계업무처리규정에 따른 사망만인율에 관한 내용이다. 물음에 답하시오.

(1) 사망만인율의 산출공식을 쓰시오.
(2) 사망만인율을 계산하기 위한 사망자수에서 제외되는 경우를 2가지만 쓰시오.

해답

(1) 공식

$$사망만인율 = \frac{사망자수}{산재보험적용근로자수} \times 10,000$$

(2) 사망자수에서 제외되는 경우
① 사업장 밖의 교통사고에 의한 사망(운수업, 음식숙박업은 사업장 밖의 교통사고도 포함)
② 체육행사에 의한 사망
③ 폭력행위에 의한 사망
④ 통상의 출퇴근에 의한 사망
⑤ 사고발생일로부터 1년을 경과하여 사망한 경우

05 산업안전보건법령상 근로자 안전보건교육 중 건설업 기초안전보건교육의 내용을 2가지만 쓰시오.

해답

① 건설공사의 종류(건축 · 토목 등) 및 시공 절차
② 산업재해 유형별 위험요인 및 안전보건조치
③ 안전보건관리체제 현황 및 산업안전보건 관련 근로자 권리 · 의무

06 산업안전보건법령상 안전관리자를 정수 이상으로 증원하게 하거나 교체하여 임명할 것을 명할 수 있는 경우 3가지를 쓰시오.(단, 해당 사업장의 전년도 사망만인율이 같은 업종의 평균 사망만인율 이하인 경우, 화학적 인자로 인한 직업성 질병자가 연간 3명 이상 발생한 경우는 제외)

해답

① 해당 사업장의 연간 재해율이 같은 업종의 평균 재해율의 2배 이상인 경우
② 중대재해가 연간 2건 이상 발생한 경우
③ 관리자가 질병이나 그 밖의 사유로 3개월 이상 직무를 수행할 수 없게 된 경우

07 산업안전보건법령상 사업장의 안전 및 보건에 관한 중요 사항을 심의 · 의결하기 위하여 사업장에 근로자위원과 사용자위원이 같은 수로 구성하여야 하는 기구에 관한 내용이다. 물음에 답하시오.

(1) 해당하는 기구의 명칭을 쓰시오.
(2) 해당하는 기구의 정기회의 주기를 쓰시오.
(3) 기구의 구성에 있어 근로자위원과 사용자위원의 기준을 각각 1가지씩 쓰시오.

해답

(1) 산업안전보건위원회
(2) 분기마다
(3) ① 근로자위원
    ㉠ 근로자대표
    ㉡ 근로자대표가 지명하는 1명 이상의 명예산업안전감독관(위촉되어 있는 사업장의 경우)
    ㉢ 근로자대표가 지명하는 9명 이내의 해당 사업장의 근로자
  ② 사용자위원
    ㉠ 해당 사업의 대표자
    ㉡ 안전관리자 1명
    ㉢ 보건관리자 1명
    ㉣ 산업보건의(해당 사업장에 선임되어 있는 경우)
    ㉤ 해당 사업의 대표자가 지명하는 9명 이내의 해당 사업장 부서의 장

08 산업안전보건법령상 다음의 유해하거나 위험한 기계 · 기구에 대한 방호장치를 쓰시오.

- 원심기 : (①)
- 공기압축기 : (②)
- 금속절단기 : (③)

해답

① 회전체 접촉 예방장치
② 압력방출장치
③ 날접촉 예방장치

09 산업안전보건법령에 따른 안전관리자를 두어야 하는 사업의 종류와 안전관리자수에 관한 내용이다. (   ) 안에 알맞은 안전관리자의 최소인원을 쓰시오.

- 식료품 제조업 – 상시근로자 600명 : (①)
- 1차 금속 제조업 – 상시근로자 200명 : (②)
- 플라스틱제품 제조업 – 상시근로자 300명 : (③)
- 건설업 – 총공사금액 1,000억 원(전체 공사기간을 100으로 할 때 15에서 85에 해당하는 기간) : (④)

해답

① 2명
② 1명
③ 1명
④ 2명

10 보호구 안전인증 고시상 특급 방진마스크를 착용하여야 하는 장소 2곳을 쓰시오.

해답

① 베릴륨 등과 같이 독성이 강한 물질들을 함유한 분진 등 발생장소
② 석면 취급장소

11 산업안전보건법령상 화학설비 및 부속설비의 안전기준에 관한 내용이다. (   ) 안에 알맞은 내용을 쓰시오.

- 사업주는 급성 독성물질이 지속적으로 외부에 유출될 수 있는 화학설비 및 그 부속설비에 파열판과 안전밸브를 (①)로 설치하고 그 사이에는 압력지시계 또는 (②)를 설치하여야 한다.
- 사업주는 안전밸브 등이 안전밸브 등을 통하여 보호하려는 설비의 최고사용압력 이하에서 작동되도록 하여야 한다. 다만, 안전밸브 등이 2개 이상 설치된 경우에 1개는 최고사용압력의 (③)배(외부화재를 대비한 경우에는 (④)배) 이하에서 작동되도록 설치할 수 있다.

해답

① 직렬
② 자동경보장치
③ 1.05
④ 1.1

12 연삭작업 시 숫돌의 파괴원인을 4가지만 쓰시오.

해답

① 숫돌의 회전속도가 너무 빠를 때
② 숫돌 자체에 균열이 있을 때
③ 숫돌에 과대한 충격을 가할 때
④ 숫돌의 측면을 사용하여 작업할 때
⑤ 숫돌의 불균형이나 베어링 마모에 의한 진동이 있을 때
⑥ 숫돌 반경방향의 온도변화가 심할 때
⑦ 작업에 부적당한 숫돌을 사용할 때
⑧ 숫돌의 치수가 부적당할 때
⑨ 플랜지가 현저히 작을 때

13 용접작업을 하는 작업자가 전압이 300V인 충전부분에 물에 젖은 손으로 접촉하여 감전으로 인한 심실세동을 일으켰다. 이때 인체에 흐른 심실세동전류(mA)와 통전시간(ms)을 구하시오.(단, 인체의 저항은 1,000Ω으로 한다.)

해답

① 전류$(I)=\dfrac{V}{R}=\dfrac{300}{1{,}000\times\dfrac{1}{25}}$

$=7.5(\mathrm{A})=7{,}500(\mathrm{mA})$

② 통전시간

㉠ $I=\dfrac{165}{\sqrt{T}}(\mathrm{mA})$

㉡ $7{,}500(\mathrm{mA})=\dfrac{165}{\sqrt{T}}$

㉢ $T=\dfrac{165^2}{7{,}500^2}=0.000484(\mathrm{s})=0.48(\mathrm{ms})$

TIP 인체의 전기저항
① 피부가 젖어 있는 경우 1/10로 감소
② 땀이 난 경우 1/12~1/20로 감소
③ 물에 젖은 경우 1/25로 감소

14 인체 계측자료를 장비나 설비의 설계에 응용하는 경우 활용되는 3가지 원칙을 쓰시오.

해답

① 조절 가능한 설계
② 극단치를 이용한 설계
③ 평균치를 이용한 설계

2023년 10월 7일 산업안전산업기사 실기 필답형

01 정보전달에 있어 청각적 표시장치보다 시각적 표시장치를 사용하는 것이 더 좋은 경우를 3가지만 쓰시오.

해답

① 전언이 복잡할 때
② 전언이 길 때
③ 전언이 후에 재참조될 때
④ 전언이 공간적인 위치를 다룰 때
⑤ 전언이 즉각적인 행동을 요구하지 않을 때
⑥ 수신장소가 너무 시끄러울 때
⑦ 직무상 수신자가 한곳에 머물 때
⑧ 수신자의 청각 계통이 과부하상태일 때

02 FTA에서 사용되는 논리기호 및 사상기호의 명칭을 쓰시오.

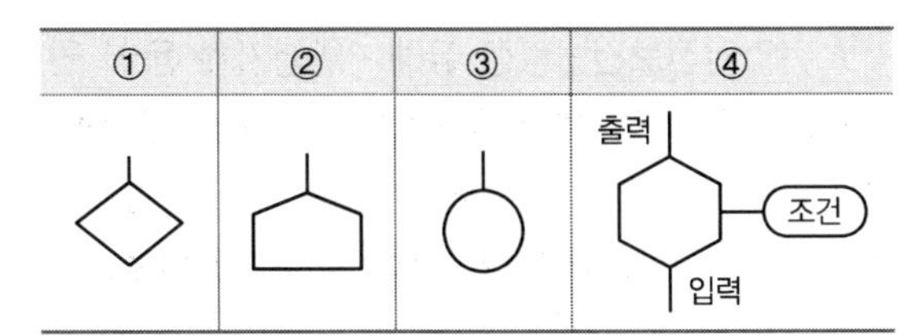

해답

① 생략사상
② 통상사상
③ 기본사항
④ 억제게이트

03 산업안전보건법령상 사업주가 폭발위험장소의 구분도(區分圖)를 작성하는 경우 가스폭발 위험장소 또는 분진폭발 위험장소를 설정하여 관리해야 하는 장소 2곳을 쓰시오.

해답

① 인화성 액체의 증기나 인화성 가스 등을 제조 · 취급 또는 사용하는 장소
② 인화성 고체를 제조 · 사용하는 장소

04 산업안전보건법령상 사업주가 교류아크용접기를 사용하는 경우에 교류아크용접기에 자동전격방지기를 설치하여야 하는 장소를 3가지 쓰시오.(단, 자동으로 작동되는 것은 제외)

해답

① 선박의 이중 선체 내부, 밸러스트 탱크, 보일러 내부 등 도전체에 둘러싸인 장소
② 추락할 위험이 있는 높이 2미터 이상의 장소로 철골 등 도전성이 높은 물체에 근로자가 접촉할 우려가 있는 장소
③ 근로자가 물 · 땀 등으로 인하여 도전성이 높은 습윤 상태에서 작업하는 장소

05 산업안전보건법령상 비, 눈, 그 밖의 기상상태의 악화로 작업을 중지시킨 후 또는 비계를 조립 · 해체하거나 변경한 후 그 비계에서 작업을 하는 경우에 해당 작업을 시작하기 전에 점검하고, 이상을 발견하면 즉시 보수하여야 하는 사항을 3가지만 쓰시오.

해답

① 발판 재료의 손상 여부 및 부착 또는 걸림 상태
② 해당 비계의 연결부 또는 접속부의 풀림 상태
③ 연결 재료 및 연결 철물의 손상 또는 부식 상태
④ 손잡이의 탈락 여부
⑤ 기둥의 침하, 변형, 변위 또는 흔들림 상태
⑥ 로프의 부착 상태 및 매단 장치의 흔들림 상태

06 산업안전보건법령상 과압에 따른 폭발을 방지하기 위하여 폭발 방지 성능과 규격을 갖춘 안전밸브 또는 파열판을 설치하여야 하는 화학설비 및 그 부속설비 중 파열판을 설치하여야 하는 경우를 3가지 쓰시오.

해답

① 반응 폭주 등 급격한 압력 상승 우려가 있는 경우
② 급성 독성물질의 누출로 인하여 주위의 작업환경을 오염시킬 우려가 있는 경우
③ 운전 중 안전밸브에 이상 물질이 누적되어 안전밸브가 작동되지 아니할 우려가 있는 경우

07 [조건]을 참고하여 사업장의 강도율과 도수율을 구하시오.

- 연평균근로자수 : 400명
- 근로시간 : 1일 8시간 연간 300일
- 재해건수 : 5건(사망 : 1명, 10급 4명)
- 초과근무 : 1인당 연간 50시간

해답

① 강도율 $= \dfrac{\text{근로손실일수}}{\text{연간 총근로시간수}} \times 1{,}000$

$= \dfrac{7{,}500 + (600 \times 4)}{(400 \times 8 \times 300) + (400 \times 50)} \times 1{,}000$

$= 10.10$

② 도수율 $= \dfrac{\text{재해발생건수}}{\text{연간 총근로시간수}} \times 1{,}000{,}000$

$= \dfrac{5}{(400 \times 8 \times 300) + (400 \times 50)} \times 1{,}000{,}000$

$= 5.10$

TIP 근로손실일수 산정 기준

구분		근로손실일수
사망		7,500
신체장해등급	1~3	7,500
	4	5,500
	5	4,000
	6	3,000
	7	2,200
	8	1,500
	9	1,000
	10	600
	11	400
	12	200
	13	100
	14	50

08 다음은 적응의 기제에 관한 설명이다. 해당되는 적응의 기제를 쓰시오.

- 자신이 무의식적으로 저지른 일관성 있는 행동에 대해 그럴듯한 이유를 붙여 설명하는 일종의 자기변명으로 자신의 행동을 정당화하여 자신이 받을 수 있는 상처를 완화시킴 : (①)
- 받아들일 수 없는 충동이나 욕망 또는 실패 등을 타인의 탓으로 돌리는 행위 : (②)
- 욕구가 좌절되었을 때 욕구충족을 위해 보다 가치 있는 방향으로 전환하는 것 : (③)
- 자신의 결함으로 욕구충족에 방해를 받을 때 그 결함을 다른 것으로 대치하여 욕구를 충족하고 자신의 열등감에서 벗어나려는 행위 : (④)

해답

① 합리화
② 투사
③ 승화
④ 보상

09 산업안전보건법령상 유해 · 위험기계 등이 안전인증기준에 적합한지를 확인하기 위하여 안전인증기관이 하는 심사의 종류 3가지와 각각의 심사기간을 쓰시오.(단, 외국에서 제조한 경우와 제품심사에 관한 내용은 제외)

해답

① 예비심사 : 7일
② 서면심사 : 15일
③ 기술능력 및 생산체계 심사 : 30일

TIP 심사 종류별 심사기간

① 예비심사 : 7일
② 서면심사 : 15일(외국에서 제조한 경우는 30일)
③ 기술능력 및 생산체계 심사 : 30일(외국에서 제조한 경우는 45일)
④ 제품심사
가. 개별 제품심사 : 15일
나. 형식별 제품심사 : 30일(방폭구조 전기기계 · 기구 및 부품의 방호장치와 추락 및 감전 위험방지용 안전모, 안전화, 안전장갑, 방진마스크, 방독마스크, 송기마스크, 전동식 호흡보호구, 보호복의 보호구는 60일)

10 산업안전보건법령상 항타기 또는 항발기의 권상용 와이어로프의 준수사항에 관한 내용이다. (   ) 안에 알맞은 내용을 쓰시오

- 사업주는 항타기 또는 항발기의 권상용 와이어로프의 안전계수가 (①) 이상이 아니면 이를 사용해서는 아니 된다.
- 권상용 와이어로프는 추 또는 해머가 최저의 위치에 있을 때 또는 널말뚝을 빼내기 시작할 때를 기준으로 권상장치의 드럼에 적어도 (②)회 감기고 남을 수 있는 충분한 길이일 것

해답

① 5
② 2

11 산업안전보건법령상 계단에 관한 내용이다. (   ) 안에 알맞은 내용을 쓰시오.

- 사업주는 계단 및 계단참을 설치하는 경우 매제곱미터당 (①)킬로그램 이상의 하중에 견딜 수 있는 강도를 가진 구조로 설치하여야 하며, 안전율은 (②) 이상으로 하여야 한다.
- 사업주는 계단을 설치하는 경우 그 폭을 1미터 이상으로 하여야 한다.
- 사업주는 높이가 3미터를 초과하는 계단에 높이 3미터 이내마다 진행방향으로 길이 (③)미터 이상의 계단참을 설치해야 한다.
- 사업주는 높이 1미터 이상인 계단의 개방된 측면에 안전난간을 설치하여야 한다.

해답

① 500
② 4
③ 1.2

12 보호구 안전인증 고시상 안전인증 방독마스크에 안전인증의 표시에 따른 표시 외에 추가로 표시해야 할 사항을 3가지만 쓰시오.

해답

① 파과곡선도
② 사용시간 기록카드
③ 정화통의 외부측면의 표시색
④ 사용상의 주의사항

13 산업안전보건법령상 유해하거나 위험한 작업 또는 장소에서 사용하거나 건강장해를 방지하기 위하여 사용하는 기계 · 기구 및 설비로서 기계 · 기구 및 설비를 설치 · 이전하거나 그 주요 구조부분을 변경하려는 경우 사업주가 유해위험방지계획서를 작성하여 고용노동부장관에게 제출하고 심사를 받아야 하는 대상 기계 · 기구 및 설비 5가지를 쓰시오.

해답

① 금속이나 그 밖의 광물의 용해로
② 화학설비
③ 건조설비
④ 가스집합 용접장치
⑤ 근로자의 건강에 상당한 장해를 일으킬 우려가 있는 물질로서 고용노동부령으로 정하는 물질의 밀폐 · 환기 · 배기를 위한 설비

PART 04

작업형 핵심문제 해설

참고사항

① 본문 문제의 그림은 이해를 돕기 위한 것으로, 그림과 해답을 같이 암기하는 것은 위험한 학습방법이므로 그림은 참고만 하고 해답만 암기하세요.
② 그림은 참고만 하세요.
③ 작업형 핵심문제 해설은 기출문제를 철저히 분석하여 기계위험 방지기술, 전기위험 방지기술, 화학설비위험 방지기술, 건설안전기술, 보호구의 5개 과목으로 구분하였습니다.

01 기계위험 방지기술

화면상황 프레스 작업

01 프레스기로 철판에 구멍을 뚫는 작업을 하고 있다. 이 기계에 급정지기구가 부착되어 있지 않다고 할 때 이 프레스에 설치하여 사용할 수 있는 유효한 방호장치를 4가지 쓰시오.

해답

① 양수기동식
② 게이트 가드식
③ 손쳐내기식
④ 수인식

TIP 급정지 기구에 따른 방호장치

급정지 기구가 부착되어 있어야만 유효한 방호장치	① 양수 조작식 방호장치	② 감응식 방호장치
급정지 기구가 부착되어 있지 않아도 유효한 방호장치	① 양수 기동식 방호장치 ③ 수인식 방호장치	② 게이트 가드식 방호장치 ④ 손쳐내기식 방호장치

02 크랭크 프레스로 철판에 구멍을 뚫는 작업을 하고 있다. 위험예지 포인트를 3가지 쓰시오.

해답

① 발로 프레스 페달을 밟아 프레스의 슬라이드가 작동해 손을 다친다.
② 금형에 붙어 있는 이물질을 제거하려다 손을 다친다.
③ 금형에 붙어 있는 이물질을 제거하려다 눈에 이물질이 들어가 눈을 다친다.
④ 주변정리가 되어 있지 않아 주변의 물건에 발이 걸려 넘어져 프레스 기계에 부딪힌다.
⑤ 작업자의 실수로 슬라이드가 하강하여 작업자가 다친다.

03 광전자식 안전장치를 설치할 때 이 안전장치의 손이 광선을 차단했을 때부터 슬라이드가 정지할 때까지의 시간이 5ms였다면 방호장치와 위험한계 사이의 안전거리를 구하시오.

해답

$$\text{안전거리(mm)} = 1{,}600 \times (T_c + T_s) = 1{,}600 \times \text{급정지시간(초)} = 1{,}600 \times \left(5 \times \frac{1}{1{,}000}\right) = 8(\text{mm})$$

TIP (1) 광전자식 안전거리

$$D = 1{,}600 \times (T_c + T_s)$$

여기서, D : 안전거리(mm)

T_c : 방호장치의 작동시간[즉, 손이 광선을 차단했을 때부터 급정지기구가 작동을 개시할 때까지의 시간(초)]

T_s : 프레스 등의 최대정지시간[즉, 급정지기구가 작동을 개시했을 때부터 슬라이드 등이 정지할 때까지의 시간(초)]

(2) $\text{ms} = \frac{1}{1{,}000}\text{초} \rightarrow 5\text{ms} = \frac{5}{1{,}000}\text{초}$

04 크랭크 프레스로 철판에 구멍을 뚫는 작업을 하고 있다. 이 프레스가 작동 후 작업점까지의 도달시간이 0.6초 걸렸다면 양수기동식 방호장치의 설치거리는 최소 얼마가 되어야 하는가?

해답

$$D_m = 1.6 \times T_m = 1.6 \times 0.6 \times 1{,}000 = 960(\text{mm})$$

TIP 양수기동식 안전거리

$$D_m = 1.6\,T_m$$

여기서, D_m : 안전거리(mm)

T_m : 양손으로 누름단추를 누르기 시작할 때부터 슬라이드가 하사점에 도달하기까지 소요시간(ms)

$$T_m = \left(\frac{1}{\text{클러치 맞물림 개소수}} + \frac{1}{2}\right) \times \frac{60{,}000}{\text{매분 행정수}}(\text{ms})$$

05 프레스 작업 중 작업자가 실수로 페달을 밟아 슬라이드가 하강하여 금형 사이에 손이 낀 사례이다. 이러한 재해의 재발을 방지하기 위하여 (1) 페달에는 무엇을 설치하고 (2) 상형과 하형 사이의 간격을 얼마 이하로 하는 것이 바람직한가?

(1) 설치장치 :	(2) 설치간격 :

해답

(1) U자형 덮개　　(2) 8(mm) 이하

06 작업자가 몸을 기울인 채 손으로 이 물질을 제거하는 작업을 하다가 실수로 페달을 밟아 손이 다치는 사고가 발생하였다. 이러한 사고를 방지하기 위하여 조치하여야 할 사항을 2가지만 쓰시오.

해답

① 이 물질(chip)을 제거할 때에는 손으로 제거하는 것보다는 압축공기 또는 플라이어 등의 수공구를 사용할 것
② 페달의 불시작동에 의한 사고를 예방하고 안전을 유지하기 위하여 U자형의 덮개를 설치한다.
③ 이물질 제거 시 전원을 차단하고 작업한다.

07 프레스기에 금형을 설치할 때 점검사항 3가지를 쓰시오.

해답

① 펀치와 다이의 평행도
② 펀치와 볼스터의 평행도
③ 다이와 볼스터의 평행도
④ 다이홀더와 펀치의 직각도
⑤ 생크홀과 펀치의 직각도

08 프레스 기계의 재해 사례를 보여주고 있다. 이 크랭크 프레스의 가장 적합한 방호장치의 종류 2가지를 쓰시오.(단 SPM120 이하, 행정길이(stroke) 40mm 이상)

해답

① 수인식
② 손쳐내기식

TIP 프레스 방호장치의 적용구분

구분	방호장치
1행정 1정지식(크랭크 프레스)	양수조작식, 게이트 가드식
행정길이(Stroke)가 40mm 이상, SPM 120 이하의 프레스	손쳐내기식, 수인식
슬라이드 작동 중 정지 가능한 구조(마찰 프레스)	광전자식(감응식)

화면상황 양수기 작업

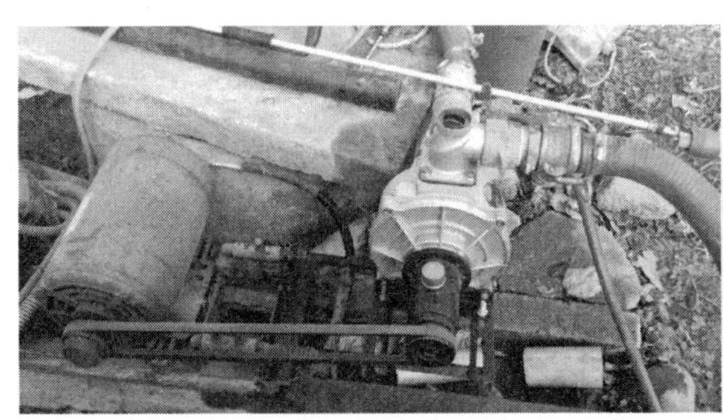

09 양수기 수리작업 도중에 발생한 재해사례이다. 다음을 참고하여 위험요인을 3가지만 쓰시오.

〈화면설명〉

전원을 차단하지 않고 양수기 수리작업을 하고 있으며 동료와 잡담을 나누며 수공구를 던져주다가 손이 벨트에 물리는 장면이다.

해답

① 작업자가 작업에 집중을 하지 못하고 있어 사고의 위험이 있다.
② 회전기계에 장갑을 착용하고 있어서 손이 말려들어 가서 다칠 위험이 있다.
③ 작업 전 전원을 차단하지 않고 운전 중 점검 작업을 하고 있어서 사고의 위험이 있다.
④ 수공구를 던지다가 수공구가 양수기에 말려들어 가서 사고의 위험이 있다.

화면상황 슬라이스 기계 작업

10 무채를 썰어내는 기계 작동 중 기계가 갑자기 멈추자 작업자가 아무런 조치 없이 기계의 덮개를 열고 점검하는 장면이다. 위험 예지포인트(위험요인)를 2가지 쓰시오.

해답

① 기계를 완전히 정지시킨 상태에서 점검하지 않아 손을 다칠 위험이 있다.
② 인터록 또는 연동장치가 설치되어 있지 않아 작동될 경우 손을 다칠 위험이 있다.
③ 무채를 제거할 때 손으로 하고 있어 다칠 위험이 있다.

11 김치 제조공장에서 슬라이스 작업 중 작동이 멈춰 기계를 점검하고 있는 도중에 재해가 발생한 상황을 보여주고 있다. 동종의 재해를 방지하기 위한 안전예방대책을 3가지만 쓰시오.

해답

① 슬라이스 부분 덮개 설치
② 울 설치
③ 잠금장치 설치

12 김치 제조공장에서 슬라이스 작업 중 작동이 멈춰 기계를 점검하고 있는 도중에 재해가 발생한 상황을 보여 주고 있다. 슬라이스 기계에서 무채를 썰어내는 부분에서 형성되는 (1) 위험점 (2) 정의 (3) 기인물 (4) 가해물 (5) 위험포인트를 쓰시오.

해답

(1) 위험점 : 절단점
(2) 정의 : 회전운동부분 자체와 운동하는 기계 자체에 의해 형성되는 위험점
(3) 기인물 : 슬라이스 기계
(4) 가해물 : 슬라이스 기계 칼날
(5) 위험포인트 : 슬라이스 기계 칼날

13 기계의 커버(뚜껑)을 열게 되면 기계가 작동하지 않도록 할 필요가 있다. 이러한 방호장치를 무엇이라 하는가?

해답

인터록(inter lock) 장치 또는 연동장치

화면상황 롤러작업

14 인쇄 윤전기에 설치한 방호장치의 성능을 확인하기 위하여 윤전기 롤러의 표면원주속도를 구하려고 한다. 표면원주속도(m/min)를 구하는 공식을 쓰시오.

해답

표면속도(V) $= \dfrac{\pi DN}{1000}$ (m/min)

여기서, V : 표면속도(m/min)
D : 롤러 원통의 직경(mm)
N : 1분간에 롤러기가 회전되는 수(rpm)

15 작업자의 손이 말려들어 가는 부분에서 형성되는 위험점은 어떤 종류의 위험점인지 명칭과 그 정의를 쓰시오.

해답

① 위험점의 명칭 : 물림점
② 정의 : 회전하는 두 개의 회전체에 의해 형성되는 위험점(서로 반대방향의 회전체)

TIP ① 재해의 형태 : 끼임, ② 정의 : 두 물체 사이의 움직임에 의하여 일어난 것으로 직선 운동하는 물체 사이의 끼임, 회전부와 고정체 사이의 끼임, 롤러 등 회전체 사이에 물리거나 또는 회전체 · 돌기부 등에 감긴 경우

16 인쇄 윤전기 롤러의 직경이 300mm이고 분당회전수는 60rpm이다. 이 윤전기의 급정지장치를 설치하고자 할 때 앞면 롤러의 표면속도와 관련 규정에 따른 급정지거리[mm]를 구하시오.

해답

① $V=\frac{\pi DN}{1000}=\frac{\pi\times300\times60}{1000}=56.548=56.55(\mathrm{m/min})$

② 급정지거리 기준 : 표면속도가 30(m/min) 이상시 원주의 $\frac{1}{2.5}$ 이내

③ 급정지 거리$=\pi D\times\frac{1}{2.5}=\pi\times300\times\frac{1}{2.5}=376.991=376.99(\mathrm{mm})$

TIP ① 급정지장치의 성능조건

앞면 롤러의 표면속도(m/min)	급정지거리
30 미만	앞면 롤러 원주의 1/3
30 이상	앞면 롤러 원주의 1/2.5

② 원둘레 길이$=\pi D=2\pi r$ 여기서, D : 지름 r : 반지름

17 인쇄용 롤러를 청소하는 작업 중에 발생한 재해사례이다. 작업 시 핵심 위험 요인을 2가지만 쓰시오.

해답

① 회전 중 롤러의 죄어 들어가는 쪽에서 직접 손으로 눌러 닦고 있어서 손이 물려 들어가게 된다.
② 체중을 걸쳐 닦고 있어서 물려 들어가게 된다.
③ 안전장치가 없어서 걸레를 위로 넣었을 때 롤러가 멈추지 않아 손이 물려 들어간다.

18 위와 같은 상황을 참고하여 롤러기의 청소 시 안전작업수칙 3가지를 쓰시오.

해답

① 회전 중 롤러의 죄어 들어가는 쪽에서 직접 손으로 눌러 닦고 있어서 손이 물려 들어가게 되므로 기계를 정지시킨 후 청소한다.
② 체중을 걸쳐 닦고 있어서 물려 들어가게 되므로 바로 서서 청소한다.
③ 안전장치가 없어서 걸레를 위로 넣었을 때 롤러가 멈추지 않아 손이 물려 들어가므로 안전장치를 설치한다.

화면상황 둥근톱 작업

19 둥근톱 작업 시 자주 발생하는 사고 발생사례이다. 이 작업 시 필요한 안전 및 보조장치의 종류 5가지를 쓰시오.

〈화면설명〉

나무판자를 자르는 작업 중 장갑을 착용한 작업자의 손가락이 절단되는 장면이다.

해답

① 분할날
② 밀대
③ 톱날덮개
④ 직각 정규
⑤ 평행조정기

20 목재가공용 기계 (1) 둥근톱의 방호장치, (2) 자율안전확인 대상 목재가공용 덮개 및 분할날에 자율안전확인표시 외에 추가로 표시하여야 할 사항 (3) 자율안전확인 대상 연삭기 덮개에 자율안전확인표시 외에 추가로 표시하여야 할 사항 2가지를 쓰시오.

해답

(1) 방호장치
① 분할날 등 반발예방장치
② 톱날접촉예방장치

(2) 목재가공용 덮개 및 분할날 추가 표시사항
① 덮개의 종류
② 둥근톱의 사용가능 치수

(3) 연삭기 덮개 추가 표시사항

① 숫돌 사용 주속도

② 숫돌회전방향

21 안전장치가 없는 둥근톱 기계에 고정식 접촉예방장치를 설치하고자 한다. 이때 (1) 하단과 테이블 사이의 높이와 (2) 하단과 가공재 사이의 간격은 얼마로 조정하는가?

해답

(1) 하단과 테이블 사이 높이 : 25mm 이내

(2) 하단과 가공재 사이 간격 : 8mm 이내

22 둥근톱을 이용하여 작업을 하고 있는 장면이다. (1) 위험요인(사고의 원인)과 (2) 안전한 작업방법 3가지를 쓰시오.

〈화면설명〉

작업 중 곁눈질을 하는 등 부주의로 작업자의 손가락이 절단되는 장면이다. 톱에 덮개가 없고 빨간 장갑을 착용하고 있으며 보안경 및 방진마스크는 미착용했다.

해답

(1) 위험요인

① 분할날 등 반발예방장치를 설치하지 않았다.

② 톱발접촉예방장치 등 방호장치를 설치하지 않았다.

③ 회전하는 기계에 장갑을 착용하고 있다.

④ 보안경, 방진마스크 등 보호구를 착용하지 않았다.

⑤ 작업 시 집중하지 않는 등 작업태도가 불량하다.

(2) 안전한 작업방법(대책)

① 분할날 등 반발예방장치를 설치 후 작업한다.

② 톱날접촉 예방장치를 설치 후 작업한다.

③ 회전기계에 장갑을 착용하여서는 안 된다.

④ 보안경 및 방진마스크 착용한 후 작업한다.

⑤ 작업 시 작업에 집중하여 작업을 한다.

화면상황 선반작업

23 선반작업 중에 발생한 재해 사례이다. 재해의 발생요인을 3가지 쓰시오.

〈화면설명〉

선반의 샤프트를 샌드페이퍼를 사용하여 연마하는 작업 중 손을 다치는 사고가 발생한 장면이다.

해답

① 회전물에 샌드페이퍼를 감아 손으로 지지하고 있기 때문에 작업복과 손이 감겨 들어간다.
② 작업에 집중하지 못하여 실수로 작업복과 손이 말려 들어간다.
③ 손을 기계 위에 올려놓고 작업을 하고 있어 손이 미끄러져 말려 들어간다.

24 재해사례(선반작업 중 발생한 재해)에서 나타나는 위험점을 기계의 운동 형태에 따라 분류하고자 할 때 해당되는 위험점의 명칭과 그 정의를 쓰시오.

해답

① 위험점의 명칭 : 회전 말림점
② 정의 : 회전하는 물체에 작업복 등이 말려들 위험이 있는 위험점

화면상황 버스정비작업

25 버스정비작업 중 재해가 발생하였고 상황은 다음과 같다. (1) 기계설비의 위험점, (2) 미준수사항(원인), (3) 안전조치사항(대책)을 3가지 쓰시오.

〈화면설명〉

한 작업자가 리프트 밑에서 샤프트 계통을 점검하고 있다. 그런데 다른 작업자가 주변 상황을 살피지 않고 버스의 엔진시동을 걸어 리프트 밑에서 작업하던 작업자의 팔이 샤프트에 말려들어 사고를 일으키는 장면이다. (이때 주변에는 작업 지휘자가 없다.)

해답

(1) 위험점 : 회전 말림점

(2) 미준수사항(원인)

① 정비작업 중임을 나타내는 표지판을 설치하지 않았다.
② 작업과정을 지휘할 작업지휘자를 배치하지 않았다.
③ 기동(시동)장치에 잠금장치를 설치하지 않았다.
④ 작업시 운전금지를 위하여 열쇠를 별도 관리하지 않았다.

(3) 안전조치사항

① 정비작업 중임을 나타내는 표지판을 설치할 것
② 작업과정을 지휘할 작업지휘자를 배치할 것
③ 기동(시동)장치에 잠금장치를 할 것
④ 작업 시 운전금지를 위하여 열쇠를 별도 관리할 것

화면상황 벨트 교환작업

26 기계의 V 벨트 교환작업 중 발생한 재해사례이다. 다음 물음에 답하시오.

(1) 기계운전상 안전작업수칙에 대하여 3가지를 기술하시오.
(2) 발생된 사고는 기계설비의 위험점 중 어느 것에 해당하는가?

해답

(1) 안전작업수칙

① 작업 시작 전 전원을 차단한다.
② V벨트 교체작업은 천대 장치를 사용한다.
③ 보수작업 중이라는 작업 중의 안내표지를 부착하고 실시한다.

(2) 위험점

접선물림점

TIP 접선 물림점 : 회전하는 부분의 접선방향으로 물려들어갈 위험이 있는 위험점

화면상황 섬유기계 작업

27 섬유기계의 운전 중 발생한 재해사례이다. (1) 핵심위험요인 2가지와 (2) 위험점을 쓰시오.

〈 화 면 설 명 〉

섬유공장에서 실을 감는 기계가 돌아가고 있고 작업자가 그 밑에서 일을 하고 있는데 갑자기 실이 끊어지며 기계가 멈춘다. 이때 작업자가 회전하는 대형 회전체의 문을 열고 허리까지 안으로 집어넣고 안을 들여다보며 점검할 때 갑자기 기계가 돌아가며 작업자의 몸이 회전체에 끼이는 장면이다.

해답

(1) 핵심위험요인

① 기계의 전원을 차단하여 정지시키지 않고 점검을 해서 사고의 위험이 있다.

② 장갑을 착용하고 있어 롤러에 끼일 위험이 있다.

(2) 위험점

끼임점

TIP 끼임점 : 회전운동하는 부분과 고정부 사이에 위험이 형성되는 위험점(고정점 + 회전운동)

화면상황 연삭작업

28 연마작업 중 발생한 사고사례이다. (1) 기인물, (2) 가해물은 무엇이며, (3) 연마작업 시 파편이나 칩의 비래에 의한 위험에 대비하기 위해 설치해야 하는 방호장치의 종류와 (4) 작업 시 숫돌과 가공면과의 각도의 범위는 얼마가 적당한가?

〈화면설명〉

환봉을 연마하기 위해 회전하는 탁상용 연삭기로 작업하던 중 환봉이 튕겨서 작업자를 가격하는 장면이다.

해답

(1) 기인물 : 탁상용 연삭기
(2) 가해물 : 환봉
(3) 방호장치의 종류 : 칩 비산 방지 투명판
(4) 숫돌과 가공면의 각도 : 15~30도

29 봉강연마작업 중 연삭작업(연삭숫돌) 시 안전대책 2가지를 쓰시오.

해답

① 지름이 5센티미터 이상인 것으로 회전 중인 연삭숫돌이 근로자에게 위험을 미칠 우려가 있는 경우에 그 부위에 덮개를 설치하여야 한다.
② 연삭숫돌을 사용하는 작업의 경우 작업을 시작하기 전에는 1분 이상, 연삭숫돌을 교체한 후에는 3분 이상 시험운전을 하고 해당 기계에 이상이 있는지를 확인하여야 한다.
③ 시험운전에 사용하는 연삭숫돌은 작업시작 전에 결함이 있는지를 확인한 후 사용하여야 한다.
④ 연삭숫돌의 최고 사용회전속도를 초과하여 사용하도록 해서는 아니 된다.
⑤ 측면을 사용하는 것을 목적으로 하지 않는 연삭숫돌을 사용하는 경우 측면을 사용하도록 해서는 아니 된다.

화면상황 전동톱 작업

30 작업자가 작업발판을 이용해 전동톱으로 목재 절단 작업을 하던 중 작업발판(높이 60cm 이상)의 불균형으로 넘어지는 재해가 발생하였다. (1) 가해물과 (2) 재해 발생 형태를 쓰시오.

해답

(1) 가해물 : 바닥　　(2) 재해 발생 형태 : 떨어짐

31 목재절단 작업 중 발생한 재해이다. (1) 재해형태, (2) 가해물, (3) 기인물을 쓰시오.

〈화면설명〉

목재를 가공대 위에 올려놓고 한 발로 목재를 고정하고 톱질을 하다가 작업발판이 흔들려서 작업자가 균형을 잃고 넘어지는 장면이다.

해답

(1) 재해형태 : 넘어짐　　(2) 가해물 : 바닥　　(3) 기인물 : 작업발판

TIP 1. 「떨어짐」과 「넘어짐」 재해의 분류

① 사고 당시 바닥면과 신체가 떨어진 상태로 더 낮은 위치로 떨어진 경우에는 「떨어짐」으로, 바닥면과 신체가 접해 있는 상태에서 더 낮은 위치로 떨어진 경우에는 「넘어짐」으로 분류

② 신체가 바닥면과 접해있었는지 여부를 알 수 없는 경우에는 작업발판 등 구조물의 높이가 보폭(약 60cm) 이상인 경우에는 신체가 구조물과 바닥면에서 떨어진 것으로 판단하여 「떨어짐」으로 분류하고, 그 보폭 미만인 경우는 「넘어짐」으로 분류

2. 재해발생 형태별 분류

변경 전	변경 후
추락	떨어짐(높이가 있는 곳에서 사람이 떨어짐)
전도	• 넘어짐(사람이 미끄러지거나 넘어짐)　• 깔림 · 뒤집힘(물체의 쓰러짐이나 뒤집힘)
충돌	부딪힘(물체에 부딪힘) · 접촉
낙하 · 비래	맞음(날아오거나 떨어진 물체에 맞음)
붕괴 · 도괴	무너짐(건축물이나 쌓여진 물체가 무너짐)
협착	끼임(기계설비에 끼이거나 감김)

화면상황 원심기 점검작업

32 원심기의 점검을 실시하고 있다. 다음 물음에 답하시오.

(1) 원심기의 용어정의를 쓰시오.
(2) 원심기의 주요 구조부 5가지를 쓰시오.

해답

(1) 정의

가속되기 쉬운 공정재료의 혼합물과 관련된 회전 가능한 챔버를 장착하고 있는 분리장치 등을 말한다.

(2) 주요 구조부

① 보울 및 배출장치
② 프레임(케이싱 또는 하우징 포함)
③ 방호장치
④ 유공압계통
⑤ 제어반

33 작업자가 원심탈수기의 내부를 점검하고 있다. (1) 잘못된 사항과 (2) 안전대책을 각각 2가지씩 쓰시오.

해답

(1) 잘못된 사항

① 작업 시작 전 전원부에 잠금장치 미설치
② 보수작업임을 알리는 표지판 미설치 또는 감시인 미배치

(2) 안전대책

① 작업 시작 전 전원부에 잠금장치 설치
② 보수작업임을 알리는 표지판 설치 또는 감시인 배치

화면상황 드릴작업

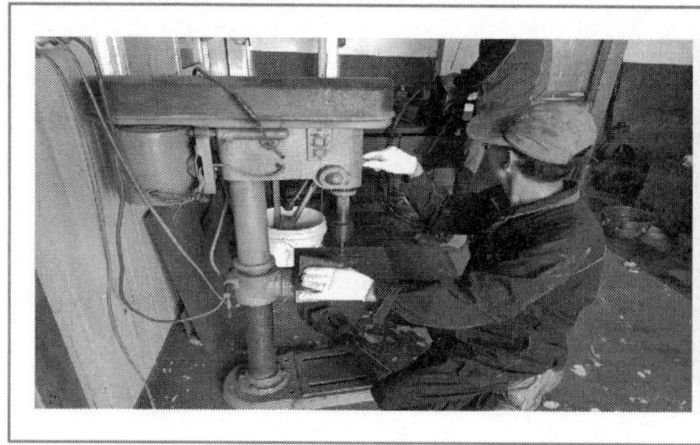

34 드릴작업을 하고 있는 장면이다. 잘못된 점과 안전대책을 한 가지씩 쓰시오.

〈 화 면 설 명 〉

공작물을 손으로 잡고 작업하다가 공작물이 튀는 장면이다.

해답

① 잘못된 점 : 공작물을 손으로 잡고 작업하고 있다.
② 안전대책 : 공작물은 바이스를 사용하여 작업한다.

35 전기드릴을 이용해 구멍을 넓히는 작업의 위험방지 방안을 2가지 쓰시오.

〈 화 면 설 명 〉

안전모와 보안경을 미착용하고, 방호장치도 설치되지 않은 상태에서 맨손으로 작업을 하고 있는 장면이다.

해답

① 작은 물건은 바이스나 클램프를 사용하여 고정시키고 직접 손으로 지지하는 것을 피한다.
② 보안경을 착용하거나, 안전덮개를 설치한다.
③ 큰 구멍을 뚫고자 할 때에는 먼저 작은 드릴로 뚫은 후에 큰 드릴로 뚫도록 한다.
④ 안전모를 착용하고, 장갑은 착용하지 않는다.

36 작업자가 탁상용 드릴 작업 중 발생한 재해사례이다. (1) 위험점 명칭, (2) 정의를 쓰시오.

〈화면설명〉

쇳가루의 이물질을 손으로 제거하다가 손이 말려 들어가 드릴 날에 검지 손가락이 접촉되어 절단된 후 피가 나는 장면이다.

해답

(1) 위험점 명칭 : 절단점

(2) 정의 : 회전하는 운동부 자체의 위험이나 운동하는 기계부분 자체의 위험에서 형성되는 위험점

37 작업자가 탁상용 드릴 작업 중 발생한 재해사례이다. (1) 위험점 명칭, (2) 정의를 쓰시오.

〈화면설명〉

쇳가루의 이물질을 손으로 제거하다가 손이 말려 들어가는 장면이다.

해답

(1) 위험점의 명칭 : 회전 말림점

(2) 정의 : 회전하는 물체에 작업복 등이 말려들 위험이 있는 위험점

38 작업자가 드릴 작업 중 발생한 재해사례이다. 위험요인을 2가지 쓰시오.

〈화면설명〉

장갑을 착용하고 있으며 이물질을 입으로 불어 제거하고, 동시에 손으로 제거하려다 드릴에 손을 다치는 장면이다.

해답

① 보안경을 착용하지 않고 이물질을 입으로 불어 제거하려다가 이물질이 눈에 들어갈 위험이 있다.

② 브러시를 사용하지 않고 회전체에 장갑을 착용한 손으로 이물질을 제거하다가 손이 다칠 위험이 있다.

39 작업자가 드릴 작업 중 발생한 재해사례이다. 위험요인을 2가지 쓰시오.

〈화면설명〉

공작물이 바이스에 고정되어 있고 작업자가 장갑을 착용하고 이물질을 제거하려다가 드릴에 손을 다치는 장면이다.

해답

① 회전하는 기계에 장갑을 착용하고 있어 손을 다칠 위험이 있다.

② 브러시를 사용하지 않고 손으로 이물질을 제거하다 손이 다칠 위험이 있다.

화면상황 배관 점검작업

40 **증기가 흐르고 고소배관의 플랜지를 점검하던 중에 발생한 재해사례이다. 위험요인 3가지를 쓰시오.**

〈 화 면 설 명 〉

뜨거운 증기가 흐르고 있는 가운데 고소 배관플랜지 점검 중 이동식 사다리를 딛고 올라서서 배관플랜지 볼트를 조이다가 추락하는 장면이다.

해답

① 보안경 미착용으로 고압증기에 의한 눈 손상의 위험이 있다.
② 작업자가 딛고 선 이동식 사다리의 설치가 불안전하여 추락위험이 있다.
③ 화상사고 방지를 위한 방열복, 방열장갑 미착용으로 고압증기의 위험이 있다.

41 **에어 배관을 점검하는 중에 발생한 재해사례이다. 작업자에게 위험예지훈련을 실시하고자 할 때의 행동 목표 2가지를 설정하고, 기인물과 가해물을 쓰시오.**

해답

(1) 행동목표

① 에어배관 점검작업 시 주 밸브를 잠그고 배관 내 남은 압력이 빠진 것을 확인한 후 작업을 하자.
② 에어배관 내의 점검 시 눈에 먼지가 들어가지 않도록 보안경을 착용하자.

(2) 기인물과 가해물

① 기인물 : 에어배관
② 가해물 : 스팀

TIP (1) 핵심위험요인(위험 포인트)
① 볼트를 풀 때 남아있는 압력에 의해 먼지가 날려 눈에 들어갈 위험이 있다.
② 볼트를 빼내는 순간 플랜지가 떨어져 발을 다칠 위험이 있다.
③ 풀어 놓은 볼트와 공구를 밟아 발을 다칠 위험이 있다.
④ 에어가 갑자기 나와 넘어져 다칠 수 있다.
(2) 기인물과 가해물
① 기인물 : 직접적으로 재해를 유발하거나 영향을 끼친 에너지원(운동, 위치, 열, 전기 등)을 지닌 기계, 장치, 구조물, 물체 · 물질, 사람 또는 환경 등을 말한다.
② 가해물 : 사람에게 직접적으로 상해를 입힌 기계, 장치, 구조물, 물체 · 물질, 사람 또는 환경요인을 말한다.

42 **스팀배관의 보수를 위해 점검 중 발생한 재해사례이다. 위와 같은 재해를 산업재해 기록 · 분류에 관한 기준에 따라 분류할 때 해당하는 재해발생형태 및 상해의 종류를 쓰시오.**

해답

(1) 재해발생형태 : 이상온도 노출 · 접촉
(2) 상해의 종류 : 화상

TIP ① 발생형태의 정의 : 재해 및 질병이 발생된 형태 또는 근로자(사람)에게 상해를 입힌 기인물과 상관된 현상을 말한다.
② 이상온도 노출 · 접촉 : 고 · 저온 환경 또는 물체에 노출 · 접촉된 경우
③ 화상 : 화재 또는 고온물 접촉으로 인한 상해

43 **에어배관 점검작업 중 고압증기의 누출로 인하여 작업자가 눈을 다치는 사고를 당하는 재해사례이다. 작업 시 위험요인을 2가지 쓰시오.**

〈 화 면 설 명 〉

에어배관을 전용 공구가 아닌 일반 공구로 작업을 하다가 재해가 발생하는 장면이다.(안전모를 착용했으며, 주위에는 작업 지휘자가 없다.)

해답

① 보안경 미착용으로 고압증기에 의한 눈 손상의 위험이 있다.
② 배관에 남은 고압증기를 제거하지 않았고, 전용 공구를 사용하지 않아 사고의 위험이 있다.

화면상황 환풍기 팬 수리작업

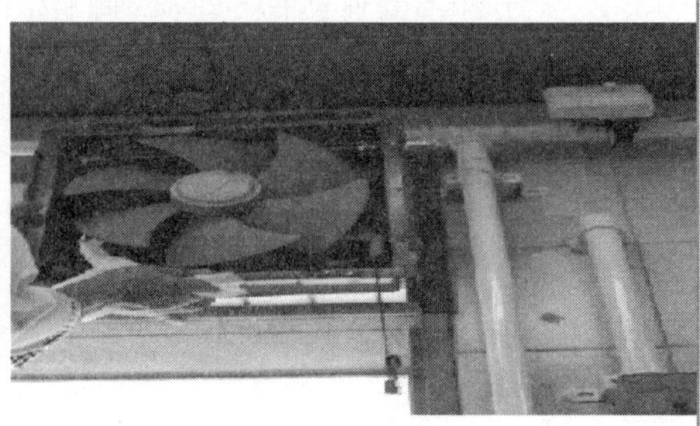

44 **전기환풍기 팬 수리작업 중 전기에 의해 싱크대 위에서 떨어져 선반에 부딪쳐 부상을 당한 재해이다. (1) 기인물, (2) 가해물, (3) 재해형태를 쓰시오.**

해답

(1) 기인물 : 전기환풍기 팬
(2) 가해물 : 선반
(3) 재해형태 : 충돌

TIP 충돌 : 사람이 정지물에 부딪친 경우

화면상황 브레이크 라이닝 작업

45 회전하는 브레이크 라이닝 작업을 하는 중 장갑을 끼고 있는 손이 물려들어 갔다. 위험요인과 대책을 각각 2가지씩 쓰시오.

해답

(1) 위험요인

① 회전하는 기계작업에 장갑을 끼고 있어 위험
② 비상정지장치, 덮개 등 방호장치 미설치로 위험
③ 이물질이 눈에 튀어 눈을 다칠 위험

(2) 대책

① 회전하는 기계 작업에 장갑 착용 금지
② 비상정지장치, 덮개 등 방호장치 설치
③ 이물질이 눈에 튀어 눈을 다칠 위험이 있으므로 보안경 착용

화면상황 승강기 와이어 청소작업

46 **승강기 와이어에 묻은 기름과 먼지를 청소하는 도중에 발생한 재해사례이다. 재해의 발생 원인을 쓰시오.(와이어로프에 묻은 기름과 이물질 등을 청소하던 중 발생한 재해)**

해답

① 로프를 풀리에 걸칠 때 손이 끼이게 된다.
② 전원을 차단하지 않고 청소하고 있어 풀리에 손이 끼이게 된다.
③ 불필요한 로프가 걸쳐 있어 말려 들어가게 된다.

47 **승강기 와이어에 묻은 기름과 먼지를 청소하는 도중 발생한 재해에 대하여 산업재해조사표를 작성하고자 할 때에 해당되는 재해의 ① 위험점, ② 발생형태, ③ 재해의 정의를 쓰시오.(와이어로프에 묻은 기름과 이물질 등을 청소하던 중 재해 발생)**

해답

① 위험점 : 접선 물림점
② 재해의 발생형태 : 끼임
③ 정의 : 두 물체 사이의 움직임에 의하여 일어난 것으로 직선 운동하는 물체 사이의 끼임, 회전부와 고정체 사이의 끼임, 롤러 등 회전체 사이에 물리거나 또는 회전체 · 돌기부 등에 감긴 경우

> TIP 접선물림점
> 회전하는 부분의 접선방향으로 물려들어갈 위험이 있는 위험점

화면상황 컨베이어 작업

48 경사용 컨베이어를 이용하여 화물을 운반하는 작업 중에 발생한 재해사례이다. 화물의 낙하로 인해 근로자에게 위험이 미칠 때 (1) 낙하위험 방지조치 3가지와 (2) 컨베이어의 작업시작 전 점검사항 4가지를 쓰시오.

〈화면설명〉

작업자가 컨베이어 위에서 벨트 양쪽의 기계에 두 발을 걸치고 물건을 올리는 작업 중 벨트에 신발이 딸려가서 넘어지는 장면이다.

해답

(1) 낙하위험 방지조치

① 울 설치
② 덮개 설치
③ 비상정지장치 설치

(2) 작업시작 전 점검사항

① 원동기 및 풀리 기능의 이상 유무
② 이탈 등의 방지장치 기능의 이상 유무
③ 비상정지장치 기능의 이상 유무
④ 원동기 · 회전축 · 기어 및 풀리 등의 덮개 또는 울 등의 이상 유무

49 어두운 장소에서의 컨베이어 점검 시 사고가 발생하였다. 작업 시작 전 조치사항을 2가지 쓰시오.

〈 화 면 설 명 〉

어두운 장소에서 플래시를 들고 컨베이어를 점검하다가 롤러기 사이에 손이 끼어 말려 들어가는 장면이다.

해답

① 전원을 차단하고 통전금지표지판 및 잠금장치 설치
② 작업장 조명을 밝게 한다.

50 컨베이어 위에서 작업을 하다 발생한 재해이다. (1) 재해요인, (2) 작업자 측면에서의 문제점(잘못된 작업방법) 각각 2가지와 (3) 재해 발생 시 조치사항을 쓰시오.

〈 화 면 설 명 〉

A작업자는 작동 중인 컨베이어 위에 있고 B작업자는 아래쪽 작업장 바닥에 있다. A작업자는 회전하는 벨트 위에 양발을 벌리고 서서 작업을 하고 있는데, B작업자가 포대를 올리는 중 A작업자 발에 포대 끝부분이 부딪쳐 작업자가 쓰러진 후 재해가 발생한 장면이다.

해답

(1) 재해요인
① 안전장치가 미설치되어 있어 위험
② 작업자가 위험구역 내에 위치하여 있어 위험

(2) 작업자 측면에서의 문제점
① 작업자가 양발을 컨베이어 양 끝에 지지하여 불안전한 자세로 작업을 하고 있다.
② 포대가 작업자의 발을 치고 있어서 넘어져 상해를 당할 수 있다.

(3) 조치사항
피재 기계의 정지

화면상황 영상표시단말기 작업

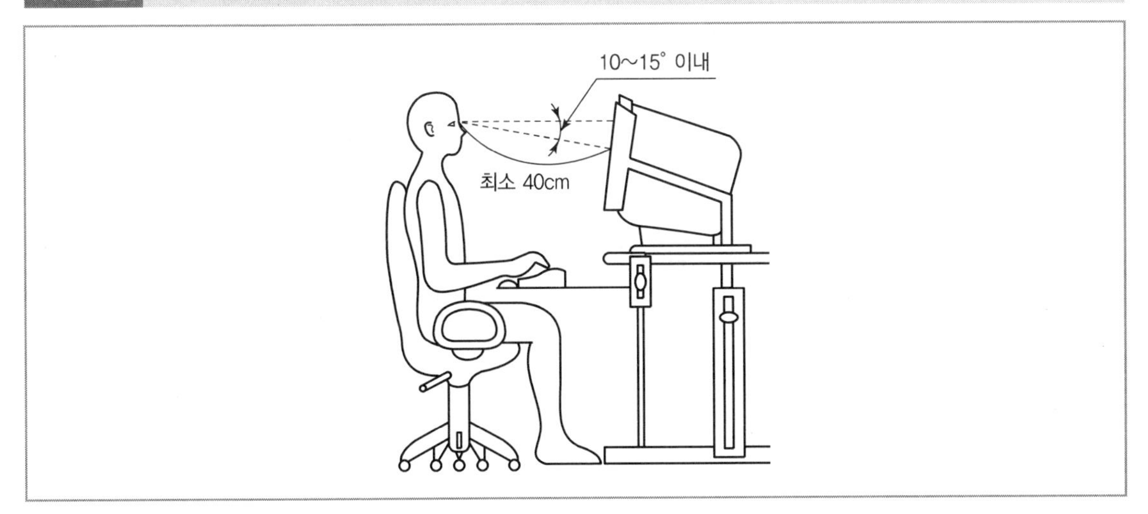

PART 01
PART 02
PART 03
PART 04

01 영상표시단말기(VDT) 작업 중이다. 개선해야 할 사항(옳지 못한 상항)을 3가지만 쓰시오.

〈화면설명〉

사무실에서 의자에 앉아 컴퓨터를 조작 중인데, 의자의 높이가 맞지 않아 다리를 구부리고 앉아 있으며 모니터가 놓여 있고 키보드를 손으로 조작하는 장면이다.

해답

① 작업자가 의자의 등받이에 충분히 지지되어 있지 않다.
② 모니터가 보기 편한 위치에 조정되어 있지 않다.
③ 키보드가 조작하기 편한 위치에 놓여 있지 않다.

02 영상표시단말기(VDT) 작업이다. 이 작업상 올바른 작업 자세를 3가지 쓰시오.

해답

① 의자 등받이에 충분히 지지되도록 의자 깊숙이 앉는다.
② 모니터를 보기 편한 위치에 놓는다.
③ 키보드를 조작하기 편한 위치에 놓는다.

03 영상표시단말기(VDT) 작업에서 작업으로 인해 발생할 수 있는 장애(작업 시 핵심 위험요인)를 3가지를 쓰시오.

해답

① 반복작업으로 인한 어깨결림, 손목통증 등의 장해
② 장시간 앉아 있는 작업자세로 인한 요통의 위험
③ 장시간 화면에 시선집중 등으로 인한 시력부담 및 시력저하

04 영상표시단말기(VDT)를 취급하는 작업장 주변 환경의 밝기는 화면의 바탕색이 검정색 계통일 때 얼마가 되어야 하는지 쓰시오.(어느 정도의 조도가 적당한지 쓰시오.)

해답

300(Lux) 이상 ~ 500(Lux) 이하

TIP 바탕색이 흰색 계통일 때
500(Lux) 이상 ~ 700(Lux) 이하

05 영상표시단말기(VDT) 작업 시 작업자의 올바른 자세와 관련해 (1) 시선 (2) 팔뚝과 위팔 (3) 무릎 굽힘의 각도는 각각 얼마로 해야 하는지 쓰시오.

해답

(1) 시선 : 10~15도 이내
(2) 팔뚝과 위팔 : 90도 이상
(3) 무릎굽힘의 각도 : 90도 전후

화면상황 배전반 작업

06 2만 볼트가 인가된 배전반에 절연내력시험기 앞의 작업자가 시험을 하다 미처 뒤에 있던 다른 작업자를 발견하지 못하여 발생한 재해 사례이다. 재해의 사고유형(발생형태), 가해물, 기인물을 쓰시오.

〈화면설명〉

배전반 뒤쪽에서 작업자 1명이 작업을 하는 것을 보여주고 화면이 배전반 앞쪽으로 이동하면서 다른 작업자 1명을 보여주고 있다. 절연내력시험기를 들고 스위치를 ON시키는데 뒤쪽 작업자가 배전반 작업 중 쓰러졌는지 놀라서 일어나는 장면이다.

해답

① 재해의 사고유형 : 감전
② 가해물 : 전류
③ 기인물 : 배전반

07 배전반작업의 안전작업수칙 3가지를 쓰시오.

해답

① 작업 시 절연용 보호구를 착용한다.
② 작업지휘자를 지정하여 작업을 지휘하도록 한다.
③ 충전부분에 절연용 방호구를 설치하는 등 감전위험 방지조치를 한다.

08 1만 볼트가 인가된 배전판 작업 중 발생한 사고 사례이다. 이 작업 시 관리감독자 지정 작업인지 판단하고 사고유형 및 용어에 대하여 설명하시오.

해답

① 관리감독자 : 지정
② 사고유형 : 감전
③ 감전의 용어정의 : 전기 접촉이나 방전에 의해 사람이 충격을 받은 경우

화면상황 변압기 작업

09 **변압기의 전압을 측정하는 작업 중에 발생한 재해사례이다. 재해를 방지하기 위하여 전주 변압기가 활선인지 아닌지 확인할 수 있는 방법 3가지를 쓰시오.**

해답

① 검전기로 확인한다.
② 접지봉으로 접지 확인한다.
③ 테스터의 지시치를 확인한다.

10 **1만 볼트 고압의 인가된 기계에 변압기를 연결하여 내전압 검사 중 재해가 발생한 상황에서 위험포인트를 쓰시오.**

해답

배전반 제조작업 시 작업자를 보지 못하고 앞에서 고전압이 인가된 누전시험기로 시험하다 뒤의 작업자가 감전사고를 당했다.

11 **작업자가 변압기 볼트를 조이는 작업이다. 이 작업의 위험요인(발생원인)을 2가지 쓰시오.**

〈 화 면 설 명 〉

작업자가 안전대를 착용하고 전주 위에서 작업발판(볼트)을 딛고 변압기 볼트를 조이는 작업을 하는 중 추락하는 장면이다.

해답

① 작업자가 안전대를 전주에 걸지 않고 작업을 하여 위험
② 작업자가 딛고 선 발판이 불안정

화면상황 교류아크용접기 용접 작업

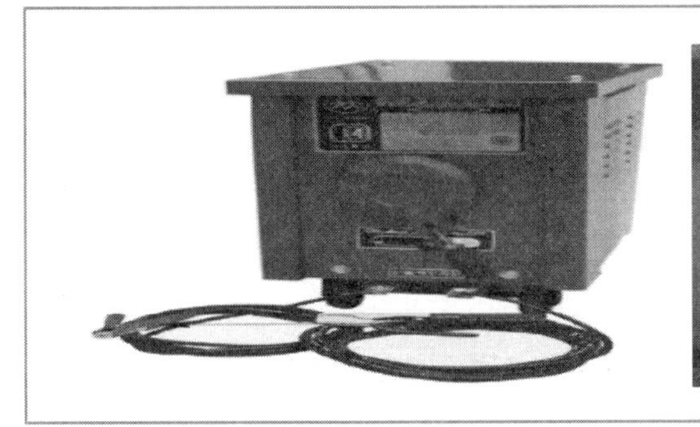

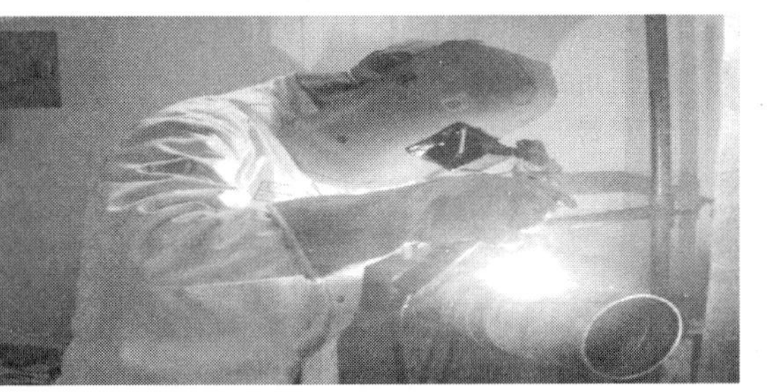

12 감전재해가 발생하게 된 원인을 3가지 쓰시오.

〈화면설명〉

작업을 시작하기 위해 전원스위치를 투입하려고 분전반으로 접근하던 중 내부절연이 파괴되어 외함으로 전기가 누전된 교류아크용접기에 작업자가 접촉하면서 감전재해를 당하는 장면이다.

해답

① 교류아크용접기의 누전 여부 확인 및 절연조치 미실시
② 금속제 외함의 접지 미실시
③ 자동전격방지기 미설치

TIP 교류아크 용접작업 감전사고 방지대책
① 자동전격방지장치 부착
② 절연 용접봉 홀더의 사용
③ 아크 전류에 적절한 굵기의 케이블 사용
④ 용접기 외함 및 피용접모재 접지 실시
⑤ 용접기 단자와 케이블 접속단자 절연방호

13 배관용접 작업 중 감전되기 쉬운 장비의 위치를 4가지 쓰시오.

〈화면설명〉

용접용 보안면을 착용한 상태로 용접작업 중 배관은 작업자의 가슴 부분에 위치하고 있고 용접장치 조작스위치는 복부 정도에 위치해 있는 장면이다.

해답

① 용접기 케이스
② 용접봉 홀더
③ 용접용 케이블
④ 용접기의 리드단자

> **TIP** 배관용접 작업 중 작업자가 감전되기 쉬운 부분
> ① 손
> ② 발
> ③ 머리
> ④ 몸

14 작업장에서 교류아크용접기에 설치해야 할 자동전격방지기의 성능기준을 쓰시오.

해답

아크 발생을 중지하였을 때 지동시간이 1.0초 이내에 2차 무부하 전압을 25V 이하로 감압시켜 안전을 유지할 수 있어야 한다.

화면상황 전신주 활선작업 및 형강교체작업

15 활선작업 시 내재되어 있는 사고원인(핵심 위험요인) 3가지를 쓰시오.

〈화면설명〉
전로에 근접한 시설물의 수리작업 장면이다.(전기형강작업)

해답

① 작업자의 복장이 갖추어져 있지 않았다.
② 신호전달이 잘 이루어지지 않았다.
③ 작업자가 안전확인(활선 또는 사선)을 소홀히 했다.

TIP 고압활선작업 시 감전위험방지 조치사항
① 근로자에게 절연용 보호구 착용시키고 절연용 방호구 설치할 것
② 근로자에게 활선작업용 기구를 사용하도록 할 것
③ 근로자에게 활선작업용 장치를 사용하도록 할 것

16 전신주의 형강을 교체하고 있다. 이 작업(정전작업)이 완료한 후 조치사항 3가지를 쓰시오.

해답

① 작업기구, 단락 접지기구 등을 제거하고 전기기기 등이 안전하게 통전될 수 있는지를 확인할 것
② 모든 작업자가 작업이 완료된 전기기기 등에서 떨어져 있는지를 확인할 것
③ 잠금장치와 꼬리표는 설치한 근로자가 직접 철거할 것
④ 모든 이상 유무를 확인한 후 전기기기 등의 전원을 투입할 것

17 전신주의 형강을 교체하고 있다. 정전작업 시(작업 전) 안전조치사항 3가지를 쓰시오.

해답

① 전기기기 등에 공급되는 모든 전원을 관련 도면, 배선도 등으로 확인할 것
② 전원을 차단한 후 각 단로기 등을 개방하고 확인할 것
③ 차단장치나 단로기 등에 잠금장치 및 꼬리표를 부착할 것
④ 개로된 전로에서 유도전압 또는 전기에너지가 축적되어 근로자에게 전기위험을 끼칠 수 있는 전기기기 등은 접촉하기 전에 잔류전하를 완전히 방전시킬 것
⑤ 검전기를 이용하여 작업 대상 기기가 충전되었는지를 확인할 것
⑥ 전기기기 등이 다른 노출 충전부와의 접촉, 유도 또는 예비동력원의 역송전 등으로 전압이 발생할 우려가 있는 경우에는 충분한 용량을 가진 단락 접지기구를 이용하여 접지할 것

18 전기형강 작업 중이다. (1) 정전 위험요인과 (2) 조치사항을 각각 3가지 쓰시오.

〈화면설명〉

작업자 1명은 변압기 위에 올라가서 흡연을 하면서 형강의 볼트를 풀고 있고, 전주의 발판용 볼트에 C.O.S(Cut Out Switch)가 임시로 걸쳐져 있다. 다른 작업자 근처에서는 이동식 크레인에 작업대를 매달고 또 다른 작업을 하고 있는 화면이다.

해답

(1) 위험요인

① 작업 중 흡연으로 불안정
② 작업자가 딛고 선 발판이 불안정
③ C.O.S(Cut Out Switch)를 발판용 볼트에 임시로 걸쳐 놓았음

(2) 조치사항

① 작업 중 흡연을 금지한다.
② 작업발판에 불안정한 자세로 서 있지 않는다.
③ C.O.S(Cut Out Switch)를 발판용 볼트에 임시로 걸쳐 놓지 않는다.

19 정전상태를 확인하면서 작업할 수 있는 안전장치를 쓰시오.

해답

활선접근경보기

20 전주 활선작업에서 감전사고가 발생하였다. 활선작업 시 내재되어 있는 핵심 위험요인을 3가지 쓰시오.

〈화면설명〉

작업자 A는 전주 밑에서 절연방호구를 올리고 작업자 B는 크레인 위에서 물건을 받아 절연방호구 설치 작업을 하다가 감전사고가 발생한 장면이다.

해답

① 크레인 붐대가 활선에 접촉되어 감전의 위험
② 신호전달이 잘 이루어지지 않아 위험
③ 작업자의 복장이 잘 갖추어져 있지 않아 위험

21 작업자가 전주에 올라가다 표지판에 부딪혀 추락하는 재해가 발생하였다. 재해발생 원인을 2가지 쓰시오.

해답

① 전주에 올라갈 때 방해를 주는 표지판을 이설하지 않아 재해 발생
② 전주에 올라갈 때 머리 위의 시야 확보를 소홀히 하여 재해 발생

화면상황 제어실 작업

22 제어실과 작업장이 막혀 있어 원활한 의사소통이 되지 못하고 있다. 이에 대한 대책을 쓰시오.

해답

대화가 가능하도록 대화창을 설치하여 작업에 활용한다.

23 다음 작업상황에서 위험포인트 3가지를 쓰시오.

〈 화 면 설 명 〉

변압기 테스트를 하고 있으며, 방은 두 개로 나누어져 있고 각각의 방에는 한 명의 작업자가 있다. 한 작업자가 다른 방의 작업자에게 수신호로 전달하고 다시 테스트하던 변압기에 손을 대는 순간 감전되는 장면이다.

해답

① 대화창이 설치되어 있지 않아서 의사소통이 원활하지 못했다.
② 수신호만 확인하고 전원이 차단되었는지 재확인하지 않았다.
③ 절연용 보호구를 착용하지 않았다.

24 변압기의 전압을 측정하는 중 발생한 재해이다. (1) 발생원인과 (2) 대책을 3가지씩 쓰시오.

〈 화 면 설 명 〉

작업자 A는 변압기의 전압을 측정하기 위해 유리창 너머의 작업자 B에게 전원을 투입하라는 신호를 보낸 후 측정을 완료하여 다시 차단하라는 신호를 보내고 측정기기를 철거하다가 감전사고가 발생되는 장면이다. (작업자는 맨손으로 작업하고 슬리퍼를 착용하고 있음)

해답

(1) 발생원인
① 작업자가 절연용 보호구를 미착용하였다.

② 작업자 간의 신호전달이 잘 이루어지지 않았다.
③ 작업자가 안전확인을 소홀히 했다.

(2) 대책

① 작업자에게 절연용 보호구를 착용시킨다.
② 작업자 간 신호전달을 확실히 한다.
③ 작업자가 안전확인을 확실히 한다.

화면상황 습윤한 장소에서의 전기작업

25 습윤상태에서 작업 중 감전재해를 당한 사례이다. 동종의 재해가 발생하지 않도록 예방조치사항(감전방지사항)을 3가지만 쓰시오.

〈화면설명〉

단무지가 있고 무릎 정도 물이 차 있는 상태에서 수중펌프 작동과 동시에 감전되는 장면이다.

해답

① 작업 전 모터와 전선의 접속부분의 절연상태 및 피복의 손상 유무를 확인하고 작업 전 펌프의 작동 여부를 확인할 것
② 수중 및 습윤한 장소에서 사용하는 전선은 수분의 침투가 불가능한 것으로 할 것
③ 감전방지용 누전 차단기를 설치할 것

26 작업자가 수중펌프 접속부위에 감전되어 발생한 사고이다. 작업자가 감전사고를 당한 원인(쉽게 감전되는 이유)을 인체의 피부저항과 관련하여 설명하시오.

해답

인체가 젖어 있는 상태에서 피부저항은 보통 상태의 약 1/25로 저하하기 때문에 감전되기 쉽다.

27 작업자가 수중펌프 접속부위에 감전되어 발생한 사고이다. 전원 접속부에 감전사고를 방지하기 위해 설치해야 할 방호조치는 무엇인지 쓰시오.

해답

감전방지용 누전차단기

28 작업자가 수중펌프 접속부위에 감전되어 발생한 사고이다. 습윤한 장소에서 사용되는 이동전선에 대한 사용 전 조치사항을 3가지만 쓰시오.

해답

① 전선의 피복 및 외장의 손상 유무를 점검할 것
② 접속부위의 절연상태를 점검할 것
③ 절연저항을 측정할 것

화면상황 고압전선 인근 작업(항타기, 항발기, 크레인 등)

29 항타기, 항발기 작업 시 충전전로에 근로자 감전위험 발생 우려가 있을 때 사업주의 조치사항(안전작업수칙) 3가지를 쓰시오.

해답

① 차량등을 충전전로의 충전부로부터 300센티미터 이상 이격시켜 유지시키되, 대지전압이 50킬로볼트를 넘는 경우 이격시켜 유지하여야 하는 거리는 10킬로볼트 증가할 때마다 10센티미터씩 증가시켜야 한다.
② 근로자가 차량등의 그 어느 부분과도 접촉하지 않도록 울타리를 설치하거나 감시인 배치 등의 조치를 하여야 한다.
③ 충전전로 인근에서 접지된 차량등이 충전전로와 접촉할 우려가 있을 경우에는 지상의 근로자가 접지점에 접촉하지 않도록 조치하여야 한다.
④ 충전전로에 적합한 절연용 방호구를 설치할 것. 이때의 이격거리는 절연용 방호구 앞면까지로 한다.

30 1만 볼트의 전압이 흐르는 고압선 아래에서 크레인 작업 중 발생한 재해사례이다. 안전대책사항 3가지를 쓰시오.

〈화면설명〉

고압선 아래에서 크레인 작업을 하던 중 붐대기 전선에 닿아 감전되는 장면이다.

해답

① 차량등을 충전전로의 충전부로부터 300센티미터 이상 이격시켜 유지시키되, 대지전압이 50킬로볼트를 넘는 경우 이격시켜 유지하여야 하는 거리는 10킬로볼트 증가할 때마다 10센티미터씩 증가시켜야 한다.
② 근로자가 차량등의 그 어느 부분과도 접촉하지 않도록 울타리를 설치하거나 감시인 배치 등의 조치를 하여야 한다.
③ 충전전로 인근에서 접지된 차량등이 충전전로와 접촉할 우려가 있을 경우에는 지상의 근로자가 접지점에 접촉하지 않도록 조치하여야 한다.
④ 충전전로에 적합한 절연용 방호구를 설치할 것. 이때의 이격거리는 절연용 방호구 앞면까지로 한다.

화면상황 전주작업

31 콘크리트 전주 세우기 작업 도중에 발생한 재해 사례이다. 다음 물음에 답하시오.

(1) 발생한 재해발생 원인 중 직접원인에 해당되는 것을 쓰시오.
(2) 동종재해를 예방하기 위한 대책 중 관리적 대책 3가지를 쓰시오.

〈화면설명〉

항타기로 전주를 조금 움직이는 순간 인접활선 전로에 접촉되어 스파크가 일어나는 장면이다.

해답

(1) 직접원인

① 충전전로에 대한 접근 한계거리 미준수
② 인접 충전전로에 절연용 방호구 미설치

(2) 관리적 대책

① 차량등을 충전전로의 충전부로부터 300센티미터 이상 이격시켜 유지시키되, 대지전압이 50킬로볼트를 넘는 경우 이격시켜 유지하여야 하는 거리는 10킬로볼트 증가할 때마다 10센티미터씩 증가시켜야 한다.

② 근로자가 차량등의 그 어느 부분과도 접촉하지 않도록 울타리를 설치하거나 감시인 배치 등의 조치를 하여야 한다.

③ 충전전로 인근에서 접지된 차량등이 충전전로와 접촉할 우려가 있을 경우에는 지상의 근로자가 접지점에 접촉하지 않도록 조치하여야 한다.

④ 충전전로에 적합한 절연용 방호구를 설치할 것. 이때의 이격거리는 절연용 방호구 앞면까지로 한다.

32 전주를 옮기다가 작업자가 전주에 맞아 사고를 당하였다. 가해물과 전기작업 시 사용할 수 있는 안전모의 종류를 쓰시오.

(1) 재해요인 :
(2) 가해물 :
(3) 전기용 안전모의 종류 :

해답

(1) 재해요인 : 맞음
(2) 가해물 : 전주
(3) 전기용 안전모의 종류 : AE형, ABE형

TIP (1) 맞음(날아오거나 떨어진 물체에 맞음) : 구조물, 기계 등에 고정되어 있던 물체가 중력, 원심력, 관성력 등에 의하여 고정부에서 이탈하거나 또는 설비 등으로부터 물질이 분출되어 사람을 가해하는 경우

(2) 기인물과 가해물

① 기인물 : 직접적으로 재해를 유발하거나 영향을 끼친 에너지원(운동, 위치, 열, 전기 등)을 지닌 기계 · 장치, 구조물, 물체 · 물질, 사람 또는 환경 들을 말한다.

② 가해물 : 사람에게 직접적으로 상해를 입힌 기계, 장치, 구조물, 물체 · 물질, 사람 또는 환경요인을 말한다.

(3) 추락 및 감전위험방지용 안전모의 종류

종류(기호)	사용 구분
AB	물체의 낙하 또는 비래 및 추락에 의한 위험을 방지 또는 경감시키기 위한 것
AE	물체의 낙하 또는 비래에 의한 위험을 방지 또는 경감하고, 머리부위 감전에 의한 위험을 방지하기 위한 것
ABE	물체의 낙하 또는 비래 및 추락에 의한 위험을 방지 또는 경감하고, 머리부위 감전에 의한 위험을 방지하기 위한 것

화면상황 승강기 패널 점검작업

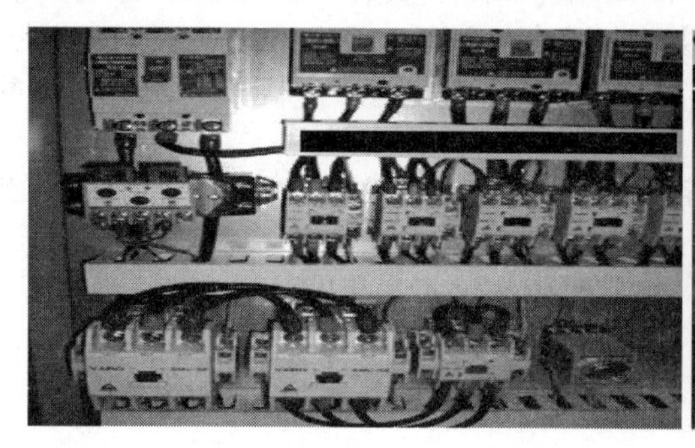
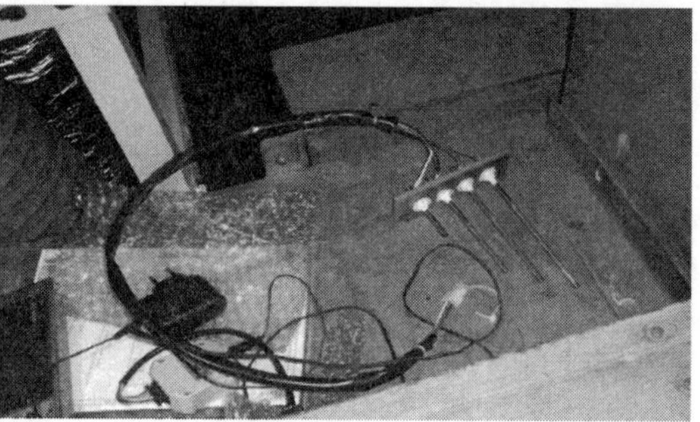

33 승강기 컨트롤 패널 점검 중 발생한 재해사례이다. 감전방지대책을 3가지만 쓰시오.

〈화면설명〉

개폐기에는 통전중이라는 표지가 붙어 있고 작업자는 면장갑을 착용하고 있으며 개폐기 문을 열어 전원을 차단하고 문을 닫은 후 다른 패널에서 작업하다가 감전재해가 발생한 장면이다.

해답

① 전기기기 등에 공급되는 모든 전원을 관련 도면, 배선도 등으로 확인할 것
② 전원을 차단한 후 각 단로기 등을 개방하고 확인할 것
③ 차단장치나 단로기 등에 잠금장치 및 꼬리표를 부착할 것
④ 개로된 전로에서 유도전압 또는 전기에너지가 축적되어 근로자에게 전기위험을 끼칠 수 있는 전기기기 등은 접촉하기 전에 잔류전하를 완전히 방전시킬 것
⑤ 검전기를 이용하여 작업 대상 기기가 충전되었는지를 확인할 것
⑥ 전기기기 등이 다른 노출 충전부와의 접촉, 유도 또는 예비동력원의 역송전 등으로 전압이 발생할 우려가 있는 경우에는 충분한 용량을 가진 단락 접지기구를 이용하여 접지할 것

34 승강기 컨트롤 패널 점검 중 발생한 재해사례이다. 화면에서와 같이 인체의 일부 또는 전체에 전기가 흐르는 것을 감전이라 하는데, 이러한 감전으로 인하여 사람이 받는 충격을 무엇이라 하는지 쓰시오. (감전의 원인을 쓰시오.)

해답

잔류전하에 의한 감전

35 승강기 컨트롤 패널 점검 중 발생한 재해사례이다. 다음 물음에 답하시오.

(1) 사고유형
(2) 가해물

해답

(1) 사고유형 : 감전
(2) 가해물 : 전류 또는 전기

TIP (1) 감전 : 전기 접촉이나 방전에 의해 사람이 충격을 받은 경우
(2) 기인물과 가해물
① 기인물 : 직접적으로 재해를 유발하거나 영향을 끼친 에너지원(운동, 위치, 열, 전기 등)을 지닌 기계 · 장치, 구조물, 물체 · 물질, 사람 또는 환경 들을 말한다.
② 가해물 : 사람에게 직접적으로 상해를 입힌 기계, 장치, 구조물, 물체·물질, 사람 또는 환경요인을 말한다.

PART 01 PART 02 PART 03 PART 04

화면상황 MCC 패널 차단기 작업

36 MCC 패널 차단기에 전원을 투입하여 발생한 재해사례이다. 재해를 방지할 수 있는 대책을 3가지 쓰시오.

〈화면설명〉

작업자가 MCC 패널의 문을 열고 스피커를 통해 나오는 지시사항을 정확히 듣지 못한 상태에서 2개의 차단기 중 하나에 전원을 투입하여 위험상황이 발생했는지 당황하고 있는 장면이다.

해답

① 각 차단기별로 회로명을 표기하여 오동작을 방지한다.
② 작업자에게 당해 작업 시의 전기위험에 대한 안전교육을 실시한다.
③ 작업자 간의 정확성을 기하기 위해 무전기 등 연락 가능 장비를 이용하여 여러 차례 확인한다.
④ 잠금장치 및 표찰을 사용하여 해당자 이외에 오작동을 방지한다.
⑤ 내전압용 절연장갑을 착용하고 작업을 하도록 한다.
⑥ 확실한 지시가 아닐 경우 반드시 다시 확인 후 작업을 실시한다.

화면상황 가설전선작업

37 도로상 가설전선 점검작업 중 발생한 재해사례이다.

(1) 감전사고 예방대책 3가지를 쓰시오.
(2) 재해형태 및 정의를 쓰시오.

〈 화 면 설 명 〉

절연테이프로 전선과 전선을 연결한 부분을 작업자가 만지다가 감전사고를 일으키는 장면이다.

해답

(1) 예방대책

① 이동전선 절연조치를 할 것
② 감전방지용 누전차단기를 설치할 것
③ 작업근로자는 감전에 대비한 절연보호구를 착용할 것
④ 정전작업을 실시할 것(정전조치 후 작업을 실시할 것)

(2) 재해형태 및 정의

① 재해형태 : 감전
② 정의 : 전기 접촉이나 방전에 의해 사람이 충격을 받은 경우

화면상황 사출성형기 작업

38 **사출성형기 작업 중 감전재해가 발생한 재해사례이다. (1) 재해발생 방지대책(예방대책) 3가지와 (2) 기인물과 가해물에 대해 쓰시오.**

〈화면설명〉

사출성형기 노즐 충전부의 이물질을 제거하다 감전사고가 발생한 장면이다.

해답

(1) 재해발생 방지대책

① 작업시작 전 전원을 차단한다.

② 작업 시 절연용 보호구를 착용한다.

③ 금형에서 이물질 제거 시 전용공구를 사용한다.

(2) 기인물과 가해물

① 기인물 : 사출성형기

② 가해물 : 사출성형기 노즐 충전부

TIP (1) 기인물과 가해물

① 기인물 : 직접적으로 재해를 유발하거나 영향을 끼친 에너지원(운동, 위치, 열, 전기 등)을 지닌 기계, 장치, 구조물, 물체 · 물질, 사람 또는 환경 등을 말한다.

② 가해물 : 사람에게 직접적으로 상해를 입힌 기계, 장치, 구조물, 물체 · 물질, 사람 또는 환경요인을 말한다.

(2) 재해의 발생원인

① 작업 시 전원을 차단하지 않았다.

② 보호구를 착용하지 않고 맨손으로 작업을 하였다.

③ 전용공구 등을 사용하지 않고 손으로 청소를 하였다.

화면상황 전동권선기 작업

39 **작업자가 전동권선기에 동선을 감는 작업 중 기계가 정지하여 점검 중 발생한 재해사례이다. (1) 재해발생 형태와 (2) 재해발생 원인이 무엇인지 2가지를 기술하시오.**

해답

(1) 재해발생 형태

감전

(2) 재해발생 원인

① 내전압용 절연장갑을 착용하지 않고 맨손으로 작업을 실시함
② 전원을 차단하지 않고 기계점검을 실시함

TIP 감전 : 전기 접촉이나 방전에 의해 사람이 충격을 받은 경우

화면상황 퓨즈 교체작업

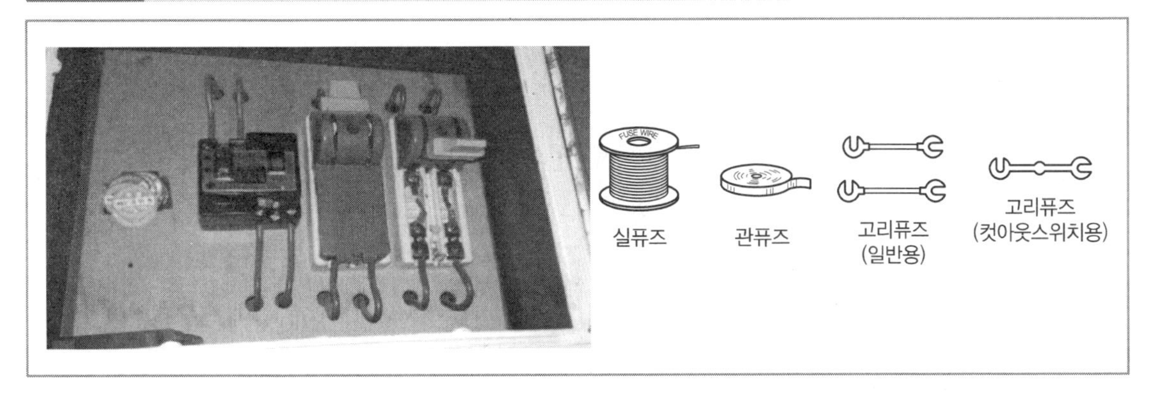

40 작업자가 퓨즈 교체작업을 하던 중 감전사고가 발생했다. 감전의 원인을 2가지 쓰시오.

해답

① 전원을 차단하지 않고 퓨즈 교체작업을 하였다.
② 절연용 보호구를 미착용 하였다.

41 퓨즈 교체작업 중 감전사고가 발생했다. (1) 신체부위 보호구의 종류, (2) 산업안전보건법상 감전방지용 누전차단기 설치장소 3가지를 쓰시오.

(1) 신체부위 보호구
  ① 머리 :
  ② 손 :
  ③ 발 :
(2) 누전차단기 설치 장소

해답

(1) 신체부위 보호구
  ① 절연안전모
  ② 내전압용 절연장갑
  ③ 절연화

(2) 감전방지용 누전차단기 설치장소
  ① 대지전압이 150볼트를 초과하는 이동형 또는 휴대형 전기기계 · 기구
  ② 물 등 도전성이 높은 액체가 있는 습윤장소에서 사용하는 저압용 전기기계 · 기구
  ③ 철판 · 철골 위 등 도전성이 높은 장소에서 사용하는 이동형 또는 휴대형 전기기계 · 기구
  ④ 임시배선의 전로가 설치되는 장소에서 사용하는 이동형 또는 휴대형 전기기계 · 기구

화면상황 건물 옥상 변전실 작업

42 **건물 옥상 변전실 근처에서 공놀이를 하다가 발생한 재해사례이다. (1) 예상되는 재해의 종류와 (2) 재해방지대책(안전대책) 3가지를 쓰시오.**

〈화면설명〉

① 변전실 주위에서 작업자들이 공놀이를 하다가 변전실로 들어간 공을 줍기 위해 출입문을 통해 들어가서 공을 꺼내는 장면이다.
② 변전실 시건장치가 없다.

해답

(1) 재해의 종류

감전

(2) 재해방지대책

① 변전실에 관계자 외 출입금지를 위해 출입구에 잠금장치를 한다.
② 전원을 차단하고 정전을 확인한 후 작업자로 하여금 공을 제거하도록 한다.
③ 변전실 근처에서 공놀이를 할 수 없도록 안전표지판을 부착한다.
④ 작업자들에게 변전실 전기위험에 대한 안전교육을 실시한다.

TIP 감전 : 전기 접촉이나 방전에 의해 사람이 충격을 받은 경우

화면상황 임시배전반 작업

PART 01 PART 02 PART 03 PART 04

43 임시배전반의 작업 중 발생한 재해사례이다. 위험요인 2가지를 쓰시오.

〈화면설명〉

임시배전반에서 맨손으로 드라이버를 가지고 작업을 하던 중 동료가 와서 문을 닫는 과정에서 손이 컨트롤 박스 문에 끼어 감전이 발생하는 장면이다.

해답

① 내전압용 절연장갑 등 보호구를 착용하지 않고 맨손으로 작업을 실시하여 감전의 위험이 있다.
② 보수 작업임을 나타내는 표지판 미설치 및 감시인을 미배치하였다.
③ 점검 시 주 전원을 차단하지 않아 위험이 있다.

TIP (1) 재해발생형태 : 감전
(2) 정의 : 전기 접촉이나 방전에 의해 사람이 충격을 받은 경우

화면상황 그라인더 작업(분전반 앞)

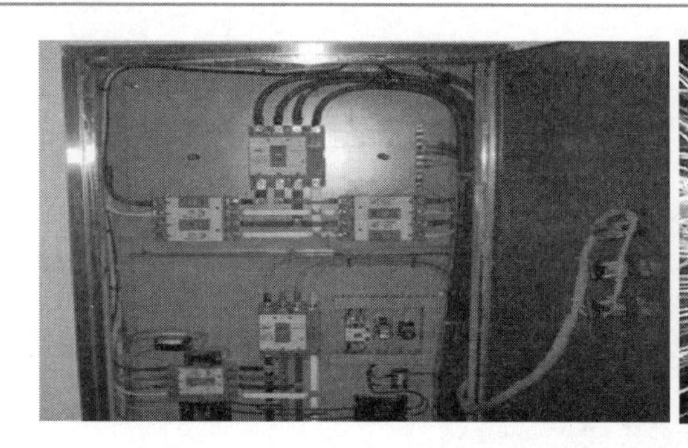

44 분전반 앞 그라인더 작업에서의 재해발생 원인(위험요인)을 2가지 쓰시오.

〈화면설명〉

분전반 앞에서 작업자 1명이 그라인더 작업 중이고 다른 1명의 작업자가 전기기구를 사용하려고 맨손으로 콘센트를 잡고 차단기를 올리다가 감전되는 장면이다.

해답

① 내전압용 절연장갑을 착용하지 않고 맨손으로 작업을 실시함
② 전기기계기구의 점검 불량

화면상황 방전가공기 작업

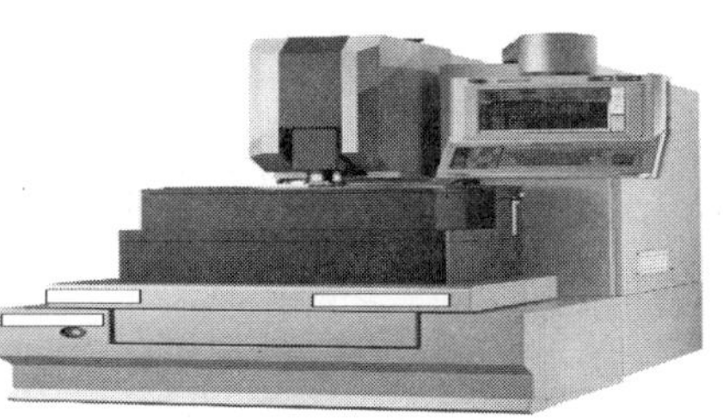

45 금형제조를 위하여 방전가공기를 사용하던 중 발생한 재해사례이다. 재해발생의 원인을 2가지만 쓰시오.

〈화면설명〉

작업자는 계속 천을 이용하여 맨손으로 이물질을 직접 제거하고 있으며, 금형의 한쪽에서는 연기가 조금씩 나는 과정에서 작업자가 금형을 만지다 감전되는 장면이다.

해답

① 작업자는 내전압용 절연장갑 등 절연용 보호구를 착용하지 않았다.
② 청소하기 전 전원을 차단하지 않고 작업을 실시하였다.

03 화학설비위험 방지기술

화면상황 크롬 도금 작업

01 크롬 도금 작업에서 주의사항 4가지를 기술하시오.

해답

① 국소배기장치를 도금조에 가장 근접하게 설치하고, 작업시간 동안 정상적으로 가동하는지 여부를 수시로 확인한다.
② 각종 스위치 등 전기시설 취급 시 젖은 손으로 조작하지 않는다.
③ 도금액을 옮길 때는 규정된 배관을 사용하고 고무호스 등의 사용을 금한다.
④ 도금작업장의 바닥은 불침투성의 재료로 하고, 작업 시 누출된 도금액은 즉시 세척하여 제거한다.

02 크롬 도금을 실시하는 작업현장에서 크롬 또는 크롬화합물의 퓸, 분진, 미스트를 장기간 흡입하여 발생되는 (1) 직업병과 (2) 증상은 무엇인가?

해답

(1) 직업병

비중격천공증

(2) 증상

코 내부의 물렁뼈에 구멍이 생기는 증상

03 (1) 장기간 근무할 경우 크롬화합물이 작업자의 체내에 유입될 수 있다. 크롬의 침입 경로 3가지를 쓰시오.

(2) 실험실에서 황산을 비커에 따르고 있으며, 작업자는 맨손이고 마스크를 미착용하고 있다. 인체로 흡수되는 경로를 쓰시오.

(3) 작업자가 유해한 화학물질을 아무런 보호구 없이 맨손으로 취급하며 작업하고 있다. 유해물질이 흡수되는 경로를 쓰시오.

해답

호흡기 – 소화기 – 피부점막

PART 01 PART 02 PART 03 PART 04

04 크롬도금 공정 중에 도금의 상태를 검사하는 내용이다. 도금조에 적합한 국소배기장치의 (1) 종류 3가지와 (2) 크롬산 미스트의 발생을 억제하는 방법을 쓰시오.

해답

(1) 국소배기장치명

① PUSH – PULL, ② 측방형, ③ 슬롯형

(2) 미스트 발생 억제방법

크롬도금조에 소형 플라스틱 볼을 넣어 크롬산 미스트가 발생되는 표면적을 최대한 줄여 크롬산 미스트 발생량을 최소화하고, 계면활성제를 도금액과 함께 투입하여 크롬산 미스트의 발생을 억제토록 한다.

05 작업장에 국소배기장치를 설치할 때 준수하여야 할 사항 3가지를 쓰시오.

해답

① 후드는 유해물질이 발생하는 곳마다 설치할 것
② 외부식 또는 리시버식 후드는 해당 분진 등의 발산원에 가장 가까운 위치에 설치할 것
③ 덕트는 가능하면 길이는 짧게 하고 굴곡부의 수는 적게 할 것
④ 덕트는 청소구를 설치하는 등 청소하기 쉬운 구조로 할 것
⑤ 공기정화장치를 설치하는 경우 정화 후의 공기가 통하는 위치에 배풍기를 설치할 것
⑥ 분진 등을 배출하기 위하여 설치하는 국소배기장치의 배기구는 직접 외부로 향하도록 개방하여 실외에 설치할 것

TIP (1) 후드의 설치기준
① 유해물질이 발생하는 곳마다 설치할 것
② 유해인자의 발생형태와 비중, 작업방법 등을 고려하여 해당 분진 등의 발산원을 제어할 수 있는 구조로 설치할 것
③ 후드(Hood) 형식은 가능하면 포위식 또는 부스식 후드를 설치할 것
④ 외부식 또는 리시버식 후드는 해당 분진 등의 발산원에 가장 가까운 위치에 설치할 것

(2) 덕트의 설치기준
① 가능하면 길이는 짧게 하고 굴곡부의 수는 적게 할 것
② 접속부의 안쪽은 돌출된 부분이 없도록 할 것
③ 청소구를 설치하는 등 청소하기 쉬운 구조로 할 것
④ 덕트 내부에 오염물질이 쌓이지 않도록 이송속도를 유지할 것
⑤ 연결 부위 등은 외부 공기가 들어오지 않도록 할 것

(3) 배풍기 : 국소배기장치에 공기정화장치를 설치하는 경우 정화 후의 공기가 통하는 위치에 배풍기를 설치하여야 한다. 다만, 빨아들여진 물질로 인하여 폭발할 우려가 없고 배풍기의 날개가 부식될 우려가 없는 경우에는 정화 전의 공기가 통하는 위치에 배풍기를 설치할 수 있다.

(4) 배기구 : 분진 등을 배출하기 위하여 설치하는 국소배기장치(공기정화장치가 설치된 이동식 국소배기장치는 제외)의 배기구를 직접 외부로 향하도록 개방하여 실외에 설치하는 등 배출되는 분진 등이 작업장으로 재유입되지 않는 구조로 하여야 한다.

화면상황 밀폐공간 작업

06 산소결핍작업에서 퍼지를 하고 있다. 다음의 내용과 연관하여 퍼지 작업의 목적을 쓰시오.

〈 화 면 설 명 〉

헬륨, 아르곤, 질소, 탄산가스 그 밖의 불활성가스가 들어있었던 보일러 또는 탱크 시설의 내부작업을 위해 퍼지를 하고 있는 장면이다.

(1) 가연성 가스 및 지연성 가스의 경우
(2) 독성 가스의 경우
(3) 불활성 가스의 경우

해답

① 가연성 가스 및 지연성 가스의 경우 : 화재폭발사고의 방지
② 독성 가스의 경우 : 중독사고의 방지
③ 불활성 가스의 경우 : 산소결핍에 의한 사고의 방지

07 퍼지작업의 종류 3가지를 쓰시오.

해답

① 진공퍼지
② 압력퍼지
③ 스위프 퍼지
④ 사이폰 퍼지

08 밀폐공간에서의 작업에서 핵심 위험요인 3가지를 쓰시오.

해답

① 밀폐공간은 산소결핍의 위험성이 있다.
② 유독가스가 있는 경우 작업자가 질식, 중독될 수 있다.
③ 밀폐공간에 가연성 가스가 있는 경우 스파크, 정전기에 의해 폭발할 수 있다.

09 밀폐작업장의(산소 결핍 장소) 경우 작업 전 산소농도 및 유해가스농도를 반드시 측정해야 한다. 산소농도가 몇 % 미만일 때 환기를 실시해야 하는가?

해답

18% 미만

10 밀폐공간에서 작업을 하고 있다. 보기의 ( ) 안에 알맞은 숫자를 쓰시오.

〈 화 면 설 명 〉

"적정공기"라 함은 산소농도의 범위가 (①)[%] 이상, (②)[%] 미만, 탄산가스의 농도가 (③)[%] 미만, 일산화탄소의 농도가 (④)[ppm] 미만, 황화수소의 농도가 (⑤)[ppm] 미만인 수준의 공기를 말한다.

해답

① 18
② 23.5
③ 1.5
④ 30
⑤ 10

11 밀폐공간의 작업 시 안전작업수칙(산소 결핍 장소에서의 안전작업수칙) 3가지를 쓰시오.

해답

① 작업 시작 전 및 작업 중에 해당 작업장을 적정공기 상태가 유지되도록 환기하여야 한다.
② 근로자를 입장시킬 때와 퇴장시킬 때마다 인원을 점검하여야 한다.
③ 관계 근로자가 아닌 사람의 출입을 금지하고, 출입금지 표지를 밀폐공간 근처의 보기 쉬운 장소에 게시하여야 한다.
④ 작업을 하는 동안 작업상황을 감시할 수 있는 감시인을 지정하여 밀폐공간 외부에 배치하여야 한다.
⑤ 작업을 하는 동안 그 작업장과 외부의 감시인 간에 항상 연락을 취할 수 있는 설비를 설치하여야 한다.
⑥ 산소결핍이나 유해가스로 인하여 추락할 우려가 있는 경우에는 해당 근로자에게 안전대나 구명밧줄, 공기호흡기 또는 송기마스크를 지급하여 착용하도록 하여야 한다.
⑦ 안전대나 구명밧줄을 착용하도록 하는 경우에 이를 안전하게 착용할 수 있는 설비 등을 설치하여야 한다.
⑧ 작업을 하는 경우에 공기호흡기 또는 송기마스크, 사다리 및 섬유로프 등 비상시에 근로자를 피난시키거나 구출하기 위하여 필요한 기구를 갖추어 두어야 한다.

12 산소 결핍 장소(밀폐된 공간)에서 그라인더 작업 시 (1) 위험요인, (2) 조치사항을 3가지 쓰시오.

〈화면설명〉

탱크 내부의 밀폐공간에서 그라인더 작업을 하고 있고, 다른 작업자가 국소배기장치를 발로 차서 전원 공급의 중단으로 내부 작업자가 의식을 잃고 쓰러지는 장면이다.

해답

(1) 위험요인

① 작업 시작 전 산소농도 및 유해가스 농도 등의 미측정과 작업 중에도 계속 환기를 시키지 않아 위험하다.
② 환기를 실시할 수 없거나 산소결핍 위험장소에 들어갈 때 공기호흡기 또는 송기마스크 등 보호구를 착용하지 않아 위험하다.
③ 국소배기장치의 전원부에 잠금장치가 없고, 감시인을 배치하지 않아 위험하다.

(2) 조치사항

① 작업 시작 전 산소농도 및 유해가스 농도 등을 측정하고 작업 중에도 계속 환기를 시킨다.
② 환기를 실시할 수 없거나 산소결핍 위험장소에 들어갈 때 공기호흡기 또는 송기마스크 등 보호구를 반드시 착용시킨다.
③ 국소배기장치의 전원부에 잠금장치를 하고 감시인을 배치시킨다.

13 작업현장(밀폐공간)에서 관리감독자의 직무 3가지를 쓰시오.

〈화면설명〉

밀폐공간에서 작업자가 이동 중에 국소배기장치를 발로 차서 전원공급의 중단으로 용접하는 작업자가 질식하는 장면이다.

해답

① 산소가 결핍된 공기나 유해가스에 노출되지 않도록 작업 시작 전에 해당 근로자의 작업을 지휘하는 업무
② 작업을 하는 장소의 공기가 적절한지를 작업 시작 전에 측정하는 업무
③ 측정장비 · 환기장치 또는 공기호흡기 또는 송기마스크를 작업 시작 전에 점검하는 업무
④ 근로자에게 공기호흡기 또는 송기마스크의 착용을 지도하고 착용 상황을 점검하는 업무

화면상황 화학물질 취급작업

14 유해물(화학물질) 취급 시 일반적인 주의사항 3가지를 쓰시오.

해답

① 유해물질에 대한 사전 조사
② 유해물 발생원인 봉쇄
③ 작업공정의 은폐, 작업장의 격리
④ 유해물의 위치, 작업공정의 변경
⑤ 실내환기와 점화원의 제거
⑥ 환경의 정돈과 청소

15 DMF 등 유해물(화학물질) 취급 시(제조, 수입, 운반, 저장) 취급 근로자가 쉽게 볼 수 있는 장소에 게시 또는 비치 사항을 3가지 쓰시오.

해답

① 대상화학물질의 명칭
② 구성성분의 명칭 및 함유량
③ 안전 · 보건상의 취급주의사항
④ 건강 유해성 및 물리적 위험성

16 작업자가 DMF를 옮기고 있다. DMF 사용 작업장에 물질안전보건자료를 비치 · 게시 · 정기 · 수시로 관리해야 하는 장소를 3가지 쓰시오.

해답

① 대상화학물질 취급작업 공정 내
② 안전사고 또는 직업병 발생 우려가 있는 장소
③ 사업장 내 근로자가 가장 보기 쉬운 장소

17 유리병을 황산(H_2SO_4)에 세척 시 발생하는 (1) 재해형태, (2) 정의를 쓰시오.

해답

(1) 재해형태 : 유해 · 위험물질 노출 · 접촉

(2) 정의 : 유해 · 위험물질에 노출 · 접촉 또는 흡입하였거나 독성 동물에 쏘이거나 물린 경우

화면상황 LPG가스 누출사고

18 공기 중에 LP가스가 누출되었다. 공기와 혼합된 기체의 조성이 공기 50%, 프로판 45%, 부탄 5%라 가정할 때의 혼합된 가스의 폭발하한계를 구하시오.(단, 공기 중 프로판 및 부탄의 폭발하한계는 2.1%, 1.8%이다.)

해답

① 프로판가스의 조성 : $\frac{45}{50} \times 100 = 90$

② 부탄가스의 조성 : $\frac{5}{50} \times 100 = 10$

③ 혼합가스의 폭발하한계 : $L = \dfrac{100}{\frac{V_1}{L_1} + \frac{V_2}{L_2} + \cdots\cdots + \frac{V_n}{L_n}} = \dfrac{100}{\frac{90}{2.1} + \frac{10}{1.8}} = 2.07(\%)$

TIP 공기가 포함되어 있으면 공기를 제외하고 분포비를 구한다.
예 공기 50%, 프로판 45%, 부탄 5%라 가정하면

① 프로판가스의 조성 : $\frac{45}{50}\times 100 = 90$ 여기서 50은 프로판+부탄

② 부탄가스의 조성 : $\frac{5}{50}\times 100 = 10$ 여기서 50은 프로판+부탄

19 대기 중에 LPG가 누출되어 사고가 발생한 재해사례이다. LPG의 주성분인 프로판(C_3H_8)가스의 최소 산소농도(MOC)를 계산하시오.(단, 프로판의 연소범위는 2.1~9.5vol%, 연소반응식은$C_3H_8 + 5O_2 \rightarrow 3CO_2 + 4H_2O$)

해답

최소산소농도(MOC) = 연소하한계×산소의 화학양론적 계수

∴ MOC = 2.1× 5 = 10.5(vol%)

TIP 산소의 화학양론적 계수

① 프로판(C_3H_8) – 산소의 화학양론적 계수 : 5
$C_3H_8 + 5O_2 \rightarrow 3CO_2 + 4H_2O$

② 부탄(C_4H_{10}) : – 산소의 화학양론적 계수 : 6.5
$C_4H_{10} + 6.5O_2 \rightarrow 4CO_2 + 5H_2O$

③ 메탄올(CH_3OH) : – 산소의 화학양론적 계수 : 1.5
$CH_3OH + 1.5O_2 \rightarrow CO_2 + 2H_2O$

20 대기 중에 LPG가 누출되어 사고가 발생한 재해사례이다. (1) 재해발생 형태와 (2) 기인물은 무엇인지 쓰시오.

해답

(1) 재해발생 형태 : 폭발
(2) 기인물 : LPG

TIP (1) 폭발
압력의 급격한 발생 또는 개방으로 폭음을 수반한 팽창이 일어나는 경우

(2) 기인물과 가해물
① 기인물 : 직접적으로 재해를 유발하거나 영향을 끼친 에너지원(운동, 위치, 열, 전기 등)을 지닌 기계, 장치, 구조물, 물체 · 물질, 사람 또는 환경 등을 말한다.
② 가해물 : 사람에게 직접적으로 상해를 입힌 기계, 장치, 구조물, 물체 · 물질, 사람 또는 환경요인을 말한다.

21 프로판(LPG)가스 용기의 저장소로서 부적절한 장소 3가지를 기술하시오.

〈 화 면 설 명 〉

작업자가 LPG 저장소의 문을 열고 들어가려고 하는데 너무 어두워 스위치를 눌러 불을 점등하는 순간 스파크로 인해 폭발이 일어나는 장면이다.

해답

① 통풍이나 환기가 불충분한 장소
② 화기를 사용하는 장소 및 그 부근
③ 위험물 또는 인화성 액체를 취급하는 장소 및 그 부근

PART 01 PART 02 PART 03 PART 04

22 LPG 저장소에서 전기스파크에 의해 폭발사고가 발생한 상황이다. 가압상태의 저장용기에 저장된 LPG가 대기 중에 유출되어 순간적으로 기화가 일어나 점화원에 의해 발생하는 폭발을 무슨 현상이라 하는가?

해답

증기운 폭발(UVCE)

TIP 가스저장탱크에서 일어나는 현상

구분	내용
UVCE (개방계 증기운 폭발)	가연성 가스 또는 기화하기 쉬운 가연성 액체 등이 저장된 고압가스 용기(저장탱크)의 파괴로 인하여 대기 중으로 유출된 가연성 증기가 구름을 형성(증기운)한 상태에서 점화원이 증기운에 접촉하여 폭발하는 현상
BLEVE (비등액 팽창증기 폭발)	비등점이 낮은 인화성액체 저장탱크가 화재로 인한 화염에 장시간 노출되어 탱크 내 액체가 급격히 증발하여 비등하고 증기가 팽창하면서 탱크 내 압력이 설계압력을 초과하여 폭발을 일으키는 현상

23 LPG 저장소에 가스누출감지경보기의 미설치로 인해 발생한 재해사례이다. 가스누출감지경보기의 적정한 (1) 설치위치와 폭발범위에 대한 (2) 경보설정치는 폭발하한계의 몇 %인가?

해답

① 설치위치 : LPG는 공기보다 무거우므로 바닥에 인접한 낮은 곳에 설치한다.
② 경보설정치 : 폭발하한계 25% 이하

화면상황 화학설비

24 화학설비의 종류 3가지를 쓰시오.

해답

① 반응기 · 혼합조 등 화학물질 반응 또는 혼합장치
② 증류탑 · 흡수탑 · 추출탑 · 감압탑 등 화학물질 분리장치
③ 저장탱크 · 계량탱크 · 호퍼 · 사일로 등 화학물질 저장설비 또는 계량설비
④ 응축기 · 냉각기 · 가열기 · 증발기 등 열교환기류
⑤ 고로 등 점화기를 직접 사용하는 열교환기류
⑥ 캘린더(calender) · 혼합기 · 발포기 · 인쇄기 · 압출기 등 화학제품 가공설비
⑦ 분쇄기 · 분체분리기 · 용융기 등 분체화학물질 취급장치
⑧ 결정조 · 유동탑 · 탈습기 · 건조기 등 분체화학물질 분리장치
⑨ 펌프류 · 압축기 · 이젝터(ejector) 등의 화학물질 이송 또는 압축설비

25 특수화학설비 내부의 이상상태를 조기에 파악하기 위하여 설치해야 할 장치(방호장치, 안전장치) 3가지를 쓰시오.

해답

① 온도계 · 유량계 · 압력계 등의 계측장치
② 자동경보장치
③ 긴급차단장치
④ 예비동력원

TIP 특수화학설비 내부의 이상상태를 조기에 파악하기 위하여 설치해야 할 계측장치
① 온도계, ② 유량계, ③압력계

화면상황 석면 취급 작업

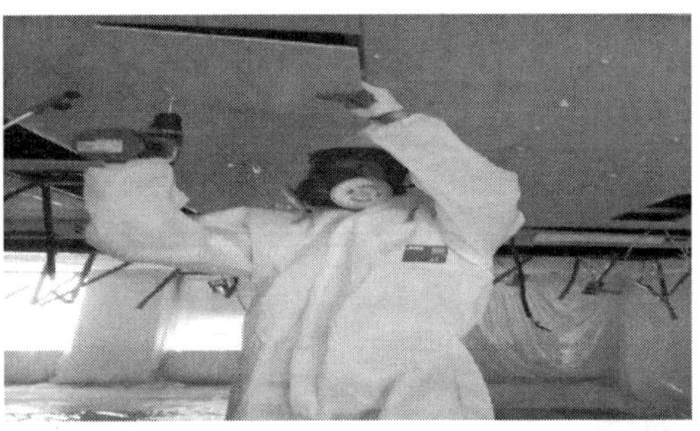

26 석면 취급 작업과정을 보여주고 있다. 이 작업의 안전작업수칙(안전작업 방법)에 대하여 3가지를 쓰시오.

해답

① 석면을 사용하는 장소를 다른 작업장소와 격리하여야 한다.
② 작업장소의 바닥재료는 불침투성 재료를 사용하고 청소하기 쉬운 구조로 하여야 한다.
③ 석면을 사용하는 설비 중 근로자가 상시 접근할 필요가 없는 설비는 밀폐된 장소에 설치하여야 한다.
④ 석면분진이 흩날릴 우려가 있는 작업을 하는 장소에는 국소배기장치를 설치 · 가동하여야 한다.
⑤ 석면이 흩날리지 않도록 습기를 유지하여야 한다.
⑥ 석면을 함유하는 폐기물은 새지 않도록 불침투성 자루 등에 밀봉하여 보관하여야 한다.
⑦ 근로자가 담배를 피우거나 음식물을 먹지 않도록 하여야 한다.

TIP 석면해체 · 제거작업 시 개인보호구
① 방진마스크(특등급만 해당)
② 송기마스크 또는 전동식 호흡보호구[전동식 방진마스크(전면형 특등급만 해당)
③ 고글(Goggles)형 보호안경(근로자의 눈 부분이 노출될 경우에만 지급)
④ 신체를 감싸는 보호복, 보호장갑 및 보호신발

27 **(1) 작업자가 마스크를 착용하고 있으나 석면분진폭로 위험성에 노출되어 있어 직업성 질환으로 이환될 우려가 있다. 그 이유를 설명하고, 장기간 폭로 시 어떤 종류의 직업병이 발생할 위험이 있는지 3가지를 쓰시오.**

(2) 자동차 브레이크 라이닝 패드를 제작하는 과정 중 석면 사용에 관한 사항을 보여주고 있다. 석면분진에 폭로 시 발생위험이 높은 질병 3가지를 쓰시오.

> (1) 이유 :
> (2) 직업병 :

해답

(1) 이유 : 작업자가 착용한 마스크는 방진마스크가 아니기 때문에 석면 분진이 마스크를 통해 흡입될 수 있다.

(2) 직업병 : ① 폐암
② 석면폐증
③ 악성 중피종

화면상황 인화성 물질 취급작업

28 인화성 물질의 취급 및 저장소이다. 인화성 물질의 증기, 가연성 가스 또는 가연성 분진이 존재하여 폭발 또는 화재가 발생할 우려가 있을 경우 다음 물음에 답하시오.

(1) 폭발의 핵심위험요인이 무엇인지 쓰시오.
(2) 인화성 물질 저장 시 누출에 대비하여 바닥이나 피트 등에 확산되지 않도록 경사 또는 턱을 설치토록 되어 있다. 이때 턱의 높이는 몇 cm이상인가?
(3) 예방대책을 3가지 쓰시오.

〈 화 면 설 명 〉

인화성 물질 저장창고에 인화성 물질이 들어 있는 드럼통이 여러 개 있고 작업자가 인화성 물질이 든 운반용 캔을 운반하던 중 잠시 휴식을 취하려고 드럼통 옆에서 옷을 벗는 순간 "펑" 하고 폭발하는 장면이다.

해답

(1) 핵심위험요인

발화원에 접촉 시 폭발위험이 있다.

(2) 턱의 높이

15cm 이상

(3) 예방대책

① 환풍기, 배풍기 등 환기장치를 적절하게 설치해야 한다.
② 증기나 가스에 의한 폭발이나 화재를 미리 감지하기 위하여 가스검지 및 경보장치를 설치하여야 한다.
③ 인화성 물질 용기에 밀폐를 확실히 하고, 작업자에게 인화성 물질에 대한 안전교육을 실시한다.

29 위험물을 다루는 바닥이 갖추어야 할 조건 2가지를 쓰시오.

〈 화 면 설 명 〉

위험물질 실험실에서 위험물이 들어 있는 병을 발로 차서 깨트리는 장면이다.

해답

① 누출 시 액체가 확산되지 않도록 경사 또는 턱의 높이를 15cm 이상으로 설치한다.
② 바닥은 불침투성 재료로 하고, 턱이 있는 쪽이 낮게 경사지게 한다.

화면상황 자동차부품 도색 작업

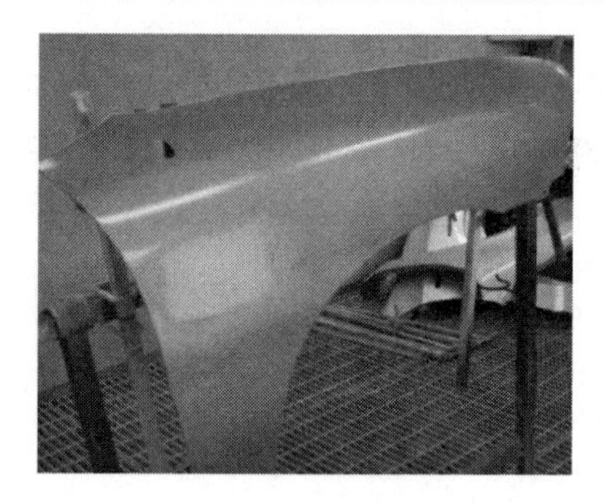

30 자동차 부품을 도금 후 세척하는 과정을 보여주고 있다. 위험예지훈련을 하고자 한다면 연관된 (1) 행동목표 2가지와 (2) 일어날 수 있는 재해유형을 쓰시오.

〈 화 면 설 명 〉

운동화를 착용하고 담배를 피우면서 작업을 하는 장면이다.

해답

(1) 행동목표

① 작업 중 흡연을 하지 말자.
② 세척 작업 시 불침투성 보호장화를 착용하자.

(2) 재해유형

화재 및 폭발

화면상황 배관용접작업

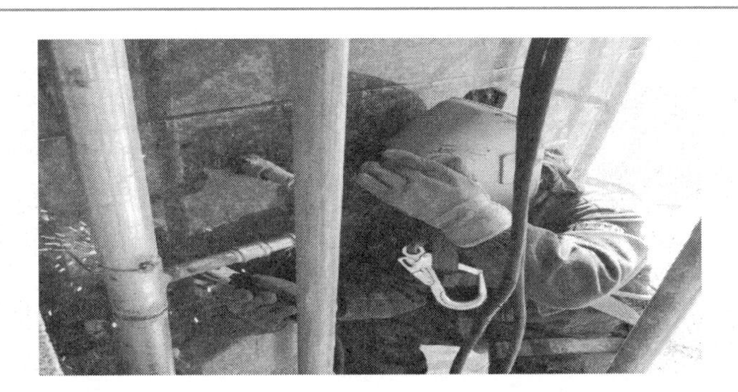

31 대형 관을 연결하기 위하여 작업자 혼자 배관용접작업을 하고 있다. 다음의 화면 설명을 참고하여 물음에 답하시오.

(1) 작업자 측면과 작업현장의 위험요인을 쓰시오.
(2) 해당 작업 시 유해광선에 의한 눈 장해가 일어날 수 있다. 유해광선의 종류를 쓰시오.

〈화면설명〉

작업자가 왼손으로는 플랜지 회전 스위치를 조작하고 오른손으로 용접을 하는 상황이며, 주위에는 인화성 물질로 보이는 깡통 등이 용접작업 주변에 쌓여 있는 장면이다.

해답

(1) 위험요인

① 작업자 측면 : 단독작업으로 양손을 사용해서 작업하므로 위험을 내포하고 있고, 작업장의 상황 파악이 어렵다.

② 작업현장 위험요인 : 작업장 주위에 인화성 물질이 많이 있으므로 화재 위험이 있다.

(2) 유해광선

자외선 및 적외선

화면상황 폭발성 물질 작업

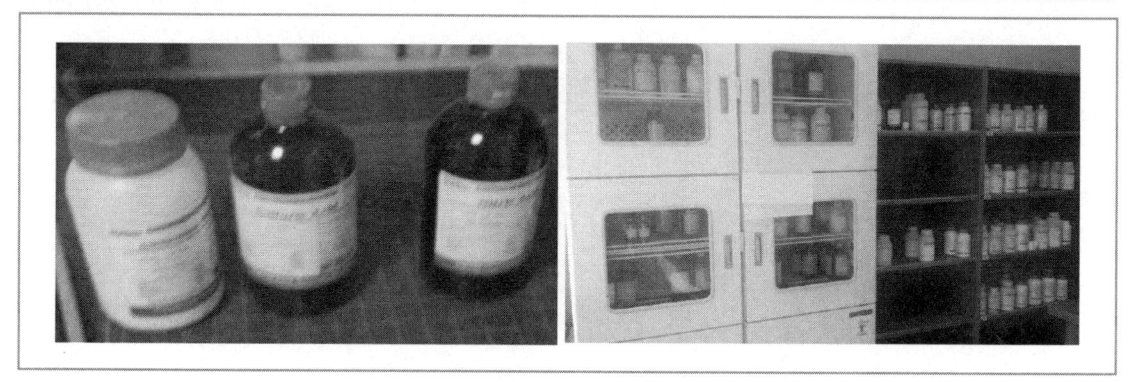

32 **폭발성 물질 작업장에 들어가는 작업자가 신발에 물을 묻히는 (1) 이유는 무엇인지 설명하고, (2) 화재 시 적합한 소화방법은 무엇인지 쓰시오.**

해답

(1) 이유 : 정전기에 의한 폭발 위험성이 있으므로 신발과 바닥의 마찰로 인한 정전기 발생을 줄이기 위한 것이다.
(2) 소화방법 : 다량 주수에 의한 냉각소화

화면상황 가스용접작업

33 가스용접작업을 하고 있다. 보기의 (   ) 안에 알맞은 내용을 쓰시오.

(1) 용기의 온도를 섭씨 (①) 이하로 유지할 것
(2) 전도의 위험이 없도록 할 것
(3) 충격을 가하지 아니하도록 할 것
(4) 운반할 때에는 (②)을 씌울 것
(5) 사용할 때에는 용기의 마개에 부착되어 있는 유류 및 먼지를 제거할 것
(6) 밸브의 개폐는 (③) 할 것
(7) 사용 전 또는 사용 중인 용기와 그외의 용기를 명확히 구별하여 보관할 것
(8) 용해아세틸렌의 용기는 세워 둘 것
(9) 용기의 부식 · 마모 또는 변형상태를 점검한 후 사용할 것

해답

① 40도
② 캡
③ 서서히

TIP 금속의 용접 · 용단 또는 가열에 사용되는 가스 등의 용기를 취급하는 경우 준수사항

① 다음 장소에서 사용하거나 해당 장소에 설치 · 저장 또는 방치하지 않도록 할 것
  ㉠ 통풍이나 환기가 불충분한 장소
  ㉡ 화기를 사용하는 장소 및 그 부근
  ㉢ 위험물 또는 인화성 액체를 취급하는 장소 및 그 부근
② 용기의 온도를 섭씨 40도 이하로 유지할 것
③ 전도의 위험이 없도록 할 것
④ 충격을 가하지 않도록 할 것
⑤ 운반하는 경우에는 캡을 씌울 것
⑥ 사용하는 경우에는 용기의 마개에 부착되어 있는 유류 및 먼지를 제거할 것
⑦ 밸브의 개폐는 서서히 할 것
⑧ 사용 전 또는 사용 중인 용기와 그 밖의 용기를 명확히 구별하여 보관할 것
⑨ 용해아세틸렌의 용기는 세워 둘 것
⑩ 용기의 부식 · 마모 또는 변형상태를 점검한 후 사용할 것

34 가스용접작업 중 발생한 재해사례이다. 위험요인(문제점)과 안전대책을 각각 2가지씩 쓰시오.

〈화면설명〉

가스 용접 작업 중에 맨얼굴로 목장갑을 끼고 작업하면서 산소통 줄을 당겨서 호스가 뽑혀 산소가 새어나오고 불꽃이 튀며 작업장 바닥에는 철판 등이 어지럽게 놓여져 있는 장면이다.

해답

(1) 위험요인
  ① 작업자가 용접용 보안면과 용접용 장갑을 미착용하여 화상의 위험이 있다.
  ② 용기를 눕혀서 보관하여 작업을 하고, 별도의 안전장치가 없어 폭발위험이 있다.

(2) 안전대책
  ① 용접용 보안면과 용접용 장갑을 착용하고 작업한다.
  ② 용기를 세워서 넘어지지 않도록 고정한다.

화면상황 도료 및 용제 취급 작업

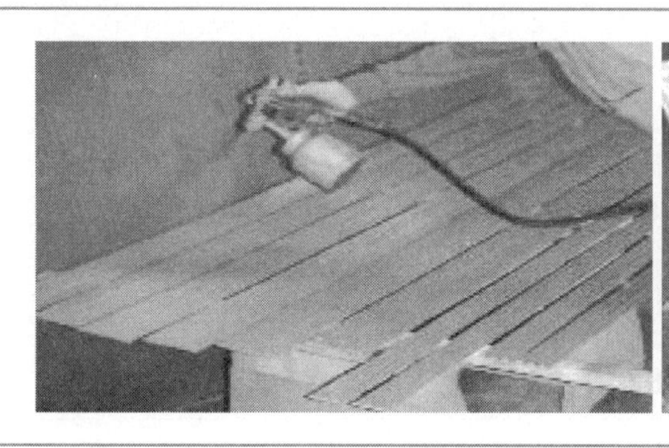

35 **도료 및 용제를 취급하는 작업장에서는 반드시 방독마스크를 착용해야 한다. 방독마스크의 사용수칙에 대하여 4가지만 쓰시오.**

〈화면설명〉
작업자가 스프레이건으로 페인트 도장작업을 하고 있는 장면이다.

해답

① 방독마스크를 과신하지 말 것
② 수명이 지난 것은 절대로 사용하지 말 것
③ 산소 결핍 장소에서는 사용하지 말 것
④ 가스의 종류에 따라 용도 이외의 것을 사용하지 말 것

36 **도료 및 용제를 취급하는 작업장에서 작업자에게 영향을 줄 수 있는 유해물질의 유해 · 위험요인을 3가지만 쓰시오.**

해답

① 유독가스에 의해 작업자가 중독, 질식될 수 있다.
② 됴료 및 용제에서 가연성 증기가 발생되어 화재 및 폭발을 일으킬 수 있다.
③ 주변이 정리 · 정돈이 되지 않아 도료의 빈 통 등에 의해 걸려 넘어지거나 기계에 충돌할 수 있다.

37 **사업주는 유해 · 위험예방조치를 하여야 한다. 조치사항 2가지를 쓰시오.**

해답

① 안전상의 조치
② 보건상의 조치

TIP (1) 안전상의 조치
① 기계 · 기구, 그 밖의 설비에 의한 위험
② 폭발성, 발화성 및 인화성 물질 등에 의한 위험
③ 전기, 열, 그 밖의 에너지에 의한 위험

(2) 보건상의 조치
① 원재료 · 가스 · 증기 · 분진 · 흄(fume) · 미스트(mist) · 산소결핍 · 병원체 등에 의한 건강장해
② 방사선 · 유해광선 · 고온 · 저온 · 초음파 · 소음 · 진동 · 이상기압 등에 의한 건강장해
③ 사업장에서 배출되는 기체 · 액체 또는 찌꺼기 등에 의한 건강장해
④ 계측감시, 컴퓨터 단말기 조작, 정밀공작 등의 작업에 의한 건강장해
⑤ 단순반복작업 또는 인체에 과도한 부담을 주는 작업에 의한 건강장해
⑥ 환기 · 채광 · 조명 · 보온 · 방습 · 청결 등의 적정기준을 유지하지 아니하여 발생하는 건강장해

04 건설안전 기술

화면상황 이동식 크레인 작업

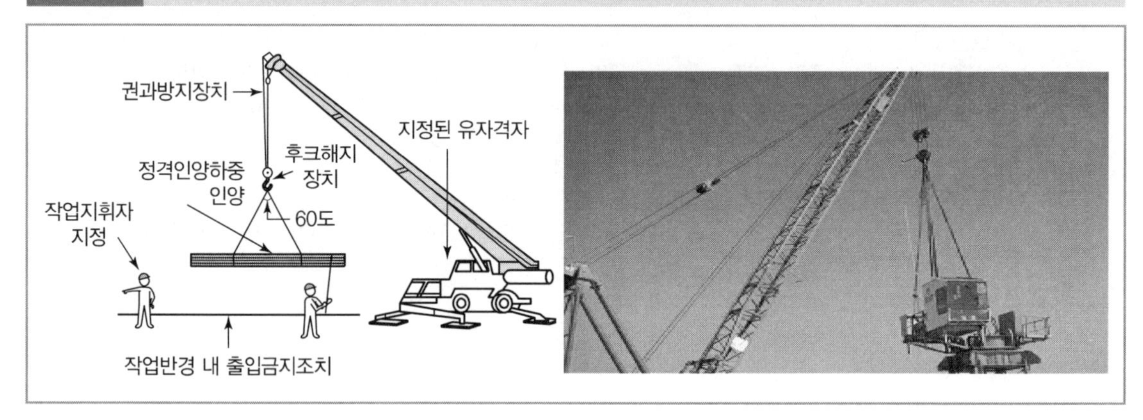

01 와이어로프를 걸 때 화물의 하중을 직접 지지하는 경우 와이어로프의 (1) 안전계수와 줄걸이용 와이어로프의 매다는 (2) 각도는 얼마가 적당한가?

해답

(1) 안전계수 : 5 이상

(2) 각도 : 60° 이내

TIP 와이어로프 등 달기구의 안전계수

근로자가 탑승하는 운반구를 지지하는 달기와이어로프 또는 달기체인의 경우	10 이상
화물의 하중을 직접 지지하는 달기와이어로프 또는 달기체인의 경우	5 이상
훅, 샤클, 클램프, 리프팅 빔의 경우	3 이상
그 밖의 경우	4 이상

02 이동식 크레인을 사용하여 작업 중 작업자 위로 자재가 낙하하는 재해사례를 나타내고 있다. 다음 물음에 답하시오.

(1) 재해발생 원인 중 운전 시 어떤 안전작업방법을 준수하지 않아 발생한 사례인지 3가지를 쓰시오.
(2) 안전대책을 3가지 쓰시오.

〈화면설명〉

이동식 크레인을 사용하여 철제 배관을 운반하는 도중 신호수 간에 신호방법이 맞지 않아 물체가 흔들리며 철골에 부딪혀 작업자 위로 자재가 낙하하는 장면이다.

해답

(1) 미준수사항
① 보조로프를 설치하지 않아 흔들림 방지를 하지 못했다.
② 무전기 등을 사용하여 신호하거나 작업 전 일정한 신호방법을 정하지 않았다.
③ 슬링 와이어의 체결상태를 확인하지 않았다.

(2) 대책
① 보조로프를 설치하여 흔들림을 방지한다.
② 무전기 등을 사용하여 신호하거나 작업 전 일정한 신호방법을 정하여 둔다.
③ 슬링 와이어의 체결상태를 확인한다.

03 이동식 크레인 작업을 하는 때에 작업시작 전 점검할 장치 3가지를 쓰시오.

해답

① 권과방지장치나 그 밖의 경보장치의 기능
③ 브레이크 · 클러치 및 조정장치의 기능
③ 와이어로프가 통하고 있는 곳 및 작업장소의 지반상태

TIP 크레인을 사용하여 작업을 하는 때 작업시작 전 점검사항
① 권과방지장치 · 브레이크 · 클러치 및 운전장치의 기능
② 주행로의 상측 및 트롤리(trolley)가 횡행하는 레일의 상태
③ 와이어로프가 통하고 있는 곳의 상태

04 이동식 크레인이 정상적으로 작동될 수 있도록 미리 조정하여야 하는 방호장치 종류를 3가지만 쓰시오.

해답

① 과부하방지장치
② 권과방지장치
③ 비상정지장치
④ 제동장치

TIP 방호장치의 조정(정상적으로 작동될 수 있도록 미리 조정해 두어야 한다.)

구분	내용
방호장치의 조정 대상	① 크레인 ② 이동식 크레인 ③ 리프트 ④ 곤돌라 ⑤ 승강기
방호장치의 종류	① 과부하방지장치 ② 권과방지장치 ③ 비상정지장치 및 제동장치 ④ 그 밖의 방호장치(승강기의 파이널 리미트 스위치, 속도조절기, 출입문 인터록 등)

05 이동식 크레인의 작업 시 운전자가 준수해야 할 사항 3가지를 쓰시오.

〈화면설명〉

이동식 크레인을 사용하여 철제 배관을 운반하는 도중 신호수 간에 신호방법이 맞지 않아 물체가 흔들리며 철골에 부딪혀 작업자 위로 자재가 낙하하는 장면이다.

해답

① 일정한 신호방법을 정하고 신호수의 신호에 따라 작업을 한다.
② 화물을 매단 채 운전석을 이탈하지 말아야 한다.
③ 작업 종료 후 동력을 차단시키고 정지조치를 확실히 하여야 한다.

06 이동식 크레인 작업을 수행할 때에는 여러 가지 위험요인들이 있을 수 있으나 화물의 낙하 · 비래 위험을 방지하기 위한 사전점검 또는 조치내용을 3가지만 쓰시오.

〈화면설명〉

이동식 크레인을 사용하여 배관을 위로 올리는 작업으로 신호수의 수신호와 보조로프 없이 작업을 하는 장면이다.

해답

① 작업 반경 내 관계근로자 이외의 자는 출입을 금지시킬 것
② 작업 전 와이어로프의 안전상태 확인할 것
③ 화물의 인양 시 훅의 해지장치 상태를 확인할 것
④ 인양 작업 도중에 하물이 빠질 우려가 있는지 확인할 것
⑤ 정격하중을 초과하는 하중을 걸지 않도록 할 것

화면상황 크레인 작업

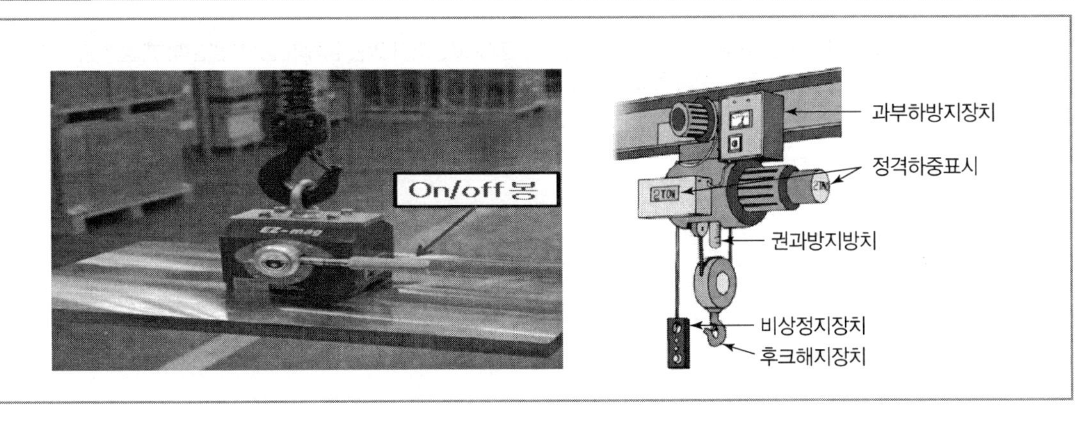

07 마그네틱 크레인으로 작업을 하다가 발생한 재해사례이다. 그 위험요인을 3가지 쓰시오.

〈화면설명〉

오른손으로 금형을 잡고, 왼손으로 조정장치를 누르면서 이동하다가 갑자기 쓰러지면서 마그네틱 ON/OFF봉을 건드려 금형이 떨어져 재해가 발생한 장면이다. 조정장치는 전기배선 외관에 피복이 벗겨져 있고 크레인은 훅 해지장치가 없다.

해답

① 훅 해지장치가 없어 슬링와이어가 이탈할 위험이 있다.
② 조정장치가 피복이 벗겨져 있어 내부전선 단선으로 호이스트가 오작동하여 물건이 낙하할 위험이 있다.
③ 작업반경 내 낙하 위험장소에서 조정장치를 조작하고 있다.

08 **호이스트를 이용하여 변압기를 트럭에 하역하는 중 발생한 재해사례이다. 재해 유형 및 화면상 재해 원인 2가지를 쓰시오.**

(1) 재해 유형 :
(2) 재해 원인 :

〈화면설명〉

1명은 호이스트 리모컨 조정을 하고 있고 다른 1명은 변압기를 받을 준비를 하던 중 변압기가 흔들리면서 변압기가 작업자 발등에 떨어지는 장면이다.

해답

(1) 재해 유형

맞음

(2) 재해 원인

① 슬링 와이어로프 체결상태가 불량하다.
② 보조로프를 사용하지 않았다.
③ 위험 반경 내에서 크레인 수신호를 실시하였다.

TIP 맞음(날아오거나 떨어진 물체에 맞음) : 구조물, 기계 등에 고정되어 있던 물체가 중력, 원심력, 관성력 등에 의하여 고정부에서 이탈하거나 또는 설비 등으로부터 물질이 분출되어 사람을 가해하는 경우

화면상황 철골작업

09 철골작업 시 작업을 중지해야 하는 경우(이 작업 수행 시 제한조건) 3가지를 쓰시오.

〈화면설명〉

철골구조물에서 작업자 2명이 볼트 체결작업 중 추락하는 장면이다.

해답

① 풍속이 초당 10미터 이상인 경우
② 강우량이 시간당 1밀리미터 이상인 경우
③ 강설량이 시간당 1센티미터 이상인 경우

화면상황 타워크레인 작업

10 타워크레인을 이용하여 철제 파이프를 운반하는 도중 발생한 재해사례이다. 타워크레인 운전 시 (1) 재해발생 원인과 (2) 작업 전 준수사항 및 안전작업방법을 3가지씩 쓰시오.

〈화면설명〉

타워크레인으로 쇠파이프를 권상하여 작업자(신호수) 머리 위로 지나가며 방향 전환 시 쇠파이프가 부딪히며 재해가 발생한 장면이다.

해답

(1) 재해발생 원인

① 무전기 등을 사용하여 신호하거나 작업 전 일정한 신호방법을 정하지 않았다.
② 하물을 작업자 머리 위로 통과시켰다.
③ 보조로프를 설치하지 않았다.

(2) 준수사항 및 안전작업방법

① 무전기 등을 사용하여 신호하거나 작업 전 일정한 신호방법을 정하여 둔다.
② 하물을 작업자 위로 통과시키면 위험하므로 주의한다.
③ 보조로프를 설치하여 흔들림을 방지한다.

11 타워크레인의 작업 시 운전작업을 중지하여야 하는 순간풍속을 쓰시오.

해답

초당 15미터를 초과

TIP 타워크레인의 작업제한(악천후 및 강풍 시 작업 중지)

순간풍속이 초당 10미터를 초과	타워크레인의 설치 · 수리 · 점검 또는 해체작업 중지
순간풍속이 초당 15미터를 초과	타워크레인의 운전작업 중지

12 타워크레인을 사용하여 철제 비계를 운반하는 도중 발생한 재해사례이다. 작업 시 재해발생 원인을 3가지 쓰시오.

〈 화 면 설 명 〉

타워크레인으로 철제 비계를 운반하는 도중 작업자(신호수)가 있는 곳에서 다소 흔들리며 내리다가 작업자와 부딪혀서 재해가 발생한 장면이다.

해답

① 보조로프를 설치하지 않아 흔들림을 방지하지 못했다.
② 작업반경 내에 출입금지조치를 하지 않았다.
③ 슬링 와이어의 체결상태를 확인하지 않았다.

13 크레인 작업 시 이 작업자의 위험요인을 3가지만 쓰시오.

〈 화 면 설 명 〉

철골조립 작업장에서 한 작업자가 철골 위에서 작업현장을 지휘하고 있다. 이때 크레인으로 운반하던 구조물이 철골에 부딪히는 장면이다.

해답

① 신호수의 불안전한 행동 및 신호수와 운전자와의 원활하지 못한 신호
② 크레인의 작업 범위 내에 철골구조물 위치
③ 화물의 낙하 · 비래 요인 내재
④ 크레인의 작업범위 내 근로자 출입
⑤ 크레인 작업 전 운행경로에 대한 점검 및 통제 미흡

14 크레인으로 자재를 인양하던 중 발생한 재해사례이다. 배관 인양작업 중 위험요소를 2가지 쓰시오.

〈 화 면 설 명 〉

크고 두꺼운 배관을 끈같이 생긴 와이어로프로 안전하지 못하게 한 번만 빙 둘러서 인양하는 장면이다. 그 와중에 끈을 한 번 보여주는데 끈의 일부부이 손상되어 옆 부분이 조금 찢겨 있다. 그리고 위로 끌어올리다가 무슨 이유 때문인지 배관이 다시 작업자들 머리 부근까지 내려온다. 밑에는 2명의 작업자가 배관을 손으로 지지하는데 배관이 순간 흔들리면서 날아와 작업자 1명을 쳐버리는 장면이다.

해답

① 와이어로프의 안전상태가 불안정하여 위험하다.
② 작업 반경 내 관계근로자 외의 외부 작업자가 출입하여 위험하다.

화면상황 항타기 · 항발기 작업

15 **콘크리트 파일을 설치하기 위한 작업과정이다. 항타기에 사용되는 권상용 와이어로프의 안전계수를 고려할 때 인양하고자 하는 파일의 하중이 2톤이라면 다음 물음에 답하시오.**

(1) 권상용 와이어로프의 절단하중은 몇 톤 이상이어야 하는가?
(2) 항타기 또는 항발기의 권상장치의 드럼축과 권상장치로부터 첫 번째 도르래 축과의 거리를 권상장치의 드럼폭의 몇 배 이상으로 해야 하는가?

〈화면설명〉

건설현장에서 콘크리트 파일을 설치하기 위한 항타기 작업이 진행되고 있는 장면이다.

해답

(1) 절단하중

$$안전계수 = \frac{절단하중}{최대사용하중} 이므로$$

절단하중＝안전계수×최대사용하중＝5×2ton＝10ton 이상

(2) 15배

TIP (1) 권상용 와이어로프의 안전계수
항타기 또는 항발기의 권상용 와이어로프의 안전계수가 5 이상이 아니면 이를 사용해서는 아니 된다.

(2) 항타기 또는 항발기의 도르래의 위치
① 항타기 또는 항발기의 권상장치의 드럼축과 권상장치로부터 첫 번째 도르래의 축 간의 거리를 권상장치 드럼폭의 15배 이상으로 하여야 한다.
② 도르래는 권상장치의 드럼 중심을 지나야 하며 축과 수직면상에 있어야 한다.

(3) 항타기 또는 항발기의 권상용 와이어로프 사용금지 조건
① 이음매가 있는 것
② 와이어로프의 한 꼬임에서 끊어진 소선의 수가 10퍼센트 이상인 것
③ 지름의 감소가 공칭지름의 7퍼센트를 초과하는 것
④ 꼬인 것
⑤ 심하게 변형되거나 부식된 것
⑥ 열과 전기충격에 의해 손상된 것

16 항타기 또는 항발기의 도르래 위치에 관한 법적 기준이다. ( ) 안에 알맞은 단어를 채우시오.

〈화면설명〉

(1) 항타기 또는 항발기의 권상장치의 드럼축과 권상장치로부터 첫 번째 도르래의 축 간의 거리를 권상장치 드럼폭의 (①) 이상으로 하여야 한다.
(2) 도르래는 권상장치의 드럼 (②)을 지나야 하며 축과 (③)상에 있어야 한다.

해답

① 15배
② 중심
③ 수직면

17 항타기 또는 항발기 조립 시(사용 전) 점검사항 3가지를 쓰시오.

〈화면설명〉

콘크리트 전주 세우기 작업 도중 발생한 재해 장면이다.

해답

① 본체 연결부의 풀림 또는 손상의 유무
② 권상용 와이어로프 · 드럼 및 도르래의 부착상태의 이상 유무
③ 권상장치의 브레이크 및 쐐기장치 기능의 이상 유무
④ 권상기의 설치상태의 이상 유무
⑤ 리더(Leader)의 버팀 방법 및 고정상태의 이상 유무
⑥ 본체 · 부속장치 및 부속품의 강도가 적합한지 여부
⑦ 본체 · 부속장치 및 부속품에 심한 손상 · 마모 · 변형 또는 부식이 있는지 여부

화면상황 지게차 작업

18 지게차 수리 중 발생한 재해사례이다. 다음 물음에 답하시오.

(1) 운전자(작업자)가 재해를 당하지 않기 위해 어떤 장치(조치)를 해야 하는지 쓰시오.
(2) 고장 원인은 법령상 작업 시작 전 점검사항 중 어떤 사항을 확인하면 예방할 수 있는가?
(3) 가해물

〈화면설명〉

포크가 올라가 있는 상황에서 수리작업을 하다가 포크가 불시에 하강하면서 아래에 있던 작업자가 재해를 당하는 장면이다.

해답

(1) 안전지지대 또는 안전블록을 사용하여 포크를 받쳐놓고 작업한다.
(2) 하역장치 및 유압장치 기능의 이상 유무
(3) 포크

TIP (1) 지게차를 사용하여 작업을 하는 때 작업시작 전 점검사항
① 제동장치 및 조종장치 기능의 이상 유무
② 하역장치 및 유압장치 기능의 이상 유무
③ 바퀴의 이상 유무
④ 전조등 · 후미등 · 방향지시기 및 경보장치 기능의 이상 유무

(2) 포크(Fork)
용접 또는 이음장치에 의하여 지게차의 마스트에 부착된 2개 이상의 수평으로 돌출된 적재장치

19 지게차 주행안전작업 사항 중 잘못된 내용을 4가지 쓰시오.

〈화면설명〉

운전자가 일을 빨리 끝낼 욕심으로 지게차를 빠르게 운전하다가 다른 일을 하고 있던 근로자와 충돌하는 장면이다.

해답

① 전방의 시야 불충분으로 지게차에 의해 다른 작업자가 다칠 수 있다.
② 화물을 과적하여 운전자의 시야를 가려 물체에 충돌하거나 지게차에 의해 다른 작업자가 다칠 수 있다.
③ 물건을 불안정하게 적재하여 화물의 낙하로 다른 작업자가 다칠 수 있다.
④ 난폭한 운전 · 과속으로 운전자 및 다른 작업자가 다칠 수 있다.

20 화물이 낙하할 때 운전자의 머리를 보호하기 위하여 설치하는 방호장치는?

해답

헤드가드(head guard)

> **TIP** 헤드가드(head guard)
> 지게차를 이용한 작업 중에 위쪽으로부터 떨어지는 물건에 의한 위험을 방지하기 위하여 운전자의 머리 위쪽에 설치하는 덮개

21 지게차의 작업시작 전 점검사항 3가지를 쓰시오.

〈화면설명〉

운전자가 지게차를 운행하기 전에 유압장치, 조정장치, 경보등 등을 점검하는 장면이다.

해답

① 제동장치 및 조종장치 기능의 이상 유무
② 하역장치 및 유압장치 기능의 이상 유무
③ 바퀴의 이상 유무
④ 전조등 · 후미등 · 방향지시기 및 경보장치 기능의 이상 유무

> **TIP** 지게차 하역운반작업에 사용되는 팔레트, 스키드의 안전한 기준
> ① 적재하는 화물의 중량에 따른 충분한 강도를 가질 것
> ② 심한 손상 · 변형 또는 부식이 없을 것

22 지게차로 운반작업을 하고 있다. 지게차의 각각의 안정도를 쓰시오.

(1) 하역작업 시 전후 안정도	(3) 하역작업 시 좌우 안정도
(2) 주행 시 전후 안정도	(4) 지게차 5km의 속도로 주행 시 좌우 안정도

해답

(1) 4% 이내

(2) 18% 이내

(3) 6% 이내

(4) (15+1.1V)%=15+1.1×5=20.5% 이내

TIP 지게차의 안정도 기준

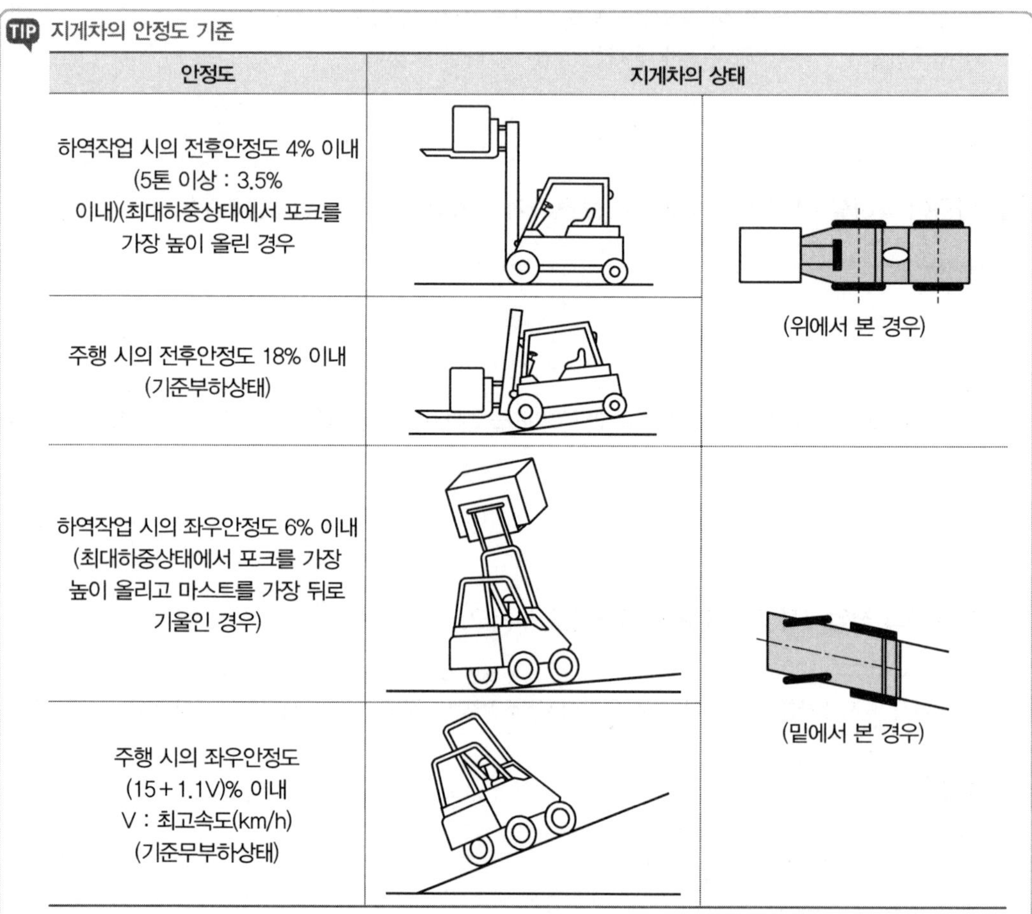

안정도	지게차의 상태	
하역작업 시의 전후안정도 4% 이내(5톤 이상 : 3.5% 이내)(최대하중상태에서 포크를 가장 높이 올린 경우		(위에서 본 경우)
주행 시의 전후안정도 18% 이내(기준부하상태)		
하역작업 시의 좌우안정도 6% 이내(최대하중상태에서 포크를 가장 높이 올리고 마스트를 가장 뒤로 기울인 경우)		(밑에서 본 경우)
주행 시의 좌우안정도 (15+1.1V)% 이내 V : 최고속도(km/h) (기준무부하상태)		

참고

① 기준부하상태 : 지면으로부터의 높이가 30cm인 수평상태(주행 시 마스트를 가장 안쪽으로 기인인 상태)의 지게차의 포크 윗면에 최대하중이 고르게 가해지는 상태

② 기준무부하상태 : 지면으로부터의 높이가 30cm인 수평상태(주행 시 마스트를 가장 안쪽으로 기울인 상태)의 지게차의 포크 윗면에 하중이 가해지지 아니한 상태

$$안정도 = \frac{h}{l} \times 100\%$$

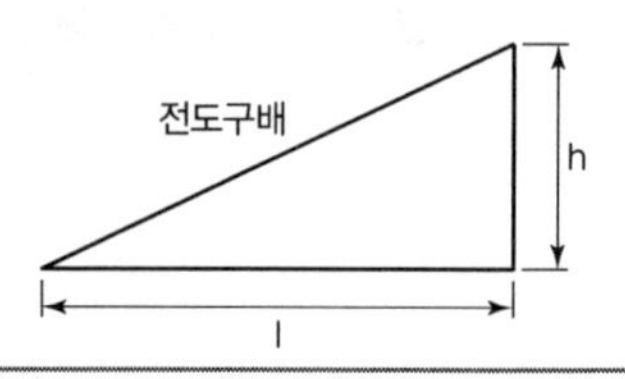

23 지게차로 운반작업을 하고 있다. [보기]의 (   )에 알맞은 숫자를 쓰시오.

(1) 강도는 지게차의 최대하중의 (①)배 값(4톤을 넘는 것에 대하여서는 4톤으로 한다)의 등분포정하중에 견딜 수 있는 것일 것
(2) 상부틀의 각 개구의 폭 또는 길이가 (②)센티미터 미만일 것

해답

① 2
② 16

24 지게차에 적재된 화물이 현저하게 시계를 방해할 경우 운전자의 조치를 3가지 쓰시오.

해답

① 하차하여 주변의 안전을 확인한다.
② 유도자 배치 또는 후진으로 서행한다.
③ 경적과 경광등을 사용한다.

25 지게차에 경유를 주입하는 동안 운전자가 시동을 건 채 내려 다른 작업자와 흡연을 하며 이야기를 나누고 있다. 위험요인을 서술하시오.

해답

인화성 물질이 있는 곳에서 흡연을 하고 있어 나화로 인한 화재 및 폭발의 위험이 있다.

TIP 위험요소
① 지게차 운전자가 주유 중 담배를 피우고 있어 화재 및 폭발 위험이 있다.
② 주유 중인 지게차에 시동이 걸려 있어 임의동작 또는 오동작으로 인한 사고 발생의 위험이 있다.

26 지게차에 경유를 주입하는 동안 운전자가 시동을 건 채 내려 다른 작업자와 흡연을 하며 이야기를 나누고 있다. 지게차 운전자의 흡연(담뱃불)에 해당하는 발화원의 형태를 무엇이라 하는지 쓰시오.

해답

나화

 나화

성냥불, 모닥불, 연소불꽃, 아크불꽃 등과 같이 외기에 노출되어 있는 화원

화면상황 터널굴착 및 발파작업

27 터널 굴착 공사 중에 사용되는 계측방법(계측기의 종류)을 3가지 쓰시오.

해답

① 내공변위측정
② 천단침하측정
③ 지중, 지표 침하 측정
④ 록볼트 축력측정
⑤ 숏크리트 응력측정

TIP 계측관리

터널공사 계측관리	① 내공변위측정 ② 천단침하측정 ③ 지중, 지표 침하측정	④ 록볼트 축력측정 ⑤ 숏크리트 응력 측정
굴착공사 계측관리	① 수위계 ② 경사계	③ 하중 및 침하계 ④ 응력계

28 터널 등의 건설작업에 있어서 낙반 등에 의하여 근로자가 위험해질 우려가 있는 경우에 위험을 방지하기 위하여 필요한 조치를 2가지 쓰시오.

해답

① 터널 지보공 및 록볼트의 설치
② 부석의 제거

29 터널 굴착작업 시 시공계획에 포함되어야 할 사항 3가지를 적으시오.

해답

① 굴착의 방법
② 터널지보공 및 복공의 시공방법과 용수의 처리방법
③ 환기 또는 조명시설을 설치할 때에는 그 방법

30 터널 내 발파작업에 관한 사항이다. 발파작업 시 사용하는 발파공의 충진재료로 사용해야 할 것을 쓰시오.

해답

발파공의 충진재료는 점토 · 모래 등 발화성 또는 인화성의 위험이 없는 재료를 사용할 것

31 터널 내 발파작업에 관한 사항이다. 화약장전 시(장전구) 안전한 작업사항을 적으시오.

〈화면설명〉

작업자는 길고 얇은 철물을 사용하여 화약을 천공구멍 안으로 3~4개 정도 밀어 넣고, 전선을 꼬아서 주변선에 올려놓는 장면이다.(폭파 스위치 장면을 보여주고 터널을 보여준다)

해답

화약 장전 시 마찰 · 충격 · 정전기 등에 의한 폭발의 위험이 없는 안전한 것을 사용할 것

TIP 위험요인

화약장전 시 마찰 · 충격 · 정전기 등에 의한 폭발의 위험이 있다.

32 터널 발파작업 시 주로 사용하는 재료는?

해답

다이너마이트

33 발파 후에는 낙반의 위험을 방지하기 위한 부석의 유무 또는 불발 화약의 유무를 확인하기 위해 발파 작업장에 접근한다. 발파 후 몇 분이 경과한 후에 접근해야 하는가?

> (1) 전기뇌관에 의한 발파인 경우 : ( )분 이상
> (2) 전기뇌관 이외에 의한 발파인 경우 : ( )분 이상

해답

(1) 5
(2) 15

34 터널 작업 시 인화성 가스가 존재하여 폭발이나 화재가 발생할 위험이 있는 경우에 인화성 가스 농도의 이상 상승을 조기에 파악하기 위하여 필요한 장치와 작업시작 전 점검사항 3가지를 쓰시오.

해답

(1) 장치 : 자동경보장치

(2) 작업시작 전 점검사항
  ① 계기의 이상 유무
  ② 검지부의 이상 유무
  ③ 경보장치의 작동상태

화면상황 건물해체작업

35 건물해체에 관한 장면이다. 위와 같은 해체작업 시 해체계획에 포함되어야 할 사항을 4가지만 쓰시오.(단, 그 밖에 안전 · 보건에 관한 사항은 제외)

해답

① 해체의 방법 및 해체 순서도면
② 가설설비 · 방호설비 · 환기설비 및 살수 · 방화설비 등의 방법
③ 사업장 내 연락방법
④ 해체물의 처분계획
⑤ 해체작업용 기계 · 기구 등의 작업계획서
⑥ 해체작업용 화약류 등의 사용계획서

36 건물해체에 관한 장면으로 작업자가 위험부분에 머무르는 것이 사고요인으로 판단된다. 동종사고 예방차원에서 작업자는 해체장비로부터 최소 얼마 이상 떨어져야 하는가?

해답

4m

37 해체작업 시 장비는 힘으로 무너뜨리는 방법을 이용하고 있다. 이때 제일 높은 해체물의 높이가 9m일 때 해체장비와 해체물 사이의 안전거리는 최소 얼마가 필요한지 계산하시오.

해답

① 안전거리 ≥ 0.5×H(구조물의 높이)
② 0.5×9=4.5m 이상

화면상황 교량작업

38 교량 하부 점검 중 발생한 재해사례이다. (1) 사고 원인 2가지와 (2) 작업발판을 설치할 경우 작업발판의 폭은 얼마인지 쓰시오.

해답

(1) 사고 원인

① 안전대 부착 설비 미설치 및 안전대 미착용
② 안전난간 설치 불량
③ 추락방호망 미설치
④ 작업자 주변 정리정돈 불량

(2) 작업발판의 폭

40cm 이상

39 교량공사에 관한 사항으로 강교량의 조립 시에는 고장력 볼트를 주로 사용하며, 고장력 볼트이음에는 볼트에 도입되는 축력이 매우 중요하다. 볼트의 축력(N)을 측정하기 위하여 토크렌치를 이용하여 토크를 측정하였더니 80(kg · m)였다. 볼트의 축력을 구하시오.(단, 토크계수 K=0.15, 볼트 직경 D=22mm)

해답

① $T=KDN$ 이므로

② $N=\dfrac{T}{KD}=\dfrac{80}{0.15\times22}=24.24(\text{ton})$

> **TIP** $T=KDN$
> 여기서, T : 토크 값(kg · m), K : 토크계수, D : 볼트 직경(mm), N : 볼트 축력(ton)

화면상황 박공지붕작업

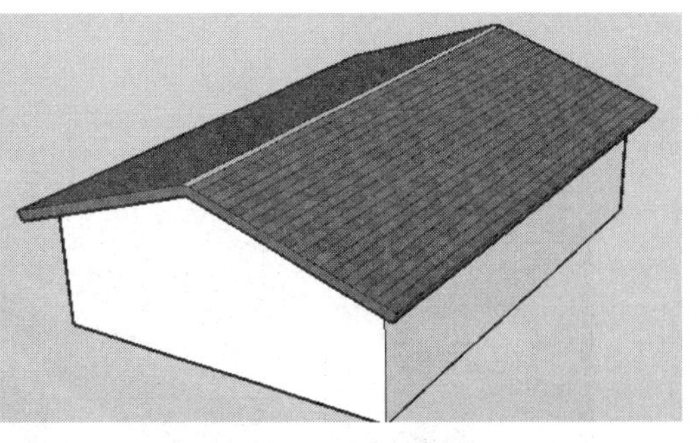

PART 01
PART 02
PART 03
PART 04

40 박공지붕 설치작업 중 발생한 재해사례이다. 다음 물음에 답하시오.

(1) 재해원인을 3가지 쓰시오.
(2) 재해를 방지하기 위한 대책을 3가지 쓰시오.
(3) 박공지붕 비래에 의한 재해가 발생하였다. 가해물은 무엇인가?

〈화면설명〉

박공지붕 위에서 박공지붕을 설치하던 중 지붕에 쌓아둔 박공기둥이 무너져 휴식 중이던 작업자가 추락하는 장면이다.(안전난간, 추락방호망 미설치)

해답

(1) **재해원인**

① 작업자가 위험한 장소에서 휴식을 취하고 있다.
② 추락방호망이 설치되지 않았다.
③ 안전대 부착설비가 없고 안전대를 착용하지 않았다.
④ 박공 지붕판을 한 곳에 과적하여 적치하였다.

(2) **대책**

① 작업자가 위험한 장소에서 휴식을 취하지 않는다.
② 추락방호망을 설치한다.
③ 안전대 부착설비를 설치하고, 안전대를 착용한다.
④ 박공지붕판을 한곳에 과적하여 적치하지 않는다.

(3) **가해물**

박공지붕

화면상황 와이어로프 작업

41 형강에 걸린 줄걸이 와이어를 빼내고 있는 상황에서 발생된 재해사례이다. (1) 가해물과 (2) 와이어를 빼기에 적합한 작업방식 2가지를 쓰시오.

해답

(1) 가해물

줄걸이용 와이어로프

(2) 작업방법

① 지렛대를 와이어로프가 물려 있는 형강 사이에 넣어 형강이 무너져 내리지 않을 정도로 들어 올린 상태에서 와이어로프를 빼내는 작업을 한다.

② 와이어를 빼기 위한 작업은 1인으로는 부적합하며 반드시 2인 이상이 지렛대를 동시에 넣어 형강을 들어올린 상태에서 와이어로프를 빼내는 작업을 한다.

③ 와이어를 위로 올려 빼낼 때 와이어가 튕기지 않도록 조치한다.

42 와이어로프의 사용금지사항에 관한 내용이다. 보기의 ( )에 알맞은 숫자를 쓰시오.

(1) 이음매가 있는 것
(2) 와이어로프의 한 꼬임에서 끊어진 소선의 수가 (①)[%] 이상인 것
(3) 지름의 감소가 공칭지름의 (②)[%]를 초과하는 것
(4) 꼬인 것
(5) 심하게 변형되거나 부식된 것
(6) 열과 전기충격에 의해 손상된 것

해답

① 10
② 7

화면상황 벽돌운반작업

43 신축 중인 아파트에서 벽돌 운반 도중 발생한 재해 사례이다. 다음 물음에 답하시오.

(1) 재해의 발생원인을 2가지 쓰시오.
(2) 동종 재해 예방을 위해 설치해야 하는 것을 쓰시오.
(단, 안전대 부착설비 및 안전난간은 설치한 것으로 가정)

〈화면설명〉

안전화와 안전모를 착용한 2명의 작업자가 작업 중인데 한 사람이 벽돌을 들고 일어서다 발 밑에 있는 벽돌을 잘못 디뎌 아래로 추락하는 장면이다.(안전대 미착용, 안전난간 · 추락방호망 미설치)

해답

(1) 재해의 발생원인

① 안전대 부착 설비 미설치 및 안전대 미착용
② 추락방호망 미설치
③ 옥상바닥 안전난간 미설치
④ 근로자의 불안전 행동
⑤ 작업자 주변의 정리정돈 상태 불량

(2) 동종재해 예방 설비

추락방호망

화면상황 창틀작업

44 아파트 창틀에서 작업 중 발생한 재해사례이다. 작업자의 추락사고 (1) 원인 3가지와 (2) 기인물, 가해물을 쓰시오.

〈화면설명〉

작업자 A는 아파트 창틀에서, 작업자 B는 옆 처마 위에서 작업하고 있다. 창틀에서 작업 중인 작업자 A가 작업발판을 처마 위의 작업자 B에게 건네준 후 작업자 B가 있는 옆 처마 위로 이동하다 발을 헛디뎌 바닥으로 추락하는 장면이다.

해답

(1) 추락사고 원인

① 안전대 부착 설비 미설치 및 안전대 미착용
② 추락방호망 미설치
③ 안전난간 미설치

(2) ① 기인물 : 작업발판
② 가해물 : 바닥

TIP 조치사항
① 안전대 부착 설비 설치 및 안전대를 착용한다.
② 추락방호망을 설치한다.
③ 안전난간을 설치한다.

화면상황 가이데릭 작업

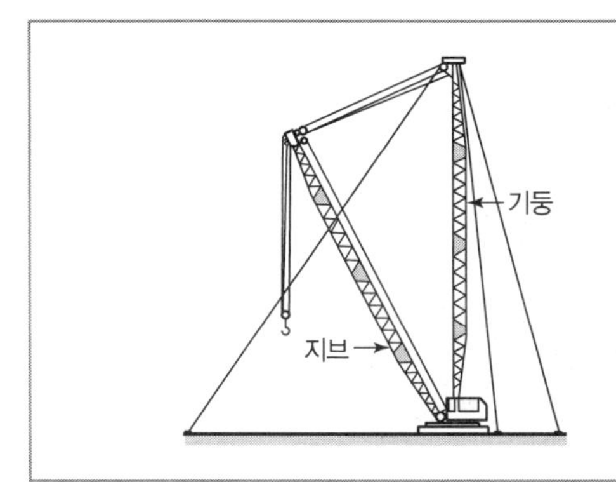

45 갱폼 인양을 위해 가이데릭 설치작업 중이다. 다음 물음에 답하시오.

(1) 가이데릭 설치 작업 시 불안전한 상태 2가지를 쓰시오.
(2) 가이데릭 설치 시 후면 고정방법에 대하여 설명하시오.

〈화면설명〉

겨울이고 바닥에는 눈이 많이 쌓여 있으며, 작업자가 파이프를 세우고 밑에는 철사로 고정하고 지렛대 역할을 하는 버팀대는 눈바닥 위에 그대로 나무토막 하나에 고정시키는 장면이다.

해답

(1) 불안전한 상태

① 파이프의 아랫부분만 철사로 고정해서 무너질 위험이 있다.
② 버팀대가 미끄러져 사고의 위험이 있다.

(2) 고정방법

와이어로프로 결속

화면상황 지붕철골작업

46 **공장의 지붕철골상에 패널 설치 중 작업자가 실족하여 사망한 재해사례이다. (1) 재해 원인과 (2) 안전대책(조치사항)을 2가지 쓰시오.**

〈화면설명〉

공장지붕에서 여러 명의 작업자가 작업을 하다가 떨어지는 장면이다.

해답

(1) 재해원인

① 안전대 부착설비 미설치 및 안전대 미착용

② 추락방호망 미설치

(2) 안전대책

① 안전대 부착설비 설치 및 안전대를 착용한다.

② 추락방호망을 설치한다.

TIP 비계 조립상황에서 1명은 상부에서 조립하고 나머지 근로자는 이미 조립된 비계의 중간부분에서 자재인양작업을 보조하던 중 한 근로자가 몸의 중심을 잃고 추락하는 재해가 발생하였다. 추락재해의 발생원인과 대책을 2가지씩 쓰시오.

(1) 발생원인

① 안전대 부착설비 미설치 및 안전대 미착용

② 견고한 작업발판 미설치 및 추락방호망 미설치

(2) 안전대책

① 안전대 부착설비 설치 및 안전대 착용

② 견고한 작업발판 설치 및 추락방호망 설치

화면상황 사다리식 통로 작업

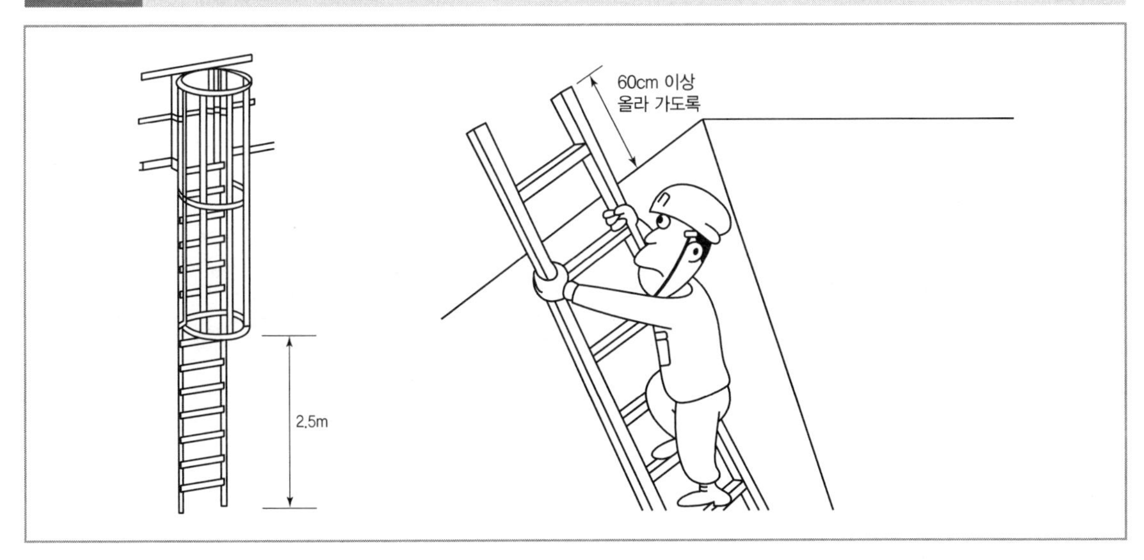

47 **사다리식 통로에서 작업을 하고 있다. 사다리식 통로의 설치기준을 5가지 쓰시오.**

해답

① 견고한 구조로 할 것
② 심한 손상 · 부식 등이 없는 재료를 사용할 것
③ 발판의 간격은 일정하게 할 것
④ 발판과 벽과의 사이는 15센티미터 이상의 간격을 유지할 것
⑤ 폭은 30센티미터 이상으로 할 것
⑥ 사다리가 넘어지거나 미끄러지는 것을 방지하기 위한 조치를 할 것
⑦ 사다리의 상단은 걸쳐놓은 지점으로부터 60센티미터 이상 올라가도록 할 것
⑧ 사다리식 통로의 길이가 10미터 이상인 경우에는 5미터 이내마다 계단참을 설치할 것
⑨ 사다리식 통로의 기울기는 75도 이하로 할 것(다만, 고정식 사다리식 통로의 기울기는 90도 이하로 하고, 그 높이가 7미터 이상인 경우에는 바닥으로부터 높이가 2.5미터 되는 지점부터 등받이울을 설치할 것)
⑩ 접이식 사다리 기둥은 사용 시 접혀지거나 펼쳐지지 않도록 철물 등을 사용하여 견고하게 조치할 것

화면상황 작업발판 작업

48 높이가 2m 이상인 작업장소에서 근로자가 작업발판 위에서 작업을 하고 있다. 작업발판 설치기준 5가지를 쓰시오.(단, 폭, 틈의 기준은 제외)

〈화면설명〉

조립식 비계발판을 설치하는 장면이다.

해답

① 발판재료는 작업할 때의 하중을 견딜 수 있도록 견고한 것으로 할 것
② 추락의 위험이 있는 장소에는 안전난간을 설치할 것
③ 작업발판의 지지물은 하중에 의하여 파괴될 우려가 없는 것을 사용할 것
④ 작업발판 재료는 뒤집히거나 떨어지지 않도록 둘 이상의 지지물에 연결하거나 고정시킬 것
⑤ 작업발판을 작업에 따라 이동시킬 경우에는 위험 방지에 필요한 조치를 할 것

49 작업발판에서 작업을 할 때 (1) 비계 발판의 폭과 (2) 발판간격을 쓰시오.

(1) 비계 발판의 폭 : ([cm] 이상)
(2) 비계 발판의 간격 : ([cm] 이하)

해답

(1) 비계 발판의 폭 : 40
(2) 비계 발판의 간격 : 3

50 철골 위에서 발판을 설치하는 도중에 발생한 재해사례이다. 재해의 (1) 발생형태와 (2) 기인물을 쓰시오.

〈화면설명〉

철골 위 발판을 설치하는데 철골 위에서 발판 위를 지나가다 떨어지는 장면이다.

해답

(1) 재해발생 형태 : 떨어짐

(2) 기인물 : 발판

화면상황 흙막이 지보공 작업

51 굴착공사의 흙막이 지보공 설치작업을 하고 있다. 설치 후 정기적 점검사항 4가지를 쓰시오.

해답

① 부재의 손상 · 변형 · 부식 · 변위 및 탈락의 유무와 상태

② 버팀대의 긴압의 정도

③ 부재의 접속부 · 부착부 및 교차부의 상태

④ 침하의 정도

> TIP 터널 지보공을 설치 후 수시 점검사항
> ① 부재의 손상 · 변형 · 부식 · 변위 탈락의 유무 및 상태
> ② 부재의 긴압의 정도
> ③ 부재의 접속부 및 교차부의 상태
> ④ 기둥침하의 유무 및 상태

화면상황 개구부 작업

52 **승강기 설치 전 피트 내에서 작업 중에 승강기의 개구부로 작업자가 추락하여 사망사고가 발생한 재해사례이다. 핵심위험요인을 3가지만 쓰시오.**

〈화면설명〉

피트 내에서 나무판자로 엉성하게 이어붙인 발판 위에서 벽면의 못을 망치로 제거하는 장면이다.

해답

① 안전대 부착 설비 미설치 및 안전대 미착용
② 추락방호망 미설치
③ 작업발판 미고정
④ 안전난간 미설치

53 **작업자가 사망하는 재해가 발생한 경우 관할 지방 고용노동관서의 장에게 지체 없이 전화, 팩스 또는 그 밖에 적절한 방법으로 보고해야 할 사항을 3가지 쓰시오.**

해답

① 발생 개요 및 피해 상황
② 조치 및 전망
③ 그 밖의 중요한 사항

54 작업자가 피트 뚜껑을 한쪽으로 열어 놓고 작업하고 있다. 지켜야 할 안전수칙을 3가지 쓰시오.

〈화면설명〉

작업자가 피트 뚜껑을 한쪽으로 열어놓고 불안정한 나무 발판 위에 발을 올려놓은 상태에서 왼손으로 뚜껑을 잡고 오른손으로 플래시를 안쪽으로 비추면서 내부를 점검하는 중 발이 미끄러지는 장면이다.

해답

① 안전대 부착 설비 설치 및 안전대 착용
② 추락방호망 설치
③ 안전한 작업발판 설치

PART 01 PART 02 PART 03 PART 04

화면상황 건설작업용 리프트 작업

55 건설작업용 리프트의 안전을 확인하는 내용이다. 이 리프트의 작업 시작 전 점검 내용을 2가지만 쓰시오.

해답

① 방호장치 · 브레이크 및 클러치의 기능
② 와이어로프가 통하고 있는 곳의 상태

56 건설용 리프트의 작업 시 안전수칙을 3가지만 쓰시오.

해답

① 화물용 리프트 운반구에는 사람이 탄 채 승강하지 않도록 한다.
② 상승조작 시에는 경보 등의 방법으로 상부작업자에게 리프트의 상승을 알린다.
③ 운전 중 이상이 발생하면 즉시 비상정지장치 버튼을 눌러 운반구를 정지시킨다.
④ 운반구의 이탈 등의 위험을 방지하기 위하여 권과방지를 위한 방호장치를 설치하는 등 필요한 조치를 하여야 한다.
⑤ 리프트에 그 적재하중을 초과하는 하중을 걸어서 사용하도록 하여서는 아니 된다.

57 건설작업용 리프트의 안전을 확인하는 내용이다. 이 리프트의 방호장치 4가지를 쓰시오.

해답

① 과부하방지장치
② 권과방지장치
③ 비상정지장치
④ 조작반 잠금장치

58 리프트의 안전검사 주기에 관한 내용이다. 보기의 (   ) 안에 적절한 수치를 넣으시오.

사업장에 설치가 끝난 날부터 (①)년 이내에 최초 안전검사를 실시하되, 그 이후부터 (②)년마다(건설현장에서 사용하는 것은 최초로 설치한 날부터 6개월마다)

해답

① 3
② 2

TIP 안전검사의 주기

크레인(이동식 크레인 제외), 리프트(이삿짐운반용 리프트 제외) 및 곤돌라	사업장에 설치가 끝난 날부터 3년 이내에 최초 안전검사를 실시하되, 그 이후부터 2년마다(건설현장에서 사용하는 것은 최초로 설치한 날부터 6개월마다)
이동식 크레인, 이삿짐운반용 리프트 및 고소작업대	자동차관리법에 따른 신규등록 이후 3년 이내에 최초 안전검사를 실시하되, 그 이후부터 2년마다
프레스, 전단기, 압력용기, 국소 배기장치, 원심기, 롤러기, 사출성형기, 컨베이어 및 산업용 로봇	사업장에 설치가 끝난 날부터 3년 이내에 최초 안전검사를 실시하되, 그 이후부터 2년마다(공정안전보고서를 제출하여 확인을 받은 압력용기는 4년마다)

화면상황 물체 인양작업

59 개구부에서 하중물 인양 시 발생한 재해사례이다. 안전수칙 2가지를 쓰시오.

〈화면설명〉

승강기 개구부에서 2명의 작업자 A, B가 작업 중이다. A는 위에서 안전난간에 밧줄을 걸쳐 하중물을 끌어올리고 B는 이를 밑에서 올려주는데 바로 이때 인양하던 물건이 떨어져 밑에 있던 B가 다치는 사고 장면이다.

해답

① 하중물 인양작업 시 도르래 등의 기구를 사용하고, 로프의 끝부분을 지지할 수 있는 기둥에 묶어둔다.
② 하중물 낙하 위험을 방지하기 위하여 낙하물방지망을 설치한다.
③ 낙하물로 인하여 재해가 발생할 수 있는 위험성을 사전에 예방하기 위하여 낙하위험구역 내에 관계 작업자 이외의 자는 출입을 금지시킨다.

60 물체를 인양하던 중 위 작업자가 물체를 밑으로 떨어뜨려 아래 작업자에게 재해를 발생시키는 재해사례이다. (1) 재해발생형태와 (2) 재해 정의를 쓰시오.

해답

(1) 재해발생형태 : 낙하
(2) 재해 정의 : 물건이 주체가 되어 사람이 맞는 경우

화면상황 덤프트럭 수리작업

61 **덤프트럭의 적재함을 올리고 실린더 유압장치 밸브를 수리하던 중 발생한 재해사례이다. 차량계 하역운반기계 등의 수리 또는 부속장치의 장착 및 해체 작업을 하는 때 작업지휘자의 준수사항(안전조치에 관한 사항)을 2가지 쓰시오.**

〈 화 면 설 명 〉

운전석에서 내려 덤프트럭 적재함을 올리고 실린더 유압장치 밸브를 수리하던 중 적재함 사이에 끼이는 장면이다.

해답

① 작업순서를 결정하고 작업을 지휘할 것
② 안전지지대 또는 안전블록 등의 사용상황 등을 점검할 것

05 보호구

화면상황 안전모

01 보기의 ( )에 알맞은 안전모의 종류 명칭을 쓰시오.

종류(기호)	사용 구분
(①)	물체의 낙하 또는 비래 및 추락에 의한 위험을 방지 또는 경감시키기 위한 것
(②)	물체의 낙하 또는 비래에 의한 위험을 방지 또는 경감하고, 머리부위 감전에 의한 위험을 방지하기 위한 것
(③)	물체의 낙하 또는 비래 및 추락에 의한 위험을 방지 또는 경감하고, 머리부위 감전에 의한 위험을 방지하기 위한 것

해답

① AB　② AE　③ ABE

02 다음 보호구를 참고하여 안전인증 대상 안전모 그림의 세부 명칭을 ( )에 쓰시오.

④ ⑤ ① ② ⑦ ⑥ ③

번호	명 칭	
①	(㉠)	
②	착장체	머리받침끈
③		(㉡)
④		머리받침고리
⑤	(㉢)	
⑥	(㉣)	
⑦	(㉤)	

해답

㉠ 모체
㉡ 머리 고정대
㉢ 충격 흡수재
㉣ 턱끈
㉤ 챙(차양)

03 안전인증 대상 안전모의 시험성능 방법(시험성능기준) 5가지를 쓰시오.

해답

① 내관통성
② 충격흡수성
③ 내전압성
④ 내수성
⑤ 난연성
⑥ 턱끈풀림

> TIP 자율안전확인 대상 안전모의 시험성능기준
> ① 내관통성
> ② 충격흡수성
> ③ 난연성
> ④ 턱끈풀림

04 안전모와 관련하여 다음 각 물음에 답을 쓰시오.

(1) 물체의 낙하 또는 비래에 의한 위험을 방지 또는 경감하고, 머리부위 감전에 의한 위험을 방지하기 위한 안전모의 기호를 쓰시오. : (①)
(2) 내전압성이란 몇 V 이하의 전압에 견디는 것을 말하는가? : (②)
(3) 내관통성 시험에서 AE, ABE종 안전모는 관통거리가 (③) 이하이고, AB종 안전모는 관통거리가 (④) 이하이어야 한다.
(4) 충격흡수성 시험은 최고전달충격력이 (⑤)을 초과해서는 안 되며, 모체와 착장체의 기능이 상실되지 않아야 한다.

해답

(1) AE
(2) 7,000
(3) 9.5mm
(4) 11.1mm
(5) 4,450N

화면상황 안전화

가죽제 안전화 고무제 안전화 정전기 안전화 발등안전화 절연화 절연장화

05 안전화 종류를 4가지 쓰시오.

〈화면설명〉

물체의 낙하, 충격 또는 날카로운 물체에 의한 찔림 위험 등으로부터 발을 보호하기 위한 안전화를 보여주는 장면이다.

해답

① 가죽제 안전화
② 고무제 안전화
③ 정전기 안전화
④ 발등 안전화
⑤ 절연화
⑥ 절연장화
⑦ 화학물질용 안전화

06 가죽제 안전화의 성능기준 항목을 4가지 쓰시오.

해답

① 은면결렬시험
② 인열강도시험
③ 내부식성 시험
④ 인장강도시험
⑤ 내유성 시험
⑥ 내압박성 시험
⑦ 내충격성 시험
⑧ 박리저항시험
⑨ 내답발성 시험

TIP 안전화의 시험방법 항목

구분	항목	
고무제 안전화	① 인장강도시험 ② 내유성 시험 ③ 파열강도시험	④ 선심 및 내답판의 내부식성 시험 ⑤ 누출방지시험
가죽제 안전화	① 은면결렬시험 ② 인열강도시험 ③ 내부식성 시험 ④ 인장강도시험 및 신장률 ⑤ 내유성시험	⑥ 내압박성 시험 ⑦ 내충격성 시험 ⑧ 박리저항시험 ⑨ 내답발성 시험

07 물체의 낙하, 충격 또는 날카로운 물체에 의한 찔림 위험으로부터 발을 보호하고 내수성을 겸한 안전화의 종류는?

해답

고무제 안전화

TIP 안전화의 종류

종류	성능 구분
가죽제 안전화	물체의 낙하, 충격 또는 날카로운 물체에 의한 찔림 위험으로부터 발을 보호하기 위한 것
고무제 안전화	물체의 낙하, 충격 또는 날카로운 물체에 의한 찔림 위험으로부터 발을 보호하고 내수성을 겸한 것
정전기안전화	물체의 낙하, 충격 또는 날카로운 물체에 의한 찔림 위험으로부터 발을 보호하고 정전기의 인체대전을 방지하기 위한 것
발등안전화	물체의 낙하, 충격 또는 날카로운 물체에 의한 찔림 위험으로부터 발 및 발등을 보호하기 위한 것
절 연 화	물체의 낙하, 충격 또는 날카로운 물체에 의한 찔림 위험으로부터 발을 보호하고 저압의 전기에 의한 감전을 방지하기 위한 것
절연장화	고압에 의한 감전을 방지 및 방수를 겸한 것
화학물질용 안전화	물체의 낙하, 충격 또는 날카로운 물체에 의한 찔림 위험으로부터 발을 보호하고 화학물질로부터 유해위험을 방지하기 위한 것

08 도금작업에서 작업자가 보호복, 방독마스크, 고무장갑, 고무제 안전화 등을 착용하고 작업 중이다. 고무제 안전화의 사용장소에 따른 분류를 쓰시오.

해답

구분	사용 장소
일반용	일반작업장
내유용	탄화수소류의 윤활유 등을 취급하는 작업장

09 가죽제 안전화의 뒷굽 높이를 제외한 몸통 높이를 쓰시오.

해답

① 단화 : 113mm 미만
② 중단화 : 113mm 이상
③ 장화 : 178mm 이상

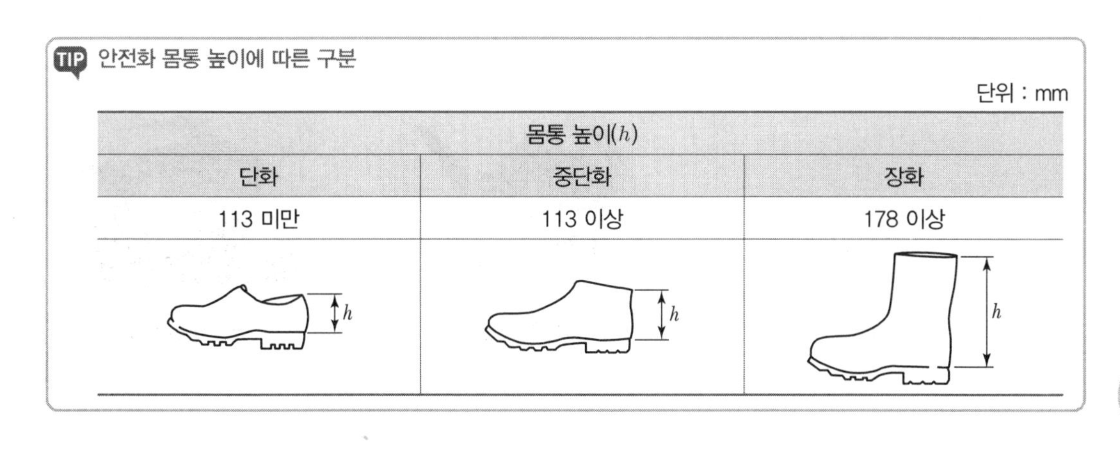

TIP 안전화 몸통 높이에 따른 구분

단위 : mm

몸통 높이(h)		
단화	중단화	장화
113 미만	113 이상	178 이상

화면상황 절연장갑

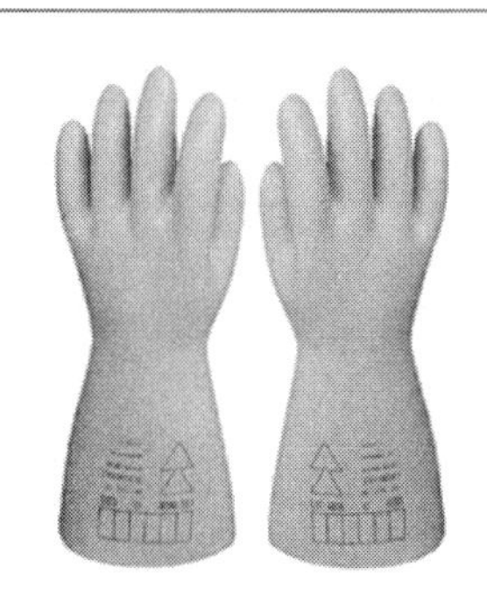

10 내전압용 절연장갑을 보여주고 있다. 각 등급과 최대사용전압을 쓰시오.

등 급	최대사용전압	
	교류(V, 실효값)	직류(V)

해답

등 급	최대사용전압	
	교류(V, 실효값)	직류(V)
00	500	750
0	1,000	1,500
1	7,500	11,250
2	17,000	25,500
3	26,500	39,750
4	36,000	54,000

화면상황 방진마스크

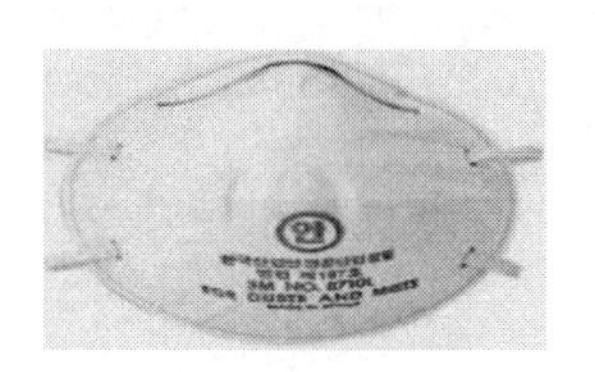	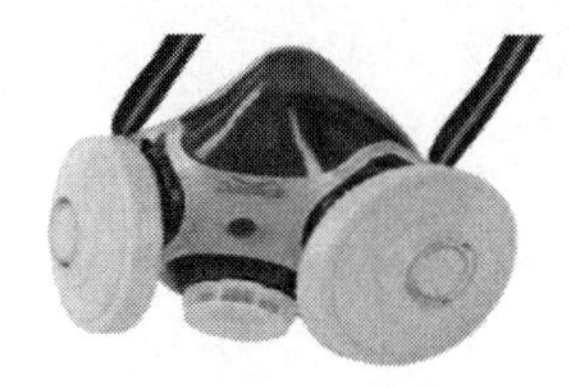	
안면부여과식	직결식 반면형	직결식 전면형

11 마스크의 (1) 명칭, (2) 등급 3종류, (3) 산소농도가 몇 % 이상인지를 쓰시오.

명칭	(1)
등급	(2)
산소농도	(3)

해답

(1) 명칭 : 방진마스크

(2) 등급 : 특급, 1급, 2급

(3) 산소농도 : 18%

12 방진마스크의 일반적인 구조조건 3가지를 쓰시오.

① 착용 시 이상한 압박감이나 고통을 주지 않을 것

② 전면형은 호흡 시에 투시부가 흐려지지 않을 것

③ 분리식 마스크에 있어서는 여과재, 흡기밸브, 배기밸브 및 머리끈을 쉽게 교환할 수 있고 착용자 자신이 안면과 분리식 마스크의 안면부와의 밀착성 여부를 수시로 확인할 수 있어야 할 것

④ 안면부여과식 마스크는 여과재로 된 안면부가 사용기간 중 심하게 변형되지 않을 것

⑤ 안면부여과식 마스크는 여과재를 안면에 밀착시킬 수 있어야 할 것

13 분리식 방진마스크의 여과재분진 등 포집효율을 쓰시오.

형태 및 등급		염화나트륨(NaCl) 및 파라핀 오일(Paraffin oil) 시험(%)
분리식	특급	(①) 이상
	1급	(②) 이상
	2급	(③) 이상

해답

① 99.95 이상
② 94.0 이상
③ 80.0 이상

TIP 방진마스크 여과재 분진 등 포집효율

형태 및 등급		염화나트륨(NaCl) 및 파라핀 오일 (Paraffin oil) 시험(%)
분리식	특 급	99.95 이상
	1 급	94.0 이상
	2 급	80.0 이상
안면부 여과식	특 급	99.0 이상
	1 급	94.0 이상
	2 급	80.0 이상

14 방진마스크의 구비조건 3가지를 쓰시오.

해답

① 여과 효율(분집, 포집 효율)이 좋을 것
② 흡배기저항이 낮을 것
③ 사용적이 적을 것
④ 중량이 가벼울 것
⑤ 안면 밀착성이 좋을 것
⑥ 시야가 넓을 것
⑦ 피부 접촉부위의 고무질이 좋을 것

화면상황 방독마스크

15 **(1) 방독마스크의 종류, (2) 방독마스크의 형식, (3) 방독마스크의 시험가스 종류, (4) 방독마스크의 정화통 흡수제, (5) 방독마스크가 직결식 전면형일 경우 누설률, (6) 시험가스 농도가 0.5%, 농도가 25ppm(±20%)일 때 파과시간을 쓰시오.**

〈화면설명〉

정화통의 외부 측면의 표시색은 녹색이다.

해답

(1) 방독마스크의 종류 : 암모니아용 방독마스크
(2) 방독마스크의 형식 : 격리식 전면형
(3) 방독마스크의 시험가스 종류 : 암모니아 가스
(4) 방독마스크의 정화통 흡수제 : 큐프라마이트
(5) 방독마스크가 직결식 전면형일 경우 누설률 : 0.05% 이하
(6) 시험가스 농도가 0.5%, 파과농도가 25ppm(±20%)일 때 파과시간 : 40분 이상

TIP 방독마스크의 종류 및 표시색

종류	시험가스	정화통 외부 측면의 표시색	정화통 흡수제
유기화합물용	시클로헥산(C_6H_{12})	갈색	활성탄
	디메틸에테르(CH_3OCH_3)		
	이소부탄(C_4H_{10})		
할로겐용	염소가스 또는 증기(Cl_2)	회색	활성탄, 소다라임
황화수소용	황화수소가스(H_2S)		금속염류, 알칼리제제
시안화수소용	시안화수소가스(HCN)		산화금속, 알칼리제제
아황산용	아황산가스(SO_2)	노랑색	산화금속, 알칼리제제
암모니아용	암모니아가스(NH_3)	녹색	큐프라마이트

화면상황 방독마스크

16 **(1) 방독마스크의 종류, (2) 방독마스크의 유형, (3) 방독마스크의 주요성분, (4) 방독마스크의 시험가스 종류를 쓰시오.**

〈화면설명〉

정화통의 외부 측면의 표시색은 회색이다.

해답

(1) 방독마스크의 종류 : 할로겐용 방독마스크
(2) 방독마스크의 유형 : 격리식 전면형
(3) 방독마스크의 주요성분 : 활성탄, 소다라임
(4) 방독마스크의 시험가스 종류 : 염소가스 또는 증기

화면상황 방독마스크

17 (1) 방독마스크의 종류, (2) 방독마스크의 흡수제, (3) 방독마스크의 시험가스 종류를 쓰시오.

〈 화 면 설 명 〉

정화통의 외부 측면의 표시색은 갈색이다.

해답

(1) 방독마스크의 종류 : 유기화합물용 방독마스크
(2) 방독마스크의 흡수제 : 활성탄
(3) 방독마스크의 시험가스 종류 : 시클로헥산, 디메틸에테르, 이소부탄

화면상황 방독마스크

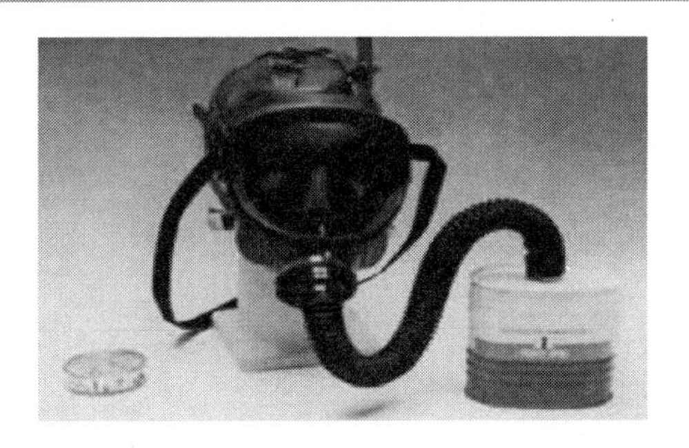

18 (1) 방독마스크의 종류, (2) 정화통의 주성분을 쓰시오.

〈화면설명〉

정화통의 외부 측면의 표시색은 노랑색이다.

해답

(1) 방독마스크의 종류 : 아황산용 방독마스크

(2) 정화통의 주성분 : 산화금속, 알칼리제제

화면상황 방독마스크

19 다음 표의 방독마스크 정화통의 외부 측면 표시 색을 쓰시오.

<table>
<tr><th>종류</th><th>정화통외부측면 표시색</th></tr>
<tr><td>유기화합물용정화통</td><td>(①)</td></tr>
<tr><td>할로겐용정화통</td><td rowspan="3">(②)</td></tr>
<tr><td>황화수소용정화통</td></tr>
<tr><td>시안화수소용정화통</td></tr>
<tr><td>아황산용정화통</td><td>(③)</td></tr>
<tr><td>암모니아용정화통</td><td>녹색</td></tr>
</table>

해답

① 갈색
② 회색
③ 노랑색

화면상황 방독마스크

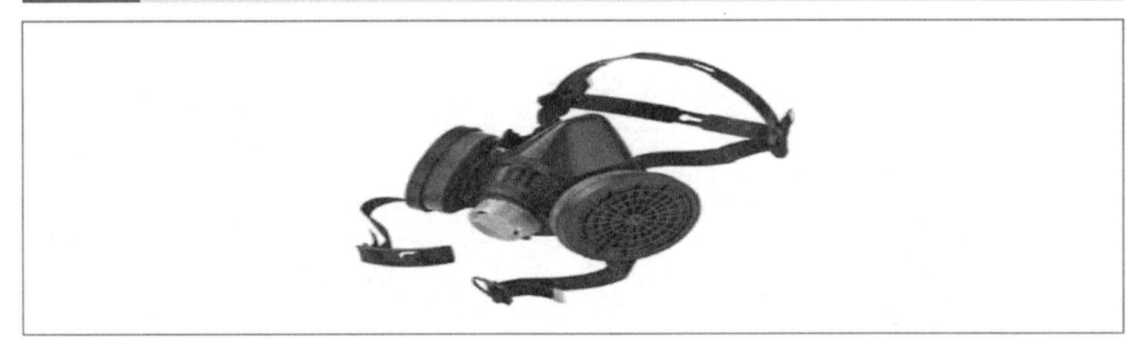

20 보호구에 안전인증 표시 외 추가 표시사항 4가지를 쓰시오.

해답

① 파과곡선도
② 사용시간 기록카드
③ 정화통의 외부 측면의 표시 색
④ 사용상의 주의사항

화면상황 페인트 작업

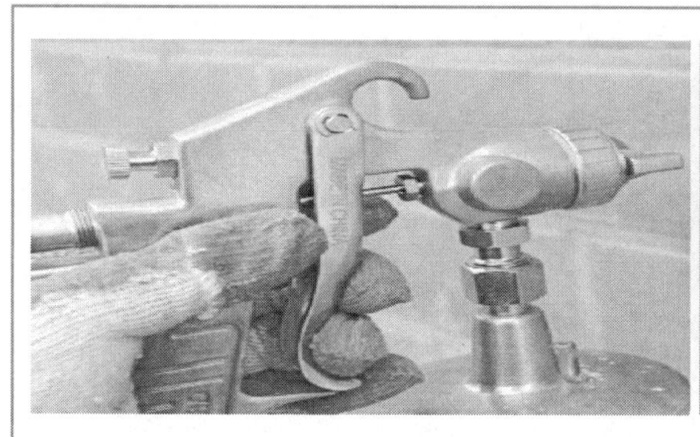

21 **쇠파이프를 페인트칠하는 작업장에서 근로자가 착용하여야 하는 (1) 보호구의 종류와 (2) 흡수제 3가지를 쓰시오.**

〈화면설명〉

작업자가 쇠파이프를 여러 개 눕혀놓고 스프레이건으로 페인트칠을 하는 장면이다.

해답

(1) 보호구

방독마스크

(2) 흡수제

① 활성탄
② 소다라임
③ 호프카라이트

화면상황 송기마스크

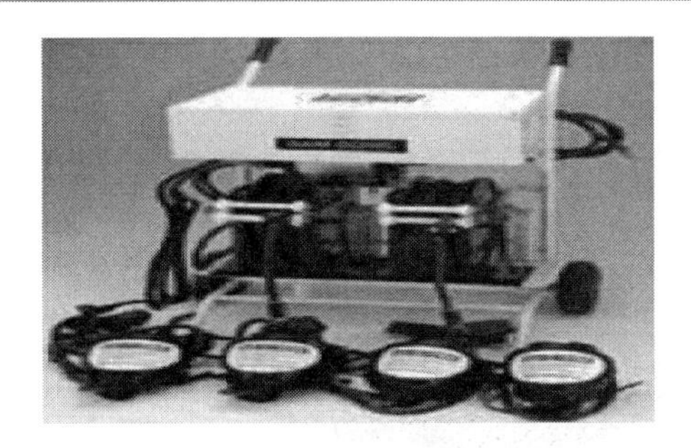

22 **산소농도가 18% 미만인 탱크 내에서 작업 중 사용해야 할 보흡용 보호구의 종류를 2가지 쓰시오.**

해답

① 송기마스크
② 공기호흡기

화면상황 용접용 보안면

23 보안면의 등급을 나누는 (1) 기준과 (2) 투과율의 종류를 쓰시오.

해답

(1) 기준

차광도 번호

(2) 투과율의 종류

① 자외선 최대 분광투과율
② 적외선투과율
③ 시감투과율

24 보안면 면체의 성능기준 항목 5가지를 쓰시오.

해답

① 절연시험
② 내식성
③ 내충격성
④ 내노후성
⑤ 내발화, 관통성시험
⑥ 굴절력
⑦ 투과율
⑧ 표면

25 가스집합장치를 사용하여 금속의 용접 작업 시 작업자가 착용하여야 할 보호구를 쓰시오.(단, 안전화, 안전모, 보호장갑, 방진마스크 등은 착용한 상태임)

해답

용접용 보안면

화면상황 일반 보안면

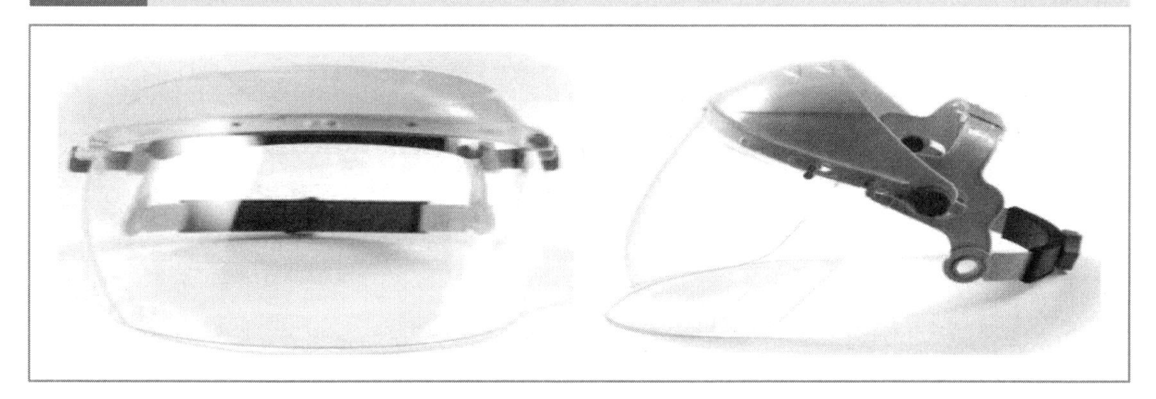

26 보안면의 채색 투시부의 차광도를 구분하여 그 투과율을 쓰시오.

구분		투과율(%)
채색투시부	밝음	(①)
	중간 밝기	(②)
	어두움	(③)

해답

① 50 ± 7

② 23 ± 4

③ 14 ± 4

> **TIP** 일반보안면
> 일반보안면은 작업 시 발생하는 각종 비산물과 유해한 액체로부터 얼굴(머리의 전면, 이마, 턱, 목 앞부분, 코, 입)을 보호하기 위해 착용하는 것을 말한다.

화면상황 방열복, 방열두건, 방열장갑

27 방열복, 방열두건, 방열장갑 등 내열원단의 성능시험항목 3가지를 쓰시오.

해답

① 난연성
② 절연저항
③ 인장강도
④ 내열성
⑤ 내한성

TIP 방열복의 시험성능 기준

구분	항목	시험성능기준
내열원단	난연성	잔염 및 잔진시간이 2초 미만이고 녹거나 떨어지지 말아야 하며, 탄화길이가 102mm 이내일 것
	절연저항	표면과 이면의 절연저항이 1MΩ 이상일 것
	인장강도	인장강도는 가로, 세로방향으로 각각 25kgf 이상일 것
	내열성	균열 또는 부풀음이 없을 것
	내한성	피복이 벗겨져 떨어지지 않을 것

28 방열복의 종류에 따른 질량을 쓰시오.

종류	질량(단위 : kg)
방열상의	(①)
방열하의	(②)
방열일체복	(③)
방열장갑	(④)
방열두건	(⑤)

해답

① 3.0
② 2.0
③ 4.3
④ 0.5
⑤ 2.0

PART 01
PART 02
PART 03
PART 04

화면상황 안전대

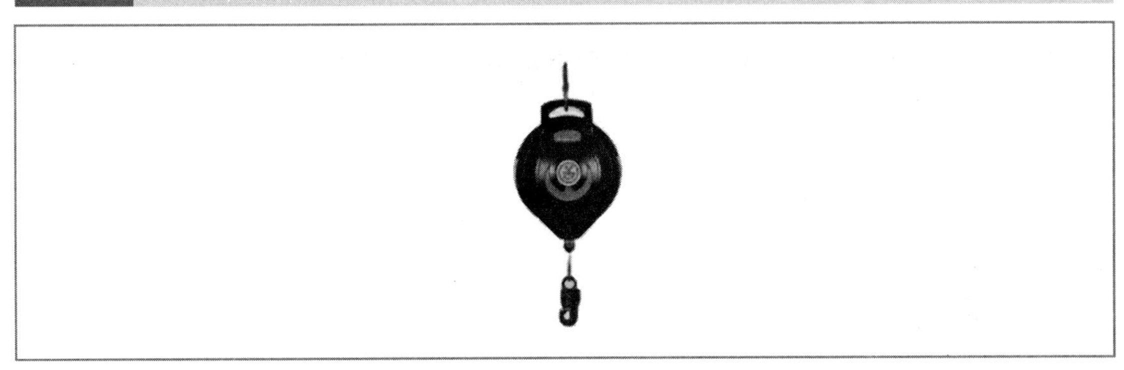

29 안전대의 (1) 명칭, (2) 정의, (3) 기구가 갖추어야 하는 구조 2가지, (4) 일반구조 조건 2가지를 쓰시오.

해답

(1) 명칭

안전블록

(2) 정의

안전그네와 연결하여 추락발생 시 추락을 억제할 수 있는 자동잠김장치가 갖추어져 있고 죔줄이 자동적으로 수축되는 장치

(3) 기구가 갖추어야 하는 구조

① 자동잠김장치를 갖출 것
② 안전블록의 부품은 부식방지처리를 할 것

(4) 일반구조 조건

① 안전블록을 부착하여 사용하는 안전대는 신체지지의 방법으로 안전그네만을 사용할 것
② 안전블록은 정격 사용 길이가 명시될 것
③ 안전블록의 줄은 합성섬유로프, 웨빙, 와이어로프이어야 하며, 와이어로프인 경우 최소지름이 4mm 이상 일 것

화면상황 **안전대**

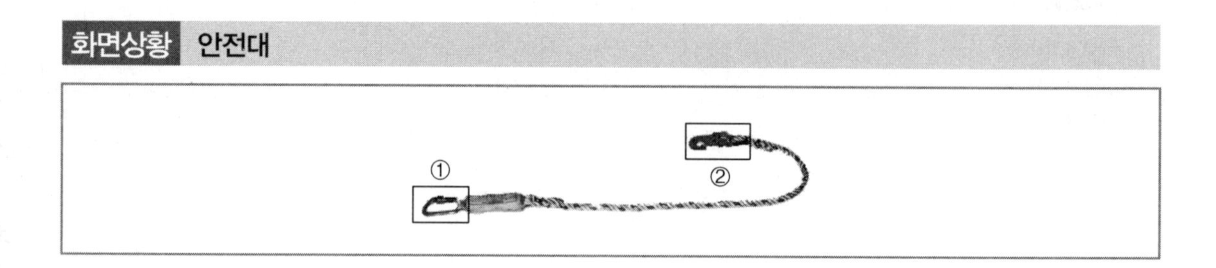

30 추락을 방지하기 위하여 사용하는 안전대의 한 종류이다. (1) 안전대의 명칭, (2) 그림 ①, ②의 안전대 부속품의 명칭을 쓰시오.

해답

(1) 안전대의 명칭

죔줄

(2) 부속품 명칭

① 카라비너
② 훅

TIP (1) 안전대의 종류

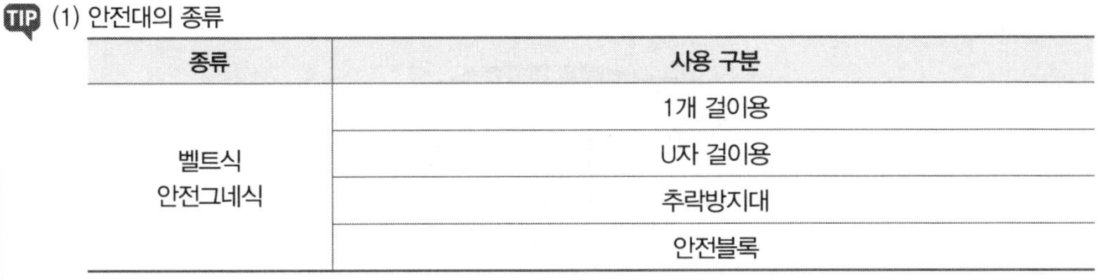

종류	사용 구분
벨트식 안전그네식	1개 걸이용
	U자 걸이용
	추락방지대
	안전블록

※ 추락방지대 및 안전블록은 안전그네식에만 적용함

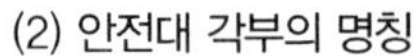

(2) 안전대 각부의 명칭

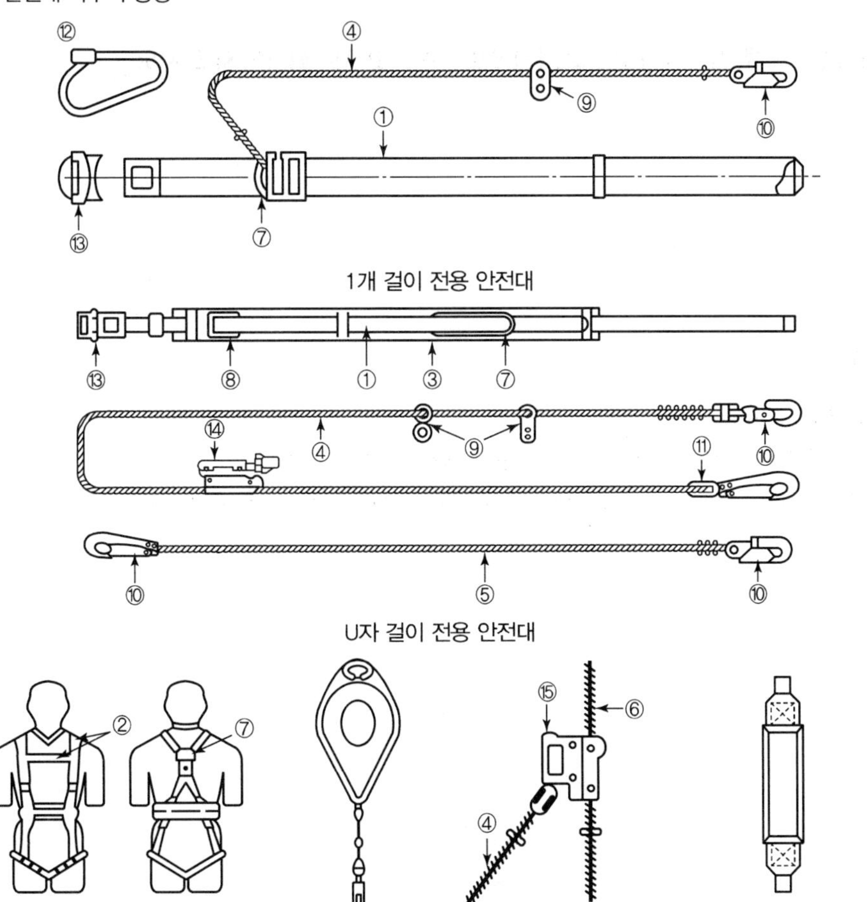

안전그네　　안전블록　　추락방지대　　충격흡수장치

① 벨트 ② 안전그네 ③ 지탱벨트 ④ 죔줄 ⑤ 보조죔줄 ⑥ 수직구명줄 ⑦ D링 ⑧ 각링
⑨ 8자형 링 ⑩ 훅 ⑪ 보조훅 ⑫ 카라비너 ⑬ 박클 ⑭ 신축조절기 ⑮ 추락방지대

화면상황 **안전대**

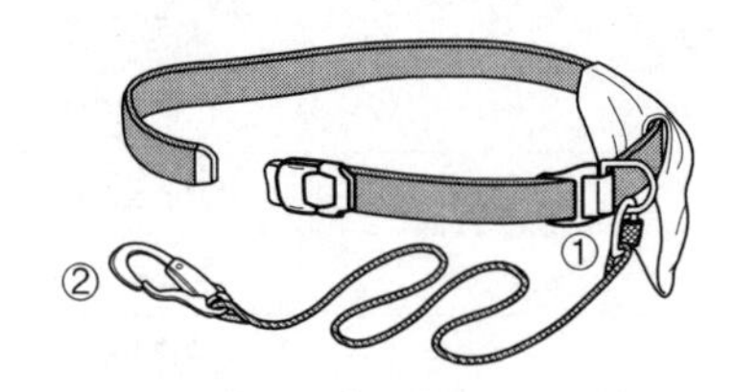

31 안전대의 (1) 종류, (2) 명칭 ①, ②, (3) 벨트 구조 및 치수를 1가지 쓰시오.

해답

(1) 종류

벨트식

(2) 명칭

① 카라비너
② 훅

(3) 벨트 구조 및 치수

① 강인한 실로 짠 직물로 비틀어짐, 흠, 기타 결함이 없을 것
② 벨트의 너비는 50mm 이상 길이는 버클 포함 1,100mm 이상, 두께는 2mm 이상일 것

화면상황 추락방지대

32 안전대의 (1) 명칭, (2) 구조 및 치수를 1가지 쓰시오.

해답

(1) 명칭

추락방지대

(2) 구조 및 치수

① 구명줄의 임의의 위치에 설치와 해체가 용이한 구조로서 이탈방지장치가 2중으로 되어 있을 것
② 손을 사용하지 않고 자동으로 구명줄의 축방향으로 용이하게 이동시킬 수 있는 구조일 것
③ 추락방지대의 보기 쉬운 위치에 사용방향이 각인되어 있을 것
④ 추락방지대의 보기 쉬운 위치에 구명줄의 직경이 각인되어 있을 것

화면상황 보안경(자율안전확인)

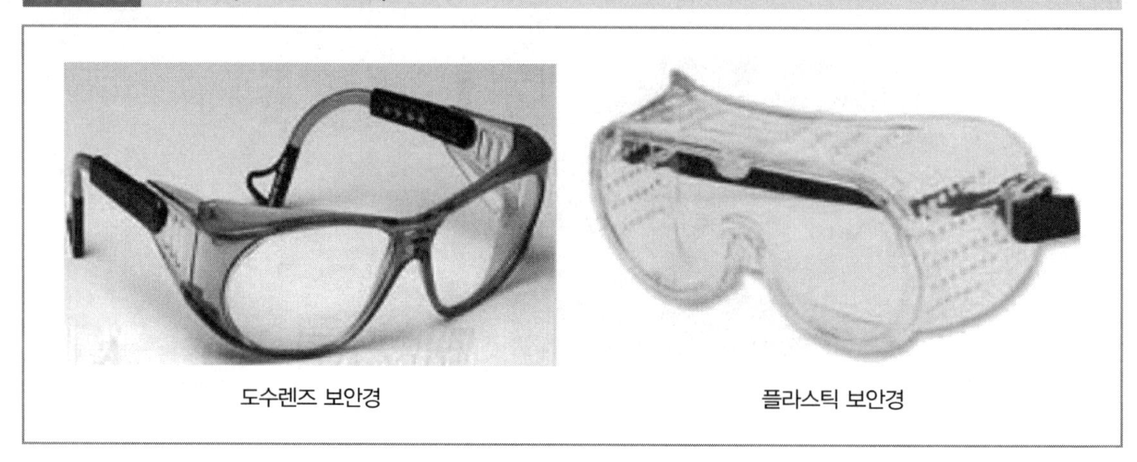

도수렌즈 보안경 플라스틱 보안경

33 보안경을 사용 구분에 따른 종류 3가지를 쓰시오.

해답

① 유리 보안경
② 플라스틱 보안경
③ 도수렌즈 보안경

TIP 보안경의 종류 및 사용 구분

(1) 보안경(자율안전확인)

종류	사용 구분
유리 보안경	비산물로부터 눈을 보호하기 위한 것으로 렌즈의 재질이 유리인 것
플라스틱 보안경	비산물로부터 눈을 보호하기 위한 것으로 렌즈의 재질이 플라스틱인 것
도수렌즈 보안경	비산물로부터 눈을 보호하기 위한 것으로 도수가 있는 것

(2) 차광보안경(안전인증)

종류	사용 구분
자외선용	자외선이 발생하는 장소
적외선용	적외선이 발생하는 장소
복합용	자외선 및 적외선이 발생하는 장소
용접용	산소용접작업 등과 같이 자외선, 적외선 및 강렬한 가시광선이 발생하는 장소

화면상황 보안경(안전인증)

34 유해 · 위험광선으로부터 눈을 보호하는 보안경의 종류 4가지를 쓰시오.

〈화면설명〉

차광보안경을 보여주고 있는 장면이다.

해답

① 자외선용
② 적외선용
③ 복합용
④ 용접용

화면상황 방음보호구

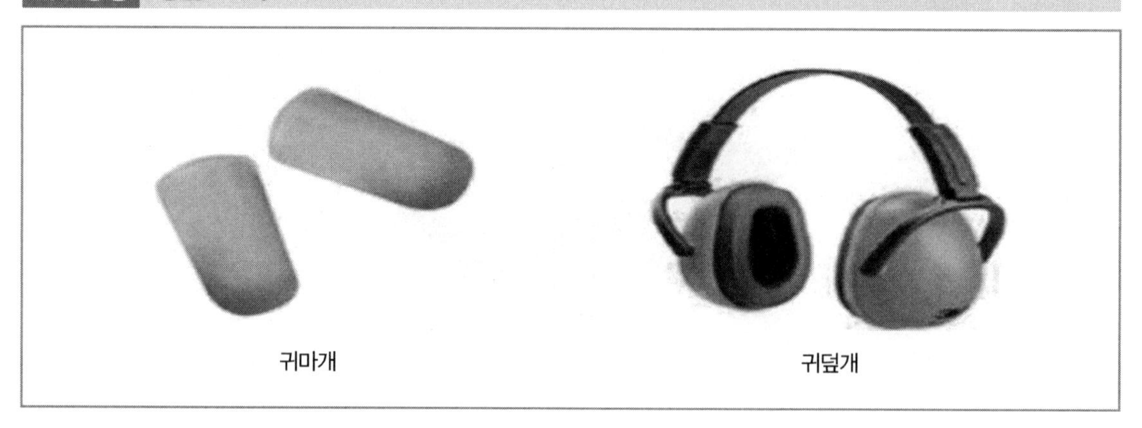

귀마개 귀덮개

35 방음보호구의 등급, 기호, 성능을 쓰시오.

〈화면설명〉

귀마개를 보여주고 있는 장면이다.

해답

등급	기호	성능
1종	EP－1	저음부터 고음까지 차음하는 것
2종	EP－2	주로 고음을 차음하고 저음(회화음영역)은 차음하지 않는 것

36 방음보호구 종류와 기호를 쓰시오.

〈화면설명〉

귀덮개를 보여주고 있는 장면이다.

해답

① 종류 : 귀덮개

② 기호 : EM

TIP 방음용 귀마개 또는 귀덮개의 종류 및 등급

종류	등급	기호	성능	비고
귀마개	1종	EP－1	저음부터 고음까지 차음하는 것	귀마개의 경우 재사용 여부를 제조특성으로 표기
	2종	EP－2	주로 고음을 차음하고 저음(회화음영역)은 차음하지 않는 것	
귀덮개	－	EM		

화면상황 슬러지 처리작업

37 **지하에 설치된 폐수처리조에서 슬러지 처리작업 중 발생한 재해사례이다. 다음 물음에 답하시오.**

(1) 해당 장소에 작업자가 들어갈 때 필요한 호흡용 보호구의 종류 2가지를 쓰시오.
(2) 위와 같이 밀폐공간에 근로자 종사 시 밀폐공간 보건작업 프로그램 수립 내용을 3가지 쓰시오.(단, 그밖에 밀폐공간 작업근로자의 건강장해예방에 관한 사항 제외)
(3) 작업자가 작업 중 갑자기 혼절하여 7~8분 이내에 사망하였다면 이 장소의 산소농도는 약 얼마로 추정할 수 있는가?

〈 화 면 설 명 〉

지하에 설치된 폐수처리조에서 슬러지 처리작업을 하던 근로자가 갑자기 쓰러지는 장면이다.

해답

(1) 보호구의 종류

① 송기마스크　　② 공기호흡기

(2) 밀폐공간 보건작업 프로그램 수립 내용

① 사업장 내 밀폐공간의 위치 파악 및 관리 방안
② 밀폐공간 내 질식 · 중독 등을 일으킬 수 있는 유해 · 위험 요인의 파악 및 관리 방안
③ 밀폐공간 작업 시 사전 확인이 필요한 사항에 대한 확인 절차
④ 안전보건교육 및 훈련

(3) 산소농도 : 약 8% 정도

TIP 산소결핍에 따른 건강장해

산소농도가 18% 미만인 상태에서는 산소결핍증이 나타날 수 있다.

농도	증상
산소농도 18%	안전한계이나 연속환기가 필요
산소농도 16%	호흡, 맥박의 증가, 두통, 메스꺼움, 토할 것 같음
산소농도 12%	어지럼증, 토할 것 같음, 체중지지 불능으로 추락
산소농도 10%	안면 창백, 의식불명, 구토
산소농도 8%	실신혼절, 7~8분 이내에 사망
산소농도 6%	순간에 혼절, 호흡 정지, 경련, 6분 이상이면 사망

38 선박 밸러스트 탱크 내부의 슬러지를 제거하는 작업 도중에 작업자가 가스질식으로 의식을 잃었다. 이러한 사고에 대비하여 필요한 비상시 피난용구를 3가지 쓰시오.

해답

① 공기호흡기 또는 송기마스크
② 사다리
③ 섬유로프

화면상황 밀폐공간작업

39 밀폐된 공간에서 작업을 하고 있다. (1) 산소결핍장소란 산소가 몇(%) 미만인지를 쓰고 (2) 밀폐공간에서 질식된 작업자를 구조할 때 구조자가 착용해야 될 보호구를 쓰시오.

해답

(1) 산소결핍장소 : 산소가 18% 미만인 장소
(2) 구조자의 보호구 : 공기호흡기 또는 송기마스크

40 밀폐공간에서의 작업상황이다. 이 작업자가 미착용한 개인용 보호구 3가지를 쓰시오.

해답

① 공기호흡기 또는 송기마스크
② 안전모
③ 안전화

화면상황 변압기 전압측정

41 작업자가 착용하여야 할 보호구 2가지를 쓰시오.

〈화면설명〉

작업자 A는 변압기의 전압을 측정하기 위해 유리창 너머의 작업자 B에게 전원을 투입하라는 신호를 보낸 후 측정을 완료하여 다시 차단하라는 신호를 보내고 측정기기를 철거하다가 감전사고가 발생되는 장면이다. (작업자는 맨손으로 작업하고 슬리퍼를 착용하고 있음)

해답

① 내전압용 절연장갑
② 절연장화

화면상황 변압기 절연처리

42 변압기를 유기화학물에 담가 절연처리한 후 건조작업을 하고 있다. 이 작업 시 착용할 보호구 3가지를 다음에 제시된 대로 쓰시오.

(1) 손
(2) 눈
(3) 피부

〈화면설명〉

소형변압기(일명 Down TR, 크기는 가로세로 15cm 정도로 작은 변압기임)의 양쪽에 나와 있는 선을 일반 작업복만 입은 작업자(안전모 미착용, 보안경 미착용, 맨손, 신발 안 보임)가 양손으로 잡고 유기화합물 통(스테인리스로 사각형)에 넣었다 빼서 앞쪽 선반에 올리는 작업을 한다(유기화합물을 손으로 작업). 화면이 바뀌면서 선반 위 소형변압기를 건조시키기 위해 업소용 냉장고(문 4개짜리 냉장고)처럼 생긴 곳에 넣고 문을 닫는 장면이다.

해답

(1) 손 : 화학물질용 안전장갑
(2) 눈 : 보안경
(3) 피부 : 화학물질용 보호복

화면상황 DMF 작업

43 DMF 작업장에서 작업자가 방독마스크, 안전장갑, 보호복 등을 착용하지 않은 채 DMF 작업을 하고 있다. 피부자극성 및 부식성 관리대상 유해물질 취급 시 비치하여야 할 보호구 3가지를 쓰시오.

해답

① 불침투성 보호장갑
② 불침투성 보호복
③ 불침투성 보호장화

화면상황 전주형강작업

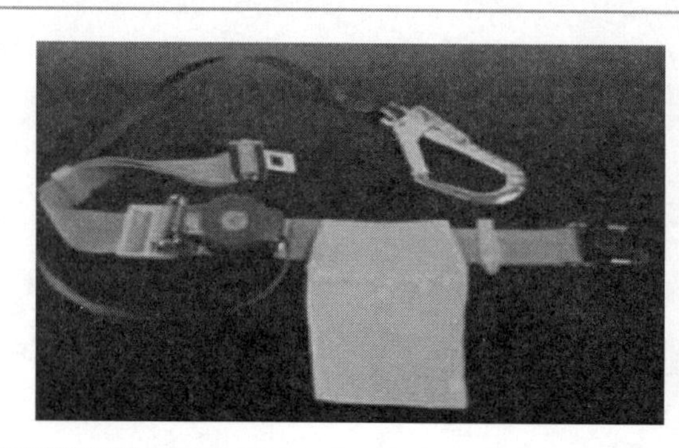

44 전주에서 형강 작업을 하고 있다. 작업자가 착용하고 있는 안전대의 종류와 명칭(용도)을 쓰시오.

해답

① 종류 : 벨트식

② U자 걸이용 안전대

화면상황 세척작업 및 도금된 부품검사작업

45 도금된 부품의 상태를 검사하는 장면이다. 작업 시 근로자가 착용해야 할 보호구의 종류를 3가지만 쓰시오.(단, 안전장갑, 고무제 안전화 제외)

〈화면설명〉

화면설명 1 : 도금작업이 진행 중이며 작업자가 작업 도중 부품을 꺼내어 표면의 상태를 확인하고 냄새를 맡고 있는 장면이다.

화면설명 2 : 화학약품을 사용하여 자동차 브레이크 라이닝을 세척하는 장면이다.(세정제가 바닥에 흩어져 있고, 고무장화 등을 착용하지 않고 작업하고 있음)

해답

① 불침투성 보호복
② 방독마스크
③ 보안경

화면상황 교류아크용접 작업

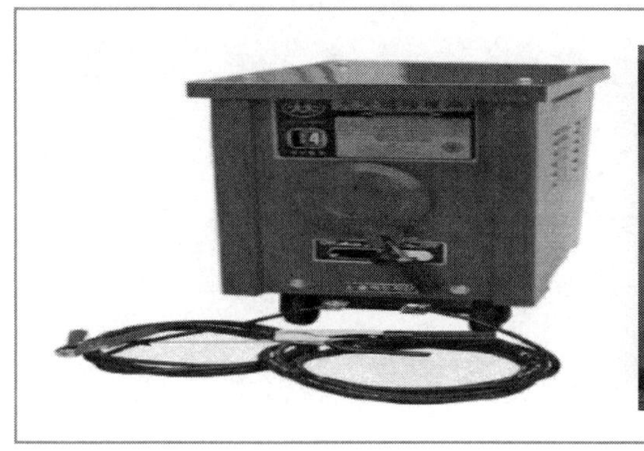
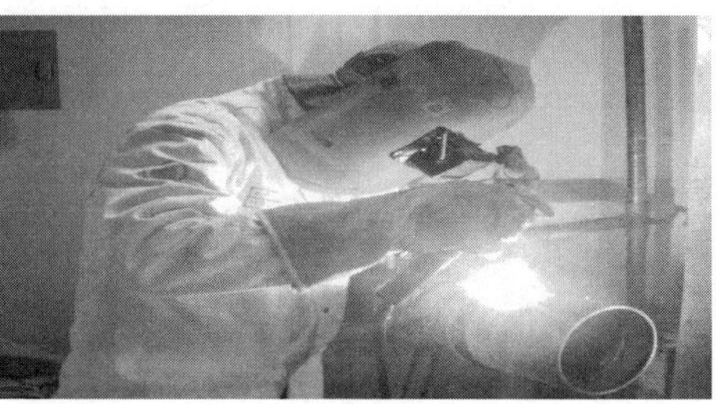

46 교류아크 용접작업 중 발생한 재해사례이다. (1) 기인물은 무엇이며, 이 작업에서 눈과 감전재해위험으로부터 작업자를 보호하기 위해 착용해야 할 (2) 보호구의 명칭 2가지를 쓰시오.

〈 화 면 설 명 〉

용접을 하고 슬러지를 털어낸 뒤 육안으로 확인 후 용접을 위해 아크불꽃을 내는 순간 감전되어 쓰러지는 장면이다.(일반 캡 모자와 목장갑 착용하고 있음)

해답

(1) 기인물 : 교류아크용접기

(2) 보호구의 명칭 : 용접용 보안면, 용접용 장갑

47 교류아크 용접작업을 하고 있다. 용접작업 중 불꽃 등에 의한 화상을 방지하기 위한 보호구 5가지를 쓰시오.

해답

① 보안면
② 절연장갑
③ 가죽앞치마
④ 발덮개
⑤ 안전화

화면상황 안전인증대상 보호구

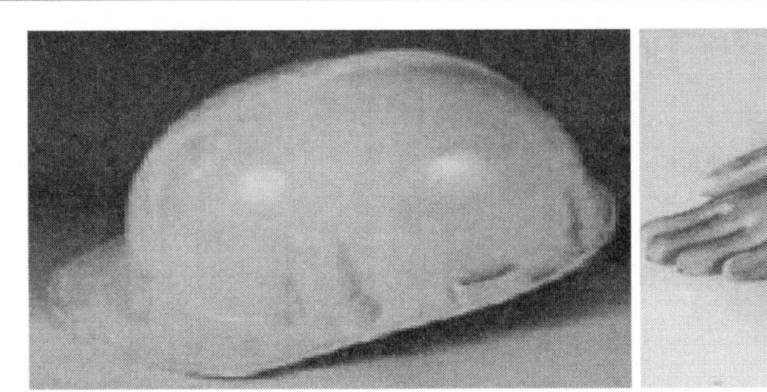

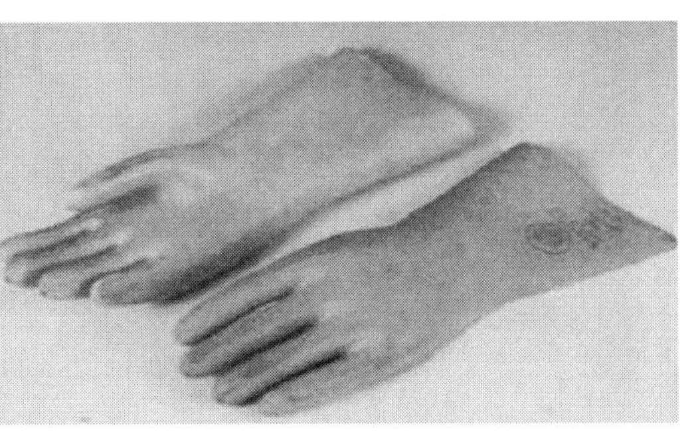

48 안전인증대상 보호구 12가지를 쓰시오.

해답

① 추락 및 감전 위험방지용 안전모
② 안전화
③ 안전장갑
④ 방진마스크
⑤ 방독마스크
⑥ 송기마스크
⑦ 전동식 호흡보호구
⑧ 보호복
⑨ 안전대
⑩ 차광 및 비산물 위험방지용 보안경
⑪ 용접용 보안면
⑫ 방음용 귀마개 또는 귀덮개

2024 산업안전기사 · 산업기사 실기

초판발행 2019년 02월 20일
개정5판1쇄 2024년 03월 20일

저 자 최현준
발 행 인 정용수
발 행 처 (주)예문아카이브
주 소 서울시 마포구 동교로 18길 10 2층
T E L 02) 2038-7597
F A X 031) 955 – 0660

등록번호 제2016-000240호

정 가 38,000원

홈페이지 http://www.yeamoonedu.com

I S B N 979-11-6386-287-1 [14530]